二级造价工程师职业资格考试培训教材

建设工程
计量与计价实务

（水利工程）

云南省水利工程行业协会　编

中国水利水电出版社
www.waterpub.com.cn
·北京·

内 容 提 要

本书按照 2019 年版《全国二级造价工程师职业资格考试大纲》的内容纲要，依据现行最新的水利工程概（估）算编制规定、计价文件、相关规程规范等进行编写。全书包括专业基础知识、水利工程造价构成、水利工程计量与计价、水利工程合同价款管理共四篇二十章，在系统阐述水利工程造价基本理论知识的基础上，通过丰富的案例分析了水利工程概（估）算文件的编制步骤、编制方法，具有很强的实用性。

本书作为云南省二级造价工程师职业资格考试专业科目《建设工程计量与计价实务（水利工程）》的考试用书，也可作为高等院校水利类专业师生的教学参考用书，又可作为水利造价人员的岗位培训用书。

图书在版编目（ＣＩＰ）数据

建设工程计量与计价实务. 水利工程 / 云南省水利工程行业协会编. -- 北京：中国水利水电出版社，2021.5
　二级造价工程师职业资格考试培训教材
　ISBN 978-7-5170-9550-7

Ⅰ. ①建… Ⅱ. ①云… Ⅲ. ①水利工程－建筑造价管理－资格考试－教材 Ⅳ. ①TU723.3

中国版本图书馆CIP数据核字(2021)第073364号

书　　名	二级造价工程师职业资格考试培训教材 **建设工程计量与计价实务（水利工程）** JIANSHE GONGCHENG JILIANG YU JIJIA SHIWU（SHUILI GONGCHENG）
作　　者	云南省水利工程行业协会　编
出版发行	中国水利水电出版社 （北京市海淀区玉渊潭南路1号D座　100038） 网址：www.waterpub.com.cn E-mail：sales@waterpub.com.cn 电话：（010）68367658（营销中心）
经　　售	北京科水图书销售中心（零售） 电话：（010）88383994、63202643、68545874 全国各地新华书店和相关出版物销售网点
排　　版	中国水利水电出版社微机排版中心
印　　刷	北京瑞斯通印务发展有限公司
规　　格	184mm×260mm　16开本　31.5印张　767千字
版　　次	2021年5月第1版　2021年5月第1次印刷
印　　数	0001—3000 册
定　　价	**158.00元**

凡购买我社图书，如有缺页、倒页、脱页的，本社营销中心负责调换
版权所有·侵权必究

编 委 会

主　　任：龚爱民

副 主 任：范宏忠　李自翔　彭玉林　邱　勇

主　　编：彭玉林　邱　勇

副 主 编：霍金荣　王福来　陈运春　肖永丽　平　璐

参编人员：曾桃利　魏明方　张占莲　李文龙　文章升
　　　　　徐天虎　杨　艳　计艳蓉　周红芸

前　言

　　为提高云南省水利工程造价人员的执业水平，配合云南省二级造价工程师（水利工程专业）职业资格考试工作，云南省水利厅、云南省水利工程行业协会组织行业内有关单位编写了本书。本书在吸收《水利工程设计概（估）算编制规定》（水总〔2014〕429号）、《水利工程营业税改征增值税计价依据调整办法》（办水总〔2016〕132号）、《云南省水利工程营业税改征增值税计价依据调整办法》（云水规计〔2016〕171号）、《关于调整水利工程计价依据增值税计算标准的通知》（办财务函〔2019〕448号）及《关于调整云南省水利工程计价依据有关税率及系数的通知》（云水规计〔2019〕46号）等相关文件精神的基础上，依据2019年版《全国二级造价工程师职业资格考试大纲》的要求编写而成。

　　本书共四篇二十章：第一篇共七章，其中第一章和第五章由云南水利水电职业学院魏明方编写，第二章和第六章由云南农业大学王福来编写，第三章和第四章由云南农业大学邱勇编写，第七章由云南农业大学彭玉林编写；第二篇共四章，由云南水利水电职业学院霍金荣、肖永丽共同编写；第三篇共六章，由云南农业大学陈运春、云南经济管理学院曾桃利共同编写；第四篇共三章，由云南建投第一水利水电建设有限公司张占莲、云南畅远工程造价咨询有限公司李文龙共同编写。全书由云南农业大学彭玉林副教授、邱勇教授担任主编，由云南农业大学龚爱民教授担任主审。

　　本书在编写过程中参考了大量的文献资料，得到了云南省水利厅、云南省水利工程行业协会及行业内相关专家、领导的指导，在此向他们致以最真诚的谢意！

　　由于时间紧张、编者水平有限，书中难免有疏漏、不妥之处，恳请广大读者、同行专家给予批评指正。

编者

2021年4月

前言

第一篇 专业基础知识

第一章 水文与工程地质 ... 3
第一节 工程水文学基础知识 ... 3
第二节 工程地质 ... 8

第二章 常用建筑材料的分类、性能及基本用途 ... 30
第一节 概述 ... 30
第二节 主要建筑材料 ... 32
第三节 其他建筑材料 ... 73

第三章 水工建筑物分类及基本形式 ... 76

第四章 工程等别与水工建筑物级别 ... 88
第一节 工程等别 ... 88
第二节 水工建筑物级别 ... 89

第五章 机电设备、金属结构类型及主要技术参数 ... 96
第一节 机电设备类型及主要技术参数 ... 96
第二节 金属结构设备类型及主要技术参数 ... 107

第六章 水利工程常用施工机械类型及应用 ... 115
第一节 土方机械 ... 115
第二节 石方机械 ... 126
第三节 起重和运输机械 ... 133
第四节 钻孔灌浆机械 ... 154
第五节 砂石料加工和混凝土机械 ... 158
第六节 疏浚机械 ... 175
第七节 盾构机和TBM机械 ... 181

第七章 水利工程施工技术 ... 185
第一节 施工水流控制 ... 185
第二节 土石方开挖工程 ... 194

第三节	地基及基础工程	197
第四节	土石坝工程	210
第五节	混凝土工程	218
第六节	砌石工程	233
第七节	地下建筑工程	236
第八节	设备安装工程	241
第九节	施工组织设计	245

第二篇　水利工程造价构成

第一章　水利工程总投资构成 253
- 第一节　水利工程分类 253
- 第二节　项目划分与项目组成 254
- 第三节　概算文件 258
- 第四节　工程总投资构成 260

第二章　工程部分造价构成 268
- 第一节　建筑及安装工程费 268
- 第二节　设备费 272
- 第三节　独立费用 272
- 第四节　预备费及建设期融资利息 274
- 第五节　案例 275

第三章　建设征地移民补偿、环境保护工程、水土保持工程造价构成 277
- 第一节　建设征地移民补偿造价构成 277
- 第二节　环境保护工程造价构成 302
- 第三节　水土保持工程造价构成 307

第四章　水文设施工程和水利信息化项目总投资及造价构成 312
- 第一节　水文设施工程项目划分 312
- 第二节　水文设施工程项目基础单价与工程单价编制方法及计算标准 314
- 第三节　水文设施工程项目概算编制 315
- 第四节　水利信息化项目总投资及造价构成 319

第三篇　水利工程计量与计价

第一章　水利工程设计工程量计算 327
- 第一节　概述 327
- 第二节　设计工程量计算规则 328
- 第三节　案例分析 331

第二章 水利工程定额分类、适用范围及作用 ································ 332
 第一节 水利工程定额概述 ································ 332
 第二节 水利工程定额的作用及其编制 ································ 336
 第三节 定额在水利工程中的应用 ································ 340
 第四节 案例分析 ································ 341

第三章 水利工程造价文件类型及作用 ································ 343

第四章 水利工程概（估）算文件编制 ································ 346
 第一节 水利工程概（估）算编制 ································ 346
 第二节 基础单价编制 ································ 349
 第三节 建筑及安装工程单价编制 ································ 373
 第四节 建筑工程概（估）算编制 ································ 418
 第五节 设备及安装工程概（估）算编制 ································ 422
 第六节 施工临时工程概（估）算编制 ································ 426
 第七节 独立费用编制 ································ 428
 第八节 分年度投资及资金流量 ································ 431
 第九节 总概算编制 ································ 433
 第十节 概算表格 ································ 435

第五章 水利工程工程量清单编制 ································ 446
 第一节 水利工程工程量清单说明 ································ 446
 第二节 工程量清单计价与格式 ································ 448
 第三节 案例分析 ································ 451

第六章 水利工程投标报价编制 ································ 456
 第一节 投标报价前的工作 ································ 456
 第二节 投标报价的编制原则与依据 ································ 458

第四篇 水利工程合同价款管理

第一章 合同价类型及适用条件 ································ 463
 第一节 合同价类型 ································ 463
 第二节 合同价类型适用条件 ································ 465

第二章 计量与支付 ································ 466
 第一节 工程计量 ································ 466
 第二节 预付款 ································ 467
 第三节 工程进度款支付 ································ 469
 第四节 工程结算 ································ 472
 第五节 竣工决算 ································ 477

第三章　合同价格调整 …………………………………………………… 479
第一节　法规政策变化引起的价格调整 ………………………………… 479
第二节　工程变更类引起的价格调整 …………………………………… 480
第三节　物价波动引起的价格调整 ……………………………………… 483
第四节　工程索赔类引起的价格调整 …………………………………… 485
第五节　其他引起的价格调整 …………………………………………… 490

参考文献 …………………………………………………………………… 491

第一篇 专业基础知识

第一章 水文与工程地质

第一节 工程水文学基础知识

水文学是研究地球上各种水体的一门科学。它研究各种水体的存在、循环和分布，探讨水体的物理和化学特性以及它们对环境的作用，包括它们对生物的关系。水体是指以一定形态存在于自然界中的水的总体，如大气中的水汽，地面上的江河、湖泊、沼泽、海洋和地面下的地下水。各种水体都有自己的特性和变化规律，因此水文学可按其研究对象分为水文气象学、河流水文学、湖泊水文学、沼泽水文学、冰川水文学、海洋水文学、河口水文学和地下水文学等。

水利水电、交通航运、农业灌溉、城市建设、环境保护等都需要各种水文数据和资料作为工程规划、设计、施工以及运营管理的依据。应用于实际工程的水文学称为工程水文学。它研究与工程的规划、设计、施工以及运营管理有关的水文问题，主要内容为水文计算、水利计算和水文预报。

一、水分循环

地球表面的各种水体在太阳的辐射作用下从海洋和陆地表面蒸发上升到空中，并随空气流动，在一定的条件下，冷却凝结形成降水又回到地面。降水的一部分经地面、地下形成径流并通过江河流回海洋，一部分又重新蒸发到空中，继续上述过程。这种水分不断交替转移的现象称为水分循环，也称为水文循环，简称水循环。

水分循环可分为大循环和小循环。大循环是指海洋与陆地之间的水分交换过程，而小循环是指海洋或陆地上的局部水分交换过程。比如，海洋上蒸发的水汽在上升过程中冷却凝结形成降水回到海面，或者陆地上发生类似情况，都属于小循环。大循环是包含许多小循环的复杂过程。

形成水分循环的原因分为内因和外因两个方面：内因是水在常态下有固、液、汽三种状态，且在一定条件下可以相互转换；外因是太阳的辐射作用和地心引力。太阳辐射为水的蒸发提供热量，促使液态、固态的水变成水汽，并引起空气流动。地心引力使空中的水汽又以降水方式回到地面，并且促使地表水、地下水汇入海洋。另外，陆地的地形、地质、土壤、植被等条件，对水分循环也有一定的影响。

水分循环是地球上最重要、最活跃的物质循环之一，它对地球环境的形成、演化和人类生存都有着重大的作用和影响。正是水分循环，才使得人类生产和生活中不可缺少的水资源具有可恢复性和时空分布不均匀性，提供了江河湖泊等地表水资源和地下水资源，同时也造成了旱涝灾害，给水资源的开发利用增加了难度。地球上水分循环示意图如图1-1-1所示。

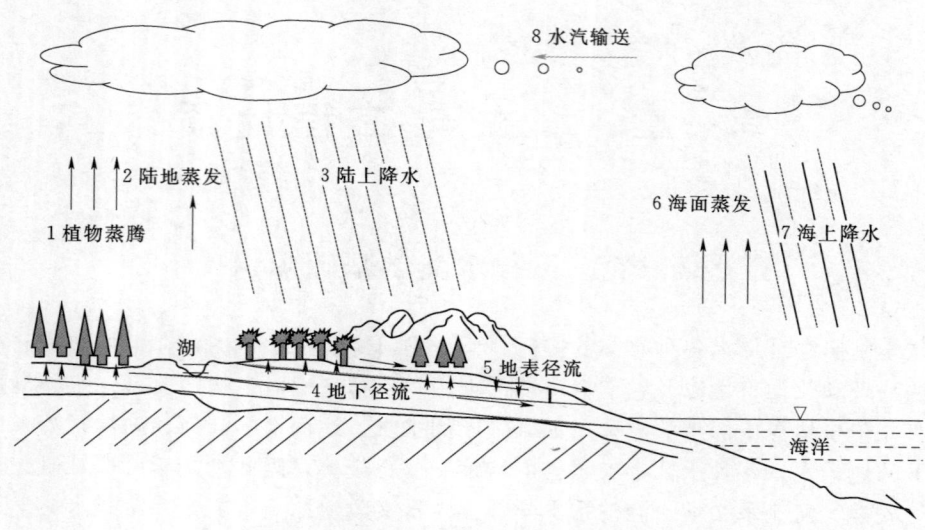

图 1-1-1 地球上水分循环示意图

二、水文统计

水文统计即是用概率论和数理统计学的原理和方法研究水文事件发生规律的一种技术途径。水文现象具有确定性的因果关系，以及在各年之间和各个事件之间的随机性变化关系，因而可用统计方法对水文事件进行分析，得到水文要素的统计特征。

统计分析是以样本资料为基础的，即样本资料的特性将直接影响到统计分析的结果。因此，在进行具体分析计算之前，应先做好样本资料的审查，尽量提高资料的质量以保证成果的合理性。一般来说，样本资料的质量主要取决于其可靠性、一致性和代表性三个方面，简称"三性"审查。

频率计算主要方法为经验频率曲线和理论频率曲线。经验频率曲线是根据某一水文要素的实测资料，计算出样本各数值 x_i 对应的累积频率 P_i（经验频率），在专用的频率格纸上点绘相应的坐标点 (P_i, x_i)，这些点据称为经验点据，过点群中心绘制一条光滑的累积频率曲线。理论频率曲线是采用数理统计中已知的频率曲线来拟合经验点得到的频率曲线。

我国径流、洪水频率曲线的线型一般采用皮尔逊Ⅲ型，特殊情况下，经分析论证后也可采用其他线型。

三、径流计算

降落到流域表面上的降水，一部分形成地面径流，一部分渗入地表土壤，在含水层内形成地下径流。地面径流和地下径流汇集到河槽中而成河川径流。它是河流中最主要的水文现象之一。暴雨洪水主要来源于地面径流，而地下径流对大河枯水期的水量补给具有重要意义。

流域内自降水开始到径流形成并流经流域出口断面为止的整个物理过程，称为径流形成过程。为了对径流形成现象有一个初步概念，也利于分析研究，可将其形成的物理过程概化为四个阶段，即降水、流域蓄渗、坡面漫流和河槽集流。

在一个年度内，通过河流某断面的水量称为该断面以上流域的年径流量。它可用年平均流量（m³/s）、年径流深（mm）、年径流总量（m³）或年径流模数［m³/(s·km²)］表示。实际工作中描述河流某一断面的年径流，常用年径流量及其年内分配过程表示。年径流量的年内分配是指年径流量在一年中各个月（或旬）的分配过程。

径流频率计算依据的资料系列应在30年以上。实测径流资料分为长期实测径流资料和短期实测径流资料。长期实测径流资料一般指资料系列的年数 $n > 30$ 年的资料，并且资料具备可靠性、一致性和代表性。短期实测径流资料是指当设计站实测年径流资料系列少于30年，或者资料系列虽长，但代表性不足。短期实测径流资料直接进行计算，求得的设计成果可能会有很大的误差，为了提高计算精度、保证成果的可靠性，需对资料系列进行展延。展延前资料的可靠性和一致性审查，以及展延后的代表性分析，设计年径流量及其年内分配计算方法与具有长系列资料时方法相同。

来水资料的分析计算一般有三个步骤：首先，应对实测径流资料进行审查；其次，运用数理统计方法推求设计年径流量；最后，用代表年法推求径流年内分配过程。

缺乏实测径流资料时设计枯水流量通常采用等值线图法或水文比拟法估算。

四、设计洪水

流域内发生暴雨、急骤的融冰化雪或水库垮坝等引起江河水量迅速增加或水位急剧上涨的一种水流现象即为洪水。由暴雨形成的洪水称为雨洪，由融雪形成的洪水称为春汛或桃汛。我国大部分地区的洪水由暴雨形成，只在东北、新疆及西部高山区，河流才有明显的春汛过程。

我国水利工程设计大多是按照工程的规模、重要性及社会经济等综合因素，指定不同频率作为设计标准，根据设计标准（设计频率），则可推出符合设计标准的洪水，这种洪水就称为设计洪水。

确定设计洪水的程序通常是：先确定工程的等级及建筑物的级别，再按设计洪水规范选用相应的设计标准（设计频率），最后推求出设计洪水的三个控制性要素，即设计洪峰流量、设计洪水总量及设计洪水过程线。

设计洪水的计算内容一般包括设计洪峰流量、固定时段的设计洪水总量和设计洪水过程线三项。这里所指的设计洪水计算实际上还包括校核洪水。目前，我国设计洪水的计算方法可分为有资料和无资料两种情况。

有资料情况下推求设计洪水的方法是：①由流量资料推求设计洪水；②由暴雨资料推求设计洪水；③由水文气象资料推求设计洪水。

无资料情况下推求设计洪水的方法是：①地区等值线插值法；②经验公式法，各省份编印的《暴雨洪水图集》（或称《暴雨洪水查算手册》）中均有刊载。

五、水库调洪计算

水库调洪作用是指：当水库下游有防洪任务时，水库的作用主要是削减下泄洪水流量，使其不超过下游河床的安全泄量，起到滞洪的作用；当水库下泄的洪水与下游区间洪水或支流洪水遭遇，相叠加后其总流量会超过下游的安全泄量，这时水库使下泄洪水不与下游洪水同时到达需要防护的地区，起到错峰的作用；当水库是防洪与兴利相结合的综合利用水库，则水库除滞洪作用外还起蓄洪兴利作用。

水库防洪调节计算的主要任务是：根据水文计算提供的设计洪水成果，通过调节计算和工程的效益投资分析确定水库防洪库容、最高洪水位、坝高和泄洪建筑物尺寸。

水库调洪计算分为无闸控制的水库调洪计算和有闸控制的水库调洪计算。

六、水库兴利调节计算

通过兴建一些专门的水利工程，如蓄水、拦水、引水等项目，来调节和改变径流的天然状态，解决供和需的矛盾，达到兴利除害的目的。人们将这种控制和调节径流的措施，称为径流调节。水库是最常见的蓄水工程之一，建造水库调节河川径流是解决来水与需水之间矛盾的一种常用的积极的方法。其中，提高枯水期的供水量，满足灌溉发电及城镇工业用水等兴利要求而进行的调节称为兴利调节。

由于来水和用水都具有一定的周期性变化规律，使水库充蓄与泄放也具有一定的周期性变化。水库由库空到蓄满，再由蓄满到放空，循环一次所经历的时间，称为调节周期。由于水库的大小和调节任务的不同，调节周期也不同，可以短到一天，也可以长达数年。水库按调节周期的长短可分为日调节、年调节和多年调节等几种类型。

兴利调节计算的任务，基本上可以归纳为两种：一种是根据河流天然来水情况和需水情况确定用水量的大小与年需兴利库容（亦称调节库容）及用水保证程度之间的关系；另一种是在兴利库容已定的情况下，拟定水库的运行调度规程，阐述水库蓄水、供水、弃水情况。

水库兴利调节首先需计算水库水量损失（蒸发和渗漏）和计算水库死水位。水库兴利调节计算分为年调节水库兴利调节计算和多年调节水库兴利调节计算。水电站兴利计算主要是计算保证出力和发电量计算。

七、水文测站及观测

（一）水文测站的任务及分类

水文测站是进行水文观测获取基本水文资料的基层单位。水文测站在地理上的分布网称为水文站网，它必须按照统一的规划，合理布局，既要能收集到大范围内的基本水文资料，满足水利水电工程建设、环境保护及其他国民经济建设的需要，又要做到经济合理。

水文测站的主要任务是按照统一标准，对指定地点的水位、流量、泥沙、降水、蒸发、水温、冰情、水质、地下水位等水文要素进行系统观测并对观测资料进行计算分析和整编。

根据测站的性质和作用，水文测站可分为基本站、实验站和专用站。

1. 基本站

基本站是综合国民经济各方面的需要，由国家统一规划建立的永久性测站。它应执行《水文测验规范》的规定标准进行较长时期的连续观测，资料刊入水文年鉴或录入水文资料数据库长期存储。基本测站按其设站目的和观测的主要项目不同，又可分为流量站、水位站、雨量站、泥沙站等。

2. 实验站

实验站是为了深入研究某些水文现象，探讨一些特殊问题而设立的测站。如径流实验站、河床实验站、湖泊（水库）实验站等。

3. 专用站

专用站是为了某种专门目的或某特殊需要，但是基本站网又不能满足而设立的测站。观测项目、观测期限等均可由设站部门自行规定，对基本站网起补充作用，但不具备基本站的特点。

（二）水文测站的日常工作内容

水文测站的日常工作主要包括四方面的内容：①根据测站的性质和类型，对要观测的水文要素按要求进行定时观测，以获取实测水文资料；②对实测水文资料按统一的方法和格式进行计算和整理；③在汛期及时上报有关实测水情资料；④进行水文调查，以弥补实测资料的不足。

（三）水文要素观测

1. 降水观测

降水量的观测场地应选在四周空旷平坦的地方，避开局部地形、地物的影响，观测降水的仪器目前一般采用20cm口径的雨量计和自记雨量计。

2. 蒸发观测

蒸发有水面蒸发、土壤蒸发和植物散发三类。水面蒸发按蒸发场的设置方式分为陆上水面蒸发场和漂浮水面蒸发场两种。陆上水面蒸发观测仪器有E-601型蒸发器、口径为80cm的带套盆的蒸发器和口径为20cm的蒸发器。其他还有自记/遥测蒸发器、水上漂浮蒸发器、20m^2及100m^2大型蒸发池等。土壤蒸发观测相对水面蒸发观测而言比较复杂，目前常用称重式土壤蒸发器。植物散发不只是水分物理过程，而且还是植物生理过程，直接观测比较困难。

3. 水位观测

水位观测中常用的观测设备有人工水尺和自记水位计两种类型。水尺是测站观测水位的基本设施，按形式可分为直立式、倾斜式、矮桩式和悬锤式四种。其中，直立式水尺构造简单，观测方便，为一般测站所普遍采用。目前较常用的自记水位计类型有：浮筒式自记水位计，水压式自记水位计，超声波水位计。

4. 流量测验

国内外流量测验方法很多，按测流时的工作原理可分为流速面积法、水力学法、化学法、物理法、直接测流法等。其中流速面积法是国内外广泛使用的测流方法，也是最基本的测流方法。

流速面积法测定流量的原理为：测定部分流速v_i和部分面积f_i，两者的乘积即为通过该部分面积上的流量q_i，然后求得全断面的流量$Q=\sum q_i$。

流速面积法流量测验主要包括过水断面测量、流速测量及流量计算三部分工作。过水断面测量主要包括测量水深、起点距及水位。天然河道流速测量普遍采用流速仪和浮标两种方法测流速。实测流量的计算有图解法、流速等值线法及列表法等。

5. 泥沙测验

河流向下游输送的不同颗粒大小泥沙的总称，即为全沙。按照泥沙的运动方式，全沙可以分为悬移质和推移质两种类型。悬移质亦称悬沙，是指悬浮于水中随水流体运动的泥沙。推移质亦称底沙，是指在河床床面上以滑动、滚动或跳跃的方式运动的泥沙。

含沙量测验同流速测验情况一致，在断面上沿各条垂线上的不同深度，测出各点含沙量。测沙垂线可根据具体情况按规范要求在测速垂线中选取。测定悬移质含沙量通常用悬移质采样器汲取河水水样，经过水样处理后，求得含沙量。悬移质采样器的类型很多，基本形式有两种：①瞬时式采样器，如横式采样器；②积时式采样器，如瓶式采样器、调压积时式采样器和抽气式采样器。此外，还使用一些悬沙现场测验装置测定含沙量，如同位素测沙仪、光电测沙仪等。这类仪器不需采取水样，将仪器或测量探头直接放入水中测点位置，用物理方法通过仪器间接测得该处的含沙量。

（四）水文调查

水文站网的定位观测工作是观察水文现象、提供水文资料的主要途径。但由于受观测时间和空间的局限性，往往不能满足要求。因此，必须通过其他途径来收集水文资料，补充定位观测之不足，使资料更加充分，满足国民经济各部门工作的需要。水文调查是收集水文资料的一种方法，用以补充水文测站定位观测之不足，使水文资料能够更为系统完整。调查内容有自然地理、流域特征、水文气象、人类活动、暴雨、洪水、枯水及灾害情况等。

第二节 工 程 地 质

一、岩石的分类与特性

覆盖在地球上的坚固部分称为岩石。岩石是在各种不同的地质作用下产生的，是由一种或多种矿物有规律地组合而成的矿物集合体。根据成因，岩石可分三大类：由岩浆冷凝所形成的岩浆岩；由风化产物经过搬运、沉积和固结形成的沉积岩；由变质作用形成的变质岩。

（一）岩浆岩

1. 岩浆岩的成因与产状

岩浆岩又称火成岩，是由岩浆凝固后形成的岩石。岩浆是上地幔和地壳深处形成的，以硅酸盐为主要成分的炽热、黏稠、含有挥发成分的熔融体。根据岩浆中 SiO_2 的相对含量的多少，可以把岩浆分为酸性岩浆、中性岩浆、基性岩浆和超基性岩浆。基性岩浆富含铁、镁氧化物，而钠、钾氧化物和硅酸含量较少，黏性小、温度高、流动性大。酸性岩浆的特点是富含钾、钠氧化物和硅酸，而铁、镁和钙的氧化物较少，黏性较大，温度低、流动性小。

岩浆主要通过地壳运动，沿地壳薄弱地带上升、冷却、凝结。其中侵入到周围岩层（简称围岩）中形成的岩石称为侵入岩。根据形成深度是否超过 3km，侵入岩又可分为深成岩和浅成岩。而岩浆喷出地表形成的岩石则称为喷出岩，包括熔岩和火山碎屑岩。火山喷发溢流出来的熔岩流，经冷凝形成的岩石，称为熔岩；火山强烈爆发出来的各种碎屑堆积而成的岩石，称为火山碎屑岩。

岩浆岩的产状（图1-1-2）是指岩浆岩体的形态、规模、与围岩接触关系、形成时所处的地质构造环境及距离当时地表的深度等方面的特征。岩浆岩的产状可分为两大类，即侵入岩和喷出岩。

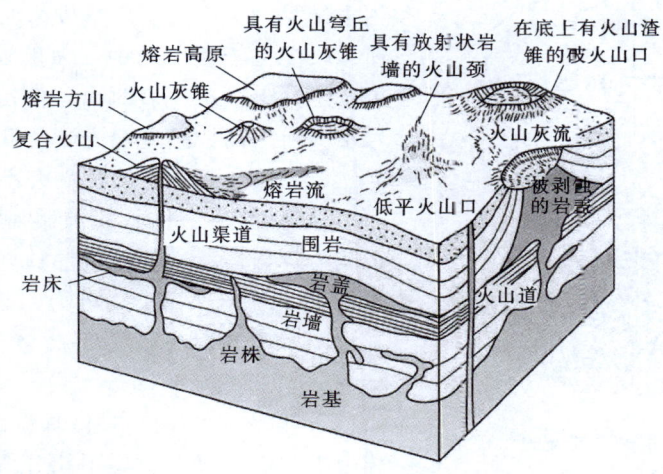

图 1-1-2 岩浆岩的产状

2. 岩浆岩的矿物成分

岩浆岩主要由 SiO_2、Al_2O_3、Fe_2O_3、FeO、MgO、CaO、Na_2O、K_2O 和 H_2O 等氧化物组成。其中 SiO_2 是最多且最重要的，它是反映岩浆性质和直接影响岩浆岩矿物成分变化的主要因素。常以 SiO_2 的相对含量，将岩浆岩划分为超基性岩（SiO_2 含量小于 45％）、基性岩（SiO_2 含量占 45％～52％）、中性岩（SiO_2 含量占 52％～65％）和酸性岩（SiO_2 含量大于 65％）。

岩浆岩的矿物成分可反映岩石的化学成分和生成条件，是岩浆岩分类命名的主要依据之一；同时，矿物成分也直接影响岩石的工程地质性质。所以，在研究岩石时要重视矿物的组成及其识别鉴定。组成岩浆岩的常见矿物有 20 多种，按其颜色及化学成分的特点可分为浅色矿物和暗色矿物两类。浅色矿物富含硅、铝成分，如正长石、斜长石、石英、白云母等；暗色矿物富含镁、铁物质，如黑云母、辉石、角闪石、橄榄石等。但对某一具体岩石来讲，并不是这些矿物都同时存在，而是通常仅由两三种主要矿物组成。例如，辉长岩主要由斜长石和辉石组成；花岗岩则主要由正长石、石英和黑云母组成。

3. 岩浆岩的结构

岩浆岩的结构是指岩石中矿物的结晶程度、颗粒大小、晶体形态及其自形程度，以及矿物（包括火山玻璃）间的相互组合关系。岩浆岩的结构特征是岩浆成分和岩浆冷凝时物理环境的综合反映。它是区分和鉴定岩浆岩的重要标志之一，同时也直接影响岩石的力学性质。岩浆岩的结构分类如下。

（1）按岩石中矿物结晶程度划分。

1）全晶质结构。岩石全部由结晶的矿物所组成，如图 1-1-3 中的 a 所示，多见于深成岩中，如花岗岩。

2）半晶质结构。由部分晶体和部分玻璃质物质所组成，如图 1-1-3 中的 b 所示，多见于喷出岩中，如流纹岩。

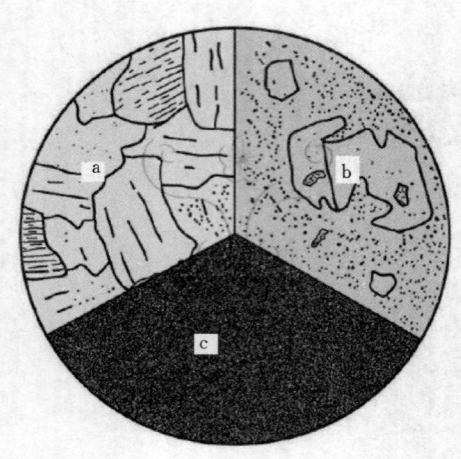

图1-1-3 按结晶程度划分的三种结构
a—全晶质结构；b—半晶质结构；
c—玻璃质结构

3）玻璃质（非晶质）结构。岩石几乎全部由未结晶的火山玻璃所组成，如图1-1-3中的c所示，多见于喷出岩中，如黑曜岩、浮岩等，是岩浆迅速上升至地表时由于温度骤然下降，来不及结晶所致的。呈玻璃光泽及贝壳状断口。

（2）按岩石中矿物颗粒大小划分。

1）显晶质结构。凭肉眼观察或借助于放大镜能分辨出岩石中的矿物晶体颗粒。按矿物颗粒直径 d 的大小又可分为：粗粒结构（$d>5.0mm$）、中粒结构（$d=5.0\sim1.0mm$）、细粒结构（$d=1.0\sim0.1mm$）。

2）隐晶质结构。晶体颗粒直径小于0.1mm，凭肉眼和借助放大镜均不能分辨，在显微镜下才能看出矿物晶粒特征，岩石呈致密状，以瓷状断面为特征。这是浅成侵入岩和熔岩中常有的一种结构。

（3）按岩石中矿物颗粒的相对大小划分。

1）等粒结构。岩石中同种主要矿物的颗粒粒径大致相等的结构。

2）不等粒结构。岩石中同种主要矿物的颗粒大小不等，且粒度大小呈连续变化的结构。

3）斑状结构及似斑状结构。岩石由两群直径相差甚大的矿物颗粒组成，其大晶粒散布在细小晶粒中，大的叫作斑晶，细小的和不结晶的玻璃质叫作基质。基质为隐晶质及玻璃质的，称为斑状结构；基质为显晶质的，则称为似斑状结构。斑状结构为浅成岩及部分喷出岩所特有的结构，其形成原因是斑晶先形成于地壳深处，而基质是后来含斑晶的岩浆上升至地壳较浅处或喷溢地表后才形成的。似斑状结构主要分布于某些深成侵入岩中，似斑状结构的斑晶和基质同时形成于相同环境。

4. 岩浆岩的构造

岩浆岩的构造是指岩石中不同种矿物集合体之间或矿物集合体与其他组成部分之间的排列、充填方式。常见的岩浆岩构造有如下几种。

（1）块状构造。块状构造的特点是岩石在矿物分布及颜色和结构上是均匀的，无一定排列次序，是岩浆岩中最常见的一种构造。

（2）流纹构造。流纹构造是由不同颜色、不同成分的条纹、条带和拉长的气孔等沿熔岩流动方向作定向排列表现出来的一种流动构造。它是酸性熔岩中最常见的一种构造。

（3）气孔构造。岩浆喷出地表后，由于压力骤降导致挥发组分的大量出溶，出溶的气体上升、汇集、膨胀，可在熔岩中，尤其是熔岩流的上部形成大量的圆形、椭圆形或管状空洞，称为气孔构造。

（4）杏仁状构造。熔岩流中的气孔被石英、方解石、绿泥石等次生矿物充填，形似杏仁，称为杏仁状构造。如北京三家店一带的玄武岩就具有典型的杏仁状构造。

5. 主要岩浆岩的特征

(1) 深成岩。深成岩常形成岩基等大型侵入体，岩性一般较均一，以中、粗粒结构为主，致密坚硬，孔隙率小，透水性弱，抗水性强，故深成岩体常被选为理想的水工建筑场地。但有些岩体风化层很厚（>100m），须采取处理措施。此外，深成岩经过多期地壳变动影响，其完整性和均一性受到破坏，且有些节理、裂隙被黏土矿物充填，可能形成软弱夹层或泥化夹层。

1) 花岗岩。属酸性深成岩，多呈肉红色、浅灰色。其主要矿物成分为钾长石、酸性斜长石、石英，次要矿物为黑云母、角闪石等。全晶质等粒状结构，块状构造。产状多为岩基、岩株，可作良好的建筑物地基及天然建筑石料。但在进行水工建设时，要注意查明风化层厚度及断裂破碎带的发育情况。在我国，花岗岩约占所有侵入岩出露面积的80%；长江三峡、湖南东江、四川龚嘴等水电工程均建在花岗岩地基上。

2) 正长岩。常呈浅灰、浅肉红、浅灰红等色，其主要矿物成分为钾长石，次要矿物有角闪石、斜长石、黑云母等。呈等粒状结构，块状构造。其物理力学性质与花岗岩类似，但不如花岗岩坚硬，且易风化，常与花岗岩、闪长岩等共生，构成复合岩体的一部分，也可单独呈岩脉产出。

3) 闪长岩。属中性深成岩，浅灰至灰绿、肉红色，其主要矿物成分为斜长石、角闪石，其次为云母、辉石及石英等。呈等粒状结构，块状构造，分布广泛，多呈小型侵入体产出，如岩株、岩床或岩墙等。可作为各种建筑物的地基和建筑材料。

4) 辉长岩。属基性深成岩，呈黑色或黑灰色，矿物成分以斜长石和辉石为主，也含有少量的角闪石、橄榄石等。呈辉长结构或中、粗粒结构，块状构造。常呈小侵入体产出，如岩盘、岩床、岩墙等。

(2) 浅成岩。浅成岩多以岩床、岩墙、岩脉等状态产出，有时相互穿插。颗粒细小的岩石强度高，不易风化。这些小型侵入体与围岩接触部位的岩性不均一，节理裂隙发育，岩石破碎，风化蚀变严重，透水性增大。选作大型水利工程地基时，应进行细致的勘探试验工作。

1) 花岗斑岩。属酸性浅成岩，成分与花岗岩相同。呈似斑状结构，斑晶和基质均主要由钾长石、石英组成，若斑晶以石英为主，则称为石英斑岩。

2) 闪长玢岩。属中性浅成岩，其矿物成分为斜长石和角闪石。呈斑状或似斑状结构，斑晶以斜长石为主。常为灰色，如有次生变化，则多为灰绿色，块状构造。常呈岩脉或在闪长岩体边部产出。

3) 辉绿岩。属基性浅成岩，呈暗绿色或黑色，矿物成分与辉长岩相同。一般为辉绿结构由斜长石晶体（长条状或针状）构成格架，辉石填入其中的特殊结构。呈块状构造，多呈岩床、岩脉产出，具良好的物理力学性质，但常因节理发育，较易风化。

4) 脉岩类。脉岩是呈脉状或岩墙状产出的浅成侵入岩。常位于深成侵入体内部或附近围岩中，充填在裂隙内。根据矿物成分和结构特征，可分为伟晶岩、细晶岩和煌斑岩三类。

伟晶岩是粗粒或巨粒结构的脉岩，各种成分的侵入岩都有相应成分的伟晶岩产出，但分布最广的是花岗伟晶岩。伟晶岩的一般特征是矿物颗粒大，矿物共生组合复杂，具特征的文象结构、伟晶结构及晶洞、晶腺构造。

细晶岩是细粒结构的浅色脉岩。不同的细晶岩成分相差很大，最常见的是花岗细晶岩，其他的还有辉长细晶岩、闪长细晶岩、斜长细晶岩等。以细粒石英和长石为主要成分，也称为长英岩。

煌斑岩是深色脉岩类岩石的总称。其特点是全晶质，常具明显的斑状结构。矿物成分以黑云母和角闪石为主，也有辉石、橄榄石以及斜长石等。最常见的是云母煌无岩，其次是闪辉煌斑岩等。

（3）喷出岩。喷出岩一般原生空隙和节理发育，产状不规则，厚度变化大，岩性很不均一。因此，强度低，透水性强，抗风化能力差。但对于安山岩和流纹岩等，如果孔隙、节理不发育，颗粒细或呈致密玻璃质，则强度高，抗风化能力强，属良好的建筑物地基。需注意喷出岩覆盖在其他岩层之上的特点。

1）流纹岩。流纹岩属酸性喷出岩，呈岩流状产出，大都为灰、灰白和灰红等较浅颜色。斑状结构，细小的斑晶为透长石和石英等矿物，基质为隐晶或玻璃质，常见流纹、气孔构造。呈熔岩流产出。因其岩性坚硬、强度较高，可作良好建筑材料。但要注意，下伏岩层和两次或多次喷出之间是否存在松散软弱的土层或风化层。

2）粗面岩。粗面岩常呈浅紫灰、浅褐黄、浅紫褐等色。多具斑状结构，斑晶为透长石、正长石，基质为隐晶质。表面常有粗糙感。常为块状构造，也有气孔构造。断口粗糙不平。斑晶中若有石英，可称为石英粗面岩。呈熔岩流产出。

3）安山岩。安山岩是分布较广的中性喷出岩，呈灰、红褐或浅褐色。斑状结构，斑晶为斜长石，其余矿物有角闪石和辉石等，基质为隐晶或玻璃质。常为块状或气孔、杏仁状构造。有不规则的板状或柱状原生节理，常呈熔岩流产出。

4）玄武岩。玄武岩是分布较广的基性喷出岩，呈黑、黑灰及暗褐等色。其主要矿物成分有斜长石、辉石、橄榄石等，多呈斑状结构、细粒结构或无斑隐晶质结构。呈气孔构造、杏仁状构造或块状构造，岩性致密坚硬，但多孔时强度较低，较易风化。玄武岩的柱状节理很普遍。

5）火山碎屑岩类。火山碎屑岩是火山活动时形成的火山碎屑物质，如火山灰（粒径为 $2\sim0.05mm$）、火山砾（粒径为 $2\sim64mm$）、火山渣、火山弹及火山岩块（粒径大于 $64mm$）等，在火山口附近就地堆积，或在空气或水中搬运、降落、沉积、乐实、胶结形成的岩石，如凝灰岩、火山角砾岩、集块岩等。其中，凝灰岩最为常见。

凝灰岩一般由粒径小于 $2mm$ 的火山灰和碎屑固结而成。碎屑物质有岩屑、矿物晶屑、玻璃碎屑等，胶结物为火山灰等物质。岩石外貌有粗糙感，具典型的凝灰结构，呈块状层理、粒序层理等构造。这种岩石空隙率大，容重小，性质软弱，强度低，易风化。风化后常形成以蒙脱石为主的膨润土，因其具有很高的可塑性和膨胀性，所以常给工程建设带来困难和危害。

由于火山碎屑岩在成因上具内、外动力地质作用的二重性，因而它是岩浆岩与沉积岩之间的过渡类型。有些人也将其纳入沉积岩的分类体系中。

（二）沉积岩

沉积岩是在地壳表层常温常压条件下，由风化产物、有机物质和某些火山作用产生的物质，经搬运、沉积和成岩等一系列地质作用而形成的层状岩石。因为沉积岩广泛分布于地表，所以许多工程都选在沉积岩地区建设。沉积岩也是被应用得最广的一种建筑材料。

1. 沉积岩的形成

沉积岩的形成是一个长期而复杂的地质作用过程，一般可分为四个阶段，沉积岩形成示意图如图 1-1-4 所示。

（1）先成岩石的破坏阶段。地表或接近地表的岩石受温度变化、水、大气和生物等因素作用，在原地发生机械崩解或化学分解，形成松散碎屑物质、新的矿物或溶解物质的作用，称为风化作用。风化产物是沉积岩的重要物质来源之一。风、地面流水、地下水、冰川湖泊、海洋等各种外力在运动状态下对地面岩石及风化产物的破坏作用称为剥蚀作用。可分为机械剥蚀作用和化学剥蚀作用（溶蚀作用）两种方式。

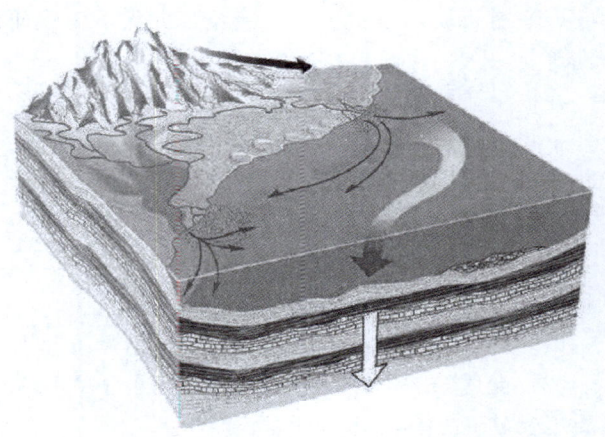

图 1-1-4　沉积岩形成示意图

（2）搬运阶段。搬运作用是指风化作用和剥蚀作用的产物，被水流、风、冰川、重力及生物等搬运到其他地方。搬运方式包括机械搬运和化学搬运两种。流水的搬运使得碎屑物质颗粒逐渐变细，并从棱角状变成浑圆形。化学搬运是将胶体和溶解物质带到湖泊、海洋中。

（3）沉积阶段。当搬运能力减弱或物理化学环境改变时，被搬运的物质脱离搬运介质而停止运移，这种作用称为沉积作用。沉积作用包括海洋沉积和大陆沉积，前者又分为滨海、浅海、半深海和深海沉积，后者又分为河流、湖泊、沼泽、冰川、风力等沉积。沉积作用一般可分为机械沉积、化学沉积和生物化学沉积。机械沉积作用是受重力支配的，碎屑物质通常按颗粒大小顺序沉积，即沿搬运方向依次沉积砾粒、砂粒、粉粒和黏粒，这种现象称为机械沉积分异作用。例如在同一条河流上，上游沉积物质颗粒较粗，往中、下游逐渐变细。化学沉积包括胶体溶液和真溶液的沉积，如氧化物、卤素盐、硫酸盐、碳酸盐等的沉积。生物化学沉积主要是由生物遗体沉积及生物活动所引起的，如藻类进行光合作用吸收 CO_2，促进碳酸盐的沉淀。

（4）成岩阶段。即松散沉积物转变成坚硬沉积岩的阶段。成岩作用主要有三种：①压固作用，上覆沉积物的重力作用，导致下伏沉积物孔隙减小，水分挤出，从而变得紧密坚硬；②胶结作用，其他物质充填到碎屑沉积物粒间孔隙中，从而将分散的颗粒黏结在一起；③重结晶作用，沉积物在压力和温度逐渐增大的情况下，可以溶解或局部溶解，导致物质质点重新排列，使非晶物质变成结晶物质。

2. 沉积岩的矿物组成

组成沉积岩的常见矿物仅有 20 多种，按成因类型可分为以下几种：

（1）碎屑矿物，也称原生矿物，是原岩风化破碎后残存下来的矿物，如石英、长石、白云母等一些耐磨损而抗风化性较强和较稳定的矿物。

(2) 黏土矿物，是原岩经风化分解后生成的次生矿物，如高岭石、蒙脱石、伊利石等。

(3) 化学沉积矿物，是从真溶液或胶体溶液中沉淀出来的或是由生物化学沉积作用形成的矿物，如方解石、白云石、石膏、石盐、铝、铁和锰的氧化物或氢氧化物等。

(4) 有机质，是由生物残骸经有机化学变化而形成的矿物，如贝壳、硅藻土、泥炭、石油等。

在以上矿物中，石英、长石及白云母也是岩浆岩中常见的矿物，其他矿物则是在地表条件下形成的特有矿物。岩浆岩中的橄榄石、辉石、角闪石、黑云母等暗色矿物，由于易于化学风化，因而在沉积岩中极少见到。

3. 沉积岩的结构

沉积岩的结构是指沉积岩组成物质的形状、大小和结晶程度等特征，主要有下列三种：

(1) 碎屑结构，是碎屑物质被胶结物黏结起来而形成的一种结构。

(2) 泥质结构，是几乎全部由粒径小于 0.005mm 的黏土颗粒组成的，比较致密均一且质地较软，常具滑感和贝壳状断口。

(3) 化学结构，是由岩石中的颗粒在水溶液中结晶（如方解石、白云石等）或呈胶体形态凝结、沉淀（如蛋白石、玉髓等）而成。

(4) 生物结构，几乎全部是由生物遗体或生物碎片所组成的，如生物碎屑结构、贝壳结构等。

4. 沉积岩的构造

沉积岩的构造是指沉积岩中各种物质成分形成的特有的空间分布和排列方式。

(1) 层理构造。层理是沉积岩在形成过程中，由于沉积环境的改变所引起的沉积物质的成分、颗粒大小、形状或颜色在垂直方向发生变化而显示成层的现象。层理是沉积岩最重要的构造特征，是沉积岩区别于岩浆岩和变质岩的最主要标志。

根据层理的形态，可将层理分为下列几种类型：

1) 水平层理。是由平直且与层面平行的一系列细层组成的，主要见于细粒岩石（黏土岩、粉细砂岩、泥晶灰岩等）中。它是在比较稳定的水动力条件下（如河流的堤岸带、闭塞海湾、海和湖的深水带），从悬浮物或溶液中缓慢沉积而成的。

2) 单斜层理。是由一系列与层面斜交的细层组成的，细层向同一方向倾斜并大致相互平行。它与上下层面斜交，上下层面互相平行。它是由单向水流所造成的，多见于河床或滨海三角洲沉积物中。

3) 交错层理。是由多组不同方向的斜层理互相交错重叠而成的，是由于水流的运动方向频繁变化所造成的，多见于湖滨、滨海、浅海地带或风成堆积层中。

此外，还有粒序层理（递变层理）等。粒序层理的特征是从层的底部到顶部，岩石的粒度呈现有规律的变化。

有些岩层一端较厚，另一端逐渐变薄以至消失，这种岩层称为尖灭层。若在不大的距离内两端都尖灭，而中间较厚，则称这类岩层为透镜体。

(2) 层面构造。层面构造指岩层层面上由于水流、风、生物活动等作用留下的痕迹，如波痕、泥裂、雨痕等。波痕是由于风力、流水、波浪和潮汐的作用，在沉积层表面所形成的波状起伏现象。泥裂主要是由于沉积物在尚未固结时即露出水面，经暴晒后形成的张开的裂缝。泥裂刚形成时是空的，以后常被砂、粉砂或其他物质填充。

(3) 结核。结核是成分、结构、构造及颜色等与围岩成分有明显区别的某些矿物团块。结核形态很多，有球状、椭球状、不规则状等。如石灰岩中常见的燧石结核，主要是 SiO_2 在沉积物沉积的同时以固体凝聚方式形成的。黄土中的钙质结核，是地下水从沉积物中溶解 $CaCO_3$ 后在适当地点再结晶凝聚形成的。

(4) 生物成因构造。由于生物的生命活动和生态特征，而在沉积物中形成的构造称为生物成因构造。如生物礁体、叠层构造、虫迹、虫孔等。

在沉积过程中，若有各种生物遗骸或痕迹（如动物的骨骼、甲壳、蛋卵、足迹及植物的根、茎、叶等）埋藏于沉积物中，后经石化保存于岩石中，则称为化石。根据化石种类可以确定岩石形成的环境和地质年代。

此外，碳酸盐类岩石中，在垂直层面的切面上的锯齿状裂缝叫作缝合线，它是岩石在受压条件下，产生不均匀溶解而形成的。

5. 沉积岩的分类及主要沉积岩的特征

根据沉积岩的组成成分、结构、构造和形成条件，可分为碎屑岩、黏土岩、化学岩及生物化学岩类。

(1) 碎屑岩类。碎屑岩类具有碎屑结构，即岩石由粗粒的碎屑和细粒的胶结物两部分组成。鉴别碎屑岩时，首先观察碎屑粒径的大小，区分是砾岩、砂岩还是粉砂岩；其次分析胶结物的性质和碎屑物质的主要矿物成分，判断所属的亚类，并确定岩石的名称。

1) 砾岩和角砾岩。砾岩和角砾岩是由占碎屑总量达 50% 以上的粒径 d 大于 2mm 的碎屑颗粒胶结形成的岩石。少见层理，呈厚层—巨厚层。角砾岩是由带棱角的岩块搬运距离不远即沉积胶结而成的，如滑塌角砾岩、冰川角砾岩、岩溶角砾岩等。由磨圆较好的砾石胶结而成的称为砾岩，砾岩可能是在海滨潮间带由海浪反复冲刷磨蚀堆积而成的，分选和磨圆都较好，成分较单纯，也可能是由河流短距离搬运而成的，分选和磨圆度都较差，砾石成分也较复杂。砾石成分可能是矿物碎屑，但主要是岩屑。胶结物的成分与胶结类型对砾岩的物理力学性质有很大的影响。如硅质基底胶结的石英砾岩非常坚硬、难以风化。而泥质胶结的砾岩则相反，美国圣弗兰西斯坝则是因此种砾岩泥化而失事的。

2) 砂岩。砂岩是由占碎屑总量达 50% 以上的 2~0.05mm 粒级的颗粒胶结而成的岩石。交错层理发育。按粒径大小可细分为粗、中及细砂岩。根据其主要碎屑的矿物成分又可分为石英砂岩、长石砂岩和岩屑砂岩。石英砂岩中 90% 以上的碎屑物质是石英，磨圆度高，分选性好，以中—细粒为主；一般为硅质胶结，呈白色等，质地坚硬。在长石砂岩的碎屑中，长石含量大于 25%，岩屑含量小于 10%，常为红色或淡黄色，一般为中、粗粒，分选性和磨圆度相对较差，为钙质或铁质胶结。岩屑砂岩中的岩屑占碎屑总量的 25% 以上，岩屑的含量超过长石的含量，粒度以细粒为主，胶结物为硅质或钙质，碎屑的分选、磨圆不好，颜色较深，呈灰、灰绿、灰黑等色。

砂岩随胶结物成分和胶结类型的不同，力学性质也不同。由于多数砂岩岩性坚硬而质脆，在地质构造应力作用下张性裂原发育，所以，常具有较强的透水性。

3）粉砂岩。粉砂岩是 0.05～0.005mm 粒级的颗粒含量大于 50% 的岩石，质地致密，成分以石英为主、长石次之，碎屑的磨圆度差，分选时好时差，常见颜色为棕红色或暗褐色，常具有薄的水平层理。粉砂岩的性质介于砂岩与黏土岩之间。

(2) 黏土岩类。黏土岩是主要由粒径小于 0.005mm 的黏土矿物组成的岩石。常见的黏土矿物有高岭石、蒙脱石、水云母等。黏土岩中的其他成分有粉粒级的石英、长石、云母等陆源碎屑，还有褐铁矿等胶体或化学沉积物。黏土岩致密均一，不透水，性质软弱，强度低，易产生压缩变形，抗风化能力较低，尤其是含蒙脱石等矿物的黏土岩，遇水后具有膨胀、崩解等特性，不适合作为大型水工建筑物的地基。黏土岩主要有以下两大类。

1）泥岩。泥岩是由 95% 以上的泥质物组成的，其特点是：固结不紧密、不牢固；层理不发育，常呈厚层状、块状；强度较低，一般干试样的抗压强度为 5～35MPa，遇水易泥化，强度显著降低，饱水试样的抗压强度可降低 50% 左右；泥岩多形成于较新的地质时期。

2）页岩。页岩是由黏土脱水胶结而成的，大部分有明显的薄层理，能沿层理分成薄片，这种特征也称为页理，页理主要是由鳞片状黏土矿物层层累积、平行排列并压紧而成的。页岩风化后多成碎片状或泥土状。根据混入物的成分或岩石的颜色可分为：钙质页岩、铁质页岩、硅质页岩、黑色页岩及炭质页岩等。除硅质页岩强度稍高外，其余的页岩易风化，性质软弱，浸水后强度显著降低。在地形上常表现为低山低谷。

(3) 化学岩及生物化学岩类。最常见的化学岩是由碳酸盐矿物组成的岩石，以石灰岩、白云岩和泥灰岩分布最为广泛。鉴别这类岩石时，要特别注意其对盐酸试剂的反应。石灰岩在常温下遇稀盐酸剧烈起泡；泥灰岩遇稀盐酸起泡后留有白色泥点；白云岩在常温下遇稀盐酸不起泡，但加热或研成粉末后则起泡。多数岩石结构致密，性质坚硬，强度较高。但主要特征是具有可溶性，在水流的作用下形成溶蚀裂隙、洞穴、地下河等岩溶现象，影响水工建筑物安全的主要工程地质问题有塌陷、渗漏等。

1）石灰岩。石灰岩简称灰岩，在深海或浅海等环境中形成，矿物成分以方解石为主，有时还可能含有白云石、燧石等硅质矿物和黏土矿物等。常呈深灰、浅灰色，纯质灰岩呈白色，多呈致密状，具隐晶质结构，叫作结晶灰岩。另外在形成过程中，由于风浪振动，常形成一些特殊结构，如鲕状结构和竹叶状等碎屑结构。

2）白云岩。白云岩的矿物成分主要为白云石，其次含有少量的方解石等。形成环境同灰岩，常为浅灰色、灰白色，呈隐晶质或细晶粒状结构，硬度较灰岩略大。岩石风化面上常有刀砍状溶蚀沟纹。纯白云岩可作耐火材料。

石灰岩与白云岩之间的过渡类型有灰质白云岩、白云质灰岩等。

3）泥灰岩。当石灰岩中黏土矿物含量达 25%～50% 时，称为泥灰岩。岩石致密，呈微粒或泥质结构。颜色有灰色、黄色、褐色、红色等。强度低、易风化。泥灰岩可作水泥原料。

其他的化学岩包括铝质岩、铁质岩、锰质岩、燧石岩、石盐岩、钾石盐岩及石膏岩等。此外，还有煤等可燃有机岩。

此外，还有珊瑚礁灰岩、叠层藻灰（白云）岩等生物化学岩。

（三）变质岩

地壳中原有的岩浆岩或沉积岩，由于地壳运动和岩浆活动等造成物理化学环境的改变，受高温、高压及其他化学因素作用，使原来岩石的成分、结构和构造发生一系列变化，所形成的新的岩石称为变质岩。这种改变岩石的作用，称为变质作用。变质岩如图1-1-5所示。

1. 变质作用的因素及类型

引起变质作用的因素有温度、压力及具有化学活动性的流体。变质温度的基本来源包括地壳深处的高温、岩浆及地壳岩石断裂错动产生的高温等。温度可导致岩石发生重结晶作用和产生新的矿物。引起岩石变质的压力包括上覆岩石重量引起的静压力、侵入岩体空隙中的流体所形成的压力，以及地壳运动或岩浆活动产生的定向压力。化学活动性流体则是以岩浆、H_2O、CO_2、HCl 为主，并含有其他一些易挥发、易流动的物质。

图1-1-5 变质岩

根据变质作用的地质成因和变质作用因素，将变质作用分为下列几种类型。

（1）接触变质作用。接触变质作用是指发生在侵入岩与围岩之间的接触带上，由于岩浆活动散发出的热量和从岩浆中析出的溶液而引起接触带围岩发生变化的变质作用。围岩距侵入体越近，变质程度则越高；距离越远，变质程度则越低，并逐渐过渡到不变质的岩石。其中热接触变质作用中引起变质的主要因素是温度。岩石受热后发生矿物的重结晶、脱水、脱碳以及物质的重新组合，形成新矿物与变晶结构。在接触交代变质作用中引起变质的因素除温度以外，主要还有从岩浆中分异出来的挥发性物质和热液所产生的交代作用。故岩石的化学成分有显著变化，产生大量新矿物。形成的岩石有大理岩、角岩、矽卡岩等。

接触变质带的岩石一般较破碎，裂隙发育，透水性大，强度较低。

（2）区域变质作用。泛指在广大范围内发生，并由温度、压力以及化学活动性流体等多种因素引起的变质作用。包括区域中、高温（550~900℃）变质作用、区域动力热流变质作用、埋深（又称静力、负荷、埋藏）变质作用等类型。例如，黏土质岩石可变为板岩、片岩和片麻岩等。

区域变质岩的岩性，在很大范围内是比较均匀一致的，其强度则取决于岩石本身的结构和成分等。

（3）混合岩化作用。在区域变质作用的基础上，地壳内部热流继续升高，便产生深部热液和局部重熔岩浆的渗透、交代、贯入于变质岩中，形成的大规模变质作用叫作混合岩化作用。它是变质作用向岩浆作用的过渡类型，又称超变质作用。

（4）动力变质作用。在地壳构造变动时产生的强烈定向压力使岩石发生的变质作用称为动力变质作用。其特征是常与较大的断层带伴生，原岩挤压破碎、变形并常伴随一定程度的重结晶现象，可形成断层角砾岩、碎裂岩、糜棱岩等，并可有叶蜡石、蛇纹石、绢云母、绿泥石、绿帘石等变质矿物产生。

2. 变质岩的矿物成分

组成变质岩的矿物,一部分是与岩浆岩或沉积岩所共有的,如石英、长石、云母、角闪石、辉石、方解石等;另一部分则是变质作用后产生的特有的变质矿物,如红柱石、矽线石、蓝晶石、硅灰石、刚玉、绿泥石、绿帘石、绢云母、滑石、叶蜡石、蛇纹石、石榴子石、石墨等。这些矿物具有变质程度分带指示作用,如绿泥石、绢云母多出现在浅变质带,蓝晶石代表中变质带,而矽线石则存在于深变质带中。这类矿物可作为鉴别变质岩的标志矿物。

3. 变质岩的结构

(1) 变晶结构。岩石在固体状态下发生重结晶或变质结晶所形成的结构称为变晶结构。这是变质岩中最常见的结构。

1) 根据变晶矿物的粒径分类。按变晶矿物颗粒的相对大小可分为等粒变晶结构、不等粒变晶结构及斑状变晶结构;按变晶矿物颗粒的平均粒径 d 可分为粗粒变晶结构($d>3mm$)、中粒变晶结构($d=3\sim1mm$)、细粒变晶结构($d<1mm$)。

2) 按变晶矿物颗粒的形态分类。可分为粒状变晶结构、鳞片状变晶结构及纤维状变晶结构等。

(2) 碎裂结构。岩石受定向压力作用,当压力超过其强度极限时发生破裂,形成碎块甚至粉末后又被胶结在一起的结构称为碎裂结构。常具条带和片理,是动力变质岩中常见的结构。根据破碎程度可分为碎裂结构、碎斑结构、糜棱结构等。

(3) 变余结构(残余结构)。原岩在变质作用过程中,由于变质重结晶作用不完全,原岩的结构特征被部分保留下来,即称为变余结构。如变余斑状结构、变余粒状结构、变余砾状结构、变余砂状结构、变余泥质结构等。

4. 变质岩的构造

岩石经变质作用后常形成一些新的构造特征,构造是区别于其他两类岩石的特有标志,是变质岩的最重要特征。

(1) 片理构造。指岩石中矿物定向排列所显示的构造,是变质岩中最常见、最带有特征性的构造。

1) 板状构造。岩石具有由微小晶体定向排列所造成的平行、较密集而平坦的破裂面,沿此面岩石易于分裂成板状体。板理面常微有丝绢光泽。这种岩石常具变余泥质结构。它是岩石受较轻的定向压力作用而形成的。

2) 千枚状构造。岩石中各组分基本已重结晶并呈定向排列,但结晶程度较低而使得肉眼尚不能分辨矿物,仅在岩石的自然破裂面上见有强烈的丝绢光泽,系由绢云母、绿泥石造成的。沿劈理面不易裂开,有时具有挠曲和小褶皱。

3) 片状构造。在定向挤压应力的长期作用下,岩石中所含大量柱状或片状矿物(如云母、绿泥石、滑石等),都呈平行定向排列。岩石中各组分全部重结晶,而且肉眼可以看出矿物颗粒。有此种构造的岩石,各向异性特征显著,沿片理面易于裂开,其强度、透水性、抗风化能力等也随方向而改变。

4) 片麻状构造。以粒状变晶矿物为主,其间夹以鳞片状、柱状变晶矿物,它们的结晶程度都比较高，并呈大致平行的断续带状分布。岩石多呈块状，不能分割成片。片麻状构造是片麻岩中常见的构造。

（2）块状构造。岩石中的矿物均匀分布，结构均一，无定向排列，这是大理岩和石英岩常有的构造。

（3）变余构造。变余构造是因变质作用不彻底，从而保留下来的原岩构造。如变余层理构造、变余气孔构造等。

5. 主要变质岩的特征

（1）片麻岩。一般具明显的片麻状构造，也有呈条带或眼球状构造，中粗粒鳞片粒状变晶结构。可由黏土岩、粉砂岩、砂岩、酸性或中性岩浆岩、火山碎屑岩等，经深变质而成。主要矿物为长石、石英、云母、角闪石等，有时出现辉石、红柱石、石榴子石、矽线石、蓝晶石等。片麻岩可根据成分进一步分类和命名，如花岗片麻岩、角闪斜长片麻岩、黑云钾长片麻岩等。

片麻岩的物理力学性质，视矿物成分不同而异，一般较坚硬，强度较高。若云母含量增多且富集在一起，则强度大为降低，并较易风化。

（2）片岩。其特征是具片状构造，一般呈鳞片变晶结构、纤状变晶结构。常见矿物有云母、绿泥石、滑石、角闪石等，粒状矿物以石英为主，长石很少或没有。表面有丝绢或珍珠光泽。进一步分类和命名需根据特征变质矿物和主要片状矿物来确定，如云母片岩、绿泥石片岩、滑石片岩、石英片岩、角闪石片岩等。片岩强度较低，且易风化，由于片理发育，易于沿片理面裂开。

（3）千枚岩。其特征是具千枚状构造。其原岩类型与板岩相同，重结晶程度比板岩高，基本已重结晶。矿物成分主要有细小绢云母、绿泥石、石英等，具微粒鳞片变晶结构，片理面具有明显的丝绢光泽，岩性致密。千枚岩性质较软弱，易风化破碎。

（4）板岩。板岩是具板状构造的浅变质岩石。主要由黏土岩、粉砂岩或中酸性凝灰岩变质而成，变质程度较轻。常具变余泥质结构，重结晶不明显，外表呈致密隐晶质，肉眼难以鉴别。沿板理易裂开成薄板状，在板理面上略显丝绢光泽。能加工成各种尺寸的石板，用作建筑材料。板岩透水性弱，可作隔水层加以利用，但在水的长期作用下可能软化，形成软弱夹层。

（5）石英岩。石英岩由石英砂岩和硅质岩经变质而成。主要由石英组成（含量大于85%），其次可含少量白云母、长石、磁铁矿等。一般为块状构造，呈粒状变晶结构。具脂肪光泽。岩石坚硬，抗风化能力强。可作良好的水工建筑物地基。但因性脆，较易产生密集性裂隙。另外，石英岩中常夹有薄层板岩，风化后变为泥化夹层。

（6）大理岩。因我国云南大理市盛产优质的此种岩石而得名。由钙、镁碳酸盐类沉积岩变质形成。主要矿物成分为方解石、白云石。具粒状变晶结构，块状构造。洁白的细粒大理岩（汉白玉）和带有各种花纹的大理岩常被用作建筑材料，尤其是各种装饰石料。大理岩硬度较小，岩块或岩粉与盐酸反应起泡，具有可溶性。

（7）混合岩。混合岩是由混合岩化作用形成的岩石。其基本组成物质分为基体和脉体两部分。基体指的是混合岩形成过程中残留的原来的变质岩，是区域变质作用的产物，多含暗色矿物，如角闪岩、片麻岩等，颜色较深。脉体指的是混合形成过程中处于活动状态的新生成的流体物质结晶部分,通常是花岗质、长英质(细晶质)、伟晶质和石英脉等,颜色较浅。脉体和基体以不同的数量和方式相混合,可形成不同形态的各种混合岩。矿物成分变化大、成分复杂。呈粗粒、交代结构。具条带状、肠状、角砾状、眼球状、网状等构造。

(8) 动力变质岩。动力变质岩包括构造角砾岩、碎裂岩、糜棱岩、千糜岩等。

二、土石的分类与特性

(一) 土石的分类

水利水电工程中常将土石进行分级,依据开挖方法、开挖难易坚固系数等共划分为16级,其中土分为4级,岩石分为12级,见表1-1-1和表1-1-2。地下洞室的施工过程中又将围岩进行分类,可根据岩石强度、岩石完整性、结构面状态、地下水和主要结构面产状五项因素的评分为基本依据,一般分为Ⅰ~Ⅴ类。

表1-1-1　　　　　　　　一般工程土类工程分级表

土质级别	土质名称	自然温容重 /(kg/m³)	外形特征	开挖方法
Ⅰ	1. 砂土 2. 种植土	1650~1750	疏松,黏着力差或易透水,略有黏性	用锹或略加脚踩开挖
Ⅱ	1. 壤土 2. 淤泥 3. 含壤种植土	1750~1850	开挖时能成块,并易打碎	用锹或略加脚踩开挖
Ⅲ	1. 黏土 2. 干燥黄土 3. 干淤泥 4. 含少量砾石黏土	1800~1950	黏手,看不见砂粒或干硬	用镐、三齿耙开挖或用锹需用力加脚踩开挖
Ⅳ	1. 坚硬黏土 2. 砾质黏土 3. 含卵石黏土	1900~2100	土壤结构坚硬,将土分裂后成块状或含黏粒砾石较多	用镐、三齿耙工具开挖

表1-1-2　　　　　　　　一般岩石类别分级表

岩石级别	岩石名称	实体岩石自然温度时的平均容重/(kg/m³)	净钻时间/(min/m) 用直径30mm合金钻头,凿岩机打眼(工作气压为$4.6×10^5$Pa)	极限抗压强度/(kg/cm²)	强度系数 f
Ⅴ	1. 砂藻土及软的白垩岩 2. 硬的石炭纪的黏土 3. 胶结不紧的砾岩 4. 各种不坚实的页岩	1500 1950 1900~2200 2000	≤3.5 (淬火钻头)	≤200	1.5~2
Ⅵ	1. 软的有孔隙的节理多的石灰岩及贝壳石灰岩 2. 密实的白垩 3. 中等坚实的页岩 4. 中等坚实的泥灰岩	2200 2600 2700 2300	4 (3.5~4.5) (淬火钻头)	200~400	2~4

第一章 水文与工程地质

续表

岩石级别	岩石名称	实体岩石自然温度时的平均容重/(kg/m³)	净钻时间/(min/m) 用直径30mm合金钻头，凿岩机打眼（工作气压为$4.6×10^5$Pa）	极限抗压强度/(kg/cm²)	强度系数 f
VII	1. 水成岩卵石经石灰质胶结而成的砾石 2. 风化的节理多的黏土质砂岩 3. 坚硬的泥质页岩 4. 坚实的泥灰岩	2200 2200 2800 2500	6 (4.5～7)	400～600	4～6
VIII	1. 角砾状花岗岩 2. 泥灰质石灰岩 3. 黏土质砂岩 4. 云母页岩及砂质页岩 5. 硬石膏	2300 2300 2200 2300 2900	6.8 (5.7～7.7)	600～800	6～8
IX	1. 软的有风化较甚的花岗岩、片麻岩及正常岩 2. 滑石质的蛇纹岩 3. 密实的石灰岩 4. 水成岩卵石经硅质胶结的砾岩 5. 砂岩 6. 砂质石灰质的页岩	2800 2900 2600 2800 2700 2700	11.2 (10.9～11.5)	1200～1400	12～14
X	1. 白云岩 2. 坚实的石灰岩 3. 大理石 4. 石灰质胶结的致密的砂岩 5. 坚硬的砂质页岩	2700 2700 2700 2600 2600	10 (9.3～10.8)	1000～1200	10～12
XI	1. 粗粒花岗岩 2. 特别坚实的白云岩 3. 蛇纹岩 4. 火成岩卵石经石灰质胶结的砾岩 5. 石灰质胶结的坚实的砂岩 6. 粗粒正长岩	2800 2900 2600 2800 2700 2700	11.2 (10.9～11.5)	1200～1400	12～14
XII	1. 有风化痕迹的安山岩及玄武岩 2. 片麻岩、粗面岩 3. 特别坚实的石灰岩 4. 火成岩卵石经硅质胶结的砾岩	2700 2600 2900 2600	12.2 (11.6～13.3)	1400～1600	14～16
XIII	1. 中粒花岗岩 2. 坚实的片麻岩 3. 辉绿岩 4. 玢岩 5. 坚实的粗面岩 6. 中粒正长岩	3100 2800 2700 2500 2800 2800	14.1 (13.4～14.8)	1600～1800	16～18
XIX	1. 特别坚实的细粒花岗岩 2. 花岗片麻岩 3. 闪长岩 4. 最坚实的石灰岩 5. 坚实的玢岩	3300 2900 2900 3100 2700	15.5 (14.9～18.2)	1800～2000	18～20

续表

岩石级别	岩 石 名 称	实体岩石自然温度时的平均容重/(kg/m³)	净钻时间/(min/m) 用直径30mm合金钻头，凿岩机打眼（工作气压为4.6×10⁵Pa）	极限抗压强度/(kg/cm²)	强度系数 f
XV	1. 安山岩、玄武岩、坚实的角闪岩 2. 最坚实的辉绿岩及闪长岩 3. 坚实的辉长岩及石英岩	3100 2900 2800	20 (18.3～24)	2000～2500	20～25
XVI	1. 钙钠长石质橄榄石质玄武岩 2. 特别坚实的辉长岩、辉绿岩、石英岩及玢岩	3300 3000	>24	>2500	>25

（二）土的组成

土是由岩石经风化（物理风化、化学风化、生物风化）生成的松散堆积物。它的物质成分包括构成土骨架的固体颗粒及填充在孔隙中的水和气体。一般情况下，土是由固体颗粒（固相）、水（液相）和气体（气相）所组成的，故称为三相体系。但在特殊条件下，土可能由二相组成，如干土（固体＋气体）和饱和土（固体＋液体）。土中的三相比例不同，土的物理状态和工程性质也随之各异。因此，要研究土的工程性质就必须了解土的组成与结构。

1. 土的固相

土的固体颗粒是土的三相组成中的骨架，是决定土的工程性质的主要因素。它的矿物成分、颗粒大小、形状与级配是影响土的物理性质的重要因素。

（1）土中矿物成分。土粒中的矿物成分分为以下两类：①原生矿物，由岩石经物理风化而成，其成分与母岩相同，这种矿物称为原生矿物，常见的原生矿物有石英、长石、云母等，它们的性质较稳定，碎石土和砂土主要由原生矿物组成；②次生矿物，水溶液、大气及有机物的化学作用或生物化学作用不仅破坏了岩石的结构，而且使其生成一种很细小的新的矿物，这种矿物称为次生矿物，其主要是黏土矿物，常见的黏土矿物有蒙脱石、伊利石和高岭石三种，由于黏土矿物颗粒很细（粒径 $d<0.005$mm），颗粒的比表面积（单位体积或单位质量的颗粒的总表面积）很大，所以颗粒表面具有很强的与水作用的能力。土中含黏土矿物越多，则土的黏性、塑性和膨胀性也越好。

（2）土的颗粒大小、形状与级配。

1）粒组划分。土颗粒的大小与土的性质有密切关系。土的粒径发生变化，其主要性质也相应发生变化。例如，土的粒径从大到小，则可塑性从无到有，黏性从无到有，透水性从大到小。工程上将各种不同的土颗粒按性质相近的原则划分为若干组，称为粒组。按照《土的工程分类标准》（GB/T 50145—2007），土粒粒组的划分见表1-1-3。

表1-1-3　　　　　　　　　土粒粒组的划分

粒组	颗粒名称	粒径范围/mm	一 般 特 征
巨粒	漂石或块石	$d>200$	透水性大，无黏性，无毛细水
	卵石或碎石	$60<d\leq200$	透水性大，无黏性，无毛细水

续表

粒组	颗粒名称	粒径范围/mm	一般特征
粗粒	砾粒	$2<d\leqslant60$	透水性大,无黏性,毛细水上升高度不超过粒径
粗粒	砂粒	$0.075<d\leqslant2$	易透水,当混入云母等杂物时透水性减小,而压缩性增加;无黏性,遇水不膨胀,干燥时松散;毛细水上升高度不大,随粒径变小而增大
细粒	粉粒	$0.005<d\leqslant0.075$	透水性小,湿时稍有黏性,遇水膨胀小,干时稍收缩;毛细水上升高度较大较快,极易出现冻胀现象
细粒	黏粒	$d\leqslant0.005$	透水性很小,湿时有黏性、可塑性,遇水膨胀大,干时收缩显著;毛细水上升高度大,且速度较慢

2) 颗粒级配。自然界中的天然土往往由多个粒组组成。土的颗粒有粗有细,土粒的大小及组成情况通常以各个粒组的相对含量（各粒组质量占土粒总质量的百分数）来表示,称为土的颗粒级配。颗粒级配分析方法,可通过颗粒分析试验得到。工程上常采用筛析法和密度计法两种试验。筛析法适用于粒径 $d>0.075$mm 且 $d\leqslant60$mm 的土。试验时将风干、分散的试样放入一套从上到下、筛孔由粗到细排列的标准分析筛（筛孔直径分别为 60mm、40mm、20mm、10mm、5mm、2.0mm、1mm、0.5mm、0.25mm、0.075mm）进行筛分,称出留在各个筛孔上的颗粒质量,便可计得相应的各粒组的相对含量。密度计法适用于粒径 $d<0.075$mm 的土,该法根据土粒的直径不同,在水中沉降速度也不同的关系测得 [详见《土工试验方法标准》(GB/T 50123—2019)]。

根据土的颗粒分析试验结果,绘制土的颗粒级配曲线,如图 1-1-6 所示,纵坐标表示小于（或大于）某粒径的土重含量百分比,横坐标表示粒径（宜用对数坐标）。

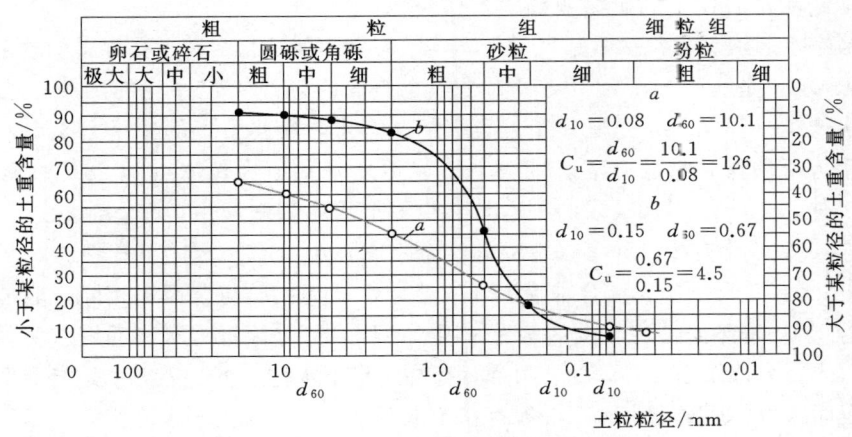

图 1-1-6 颗粒级配曲线

如曲线平缓,表示粒径相差悬殊,粒径不均匀,较大颗粒间的孔隙被较小的颗粒所填充,土的密实度较好,称为级配良好的土;反之,曲线很陡,表示粒径均匀,即级配不好。

工程上常用不均匀系数和曲率系数两个指标定量反映土的级配特征。

不均匀系数:

$$C_u = \frac{d_{60}}{d_{10}} \quad (1-1-1)$$

曲率系数：

$$C_c = \frac{d_{30}^2}{d_{10} d_{60}} \quad (1-1-2)$$

式中　d_{10}——有效粒径，表示小于某粒径的土粒质量占土总质量为10%时的粒径；

d_{60}——限制粒径，表示小于某粒径的土粒质量占土总质量为60%时的粒径；

d_{30}——中值粒径，表示小于某粒径的土粒质量占土总质量为30%时的粒径。

不均匀系数 C_u 反映大小不同粒组的分布情况，C_u 越大，表示粒径分布越不均匀，土的级配良好。曲率系数 C_c 则反映级配曲线的整体形状。对于级配连续的土，$C_u > 5$ 视为级配良好，$C_u \leq 5$ 视为级配不良；对于级配不连续的土，$C_u > 5$ 且 $C_c = 1 \sim 3$ 时视为级配良好，反之则级配不良。

2. 土的液相

土中水按其存在形态可分为固态水、液态水和气态水三种。

（1）固态水。

1）第一种固态水是指土中的自由水在温度降至0℃以下时结成的冰。水结冰后体积会增大，使土体产生冻胀，破坏土的结构。但冻土融化后，强度急剧降低，对地基不利，因此寒冷地区基础的埋置深度要考虑冻胀问题。

2）第二种固态水是指存在于土粒矿物的晶体格架内部或是参与矿物构造的水，亦称为结晶水。这种水只有在比较高的温度下才能化为气态水而与土粒分离。从土的工程性质看，可以把结晶水看作土的矿物颗粒的一部分。

（2）液态水。液态水包括紧紧吸附于固体颗粒表面的结合水及土孔隙中的自由水两类。

1）结合水：是指受分子吸引力吸附于土粒表面而形成一定厚度的水膜，分强结合水和弱结合水两类。强结合水是紧靠土粒表面的结合水，所受电场的作用力很大，丧失液体的特性而接近于固体，它没有溶解能力，不能传递静水压力，冰点为78℃。弱结合水是强结合水以外，电场作用范围以内的水，它也不能传递静水压力，呈黏滞状态，对黏性土的性质影响最大。当黏性土含有一定的弱结合水时，土具有一定的可塑性。

2）自由水：是指土中在结合水膜以外的液态水，其性质与普通水相同，能传递静水压力，冰点为0℃，有溶解能力。按其所受作用力不同，可分为重力水和毛细水两种。重力水是指受重力或压力差作用而移动的自由水，存在于地下水位以下。毛细水是指受到水与空气交界面处表面张力作用的自由水，一般存在于地下水位以上。由于表面张力作用，地下水沿着不规则的毛细孔上升，形成毛细水上升带。毛细水上升高度视孔隙大小而定，粒径大于2mm的土颗粒，其孔隙较大，一般无毛细现象。毛细水上升，会使地基湿润，强度降低，变形增加，在寒冷地区还会加剧地基的冻胀作用，故在建筑工程中要注意防潮。

（3）气态水。土中气态水存在于近地表土层，对土的力学性质影响不大。

3. 土的气相

土中气体存在于孔隙中未被水所占据的部位。在粗粒土（粒径 $d > 0.075$mm）中常见到与大气相连通的空气，它对土的力学性质影响不大。在细粒土（粒径 $d < 0.075$mm）

中则常存在与大气隔绝的封闭气泡,如果土的含水量较大,当二受到荷载作用时,封闭气泡缩小或溶解于水中,颗粒之间的毛细孔会遭到破坏,水分不易渗透和散发,透水性降低;卸荷时封闭气泡膨胀或游离于水,会增加土的弹性,这样的细粒土具有"橡皮土"的特征,土的压实变得困难。

(三) 土的结构

土的结构是指土颗粒大小、相互排列及联结关系的综合特征。土的结构分为单粒结构、蜂窝结构和絮凝结构三种类型。

1. 单粒结构

单粒结构由砂粒或更粗的颗粒在水和空气中沉积形成。因其颗粒较大,土粒间的分子引力相对很小,所以颗粒之间几乎没有联结。单粒结构土的紧密程度随其沉积的条件不同而异。如果土粒沉积速度较快,如洪水冲积而成的砂层和砾石层,往往形成松散的单粒结构,如图1-1-7所示。当土粒沉积缓慢时,则形成密实的单粒结构,如图1-1-8所示,由于其土粒排列紧密,强度较高,压缩性小,因此是较好的天然地基。对松散的单粒结构的土,土的孔隙大,骨架不稳定,当受到振动及其他外力作用时,土粒容易发生相对移动,会产生很大的变形。因此,这种松散的单粒结构土层如未经处理,一般不宜作为建筑物地基。

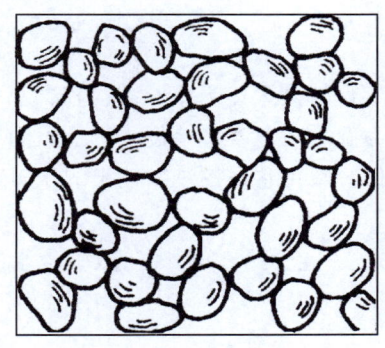
图1-1-7 松散的单粒结构

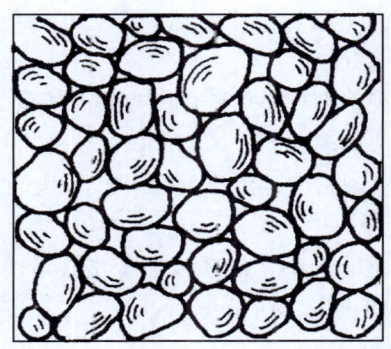
图1-1-8 密实的单粒结构

2. 蜂窝结构

当较细的土粒(如粉粒,粒径 $d=0.005\sim0.075\text{mm}$)在水中下沉,碰到已沉积的土粒时,因土粒之间的分子引力大于土粒自重,则下沉的土粒被吸引,不再下沉。依次一粒粒被吸引,就会形成具有很大孔隙的蜂窝状结构,如图1-1-9所示。当其承受较高水平荷载或动力荷载时,结构将破坏,导致较大的变形发生。

3. 絮凝结构

絮凝结构是由黏粒(粒径 $d\leqslant0.005\text{mm}$)集合体组成的结构型式。黏粒在水中处于悬浮状态,不会因单个颗粒的自重而下沉。这种土粒在水中运动,相互碰撞吸引,逐渐形成小链环状而下沉,碰到另一个小链环时相互吸引,形成孔隙很大的絮状结构,如图1-1-10所示。

具有蜂窝结构和絮状结构的土,颗粒间存在大量的微细孔隙,其压缩性强、强度低、透水性弱。又因土粒之间的联结较弱且不稳定，在受扰动力作用下（如施工扰动影响），土的天然结构受到破坏，土的强度会迅速降低，但土粒之间的联结力（结构强度）也会由于长期的压密作用和胶结作用而得到加强。

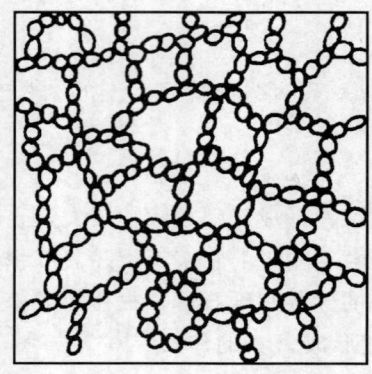
图 1-1-9 蜂窝状结构

图 1-1-10 絮状结构

（四）土的工程特性

土的工程特性对土方工程的施工方法及工程进度影响较大。主要的工程性质有表观密度、含水率、可松性、压实性、自然倾斜角等。

1. 表观密度

土壤表观密度就是单位体积土壤的质量。土壤保持其天然组织、结构和含水率时的表观密度称为自然表观密度。单位体积湿土的质量称为湿表观密度。单位体积干土的质量称为干表观密度。表观密度是体现黏性土密实程度的指标，常用它来控制黏性土的压实质量。

2. 含水率

含水率是土壤中水的质量与干土质量的百分比。它表示了土壤孔隙中含水的程度，含水率直接影响土压实质量。

3. 可松性

自然状态下的土经开挖后因变松散而使体积增大的特性，称为土的可松性。土的可松性用可松性系数 k_s 表示，即

$$k_s = V_2/V_1 \tag{1-1-3}$$

式中 V_2——土经开挖后的松散体积；

V_1——土在自然状态下的体积。

土的可松性系数可用于计算土方量进行土方挖填平衡计算和确定运输工具数量。

4. 压实性

实践经验表明，对过湿的土进行夯实或碾压时就会出现软弹现象（俗称"橡皮土"），此时土的密实度是不会增大的。对很干的土进行夯实或碾压，显然也不能把土充分压实。所以，要使土的压实效果最好，其含水率一定要适当。在一定的压实能量下使土最容易压实，并能达到最大密实度时的含水率，称为土的最优含水率（或称最佳含水率），相对应的干容重称为最大干容重。另外，在同类土中，土的颗粒级配对土的压实效果影响很大，

第一章 水文与工程地质

颗粒级配不均匀的容易压实,均匀的则不易压实。

同时必须指出:室内击实试验与现场夯实或碾压的最优含水率是不一样的。所谓最优含水率,是针对某一种土,在一定的压实机械、压实能量和填土分层厚度等条件下测得的。如果这些条件改变,就会得出不同的最优含水率。因此,要指导现场施工,还应该进行现场试验。

5. 自然倾斜角

自然堆积土壤的表面与水平面间所形成的角度,称为土的自然倾斜角。挖方与填方边坡的大小与土壤的自然倾斜角大小有关。土方的边坡开挖应采用自上而下、分区分段分层的方法依次进行,不允许先下后上切脚开挖;坡面开挖时,应根据土质情况,间隔一定的高度设置永久性戗台,戗台宽度视用途而定。

(五)岩石风化

分布在地表或地表附近的岩石,经受太阳辐射、大气、水溶液及生物等因素的侵袭,逐渐破碎、松散或矿物成分发生化学变化,甚至生成新矿物的现象,称为岩石的风化作用。

岩石风化后物理力学性质发生显著变化,力学强度明显降低。各种工程建筑所遇到的岩石,绝大多数是经受过不同风化程度的岩石。

岩石的风化作用主要有物理风化和化学风化两种类型。物理风化是岩石受风化因素侵袭后,只产生单纯的机械性破坏,而不发生化学成分变化的风化作用。引起物理风化的主要因素是温度变化和水的冻胀等。化学风化是指在氧、水溶液等风化因素侵袭下,岩石中的矿物成分发生化学变化,改变或破坏岩石的性状并可形成次生矿物的作用过程。化学风化的作用方式有氧化、溶解、水化、水解等。

由于风化因素都是从岩体表面开始侵入,所以由地表向深处风化程度也由严重到轻微。岩性均匀的岩体,如花岗岩类岩体等常可见到典型风化剖面。

风化程度的不同使岩石的性状和物理力学性质有很大的差别,因此在工程勘察设计中需要对风化程度进行等级划分。这种划分对岩石(块)来说,应称为风化程度分级,对岩体则应称为风化程度分带。一个风化带的岩体中,可包括不同风化程度级别的岩块。到目前为止,国内外有关规范、规程均是以岩体的风化变异情况为依据进行定性的划分。划分时以地质特征为主要标志,包括岩石的颜色、结构、构造、矿物成分、化学成分的变化,岩石的崩解、解体程度,矿物蚀变程度及其次生矿物成分等。间接标志如锤击反应、波速变化也是重要的辅助手段。一般分为五个档次,即全风化、强风化、弱(中等)风化、微风化及未风化,其中,弱(中等)风化带进一步分为上、下两个亚带。岩石风化带划分见表1-1-4。

表1-1-4 岩石风化带划分

风化程度	风化系数 k_f	野外特征
微风化	$k_f > 0.8$	岩质新鲜、表面稍有风化迹象
弱风化	$0.6 < k_f \leq 0.8$	1. 结构未破坏、构造层理清晰。 2. 岩体被节理裂隙分割成块碎状(20~40cm),裂隙中填充少量风化物。 3. 矿物成分基本未变化,仅沿节理面出现次生矿物。 4. 锤击声脆,石块不易击碎,不能用镐挖掘,岩心钻方可钻进

续表

风化程度	风化系数 k_f	野 外 特 征
强风化	$0.4 \leq k_f \leq 0.6$	1. 结构已部分破坏、构造层理不甚清晰。 2. 岩体被节理裂隙分割成块碎状（2～20cm）。 3. 矿物成分已经显著变化。 4. 锤击声哑，碎石可用手折断，用镐可以挖掘，手摇钻不易钻进
全风化	$k_f < 0.4$	1. 结构已全部破坏、仅外观保持原岩状态。 2. 岩体被节理裂隙分割成散体状。 3. 除石英外其他矿物均变质成次生矿物。 4. 碎石可用手捏碎，手摇钻可钻进

注 风化系数（k_f）等于风化岩石与新鲜岩石的饱和单轴抗压强度之比。

三、水利工程常见工程地质问题

（一）软基

水利工程地基按地层性质分为两大类：一类是岩基，另一类是软基（包括土基和砂砾石地基）。软基是建筑工程中最常见的地基之一，软基处理的目的：一是提高地基的承载力，二是改善地基的防渗性能。提高地基承载力常见的处理方法有开挖、置换、强夯预压、排水固结、打桩等；改善地基防渗承载力常见的方法有混凝土防渗墙、垂直铺塑、深层搅拌桩等。

（二）渗漏

库坝区渗漏是指库水沿岩石孔隙、裂隙、断层、溶洞等向库盆以外或通过坝基（肩）向下游渗漏水量的现象。水库的作用是蓄水兴利，在一定的地质条件下，水库蓄水期间及蓄水后会产生渗漏。对任何一座水库来说，在未采取有效的工程处理措施的情况下，如果存在严重的渗漏现象，将会直接影响到该水库的效益。而坝区的渗漏，在不少情况下往往导致坝基产生渗透变形，威胁到大坝的安全。所以，库坝区渗漏问题是非常重要的工程地质问题，也是常遇到的问题。

水库渗漏的情况基本上有两种：一种是集中渗漏，另一种是面状渗漏。不同的地质地貌条件可能形成不同种类的渗漏，因此，应对库区的地质地貌等条件进行全面的调查研究，才能正确地评价水库渗漏问题。

坝区裂隙岩体的渗漏条件除岩体的岩性特征外，起主导作用的是岩体中各种成因类型结构面的发育程度和溶蚀空隙（洞）及其开启性、充填情况、连通情况。河谷地貌特征也是影响透水性强弱和入渗、排泄条件的重要因素。

20世纪以来，帷幕灌浆一直是水工建筑物地基防渗处理的主要手段，对保证水工建筑物的安全运行起着重要作用。帷幕灌浆是将浆液灌入岩体或土层的裂隙、孔隙，形成连续的阻水帷幕，以减小渗流量和降低渗透压力的灌浆工程。坝基帷幕灌浆通常布置在靠近坝基面的上游，是应用最普遍、工艺要求较高的灌浆工程。帷幕顶部与坝体连接，底部深入相对不透水岩层一定深度，以阻止或减少坝基中地下水的渗透；并与位于其下游的排水系统共同作用，还可降低渗透水流对坝基的扬压力。

水库岩溶渗漏防渗措施有灌浆、铺盖、截水墙、堵洞。

(三) 边坡破坏

水利水电工程边坡按成因分为自然边坡和工程边坡；按组成物质分为岩质边坡、土质边坡和岩土混合边坡；按坡体结构分为顺向坡、反向坡、横向坡、斜向坡、水平层状坡；按与建筑物的关系分为建筑物地基边坡、建筑物周边边坡和水库或河道边坡；按边坡坡高 $H(m)$ 分为特高边坡（$H>300$）、超高边坡（$100<H\leqslant 300$）、高边坡（$30<H\leqslant 100$）、中边坡（$10<H\leqslant 30$）、低边坡（$H\leqslant 10$）。

边坡形成后在各种地质应力作用下，仍在不断地发展变化。轻微者如风化、侵蚀、剥落等；严重者如蠕动变形或崩塌、滑动破坏等。实际上原来的边坡变形和破坏过程也是新边坡的形成过程。边坡的变形和破坏常是互相联系、密不可分的，变形常是破坏的先导，破坏常是变形发展的结果。据《水利水电工程地质勘察规范》（GB 50487—2008），边坡变形破坏类型为崩塌、滑动、蠕变、流动。

对于不稳定边坡，为了确保工程的安全，必须采取一些有效的防治措施。目前国内外常用的方法有：防止地表水向岩体中渗透，排除不稳定岩体中的地下水，减载和压坡，采用喷混凝土和挂网喷混凝土等进行坡面支护，运用锚杆和抗滑洞塞等进行边坡锚固，修建挡土墙、设置抗滑桩等形式的支挡结构。进行这些处理之前，应首先查明不稳定边坡破坏的性质、类型和规模，以及引起变形、滑动或崩塌的因素。采取针对性的措施，才能取得经济而有效的效果。

第二章 常用建筑材料的分类、性能及基本用途

第一节 概　　述

一、概念

建筑材料是建筑工程中使用的各种材料和制品的总称，是一切建筑的物质基础。广义的建筑材料是指建造建筑物和构筑物的所有材料，包括使用的各种原材料、半成品、成品等的总称。如黏土、铁矿石、石灰石、生石膏等，狭义的建筑材料是指直接构成建筑物和构筑物实体的材料。如混凝土、水泥、石灰、钢筋、黏土砖、玻璃等。水利工程由于其建筑物特有的结构特征，一般都需要消耗大量的建筑材料，其材料费占工程直接成本的60%～70%。

二、分类

建筑材料的分类方法很多，常按材料的化学成分、来源、功能用途进行分类。

(一) 按材料化学成分分类

1. 无机材料

(1) 金属材料，包括黑色金属（如合金钢、碳钢、铁等）、有色金属（如铝、锌等及其合金）。

(2) 非金属材料，如天然石材、烧土制品、玻璃及其制品、水泥、石灰、混凝土、砂浆等。

2. 有机材料

(1) 植物材料，如木材、竹材、植物纤维及其制品等。

(2) 合成高分子材料，如塑料、涂料、胶黏剂等。

(3) 沥青材料，如石油沥青及煤沥青、沥青制品。

3. 复合材料

复合材料是指两种或两种以上不同性质的材料经适当组合为一体的材料。复合材料可以克服单一材料的弱点，发挥其综合特性。

(1) 无机非金属材料与有机材料复合，如玻璃纤维增强塑料、聚合物混凝土、沥青混凝土、水泥刨花板等。

(2) 金属材料与非金属材料复合，如钢筋混凝土、钢丝网混凝土、塑铝混凝土等。

(3) 其他复合材料，如水泥石棉制品、不锈钢包覆钢板、人造大理石、人造花岗石等。

(二) 按材料来源分类

(1) 天然建筑材料，如土料、砂石料、木材等。

(2) 人工材料，如石灰、水泥、金属材料、土工合成材料、高分子聚合物等。

(三) 按材料功能用途分类

(1) 结构材料，如混凝土、型钢、木材等。

(2) 防水材料，如防水砂浆、防水混凝土、紫铜止水片、膨胀水泥防水混凝土等。

(3) 胶凝材料，如石膏、石灰、水玻璃、水泥、沥青等。

(4) 装饰材料，如天然石材、建筑陶瓷制品、装饰玻璃制品、装饰砂浆、装饰水泥、塑料制品等。

(5) 防护材料，如钢材覆面、码头护木等。

(6) 隔热保温材料，如石棉板、矿渣棉、泡沫混凝土、泡沫玻璃、纤维板等。

三、建筑材料基本性质

(一) 表观密度和堆积密度

1. 表观密度

表观密度是指材料在自然状态下单位体积的质量。材料在自然状态下的体积是指包含材料内部孔隙在内的表观体积。当材料内部的孔隙内含有水分不同时，其质量和体积均将有所变化，故测定表观密度时，应注明含水率。在烘干状态下的表观密度，称为干表观密度。

2. 堆积密度

堆积密度指粉状、颗粒状或纤维状材料在堆积状态下单位体积的质量。材料在堆积状态下的体积不但包括材料的表观体积，而且还包括颗粒间的空隙体积，其值的大小与材料颗粒的表观密度、堆积的密实程度、材料的含水状态有关。

(二) 密实度和孔隙率

1. 密实度

密实度指材料体积内被固体物质所充实的程度，其值为材料在绝对密实状态下的体积与在自然状态下的体积的百分比。

2. 孔隙率

孔隙率指材料中孔隙体积所占的百分比。建筑材料的许多工程性质，如强度、吸水性、抗渗性、抗冻性、导热性、吸声性等，都与材料的致密程度有关。

(三) 填充率和空隙率

1. 填充率

填充率指粉状或颗粒状材料在某堆积体积内，被其颗粒填充的程度。

2. 空隙率

空隙率指粉状或颗粒状材料在某堆积体积内，颗粒之间的空隙体积所占的比例。

(四) 与水有关的性质

1. 亲水性和憎水性

材料与水接触时，根据其是否能被水润湿，分为亲水性和憎水性材料两大类。亲水性材料包括砖、混凝土等；憎水性材料有沥青等。

2. 吸水性

材料在水中吸收水分的性质称为吸水性。吸水性的大小用吸水率表示。吸水率有质量吸水率和体积吸水率之分。质量吸水率是指材料吸入水的质量与材料干燥质量的百分比；体积吸水率是指材料吸水饱和时吸收水分的体积占干燥材料自然体积之比值。

3. 吸湿性

材料在潮湿的空气中吸收空气中水分的性质称为吸湿性。吸湿性的大小用含水率表示。材料含水后，可使材料的质量增加，强度降低，绝热性能下降，抗冻性能变差，有时还会发生明显的体积膨胀。

4. 耐水性

材料长期在饱和水作用下不被破坏，其强度也不显著降低的性质称为耐水性，但材料因含水会减弱其内部的结合力，因此其强度都会有不同程度的降低。

5. 抗渗性

材料抵抗压力水渗透的性质称为抗渗性（或称不透水性），用渗透系数 K 表示，K 值越大，表示其抗渗性能越差；对于混凝土和砂浆材料，其抗渗性常用抗渗等级 W 表示，如材料的抗渗等级为 W4、W10，分别表示试件抵抗静水压力的能力为 0.4MPa 和 1MPa。

6. 抗冻性

材料在饱和水的作用下，能经受多次冻融循环的作用而不破坏，强度不显著降低，且其质量也不显著减小的性质称为抗冻性。用抗冻等级 F 表示，如 F25、F50，分别表示材料抵抗 25 次、50 次冻融循环，而强度损失未超过 25%，质量损失未超过 5%。抗冻性常是评价材料耐久性的重要指标。

（五）材料的耐久性

在使用过程中，材料受各种内外因素或腐蚀介质的作用而不破坏，保持其原有性能的性质，称为材料耐久性。材料耐久性是一项综合性质，一般包括抗渗性、抗冻性、耐化学腐蚀性、耐磨性、抗老化性等。

第二节 主要建筑材料

水利工程主要的建筑材料有：水泥、砂石料、混凝土、外加剂、矿物掺合料、钢材、沥青、木材、土工合成材料、灌浆材料、火工材料、油料、缝面止水材料、砌体材料、管材等。

一、水泥

水泥是制造混凝土、钢筋混凝土、预应力混凝土、砂浆等的基本组成材料。

（一）水泥的分类

（1）水泥品种按其组成成分分为硅酸盐系水泥、铝酸盐系水泥、硫铝酸盐系水泥、铁铝酸盐系水泥、磷酸盐系水泥、氟铝酸盐系水泥等系列。

（2）水泥按其性能及用途分为通用水泥、专用水泥和特性水泥三类。通用水泥包含硅酸盐水泥、普通硅酸盐水泥、矿渣硅酸盐水泥、火山灰质硅酸盐水泥、粉煤灰硅酸盐水泥和复合硅酸盐水泥六大硅酸盐系水泥；专用水泥包含道路水泥、砌筑水泥和油井水泥等；特性水泥包含快硬硅酸盐水泥、白色硅酸盐水泥、抗硫酸盐硅酸盐水泥、低热硅酸盐水泥和膨胀水泥等。

（3）水利工程中常用到的水泥有通用硅酸盐水泥、抗硫酸盐硅酸盐水泥、大坝水泥、防潮硅酸盐水泥及耐酸水泥等。

（二）通用硅酸盐水泥的组成材料

1. 硅酸盐水泥熟料

硅酸盐水泥熟料的主要化学成分是由石灰质原料来的氧化钙（CaO）、由黏土质原料来的氧化硅（SiO_2）、氧化铝（Al_2O_3）和氧化铁（Fe_2O_3）。经过高温煅烧后，以上四种化学成分化合为熟料中的主要矿物：硅酸三钙（$3CaO \cdot SiO_2$，简式为 C_3S）、硅酸二钙（$2CaO \cdot SiO_2$，简式为 C_2S）、铝酸三钙（$3CaO \cdot Al_2O_3$，简式为 C_3A）和铁铝酸四钙（$4CaO \cdot Al_2O_3 \cdot Fe_2O_3$，简式为 C_4AF）。

硅酸盐水泥熟料中的硅酸三钙和硅酸二钙总含量在70%以上，铝酸三钙和铁铝酸四钙的含量在25%左右。除了主要熟料矿物外，硅酸盐水泥熟料中还含有少量的游离氧化钙、游离氧化镁和碱等，它们的总含量一般不超过水泥质量的10%。

硅酸盐水泥熟料的矿物组成和含量范围见表1-2-1。

表1-2-1　　　　　　　　硅酸盐水泥熟料的矿物组成

矿物名称	化学组成	常用缩写	含量/%
硅酸三钙	$3CaO \cdot SiO_2$	C_3S	37～60
硅酸二钙	$2CaO \cdot SiO_2$	C_2S	15～37
铝酸三钙	$3CaO \cdot Al_2O_3$	C_3A	7～15
铁铝酸四钙	$4CaO \cdot Al_2O_3 \cdot Fe_2O_3$	C_4AF	10～18

2. 石膏

（1）天然石膏：符合《天然石膏》（GB/T 5483—2008）中规定的G类或M类二级（含）以上的石膏或混合石膏。

（2）工业副产石膏：以硫酸钙为主要成分的工业副产物。采用前应经过试验证明对水泥性能无害。

3. 混合材料

水泥混合材料分为活性混合材料和非活性混合材料。水泥中常用的活性混合材料有粒化高炉矿渣、火山灰质混合材料及粉煤灰三种。非活性混合材料有磨细的石英砂、石灰石、慢冷矿渣等，可以提高水泥产量，降低水泥生产成本，降低强度等级，减少水化热，改善和易性等作用，其加入量一般较少。

4. 助磨剂

水泥粉磨时允许加入助磨剂，其加入量应不超过水泥质量的0.5%，助磨剂应符合《水泥助磨剂》（JC/T 667—2004）的规定。

（三）通用硅酸盐水泥的技术要求

1. 化学指标

根据《通用硅酸盐水泥》（GB 175—2007），通用硅酸盐水泥化学指标应符合表1-2-2要求。

表 1-2-2　　　　　　　　　通用硅酸盐水泥的化学指标

品　种	代号	化学指标（质量分数）/%				
		不溶物	烧失量	三氧化硫	氧化镁	氯离子
硅酸盐水泥	P·I	≤0.75	≤3.0	≤3.5	≤5.0①	≤0.06③
	P·II	≤1.50	≤3.5			
普通硅酸盐水泥	P·O		≤5.0			
矿渣硅酸盐水泥	P·S·A			≤4.0	≤6.0②	
	P·S·B					
火山灰质硅酸盐水泥	P·P			≤3.5	≤6.0②	
粉煤灰硅酸盐水泥	P·F					
复合硅酸盐水泥	P·C					

① 如果水泥压蒸试验合格，则水泥中氧化镁的含量（质量百分数）允许放宽至 6.0%。
② 如果水泥中氧化镁的含量（质量百分数）大于 6.0%，需进行水泥压蒸安定性试验并合格。
③ 当有更低要求时，该指标由买卖双方确定。

2. 碱含量

碱含量是指水泥中氧化钠（Na_2O）和氧化钾（K_2O）的含量。近些年来，在混凝土施工中发现了许多碱集料反应，即水泥中的碱和集料中的活性二氧化硅反应，生成膨胀性的碱硅酸盐凝胶，导致混凝土开裂。因此，当使用活性骨料时，要使用低碱水泥。水泥中碱含量按 $Na_2O+0.658K_2O$ 计算值表示。若使用活性骨料，用户要求提供低碱水泥时，水泥中的碱含量应不大于 0.60% 或由买卖双方协商确定。

3. 标准稠度用水量

加水量对水泥一些技术性质（如凝结时间等）的测定值影响很大，所以必须在一个规定的浆体稠度下测定这些性质，这一规定的浆体稠度即为标准稠度。水泥净浆达到标准稠度时，所需的拌和水量（以占水泥质量的百分比表示）称为标准稠度用水量。硅酸盐水泥的标准稠度用水量一般为 24%～30%。水泥熟料矿物成分不同时，其标准稠度用水量也有差别。此外，水泥磨得越细，其标准稠度用水量越大。

4. 凝结时间

凝结时间是水泥从加水开始，到水泥浆失去可塑性所需的时间。凝结时间分为初凝时间和终凝时间。初凝时间是从水泥加水到水泥浆开始失去塑性的时间；终凝时间是从水泥加水到水泥浆完全失去塑性的时间。

水泥的凝结时间在施工中具有重要意义。初凝不宜过早是为了保证有足够的时间在初凝之前完成混凝土成型等各工序的操作；终凝不宜过迟是为了使混凝土在浇筑完毕后能尽早完成凝结硬化，以利于下一道工序及早进行。

《通用硅酸盐水泥》（GB 175—2007）规定，硅酸盐水泥的初凝时间不小于 45min，终凝时间不大于 390min。普通硅酸盐水泥、矿渣硅酸盐水泥、火山灰质硅酸盐水泥、粉煤灰硅酸盐水泥和复合硅酸盐水泥初凝不小于 45min，终凝不大于 600min。

5. 安定性

水泥的安定性是指水泥在凝结硬化过程中体积变化的均匀性。如果水泥在凝结硬化过程中产生均匀的体积变化,则其安定性合格,否则为安定性不良。水泥安定性不良,会使水泥制品、混凝土构件产生膨胀性裂缝,影响工程质量,甚至引起严重的工程事故。

引起水泥安定性不良的原因有三个:熟料中游离氧化钙过多、熟料中游离氧化镁过多、石膏掺量过多。

《通用硅酸盐水泥》(GB 175—2007)规定,水泥的安定性可采用沸煮法检验。沸煮法包括试饼法和雷氏法两种,当试饼法和雷氏法两者结论有矛盾时,以雷氏法结论为准。

沸煮法只能检验水泥熟料中游离氧化钙过多的情况,而对游离氧化镁、石膏过量不适用。国家标准规定,在水泥生产中要严格控制游离氧化镁和石膏的含量,其中氧化镁和三氧化硫的含量在化学指标中已作定量限制。

6. 强度

水泥的强度是指水泥胶结能力的大小,是评价水泥质量的重要指标,也是划分水泥强度等级的依据。水泥强度测定按照《水泥胶砂强度检验方法(ISO法)》(GB/T 17671—1999)进行,由按质量计的1份水泥、3份ISO标准砂,用0.5的水灰比拌制的一组40mm×40mm×160mm塑性胶砂试件,将试件连模一起在湿润条件下养护24h,脱模后在(20±1)℃水中养护。强度等级按3d和28d的抗压强度和抗折强度来划分,分为32.5、32.5R、42.5、42.5R、52.5、52.5R、62.5和62.5R八个等级,有代号R的为早强型水泥。各等级的强度值不得低于《通用硅酸盐水泥》(GB 175—2007)的规定值。

7. 细度

水泥的细度是指水泥颗粒的粗细程度,它直接影响水泥的性能和使用。硅酸盐水泥和普通硅酸盐水泥的细度以比表面积表示,其比表面积不小于$300m^2/kg$;矿渣硅酸盐水泥、火山灰质硅酸盐水泥、粉煤灰硅酸盐水泥和复合硅酸盐水泥的细度以筛余表示,其$80\mu m$方孔筛筛余不大于10%或$45\mu m$方孔筛筛余不大于30%。

8. 水化热

水泥与水接触发生水化反应时所放出的热量,称为水泥的水化热。水泥的大部分水化热在凝结硬化的初期放出,如硅酸盐水泥,1~3d龄期内水化放热量为总热量的50%,7d龄期为75%,6个月龄期为83%~91%。水化热的大小和释放速率,主要取决于水泥熟料的矿物组成、混合材料种类和数量、水泥的细度、外加剂的种类、养护条件等因素。一般水泥强度等级高,水化热大;水泥颗粒细,水化热释放速度快;掺速凝剂时,其早期水化热多。

9. 密度与堆积密度

硅酸盐水泥的密度一般为$3.1~3.2g/cm^3$,普通硅酸盐水泥、复合硅酸盐水泥略低,矿渣硅酸盐水泥为$2.8~3.0g/cm^3$,火山灰硅酸盐水泥、粉煤灰硅酸盐水泥为$2.7~2.9g/cm^3$。水泥堆积密度除与矿物组成、细度有关外,主要取决于堆积的紧密程度。一般堆积密度为$900~1200kg/m^3$,紧密状态下可达$1600kg/m^3$。

(四)通用硅酸盐水泥的特性及应用

1. 硅酸盐水泥的特性及应用

硅酸盐水泥的特性与其应用是相适应的,硅酸盐水泥具有的特性:凝结硬化快、强度高、抗冻性好、耐磨性好、抗碳化性能好、耐腐蚀性差、水化热高、耐热性差。因此硅酸盐水泥主要用于重要结构的高强混凝土、预应力混凝土、有早强要求的混凝土、寒冷地区和严寒地区遭受反复冻融的混凝土、路面和机场跑道等混凝土工程中,不宜用于长期作用在含有侵蚀性介质(如软水、酸和盐)环境、大体积混凝土工程和有耐热性要求的混凝土工程中。

2. 其他品种通用硅酸盐水泥的性能及应用

普通硅酸盐水泥的混合材料掺量也相对较少,对水化影响不大,其性能与硅酸盐水泥接近。

其他品种通用硅酸盐水泥因混合材料掺量较大,硅酸盐水泥熟料先水化,即硅酸三钙和硅酸二钙与水反应会生成水化硅酸钙凝胶和氢氧化钙,其中的氢氧化钙再与混合材料中活性的 SiO_2 及 Al_2O_3 发生水化反应,称为"二次水化反应"。通常,掺入较多的混合材料会使水泥的水化速度减慢,对水泥的早期强度有影响;另外,发生的"二次水化反应"会降低水泥石中氢氧化钙的含量,对水泥性能会有较大的影响。水泥中掺入不同的混合材料,因水化反应有一定差异,水泥性能会有较大的差别。

通用硅酸盐水泥的性能特点及适用范围见表 1-2-3。

表 1-2-3   通用硅酸盐水泥的性能特点及适用范围

品 种	性 能	适用范围	不适用范围
硅酸盐水泥	凝结硬化快,强度高;抗冻性好;耐磨性好;抗碳化性能好;耐腐蚀性差;水化热高;耐热性差	重要结构的高强混凝土、预应力混凝土、有早强要求的混凝土、寒冷地区和严寒地区遭受反复冻融的混凝土、路面和机场跑道混凝土	长期含有侵蚀性介质(如软水、酸和盐)的环境;大体积混凝土;有耐热性要求的混凝土
普通硅酸盐水泥	与硅酸盐水泥基本相同	与硅酸盐水泥基本相同	与硅酸盐水泥基本相同
矿渣硅酸盐水泥	早期强度较低,后期强度增长快;水化热低;耐腐蚀性较强;抗冻性较差;干缩性较大;抗碳化性能差;耐磨性差;抗渗性差;耐热性好;湿热养护效果好	大体积混凝土工程;受侵蚀的混凝土;耐热混凝土;蒸汽养护的构件	有抗碳化要求的混凝土;有抗渗要求的混凝土;早强混凝土
火山灰硅酸盐水泥	早期强度较低,后期强度增长快;水化热低;耐腐蚀性较强;抗冻性较差;干缩性较大;抗碳化性能差;抗渗性好;湿热养护效果好	大体积混凝土工程;受侵蚀的混凝土;抗渗混凝土;蒸汽养护的构件	有抗冻要求的混凝土;有抗碳化要求的混凝土;早强混凝土;干燥气候条件下的混凝土
粉煤灰硅酸盐水泥	早期强度较低,后期强度增长快;水化热低;耐腐蚀性较强;抗冻性较差;抗碳化性能差;耐磨性较差;抗渗性差;干缩性小,抗裂性好;湿热养护效果好	大体积混凝土工程;受侵蚀的混凝土;蒸汽养护的预制构件;承受荷载较迟的混凝土	有抗冻要求的混凝土;有抗碳化要求的混凝土;干燥气候条件下的混凝土;路面混凝土;早强混凝土

第二章 常用建筑材料的分类、性能及基本用途

续表

品 种	性 能	适用范围	不适用范围
复合硅酸盐水泥	早期强度较低,后期强度增长快；水化热低；耐腐蚀性较强；抗冻性较差；抗碳化性能差；耐磨性较差；湿热养护效果好	大体积混凝土工程；受侵蚀的混凝土；蒸汽养护的预制构件	有抗冻要求的混凝土；有抗碳化要求的混凝土；干燥气候条件下的混凝土；路面混凝土

(五) 通用硅酸盐水泥的选用

通用硅酸盐水泥广泛应用在我国混凝土及钢筋混凝土工程中。针对一些混凝土及钢筋混凝土工程，在选用水泥时，应考虑混凝土的工程结构特点及工程所处环境，在满足上述条件下尽量降低成本。关于通用水泥的选用可参考表1-2-4。

表1-2-4　　　　通用水泥的选用

混凝土工程特点及所处环境特点		优先选用	可以选用	不宜选用
普通混凝土	1 在普通气候环境中的混凝土	普通硅酸盐水泥	矿渣硅酸盐水泥 火山灰硅酸盐水泥 粉煤灰硅酸盐水泥 复合硅酸盐水泥	
	2 在干燥环境中的混凝土	普通硅酸盐水泥	矿渣硅酸盐水泥 硅酸盐水泥	火山灰硅酸盐水泥 粉煤灰硅酸盐水泥 复合硅酸盐水泥
	3 在高湿环境中或长期处于水中的混凝土	矿渣硅酸盐水泥	普通硅酸盐水泥 火山灰硅酸盐水泥 粉煤灰硅酸盐水泥 复合硅酸盐水泥 硅酸盐水泥	
	4 厚大体积的混凝土	矿渣硅酸盐水泥 火山灰硅酸盐水泥 粉煤灰硅酸盐水泥 复合硅酸盐水泥	普通硅酸盐水泥	硅酸盐水泥
有特殊要求的混凝土	1 要求快硬的混凝土	硅酸盐水泥	普通硅酸盐水泥	矿渣硅酸盐水泥 火山灰硅酸盐水泥 粉煤灰硅酸盐水泥 复合硅酸盐水泥
	2 高强混凝土（大于C60）	硅酸盐水泥	普通硅酸盐水泥 矿渣硅酸盐水泥	火山灰硅酸盐水泥 粉煤灰硅酸盐水泥
	3 严寒地区露天混凝土、寒冷地区处在水位升降范围内的混凝土	普通硅酸盐水泥	矿渣硅酸盐水泥 硅酸盐水泥	复合硅酸盐水泥 火山灰硅酸盐水泥 粉煤灰硅酸盐水泥
	4 严寒地区处在水位升降范围内的混凝土	硅酸盐水泥	普通硅酸盐水泥	复合硅酸盐水泥 火山灰硅酸盐水泥 粉煤灰硅酸盐水泥 矿渣硅酸盐水泥

续表

混凝土工程特点及所处环境特点			优先选用	可以选用	不宜选用
有特殊要求的混凝土	5	有抗渗要求的混凝土	普通硅酸盐水泥 火山灰硅酸盐水泥	硅酸盐水泥 粉煤灰硅酸盐水泥	矿渣硅酸盐水泥
	6	有耐磨性要求的混凝土	硅酸盐水泥 普通硅酸盐水泥	矿渣硅酸盐水泥	火山灰硅酸盐水泥 粉煤灰硅酸盐水泥

二、砂石料

砂石料是指砂、卵石、碎石、块石、条石等材料，其中砂、卵石和碎石统称为骨料。骨料根据料源情况分为天然骨料和人工骨料。天然骨料是指开采砂砾料经筛分、冲洗加工而成，通常是由天然岩石经自然条件作用而形成的卵（砾）石和砂，有河砂、海砂、湖砂、山砂、河卵石、海卵石等。人工骨料是指用爆破方法开采岩石作为原料（块石、片石统称为碎石原料），经过机械破碎、碾磨而成的碎石和机制砂。

（一）砂

1. 砂的用途

砂主要作为细骨料，粒径为 0.16～5mm，有天然砂和机制砂之分。大多数天然砂颗粒较圆，比较洁净，粒度较为整齐，而人工砂颗粒多具有棱角，表面粗糙。砂与胶凝材料水泥、石灰或石膏等配制成砂浆或混凝土使用。在基础工程中，砂可作为地基处理的材料，如砂桩、砂井、砂垫层等。

在《建设用砂》（GB/T 14684—2011）中，将砂按技术要求分为Ⅰ类、Ⅱ类、Ⅲ类。Ⅰ类宜用于强度等级大于 C60 的混凝土；Ⅱ类宜用于强度等级为 C30～C60 及有抗冻、抗渗或其他要求的混凝土；Ⅲ类宜用于强度等级小于 C30 的混凝土和建筑砂浆。

2. 砂的物理特性

砂的密度一般为 2.6～2.7g/cm^3；砂的体积质量在干燥状态下平均为 1500～1600kg/m^3；在堆积振动下紧密状态时可达 1600～1700kg/m^3；砂的空隙率在干燥状态下一般为 35%～45%；砂粒按其直径划分为三种：粗砂平均直径不小于 0.5mm；中砂平均直径为 0.35～0.5mm；细砂平均直径为 0.25～0.35mm。

3. 砂的颗粒要求

砂的颗粒应该坚硬结晶，不掺杂小石子、泥土、草根、树皮或其他杂质。黏土、淤泥黏附在砂砾表面，阻碍水泥与砂砾的黏结，降低混凝土强度、抗冻性和抗磨性，并增大混凝土的干缩，因此对这些杂质含量进行了规定，见表 1-2-5 和表 1-2-6。

4. 砂的颗粒级配和细度模数

砂的颗粒级配是指不同粒径的砂粒的组合情况。当砂子由较多的粗颗粒、适当的中等颗粒及少量的细颗粒组成时，细颗粒填充在粗、中颗粒间，使其空隙率及总表面积都较小，即构成良好的级配。使用较好级配的砂子，不仅节约水泥，而且还可以提高混凝土的强度及密实性。

砂的细度模数是指不同粒径的砂粒混在一起后的平均粗细程度。按细度模数的大小，可将砂划分为粗砂、中砂、细砂、特细砂，粗砂细度模数为 3.7～3.1，中砂细度模数为 3.0～2.3，细砂细度模数为 2.2～1.6，特细砂细度模数为 1.5～0.7。

第二章 常用建筑材料的分类、性能及基本用途

表1-2-5　　　　　　　各类砂中含泥量、泥块含量、石粉含量规定

项　目		质　量　类　别		
		Ⅰ类	Ⅱ类	Ⅲ类
天然砂	含泥量（按质量计）/%	≤1.0	≤3.0	≤5.0
	泥块含量（按质量计）/%	0	≤1.0	≤2.0
机制砂	石粉含量（按质量计）/%	≤10.0* ≤1.0▲	≤10.0* ≤3.0▲	≤10.0* ≤5.0▲
	泥块含量（按质量计）/%	≤0	≤1.0	≤2.0

* 适用于亚甲蓝MB值≤1.4或快速法试验合格的情况，且要求Ⅰ类砂MB值≤0.5、Ⅱ类砂MB值≤1.0，Ⅲ类MB值≤1.4或合格。

▲ 适用于MB值大于1.4或快速法试验不合格的情况。亚甲蓝MB值是用于判定机制砂中粒径小于75μm颗粒的吸附性能的指标。

表1-2-6　　　　　　　　各类砂中有害物质含量规定

项　目	质　量　类　别		
	Ⅰ类	Ⅱ类	Ⅲ类
云母含量/%	≤1.0	≤2.0	≤2.0
轻物质含量/%	≤1.0	≤1.0	≤1.0
硫化物及硫酸盐含量（按SO_3质量计）/%	≤0.5	≤0.5	≤0.5
氯化物含量（以氯离子质量计）/%	≤0.01	≤0.02	≤0.06
贝壳含量（按质量计）/%▲	≤3.0	≤5.0	≤8.0
有机质含量（用比色法试验）	合格*	合格*	合格*

* 当试样过程中试样上部的溶液颜色浅于标准色时，则试验有机物含量合格；当颜色深于标准色时，则应配制成水泥砂浆做进一步强度对比试验；当原试验制成的水泥砂浆强度不低于清洗有机物后试样制成的水泥砂浆强度的95%时，则认为有机质含量合格。

▲ 该指标仅用于海砂，其他砂种不做要求。

应当注意砂的细度模数不能反映砂的级配优劣，细度模数相同的砂，其级配不一定相同，而且还可能存在较大差异。因此，混凝土用砂，除考虑细度模数外，还应同时考虑颗粒级配。除特细砂外，砂的颗粒级配可按600μm筛孔的累计筛余百分率，分成Ⅰ、Ⅱ、Ⅲ三个级配区。砂样经过筛分后，可根据各筛上的累计筛余百分率绘制出筛分曲线，并根据它来看砂的粗细，若筛分曲线超过Ⅰ区右下侧分界线时，表示砂子过粗；若筛分曲线超过Ⅲ区时左上侧分界线时，则表示砂子过细。

在配合比相同的情况下，若砂子过粗，拌出的混凝土黏聚性差，容易产生分离、泌水现象；若砂子过细，虽然拌制的混凝土黏聚性较好，但流动性显著减小，为满足流动性要求，需耗用较多的水泥，混凝土强度也较低。因此，混凝土用砂不宜过粗，也不宜过细，以中砂较为适宜，优先选用Ⅱ区砂。

5. 砂的含水率与其体积之间的关系

砂的外观体积随其湿度变化而变化。当其含水率为5%～7%时，砂堆的体积最大，比干松状态下的体积增大30%～35%；含水率再增加时，体积便开始逐渐减小，增大到17%时，体积将缩至与干松状态下相同；当砂完全被水浸泡后，其密实度反而超过干砂，

体积可较原来干松体积缩小 7%～8%。所以，在设计混凝土和各种砂浆配合比时，均应经过加工筛除杂质后的干松状态下的砂为标准进行计算。

（二）卵石、碎石

卵石和碎石在水利工程中用量很大，其颗粒粒径均大于 5mm，称为粗骨料。卵石是天然岩石经自然风化后，因受水流的不断冲击，互相摩擦而成，与砂一样因产地和环境不同分为河卵石、海卵石和山卵石；碎石是把各种硬质岩石（花岗岩、砂岩、石英岩、玄武岩、辉绿岩、石灰岩等）经人工或机械加工破碎而成。

卵石通过天然开采、筛分而来，其表面光滑，配制的混凝土和易性好，孔隙较少，其不透水性较碎石好。但是卵石与水泥浆的黏结力较碎石差，故卵石混凝土强度较碎石混凝土低。卵石颗粒坚硬程度不一，片状、针状颗粒较多，杂质含量也较多，所以配制强度等级较高的混凝土宜用碎石。粗骨料按粒径大小进行分类，见表 1-2-7。

表 1-2-7　　　　　　　　　　粗骨料的分类

类别		粒径/mm
碎石	特细碎石	5～10
	细碎石	10～20
	中碎石	20～40
	粗碎石	40～150
卵石	特细卵石	5～10
	细卵石	10～20
	中卵石	20～40
	粗卵石	40～150

1. 粗骨料的颗粒级配、最大粒径、超径与逊径颗粒

粗骨料的级配是通过筛分析试验确定的，级配应符合表 1-2-8 的规定。骨料级配有连续级配和间断级配两种。连续级配是从最大粒径开始，由大到小各粒级相连，各粒级都占有适当的比例，在混凝土配合比设计过程中应优先选用连续级配。间断级配是指各粒级石子不相连，而是用小颗粒的粒级直接和大颗粒的粒级相配，抽去中间的一、二级石子，此情况可减小石子颗粒的空隙率，从而能节约水泥，但间断级配容易导致混凝土拌和物产生离析现象，而且它与骨料天然存在的级配情况不相适应，所以工程中较少应用。

表 1-2-8　　　　　　　　　　粗骨料的颗粒级配范围

级配情况	公称粒级/mm	方孔筛筛孔边长/mm										
		2.36	4.75	9.5	16.0	19.0	26.5	31.5	37.5	53.0	63.0	75.0	90.0
		累计筛余百分率/%										
连续粒级	5～16	95～100	85～100	30～60	0～10	0							
	5～20	95～100	90～100	40～80	—	0～10	0						
	5～25	95～100	90～100	—	30～70	0～5	0						
	5～31.5	95～100	90～100	70～90	—	15～45	—	0～5	0				
	5～40	—	95～100	70～90	—	30～65	—	—	0～5	0			

第二章　常用建筑材料的分类、性能及基本用途

续表

级配情况	公称粒级/mm	方孔筛筛孔边长/mm										
		2.36	4.75	9.5	16.0	19.0	26.5	31.5	37.5	53.0	63.0	75.0	90.0
		累计筛余百分率/%											
单粒级	5～10	95～100	80～100	0～15	0								
	10～16		95～100	80～100	0～15								
	10～20		95～100	85～100		0～15	0						
	15～25			95～100	55～70	25～40	0～10						
	16～31.5		95～100		85～100			0～10	0				
	20～40			95～100		80～100		0～10	0				
	40～80				95～100			70～100		30～60	0～10	0	

粗骨料公称粒径的上限值，称为骨料最大粒径（D_M）。粗骨料最大粒径增大时，骨料的空隙率及表面积都减小，在水灰比及混凝土流动性相同的条件下，可使水泥用量减少，且有助于提高混凝土的密实性、减少混凝土的发热量及混凝土的收缩，这对大体积混凝土颇为有利。实践证明，当 D_M 在 80mm 以下变动时，D_M 增大，水泥用量显著减小，节约水泥效果明显；当 D_M 超过 150mm 时，D_M 增大，水泥用量不再显著减小。粗骨料粒径的选用取决于构件截面尺寸和配筋的疏密。

某一粒级粗骨料中所含大于该公称粒级上限粒径的颗粒，称为该粒级的超径颗粒；所含小于该公称粒级下限粒径的颗粒，称为该粒级的逊径颗粒。混凝土配制时，应严格控制各粒级粗骨料的超、逊径颗粒含量。

2. 坚固性及压碎指标

坚固性是指骨料在自然风化和其他外界物理化学因素作用下抵抗破裂的能力，采用骨料试样经硫酸钠饱和溶液 5 次浸渍循环后的总质量损失百分率（%）表示。压碎指标是指卵石、碎石抵抗压碎的能力，可反映卵石、碎石的强度，采用压碎指标值（%）表示。根据规范《建设用卵石、碎石》（GB/T 14685—2011），粗骨料的坚固性与压碎指标应符合表 1-2-9 的规定。

表 1-2-9　　　　　　　　粗骨料坚固性与压碎指标

粗骨料种类	质量等级	质量损失率/%	压碎指标/%
卵石	Ⅰ类	≤5	≤12
	Ⅱ类	≤8	≤14
	Ⅲ类	≤12	≤16
碎石	Ⅰ类	≤5	≤10
	Ⅱ类	≤8	≤20
	Ⅲ类	≤12	≤30

3. 针片状颗粒及含泥量

粗骨料中还存在针状、片状颗粒的情况（凡卵石、碎石颗粒的长度大于该颗粒所属粒级的平均粒径 2.4 倍者为针状颗粒；厚度小于平均粒径 0.4 倍者为片状颗粒），它们会使骨料的空隙率增大，浪费水泥，而且受力后容易被折断破坏，使混凝土强度降低，为此应限制卵石、碎石中的针状、片状颗粒含量不得过多。

卵石中的黏土和淤泥，及碎石中的石粉，因颗粒极细，易黏附在骨料表面，阻碍水泥石与骨料的胶结，降低混凝土的强度、抗渗性、抗冻性及抗冲耐磨性等，同时还因混凝土单位用水量的增加而增大混凝土的干缩率。若黏土等以团块形式存在，则会在混凝土中形成薄弱部分，对其质量影响更大。

根据《建设用卵石、碎石》（GB/T 14685—2011），粗骨料的针片状颗粒及含泥量应满足表 1-2-10 的规定。

表 1-2-10　　　　　　粗骨料的针片状颗粒、含泥量及泥块含量

质量等级	项　目		
	针片状颗粒总含量（按质量计）/%	含泥量（按质量计）/%	泥块含量（按质量计）/%
Ⅰ类	≤5	≤0.5	0
Ⅱ类	≤10	≤1.0	≤0.2
Ⅲ类	≤15	≤1.5	≤0.5

4. 有害物质含量

碎石中常含有颗粒状硫化物和硫酸盐等有害物质，卵石中除此以外常含有机杂质，这些有害物含量应加以控制，应符合表 1-2-11 规定。

表 1-2-11　　　　　　卵石、碎石中的有害物质含量

项　目	质量等级		
	Ⅰ类	Ⅱ类	Ⅲ类
硫化物及硫酸盐含量（按 SO_3 质量计）/%	≤0.5	≤1.0	≤1.0
有机质含量（用比色法试验）	合格*	合格*	合格*

* 当试样过程中试样上部的溶液颜色浅于标准色时，则试样有机物含量合格；当颜色深于标准色时，则应配制成混凝土做进一步强度对比试验；当原试样制成的混凝土强度不低于淘洗试样制成的混凝土强度的 95% 时，则认为有机物含量合格。

5. 表观密度、堆积密度和孔隙率

测定骨料的表观密度、堆积密度和空隙率，目的在于方便计算混凝土配合比和估算骨料的开采加工量、运输量。

卵石、碎石的表观密度一般为 $2.5 \sim 2.7 g/cm^3$，碎石的堆积密度，处于气干状态时一般为 $1400 \sim 1500 kg/m^3$，卵石为 $1600 \sim 1800 kg/m^3$。石料表观密度的大小可间接反映出石材的坚硬程度及孔隙多少。通常，同种石材表观密度越大，其抗压强度越高，吸水率越小，耐久性越高。故可用表观密度作为对石材品质评价的粗略指标。其值应符合如下规定：卵石、碎石的表观密度不小于 $2600 kg/m^3$，连续级配松散堆积空隙率应满足Ⅰ类不大于 43%、Ⅱ类不大于 45%、Ⅲ类不大于 47%。

第二章　常用建筑材料的分类、性能及基本用途

6. 含水状态

根据骨料开口孔隙吸水程度及颗粒表面吸附水膜的情况，一般可将骨料的含水状态分为四种：干燥状态、气干状态、饱和面干状态和湿润状态。含水率等于零时称干燥状态；含水率与空气湿度相平衡时称气干状态；骨料表面干燥而内部开口孔隙吸水达饱和时称饱和面干状态；骨料不仅开口孔隙充满水，而且表面还吸附有一薄层水时称湿润状态。在混凝土配合比设计过程中，工业与民用建筑工程常以骨料干燥状态为基准，而水利水电工程常以骨料饱和面干状态为基准。

7. 力学性质

石料的力学性质主要包括抗压强度、冲击韧性、硬度及耐磨性等。石料的强度取决于石料的矿物组成、晶粒粗细及构造的均匀性、孔隙率大小和岩石风化程度等。石料强度一般变化都比较大，即使同一种岩石、同一产地，其强度也不完全相同。结晶质石料的强度较玻璃质的高，均匀晶粒的较斑状晶粒的高，构造致密的较疏松多孔的高。具有层理构造的石料，其垂直层理方向的抗压强度较平行层理方向的高。岩石的韧性决定于其矿物组成及构成。通常晶体结构的岩石较非晶体结构的岩石具有较高的韧性。石料的耐磨性是指它抵抗磨损和磨耗的性能，取决于其矿物组成、结构及构造。组成岩石的矿物越坚硬、岩石的结构和构造越致密、岩石抗压强度和冲击韧性越高，则石料的耐磨性越好。用于建筑物的地面、台阶、楼梯踏步的石料，用于道路路面及人行道的碎石，以及水工泄水排沙建筑物表面的石料，都应采用耐磨性较高的石料。

三、混凝土

（一）概述

混凝土是由胶凝材料、粗骨料、细骨料和水（或不加水）按适当的比例配合、拌和制成混合物，经一定时间后硬化而成的人造石材。

按所用胶凝材料可分为水泥混凝土、沥青混凝土、水玻璃混凝土、聚合物混凝土、聚合物水泥混凝土、石膏混凝土和硅酸盐混凝土等。

按干表观密度分为三类：①重混凝土，其干表观密度大于 $2500kg/m^3$，采用重骨料和水泥配制而成，主要用于防辐射工程，又称为防辐射混凝土；②普通混凝土，其干表观密度为 $2000\sim2500kg/m^3$，一般为 $2400kg/m^3$ 左右，用水泥、水与普通砂、石配制而成，是目前土木工程中应用最多的混凝土，广泛用于工业与民用建筑、道路与桥梁、海工与大坝、军事设施等工程，主要用作承重结构材料；③轻混凝土，其干表观密度小于 $1950kg/m^3$，包括轻骨料混凝土、大孔混凝土和多孔混凝土，可用作承重结构、保温结构和承重兼保温结构。

按施工工艺可分为泵送混凝土、预拌混凝土（商品混凝土）、喷射混凝土、自密实混凝土、堆石混凝土、热拌混凝土和太阳能养护混凝土等多种。

按用途可分为结构混凝土、防水混凝土、防辐射混凝土、耐酸混凝土、装饰混凝土、耐热混凝土、大体积混凝土、膨胀混凝土、道路混凝土和水下不分散混凝土等多种。

本节提到的混凝土，如无特别说明，均指普通混凝土。

（二）基本组成材料及技术要求

普通混凝土由水泥、水、砂子和石子组成，另外还常掺入适量的外加剂和掺和料。一

一般来说，在混凝土中，水泥约占总重的10%～15%，其余为砂、石骨料，砂石比例为1∶2左右，孔隙的体积含量为1%～5%。

水泥是混凝土中最重要的组分，同时也是混凝土组成材料中造价最高的材料。配制混凝土时，应正确选择水泥品种和水泥强度等级，以配制出性能满足要求、经济性好的混凝土。

1. 水泥品种的选择

配制混凝土一般可采用硅酸盐水泥、普通硅酸盐水泥、矿渣硅酸盐水泥、火山灰硅酸盐水泥和粉煤灰硅酸盐水泥，必要时也可采用快硬硅酸盐水泥或其他水泥。配制混凝土时，采用何种水泥应根据工程性质、部位、施工条件和环境状况等，参照相关要求选用。

2. 水泥强度等级的选择

水泥强度等级的选择应与混凝土的设计强度等级相适应。原则上配制高强度等级的混凝土，选用高强度等级的水泥；配制低强度等级的混凝土，选用低强度等级的水泥。

3. 骨料的选择

细骨料质量的优劣，直接影响到混凝土质量的好坏，因此配制混凝土时对细骨料有一些要求：颗粒形状及表面特征的要求；有害杂质含量的要求；粗细程度和颗粒级配的要求及坚固性的要求等。

4. 混凝土拌和及养护用水

混凝土拌和及养护用水应不影响混凝土的凝结硬化，无损于混凝土强度发展及耐久性，不加快钢筋锈蚀，不引起预应力钢筋脆断，不污染混凝土表面。混凝土用水中的物质含量限值应符合《混凝土用水标准》（JGJ 63—2006）中的规定值。一般来说，凡可饮用的水，均可以用于拌制和养护混凝土；未经处理的工业废水、污水及沼泽水，不能使用。

（三）混凝土拌和物的和易性及影响因素

1. 混凝土拌和物的和易性

和易性指混凝土拌和物易于施工操作（拌和、运输、浇筑和振捣），不发生分层、离析、泌水等现象，以获得质量均匀、密实的混凝土的性能，包括流动性、黏聚性和保水性三个方面。流动性是指混凝土拌和物在自重或施工机械振捣的作用下，能产生流动，并均匀密实地充满模板的性能；黏聚性是指混凝土拌和物内部各组分间具有一定的黏聚力，在运输和浇筑过程中不致产生分层离析现象的性能；保水性是指混凝土拌和物具有保持内部水分不流失，不致产生严重泌水现象的性能。三者既相互联系又相互矛盾。当流动性大时，往往黏聚性和保水性差；反之亦然。因此，和易性良好就是要使这三方面的性质达到良好的统一。通常是测定混凝土拌和物的流动性，观察评定黏聚性和保水性。流动性测定方法有坍落度法和维勃稠度法。

根据坍落度的不同，可将混凝土拌和物分为大流动性混凝土（坍落度大于160mm）、流动性混凝土（坍落度为100～150mm）、塑性混凝土（坍落度为10～90mm）及干硬性混凝土（坍落度小于10mm）。坍落度试验仅适用于骨料最大粒径不大于40mm、坍落度不小于10mm的混凝土拌和物。

对于干硬性混凝土，通常采用维勃稠度仪来测定混凝土拌和物的流动性。维勃稠度试验适用于骨料最大粒径不小于40mm，维勃稠度为5～30s的混凝土。维勃稠度代表拌和物振实所需要的能量,时间越短,表明拌和物越容易被振实。

2. 影响混凝土拌和物和易性的因素

(1) 水泥浆含量。在水灰比不变的情况下,单位体积拌和物内,如果水泥浆越多,则拌和物的流动性也越大。但水泥浆过多时,将会出现流浆、泌水现象,黏聚性、保水性变差;若水泥浆过少,则骨料之间缺少黏结物质,易使拌和物发生离析和崩坍。

(2) 砂率。砂率是指细骨料含量占骨料总量的百分数。在保持水和水泥用量一定的条件下,砂率对拌和物坍落度的影响存在极大值。因此,砂率有一个合理值,采用合理砂率时,在用水量和水泥用量不变的情况下,可使拌和物获得所要求的流动性和良好的黏聚性与保水性。

(3) 水灰比。在水泥用量、骨料用量均不变的情况下,水灰比越大,拌和物流动性越大,反之则越小。但水灰比过大,会造成拌和物黏聚性和保水性不良,同时也影响后期强度大小;水灰比过小,会使拌和物流动度过低,影响施工。

(4) 水泥特性。水泥对拌和物和易性的影响主要是水泥品种和水泥细度的影响。在其他条件相同的情况下,需水量大的水泥比需水量小的水泥配制的拌和物流动性要小。水泥颗粒越细,总表面积越大,润湿颗粒表面及吸附在颗粒表面的水越多,在其他条件相同的情况下,拌和物的流动性变小。

(5) 骨料特性。级配好的骨料,其拌和物流动性较大,黏聚性与保水性较好;表面光滑的骨料,如河砂、卵石,其拌和物流动性较大;骨料的粒径增大,总表面积减小,拌和物流动性就增大。

(6) 外加剂。混凝土拌和物中掺入减水剂或引气剂,拌和物的流动性明显增大。引气剂还可有效改善混凝土拌和物的黏聚性和保水性。

(7) 温度、时间。随环境温度的升高,混凝土拌和物的坍落度损失加快,这是由于温度升高,水泥水化加速,水分蒸发加快。混凝土拌和物随时间的延长而变干稠,流动性降低,这是由于拌和物中一些水分被骨料吸收,一些水分蒸发,一些水分与水泥发生水化反应变成水化产物结合水。

(四) 凝结硬化后混凝土的强度性能

1. 混凝土强度

(1) 混凝土立方体抗压强度 (f_{cu})。根据《普通混凝土力学性能试验方法标准》(GB/T 50081—2016) 中规定,混凝土立方体抗压强度是指按标准方法测试的,标准尺寸为 150mm×150mm×150mm 的立方体试件,在标准养护条件下 [(20±2)℃,相对湿度为 95% 以上] 的标准养护室中养护,养护到 28d 龄期,以标准试验方法测得的抗压强度值。按《混凝土结构设计规范》(GB 50010—2010) 规定,混凝土强度等级以立方体抗压强度标准值划分为 C10、C15、C20、C25、C30、C35、C40、C45、C50、C55、C60、C65、C70、C75 和 C80 共 15 个等级。C 代表混凝土,C 后面的数字为立方体抗压强度标准值 (MPa)。混凝土强度等级是混凝土结构设计时强度计算取值、混凝土施工质量控制和工程验收的依据。对于非标准尺寸试件的抗压强度,可采用折算系数折算成标准试件的强度值。如边长为 100mm 的立方体试件,折算系数为 0.95,边长为 200mm 的立方体试件,折算系数为 1.05。这是因为试件尺寸不同,会影响试件的抗压强度值,试件尺寸越小，测得的抗压强度值越大。

(2) 混凝土轴心抗压强度（f_{cp}）。在实际结构中，钢筋混凝土受压构件多为棱柱体或圆柱体。为了使测得的混凝土强度与实际情况接近，在进行钢筋混凝土受压构件（如柱子、桁架的腹杆等）计算时，都是采用混凝土的轴心抗压强度。混凝土轴心抗压强度是指按标准方法制作的，标准尺寸为150mm×150mm×300mm的棱柱体试件，在标准养护条件下养护到28d龄期，以标准试验方法测得的抗压强度值。

轴心抗压强度比同截面面积的立方体抗压强度要小，当标准立方体抗压强度在10～50MPa范围内时，两者之间的比值近似为0.7～0.8。

(3) 混凝土抗拉强度（f_{ts}）。混凝土抗拉强度比其抗压强度小得多，一般只有抗压强度的1/13～1/10，且拉压比随抗压强度的增高而减小。

混凝土抗拉强度测定应采用轴拉试件，但这种方法由于夹具附近局部破坏较难避免，而且外力作用线与试件轴心方向很难调成一致而较少采用。目前我国采用劈裂抗拉试验来测定混凝土的抗拉强度，该方法的原理是在标准150mm×150mm×150mm立方体试件两个相对的表面轴线上，作用着均匀分布的压力，这样就能使在此外力作用下的试件竖向平面内，产生均布拉应力，该拉应力可以根据弹性理论计算得出，计算公式如下：

$$f_{ts} = \frac{2F}{\pi A} = 0.637 \frac{F}{A} \quad (1-2-1)$$

式中　f_{ts}——混凝土劈裂抗拉强度，MPa；
　　　F——试件破坏荷载，N；
　　　A——试件劈裂面面积，mm^2。

混凝土劈裂抗拉强度较轴心抗拉强度略低，试验证明两者的比值为0.9左右。

(4) 混凝土抗折强度（f_{cf}）。混凝土道路工程和桥梁工程的结构设计、质量控制与验收等环节，需要检测混凝土的抗折强度。混凝土抗折强度是指按标准方法制作的，标准尺寸为150mm×150mm×600mm（或550mm）的长方体试件，在标准养护条件下养护到28d龄期，以标准试验方法测得的抗折强度值。按三分点加荷，试件的支座一端为铰支，另一端为滚动支座。抗折强度计算公式如下：

$$f_{cf} = \frac{PL}{bh^2} \quad (1-2-2)$$

式中　f_{cf}——混凝土抗折强度，MPa；
　　　P——破坏荷载，N；
　　　L——支座之间的距离，mm；
　　　b，h——试件截面的宽度和高度，mm。

2. 影响混凝土强度的因素

(1) 水泥强度等级和水灰比。普通混凝土受力破坏一般首先出现在骨料和水泥石的分界面上，即所谓的黏结面破坏形式。混凝土的强度主要取决于水泥石的强度及其与骨料间的黏结力，而它们又取决于水泥强度及水灰比的大小，即水泥强度与水灰比是影响混凝土强度的主要因素。

拌制混凝土拌和物时，为了获得必要的流动性，常需用较多的水，即较大的水灰比。

这样，混凝土中就常有多余的水分，它是使混凝土中产生毛细孔及微细裂缝的主要原因。水灰比大，水泥石的密实度小，孔隙较多，水泥石的强度较低，水泥石的收缩也较大。同时，多余水分所造成的泌水多，混凝土的微细裂缝也多，水泥石与骨料的黏结也弱。因此，水泥强度越高，混凝土强度越高；水灰比越大，混凝土强度越低。

（2）骨料。骨料的强度一般都比水泥石的强度高（轻骨料除外），所以对混凝土的强度影响很小。但若骨料经风化等作用而强度降低时，则用其配制的混凝土强度也较低；骨料表面粗糙，则与水泥石黏结力较大，故用碎石配制的混凝土比用卵石配制的混凝土强度较高。

（3）养护温度、湿度。温度及湿度对混凝土强度的影响，本质上是对水泥水化的影响。养护温度高，可以增大初期水化速度，混凝土早期强度也高。但混凝土早期养护温度过高（40℃以上），因水泥水化产物来不及扩散而使混凝土后期强度反而降低。当温度在0℃以下时，水泥水化反应停止，混凝土强度停止发展。这时还会因为混凝土中的水结冰产生体积膨胀，对混凝土产生相当大的膨胀压力，使混凝土结构破坏，强度降低，因此也要控制在一个合适的养护温度。水是水泥水化的必要条件，如果湿度不够，水泥水化反应不能正常进行，甚至停止水化会严重降低混凝土强度。因此，在混凝土浇筑完毕后，应在8～12h内进行覆盖并保湿养护。

（4）龄期。混凝土在正常养护条件下，其强度将随龄期的增加而增长，最初7～14d发展较快，28d后强度发展趋于平缓。因而混凝土常以28d龄期强度作为质量评定依据。

（五）混凝土的耐久性

混凝土的耐久性是指混凝土能抵抗环境介质的长期作用，保持正常使用性能和外观完整性的能力，包括抗渗性、抗冻性、抗磨性、抗侵蚀性以及碳化等。

1. 抗渗性

混凝土的抗渗性是指其抵抗压力水渗透作用的能力。混凝土抗渗性可用渗透系数或抗渗等级表示。我国目前沿用的表示方法是抗渗等级。混凝土抗渗等级，是以28d龄期的标准试件，在标准试验方法下所能承受的最大水压力来确定的。混凝土抗渗等级分为W2、W4、W6、W8、W10、W12六级，即表示混凝土在标准试验条件下能抵抗0.2MPa、0.4MPa、0.6MPa、0.8MPa、1.0MPa、1.2MPa的压力水而不渗水。抗渗等级不小于W6级的混凝土称为抗渗混凝土。

2. 抗冻性

混凝土的抗冻性是指混凝土在水饱和状态下能经受多次冻融作用而不破坏，同时也不严重降低强度的性能。混凝土抗冻性常以抗冻等级表示。抗冻等级采用快速冻融法确定，取28d龄期100mm×100mm×400mm的混凝土试件，经n次标准条件冻融后，若其相对动弹性模量下降至60%或质量损失达5%，则该混凝土抗冻等级即为F_n。抗冻等级分为F50、F100、F150、F200、F250、F300、F350等。

3. 抗磨性

受磨损、磨耗作用的表层混凝土（如受挟沙高速水流冲刷的混凝土及道路路面混凝土等），要求有较高的抗磨性。混凝土的抗磨性不仅与混凝土强度有关，而且与原材料的特性及配合比有关。选用坚硬耐磨的骨料、高强度等级的硅酸盐水泥，配制成水泥浆含量较少的高强度混凝土，经振捣密实，并使表面平整光滑，混凝土将获得较高的抗磨性。对于有抗磨要求的混凝土，其强度等级应不低于C35，或者采用真空作业，以提高其耐磨性。对于结构物可能受磨损特别严重的部位，应采用抗磨性较强的材料加以防护。

4. 抗侵蚀性

环境介质对混凝土的化学侵蚀有淡水侵蚀、硫酸盐侵蚀、海水侵蚀、酸碱侵蚀等，其侵蚀机理与水泥石化学侵蚀相同。其中海水侵蚀除了硫酸盐侵蚀外，还有反复干湿作用，盐分在混凝土内的结晶与聚集、海浪的冲击磨损、海水中氯离子对钢筋的锈蚀作用等，同样会使混凝土受到侵蚀而破坏。

对以上各类侵蚀难以有共同的防止措施。采取的措施或是设法提高混凝土的密实度，改善混凝土的孔隙结构，以使环境侵蚀介质不易渗入混凝土内部；或采用外部保护措施以隔离侵蚀介质不与混凝土相接触。

5. 碳化

混凝土的碳化是指空气中的 CO_2 通过混凝土中的毛细孔隙，由表及里地向内部扩散。在有水分存在的条件下，与水泥石中的 $Ca(OH)_2$ 反应生成 $CaCO_3$，使混凝土中 $Ca(OH)_2$ 浓度下降的现象。碳化对混凝土的物理力学性能有明显作用，会使混凝土出现碳化收缩，强度下降，还使混凝土中的钢筋因失去碱性保护而锈蚀，最终导致钢筋混凝土结构的破坏。碳化对混凝土的性能也有有利的一面，表层混凝土碳化时生成的 $CaCO_3$，可减少水泥石的孔隙，对有害介质的内侵具有一定的缓冲作用。

使用硅酸盐水泥或者普通水泥，采用较小的水灰比或者较多的水泥用量，掺用引气剂或者减水剂，采用密实的砂石骨料以及严格控制混凝土的施工质量，使混凝土均匀密实等均可以提高混凝土抗碳化能力。混凝土中掺入粉煤灰以及采用蒸汽养护的方法，会加速混凝土的碳化。

四、外加剂

(一) 外加剂的分类

混凝土外加剂种类繁多，按其主要功能分为四类：

(1) 改善混凝土拌和物流动性能的外加剂，包括各种减水剂、引气剂和泵送剂等。

(2) 调节混凝土凝结时间、硬化性能的外加剂，包括缓凝剂、早强剂和泵送剂等。

(3) 改善混凝土耐久性的外加剂，包括引气剂、防水剂和阻锈剂等。

(4) 改善混凝土其他性能的外加剂，包括引气剂、膨胀剂、防冻剂、着色剂等。

(二) 工程中常用的外加剂

目前在工程中常用的外加剂主要有减水剂、早强剂、引气剂、缓凝剂、防冻剂、速凝剂、膨胀剂等。

1. 减水剂

减水剂是在混凝土坍落度基本相同的条件下，能显著减少混凝土拌和水量的外加剂。在混凝土中加入减水剂后，根据使用目的的不同，一般可取得以下效果：在用水量及水胶比不变时，混凝土坍落度可增大100~200mm，且不影响混凝土的强度，增加流动性；在保持流动性及水泥用量不变的条件下，可减少拌和水量10%~15%，从而降低了水胶比，使混凝土强度提高15%~20%，特别是早期强度提高更为显著；在保持流动性及水胶比不变的条件下，可以在减少拌和水量的同时，相应减少水泥用量，即在保持混凝土强度不变时，可节约水泥用量10%～15%；掺入减水剂能显著改善混凝土的孔隙结构，使混凝土的密实度提高，透水性可降低40%～80%，从而可提高抗渗、抗冻、抗化学腐蚀及抗锈蚀等能力，改善混凝土的耐久性。此外，掺用减水剂后，还可以改善混凝土拌和物的泌水、离析现象，延缓混凝土拌和物的凝结时间，减慢水泥水化放热速度和配制特种混凝土。

2. 早强剂

早强剂是指能加速混凝土早期强度发展的外加剂。早强剂可促进水泥的水化和硬化进程，加快施工进度，提高模板周转率，特别适用于冬期施工或紧急抢修工程。目前广泛使用的混凝土早强剂有三类，即氯化物（如$CaCl_2$、$NaCl$等）、硫酸盐系（如Na_2SO_4等）和三乙醇胺系，但使用更多的是以它们为基材的复合早强剂，其中氯化物对钢筋有锈蚀作用，常与阻锈剂共同使用。

3. 引气剂

引气剂是指搅拌混凝土过程中能引入大量均匀分布、稳定而封闭的微小气泡的外加剂。引气剂能使混凝土的某些性能得到明显的改善或改变，改善混凝土拌和物的和易性，显著提高混凝土的抗渗性、抗冻性，但混凝土强度略有降低。引气剂可用于抗渗混凝土、抗冻混凝土、抗硫酸侵蚀混凝土、泌水严重的混凝土、轻混凝土以及对饰面有要求的混凝土等，但引气剂不宜用于蒸养混凝土及预应力钢筋混凝土。引气剂的掺用量通常为水泥质量的0.005%～0.015%（以引气剂的干物质计算）。

4. 缓凝剂

缓凝剂是指能延缓混凝土凝结时间，并对混凝土后期强度发展无不利影响的外加剂。缓凝剂主要有四类：糖类（如糖蜜）、木质素磺酸盐类（如木钙、木钠）、羟基羧酸及其盐类（如柠檬酸、石酸）、无机盐类（如锌盐、硼酸盐等）。常用的缓凝剂是木钙和糖蜜，其中糖蜜的缓凝效果最好，糖蜜缓凝剂是制糖下脚料经石灰处理而成，糖蜜的适宜掺量为0.1%～0.3%，混凝土凝结时间可延长2～4h，掺量过大会使混凝土长期不硬，强度严重下降。

缓凝剂具有缓凝、减水和降低水化热等的作用，对钢筋也无锈蚀作用。主要适用于大体积混凝土、炎热气候下施工的混凝土，以及需长时间停放或长距离运输的混凝土。缓凝剂不宜用于日最低气温5℃以下施工的混凝土，也不宜单独用于有早强要求的混凝土及蒸养混凝土。

5. 防冻剂

防冻剂是指在规定温度下，能显著降低混凝土的冰点，使混凝土液相不冻结或仅部分冻结，以保证水泥的水化作用，并在一定的时间内获得预期强度的外加剂。常用的防冻剂有氯盐类（$CaCl_2$、$NaCl$）；氯盐阻锈类（以氯盐与亚硝酸钠阻锈剂复合而成）；无氯盐类（以硝酸盐、亚硝酸盐、碳酸盐、乙酸钠或尿素复合而成）。

氯盐类防冻剂适用于无筋混凝土；氯盐阻锈类防冻剂适用于钢筋混凝土；无氯盐类防冻剂用于钢筋混凝土工程和预应力钢筋混凝土工程。硝酸盐、亚硝酸盐、碳酸盐易引起钢筋的腐蚀，故不适用于预应力钢筋混凝土以及与镀锌钢材或与铝铁相接触部位的钢筋混凝土结构。

防冻剂用于负温条件下施工的混凝土。目前国产防冻剂品种适用于−15～0℃的气温，当在更低气温下施工时，应增加其他混凝土冬期施工的措施，如暖棚法、原料（砂、石、水）预热法等。

6. 速凝剂

速凝剂是指能使混凝土迅速凝结硬化的外加剂。速凝剂主要有无机盐类和有机物类两类。我国常用的速凝剂是无机盐类，主要型号有红星Ⅰ型、711型、782型、8604型等。

红星Ⅰ型速凝剂是由铝氧熟料（主要成分为铝酸钠）、碳酸钠、生石灰按质量1∶1∶0.5的比例配制而成的一种粉状物，适宜掺量为水泥质量的2.5%～4.0%。711型速凝剂是铝氧熟料与无水石膏按质量比3∶1配合粉磨而成，适宜掺量为水泥质量的3%～5%。

速凝剂掺入混凝土后，能使混凝土在5min内初凝，10min内终凝，1h就可产生强度，1d强度提高2～3倍，但后期强度会下降，28d强度为不掺时的80%～90%。速凝剂主要用于矿山井巷、铁路隧道、引水涵洞、地下工程。

7. 膨胀剂

膨胀剂是使混凝土产生一定体积膨胀的外加剂，如硫铝酸钙类、氧化钙类、氧化镁类等。掺入适量的膨胀剂可提高混凝土的抗渗性和抗裂性，而对混凝土的力学性能不会带来大的改变。

（三）外加剂的选择和使用

在混凝土中掺入外加剂，可明显改善混凝土的技术性能，取得显著的技术经济效果。若选择和使用不当，会造成事故。因此，在选择和使用外加剂时，应注意以下几点。

1. 品种选择

外加剂品种、品牌很多，效果各异，特别是对于不同品种的水泥效果不同。使用时应根据工程需要和现场的材料条件，参考有关资料并通过试验确定。

2. 掺量确定

混凝土外加剂均有适宜掺量，掺量过小，往往达不到预期效果；掺量过大，则会影响混凝土质量，甚至造成质量事故，应通过试验试配确定最佳掺量。

3. 掺加方法

外加剂掺量很少，必须保证其均匀度，一般不能直接加入混凝土搅拌机内。对于可溶水的外加剂，应先配成一定浓度的水溶液，随水加入搅拌机；对不溶于水的外加剂，应与适量水泥或砂混合均匀后加入搅拌机内。另外，外加剂的掺入时间、方式对其效果的发挥也有很大影响，如为保证减水剂的减水效果，减水剂有同掺法、后掺法、分次掺入三种方法。

五、矿物掺合料

掺合料是指在混凝土搅拌前或在搅拌过程中，直接掺入的人造或天然的矿物材料以及工业废料，其掺量一般大于水泥重量的5%，目的是改善混凝土性能、调节混凝土强度等级和节约水泥用量等。混凝土掺合料主要有粉煤灰、硅灰、磨细矿渣粉以及其他工业废渣。

（一）粉煤灰

从煤粉炉排出的烟气中收集到的颗粒粉末，称为粉煤灰。粉煤灰的化学成分主要有

SiO_2、Al_2O_3、Fe_2O_3、CaO、MgO 和 SO_3 等。煤粉燃烧时，其中较细的粒子随气流掠过燃烧区，立即熔融成水滴状，到了炉膛外面骤然冷却，就将熔融时由于表面张力作用形成的圆珠的形态保持下来，成为玻璃微珠，因此粉煤灰的颗粒形貌主要是玻璃微珠，其矿物组成主要为铝硅玻璃体。细度是评定粉煤灰品质的重要指标之一，一般来说，粉煤灰较细，品质较好。

粉煤灰由于其本身的化学成分、结构和颗粒形状等特征，掺入混凝土中可产生以下三种效应，总称为"粉煤灰效应"。

1. 活性效应

粉煤灰中所含的 SiO_2 和 Al_2O_3 具有化学活性，在水泥水化产生的 $Ca(OH)_2$ 和水泥中所掺石膏的激发下，能发生二次水化生成水化硅酸钙和水化铝酸钙等产物，可作为胶凝材料起增强作用。

2. 形态效应

粉煤灰颗粒绝大多数为玻璃微珠，在混凝土拌和物中起"滚珠轴承"的作用，能减小内摩阻力，使掺有粉煤灰的混凝土拌和物比基准混凝土流动性好，便于施工，具有减水作用。

3. 微骨料效应

粉煤灰中的微细颗粒均匀分布在水泥浆内，填充孔隙和毛细孔，改善了混凝土的孔结构和增大了混凝土的密实度。

粉煤灰掺入混凝土中，可以改善混凝土拌和物的和易性、可泵性和可塑性，能降低混凝土的水化热，使混凝土的弹性模量提高，提高混凝土抗化学侵蚀性、抗渗、抑制碱骨料反应等耐久性。粉煤灰取代混凝土中部分水泥后，混凝土的早期强度有所降低，但后期强度可以赶上甚至超过未掺粉煤灰的混凝土。

（二）硅灰

硅灰是在生产硅铁、硅钢或其他硅金属时，高纯度石英和煤在电弧炉中还原所得到的以无定形 SiO_2 为主要成分的球状玻璃体颗粒粉尘。硅灰中无定形 SiO_2 的含量在 90% 以上，硅灰颗粒极细，平均粒径为 $0.1 \sim 0.2 \mu m$，比表面积为 $20000 \sim 25000 m^2/kg$。

硅灰活性极高，火山灰活性指标高达 110%。其中的 SiO_2 在水化早期就可与 $Ca(OH)_2$ 发生反应，可配制出 100MPa 以上的高强混凝土。硅灰取代水泥后，其作用与粉煤灰类似，可改善混凝土拌和物的和易性，降低水化热，提高混凝土抗化学侵蚀性、抗冻、抗渗，抑制碱骨料反应，且效果比粉煤灰好得多。另外，硅灰掺入混凝土中，可使混凝土的早期强度提高。硅灰需水量比为 134% 左右，若掺量过大，将会使水泥浆变得十分黏稠。在土建工程中，硅灰取代水泥量常为 5%～15%，且必须同时掺入高效减水剂。

（三）磨细矿渣粉

磨细矿渣粉是将粒化高炉矿渣经磨细而成的粉状掺合料。其主要化学成分为 CaO、SiO_2、Al_2O_3，三者的总量占 90% 以上，另外含有 Fe_2O_3 和 MgO 等氧化物及少量 SO_3，其活性较粉煤灰高，掺量也可比粉煤灰大。磨细矿渣粉可以等量取代水泥，使混凝土的多项性能得以显著改善，如大幅度提高混凝土强度、提高混凝土耐久性和降低水泥水化热等。国外已将磨细矿渣粉大量应用于工程，我国尚处于研究开发阶段。

除了上述三种外，混凝土的掺合料还有沸石粉、磨细自燃煤矸石粉、浮石粉、火山渣粉等。此外，碾压混凝土中还可以掺入适量的非活性掺合料如石灰石粉、尾矿粉等，以改善混凝土的和易性，提高混凝土的密实性以及硬化混凝土的某些性能。

六、钢材

钢材是指建筑工程中使用的各种钢材。主要包括钢结构中使用的板、管、型材以及钢筋混凝土中使用的钢筋、钢丝等。

（一）钢材分类

1. 据冶炼时脱氧程度分类

（1）沸腾钢。炼钢时加入锰铁进行脱氧，脱氧很不完全，称为沸腾钢，代号为"F"。

（2）镇静钢。炼钢时一般采用硅铁、锰铁和铝锭等作脱氧剂，脱氧充分，这种钢水铸锭时能平静地充满锭模并冷却凝固，称为镇静钢，代号为"Z"。

（3）特殊镇静钢。比镇静钢脱氧程度更充分彻底的钢，其质量最好，代号为"TZ"。

（4）半镇静钢。脱氧程度介于沸腾钢和镇静钢之间，为质量较好的钢，其代号为"b"。

2. 按化学成分分类

（1）碳素钢。碳素钢含碳量为 0.02%～2.06%，按含碳量又可分为低碳钢（含碳量<0.25%）、中碳钢（0.25%≤含碳量≤0.6%）、高碳钢（含碳量>0.6%）。在建筑工程中，主要用的是低碳钢和中碳钢。

（2）合金钢。合金钢可以分为低合金钢（合金元素总量小于 5%）、中合金钢（合金元素总量为 5%～10%）、高合金钢（合金元素总量大于 10%）。建筑上常用低合金钢。

3. 按质量分类

（1）普通钢。硫含量不大于 0.050%，磷含量不大于 0.045%。

（2）优质钢。硫含量不大于 0.035%，磷含量不大于 0.035%。

（3）高级优质钢。硫含量不大于 0.025%，磷含量不大于 0.025%。

（4）特级优质钢。硫含量不大于 0.025%，磷含量不大于 0.015%。

建筑中常用普通钢，有时也用优质钢。

4. 根据用途分类

（1）结构钢。主要用作工程结构构件及机械零件的钢。

（2）工具钢。主要用作各种量具、刀具及模具的钢。

（3）特殊钢。具有特殊物理、化学或机械性能的钢，如不锈钢、耐酸钢和耐热钢等。

建筑上常用的是结构钢。

（二）钢材的力学与工艺性能

1. 抗拉屈服强度（σ_s）

抗拉屈服强度是指钢材在拉力作用下开始产生塑性变形时的应力。当某些钢材的屈服点不明显时，可以规定按照产生残余变形 0.2% 时的应力作为屈服强度，符号为 σ_s。

2. 抗拉极限强度（σ_b）

抗拉极限强度是指试件破坏前应力-应变曲线上的最大应力值，也称为抗拉强度。抗拉强度不能直接利用,但屈服点与抗拉强度的比值(即屈强比 σ_s/σ_b)能反映钢材的安全可靠程度和利用率。屈强比越小,表明材料的安全性和可靠性越高,结构越安全。但屈强比过小,则钢材有效利用率太低,造成浪费。

3. 伸长率(δ)

伸长率是指试件拉断后,标距的伸长量(ΔL)与原始标距(L_0)的百分比称为伸长率(δ)。钢材拉伸试件取 $L_0=5d_0$ 或 $L_0=10d_0$(d_0 是试件直径),对应的伸长率分别记为 δ_5 和 δ_{10}。

伸长率表示钢材断裂前经受塑性变形的能力,伸长率越大表示钢材塑性越好。

4. 硬度

钢材的硬度是指其表面抵抗硬物压入产生局部变形的能力。测定钢材硬度的方法有布氏法、洛氏法和维氏法等,建筑钢材常用布氏硬度表示,其代号为 HB。

材料的硬度是材料弹性、塑性、强度等性能的综合反映,既可以判断钢材的软硬,又可以近似的估计钢材的抗拉强度,还可以检验热处理的效果。一般来说,硬度高,耐磨性较好,但脆性也较大。

5. 冲击韧性

冲击韧性是指钢材抵抗冲击荷载作用的能力,用冲断试件所需能量的多少来表示。

影响钢材冲击韧性的因素很多,当钢材内硫、磷的含量高、脱氧不完全、存在化学偏析,含有非金属夹杂物及焊接形成的微裂纹,都会使钢材的冲击韧性显著下降。同时环境温度对钢材的冲击韧性影响也很大,试验表明,冲击韧性随温度的降低而下降,开始时下降缓慢,当达到一定温度范围时,突然下降很快而呈脆性,这种性质称为钢材的冷脆性,这时的温度称为脆性转变温度。因此,在负温下使用的结构,应当选用脆性转变温度低于使用温度的钢材。

6. 疲劳强度

钢材在交变荷载反复作用下,可在远小于抗拉强度的情况下突然破坏,这种破坏称为疲劳破坏。钢材的疲劳破坏指标用疲劳强度(或称疲劳极限)来表示,它是指试件在交变荷载作用下,作用 10^7 次,不发生断裂的最大应力值。

钢材的内部成分的偏析和夹杂物的多少以及最大应力处的表面光洁程度、加工损伤等,都是影响钢材疲劳强度的因素。疲劳破坏经常突然发生,因而有很大的危险性,往往造成严重事故。在设计承受反复荷载且须进行疲劳验算的结构时,应当了解所用钢材的疲劳强度。

7. 可焊性

在焊接中,由于高温作用和焊接后急剧冷却作用,焊缝及其附近的过热区将发生晶体组织及结构变化,产生局部变形及内应力,使焊缝周围的钢材产生硬脆倾向,降低了焊接的质量。可焊性良好的钢材,焊缝处性质应尽可能与母材相同,焊接才牢固可靠。

钢材的化学成分、冶炼质量、冷加工、焊接工艺及焊条材料等都会影响焊接性能。钢材焊接后必须取样进行焊接质量检验,一般包括拉伸试验,有些焊接种类还包括弯曲试验,要求试验时试件的断裂不能发生在焊接处,同时还要检查焊缝处有无裂纹、砂眼、咬边和焊件变形等缺陷。

8. 冷弯性能

冷弯性能是指钢材在常温下承受弯曲变形的能力。钢材的冷弯性能是以试验时的弯曲角度（α）和弯心直径（d）为指标表示。

钢材的冷弯性能与伸长率一样，也是反映钢材在静荷作用下的塑性，但冷弯试验更容易暴露钢材的内部组织是否均匀，是否存在内应力、微裂纹、表面未熔合及夹杂物等缺陷。

9. 冷加工性能及时效处理

将钢材于常温下进行冷拉、冷拔或冷轧，使之产生塑性变形，从而提高强度，但钢材的塑性和韧性会降低，这个过程称为冷加工强化处理。

将经过冷拉的钢筋，于常温下存放 15～20d，或加热到 100～200℃并保持 2～3h 后，则钢筋强度将进一步提高，这个过程称为时效处理。前者称为自然时效，后者称为人工时效。

通常对强度较低的钢筋可采用自然时效，强度较高的钢筋则须采用人工时效。

（三）化学成分对钢材性能的影响

化学成分对钢材性能的影响见表 1-2-12。

表 1-2-12　　　　　　　　　　化学成分对钢材性能的影响

化学成分	对钢材性能的影响	备注
碳（C）	含碳量在 0.8% 以下时，随含碳量的增加，钢的强度和硬度提高，塑性和韧性降低；但当含碳量大于 1.0% 时，随含碳量增加，钢的强度反而下降。含碳量增加，钢的焊接性能变差，尤其当含碳量大于 0.3% 时，钢的可焊性显著降低	建筑钢材的含碳量不可过高，但是在用途上允许时，可用含碳量较高的钢，最高可达 0.6%
硅（Si）	硅含量在 1.0% 以下时，可提高钢的强度、疲劳极限耐腐蚀性及抗氧化性，对塑性和韧性影响不大，但可焊性和冷加工性能有所影响。硅可作为合金元素，用以提高合金钢的强度	硅是有益元素，通常碳素钢中硅含量小于 0.3%，低合金钢含硅量小于 1.8%
锰（Mn）	锰可提高钢材的强度、硬度及耐磨性。能消减硫和氧引起的热脆性，改善钢材的热工性能。锰可作为合金元素，提高钢材的强度	锰是有益元素，通常锰含量为 1%～2%
硫（S）	硫引起钢材的"热脆性"，会降低钢材的各种机械性能，使钢材的可焊性、冲击韧性、耐疲劳性和抗腐蚀性等均降低	硫是有害元素，建筑钢材的含硫量应尽可能减少，一般要求含硫量小于 0.045%
磷（P）	磷引起钢材的"冷脆性"，磷含量提高，钢材的强度、硬度、耐磨性和耐蚀性提高，塑性、韧性和可焊性显著下降	磷是有害元素，建筑用钢要求含磷量小于 0.045%
氧（O）	含氧量增加，使钢材的机械强度降低、塑性和韧性降低，促进时效，还能使热脆性增加，焊接性能变差	氧是有害元素，建筑钢材的含氧量应尽可能减少，一般要求含氧量小于 0.03%
氮（N）	氮使钢材的强度提高，塑性特别是韧性显著下降。氮会加剧钢的时效敏感性和冷脆性，使可焊性变差。但在铝、铌、钒等元素的配合下，可细化晶粒，改善钢的性能，故可作为合金元素	建筑钢材的含氮量应尽可能减少，一般要求含氮量小于 0.008%

（四）建筑钢材的种类与选用

1. 碳素结构钢

碳素结构钢又称为普通碳素结构钢，以其力学性能划分为不同牌号。牌号的表示方法：由字母 Q、屈服点值（以 MPa 计）、质量等级符号（A、B、C、D）及脱氧方法符号（F 为沸腾钢；b 为半镇静钢；Z 为镇静钢；TZ 为特殊镇静钢；Z 及 TZ 可以省略）四部分组成。

例如：Q235-A·F 即为屈服点不低于 235MPa、A 级质量、沸腾脱氧的碳素结构钢。

碳素结构钢牌号由 Q195 至 Q275 时，钢的含 C 量逐渐增多，强度提高，塑性降低，冷弯及可焊性下降。质量等级由 A 至 D 时，钢中有害杂质 S、P 含量逐渐减少，低温冲击韧性改善，质量提高。Q195 及 Q215 钢的强度低；Q255 及 Q275 钢虽然强度高，但塑性及可焊性较差；Q235 钢既有较高的强度，又有较好的塑性及可焊性，是建筑工程中应用广泛的钢种。

2. 低合金高强度结构钢

表示方法：屈服点等级-质量等级。低合金高强度结构钢是一种在碳素结构钢的基础上添加总量不小于 5% 合金元素的钢材，所加合金元素主要有锰（Mn）、硅（Si）、钒（V）、钛（Ti）、铌（Nb）、铬（Cr）、镍（Ni）及稀土元素，均为镇静钢。低合金高强度结构钢有 Q295、Q345、Q390、Q420 和 Q460 五个牌号。

由于合金元素的细晶强化作用和固溶强化等作用，使低合金高强度结构钢与碳素结构钢相比，既具有较高的强度，又有良好的塑性、低温冲击韧性、可焊性和耐蚀性等特点，是一种综合性能良好的建筑钢材。

3. 优质碳素结构钢

表示方法：平均含碳量的万分数-含锰量标识-脱氧程度。

例如："10F" 表示平均含碳量为 0.10%，低含锰量的沸腾钢；"45" 表示平均含碳量为 0.45%，普通含锰量的镇静钢；"30Mn" 表示平均含碳量为 0.30%，较高含锰量的镇静钢。

优质碳素结构钢对有害杂质含量控制严格，质量稳定，综合性能好，但成本较高。其性能主要取决于含碳量的多少，含碳量高，则强度高，塑性和韧性差。

4. 钢筋

钢筋与混凝土之间有较大的握裹力，能牢固啮合在一起。钢筋抗拉强度高、塑性好，放入混凝土中可很好地改善混凝土脆性，扩展混凝土的应用范围，同时混凝土的碱性环境又很好地保护了钢筋。钢筋的类型及特性见表 1-2-13。

表 1-2-13　　　　　　钢筋的类型及特性

类型	特性
热轧光圆钢筋	光圆钢筋的强度低，但塑性和焊接性能好，便于各种冷加工，因而广泛用作小型钢筋混凝土结构中的主要受力钢筋以及各种钢筋混凝土结构中的构造筋
热轧带肋钢筋	热轧带肋钢筋表面有两条纵肋，并沿长度方向均匀分布有牙形横肋。热轧带肋钢筋分为 HRB335、HRB400、HRB500 三个牌号。HRB335 和 HRB400 钢筋的强度较高，塑性和焊接性能较好，广泛用作大、中型钢筋混凝土结构的受力筋。HRB500 钢筋强度高，但塑性和焊接性能较差，可用作预应力钢筋

续表

类型	特　　性
低碳钢热轧圆盘条	低碳钢热轧圆盘条是由屈服强度较低的碳素结构钢轧制的盘条。可用作拉丝、建筑、包装及其他用途，是目前用量最大、使用最广的线材，也称为普通线材。普通线材大量用作建筑混凝土的配筋，拉制普通低碳钢丝和镀锌低碳钢丝
冷轧带肋钢筋	冷轧带肋钢筋是采用普通低碳钢或低合金钢热轧的圆盘条，经冷轧或冷拔减径后在其表面冷轧成二面或三面有肋的钢筋，也可经低温回火处理
预应力混凝土用热处理钢筋	预应力混凝土用热处理钢筋是用热轧带钢筋经淬火和回火的调质处理而成的。预应力混凝土用热处理钢筋强度高，可代替高强钢丝使用；配筋根数少，节约钢材；锚固性好不易打滑，预应力值稳定；施工简便，开盘后自然伸直，无须调直及焊接。主要用于预应力钢筋混凝土轨枕，也可用于预应力梁、板结构及吊车梁等
预应力混凝土用钢丝和钢绞线	预应力混凝土用钢丝是用优质碳素结构钢热轧盘条，经淬火、回火等调质处理后，再冷拉加工制得的钢丝；预应力混凝土用钢绞线是用冷拉光圆钢丝或冷拉刻痕钢丝捻制而成的钢绞线

5. 型钢

钢结构用钢材主要是热轧成型的钢板和型钢等；薄壁轻型钢结构中主要采用薄壁型钢、圆钢和小角钢；钢材所用的母材主要是普通碳素结构钢和低合金高强度结构钢。

（1）热轧型钢。钢结构常用型钢有工字钢、H型钢、T型钢、Z型钢、槽钢、等边角钢和不等边角钢等。型钢由于截面形式合理，材料在截面上分布对受力最为有利，且构件间连接方便，是钢结构中采用的主要钢材。

（2）冷弯薄壁型钢。冷弯薄壁型钢通常用2～6mm薄钢板冷弯或模压而成，有角钢、槽钢等开口薄壁型钢及方形、矩形等空心薄壁型钢。可用于轻型钢结构。

（3）钢板。钢板有热轧钢板和冷轧钢板之分，按厚度可分为厚板（厚度大于4mm）和薄板（厚度不大于4mm）两种。

（4）钢管。按照生产工艺，钢结构所用钢管分为热轧无缝钢管和焊接钢管两大类。在土木工程中，钢管多用于制作桁架、塔桅、钢管混凝土等，广泛应用于高层建筑、厂房柱、塔柱、压力管道等工程中。

七、沥青

（一）概述

沥青是一种有机胶凝材料，是由一些极其复杂的高分子碳氢化合物与氧、硫、氮等非金属衍生物所组成的混合物。在常温下呈黑色或褐色的固体、半固体或黏液体状态。沥青具有不透水、不吸水、不导电、耐腐蚀、良好的黏结性和抗冲击性等优点。此外，沥青与矿质混合料的黏附性较好，同时由于沥青具有一定的塑性，能适应基材的变形，因此矿质混合料与沥青结合料拌和而成的沥青混合料经摊铺、碾压后形成的沥青路面，在道路路面、机场跑道等工程中得到了广泛应用。而且由于沥青混合料具有较好的不透水性，良好的柔性变形特征及自愈闭合的功能，在水利工程、农业工程中也逐渐得到了推广应用。随着沥青加工技术的提高，沥青品质的不断改善以及新技术、新工艺的不断出现，沥青混合料的应用将越来越广泛。工程中最常使用的石油沥青，是石油（原油）经蒸馏等工艺精制加工其他油品后的残留物，或将残留物进一步加工得到的副产品。

第二章 常用建筑材料的分类、性能及基本用途

1. 石油沥青的组分

石油沥青是由多种碳氢化合物及其非金属（氧、硫、氮）衍生物组成的混合物。它的化学组成元素主要是碳（80%～87%）和氢（10%～15%），其余是非烃元素，如氧、硫、氮等（<3%）。此外，还含有微量的金属元素，如镍、钡、铁、锰、钙、镁、钠等，但含量都非常少。

2. 石油沥青的结构

石油沥青是一种胶体结构，根据沥青中各组分的化学组成和相对含量不同分为溶胶结构、凝胶结构、溶-凝胶结构。

（二）石油沥青的技术性质

1. 黏滞性（黏性）

石油沥青的黏滞性是反映沥青材料内部阻碍其相对流动的一种特性，是沥青性质的重要指标之一。

石油沥青的黏滞性的大小与其组分及所处的温度有关。当沥青质含量较高、又有适量的树脂且油分含量较少时，则其黏滞性较大。在一定的温度范围内，当温度升高，黏滞性随之降低，反之则增大。

沥青的黏滞性以绝对黏度或相对黏度表示。由于绝对黏度的测定方法较为复杂，工程上常采用相对黏度来表示。

黏稠石油沥青的相对黏度是用针入度仪测定的针入度来表示，针入度值越小，表示沥青的稠度越大，黏度也越大。

液体石油沥青的相对黏度可用标准黏度计测定的标准黏度表示，标准黏度是在规定温度 T（一般为20℃、25℃、30℃或60℃）、规定直径 d（3mm、4mm、5mm或10mm）的孔流出50mL沥青所需的时间（单位为s），常用符号"$C_{T,d}$"表示（T 为实验温度，℃；d 为孔径，mm）。在相同温度和相同流孔条件下，流出时间越长，表示沥青的黏度越大。

2. 塑性

塑性是指石油沥青在外力作用时产生变形而不破坏，除去外力后，仍保持变形后形状的性质。它是石油沥青的重要指标之一。

石油沥青的塑性用延度表示。延度值越大，表示沥青塑性越好，柔性和抗断裂性越好。

在常温下，塑性较好的沥青在产生裂缝时，也可能由于特有的黏塑性而自行愈合。故塑性还反映了沥青开裂后的自愈能力。沥青之所以能制造出性能良好的柔性防水材料，很大程度上取决于沥青的塑性。沥青的塑性对冲击振动荷载有一定吸收力，并能减小摩擦时的噪声，所以沥青是良好的路面材料。

3. 温度敏感性

温度敏感性是指石油沥青的黏滞性和塑性随温度升降而变化的性能。沥青的温度敏感性对其施工和使用都有重要的影响。在工程中，要求沥青随温度变化而产生的黏滞性及塑性变化幅度应较小，以免温度升高时流淌，温度降低时硬脆。所以温度敏感性是沥青的重要指标之一。

沥青温度敏感性的指标一般为软化点和针入度指数。

(1) 软化点。沥青的软化点是反映沥青温度敏感性的重要指标,它表示沥青受热由固态转变为黏流态时的温度。软化点越高,表明沥青的温度敏感性越好。但软化点不能过高,否则不易施工,品质太硬,冬季容易发生脆裂现象;软化点也不能太低,不然夏季易产生流淌而变形。

(2) 针入度指数。软化点是沥青性能随温度变化过程中重要的标志点,但单凭软化点这一性质,来反映沥青性能随温度变化的规律,并不全面。目前用来反映沥青温度敏感性的常用指标为针入度指数 PI。

针入度指数是根据一定温度变化范围内沥青性能的变化来计算的。因此,利用针入度指数来反映沥青性能随温度的变化规律更为准确;针入度指数(PI)值越大,表示沥青的温度稳定性越好。针入度指数不仅可以用来评价沥青的温度敏感性,同时也可以判断沥青的胶体结构:当 $PI<-2$ 时,沥青为溶胶结构,温度敏感性大;当 $PI>2$ 时,沥青为凝胶结构,温度敏感性小;介于其间的为溶胶-凝胶结构。

4. 大气稳定性

大气稳定性是指石油沥青在温度、阳光、空气和水等因素的长期综合作用下,性能保持稳定的能力。

石油沥青的大气稳定性用蒸发损失百分率、蒸发后针入度比来评定。蒸发损失率越小或蒸发后针入度比越大,则表示沥青的大气稳定性越好,也就是耐老化性能越好。

5. 施工安全性

黏稠沥青在使用时都是采用加热的方法使沥青软化,当加热至一定温度时,沥青中挥发的可燃气体与空气混合,当达到一定浓度后,遇火易发生闪火甚至燃烧、爆炸等安全事故。为此,必须测定沥青加热闪火和燃烧的温度,即所谓的闪点和燃点。沥青的闪点是各国沥青质量的安全性指标,同时沥青的燃点是施工安全的一项参考指标。

沥青的闪点是指加热沥青试样至挥发出的可燃气体与空气混合,在规定的条件下与试焰接触,当试验液面最初出现一瞬即灭的蓝色火焰时的温度,以℃表示。

沥青的燃点是加热沥青试样至挥发出的可燃气体与空气混合,在规定的条件下与火焰接触能持续燃烧不少于 5s 时的试样温度,以℃表示。

6. 石油沥青的技术标准

石油沥青的使用须符合技术标准,石油沥青是按针入度指标来划分标号的,同时每一标号的沥青还必须满足相应的延度和软化点等指标的要求。标号越大,则针入度值越大(越软),延度越大(塑性越好),软化点越低(温度敏感性增大)。

(三)石油沥青的选用

选用石油沥青时,应根据工程特点、使用部位和环境条件的要求,并对照石油沥青的技术性能指标,在满足使用要求的前提下,尽量选用标号较大的品种,以保证在正常的使用条件下具有较长的使用年限。

建筑石油沥青主要用于制造油纸、油毡、防水涂料和沥青嵌缝油膏等沥青防水材料,在建筑屋面、地下防水、沟槽防水、防腐蚀及管道防腐等工程中应用。一般情况下,对于屋面沥青防水层,要求具有较好的黏结性、温度敏感性和大气稳定性,因此,要求沥青的软化点应高于当地历年来达到的屋面最高气温 20℃以上,以保证夏季高温不流淌。但也

第二章　常用建筑材料的分类、性能及基本用途

不宜过高，否则冬季低温时易发生硬脆甚至开裂。用于地下防潮、防水工程的沥青，要求具有黏性大，塑性和韧性好，但对其软化点要求不高，以保证沥青层与基层黏结牢固，并能适应结构的变形，抵抗尖锐物的刺入，保证防水层完整，不被破坏。

道路石油沥青一般与碎石等矿质材料配制成沥青混合料，主要用于道路路面或车间地面的工程。道路石油沥青的标号较多，在道路工程中选用时，应根据气候特点、路面类型、施工方法等按有关标准来选择。

水利水电工程中，配制水工沥青混凝土所用的沥青应选择专用水工沥青，即适合于水利水电工程防渗安全要求的石油沥青。水工沥青可根据气候条件、建筑物的类型、沥青混凝土的种类、施工方法等选择。同一工程宜采用同一厂家、同一标号的沥青。不同厂家、不同标号的沥青，不得混杂使用。

八、木材

建筑工程中，木材作为承重结构、施工用木支撑、木模板等用材，在工程中占有重要而独特的地位。

（一）木材的分类

木材从外形上分为针叶树和阔叶树两大类。针叶树纹理平直、材质均匀、木质较软、易加工、变形小，建筑上广泛用作承重构件和装修材料，如杉树、松树等。阔叶树质密、木质较硬、加工较难、易翘裂、纹理美观，适用于室内装修，如水曲柳、枫木等。

建筑用木材，通常以3种材型供货。

（1）原木。为砍伐后经修枝并截成一定长度的木材。

（2）板材。宽度为厚度的3倍或3倍以上的型材。

（3）枋材。宽度不及厚度3倍的型材。

根据国家对木材材质的标准，按木材缺陷情况，将木材分为一、二、三、四等。

（二）木材的构造

木材是非均质材料，其宏观构造可从树干的三个主要切面来剖析：横切面、径切面轴的纵切、弦切面。从横切面来观察，树木由树皮、木质部、年轮、髓心和髓线组成。髓心位于树的中心，由最早生成的细胞所构成。木质部位于髓心和树皮之间的部分，是建筑材料使用的主要部分。

微观结构上，木材是由无数管状细胞紧密结合而成，它们绝大部分沿树干的纵向排列。每一个细胞分为细胞壁和细胞腔两部分。细胞壁由纤维素、半纤维素和木质素组成，大多数纤维素沿细胞长轴成束排列，纤维素束由无定型的木质素将其黏结而构成细胞壁。木材的细胞壁越厚，腔越小，木材越密实，强度也越大，但胀缩也大。

（三）木材的物理性质

1. 密度与表观密度

木材的密度是指构成木材细胞壁物质的密度。密度具有变异性，即从髓到树皮或早材与晚材及树根部到树梢的密度变化规律随木材种类不同有较大的不同，平均为 $1.50 \sim 1.56 \text{g/cm}^3$，表观密度为 $0.37 \sim 0.82 \text{g/cm}^3$。

2. 吸湿性与含水率

木材的含水率是木材中水分质量占干燥木材质量的百分比。木材中的水分按其与木材

结合形式和存在的位置，可分为自由水、吸附水和化学结合水。

自由水是存在于木材细胞腔和细胞间隙中的水，它影响着木材的表观密度、抗腐蚀性、干燥性和燃烧性。吸附水是被吸附在细胞壁内纤维之间的水，吸附水的变化则影响木材强度和木材胀缩变形性能。化学结合水即为木材中的化合水，它在常温下不变化，故其对木材的性质无影响。

当木材中无自由水，而细胞壁内吸附水达到饱和时，这时的木材含水率称为纤维饱和点。木材中所含的水分随着环境的温度和湿度的变化而改变。当木材长时间处于一定温度和湿度的环境中时，木材中的含水量最后会达到与周围环境湿度相平衡，这时木材的含水率称为木材平衡含水率。

3. 湿胀干缩性

木材具有显著的湿胀干缩性。当木材从潮湿状态干燥至纤维饱和点时，自由水蒸发不改变其尺寸；继续干燥，细胞壁中吸附水蒸发，细胞壁基体相收缩，从而引起木材体积收缩。反之，吸湿膨胀，直到纤维饱和点时为止。细胞壁越厚，则胀缩越大。

由于木材构造不均匀，各方向、各部位胀缩也不同，其中弦向最大，径向次之，纵向最小。边材胀缩大于心材。

（四）木材的力学性质

木材的组织结构决定了它的许多性质为各向异性，在力学性质上尤为突出。木材的抗拉、抗压、抗剪、抗弯四种强度均具有明显的方向性。

（1）抗拉强度。顺纹方向最大，横纹方向最小。

（2）抗压强度。顺纹方向最大，横纹方向只有顺纹的10%～20%。

（3）抗剪强度。顺纹方向最小，横纹方向达到顺纹方向的4～5倍。

（4）抗弯强度。木材的抗弯性很好，在使用时绝大多数为顺纹情况，可视为弯曲上方为顺纹抗压，弯曲下方为顺纹抗拉的复合情况。

（五）影响木材强度的因素

1. 含水率

木材的含水率在纤维饱和点以内变化时，含水量增加使细胞壁中的木纤维之间的联结力减弱、细胞壁软化，故强度降低；当水分减少使细胞壁比较紧密，故强度增高。含水率的变化对各强度的影响是不一样的，对顺纹抗压强度和抗弯强度的影响较大，对顺纹抗拉强度和顺纹抗剪强度的影响较小。

2. 环境温度

木材随环境温度升高强度会降低，尤其当温度超过140℃时，木材中的纤维素发生热裂解，色渐变黑，强度明显下降。长期处于高温的建筑物，不宜采用木结构。

3. 负荷时间

木材的长期承载能力远低于暂时承载能力。这是因为在长期承载情况下，木材会发生纤维化，累积后产生较大变形而降低了承载能力的结果。木材在长期荷载作用下不致引起破坏的最大强度，称为持久强度。木材的持久强度比其极限强度小得多，一般为极限强度的50%～60%。

第二章 常用建筑材料的分类、性能及基本用途

4. 疵病

木材在生长、采伐及保存过程中，会产生内部和外部的缺陷，这些缺陷统称为疵病。木材的疵病主要有木节、斜纹、腐朽及虫害等，这些疵病将影响木材的力学性质，降低木材的使用价值。

（六）木材在水利工程中的应用

（1）在水利工程施工过程中使用的柱桩、模板、支撑等。

（2）在厂房等结构中的应用，主要用于构架、屋顶、梁柱、门窗、地板、护墙板、木花格、木制装饰等。

九、土工合成材料

（一）概念

土工合成材料是应用于岩土工程、以合成材料为原材料制备的各种产品的统称，由于主要用于岩土工程，因此冠以"土工"两字，称为土工合成材料，以区别于天然材料和其他建筑材料。土工合成材料的原料是高分子聚合物，是由煤、石油、天然气或石灰石中提炼出来的化学物质组成，再进一步加工成纤维或合成材料片材，最后制成各种产品、置于土体内部、表面或各种土体间，起加强或保护土体作用。

土工合成材料具有反滤功能、排水功能、隔离功能、防渗功能、防护功能以及加筋和加固等多方面的功能，因而在水利工程中获得广泛应用，用于水闸和堤防的防渗、排渗、加固、堤岸护坡及防汛抢险工程中。

（二）种类

土工合成材料分为四大类：土工织物、土工膜、特种土工合成材料、复合型土工合成材料。

1. 土工织物

土工织物是一种透水性材料，按制造方法不同划分为有纺、无纺及编织三种。有纺土工织物又称为织造型土工织物；无纺土工织物根据黏合方式不同又分为热黏合、化学黏合和机械黏合三种。

2. 土工膜

土工膜是一种基本不透水的材料，根据原材料不同可分为聚合物和沥青两大类，为满足不同强度和变形需要，又分为不加筋和加筋。聚合物膜在工厂制造，作为商品卖给用户，而沥青膜则大多在现场由承包者现场制造。膜厚一般为 0.25~4mm。

3. 特种土工合成材料

特种土工合成材料是为工程特定需要而生产的土工合成材料，主要有土工格栅、土工网、土工模袋、土工格室、土工管、聚苯乙烯板块、黏土垫层等。其中土工模袋在近几年的水利工程中得到极为广泛的应用。

4. 复合型土工合成材料

复合型土工合成材料简称土工复合材料，是由两种或两种以上的土工合成材料组合在一起的制品，这类制品能满足不同工程的需要，因而产品繁复，主要有复合土工膜、塑料排水带、软式排水管以及其他复合排水材料等。

(三) 水力学特性

土工合成材料的水力学特性指的是土工合成材料的透水与导水能力以及阻止颗粒流失的能力，包括土工合成材料的孔隙率、孔径大小与分布、渗透特性等。

(1) 孔隙率 n 一般不能直接测定，通过以下公式计算：

$$n = \left(1 - \frac{m}{\rho\delta}\right) \times 100\% \qquad (1-2-3)$$

式中　m——单位面积质量，g/m^2；

　　　ρ——原材料密度，g/m^3；

　　　δ——织物厚度，m。

(2) 孔径的符号用 O 表示，单位为 mm，其数值表示孔径大小，并用下标表示织物孔径的分布情况，例如 O_{95} 表示材料中 95% 的孔径低于该值。孔径大小的分布曲线类似于土的颗粒级配曲线。孔径测量方法有直接法和间接法。

(3) 渗透特性。工程需要分别确定垂直于和平行于织物平面的渗透特性。垂直于织物平面的渗透特性，用垂直渗透系数 k_n 表示，服从于达西定律。平行织物平面方向输导水流的性能，可用沿织物平面的水平渗透系数（K）或导水率（T）表示。渗透系数为水力坡降等于1时的渗流流速；导水率等于沿织物平面的渗透系数与织物厚度的乘积，是水力坡降等于1时，沿织物平面单位宽度内疏导的流量。

(四) 耐久性

土工合成材料的耐久性主要是指对紫外线辐射、温度变化、化学与生物侵蚀、干湿变化、机械磨损等外界因素变化的抵御能力。耐久性主要与聚合物的类型及添加剂的性质有关。

(五) 工程应用

土工合成材料在工程应用中主要有六种作用：防渗、隔离、过滤、排水、加筋、防护。

1. 防渗

土工膜是种造价低廉、性能可靠的防渗材料。

土工膜防渗层的结构包括土工膜、保护层、支持层。土工膜防渗层的类型包括单层土工膜防渗层、多层土工膜防渗层、土工膜复合防渗层。

2. 隔离

土工合成材料应具有隔离作用，能够阻止较细的土粒侵入较粗的粒状材料中，并保持一定的渗透性。土工合成材料必须具备足够的强度，以承担由于荷载产生的各种应力或应变，即织物在任何情况下不得产生破裂。

隔离作用是在土内掺入或铺设适当的加筋材料（如土工织物和土工格栅），可以改善土体的强度和变形性态。土工合成材料加筋材料的类型有土工织物、筋材制品、加筋复合制品、土工合成纤维等。

土工合成材料在加筋工程中的应用有以下几种：

(1) 支挡结构：将一些形式的加筋材料填在土中，依靠它们来平衡土压力。

(2) 陡坡工程：用土工合成材料处理陡坡工程，对于天然坡，可以让出更多空间供工程建设；对于人工坡，一方面可减少填土方量，另一方面可以节约占地。

(3) 软弱地基：为了提高堤坝的抗滑稳定性，增加堤坝的填筑高度，减小施工期填土的大量下沉，节约土方量，使堤坝下沉趋于均匀，防止堤面开裂。

(4) 路面结构：可达到减薄基层或面层、防止反射裂缝和减少车辙等目的。

3. 过滤

对用于过滤的土工合成材料，既要求能挡土，同时也要求保持水流的畅通。水在土中从细粒土流向粗粒土，或水流从土内向外流出的出逸处，需要设置反滤措施，否则土粒将受水流作用而被带出土体外，发展下去可能导致土体破坏。土工织物可以代替水利工程中传统采用的砂砾等天然反滤材料作为反滤层（或称滤层）。

4. 排水

排水目的是降低和控制土中水位，加速减小土中孔隙水的超静水压力和控制水流渗出位置等，从而提高土体的稳定性。

5. 加筋

加筋可以增加岩土稳定性或提高承载能力。常用的土工加筋材料有土工格栅、有纺土工织物和加筋带等。此外，具有其他功能的若干土工合成材料有时也兼有加筋的功能，如土工网、塑料排水带，以及某些无纺土工织物等。

6. 防护

防护是为了消除或减轻自然现象、环境作用或人类活动等因素造成的危害所采取的各项措施。常见防护制品有土袋、土枕、软体排、土工模袋等。

（六）施工

土工合成材料的施工技术简便，容易保证质量。早期铺放土工织物和土工膜的方法比较简单，但随着材料品种的增多，应用范围的扩大，施工方法和设备在不断改进。首先在土工膜的接缝方面，从简单的搭接和黏合剂黏结，发展到利用各种机械焊接，如热压填角焊、热压平焊、热楔形熔焊、热空气熔焊、超声波接缝等。在比较重要的工程上，为了保证质量，有时采用双道焊缝。

十、灌浆材料

（一）概述

为减少基础渗漏，改善裂隙岩体的物理力学性质，修补病险建筑物，增加建筑物和地基的整体稳定性，提高其抗渗性、强度、耐久性，在水利工程中广泛应用了各种形式的压力灌浆。按其使用目的不同可分为帷幕灌浆、固结灌浆、接触灌浆、回填灌浆、接缝灌浆及各种建筑物的补强灌浆。压力灌浆按灌浆材料不同可分为三类。

(1) 水泥、石灰、黏土类灌浆。分为纯水泥灌浆、水泥砂浆灌浆、黏土灌浆、石灰灌浆、水泥黏土灌浆等。

(2) 沥青灌浆。适用于半岩性黏土，胶结性较差的砂岩或岩性不坚、有集中渗漏裂隙之处。

(3) 化学灌浆。我国水利工程中多使用水泥、黏土和各种高分子化学材料进行灌浆，一般情况下 0.5mm 以上的缝隙可用水泥、黏土类灌浆，如裂缝很小，同时地下水流速较大，水泥浆灌入困难时，可采用化学灌浆。化学灌浆材料能成功地灌入缝宽 0.15mm 以下的细裂缝，具有较高的黏结强度，并能灵活调节凝结时间，我国早已研究推广使用。

（二）化学灌浆材料

（1）水玻璃灌浆。多用于地基加固和水流速度较大的止水灌浆，缺点是性质较脆，价格较贵。为改善性能和降低成本，可在水玻璃中掺入水泥、水泥砂浆、矿渣粉，并掺加少量缓凝剂、掺合剂等。

（2）铬木质素灌浆。铬木质素灌浆是利用亚硫酸盐纸浆废液（木素液）和重铬酸钾为主要聚合材料的一种单液灌浆。可提高被灌体的抗变形和抗破坏能力，起到加固基础和防渗堵漏的作用。

（3）环氧灌浆。环氧灌浆黏结强度高，稳定性好，施工不复杂，但灌入性差，同时施工受水和温度影响较大，因此适用于具有较宽和较干燥裂缝的混凝土及岩石的补强和固结灌浆、混凝土坝的纵缝或接缝灌浆、混凝土结构物的补强或黏结。

环氧灌浆材料按其稀释剂的种类分为三类，即非活性稀释剂体系环氧树脂灌浆材料、活性稀释剂体系环氧树脂灌浆材料和糠醛-丙酮稀释剂体系环氧树脂灌浆材料等。

1）甲凝灌浆。甲凝是以甲基丙烯酸甲酯为主要成分，加入引发剂等组成的一种低黏度的灌浆材料。其渗透性很强，可灌入 0.05～0.1mm 的细微裂缝，在一定的压力下，还可渗入无缝混凝土中一定深度，聚合后的强度和黏结力很高，具有较好的稳定性。因此在大坝混凝土裂缝的补强中得到极为广泛的应用。

2）丙凝灌浆。丙凝是以丙烯酰胺为主剂的一种堵水和防渗灌浆材料，是以丙烯酰胺与甲撑双丙烯酰胺的水溶性混凝土为主剂，通过引发剂等作用产生凝胶，达到使地基不透水的效果。由于丙凝浆液黏度低，灌入好，可灌入细砂和细裂缝，尤其是它的亲水性特别好，从而可以快速堵住大量和较大流速的涌水，在水利工程中得到广泛的应用，有"止水堵漏冠军"之称。

此外，化学灌浆材料常用的还有聚氨酯灌浆材料，是一种防渗堵漏能力较强，固结强度较高的防渗固结材料。丙强灌浆材料是脲醛树脂与丙凝混合而成的灌浆材料，其弥补了脲醛树脂的抗渗性能差和丙凝强度低的缺陷，具有防渗和加固的双重作用。

十一、火工材料

火工材料是指装有火炸药的较敏感的小型起爆装置，能在外加较小的初始冲能作用下，发生燃烧、爆炸等化学反应，并以其所释放的能量去获得某种化学、物理或机械效应的材料。其特点是能量密度大，可靠性高，尺寸小，瞬时释放能量大。

常见的火工材料有火雷管、电雷管、乳化炸药、硝铵炸药、散装炸药、非电毫秒管、导火索、导爆索等民用爆炸物品。火工材料在搬运装卸时，必须轻拿轻放，不得抛掷。

（一）炸药

一般工程爆破使用的炸药大部分是硝铵类粉状炸药，硝铵类炸药以硝酸铵为主要成分，以 TNT 为敏感剂，以木粉为可燃剂和松散剂，以石蜡和沥青为抗水剂，以食盐为消焰剂。硝铵类炸药的品种较多，分为岩石硝铵炸药、露天硝铵炸药、岩石铵沥蜡炸药、浆状炸药等，岩石硝铵炸药又分为 1 号岩石硝铵炸药、2 号岩石硝铵炸药、2 号抗水岩石硝铵炸药、3 号抗水岩石硝铵炸药、4 号抗水岩石硝铵炸药等。此外，还有高威力的胶质硝化甘油炸药、水胶炸药及乳胶炸药。

在水利工程中,一般石方开挖可选用 2 号岩石硝铵炸药;拦河大坝基坑石方开挖可按 2 号岩石硝铵炸药和 4 号抗水岩石硝铵炸药各半选取;地下洞室工程石方开挖以 4 号岩石硝铵炸药为主,适当比例选用乳胶炸药。当遇坚硬岩石、深孔爆破、光面爆破或预裂爆破时,应选用猛度大于 16mm 的高威力炸药,如胶质硝化甘油炸药、乳胶炸药等。

(二) 雷管

雷管由于构造、性质和引爆方法的不同,分为火雷管与电雷管。用导爆索引爆的雷管称为火雷管,用电引爆的称为电雷管。

1. 火雷管

火雷管由外壳、起爆药、猛炸药、加强帽组成,由点火引爆,适用于露天和无爆炸危险的地下作业,不适用于有水炮眼。

2. 电雷管

电雷管是在火雷管的构造基础上加电引火装置组成。电雷管有瞬发电雷管、秒延期电雷管、毫秒延期电雷管、抗杂散电流电雷管四种。

(三) 引爆线

引爆线指传递火焰、传递爆轰波和传导电流引爆雷管的索(线),包括导火线、导爆索等。

1. 导火线

导火线是传送火焰的索状点火材料。索芯是黑炸药、氧化剂与木炭和硫磺的混合物,中间穿有棉线,外皮由多层棉纤维条或化学纤维线包裹,并涂有沥青防潮层。

2. 导爆索

导爆索是传递爆轰波的索状起爆材料,结构层次与导火线相似,但索芯药为猛炸药黑索金,索的外层涂色。

3. 导电线

导电线是引爆电雷管的导线,外包聚氯乙烯绝缘。

十二、油料

油料大致分为四大类:液体燃料(汽油、煤油、柴油等)、润滑油(发动机润滑油、工业用润滑油等)、润滑脂(减磨用脂、防护用脂等)、特种油(液压油、传动油等)。水利工程建设中的工程机械、运输设备所需油料为液体燃料,即汽油和柴油,也用到润滑油及特种油,这里重点介绍汽油和柴油。

(一) 汽油

汽油是指一种具有挥发性、可燃的烃类混合物液体,通常是由天然气和石油制品组成的混合物(如天然汽油、直馏汽油、裂化汽油、烷基化合物),也可用其他原料(如由煤气或水煤气氢化)混以抗爆剂、抗氧剂或其他添加剂而成。

带化油器发动机的汽车、摩托车、拖车泵以及装有汽油机的各种地面机械和水面船艇均使用车用汽油,简称为汽油。汽油是轻质石油产品的一大类,沸点范围为 40~200℃,主要成分为四碳至十二碳烃类,由天然石油和人造石油经分馏或由石油重质馏分经裂化而制得。

1. 汽油的质量要求

为保证发动机迅速启动，正常运转并延长使用寿命，对汽油的质量主要有以下要求：

(1) 适当的蒸发性，燃料应有足够的轻质馏分，保证发动机在各种使用温度下能顺利启动，加速性能良好，燃烧完全，并不产生气阻。

(2) 良好的抗爆性，即汽油应具有与发动机压缩比相适应的高辛烷值，从而保证发动机发出最大的功率而不会由于爆震而损害机械。

(3) 良好的安定性，汽油应该性质安定，在储存和运输过程中不易氧化变质而生产胶质及其他有害物质。

(4) 无腐蚀性。

(5) 良好的洁净性。

2. 汽油的种类和牌号

汽油由直馏汽油馏分、二次加工汽油馏分及其混合物组成。不同的加工过程所得的汽油馏分的组成、性质不同。不同加工过程的汽油辛烷值不同，直馏汽油辛烷值最低，一般为40～50，催化裂化汽油、重整汽油为70～80，根据《车用汽油》（GB 17930—2016）规定，车用汽油（IV）按研究法辛烷值分为90号、93号和97号3个牌号；车用汽油（V）、车用汽油（VIA）和车用汽油（VIB）按研究法辛烷值分为89号、92号、95号和98号4个牌号。

3. 汽油的使用

发动机选用何种牌号汽油作燃料，主要应考虑发动机压缩比的大小。压缩比大的发动机应选用辛烷值高的汽油，压缩比小的发动机应选用辛烷值低的汽油。通常，压缩比在7.5～8.0选用90号车用汽油；压缩比在8.0～8.5选用90～93号车用汽油；压缩比在8.5～9.5选用93～95号车用汽油；压缩比在9.5～10选用95～98号车用汽油。各种车辆只有选用辛烷值适当的汽油，才能充分发挥车辆的动力性能，并节约油料。高原空气稀薄，大气压力很低，发动机吸入空气量减少，压缩压力也随着降低，因而使用辛烷值较低的汽油也不易产生爆震。因此，当某一水利工程需要使用大量汽油时，应根据工程所在地区海拔高程、不同的汽车型号、不同的压缩比，选用不同牌号的汽油，有利于控制工程造价。

(二) 柴油

柴油是一种轻质石油产品，复杂烃类（碳原子数为10～22）混合物。主要由原油蒸馏催化裂化、热裂化、加氢裂化、石油焦化等过程生产的柴油馏分调配而成；也可由页岩油加工和煤液化制取。

1. 柴油的质量要求

(1) 燃料应在各种使用温度下具有良好的流动性，以保证发动机燃料的不断供应，工作可靠，为此，柴油应具有适当低的凝点和浊点，黏度要适当，在低温下能顺利流动，并雾化良好。

(2) 燃料应具有良好的发火性能，为此，柴油应具有适当高的十六烷值和良好的蒸发性，喷入燃烧室后能迅速着火，燃烧完全，不产生粗暴现象，而且燃烧后不冒黑烟，使柴油能发出最大的功率，同时消耗量又不至于过大。

第二章 常用建筑材料的分类、性能及基本用途

(3) 燃料应性质安全。
(4) 燃料本身及其燃烧后的产物不具有腐蚀性。
(5) 燃料应具有清洁性。
(6) 燃料应具有较高的闪点,以保证储存和运用中的安全。

2. 柴油的种类和牌号

柴油分为重柴油(沸点范围为350～410℃)、轻柴油(沸点范围为180～370℃)和农用柴油三大类。水利工程施工所需的工程机械及运输设备大部分采用轻柴油,少量也可用重柴油作为燃料。

重柴油为比重较大的一类柴油,由天然石油、人造石油等经分馏或裂化而得,与轻柴油相比,质量要求较宽、黏度较大、凝固点较高。

轻柴油是比重较轻的一类柴油,由天然石油、人造石油、页岩油等经分馏而得,有时也加入一部分裂化产物,与重柴油相比,质量要求较严,十六烷值较高,黏度较小,凝固点较低。目前,我国生产三种质量级别的轻柴油,即优级品、一级品和合格品。优级品已达到国际先进水平,一级品已达到国家一般水平,合格品达到国内平均先进水平。每个质量级别又按凝点的不同分为10号、0号、-10号、-20号、-35号、-50号6个牌号。

农用柴油是用于拖拉机和排灌柴油机的柴油。由石油直馏馏分或二次加工馏出油调和而成,十六烷值与轻柴油相仿,凝固点较高。

3. 柴油的使用

柴油发动机应根据其构造性能、工作状态及周围气温,选用不同牌号的柴油。柴油的选用首先取决于发动机转速的高低,转速越高就要选用十六烷值较高而馏分较轻的柴油。转速在1000r/min以上的高速柴油机以及转速为500～1000r/min的中速柴油机一般均应使用轻柴油;转速在500r/min以下的可选用重柴油。除此之外,柴油的选用要考虑使用地区气温变化情况。选用柴油通常用浊点和凝点作为依据,如规定柴油的浊点必须低于气温3～5℃,才可以避免析出结晶造成堵塞油路的不良影响;对于在凝点前不发生浑浊的柴油,则柴油的凝点必须比周围气温低7℃左右,方能保证发动机正常工作。

水利工程中常用的自卸汽车、水下疏浚船舶以及工程机械多属高速柴油机,均采用轻柴油,柴油的选用以保证在最低气温下不凝固为原则,一般可按照下列情况分别选用:10号轻柴油适合于有预热设备的高速柴油机使用;0号轻柴油适合于风险率为10%的最低气温在4℃以上的地区使用;-10号轻柴油适合于风险率为10%的最低气温在-5℃以上的地区使用;-20号轻柴油适合于风险率为10%的最低气温在-14～-5℃的地区使用;-35号轻柴油适合于风险率为10%的最低气温在-29～-14℃的地区使用;-50号轻柴油适合于风险率为10%的最低气温在-44～-29℃的地区使用。

某月风险率为10%的最低气温值,表示该月中最低气温低于该值的概率为0.1。国际石油工业界推荐风险率为10%的最低气温用来估计使用地区的最低操作温度,这对柴油机在低温操作时的正常设备防寒,燃油系统的设计,柴油的生产、供销、采购以及使用,提供了可靠的气温数据。柴油在水利工程建设中用量较大,特别是采用当地建筑材料筑坝时用量更大,往往是构成工程造价的一个关键因素,因此,应根据所用工程机械和运输设备的特点,特别是工程所在地区的气温状况,正确选择柴油品牌,既要保证质量及安全,

同时也要有利于控制工程造价。

十三、缝面止水材料

（一）概述

水工建筑物的缝面保护和缝面止水是增强建筑物面板牢固度和不渗水性，发挥其使用功能的一项重要工程措施。建筑物缝面止水材料要求不透水、不透气、耐久性好，而且还要具有隔热、抗冻、抗裂、防震等性能。在水利工程中，诸如大坝、水闸、各种引水交叉建筑物、水工隧洞等，均设置伸缩缝、沉陷缝，通常采用砂浆、沥青、砂柱、铜片、铁片、铝片、塑料片、橡皮、环氧树脂玻璃布以及沥青油毛毡、沥青等止水材料。近年来，沥青类缝面止水材料、聚氯乙烯胶泥和其他缝面止水材料获得了长足的发展。

（二）新型止水材料

1. 沥青类缝面止水材料

沥青类缝面止水材料除沥青砂浆和沥青混凝土外，还有沥青油膏、沥青橡胶油膏、沥青树脂油膏、沥青密封膏和非油膏类沥青等。

（1）沥青油膏：是以石油沥青为基材，添加软化剂、成膜剂和填充剂配制而成的油膏，这类油膏均在现场配制，施工方便，在水利工程中应用广泛。

（2）沥青橡胶油膏：是以橡胶改性的石油沥青油膏，这类油膏在低温下有较好的延伸性、黏结性，而在高温下又不流淌，耐候性较好，属弹塑性油膏。

（3）沥青树脂油膏：是在沥青油膏中掺入树脂改性材料，以改善沥青油膏的塑性和黏结性。其中沥青环氧树脂封缝膏应用最为普遍。

（4）沥青密封膏：沥青密封膏常作为大板密封接缝或其他结构密封之用，弹塑性差，有一定的柔韧性，密封性能较高，因而能适应较小的结构变形。

（5）沥青类其他止水填料还有锯末沥青板、沥青橡胶、沥青麻等。

2. 聚氯乙烯胶泥

聚氯乙烯胶泥是以煤焦油为基料，加上少量聚氯乙烯树脂、邻苯二甲酸二丁酯（增塑剂）、硬脂酸钙（稳定剂）、滑石粉（填料）、在130～140℃温度下塑化而成的热施工防水填缝材料。这种材料具有较好的弹性、黏结性和耐热性，低温时延伸率大，容重小，防水性能好，抗老化性能好，在－25～80℃之间均能正常工作，施工也较为方便，因而在水利工程中得到广泛应用。水利工程中的渡槽，常采用预制块吊装的方法施工，因而接缝止水显得特别重要，聚氯乙烯胶泥是最合适的止水材料。近年来推广应用的塑料油膏就是在聚氯乙烯胶泥的基础上改性而研制成功的。它以煤焦油、废旧聚氯乙烯塑料、二辛酯、二甲苯、滑石粉、糠醛等组成，具有弹性大、黏结力强、耐候性好、老化缓慢等特点，施工也甚为方便，效果较好。

3. 其他缝面止水材料

除了上述介绍的两大类型新型缝面止水材料外，还有木屑水泥、石棉水泥、嵌缝油膏等。

十四、砌体材料

（一）砖

1. 烧结砖

（1）烧结普通砖。烧结普通砖按原材料分为黏土砖（N）、页岩砖（Y）、煤矸石砖（M）、粉煤灰砖（F）等多种。根据《烧结普通砖》（GB/T 5101—2017）的规定，质量等级通过出厂及形式检验项目的结果进行判定，分为"合格""不合格"。

1）基本参数。砖为直角六面体，其标准尺寸为240mm×115mm×53mm，吸水率为16%～18%。

2）外观质量。烧结普通砖的外观质量包括对尺寸偏差、弯曲程度、杂质凸出高度、缺棱掉角、裂纹长度和完整面的要求。

3）强度等级。烧结普通砖强度等级是通过取10块砖试样进行抗压强度试验，根据抗压强度平均值和强度标准值来划分五个等级：MU30、MU25、MU20、MU15、MU10。

4）耐久性。包括抗风化性、泛霜和石灰爆裂等指标。抗风化性通常以其抗冻性、吸水率及饱和系数等来进行判别。而泛霜与石灰爆裂均与砖中石灰夹杂有关，这些石灰夹杂可能由于原料中含有石灰石，在砖的焙烧过程中相伴产生，也可能是由生石灰被直接带入。当砖砌筑完毕后，石灰吸水熟化，造成体积膨胀，导致砖开裂，称为石灰爆裂。同时，使砌体表面产生一层白色结晶，即为泛霜。它们将不仅影响砖砌体外在观感，而且会造成砌体表面粉刷脱落。

烧结普通砖具有较高的强度，良好的绝热性、耐久性、透气性和稳定性，且原料广泛，生产工艺简单，因而可用作墙体材料，砌筑柱、拱、窑炉、烟囱、沟道及基础等。

（2）烧结多孔砖。烧结多孔砖是以黏土、页岩、煤矸石、粉煤灰等为主要原料烧制的主要用于结构承重的多孔砖。多孔砖大面有孔，孔多而小，孔洞垂直于大面（即受压面），孔洞率不小于28%。

根据《烧结多孔砖和多孔砌块》（GB 13544—2011）的规定，按抗压强度分为MU30、MU25、MU20、MU15、MU10五个强度等级，按表观密度分为1000、1100、1200、1300四个等级，烧结多孔砖主要用于六层以下建筑物的承重墙体。

（3）烧结空心砖。烧结空心砖是以黏土、页岩、煤矸石、粉煤灰等为主要原料烧制的主要用于非承重部位的空心砖。其顶面有孔，孔大而少，孔洞为矩形条孔或其他孔形，孔洞率大于40%。由于其孔洞平行于大面和条面，垂直于顶面，使用时大面承压，承压面与孔洞平行，所以这种砖强度不高，而且自重较轻，因而多用于非承重墙。如多层建筑内隔墙或框架结构的填充墙等。

根据《烧结空心砖和空心砌块》（GB 13545—2014）的规定，空心砖长度规格尺寸有390mm、290mm、190mm、180(175)mm、140mm；宽度规格尺寸有190mm、180(174)mm、140mm、115mm；高度规格尺寸有180(175)mm、140mm、115mm、90mm。按砖的表观密度不同，把空心砖分为800、900、1000、1100四个等级。空心砖质量等级根据出厂与形式检验项目的结果分为"合格""不合格"。

2. 蒸养（压）砖

蒸养（压）砖属于硅酸盐制品，是以石灰和含硅原料（砂、粉煤灰、炉渣、矿渣、煤矸石等）加水拌和，经成型、蒸养（压）而制成的。目前使用的主要有粉煤灰砖、灰砂砖和炉渣砖。以灰砂砖为例作简单介绍。

蒸压灰砂砖以石灰和砂为原料，经制坯成型、蒸压养护而成。这种砖与烧结普通砖尺寸规格相同。按抗压、抗折强度值可划分为MU25、MU20、MU15、MU10四个强度等级。MU15 以上者可用于基础及其他建筑部位。MU10 砖可用于防潮层以上的建筑部位。这种砖均不得用于长期经受 200℃ 高温、急冷急热或有酸性介质侵蚀的建筑部位。

根据尺寸偏差、外观质量、强度和抗冻性分为优等品（A）、一等品（B）、合格品（C）三种质量等级。

（二）砌块

砌块是一种比黏土砖体型大的块状建筑制品。其原材料来源广、品种多，可就地取材，价格便宜。按尺寸大小分为大型、中型、小型三类。目前我国以生产中小型砌块为主。块高为 380～940mm 的为中型；块高小于 380mm 的为小型。按材料分为混凝土、水泥砂浆、加气混凝土、粉煤灰硅酸盐、煤矸石、人工陶粒、矿渣废料等砌块。按结构构造砌块分为密实的和空心的两种，空心的又有圆孔、方孔、椭圆孔、单排孔、多排孔等空心砌块。密实的或空心的砌块，都能做承重墙和隔断。

1. 粉煤灰砌块

以粉煤灰、石灰、石膏为原料，经加水搅拌、振动成型、蒸汽养护制成。

2. 中型空心砌块

按胶结材料不同分为水泥混凝土型及煤矸石硅酸盐型两种。空心率不小于 25%。

3. 混凝土小型空心砌块

以水泥或无熟料水泥为胶结料，配以砂、石或轻骨料（浮石、陶粒等），经搅拌、成型、养护而成。

4. 蒸压加气混凝土砌块

以钙质或硅质材料，如水泥、石灰、矿渣、粉煤灰等为基本材料，以铝粉为发气剂，经蒸压养护而成，是一种多孔轻质的块状砌块。

混凝土砌块常用于水利工程护坡。混凝土砌块护坡是以人工预制混凝土砌块作为护面层单元的一种铺砌式斜坡保护结构，虽然本质上属散体护坡，但规则的块型和一定的铺砌方式，使相邻砌块可以相互作用共同抵御波浪和水流的作用。护坡用砌块平面尺寸较小，其长、宽尺寸一般为几十厘米，厚度为 0.1～0.5m，因而有一定的柔性。从渗透性看，也介于完全渗透性的抛石护坡和非渗透性的现浇室内之间，属半渗透性护坡，因而在波荷载作用下，这类护坡的破坏机理也有别于其他护坡形式，波浪浮力（扬压力）造成的砌块脱落是护坡结构破坏的主要形式。砌块形状规则、尺寸统一、施工效率高，工程质量易于控制，施工受天气影响小。整体美观，通过块型、铺砌方式及颜色的变化，可将每一个护坡工程都建设成为一个加固工程。在砌块生产过程中，应用粉煤灰、钢渣矿渣等工业废料，可避免天然石料开采对环境带来的影响。利用先进的砌块成型设备制作护坡用混凝土砌块，产量高、质量稳定。对于护砌量大、工期紧的水利护坡工程，其优势更为突出。

（三）砌筑砂浆

1. 材料要求

砌筑砂浆根据组成材料的不同，分为水泥砂浆、石灰砂浆、水泥石灰混合砂浆等。一般砌筑基础采用水泥砂浆；砌筑主体及砖柱常采用水泥石灰混合砂浆；石灰砂浆有时用于砌筑简易工程。水泥砂浆及预拌砂浆的强度等级可分为 M5、M7.5、M10、M15、M20、

第二章 常用建筑材料的分类、性能及基本用途

M25、M30；水泥混合砂浆的强度等级可分为 M5、M7.5、M10、M15。工程中根据具体强度要求选择使用。

水泥宜采用通用硅酸盐水泥或砌筑水泥。水泥强度等级应根据砂浆品种及强度等级的要求进行选择。M15 及以下强度等级的砌筑砂浆宜选用 32.5 级的通用硅酸盐水泥或砌筑水泥；M15 以上强度等级的砌筑砂浆宜选用 42.5 级通用硅酸盐水泥。

砂宜选用中砂，并应符合现行行业标准规定，且应全部通过 4.75mm 的筛孔。

石灰膏在水泥石灰混合砂浆中起增加砂浆和易性的作用。当石灰熟化成石灰膏时，应用孔径不大于 3mm×3mm 的筛网过滤，熟化时间不得少于 7d；磨细生石灰粉的熟化时间不得少于 2d。严禁使用脱水硬化的石灰膏，这种硬化石灰膏既起不到塑化作用，又影响砂浆的强度。除石灰膏外，在水泥石灰混合砂浆中适当掺入电石膏和粉煤灰也能增加砂浆的和易性。拌制砂浆的水应是不含有害物质的洁净水，饮用水可用来拌制各类砂浆。若用工业废水和矿泉水时，须经化验合格后才能使用。

2. 砂浆制备与使用

砂浆的配合比应经试配确定，试配时应采用工程中实际使用的材料。根据《砌筑砂浆配合比设计规程》(JGJ/T 98—2010) 的规定，水泥砂浆材料用量可按表 1-2-14 选用。

表 1-2-14　　　　每立方米水泥砂浆材料用量　　　　　　　单位：kg

强度等级	水泥	砂	用水量
M5	200～230	砂的堆积密度值	270～330
M7.5	230～260		
M10	260～290		
M15	290～330		
M20	340～400		
M25	360～410		
M30	430～480		

注　1. M15 及 M15 以下强度等级水泥砂浆，水泥强度等级为 32.5 级；M15 以上强度等级水泥砂浆，水泥强度等级为 42.5 级。
　　2. 当采用细砂或粗砂时，用水量分别取上限或下限。
　　3. 稠度小于 70mm 时，用水量可小于下限。
　　4. 施工现场气候炎热或干燥季节，可酌量增加用水量。
　　5. 试配强度应按照《砌筑砂浆配合比设计规程》(JGJ/T 98—2010) 中的式 (5.1.1-1) 计算。

砌筑砂浆现场配料，应采用重量计量。水泥、有机塑化剂、外加剂等材料的配料精度应控制在 ±2% 以内；砂、石灰膏、电石膏、粉煤灰等材料的配料精度应控制在 ±5% 以内。

3. 预拌砂浆

预拌砂浆是指由专业化厂家生产的、用于建设工程中的各种砂浆拌和物。按生产方式，可将预拌砂浆分为湿拌砂浆和干混砂浆两大类。

湿拌砂浆是指将水泥、细骨料、矿物掺和料、外加剂、添加剂和水，按一定比例，在搅拌站经计量、拌制后，运至使用地点，并在规定时间内使用的拌和物。湿拌砂浆按用途

可分为湿拌砌筑砂浆、湿拌抹灰砂浆、湿拌地面砂浆和湿拌防水砂浆。因特种用途的砂浆黏度较大，无法采用湿拌的形式生产，因而湿拌砂浆中仅包括普通砂浆。

干混砂浆是将水泥、干燥骨料或粉料、添加剂以及根据性能确定的其他组分，按一定比例，在专业生产厂计量、混合而成的混合物，在使用地点按规定比例加水或配套组分拌和使用。按用途分为干混砌筑砂浆、干混抹灰砂浆、干混地面砂浆、干混普通防水砂浆、干混陶瓷砖黏结砂浆、干混界面砂浆、干混保温板黏结砂浆、干混保温板抹面砂浆、干混聚合物水泥防水砂浆、干混自流平砂浆、干混耐磨地坪砂浆和干混饰面砂浆。既有普通干混砂浆又有特种干混砂浆。普通干混砂浆主要用于砌筑、抹灰、地面及普通防水工程，特种干混砂浆是指具有特种性能要求的砂浆。

十五、管材

（一）钢管

钢管的应用历史较长，范围较广，在输水工程中一般选用螺旋焊缝与直缝焊接钢管。螺旋焊接钢管采用卷板，利用螺旋管焊接生产线一次成型。国内已可生产 DN2540 螺旋焊接钢管。螺旋焊管受加工工艺影响，管材存在较大残余应力，这部分残余应力与管道运行期间工作应力组合后，降低管道承受内压的能力。另外，螺旋焊接管的焊缝较直缝焊管的焊缝长，这就意味着薄弱环节多，可靠性差。但由于输水工程管道内压一般不算太高，即使螺旋焊接管存在上述问题也不影响其应用。

（二）铸铁管

按材质可分为灰口铸铁管和延性铸铁管，由于灰口铸铁管口径不大、材质不稳定，因此事故较多，在输水工程中基本不采用。延性铸铁管也称为球墨铸铁管，其强度比钢管大，延伸率也高出10%。另外，现有些厂家生产的球墨铸铁管没进行退火处理，称为铸态球墨铸铁管，其材质的性能除延伸率低于球墨铸铁管外，其余性能指标均与球墨铸铁管相似，价格也低，应用也较多。

（三）预应力混凝土管

预应力混凝土管按生产工艺分成两种，一种因加工工艺分为三步，通常称为三阶段预应力混凝土管；另一种是一次成型，通常称为一阶段管。预应力混凝土管因加工工艺简单、造价低、较适合我国的经济状况而应用普遍。但管材制作过程中存在弊病，如三阶段管喷浆质量不稳定，易脱落和起鼓；一阶段管在施加预应力时不易控制（特别在插口端部），且因体积重量大造成运输安装都不方便，使其应用受到了限制。预应力混凝土管口径一般在 2000mm 以下，工压在 0.4～0.8MPa。在口径大、工压高的工程中应用时要慎重。

（四）预应力钢筒混凝土管

这是一种钢筒与混凝土制作的复合管，管心为混凝土，在其外壁或中部埋入厚1.5mm 钢筒，在管芯上缠绕环向预应力，采用机械张拉缠绕高强钢丝，并在其外部喷水泥砂浆保护层。该管的特点是由于钢套筒的作用，抗渗能力非常好。管子的接口采用钢制承插口，尺寸较准确，并设橡胶止水圈（单胶圈或双胶圈），因而止水效果好，安装方便。预应力钢筒混凝土管的管径一般为 DN600～DN3600，工作压力为 0.4～2.0MPa，其中 DN1200 以下一般为内衬式，DN1400 以上通常为埋置式。

第二章 常用建筑材料的分类、性能及基本用途

在输水工程中，管材的选择根据工程的具体情况，要做技术、经济、安全、工期等方面分析比较，综合平衡后再确定。

第三节 其他建筑材料

一、新型混凝土

（一）塑性混凝土

塑性混凝土是指水泥用量较低，并掺加较多的膨润土、黏土等材料的大流动性混凝土，具有低强度、低弹模和大应变等特性。由于其变形能力强、抗渗性能好、易于施工，因而极适宜应用于防渗墙工程。

按抗压强度和弹性模量，防渗墙混凝土可以分为刚性和塑性两类。刚性混凝土的抗压强度一般大于5MPa，弹性模量大于2000MPa；塑性混凝土的抗压强度一般小于5MPa，弹性模量小于2000MPa。工程实践表明，刚性混凝土防渗墙存在弹性模量高、极限应变小，其弹性模量比周围土层的弹性模量高出数百倍，致使在荷载作用下，防渗墙顶部和周围土层的沉陷差和变位差很大，从而使防渗墙墙顶受到巨大压力，两个侧面受到很大的摩擦力，导致刚性混凝土防渗墙的应力较混凝土的设计强度高出很多，其应变也比混凝土极限应变高很多，因而墙体易出现裂缝，降低了防渗效果，严重的会使防渗设施遭到破坏，威胁到大坝的安全。

（二）高性能混凝土

高性能混凝土是指具有好的工作性、匀质性好、早期强度高而后期强度不倒缩、韧性好、体积稳定性好、在恶劣的使用环境条件下寿命长的混凝土。

高性能混凝土一般既是高强混凝土（C60~C100），也是流态混凝土（坍落度大于200mm）。因为高强混凝土强度高、耐久性好、变形小；流态混凝土具有大的流动性、混凝土拌和物不离析、施工方便。高性能混凝土也可以是满足某些特殊性能要求的匀质性混凝土。

高性能混凝土是水泥混凝土的发展方向之一。它将广泛地被用于桥梁工程、高层建筑、工业厂房结构、港口及海洋工程、水工结构等工程中。

（三）水下浇筑（灌注）混凝土

在陆上拌制在水下浇筑（灌注）和凝结硬化的混凝土，称为水下浇筑混凝土，分为普通水下浇筑混凝土和水下不分散混凝土两种。

普通水下浇筑混凝土是将普通混凝土以水下灌注工艺浇筑混凝土。其施工方法可用导管法、泵压法、开底容器法、装袋叠层法及倾注法等。水下不分散混凝土是一种新型混凝土，其混凝土拌和物具有水下抗分散性。将其直接倾倒于水中，当穿过水层时，很少出现由于水洗作用而出现的材料分离现象。其施工方法主要用导管法、泵压法或开底容器法。

（四）喷射混凝土

喷射混凝土是用压缩空气喷射施工的混凝土。喷射方法有干式喷射法、湿式喷射法、半湿喷射法及水泥裹砂喷射法等。喷射混凝土施工时，将水泥、砂、石子及速凝剂按比例加入喷射机中，经喷射机拌匀、以一定压力送至喷嘴处加水后喷至受喷射部位形成混

凝土。

在喷射过程中，水泥与骨料被剧烈搅拌，在高压下被反复冲击和击实，所采用的水灰比又较小（常为 0.40～0.45），因此混凝土较密实，强度也较高。同时，混凝土与岩石、砖、钢材及老混凝土等具有很高的黏结强度，可以在黏结面上传递一定的拉应力和剪应力，使与被加固材料一起承担荷载。

喷射混凝土广泛应用于地下工程、边坡及基坑的加固、结构物维修、耐热工程、防护工程等。在高空或施工场所狭小的工程中，喷射混凝土更有明显的优越性。

（五）纤维混凝土

纤维混凝土是以混凝土（或砂浆）为基材，掺入纤维而组成的水泥基复合材料。纤维混凝土能够成为复合材料，需具备：①纤维材料与基体材料之间有良好的黏结力，受荷后具有整体性；②在纤维混凝土搅拌施工过程中，能够把足够数量的一定长度的纤维，充分均匀地分散到基材之中，纤维在搅拌过程中不结团，振实后纤维在混凝土中呈乱向均匀分布。

根据所掺纤维的不同，纤维混凝土分为：①纤维增强混凝土，这种混凝土采用高强高弹性模量的纤维，如钢纤维、碳纤维等；②纤维增韧防裂混凝土，这种混凝土采用低弹性模量高塑性纤维，如尼龙纤维、聚丙烯纤维、聚丙烯腈纤维、聚氯乙烯纤维等。纤维在纤维混凝土中的主要作用在于限制在外力作用下水泥基料中裂缝的扩展。在受荷（拉、弯）初期，当配料合适并掺有适宜的高效减水剂时，水泥基料与纤维共同承受外力，而前者是外力的主要承受者；当基料发生开裂后，横跨裂缝的纤维成为外力的主要承受者。

在水利工程中纤维混凝土广泛应用于抗冲磨结构，如溢洪道、泄洪隧洞等，也常用于结构修复。

（六）防辐射混凝土

随着原子能工业的发展，在国防和国民经济各部门，对射线的防护问题已成了一个重要课题。

防辐射混凝土也称为防护混凝土、屏蔽混凝土或重混凝土。它能屏蔽 α、β、γ、X 射线和中子流的辐射，是常用的防护材料。防辐射混凝土要求表观密度大、结合水多、质量均匀、收缩小，不允许存在空洞、裂缝等缺陷，同时要有一定结构强度及耐久性。

（七）耐热混凝土（耐火混凝土）

耐热混凝土是在长期高温下能保持所需物理力学性能的特种混凝土。它是由适当的胶凝材料、耐热粗细骨料和水按一定比例配制而成的。水泥石中的氢氧化钙及骨料中的石灰岩在长期高温作用下会分解，石英晶体受高温后体积膨胀，它们是使混凝土不耐热的根源。因此，耐热混凝土的骨料可采用重矿渣、红砖及耐火砖碎块、安山岩、玄武岩、烧结镁砂、铬铁矿等。根据所用胶凝材料的不同，耐热混凝土可划分为：黏土耐热混凝土、硅酸盐水泥耐热混凝土、铝酸盐水泥耐热混凝土、水玻璃耐热混凝土和磷酸盐耐热混凝土等，多用于冶金、化工、建材、发电等工业窑炉及热工设备。

（八）耐酸混凝土

耐酸混凝土是由水玻璃作胶凝材料，氟硅酸钠为固化剂，与耐酸骨料及掺料按一定比例配制而成的。它能抵抗各种酸（如 H_2SO_4、HCl、HNO_3、CH_3COOH、$HCOOH$ 及

HOOCCOOH 等）和大部分侵蚀气体（如 Cl_2、SO_2、H_2S 等），但不耐氢氟酸、300℃ 以上的热磷酸、高级脂肪酸和油酸。

常用的水玻璃有钾水玻璃和钠水玻璃。耐酸骨料和掺料有石英砂粉、瓷粉、辉绿岩铸石骨料及铸石粉、安山岩骨料及石粉等。

水玻璃耐酸混凝土一般要在温暖（10℃以上）和干燥环境中硬化（禁止浇水），其 3d 抗压强度约为 11～12MPa，28d 抗压强度不小于 15MPa。

二、生态混凝土

生态混凝土又名"植被混凝土"。生态混凝土是能够适应绿色植物生长、又具有一定的防护功能的混凝土及其制品，具有一定强度，而其表面又可繁衍花草，它由作为主体的植被与其载体的被面、被床、床絮和床基等有机结合而成。

可在高陡边坡生态防护以及河道、库区护岸等工程中进行广泛使用。生态混凝土护坡是在基材中加入常规水硬性胶凝材料水泥，从而使基材强度更高、抗冲刷性更强，适用于坡度为 50°～80°的各类坡面的生态修复。

三、绿色建筑材料

绿色建筑材料是指采用清洁生产技术，不用或少用天然资源和能源，大量使用工农业或城市固态废弃物生产的无毒害、无污染、无放射性、达到使用周期后可回收利用、有利于环境保护和人体健康的建筑材料。绿色建筑材料主要围绕原料采用、产品制造、使用和废弃物处理四个环节，并实现对地球环境负荷最小和有利于人类健康两大目标，达到"健康、环保、安全及质量优良"四个目的。

采用纳米技术、生物化学技术、稀土技术、光催化技术、气凝胶技术等高新技术来提高建筑材料的高附加值和功能。如用纳米技术研制抗菌灭菌、可净化室内空气、除臭和表面可自洁的墙材等，利用二氧化钛光催化技术制备可净化空气中的氮氧化物的板材，用气凝胶技术研究和开发具有环保型高效保温、隔声、轻质新型墙材，利用生物工程技术将农作物废弃物经发酵工艺等制造新型装饰板材等。

四、新型材料

新型材料是指新出现的或正在发展中的，具有传统材料所不具备的优异性能或特殊功能的材料；或采用新技术（工艺、装备），使传统材料性能有明显提高或产生新功能的材料；一般认为满足高技术产业发展需要的一些关键材料也属于新型材料。

新型材料包含市面上存在的各种材料，如信息材料、能源材料、生物材料、汽车材料、纳米材料、超导材料、稀土材料、新型钢铁材料、新型有色金属合金材料、新型建筑材料、新型化工材料和生态环境材料等。其中新型建筑材料主要包括新型墙体材料、化学建材、新型保温隔热材料和建筑装饰装修材料等，趋向于环保、节能和多功能。

第三章　水工建筑物分类及基本形式

一、水工建筑物的概念与分类

水利工程是指对自然界的地表水和地下水进行控制和调配，以达到兴利除害目的而修建的工程。

传统水利工程一般包括水库工程、水电站工程、拦河闸工程、防洪工程、治涝排水工程、灌溉工程、供水工程以及引水枢纽工程、提水枢纽工程、调水工程、航运工程等。

水工建筑物是指为治理、控制水流或者开发利用水资源而兴建，并承受水作用的建筑物。也可以简单理解为水利水电工程中采用的各种建筑物，其作用是控制和支配水流。

水利枢纽则是由不同类型的水工建筑物组成的有机综合体。

（一）按照功能进行分类

按照用途，水工建筑物可以分为一般性水工建筑物和专门性水工建筑物。

1. 一般性水工建筑物

按照功能，一般性水工建筑物可分为五类：

（1）挡水建筑物：用于拦截水流、壅高水位、调蓄水量，例如重力坝、拱坝、土石坝等。

（2）泄水建筑物：用于泄放多余水量，保证枢纽工程安全，例如溢洪道、泄洪隧洞等。

（3）取水建筑物：用于从水库或者河流引取各种用水，例如进水闸、取水闸等。

（4）输水建筑物：用于将水输送到各用水部门，例如渠道、渡槽、倒虹吸管等。

（5）整治建筑物：用于加固河岸，整治河道，例如丁坝、顺坝等。

2. 专门性水工建筑物

专门性水工建筑物用于某种特定的单一目标，例如水电站、水泵站、船闸、鱼道等。

（二）按照使用期限分类

按照使用期限，水工建筑物可以分为永久性水工建筑物和临时性水工建筑物。

1. 永久性水工建筑物

永久性水工建筑物在枢纽工程运行期间使用。依据重要性不同，又可将永久性水工建筑物分为主要建筑物和次要建筑物：主要建筑物是指失事后将造成灾害或者严重影响工程效益的水工建筑物，如挡水坝（闸）、泄洪建筑物、取水建筑物及水电站厂房等；次要建筑物是指失事后不致造成灾害或者对工程效益影响不大、易于修复的附属建筑物，如挡土墙、分流墩及护岸等。

2. 临时性水工建筑物

临时性水工建筑物在枢纽工程施工期间使用，如施工围堰、导流建筑物、临时房屋等。

(三) 其他涉水工程水工建筑物

在传统水利工程之外，近年来逐渐出现了和经济社会发展相适应的涉水工程，包括水土保持工程、水生态工程、水处理工程、环境水利工程和海绵城市以及相应的水工建筑物等。

此外，由于水利水电工程规模一般都比较大，还可能涉及移民搬迁征地工程等。

二、水工建筑物的特点

水利水电工程与一般土建工程相比，除了工程量大、投资多、工期长之外，尚有以下特点。

1. 工作条件的复杂性

具体体现在以下方面：

(1) 具体到每一个水利枢纽，其所在地区的地形、地质、水文、施工条件均不相同，故而水利枢纽和相应的水工建筑物均具有一定的特殊性。

(2) 水工建筑物的地基性质不一样，即便是同一性质、同一类型的地基，其地质情况也不一样，因而地基处理也不一样。

(3) 由于水工建筑物承受水的各种作用（水压力、渗透水压力、脉动水压力、地震动水压力以及水流冲刷等），因而在进行结构设计时，必须考虑水的影响。

(4) 水工建筑物还须承受泥沙的作用。

2. 设计选型的独特性

水工建筑物和所在地区的地形、地质、水文等自然条件密切相关，一般不能采用定型设计，其设计选型需因地制宜地根据具体条件进行。

3. 施工条件的艰巨性

具体体现在以下方面：

(1) 必须进行施工导流，以确保施工不受水流影响。

(2) 必须在枯水期抢施工进度，并注意防汛、度汛。

(3) 施工受自然条件影响大，受季节制约强，可变因素多，施工技术复杂，施工难度大。

(4) 交通运输困难。

4. 失事后果的严重性

水工建筑物，特别是挡水建筑物，一旦失事，将给下游人民的生命财产和经济建设带来灾难性损失。因此，在进行枢纽规划、设计、施工和运行管理过程中都要慎重行事，按科学规律办事，在确保工程安全的前提下，尽量降低造价，缩短工期和发挥经济效益。

5. 经济效益、环境效益、社会效益显著

(1) 经济效益主要体现在：防洪、灌溉、发电、供水等方面。

(2) 环境效益主要体现在：对水文、水温、水质和泥沙的影响，对局部地区气候的影响，对环境地质和土壤环境的影响，对陆生生物和水生生物的影响等方面。

(3) 社会效益主要体现在：由于工程占地和库区淹没而引起的人口迁移及工程施工对环境的影响、对人群健康的影响、对景观及文物古迹的影响、对重要设施的影响等方面。

因此，水利水电工程在可行性研究阶段，就必须针对工程兴建可能对自然环境和社会

环境产生的影响进行综合评价，以便有关部门和国家做出决策。

三、蓄水枢纽建筑物

蓄水枢纽工程一般均包括挡水建筑物、引（取）水建筑物和泄水建筑物。挡水建筑物可以是重力坝、拱坝、土石坝或者水闸；引（取）水建筑物通常称为输水隧洞（涵洞）；泄水建筑物包括河岸溢洪道、泄洪隧洞和坝身泄水道（诸如溢流重力坝、泄水中孔和泄水底孔等）。

（一）重力坝

重力坝是用混凝土或者浆砌石修筑的大体积挡水建筑物，一般为上游面近于直立的三角形断面，其特点是：在水压力作用下，主要依靠坝体自重产生的抗滑力来维持稳定。

1. 重力坝的优点

（1）安全可靠。重力坝剖面尺寸大、应力较低、筑坝材料强度高、耐久性好，因而抵抗水的渗漏、洪水漫顶、地震和战争破坏的能力都比较强。

（2）对地形、地质条件适应性强。任何形状的河谷都可以修建重力坝；由于坝体作用于地基面上的应力不高，所以对工程地质条件的要求也较低。

（3）枢纽泄洪问题容易解决。重力坝可以做成溢流的，也可以在坝体内设置泄水孔，一般不需另外开设溢洪道或泄水隧洞。

（4）便于施工导流。施工期可以利用坝体导流，一般不需另外开设导流隧洞。

（5）施工方便。大体积混凝土可采用机械化施工，在放样、立模和混凝土浇筑方面都比较简便。

（6）结构作用明确。重力坝沿坝轴线用横缝分成若干坝段，各坝段独立工作，结构作用明确，应力分析和稳定计算都比较简单。

2. 重力坝的缺点

（1）坝体剖面尺寸大，水泥用量多。

（2）坝体应力较低，材料强度不能充分发挥。

（3）坝体与地基接触面大，因而坝基面的扬压力较大，对坝体稳定不利。

（4）坝体体积大，施工期混凝土的温度应力和收缩应力较大，施工期混凝土温度控制要求较高。

3. 重力坝的组成及布置

（1）重力坝的组成。重力坝通常由非溢流坝段、溢流坝段和两者之间的连接边墩、导墙及坝顶建筑物组成。此外，坝体内常设有各种泄水或取水管道、检查维修用的廊道以及溢流坝、泄水管、闸门等。

（2）重力坝的布置。重力坝布置时，必须根据地形、地质条件并结合枢纽其他建筑物综合考虑，首先应选择坝址，确定坝轴线（坝轴线一般为直线，有时也可布置成折线或弯度不大的曲线）。溢流坝段通常布置在原河道主流位置，两端以非溢流坝段与岸坡相连。

由于施工能力的限制以及不均匀沉降和温度应力控制的要求，混凝土坝体常沿轴线方向用垂直于坝轴线的永久性横缝分为若干坝段，各坝段的外形应尽量协调一致；当地形、地质及运用等条件有显著差别时，应尽量使上游面保持齐平，下游面可按不同情况分别采用不同的下游坝坡，使各坝段均达到安全、经济的目的。

4. 溢流重力坝

溢流重力坝既能挡水、又可泄水,除了应满足稳定和强度要求之外,还必须满足泄流要求。为此,坝顶布置有闸墩、工作桥及交通桥等建筑物,溢流坝的尾部接消能建筑物。

溢流坝可以设置闸门,也可以不设置闸门。不设闸门的溢流孔,堰顶高程即为水库正常蓄水位,库水位超过堰顶高程后就溢过堰顶泄向下游;设置闸门的溢流孔,闸门顶部大致与正常蓄水位齐平,堰顶高程较低,可以调节水库水位和下泄流量,减小上游淹没损失,降低非溢流坝的工程量。

(1) 闸门和启闭机。闸门分为工作闸门、检修闸门和事故闸门。工作闸门用于调节下泄流量,需在动水中启闭,要求有较大的启门力;检修闸门用于短期挡水,以便对工作闸门、建筑物及机械设备进行检修,一般在静水中启闭,启门力较小;事故闸门是在建筑物或设备出现事故时紧急应用,要求能在动水中关闭孔口。常用的工作闸门有平板闸门和弧形闸门。平板闸门的主要优点是结构简单,闸墩受力条件较好,各孔口可共用一个活动式启闭机;缺点是启门力较大,闸墩较厚,水流条件差。弧形闸门的主要优点是启门力小,闸墩厚度小,且无门槽,水流平顺;缺点是闸墩较长,且受力条件差。

启闭机有活动式和固定式两种。活动式启闭机多用于平板闸门,可以兼用于起吊工作闸门和检修闸门。固定式启闭机固定在工作桥上,多用于弧形闸门。

(2) 闸墩。闸墩承受闸门传来的水压力,也是坝顶桥梁的支承。

闸墩的断面形状应使水流平顺,减小孔口水流的侧收缩。闸墩的上游端常采用半圆形、椭圆形或流线形,下游端一般应逐渐收缩成流线形。

闸墩的长度和高度,应满足闸门、工作桥、交通桥和启闭设备的要求。为了改善水流条件,闸墩可向溢流堰上游方向伸出一定长度,并将这部分做到溢流坝顶以下约一半溢流深度处。

(3) 消能建筑物。通过溢流坝下泄的水流,具有很大的能量,如不加以处理,必将冲刷下游河床,威胁建筑物的安全或其他建筑物的正常运行,因此必须采取有效措施解决溢流坝的消能问题。

1) 消能建筑物(工)的设计原则:①尽量使下泄水流的动能消耗于水流内部的紊动中,以及水流与空气的摩擦上;②不产生危及坝体安全的河床或岸坡的局部冲刷;③下泄水流平稳,不影响枢纽中其他建筑物的正常运行;④结构简单,工作可靠;⑤工程量少,经济。

必须注意的是,对超过消能防冲设计标准的洪水,允许消能防冲建筑物出现不危及挡水建筑物安全、不影响枢纽长期运行并易于修复的局部损坏。

2) 消能建筑物(工)的形式。溢流坝的消能方式有底流、挑流、面流以及戽流等。设计时,应根据地形、地质、枢纽布置、水头、下泄流量、下游水深及其变幅等条件,进行技术经济比较。对于比较重要的工程,消能工的设计应进行水工模型试验研究。

a. 底流消能是在坝趾下游设消力池、消力坎等,促使水流在限定范围内产生水跃,通过水跃内部的旋滚、摩擦、掺气和撞击消耗能量。底流消能工作可靠,但工程量往往较大,多用于中、低水头,且下游水深合适的闸坝。

b. 挑流消能是利用鼻坎将下泄的高速水流（$v>20\text{m/s}$）向空中抛射，使水流扩散，并掺入大量空气，然后跌入下游河床水垫中，再经剧烈的摩擦、撞击而消能。挑流消能工作比较简单、经济，但下游局部冲刷不可避免，一般用于落差和流量较大，下游有一定水垫深度，基岩良好的情况。

实体重力坝可以采用混凝土材料或者浆砌石进行浇（砌）筑。在坝体稳定能够保证的情况下，挡水建筑物形式还可以考虑空腹重力坝或者宽缝重力坝，以节约工程量。

（二）拱坝

1. 拱坝的工作特点

（1）稳定。拱坝是一个壳体结构，在平面上呈拱形。坝体承受的水平向荷载一部分通过水平拱的作用传给两岸基岩，另一部分通过垂直梁的作用传到坝底基岩。坝体的稳定性主要依靠两岸拱端的反力作用，并不全靠坝体自重来维持。

（2）结构。由于拱是一种推力结构，在外荷载作用下，主要承受轴向推力，有利于发挥混凝土或浆砌石材料的抗压强度，因而坝体厚度可以较薄，从而节省筑坝材料。拱坝属于周边固定的高次超静定结构，当外荷载增大或坝的某一部位发生局部开裂时，坝体的梁作用和拱作用将自行调整。拱坝是整体性的空间结构，坝体轻韧，弹性较好，只要基岩稳定，其抗震能力也是较高的。

（3）荷载。由于拱坝周边与基岩固结，坝身不设永久性伸缩缝，因此，温度变化和基岩变形对拱坝应力的影响比较显著。设计时，温度荷载必须作为一项主要荷载，并考虑地基变形的影响。

另外，坝体剖面较薄，几何形状复杂，因此，对于施工质量、筑坝材料强度和防渗要求都较严格。

2. 拱坝的地形、地质条件

（1）地形条件。地形条件是决定拱坝结构型式、工程布置及经济性的主要因素。理想的地形条件应是坝址河谷相对宽度较窄、两岸基岩面大致对称、岸坡平顺无突变、在平面上向下游收缩的峡谷段。另外，坝端下游要有足够的岩体支承，以保证坝体安全。

河谷的形状特征常用坝顶高程处的河谷宽度 B 与坝高 H 的比值（宽高比）来表示，而拱坝的厚薄程度常用坝底厚度 δ 与坝高 H 的比值（厚高比）来表示。

当 $B/H<1.5$ 时，河谷狭窄，拱的作用大，主要荷载通过拱的作用传至两岸，可修建薄拱坝（$\delta/H<0.2$）；当 $B/H=1.5\sim3.0$ 时，可修建中厚拱坝（$\delta/H=0.2\sim0.35$）；当 $B/H=3.0\sim4.5$ 时，可修建厚拱坝（$\delta/H>0.35$），即重力拱坝；当 $B/H>4.5$ 时，可修建拱形重力坝（$\delta/H>0.6$）或者重力坝。

不同河谷即使具有同样的宽高比，其断面形状也可能相差很大。左右对称的 V 形河谷最适于发挥拱的作用，靠近底部水压力强度虽大而拱跨最短，因而拱厚仍可较小；U 形河谷靠近底部位置拱的作用显著降低，大部分荷载由梁来承担，所以厚度较大；梯形河谷的情况则介于两者之间。

必须注意：坝址河谷形状是对开挖后的基岩面（可利用基岩面）而言的。

（2）地质条件。河谷两岸的基岩必须能承受由拱端传来的巨大推力，要在任何情况下均能保持稳定，不至于危及坝体的安全。理想的地质条件是基岩比较均匀、坚固完整、有足够的强度、透水性小、能抗风化等。实际上的基岩一般都存在节理、裂隙或局部断层破碎带，此时应进行严格的地基处理。

3. 拱坝的形式

河谷地形对拱坝的几何形状有很大的影响，按照坝体的拱弧半径和圆心位置，可分为以下两类：

（1）定圆心、等半径拱坝（单曲拱坝）。此种形式的拱坝又可分为等外半径拱坝和等内半径拱坝，其中前者采用较多。

定圆心、等外半径拱坝是各个高程拱圈在水平投影面上采用同一圆心，各高程拱圈外半径相同，内半径自拱顶向下逐渐减小（上游面铅直、下游面倾斜）。

有时为了改善坝顶溢流时的下游水力条件，使水流跌落距坝脚远一些，可采用定圆心、等内半径拱坝（即上游面倾斜、下游面铅直）。定圆心、等半径拱坝的坝体仅在拱圈方向是弯曲的，故称为单曲拱坝。此种形式的拱坝体型简单，设计及施工均较方便，适于修建在U形河谷上（U形河谷的宽度上下变化不大，可使不同高程上的拱圈，尤其是靠近底部的拱圈，仍采用较大的中心角，拱的作用能得以发挥，而坝底厚度增加不多）。若在V形河谷中采用定圆心、等半径拱坝，则由于底部拱圈的中心角太小、拱的作用弱，使拱坝底部厚度过大而不经济。

（2）变圆心、变半径拱坝（双曲拱坝）。为更好地适应河谷断面形状，使坝体断面比较经济，在V形或梯形断面的河谷上，可采用变圆心、变半径拱坝。

此种形式的拱坝，除了坝顶采用较大的中心角外，自坝顶向下，随河谷宽度的减小，各层拱圈在水平投影面上变动圆心位置，使半径随拱圈高程的降低而减小，这样各层拱圈都具有较大的中心角，可充分发挥拱的作用，改善坝体应力状态，降低坝体厚度。

变圆心、变半径拱坝在整体形状上是双向弯曲的穹形结构，所以称为双曲拱坝。双曲拱坝不仅有平面拱的作用，还有竖向拱的作用，使"梁"的弯矩减小，刚度加大。同时，梁的倒悬可以改善其应力状态。

双曲拱坝的承载能力大于单曲拱坝，坝顶溢流时，水流跌落也距离坝脚较远，但结构复杂，施工不易。

在泄洪方面，拱坝不仅可以安全溢流，而且可以在坝身开设大孔口泄流。其中的滑雪道式溢洪道就是利用下泄水流在河床位置空中对冲进行消能。

（三）土石坝

土石坝（当地材料坝）是土坝与堆石坝的总称。土坝与堆石坝在设计理论和构造等方面均有许多相似之处，它们的主要区别在于石料与土料在坝身中所占的比例，以土（堆石）料为主的称为土（堆石）坝。

土石坝被广泛采用的原因包括：①能最大限度地利用坝址附近可供开采的天然土、石料，与其他坝型相比，可节省水泥和钢材；②较能适应地基变形，对地形、地质条件的要求在所有坝型中是最低的；③结构简单，施工工序少，施工技术容易掌握，既可以采用简单的机具施工，也可以采用高度机械化施工；④运用管理方便，寿命长，加高、扩建、维修较容易。

土石坝的主要缺点包括：①坝身一般不能过流，需要另外设置溢洪道；②施工导流难度大；③黏性土料的填筑容易受天气影响。

1. 土坝的工作特点及基本要求

土坝主要是由颗粒松散的土料填筑而成的挡水建筑物，由于土粒间黏结力较低，在渗流、冲刷、沉降、地震等因素的作用和影响下，表现出相应的工作特点。

（1）稳定。土坝的断面形状为梯形，断面比较大，在水平水压力的作用下，不会发生沿坝基面的整体滑动，其失稳的主要形式是坝坡滑动或坝坡连同部分地基一起滑动（既可以向下游滑动，也可以向上游滑动）。造成坍滑的原因是土体抗剪强度小，坝坡过陡。

为保证土坝在各种工作条件下均能保持稳定，应合理选择土料，根据土料的性质、荷载的条件合理设计坝坡；施工中应认真做好地基处理，严格控制施工质量，使土料填筑压实后达到设计所要求的密实度及抗剪强度。

（2）渗流。土坝挡水后，水库里的水将通过坝身、坝肩及两岸向下游渗透，在坝身和坝基的结合面以及坝和其他建筑物的结合面，渗流更易通过，从而产生集中渗流。

渗流在坝体内的自由水面称为浸润面，浸润面以下的土体为饱和水区，饱和水区的土体受到水的浮力作用而减轻了土的有效重力，并使土的内摩擦角和黏结力减小。同时，渗流对土体还产生动水压力作用，这些都增加了坝坡滑动的可能性。另外，渗流在土壤中流动时，如果流速和渗透坡降超过一定的界限，会使坝体和坝基以及各结合面附近的土体产生渗透变形，严重时会引起土坝失事。渗流量过大时，会影响到水库蓄水。

（3）冲刷。由于土体颗粒间的黏结力很小，因此抗冲能力低，库内风浪易对坝面产生强烈的冲刷，易使坝面遭到破坏甚至坍塌；下游的尾水有时也会在水位变化范围内淘刷坝面。此外，雨水也可能冲刷坝面。因此，上、下游坝面均需采取有效的防冲保护及坝面排水措施，以免受有害冲刷。

另外，坝顶不允许过水，也不允许波浪沿坝坡翻越坝顶。为此，土坝枢纽须有足够泄水能力的泄洪建筑物，坝顶高程应在最高水位以上，并有一定的安全超高，以保证洪水不致漫顶。

（4）沉降。由于土粒间存在孔隙，且易产生相对移动，因此在坝体自重和水压力作用下，坝体和坝基都会由于压缩产生沉降。沉降过大会引起坝顶高程不足而影响土坝正常工作，过大的不均匀沉降会引起坝体开裂甚至造成漏水而危及坝体安全。

为防止由于沉降而引起坝顶低于设计高程，在施工中要留有沉降值；为防止不均匀沉降，要合理设计坝剖面及细部构造，正确选择坝体土料；施工时，土料压实要合乎设计标准，质量要均一。

（5）其他。位于水位以上的坝体黏性土，冬季应防止产生冻裂，夏季应防止产生干裂。另外，地震惯性力会增加坝坡坍滑的可能性。当坝体或坝基土层是均匀的中砂、细砂或粉砂时，在强烈振动作用下容易发生液化，所以在Ⅶ度及Ⅶ度以上地震区尚应考虑地震影响。

2. 土石坝的组成及作用

土石坝一般由坝身、防渗体、排水设备和护坡四部分组成。坝身是土石坝的主体，用于维持坝的稳定；防渗体的作用是降低浸润线，防止渗透破坏和减少渗透水量；排水设备的作用是安全地排除渗水，增强下游坝坡稳定性；护坡的作用是防止波浪、温度变化、雨水等对坝坡的破坏。

3. 土石坝的类型

按照土料在坝身内的配置和防渗体的材料不同，可将其分为均质坝、黏土心墙（斜墙）坝、人工材料心墙（斜墙）坝、多种土质坝、土石混合坝。

（四）水闸

1. 水闸的组成

水闸是一种低水头水工建筑物，具有挡水和泄水的双重作用，一般由闸室段、上游连接段、下游连接段组成。

（1）闸室段。闸室段是水闸的主体，起控制水流和连接两岸的作用，包括闸门、闸墩、底板、工作桥、交通桥等。底板是闸室的基础，承受闸室全部荷载并将其均匀地传给地基，还可利用底板与地基之间的摩擦力来维持闸室的稳定；同时，底板又具有抗冲和防渗等作用；闸门则用于控制水流。闸墩的主要作用是分隔闸孔，支承闸门、工作桥及交通桥。在闸墩上建有装置闸门、启闭设备的工作桥和满足交通需要的交通桥。

（2）上游连接段。上游连接段处于水流行进区，包括上游防冲槽、铺盖、护底、上游翼墙及两岸护坡等，其主要作用是引导水流平稳地进入闸室，保护上游河床及岸坡免于冲刷，并有防渗作用。

（3）下游连接段。下游连接段包括消力池（护坦）、海漫、下游翼墙、下游防冲槽及两岸护坡等，其主要作用是消能、防冲和安全排出通过闸基及两岸的渗流。

2. 水闸的工作特点

水闸可以修建在土基或岩基上，但大多数建于河流中下游平原地区的软土地基上。地基条件差和水头低且变幅大是水闸工作条件复杂的两个最主要原因。

（1）在水头差作用下，闸室所承受的水平力可能推动水闸向下游滑动。此外，将在闸基及两岸连接部分产生渗流，渗流对闸室及两岸连接建筑物的稳定不利，还可能产生有害的渗透变形。

（2）闸孔泄流时，由于下泄水流具有较大的能量，而土壤抗冲能力又很低，因此，闸下冲刷比较普遍；此外，若闸后水流在平面上不能充分扩散，也会淘刷河床及岸坡。

（3）水闸地基的土壤分布情况十分复杂，常夹有压缩性大、承载能力低的软土，或是松散、易液化、抗冲能力低的细砂；在闸室自重及外荷载作用下，地基可能产生较大的沉降和沉降差，造成闸室倾斜、止水破坏、闸底板断裂，甚至地基土发生塑性流动等。

（五）水工隧洞

在水利枢纽中，为满足防洪、发电等各项任务而设置的隧洞称为水工隧洞，其作用包括：①配合溢洪道泄放洪水（有时也可作为主要泄水建筑物）；②引水发电或为灌溉、供水和航运输水；③排放水库泥沙；④施工导流；⑤放空水库以满足人防和检修要求。

1. 水工隧洞的类型

（1）按照功能可分为泄洪隧洞、发电引水隧洞和尾水隧洞、灌溉供水隧洞、冲砂隧洞、施工导流隧洞等。

（2）按照水流流态可分为有压隧洞和无压隧洞。在同一条隧洞中，可以是前段有压、后段无压，但在隧洞的同一段，应避免出现有压流、无压流交替出现的工作状态。因为明流、满流交替容易引起振动和空蚀，使门槽及其下游部分遭到破坏，同时对泄流能力也有不利影响。

2. 水工隧洞的工作特点

（1）进口较低，可提前泄水，但超泄能力低；出口水流流速高，单宽流量大，能量集中。

（2）进口位于水下，要求门体具有较大的刚度，以承受水压力；另外也要求启闭设备容量较大。

（3）洞内流速大，要求过水轮廓体型合理，以避免空蚀破坏。

（4）隧洞属于地下结构，隧洞的开挖使周围岩体应力平衡状态受到破坏，引起应力重分布，围岩随之产生变形。为保持围岩稳定，需设置临时性支护或永久性衬砌。对于有压隧洞，由于承受较大水头的内水压力，故需一定厚度的围岩。

（5）施工工序多，相互干扰大。

（六）溢洪道

溢洪道的作用是泄放超过水库调蓄能力的洪水，确保工程安全，以及满足放空水库和防洪调度的要求。溢洪道通常用在土石坝枢纽工程。

1. 溢洪道的类型

溢洪道可分为开敞式溢洪道和封闭式溢洪道，其中开敞式溢洪道包括正槽式溢洪道、侧槽式溢洪道和迷宫式溢洪道；封闭式溢洪道包括竖井式溢洪道和虹吸式溢洪道。

（1）正槽式溢洪道。溢洪道的泄槽与溢流堰轴线正交，过堰水流与泄槽轴线方向一致。

正槽溢洪道包括进水渠段、控制段（溢流堰、闸门、闸墩等）、泄水陡槽段、消能防冲段、出水渠段五部分。

正槽溢洪道的优点是：过堰水流与进口段的轴线方向一致，结构简单、施工方便、工作可靠、泄流能力大，可适用于各种流量和水头，应用广泛。

（2）侧槽式溢洪道。溢流堰设在泄槽一侧，水流从溢流堰泄入与堰轴线大致平行的侧槽后，转向近 90°，再经泄槽下泄。

当两岸山坡陡峻，选用正槽溢洪道将使开挖方量增加很多时，可考虑采用侧槽溢洪道。

（3）迷宫式溢洪道。其目的是尽量增大溢流前缘宽度，以降低坝顶高程或抬高堰顶高程。

（4）竖井式溢洪道。进水口在平面上为一环形的溢流堰，水流过堰以后，经竖井和隧洞下泄。

（5）虹吸式溢洪道。利用大气压强所产生的虹吸作用，在较小的堰顶水头下得到较大的泄流量，能自动调节上游水位。

2. 溢洪道的位置选择

溢洪道的布置取决于地形、地质、枢纽总体布置、施工以及运行等因素，应通过技术经济比较确定。

（1）地形（决定溢洪道形式与布置的主要因素）。选择有利地形，布置在岸边或垭口，

第三章 水工建筑物分类及基本形式

以减少工程量，并尽量避免深挖，以免造成高边坡失稳或处理困难。此外，还应布置在稳定的地基上。

（2）地质（工程成败的关键因素）。一般适宜布置溢洪道的垭口和薄弱山体，常常存在着断层、破碎带、强风化层以及节理裂隙等不良地质构造。因此，应加强勘察，摸清情况，采取合理的加固措施，确保工程安全。

（3）枢纽布置。进水口应位于水流顺畅处，且与土石坝有适当的距离，否则需设置导水墙，或加强临近坝段的防护；溢流堰前的进水渠应较短，以减小水头损失，提高泄流能力；下游出水口应与土石坝的坝脚及其他建筑物保持足够的距离，否则也要增设合适的防护建筑物。在进行枢纽布置时，应综合考虑溢洪道和其他建筑物，使其协调一致，力求在技术经济上最为合理。

（4）施工。因开挖土石方量较大，出渣线路及堆料场都要合理地布置，应尽可能利用开挖出来的渣料填筑土石坝。

四、水力发电枢纽建筑物

1. 水电站的类型

按照水头不同，水电站可分为高水头水电站、中水头水电站和低水头水电站。

按照调节性能，水电站可分为无调节（径流式）水电站和有调节水电站。按照调节周期不同，有调节水电站又可分为日调节水电站、年调节水电站和多年调节水电站。

按照建筑物的组成及结构特点，水电站可分为坝后式水电站、河床式水电站和引水式水电站。

此外，为了将电网负荷低时的多余电能，转变为电网高峰时期的高价值电能，或者满足调频、调相，稳定电力系统的周波和电压要求，或者作为事故备用，或者提高系统中火电站和核电站的效率，还可以通过抽水蓄能电站利用电力负荷低谷时的电能抽水至上水库，在电力负荷高峰期再放水至下水库进行发电。

2. 水电站主要建筑物

坝后式水电站厂房位于拦河大坝下游侧，狭窄地形条件下也可以将厂房布置于两岸山体内；河床式水电站厂房自身也是挡水建筑物，和大坝共同挡水。引水式水电站流量一般不大，但水头较高，其主要建筑物包括引水渠道、压力前池（溢流冲沙道）、压力管道和水电站厂房。

（1）引水渠道。引水渠道属于输水建筑物，其作用是集中落差，形成水头。

（2）压力前池和压力管道。压力前池属于平水建筑物，用于平稳或者抑制由于水电站负荷发生变化而引起的流量、压力（水位）过大幅度的变化。压力管道由于将集中了水头的发电引用流量输送到厂房内的水轮发电机组，为了避免机组负荷和流量发生变化时，机组转速变化超过规定值，可考虑设置调压井。

（3）水电站厂房。水电站厂房和变压器场、开关站统称为厂区枢纽，属于发电、变电和配电建筑物。厂房是将水能转换为机械能，进而转换为电能的场所，是建筑物和机械电气设备的综合体，包括安放水轮发电机组及控制设备的主厂房和安放监控设备的副厂房（也是工作场所）。

五、灌区枢纽建筑物

灌区枢纽工程建筑物包括水泵站和渠系建筑物等。

（一）水泵站

水泵站的主要建筑物包括进水建筑物、出水建筑物和泵房。进水建筑物包括引水渠道、前池和进水室，其主要作用是连接水源与泵房，改善水泵进水流态，减少水头损失；出水建筑物是连接压力管道和下游渠道或者管道的衔接建筑物；泵房是安装水泵、动力机械和辅助设备的建筑物，是水泵站的主体工程。其结构型式包括固定式泵房和移动式泵房。

（二）渠系建筑物

渠道属于输水建筑物，灌区渠道可分为干、支、斗、农、毛五级。根据实际情况，灌区设计可以适当缩减末级渠道。

渠道上的水工建筑物称为渠系建筑物，包括取水工程、渡槽、倒虹吸管、隧洞、水闸、涵洞、农桥、跌水、陡坡以及量水设施等。

1. 取水枢纽

为从河流、湖泊等水源引水灌溉、发电及满足其他用水要求而在渠道首部及水源引水段上修建的水工建筑物的综合体称为取水枢纽。其作用是根据需水要求向用水部门正常供水。取水枢纽工程包括有坝取水枢纽和无坝取水枢纽。

（1）有坝取水枢纽。跨河筑坝，但坝高及上游库容较小，一般只能抬高水位，几乎不能或仅在很小程度上调节流量，通常用在河道流量能满足各时期用水要求，但水位低于干渠渠首控制水位或引水比大于20%~30%、防沙要求较高的情况。

（2）无坝取水枢纽。对河道水位、流量不起任何调节作用，在来水的天然情况下引水，适用于引水比不大、防沙要求不高、河道水位能满足用水要求的情况。

2. 渡槽和倒虹吸管

（1）渡槽。渡槽是输送渠水跨越山冲、谷口、河流、渠道及道路的交叉建筑物。渡槽由输水槽身、支承结构、基础、进出口建筑物等组成。渡槽一般按槽身及支承结构的形式分类：按照槽身断面形式，可分为U形和矩形渡槽；按照支承结构型式，可分为梁式、拱式、桁架式、斜拉式渡槽等。

（2）倒虹吸管。倒虹吸管是设置在与河流、谷地、道路、冲沟相交处的压力输水建筑物。相较于渡槽，具有造价低、施工方便等优点，但水头损失大，运行管理复杂。在难于修建渡槽，或需高填方，或采用绕线渠道有困难时，常采用倒虹吸管；当渠道与道路或河流相交，渠道水位与路面高程或河水位相接近，不便修建渡槽或其他交叉建筑物时，通常也采用倒虹吸管。倒虹吸管一般由进口建筑物、管身和出口建筑物三部分组成。

3. 跌水和陡坡

跌水和陡坡是灌区应用最广泛的落差建筑物。设计的关键在于水力计算。

六、河道整治建筑物

为了河道防洪，确定河道主流位置，改善水流、泥沙运动及河道冲刷淤积部位，达到满足河道整治任务而修建的河工建筑物称为河道整治建筑物。河道整治建筑物包括堤防、护岸、丁坝、顺坝等。

河道整治建筑物就岸布设，可组成防护性工程，防止堤岸崩塌，控制河流横向变形；建筑物沿规划治导线布设，可组成控导性工程，导引水流，改善水流流态，治理河道。

七、水工建筑物基础处理

水工建筑物的天然地基往往难以满足设计要求，此时需要对地基进行处理（稳定、渗漏、强度、变形），其目的是提高基岩强度或者防渗。

1. 基础加固处理

（1）开挖。其目的是使建筑物坐落在稳定、坚固的地基上。开挖深度应根据地基应力、岩石强度及完整性，结合上部结构对地基的要求和地基加固处理的效果、工期和费用等研究确定。

（2）固结灌浆。其目的是提高基岩的整体性和强度，降低地基的透水性。固结灌浆须充分清洗基岩裂隙。固结灌浆的范围主要根据建筑物地基的地质条件、岩石破碎程度及地基受力情况而定。固结灌浆孔一般布置在建筑物应力较大的部位，以及节理裂隙发育和破碎范围内。

固结灌浆也用于水工隧洞开挖之后的围岩加固处理。

2. 坝基防渗处理

坝基防渗处理的主要目的是延长渗径，防止渗透破坏，降低基础面的渗透水压力及减少地基渗漏量。岩基防渗帷幕布置于靠近上游面坝轴线附近，自河床向两岸延伸一定距离。灌浆孔一般为铅直，必要时也可有一定斜度，以便穿过主节理裂隙，但角度不宜太大，一般在10°以内，以便施工。防渗帷幕的深度根据水头和透水层深度确定。

水闸闸基的防渗处理需要结合实际地基情况选择混凝土防渗墙或者帷幕灌浆。

3. 坝基排水

为进一步降低基础面的渗透压力，应在防渗帷幕后，设置排水孔幕，有时还设有坝基面排水。坝基排水孔幕应在帷幕灌浆完成后钻孔，以免被浆液堵塞。孔深根据防渗帷幕深度、固结灌浆深度及地质条件确定。水闸排水不宜太靠近上游，以避免淤塞失效导致工程失事。

八、施工导流建筑物

为了确保河流上的水工建筑物施工能够在干地进行，需要采用导流建筑物将施工过程中各时期的水流通过"导、截、拦、蓄、泄"排往下游。

1. 围堰

围堰一般属于临时性建筑物，也可以与主体工程结合成为永久性建筑物的一部分。

按照材料组成，围堰可分为土石围堰、混凝土围堰、草土围堰、木笼围堰、竹笼围堰、钢板桩格型围堰、土工布袋围堰等；按照围堰与水流方向的相对位置，可分为纵向围堰和横向围堰；按照围堰与坝轴线的相对位置，可分为上游围堰和下游围堰；按照导流期间基坑是否过水，可分为过水围堰和不过水围堰；按照挡水时段不同，可分为全年挡水围堰和枯水期挡水围堰。

2. 导流泄水建筑物

导流泄水建筑物包括导流隧洞、导流明渠（槽）、导流涵管、导流底孔等，需要根据地形、地质、枢纽布置以及水流条件等因素进行选择。

第四章 工程等别与水工建筑物级别

为了将工程安全和工程造价合理地统一起来（既安全又经济），首先应对水利枢纽按规模、效益及其在国民经济中的重要性进行分等；然后再将枢纽中的不同建筑物按照其作用和重要性进行分级，并据此规定不同的技术要求和安全要求。

对水利枢纽分等和对水工建筑物分级是为了体现国家的经济政策和技术政策。

第一节 工 程 等 别

一、水利水电工程等别划分

根据《水利水电工程等级划分及洪水标准》（SL 252—2017）的规定，水利水电工程划分为Ⅰ、Ⅱ、Ⅲ、Ⅳ、Ⅴ共五个等别，适用于防洪、治涝、灌溉、供水与发电等各类水利水电工程。等别应根据工程规模、效益和在经济社会中的重要性，按照表 1-4-1 确定。

表 1-4-1 水利水电工程分等指标

工程等别	工程规模	总库容 V /亿 m^3	防洪			治涝	灌溉	供水		发电
			保护人口 n_1 /万人	保护农田面积 S_1 /万亩	保护当量经济规模 n_2 /万人	治涝面积 S_2 /万亩	灌溉面积 S_3 /万亩	供水对象重要性	年引水量 W /亿 m^3	装机容量 N /MW
Ⅰ	大（1）型	$V \geq 10$	$n_1 \geq 150$	$S_1 \geq 500$	$n_2 \geq 300$	$S_2 \geq 200$	$S_3 \geq 150$	特别重要	$W \geq 10$	$N \geq 1200$
Ⅱ	大（2）型	$1 \leq V < 10$	$50 \leq n_1 < 150$	$100 \leq S_1 < 500$	$100 \leq n_2 < 300$	$60 \leq S_2 < 200$	$50 \leq S_3 < 150$	重要	$3 \leq W < 10$	$300 \leq N < 1200$
Ⅲ	中型	$0.1 \leq V < 1$	$20 \leq n_1 < 50$	$30 \leq S_1 < 100$	$40 \leq n_2 < 100$	$15 \leq S_2 < 60$	$5 \leq S_3 < 50$	中等	$1 \leq W < 3$	$50 \leq N < 300$
Ⅳ	小（1）型	$0.01 \leq V < 0.1$	$5 \leq n_1 < 20$	$5 \leq S_1 < 30$	$10 \leq n_2 < 40$	$3 \leq S_2 < 15$	$0.5 \leq S_3 < 5$	一般	$0.3 \leq W < 1$	$10 \leq N < 50$
Ⅴ	小（2）型	$0.001 \leq V < 0.01$	$n_1 < 5$	$S_1 < 5$	$n_2 < 10$	$S_2 < 3$	$S_3 < 0.5$		$W < 0.3$	$N < 10$

注 1. 水库总库容指水库最高水位以下的静库容；治涝面积和灌溉面积均指设计面积；年引水量指供水工程渠首设计年均引（取）水量。
    2. 保护区当量经济规模指标仅限于城市保护区；防洪、供水中的多项指标满足 1 项即可。
    3. 按照供水对象的重要性确定工程等别时，该工程应为供水对象的主要水源。

对于综合利用的水利水电工程，当按照综合利用项目分等指标确定的等别不同时，其工程等别应按其中的最高等别确定。

二、引水、提水枢纽工程等别划分

1. 引水枢纽工程

根据《灌溉与排水工程设计标准》(GB 50288—2018),引水枢纽工程等别应根据引水设计流量的大小,按表 1-4-2 确定。

表 1-4-2　　　　　　　　　引水枢纽工程等别

工程等别	规　模	设计流量 $Q/(m^3/s)$
Ⅰ	大(1)型	$Q \geq 200$
Ⅱ	大(2)型	$50 \leq Q < 200$
Ⅲ	中型	$10 \leq Q < 50$
Ⅳ	小(1)型	$2 \leq Q < 10$
Ⅴ	小(2)型	$Q < 2$

2. 提水枢纽工程

提水枢纽工程等别应根据单站装机流量或者单站装机功率大小,按表 1-4-3 确定。当按单站装机流量或者单站装机功率分属两个不同工程等别时,应按较高者确定。

表 1-4-3　　　　　　　　　提水枢纽工程等别

工程等别	规　模	单站装机流量 $Q/(m^3/s)$	单站装机功率 N/MW
Ⅰ	大(1)型	$Q \geq 200$	$N \geq 30$
Ⅱ	大(2)型	$50 \leq Q < 200$	$10 \leq N < 30$
Ⅲ	中型	$10 \leq Q < 50$	$1 \leq N < 10$
Ⅳ	小(1)型	$2 \leq Q < 10$	$0.1 \leq N < 1$
Ⅴ	小(2)型	$Q < 2$	$N < 0.1$

注　装机系指包括备用机组在内的全部机组。

三、水土保持工程等别划分

水土保持工程包括梯田工程、淤地坝工程、拦沙坝工程、塘坝和滚水坝工程、沟道滩岸防护工程、坡面截排水工程、弃渣场及拦挡工程、土地整治工程、支毛沟治理工程、小型蓄水工程、农业耕作措施、固沙工程、林草工程、封育工程等,其等别划分应符合《水土保持工程设计规范》(GB 51018—2014)相关规定。

第二节　水工建筑物级别

对不同级别的水工建筑物,在设计基准期、抵御洪水能力、抗震设防能力、结构强度和稳定性、建筑材料和运行可靠性等方面应有不同的要求。

水工建筑物级别划分时需注意:

(1)水利水电工程永久性水工建筑物的级别,应根据工程的等别或者永久性水工建筑物的分级指标综合分析确定。

(2)综合利用水利工程中承担单一功能的单项建筑物的级别,应按其功能、规模确定；承担多项功能的建筑物级别，应按规模指标较高的确定。

（3）失事后损失巨大或者影响十分严重的水利水电工程 2～5 级主要永久性水工建筑物，经过论证并报主管部门批准，建筑物级别可提高一级；失事后造成损失不大的水利水电工程 1～4 级主要永久性水工建筑物，经论证并报主管部门批准，建筑物级别可降低一级。

（4）对 2～5 级的高填方渠道、大跨度或者高排架渡槽、高水头倒虹吸管等永久性水工建筑物，经过论证后建筑物级别可提高一级，但洪水标准不予提高。

（5）当永久性水工建筑物采用新型结构或者基础的工程地质条件特别复杂时，对 2～5 级建筑物级别可提高一级设计，但洪水标准不予提高。

（6）穿越堤防、渠道的永久性水工建筑物级别，不应低于相应堤防、渠道的级别。

一、永久性水工建筑物级别

1. 水库及水电站工程永久性水工建筑物级别

（1）水库及水电站工程的永久性水工建筑物级别，应根据其所在工程的等别和永久性水工建筑物的重要性划分为五级，按照表 1-4-4 确定。

表 1-4-4　　　　　　　　　　永久性水工建筑物级别

工程等别	主要建筑物级别	次要建筑物级别
Ⅰ	1	3
Ⅱ	2	3
Ⅲ	3	4
Ⅳ	4	5
Ⅴ	5	5

（2）水库大坝按照表 1-4-4 规定为 2 级、3 级，如坝高超过表 1-4-5 规定的指标时，其级别可提高一级，但洪水标准可不提高。

表 1-4-5　　　　　　　　　　水库大坝提级指标

级别	坝型	坝高 H/m
2	土石坝	90
	混凝土坝、浆砌石坝	130
3	土石坝	70
	混凝土坝、浆砌石坝	100

（3）水库工程中最大高度超过 200m 的大坝建筑物，其级别应为 1 级，其设计标准应专门研究论证，并报上级主管部门审查批准。

（4）当水电站厂房永久性水工建筑物与水库工程挡水建筑物共同挡水时，其建筑物级别应与挡水建筑物级别一致，按照表 1-4-4 确定。当水电站厂房永久性水工建筑物不承担挡水任务、失事后不影响挡水建筑物安全时，其建筑物级别应根据水电站装机容量按照表 1-4-6 确定。

第四章 工程等别与水工建筑物级别

表 1-4-6　　　　　水电站厂房永久性水工建筑物级别

发电装机容量 N/MW	主要建筑物级别	次要建筑物级别
$N \geqslant 1200$	1	3
$300 \leqslant N < 1200$	2	3
$50 \leqslant N < 300$	3	4
$10 \leqslant N < 50$	4	5
$N < 10$	5	5

2. 拦河闸永久性水工建筑物级别

(1) 拦河闸永久性水工建筑物的级别，应根据其所属工程的等别按表 1-4-4 确定。

(2) 拦河闸永久性水工建筑物按表 1-4-4 规定为 2 级、3 级，其校核洪水过闸流量分别大于 5000m³/s、1000m³/s 时，其建筑物级别可提高一级，但洪水标准可不提高。

3. 防洪工程永久性水工建筑物级别

(1) 防洪工程中堤防永久性水工建筑物级别应根据其保护对象的防洪标准按表 1-4-7 确定。当经批准的流域、区域防洪规划另有规定时，应按其规定执行。

表 1-4-7　　　　　堤防永久性水工建筑物级别

防洪标准（重现期 a）/年	$a \geqslant 100$	$50 \leqslant a < 100$	$30 \leqslant a < 50$	$20 \leqslant a < 30$	$10 \leqslant a < 20$
堤防工程级别	1	2	3	4	5

(2) 涉及保护堤防的河道整治工程永久性水工建筑物级别，应根据堤防级别并考虑损毁后的影响程度综合确定，但不宜高于其所影响的堤防级别。

(3) 蓄滞洪区围堤永久性水工建筑物的级别，应根据蓄滞洪区类别、堤防在防洪体系中的地位和堤段的具体情况，按批准的流域防洪规划、区域防洪规划要求确定。

(4) 蓄滞洪区安全区的堤防永久性水工建筑物的级别宜为 2 级。对于安置人口大于 10 万人的安全区，经论证后堤防永久性水工建筑物的级别可提高一级。

(5) 分洪道（渠）、分洪与退洪控制闸永久性水工建筑物级别，应不低于所在堤防永久性水工建筑物级别。

4. 治涝、排水工程永久性水工建筑物级别

(1) 治涝、排水工程中的排水渠（沟）永久性水工建筑物级别，应根据设计流量按表 1-4-8 确定。

表 1-4-8　　　　　排水渠（沟）永久性水工建筑物级别

设计流量 Q/(m³/s)	主要建筑物级别	次要建筑物级别
$Q \geqslant 500$	1	3
$200 \leqslant Q < 500$	2	3
$50 \leqslant Q < 200$	3	4
$10 \leqslant Q < 50$	4	5
$Q < 10$	5	5

(2) 治涝、排水工程中的水闸、渡槽、倒虹吸管、管道、涵洞、隧洞、跌水与陡坡等永久性水工建筑物级别，应根据设计流量按表1-4-9确定。

表1-4-9　　　　　　　　　排水渠系水工建筑物级别

设计流量 $Q/(m^3/s)$	主要建筑物级别	次要建筑物级别
$Q \geqslant 300$	1	3
$100 \leqslant Q < 300$	2	3
$20 \leqslant Q < 100$	3	4
$5 \leqslant Q < 20$	4	5
$Q < 5$	5	5

注　设计流量指建筑物所在断面的设计流量。

(3) 治涝、排水工程中的泵站永久性水工建筑物级别，应根据设计流量及装机功率按表1-4-10确定。

表1-4-10　　　　　　　　　泵站永久性水工建筑物级别

设计流量 $Q/(m^3/s)$	装机规模 N/MW	主要建筑物级别	次要建筑物级别
$Q \geqslant 200$	$N \geqslant 30$	1	3
$50 \leqslant Q < 200$	$10 \leqslant N < 30$	2	3
$10 \leqslant Q < 50$	$1 \leqslant N < 10$	3	4
$2 \leqslant Q < 10$	$0.1 \leqslant N < 1$	4	5
$Q < 2$	$N < 0.1$	5	5

注　1. 设计流量是指建筑物所在断面的设计流量。
　　2. 装机功率是指泵站包括备用机组在内的单机装机规模。
　　3. 当泵站按照分级指标分属2个不同级别时，按其中高者确定。
　　4. 由连续多级泵站串联组成的布置系统，其级别可按系统总装机规模确定。

5．灌溉工程永久性水工建筑物级别

(1) 灌溉工程中的渠道及渠系永久性水工建筑物级别，应根据设计灌溉流量按照表1-4-11确定。

表1-4-11　　　　　　　　　灌溉工程永久性水工建筑物级别

设计灌溉流量 $Q/(m^3/s)$	主要建筑物级别	次要建筑物级别
$Q \geqslant 300$	1	3
$100 \leqslant Q < 300$	2	3
$20 \leqslant Q < 100$	3	4
$5 \leqslant Q < 20$	4	5
$Q < 5$	5	5

(2) 灌溉工程中的泵站永久性水工建筑物级别，应根据设计流量及装机功率按表1-4-10确定。

6．供水工程永久性水工建筑物级别

(1) 供水工程永久性水工建筑物级别，应根据设计流量按照表1-4-12确定。供水

第四章 工程等别与水工建筑物级别

工程中的泵站永久性水工建筑物级别，应根据设计流量及装机功率按表 1-4-12 确定。

表 1-4-12　　　　　　供水工程永久性水工建筑物级别

设计流量 $Q/(m^3/s)$	装机规模 N/MW	主要建筑级别	次要建筑物级别
$Q \geqslant 50$	$N \geqslant 30$	1	3
$10 \leqslant Q < 50$	$10 \leqslant N < 30$	2	3
$3 \leqslant Q < 10$	$1 \leqslant N < 10$	3	4
$1 \leqslant Q < 3$	$0.1 \leqslant N < 1$	4	5
$Q < 1$	$N < 0.1$	5	5

注　1. 设计流量是指建筑物所在断面的设计流量。
　　2. 装机功率是指泵站包括备用机组在内的单机装机规模。
　　3. 当泵站按照分级指标分属 2 个不同级别时，按其中高者确定。
　　4. 由连续多级泵站串联组成的布置系统，其级别可按系统总装机规模确定。

（2）承担县级市及以上城市主要供水任务的供水工程永久性水工建筑物级别不宜低于 3 级；承担建制镇主要供水任务的供水工程永久性水工建筑物级别不宜低于 4 级。

7. 引水、提水枢纽工程永久性水工建筑物级别

引水、提水枢纽工程中的永久性水工建筑物级别，应根据所属枢纽工程的等级与建筑物重要性，按表 1-4-4 进行确定。

8. 调水工程及其永久性水工建筑物级别

（1）调水工程的等别，应按工程规模、供水对象在地区经济社会中的重要性，按表 1-4-13 研究确定。

表 1-4-13　　　　　　调水工程分等指标

工程等别	工程规模	分等指标			
		供水对象重要性	引水流量 $Q/(m^3/s)$	年引水量 $W/$亿 m^3	灌溉面积 $S/$万亩
Ⅰ	大（1）型	特别重要	$Q \geqslant 50$	$W \geqslant 10$	$S \geqslant 150$
Ⅱ	大（2）型	重要	$10 \leqslant Q < 50$	$3 \leqslant W < 10$	$50 \leqslant S < 150$
Ⅲ	中型	中等	$2 \leqslant Q < 10$	$1 \leqslant W < 3$	$5 \leqslant S < 50$
Ⅳ	小型	一般	$Q < 2$	$W < 1$	$S < 5$

（2）以城市供水为主的调水工程，应按供水对象重要性、引水流量和年引水量 3 个指标拟定工程等别，确定等别时至少应有 2 项指标符合要求；以农业灌溉为主的调水工程，应按灌溉面积指标确定工程等别。

9. 水利水电工程进水口建筑物级别

整体布置进水口建筑物级别应分别与所在大坝、河床式水电站、拦河闸等枢纽工程主要建筑物级别相同。

独立布置进水口建筑物级别应根据进水口功能和规模，按表 1-4-14 确定；对于堤防涵闸式进水口级别还应符合《堤防工程设计规范》（GB 50286—2013）的规定，并按最高者确定。

表 1-4-14　　　　　　　　独立布置进水口建筑物级别

进水口功能	水电站进水口	泄洪工程进水口	灌溉工程进水口	供水工程进水口	建筑物级别	
	装机容量 N/MW	库容 V/亿 m^3	灌溉面积 S/万亩	重要性	主要建筑物	次要建筑物
规模	$N \geqslant 1200$	$V \geqslant 10$	$S \geqslant 150$	特别重要	1	3
	$300 \leqslant N < 1200$	$1 \leqslant V < 10$	$50 \leqslant S < 150$	重要	2	3
	$50 \leqslant N < 300$	$0.1 \leqslant V < 1$	$5 \leqslant S < 50$	中等	3	4
	$10 \leqslant N < 50$	$0.01 \leqslant V < 0.1$	$0.5 \leqslant S < 5$	一般	4	5
	$N < 10$	$0.001 \leqslant V < 0.01$	$S < 0.5$		5	5

10. 水工挡土墙级别

(1) 水工建筑物中的挡土墙级别，应根据所属水工建筑物级别按表 1-4-15 确定。

表 1-4-15　　　　　　　水工建筑物中的挡土墙级别划分

所属水工建筑物级别	主要建筑物中的挡土墙级别	次要建筑物中的挡土墙级别
1	1	3
2	2	3
3	3	4

注　主要建筑物中的挡土墙是指一旦失事将直接危及所属水工建筑物安全或者严重影响工程效益的挡土墙；次要建筑物中的挡土墙是指失事后不致直接危及所属水工建筑物安全或者对工程效益影响不大并易于修复的挡土墙。

(2) 位于防洪（挡潮）堤上具有直接防洪（挡潮）作用的水工挡土墙，其级别不应低于所属防洪（挡潮）堤的级别。

11. 水利水电工程边坡级别

(1) 水利水电工程边坡级别确定应考虑下列因素：①对建筑物安全和正常运用的影响程度；②对人身和财产安全的影响程度；③边坡失事后的损失大小；④边坡规模大小；⑤边坡所处位置；⑥临时边坡还是永久边坡；⑦社会和环境因素。

(2) 边坡的级别应根据相关水工建筑物的级别及边坡与水工建筑物的相互间关系，并对边坡破坏造成的影响进行论证后按表 1-4-16 的规定确定。

(3) 若边坡的破坏与两座及其以上水工建筑物安全有关，应分别按照表 1-4-16 的规定确定边坡级别，并以最高的边坡级别为准。

表 1-4-16　　　　　　边坡级别与水工建筑物级别对应关系

建筑物级别	对水工建筑物的危害程度			
	严重	较严重	不严重	较轻
	边坡级别			
1	1	2	3	4、5
2	2	3	4	5
3	3	4	5	
4	4	5		

注　1. 严重——相关水工建筑物完全破坏或者功能完全丧失。
　　2. 较严重——相关水工建筑物遭到较大的破坏或者功能受到比较大的影响，需进行专门的除险加固后才能投入正常运用。
　　3. 不严重——相关水工建筑物遭到一些破坏或者功能受到一些影响，及时修复后仍能使用。
　　4. 较轻——相关水工建筑物仅受到很小的影响或者间接地受到影响。

第四章　工程等别与水工建筑物级别

（4）对于长度大的边坡应根据不同区段与水工建筑物的关系和各段建筑物的重要性，分区段按上述第（2）条的规定分别确定边坡级别。

（5）对仅施工期临空，当相关水工建筑物建成后没有发生破坏或超常变形的边界条件的临时边坡，其级别最低可定为5级。

（6）对于与水工建筑物安全和运用不相关的水利水电工程边坡，应考虑水利水电工程的特点，进行技术、经济比较论证后确定边坡级别。

二、临时性水工建筑物级别

（1）水利工程施工期使用的临时性挡水、泄水等水工建筑物的级别，应根据保护对象的重要性、失事后果、使用年限和临时建筑物的规模按照表1-4-17确定。

表1-4-17　　　　　　临时性水工建筑物级别

级别	保护对象	失事后果	使用年限 a /年	临时性水工建筑物规模	
				高度 H/m	库容 V/亿 m^3
3	有特殊要求的1级永久性水工建筑物	淹没重要城镇、工矿企业、交通干线或者推迟总工期及第一台（批）机组发电，造成重大灾害和损失	$a \geq 3$	$H \geq 50$	$V \geq 1.0$
4	1级、2级永久性水工建筑物	淹没一般城镇、工矿企业、交通干线或者影响总工期及第一台（批）机组发电，造成较大经济损失	$1.5 \leq a < 3$	$15 \leq H < 50$	$0.1 \leq V < 1.0$
5	3级、4级永久性水工建筑物	淹没基坑，但对总工期及第一台（批）机组发电影响不大，经济损失较小	$a < 1.5$	$H < 15$	$V < 0.1$

（2）当临时性水工建筑物根据表1-4-17的指标同时分属于不同级别时，其级别应按照最高级别确定。但对于3级临时性水工建筑物，符合该级别规定的指标不得少于2项。

（3）利用临时性水工建筑物挡水发电、通航时，经过技术经济论证，临时性水工建筑物的级别可提高一级。

（4）失事后造成损失不大的3级、4级临时性水工建筑物，其级别经论证后可适当降低。

对于施工导流建筑物和施工围堰，进行级别划分时，还需要符合《水利水电工程施工导流设计规范》（SL 623—2013）和《水利水电工程围堰设计规范》（SL 645—2013）的相关规定。

三、水土保持工程建筑物级别

水土保持工程建筑物级别划分应符合《水土保持工程设计规范》（GB 51018—2014）的相关规定。

第五章 机电设备、金属结构类型及主要技术参数

第一节 机电设备类型及主要技术参数

一、水轮机

（一）水轮机的主要类型

水轮机是一种将水能转换成旋转机械能的机械装置。水轮机通过主轴带动发电机又将旋转机械能转换成电能。水轮机与发电机由主轴联接而成的整体称为水轮发电机组，简称机组，它是水电站的主要设备之一。

水轮机种类很多，目前常按其对水流能量的转换特征的不同而将其分为两大类，即反击式和冲击式。其中，每一大类根据其转轮区内水流的流动特征和转轮的结构特征的不同又可分成多种形式，如图 1-5-1 所示。

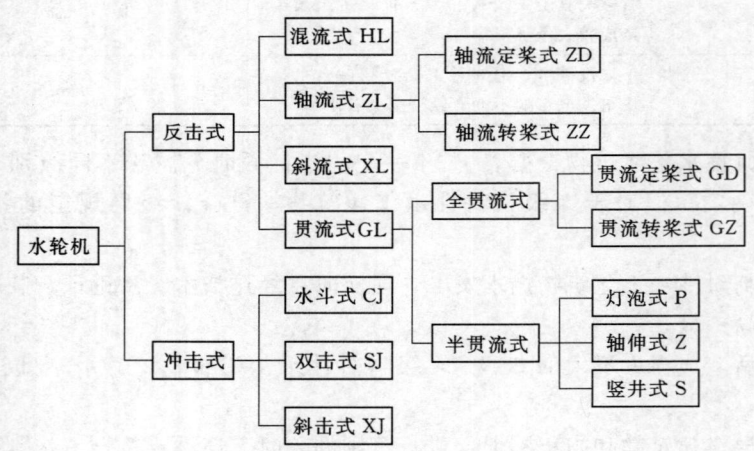

图 1-5-1 水轮机分类

1. 反击式水轮机的类型及适用水头

反击式水轮机是利用水流的势能和动能做功的水轮机，其转轮区内的水流在通过转轮叶片流道时，始终是连续充满整个转轮的有压流动，并在转轮空间曲面形叶片的约束下，连续不断地改变流速的大小和方向，从而对转轮叶片产生一个反作用力，驱动转轮旋转。当水流通过水轮机后，其动能和势能大部分被转换成转轮的旋转机械能。

（1）混流式水轮机。混流式水轮机如图 1-5-2 所示，水流从四周沿径向进入转轮，然后近似以轴向流出转轮，其应用水头范围较广，为 20~700m，结构简单、运行稳定且效率高，是应用最广泛的一种水轮机。

（2）轴流式水轮机。轴流式水轮机如图 1-5-3 所示，水流在导叶与转轮之间由径向

流动转变为轴向流动，而在转轮区内水流保持轴向流动，其应用水头为3～80m。轴流式水轮机在中低水头、大流量水电站中得到广泛应用，轴流式水轮机分为轴流定桨及轴流转桨两种类型。

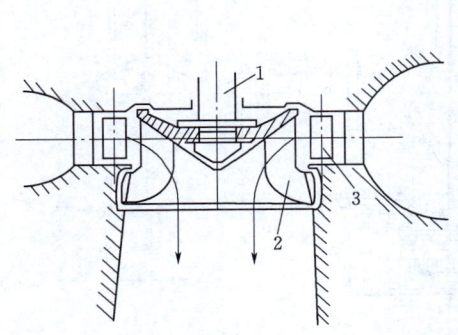

图1-5-2　混流式水轮机
1—主轴；2—叶片；3—导叶

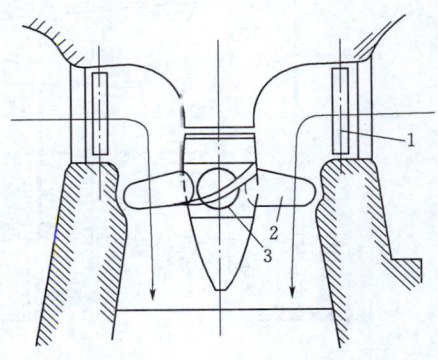

图1-5-3　轴流式水轮机
1—导叶；2—叶片；3—轮毂

（3）斜流式水轮机。斜流式水轮机如图1-5-4所示，水流在转轮区内沿着与主轴成某一角度的方向流动，其转轮叶片大多做成可转的形式。因此，斜流式水轮机具有较宽的高效率区，适用水头在轴流式与混流式水轮机之间，为40～200m。由于其结构复杂，加工工艺要求和造价较高，一般只在大中型水电站中使用，目前这种水轮机应用还不普遍。

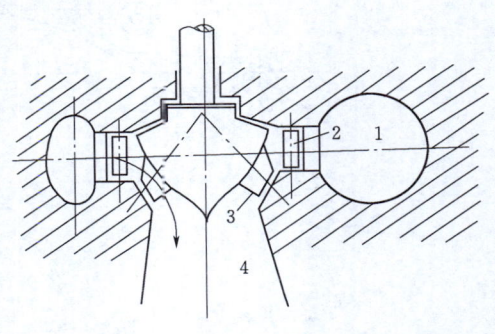

图1-5-4　斜流式水轮机
1—蜗壳；2—导叶；3—转轮叶片；4—尾水管

（4）贯流式水轮机。贯流式水轮机是一种流道近似为直筒状的卧轴式水轮机，它不设蜗壳，叶片有固定和转动两种。根据发电装置形式的不同，可分为以下几种：

1）全贯流式。如图1-5-5所示，全贯流式水轮机发电机转子直接安装在转轮叶片的外缘，目前这种机型很少使用。

2）半贯流式。半贯流式水轮机有轴伸式、竖井式和灯泡式等装置形式，前两种形式效率较低，一般只用于小型水电站；灯泡式水轮机结构紧凑、稳定性好、效率较高，应用最为广泛。贯流式水轮机的适用水头为1～25m，适用于低水头、大流量的水电站。

轴伸式贯流机组（Z）：如图1-5-6所示，发电机安装在外面，水轮机轴伸出到尾水管外面。

竖井式贯流机组（S）：如图1-5-7所示，发电机安装在竖井内，机组安装在密闭的灯泡体内，使用较广泛，机组结构紧凑，流道形状平直，水力效率高。

灯泡式贯流机组（D）：机组的发电机密封安装在水轮机上游侧一个灯泡型的金属壳体中，发电机主轴与水轮机转轮水平连接。

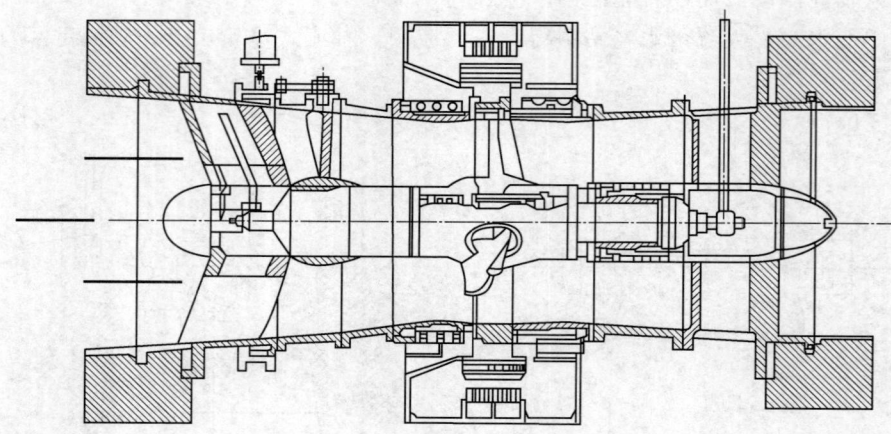

图 1-5-5 全贯流式水轮机

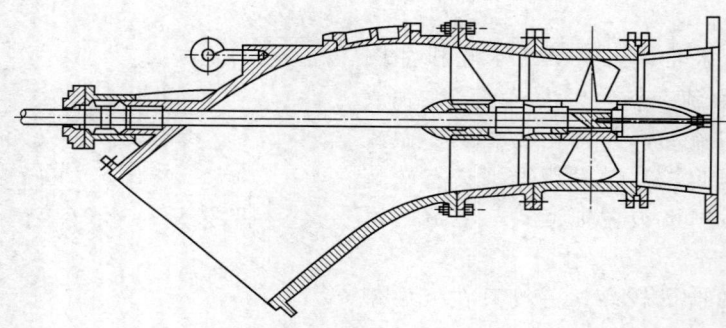

图 1-5-6 轴伸式贯流水轮机

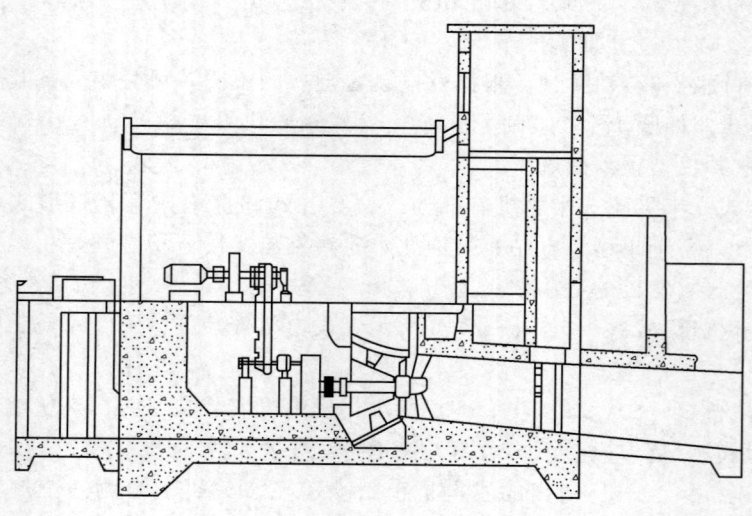

图 1-5-7 竖井式贯流水轮机

第五章　机电设备、金属结构类型及主要技术参数

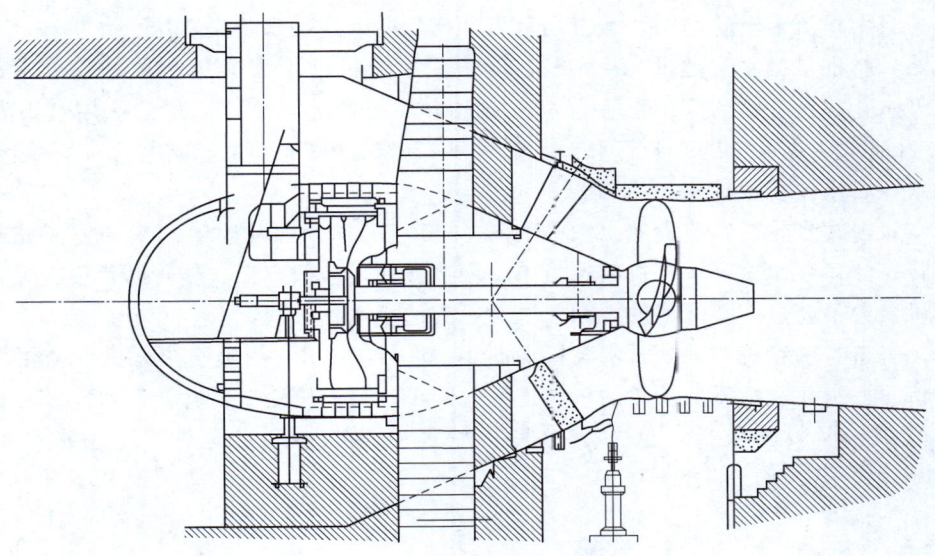

图 1-5-8　灯泡式贯流水轮机

2. 冲击式水轮机及适用水头

冲击式水轮机的转轮始终处于大气中，来自压力钢管的高压水流在进入水轮机之前已转变成高速自由射流，该射流冲击转轮的部分轮叶，并在轮叶的约束下发生流速大小和方向的急剧改变，从而将其动能大部分传递给轮叶。在射流冲击轮叶的整个过程中，射流内的压力基本不变，近似为大气压，水流具有与空气接触的自由表面。根据水流射向转轮方向不同，可分为切击式（或水斗式）、斜击式和双击式三种形式。

（1）水斗式水轮机。水斗式水轮机又称切击式水轮机。如图 1-5-9 所示，从喷嘴出

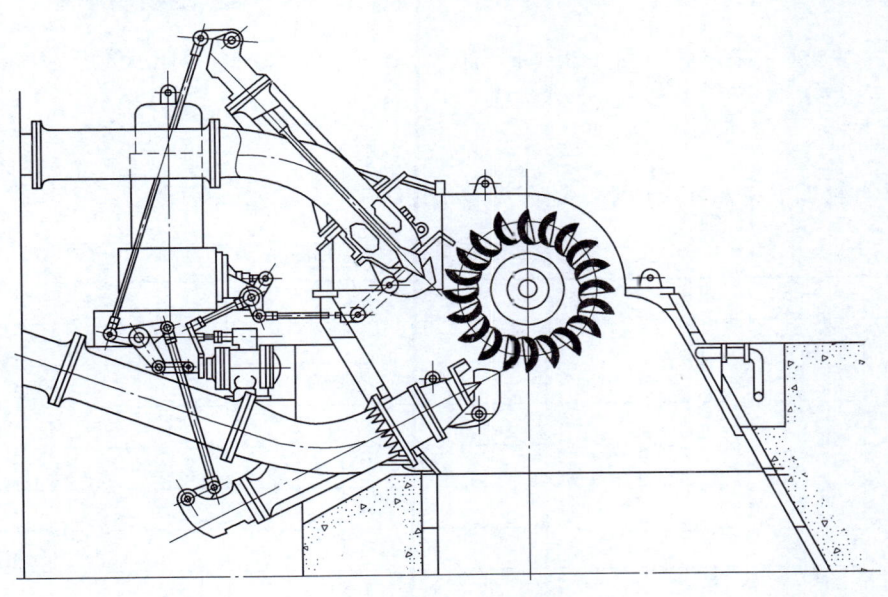

图 1-5-9　水斗式水轮机

99

来的高速自由射流沿转轮周围切线方向垂直冲击轮叶。这种水轮机适用于高水头、小流量的水电站，特别是当水头超过 400m 时，混流式水轮机已不太适用，常采用水斗式水轮机。大型水斗式水轮机的应用水头为 300～1700m，小型水斗式水轮机的应用水头为 40～250m。目前水斗式水轮机的最高水头已应用到 1767m（奥地利莱塞克电站），我国天湖水电站的水斗式水轮机设计水头为 1022.4m。

（2）双击式水轮机。双击式水轮机如图 1-5-10 所示，从喷嘴出来的射流先后两次冲击在转轮叶片上。这种水轮机结构简单、制造方便，但效率低、转轮叶片强度差，仅适用于单机出力不超过 1000kW 的小型水电站，其适用水头一般为 5～100m。

（3）斜击式水轮机。斜击式水轮机如图 1-5-11 所示，由喷嘴出来的射流沿圆周斜向冲击转轮上水斗。水流从转轮的一侧进入轮叶再从另一侧流出轮叶。与水斗式相比，其过流量较大，但效率较低，这种水轮机一般多用于中小型水电站，适用水头一般为 20～300m。

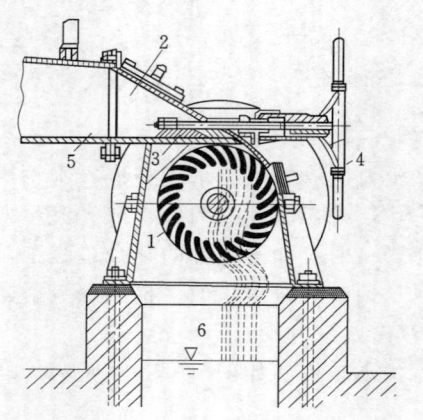

图 1-5-10　带有闸板阀门的双击式水轮机
1—工作轮；2—喷嘴；3—调节闸板；4—舵轮；
5—引水管；6—尾水槽

图 1-5-11　斜击式水轮机转轮

各类水轮机类型及其应用水头范围见表 1-5-1。

表 1-5-1　　　　　　　　水轮机类型及其应用水头范围

类型	形式		适应水头范围/m
反击式	混流式	混流式	20～700
		混流可逆式	80～600
	轴流式	轴流转桨式	3～80
		轴流定桨式	3～50
	斜流式	斜流式	40～200
		斜流可逆式	40～120
	贯流式	贯流转桨式	1～25
		贯流定桨式	

续表

类型	形式	适应水头范围/m
冲击式	水斗式	40～1700
	斜击式	20～300
	双击式	5～100

（二）水轮机的型号及标称直径

1．水轮机型号

水轮机的型号由三部分组成，每一部分用短横线"-"隔开。第一部分由汉语拼音字母与阿拉伯数字组成，其中拼音字母表示水轮机形式，阿拉伯数字表示转轮型号，入型谱的转轮的型号为比转速数值，未入型谱的转轮的型号为各单位自己的编号，旧型号为模型转轮的编号；可逆式水轮机在水轮机形式后加"N"表示。第二部分由两个汉语拼音字母组成，分别表示水轮机主轴布置形式和引水室的特征；第三部分为水轮机转轮的标称直径以及其他必要的数据。水轮机型号中常见的代表符号如图1－5－12所示。对于冲击式水轮机，上述第三部分应表示为：转轮标称直径（cm）/每个转轮上的喷嘴数×射流直径（cm）。

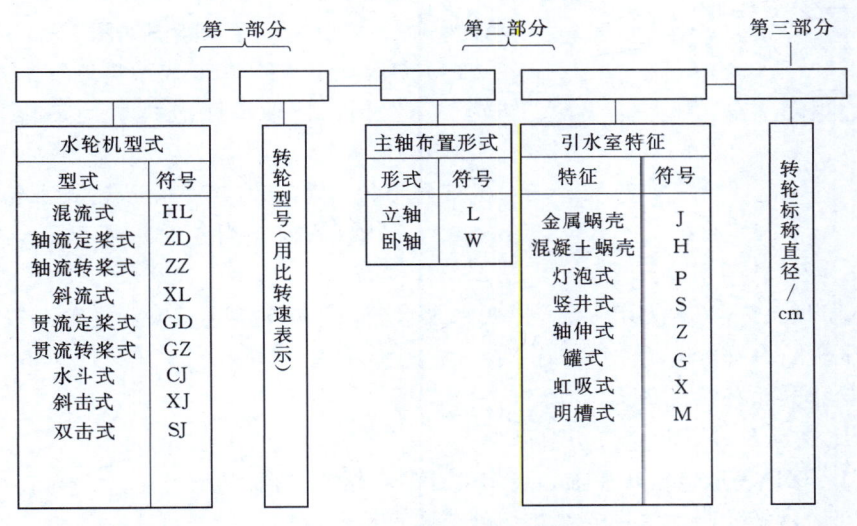

图1－5－12 水轮机表示方法结构

比转速指保持水轮机形状与运行工况相似，改变其尺寸大小，在单位水头下发出单位出力所具有的水轮机转动的速度（即几何相似的水轮机，当工作水头为1m，输出功率为1kW且机械效率为100%时水轮机自身的转速）。

比转速可以作为机器分类、系列化和相似设计的依据。比转速小反映机器的流量小，全压（或扬程、水头）高；反之，比转速大则机器的流量大，全压（或扬程、水头）低。前者适合离心式，后者适合轴流式，混流式（斜流式）介于两者之间，所以可用比转速大小划分机器类型。在设计机器时先按给定的参数计算比转速，再根据比转速大小决定机器类型。比转速大小也反映叶轮的形状。"比转速与叶轮形状的关系"为不同类型泵的比转速与叶轮形状的关系。比转速越大叶轮外径就越小,而宽度越大;反之,比转速越小,则叶轮外径越大,宽度越小。在一定流量和全压(或扬程、水头)下,比转速与机器转速成正比。提高转速可减小叶轮外径,增加宽度;而降低转速,则需增加叶轮外径,减小宽度。

第三部分的说明:对反击式水轮机,表示转轮的标称直径;水斗式或斜击式水轮机,其表示方法为 $\dfrac{转轮标称直径 D_1}{作用在每个转轮上的喷嘴数 \times 射流直径 d_0}$;对双击式水轮机,其表示方法为 $\dfrac{转轮标称直径 D_1}{转轮轴向长度 L}$。

2. 水轮机型号举例

(1) HL240-LJ-410 表示混流式水轮机,型号 240(比转速),立轴,金属蜗壳,转轮直径为 410cm。

(2) ZZ440-LH-430 表示轴流转桨式水轮机,型号 440,立轴,混凝土蜗壳,转轮直径 430cm。

(3) 2CJ20-W-120/2×10 表示,转轮型号为 20,水斗式水轮机,卧轴,一根轴上装设两个转轮,转轮直径为 120cm,每个转轮两个喷嘴,设计射流直径为 10cm,射流直径示意图如图 1-5-13 所示。

(4) GZ440-WP-750 表示贯流转桨式水轮机,转轮型号 440,卧轴,灯泡式机组,转轮标称直径 750cm。

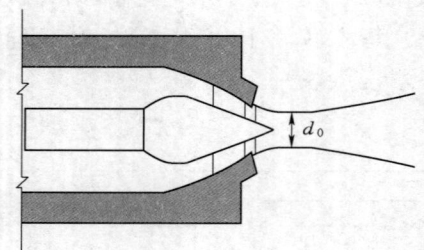

图 1-5-13 射流直径 d_0

(5) SJ40-W-50/40 表示双击式水轮机,转轮型号 40,卧轴布置,转轮标称直径 50cm,转轮轴向长度 40cm。

(6) XLN-LJ-300 表示斜流可逆式水泵水轮机,转轮型号 200,立轴布置,金属蜗壳,转轮标称直径 300cm。

3. 水轮机转轮标称直径 D_1

(1) HL 表示转轮叶片进口边上最大直径。

(2) ZL、XL 表示转轮叶片轴心线相交处的转轮室直径。

(3) CJ 表示转轮与射流中心线相切处节圆直径。

水轮机转轮标称直径 D_1 示意图如图 1-5-14 所示。

4. 转轮标称直径系列

反击式水轮机转轮标称直径系列见表 1-5-2。

表 1-5-2　　　　　反击式水轮机转轮标称直径系列　　　　　单位:cm

25	30	35	(40)	42	50	60	71	(80)	84
100	120	140	160	180	200	225	250	275	300
330	380	410	450	500	550	600	650	700	750
800	850	900	950	1000					

注　表中括号内的数字仅适用于轴流式水轮机。

第五章 机电设备、金属结构类型及主要技术参数

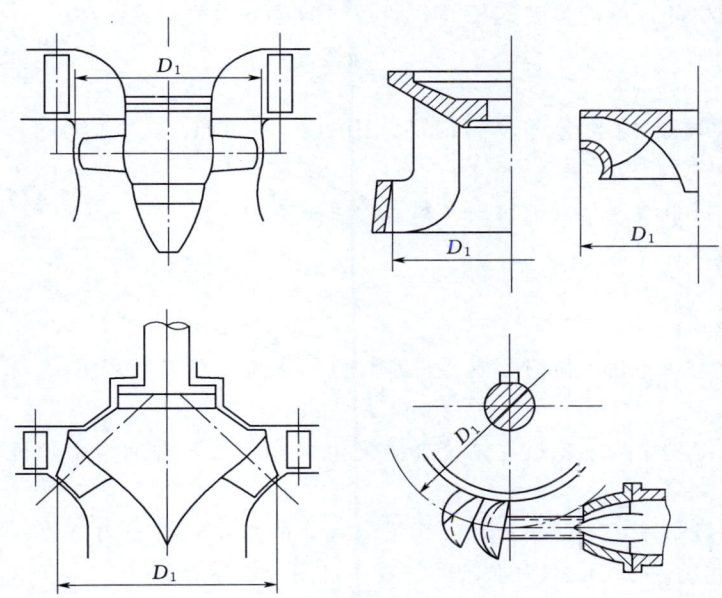

图 1-5-14 水轮机转轮标称直径 D_1 示意图

(三) 水轮机的工作参数

水轮机的任一工作状况（简称工况）以及在该工况下的工作性能可采用水轮机的水头、流量、转速、出力和效率等工作参数以及这些参数之间的关系来描述。

1. 水头

水轮机的水头，也称工作水头、净水头，是指单位重量水体通过水轮机时的能量减小值，常用 H 表示，单位 m。水轮机水头随着水电站上、下游水位的变化而变化。为此，常用下列 4 个特征水头来表征水轮机的运行范围和工作特性。这些特征水头由水能计算确定。

(1) 最大水头 H_{max}，是允许水轮机运行的最大净水头。它对水轮机结构的强度设计有决定性的影响。

(2) 最小水头 H_{min}，是保证水轮机安全、稳定运行的最小净水头。

(3) 平均水头 H_{av}，是在一定期间内（视水库调节性能而定），所有可能出现的水轮机水头的加权平均值，是水轮机在其附近运行时间最长的净水头。

(4) 设计水头 H_r，是水轮机发出额定出力时所需要的最小净水头。

2. 流量

水轮机的流量是指单位时间内通过水轮机的水体体积，常用 Q 表示，单位 m^3/s。在设计水头 H_r 下，水轮机以额定转速、额定出力运行时所对应的过水流量称为设计流量 Q_r（也称额定流量）。设计流量是水轮机发出额定出力时所需要的最大流量。

3. 转速

水轮机的转速是水轮机转轮在单位时间内的旋转周数，常用 n 表示，单位 r/min。对于大中型水轮发电机组，水轮机主轴与发电机主轴用法兰接头直接刚性连接，所以水轮机

转速必须与发电机的标准同步转速相等，即必须满足下列关系式：

$$f = \frac{nP}{60} \tag{1-5-1}$$

式中　f——电网规定的电流频率，Hz，我国电网 $f=50$Hz；

　　　P——发电机磁极对数。

由此可得，机组转速与发电机磁极对数的关系式为

$$n = \frac{3000}{P} \quad (\text{r/min}) \tag{1-5-2}$$

4. 出力和效率

水轮机的输入功率为单位时间内通过水轮机的水流的总能量，用 P_n 表示，则

$$P_n = \rho g Q H = 9.81 Q H \tag{1-5-3}$$

水轮机的输出功率为水轮机主轴传递给发电机的功率，常称为水轮机出力，用 N 表示，单位为 kW。

由于水流通过水轮机时存在一定的能量损耗，所以水轮机出力 N 总是小于输入功率 P_n，通常把 N 与 P_n 的比值称为水轮机的效率，用 η 表示，即

$$\eta = \frac{N}{P_n} = \frac{N}{\rho g Q H} \tag{1-5-4}$$

当今各型水力机械的效率已达到很高水平。例如，大中型水轮机的最高效率，轴流式已达到95%以上，混流式已达到96%以上，冲击式在93%左右。水力机械的特征效率包括最高效率、额定效率、加权平均效率。

在设计水头、设计流量和额定转速下，水轮机主轴输出功率称为水轮机的额定出力 N_r。

二、水轮发电机

水轮发电机是指以水轮机为原动机将水能转化为电能的发电机。水流经过水轮机时，将水能转换成机械能，水轮机的转轴又带动发电机的转子，将机械能转换成电能而输出。水轮发电机是水电站生产电能的主要动力设备。

水轮发电机由转子、定子、机架、推力轴承、导轴承、冷却器、制动器等主要部件组成。定子主要由机座、铁芯和绕组等部件组成。定子铁芯用冷轧硅钢片叠成，按制造和运输条件可做成整体和分瓣结构。水轮发电机冷却方式一般采用密闭循环空气冷却。特大容量机组倾向于以水作为冷却介质，直接冷却定子。如同时冷却定子和转子则为双水内冷水轮发电机组。

（一）按照安装结构型式分类

水轮发电机的安装结构型式通常由水轮机的形式确定。水轮发电机主要有以下几种形式：

（1）卧式结构。卧式结构的水轮发电机通常有冲击式水轮机驱动。卧式水轮机组通常采用两个或三个轴承。两个轴承的结构其轴向长度短，结构紧凑，安装调整方便。但当其轴系临界转速不能满足要求或轴承负荷较大时，这需要采用三轴承结构。国产卧室水轮发电机组大部分属于中小型机组。

(2) 立式结构。国产水轮发电机组广泛采用立式结构。立式水轮发电机组通常由混流式或轴流式水轮机驱动。立式结构又可分为悬式和伞式。发电机推力轴承位于转子上部的统称为悬式，位于转子下部的统称为伞式。

(3) 贯流式结构。贯流式水轮发电机组由贯流式水轮机驱动。贯流式水轮机是一种带有固定或可调转轮叶片的轴流式水轮机的特殊形式。它的主要特征是转轮轴线采取水平或倾斜布置，并与水轮机进水管和出水管水流方向一致。贯流式水轮发电机具有结构紧凑、重量轻的优点，广泛用于低水头的电站中。

（二）主要参数

1. 额定功率

用以表示水轮发电机的容量，以 kW 计。额定功率除以效率不应大于水轮机的最大轴出力。

2. 额定电压

水轮发电机的额定电压需经技术经济比较会同制造厂决定，当前水轮发电机的电压从 6.3kV 到 18.0kV。容量越大则额定电压越高。

3. 额定功率因数

发电机的额定有功功率与额定视在功率之比，用 $\cos\varphi$ 表示，远离负荷中心的水电站常采用较高的功率因数，功率因数增大则电机的造价可略降低。

三、水泵

泵是把原动机的机械能转换成液体能量的机器。泵用来增加液体的位能、压能、动能。原动机通过泵轴带动叶轮旋转，对液体做功，使其能量增加，从而使需要数量的液体由吸水处经泵的过流部件输送到指定位置。

（一）水泵类型

水泵的种类很多，按其作用原理可以分为以下三大类。

1. 叶片式泵

叶片式泵又称为动力泵，是靠泵内高速旋转的叶轮将动力机的机械能转换给被抽送的水体。属于这一类的泵有离心泵、轴流泵、混流泵等。

(1) 离心泵。离心泵按基本结构、形式特征分为单级单吸离心泵、单级双吸离心泵、多级离心泵以及自吸离心泵等。其工作原理为水泵启动前应充满水，当动力机通过泵轴带动叶轮高速旋转时，叶轮中的水由于受到惯性离心力的作用，由叶轮中心甩向叶轮外缘，并汇集到泵体内，获得势能和动能的水在泵体内被导向出水口，沿出水管路输送至出水池。与此同时，叶轮进口处产生真空，而作用于进水池水面的压强为大气压强，进水池中的水便在此压强差的作用下，通过进水管吸入叶轮。叶轮不停地旋转，水就源源不断地被甩出和吸入。

(2) 轴流泵。轴流泵按主轴方向可分为立式泵、卧式泵和斜式泵，按叶片调节的可能性可分为固定泵、半调节泵和全调节轴流泵。其工作原理为轴流泵基本构造由叶轮、泵轴、喇叭管、导叶体和出水弯管等组成。立式轴流泵叶轮安装在进水池最低水位以下，当动力机通过泵轴带动叶片旋转时，淹没于水下的叶片对水产生推力（又称升力）使水得以提升，水流经导叶后沿轴向流出，然后通过出水弯管、出水管输送至出水池。

(3) 混流泵。混流泵中的液体受惯性离心力和轴向推力共同作用。混流泵有蜗壳式和导叶式两种。

蜗壳式混流泵有卧式和立式两种。中、小型泵多为卧式，立式用于大型泵。卧式蜗壳式混流泵的结构与单级单吸离心泵相似，只是叶轮形状不同。混流泵叶片出口边倾斜，叶片数较少，流道宽阔。

叶片泵按使用范围和结构特点的不同，还有长轴井泵、潜水电泵、水轮泵等。长轴井泵具有长的传动轴，泵体潜入井中抽水，根据扬程的不同，又分为浅井泵、深井泵和超深井泵。潜水电泵的泵体与电动机连成一体共同潜入水中抽水，根据使用场合不同，又分为作业面潜水电泵、深井潜水电泵。水轮泵用水轮机作为动力带动水泵工作，按使用水头和结构特点分为低、中、高水头轴流式水轮泵和低、中、高水头混流式水轮泵。

2. 容积式泵

容积式泵依靠工作室容积的周期性变化输送液体。容积式泵又分为往复泵和回转泵两种。往复泵是利用柱塞在泵缸内做往复运动改变工作室的容积输送液体。例如拉杆式活塞泵是靠拉杆带动活塞做往复运动进行提水。回转泵是利用转子做回转运动输送液体。单螺杆泵是利用单螺杆旋转时与泵体啮合空间（工作室）的周期性变化来输送液体。

3. 其他类型泵

其他类型泵是指除叶片式和容积式泵以外的泵型。主要有射流泵、水锤泵、气升泵（又称空气扬水机）、螺旋泵、内燃泵等。除螺旋泵利用螺旋推进原理来提升液体的位能外，其他各种泵都是利用工作流体传递能量来输送液体。

上述三类泵中叶片泵覆盖了从低扬程到高扬程、从小流量到大流量的广阔区间。叶片泵具有使用范围广、运行可靠、效率高、成本低等优点，广泛应用于工农业生产和人民生活的各个方面，特别是水利和城乡及工矿企业给水、排水中。

（二）水泵的基本参数

1. 流量 Q

流量是指水泵单位时间内输送液体的体积或重量，用 Q 表示，常用的单位是 m³/h、m/s、L/s 或 t/h。水泵铭牌上的流量是水泵的设计流量，又称额定流量，泵在该流量下运行效率最高。

2. 扬程 H

扬程是指单位重力液体从水泵进口到出口所增加的能量，即单位重力的水经过水泵后获得的能量，用 H 表示，单位是 mH_2O，一般简称为 m。水泵铭牌上的扬程是这台泵的设计扬程，即相应于通过设计流量时的扬程，又称额定扬程。

3. 功率

功率是指单位时间内水泵所做的功，单位为 kW。

（1）有效功率。有效功率又称为水泵的输出功率，是指单位时间内流过水泵的液体从水泵那里获得的能量。用 P_u 表示，其计算式为

$$P_u = \frac{\rho g Q H}{1000} \quad (kW) \qquad (1-5-5)$$

式中　ρ——水的密度，kg/m，$\rho = 1000 kg/m^3$；

g——重力加速度，m/s²；

Q——水泵的流量，m^3/s；

H——水泵的扬程，m。

(2) 轴功率。轴功率又称为水泵的输入功率，是指动力机传递给水泵轴的功率，用 P 表示。水泵铭牌上的轴功率是指对应于通过设计流量时的轴功率，又称额定轴功率。

(3) 配套功率。配套功率是指为水泵配套的动力机功率，用 $P_配$ 表示。一般在水泵铭牌或样本上都标有配套功率的数值。

4. 效率

效率是指水泵的有效功率与轴功率之比的百分数，它标志着水泵能量转换的有效程度，是水泵的重要技术经济指标，用 η 表示。水泵铭牌上的效率是对应于通过设计流量时的效率，该效率为水泵的最高效率。水泵的效率越高，表示水泵工作时的能量损失越小。其表达式为

$$\eta=\frac{P_u}{P}\times100\% \tag{1-5-6}$$

水泵轴功率不可能全部传递给被输出的液体，其中必有一部分能量损失。水泵内的能量损失可分为三部分：水力损失、容积损失和机械损失。

5. 转速

转速是指泵轴每分钟旋转的次数，用 n 表示，单位是 r/min。铭牌上的转速是水泵的设计转速，又称额定转速。转速是影响水泵性能的重要参数，当转速变化时，水泵的其他五个性能参数都发生相应的变化。

6. 水泵的吸水性能

允许吸上真空高度或必需空化余量是表征水泵吸水性能的参数。在泵站设计时，需要根据吸水性能参数确定水泵的安装高程。允许吸上真空高度用 H_s 表示，必需空化余量用 $(NPSH)_r$，表示，单位为 m。

(三) 水泵型号表示方法

例：D(DG、DM、DF、DW)85-45×3，其中 D 表示多级离心泵；DG 表示多级锅炉给水泵；DM 表示多级矿用离心泵；DF 表示多级耐腐蚀离心泵；DW 表示微压曲径密封节能多级离心泵；85 表示输水量为 $85m^3/h$；45 表示泵的单级扬程为 45m（总扬程＝级数×45m）；3 表示泵的级数为 3 级。

第二节　金属结构设备类型及主要技术参数

一、闸门

闸门是设置在水工建筑物的过流孔口并可操作移动的挡水结构物，主要有泄洪、发电、灌溉、通航、冲沙等功能。

(一) 闸门的分类

(1) 按制作材料分类，主要有木质闸门、板钢构架闸门、铸铁闸门、钢筋混凝土闸门以及钢闸门。

(2) 按闸门门顶与水平面相对位置划分，主要有露顶式闸门和潜设式闸门。

(3) 按工作性质划分，主要有工作闸门、事故闸门和检修闸门。

(4) 按闸门启闭方式划分，主要有用机械操作启闭的闸门和利用水位涨落闸门所受水压力的变化控制启闭的水力自动闸门。

（二）闸门的结构组成

1. 主体活动部分

主体活动部分用以封闭或开放孔口，统称闸门，也称为门叶。活动部分包括面板梁系等承重结构、支撑行走部件、导向机构及止水装置和吊耳等。

2. 预埋部分

预埋部分包括主轨、导轨、铰座、门楣、底槛、止水座等。它们埋设在孔口周边，用锚筋与水工建筑物的混凝土牢固连接，分别与门叶形成上支撑行走部分及止水面，以便将门叶结构所承受的水压力等荷载传递给水工建筑物，并获得良好的闸门止水性能。

3. 启闭设备

启闭机械与门叶吊耳连接，以操作控制活动部分的位置，但也有少数闸门借助水力自动控制操作启闭。

（三）主要技术参数

平面闸门技术参数的主要技术参数有孔口尺寸、支承跨度、止水宽度、止水高度、设计水头、总水压力、启闭力、吊耳间距、闸门自重和外形尺寸等。

(1) 孔口尺寸：闸门所要关闭的过水孔口的尺寸，一般用孔口的宽度×孔口的高度来表示，计量单位为m。

(2) 支承跨度：闸门两侧行走支承装置的中心线之间的距离，计量单位为m。

(3) 止水宽度：闸门两侧止水橡胶中心线之间的距离，计量单位为m。

(4) 止水高度：对于潜孔闸门而言，是指从底止水到顶止水中心线的垂直距离；对于露顶闸门，期水高度就是挡水高度，在数值上等于露顶闸门的设计水头，计量单位为m。

(5) 设计水头：闸门设计所能承受的最大工作水头，即闸门前后的最大水位差，计量单位为m。

(6) 总水压力：闸门在设计水头作用下，闸门面板上所承受水压力的总和，计量单位为N。

(7) 启闭力：一般指的是开启或关闭孔口时提升或下放闸门所需要的力的大小。实际上，把启闭机械的提升力（额定起重量）看作闸门的启门力；而闭门力往往被看作是闸门的自重、加重块和作用在门体上的水柱重量之和；对于液压启闭机来说，闭门力又被看作是油缸下行时对门体的作用力。启闭力一般用kN来计量。

(8) 吊耳间距：对于双吊点闸门，两吊之间的距离称为吊耳间距，计量单位为m。

(9) 闸门自重：闸门所有活动部件重量的总和，计量单位一般用t。

(10) 闸门的外形尺寸：整个闸门在宽度、高度和厚度方向的外形尺寸。

二、阀门

阀门是在流体系统中，用来控制流体的方向、压力、流量的装置，是使配管和设备内的介质（液体、气体、粉末）流动或停止并能控制其流量的装置。

第五章　机电设备、金属结构类型及主要技术参数

阀门是管路流体输送系统中的控制部件，用来改变通路断面和介质流动方向，具有导流、截止、节流、止回、分流或溢流卸压等功能。

阀门的控制可采用多种传动方式，如手动、电动、液动、气动、涡轮驱动、电磁动、电磁液动、电液动、气液动、正齿轮驱动、伞齿轮驱动等；可以在压力、温度或其他形式传感信号的作用下，按预定的要求动作，或者不依赖传感信号而进行简单的开启或关闭，阀门依靠驱动或自动机构使启闭件作升降、滑移、旋摆或回转运动，从而改变其流道面积的大小以实现其控制功能。

（一）阀门分类

1. 按用途和作用分类

（1）关断阀。这类阀门是起开闭作用的。常设于冷、热源进、出口，设备进、出口，管路分支线（包括立管）上，也可用作放水阀和放气阀。常见的关断阀有闸阀、截止阀、球阀和蝶阀等。

闸阀可分为明杆和暗杆、单闸板与双闸板、楔形闸板与平行闸板等。闸阀关闭严密性不好，大直径闸阀开启困难；沿水流方向阀体尺寸小，流动阻力小，闸阀公称直径跨度大。

截止阀按介质流向分直通式、直角式和直流式三种，有明杆和暗杆之分。截止阀的关闭严密性较闸阀好，阀体长，流动阻力大，最大公称直径为DN200。

球阀的阀芯为开孔的圆球。扳动阀杆使球体开孔正对管道轴线时为全开，转90°为全闭。球阀有一定的调节性能，关闭较严密。

蝶阀的阀芯为圆形阀板，它可沿垂直管道轴线的立轴转动。当阀板平面与管子轴线一致时，为全开；闸板平面与管子轴线垂直时，为全闭。蝶阀阀体长度小，流动阻力小，比闸阀和截止阀价格高。

（2）止回阀。这类阀门用于防止介质倒流，利用流体自身的动能自行开启，反向流动时自动关闭。常设于水泵的出口、疏水器出口以及其他不允许流体反向流动的地方。止回阀分旋启式、升降式和对夹式三种。对于旋启式止回阀，流体只能从左向右流动时，反向流动时自动关闭。对于升降式止回阀，流体从左向右流动时，阀芯抬起，形成通路，反向流动时阀芯被压紧到阀座上而被关闭。对于对夹式止回阀，流体从左向右流动时，阀芯被开启，形成通路，反向流动时阀芯被压紧到阀座上而被关闭，对夹式止回阀可多位安装、体积小、重量轻、结构紧凑。

（3）调节阀。阀门前后压差一定，普通阀门的开度在较大范围内变化时，其流量变化不大，而到某一开度时，流量急剧变化，即调节性能不佳。调节阀可以按照信号的方向和大小，改变阀芯行程来改变阀门的阻力数，从而达到调节流量目的的阀门。调节阀分手动调节阀和自动调节阀，而手动或自动调节阀又分许多种类，其调节性能也是不同的。自动调节阀有自力式流量调节阀和自力式压差调节阀等。

（4）真空类阀门。真空类阀门包括真空球阀、真空挡板阀、真空充气阀、气动真空阀等。其作用是在真空系统中，用来改变气流方向，调节气流量大小。切断或接通管路的真空系统元件称为真空阀门。

（5）特殊用途类阀门。特殊用途类阀门包括清管阀、放空阀、排污阀、排气阀、过滤

器等。

排气阀是管道系统中必不可少的辅助元件，广泛应用于锅炉、空调、石油天然气管道、给排水管道中，往往安装在制高点或弯头等处，排除管道中多余气体，提高管道使用效率，降低能耗。

2. 按阀门压力分类

(1) 真空阀，工作压力低于标准大气压。

(2) 低压阀，公称压力 $PN \leqslant 1.6 \mathrm{MPa}$。

(3) 中压阀，公称压力 PN 为 $2.5 \mathrm{MPa}$、$4.0 \mathrm{MPa}$、$6.4 \mathrm{MPa}$。

(4) 高压阀，公称压力 PN 为 $10.0 \sim 80.0 \mathrm{MPa}$。

(5) 超高压阀，公称压力 $PN \geqslant 100 \mathrm{MPa}$。

3. 按阀体材料分类

(1) 非金属材料阀门，如陶瓷阀门、玻璃钢阀门、塑料阀门。

(2) 金属材料阀门，如铜合金阀门、铝合金阀门、铅合金阀门、蒙乃尔合金阀门、铸铁阀门、碳钢阀门、低合金钢阀门、高合金钢阀门。

(3) 金属阀体衬里阀门，如衬铅阀门、衬塑料阀门、衬搪瓷阀门。

4. 通用分类

这种分类方法既按原理、作用划分，又按结构划分，是目前国际、国内最常用的分类方法。一般分为闸阀、截止阀、节流阀、隔膜阀、旋塞阀、球阀、蝶阀、止回阀、减压阀、安全阀、疏水阀、调节阀等。

(二) 阀门主要参数

(1) 公称通径。公称通径是管路系统中所有管路附件用数字表示的尺寸。公称通径是供参考用的一个方便的整数，与加工尺寸仅呈不严格的关系。公称通径用字母"DN"后面紧跟一个数字标志。

(2) 公称压力。公称压力 PN 是一个用数字表示的与压力有关的标示代号，是仅供参考用的一个方便的整数，是指阀门的设计工作压力，压力等级按标准划分。

(3) 工作压力。工作压力是用户在应用环境的实际压力，应小于阀门的公称压力。

(三) 阀门型号编制方法

《阀门型号编制方法》（JB/T 308—2004）规定了通用阀门的型号编制、类型代号、驱动方式代号、连接方式代号、结构型式代号、密封面材料代号、阀体材料代号和压力代号的表示方法。

例如：| 1 | 2 | 3 | 4 | 5 | — | 6 | 7 |

其中：1 为类型代号；2 为传动方式代号；3 为连接方式代号；4 为结构型式代号；5 为阀座密封面或衬里代号；6 为公称压力代号；7 为阀体材料代号。

例如：阀门型号"Z961Y-100I DN150"，阀门型号意义为：Z 表示闸阀、9 表示电动驱动、6 表示焊接连接、1 表示楔式单闸板、5 表示硬质合金密封、100 表示 10MPa 压力、I 表示铬钼钢阀体材质，DN150 表示阀门口径为 150mm。

阀门型号编制中各类型代号分别见表 1-5-3～表 1-5-8。

第五章 机电设备、金属结构类型及主要技术参数

表 1-5-3　　　　　阀门类型代号

类型	安全阀	蝶阀	隔膜阀	止回阀（底阀）	截止阀	节流阀	排污阀
代号	A	D	G	H	J	L	P
类型	球阀	疏水阀	柱塞阀	旋塞阀	减压阀	闸阀	
代号	Q	S	U	X	Y	Z	

表 1-5-4　　　　　传动方式

传动方式	电磁动	电磁-液动	电-液动	蜗轮	正齿轮	伞齿轮
代号	0	1	2	3	4	5
传动方式	气动	液动	气-液动	电动	手柄手轮	
代号	6	7	8	9	无代号	

表 1-5-5　　　　　连接方式

连接方式	内螺纹	外螺纹	两不同连接	法兰	焊接	对夹	卡箍	卡套
代号	1	2	3	4	6	7	8	9

表 1-5-6　　　　　闸阀结构型式代号

结构形式			代号
阀杆升降式（明杆）	楔式闸板	弹性闸板	0
		刚性闸板 单闸板	1
		刚性闸板 双闸板	2
	平行式闸板	刚性闸板 单闸板	3
		刚性闸板 双闸板	4
阀杆非升降式（暗杆）	楔式闸板	单闸板	5
		双闸板	6
	平行式闸板	单闸板	7
		双闸板	8

　　截止阀、节流阀、柱塞阀、球阀、蝶阀、隔膜阀、旋塞阀、止回阀、安全阀、减压阀、蒸汽疏水阀、排污阀等结构型式代号见《阀门型号编制方法》（JB/T 308—2004）。

表 1-5-7　　　　　密封面及衬里材料代号

密封面或衬里材料	锡基轴承合金（巴氏合金）	搪瓷	渗氮钢	氟塑料	陶瓷	Cr13系不锈钢	衬胶	蒙乃尔合金
代号	B	C	D	F	G	H	J	M
密封面或衬里材料	尼龙塑料	渗硼钢	衬铅	奥氏体不锈钢	塑料	铜合金	橡胶	硬质合金
代号	N	P	Q	R	S	T	X	Y

　　公称压力数值用阿拉伯数字直接表示，该数值是 MPa 单位下数值的 10 倍。

表 1-5-8　　　　　　　　　阀体材料

阀体材料	钛及钛合金	碳钢	Cr13系不锈钢	铬钼钢	可锻铸铁	铝合金	18-8系不锈钢
代号	A	C	H	I	K	L	P
阀体材料	球墨铸铁	Mo2Ti系不锈钢	塑料	铜及铜合金	铬钼钒钢	灰铸铁	
代号	Q	R	S	T	V	Z	

注　灰铸铁低压阀和钢制中压阀省略此项。

三、启闭机

启闭机是水利水电工程中实现闸门的开启和关闭、拦污栅的起吊与安放等专用的永久机械设备，包括固定式启闭机（螺杆式启闭机、卷扬式启闭机、液压式启闭机）和移动式启闭机等。

（一）启闭机分类

1. 按机械本身结构布置不同分

启闭机按机械本身结构布置的不同，主要分固定式启闭机和移动式启闭机两大类。

（1）固定式启闭机。主要有螺杆式启闭机、卷扬式启闭机和液压式启闭机。

1）螺杆式启闭机。其结构简单，造价低，操作简便，且易于制造。多用于启门力较小或关门时需要外加压力的情况，在小型水闸中普遍使用。

2）卷扬式启闭机。卷扬式启闭机采用钢丝索作为牵引方式的卷扬式启闭机，是目前应用最为广泛的启闭设备。

3）液压式启闭机。液压式启闭机具有布置紧凑、机体构造简单、能以较小动力获得较大起重能力、传动平稳、液压大小控制方便、操纵控制设备比较集中而便于管理、占地较少等优点，广泛应用于各类闸门，特别是对需要外加闭门力、孔数较多的情况甚为合适。

（2）移动式启闭机。移动式启闭机有门架式、半门式、桥式和台车式之分。

2. 按传动方式分

根据启闭机的传动方式分为机械传动、液压传动两大类。

（二）启闭机的主要技术参数

启闭机的主要技术参数有额定起重量、起升高度或扬程、工作速度、跨度等。

1. 额定起重量

额定起重量是指吊具或取物装置（如抓梁）所能起升的最大工作负荷，包括吊具的自重，单位为 kg。

2. 起升高度或扬程

吊具最低位置与最高位置的垂直距离，称为启闭机的高度或扬程。一般在数值上与卷筒的最大收放绳量或液压启闭机活塞最大行程相等，单位为 m。

3. 工作速度

工作速度包括启闭机的起升速度、闭门速度和运行速度。

（1）起升速度是电动机在额定转速下或油泵在额定排油量下吊具的上升速度，单位为

m/min。

(2) 闭门速度是指快速闸门启闭机在电动机关闭或液压回路节流油阀在最大开度时，闸门靠自重下落的速度，单位为 m/min。

(3) 运行速度是指移动式启闭机运行结构的电动机在额定转速时，大车或小车沿直线运行的速度，单位为 m/min。

(4) 回转速度是指回转结构电动机在额定转速时的运转速度，单位为 m/min。

4. 跨度

跨度是指移动式启闭机大车运行轨道中心之间的距离，即大车的轨距，单位为 m。

5. 起重机的工作级别

起重机的工作级别是指起重机的工作忙闲程度，即启闭机一年内总的运行时间。轻级工作制是指运行时间短、间歇时间长，如闸门与拦污栅等；中级工作制是指使用频繁的启闭机，如船闸的人字门等。

(三) 启闭机规格

启闭机的规格按设计额定载荷和扬程（行程）表示。

例如：启门力为 2000kN，扬程为 40m 的固定卷扬式启闭机或移动式启闭机其规格表示为 2000kN－40m，启门力为 200kN、闭门力为 1000kN、行程为 6m 的液压启闭机其规格表示为 2000kN/1000kN－6m，启门力为 2000kN、持住力为 3000kN、行程为 40m 的启闭机其规格表示为 2000kN/3000kN－40m。

四、压力钢管

凡是利用一定的压力用于输送气体或者液体的管状设备，无论其压力和管径尺寸的大小，都是压力管道。

(一) 压力钢管分类

(1) 按生产方法分为无缝钢管和焊接钢管（直缝焊管和螺旋焊管）。

(2) 按制管材质分为碳素钢管和合金管碳素钢管。

(3) 按断面形状分为圆形和异形。

(4) 按壁厚分为薄壁钢管（钢管外径和壁厚之比大于 20）和厚壁钢管（钢管外径和壁厚之比小于 20）。

(5) 按用途分为管道用钢管，热工设备用钢管，机械工业用钢管，石油、地质钻探用钢管，容器钢管，化学工业用钢管，特殊用途钢管，其他用途钢管。

(二) 压力管道的主要技术参数

1. 管径

压力管道的直径应通过动能经济计算确定。可以拟定几个不同管径的方案进行比较，选定较为有利的管道直径，也可以将某些条件加以简化，推导出计算公式，直接求解。在可行性研究和初步设计阶段，可用以下彭德舒公式来初步确定大中型压力钢管的经济直径：

$$D=\sqrt[7]{\frac{5.2Q_{max}^3}{H}} \tag{1-5-7}$$

式中 Q_{max}——钢管的最大设计流量，m^3/s；
H——设计水头，m。

2. 管壁厚度

管壁厚度一般经结构分析确定。管壁的结构厚度取为计算厚度加 2mm 的锈蚀裕度。考虑制造工艺、安装、运输等要求，管壁的最小结构厚度 δ 不宜小于式（1-5-8）确定的数值，也不宜小于 6mm：

$$\delta \geq D/800 + 4 \qquad (1-5-8)$$

式中 D——钢管直径，mm。

3. 设计压力

一般情况下，管道的设计压力应不低于正常操作时，由内压（或外压）与温度构成的最苛刻条件下的压力。最苛刻条件是指导致管子及管道组成件最大壁厚或最高公称压力等级的条件。考虑介质的静液柱压力等因素的影响，设计压力一般应略高于由内压（或外压）与温度构成的最苛刻条件下的最高工作压力。为了操作上的方便，不妨采用压力容器的做法，即在相应工作压力的基础上增加一个裕度系数。

五、拦污栅

拦污栅是设在进水口前，用于拦阻水流挟带的水草、漂木等杂物（一般称污物）的框栅式结构。其作用为不使杂物进入引水道，以保护水轮机、水泵及洞身、管道等免遭损害。

拦污栅由边框、横隔板和栅条构成，支承在混凝土墩墙上，一般用钢材制造。拦污栅的栅面尺寸决定于过栅流量和允许过栅流速。为减少水头损失和便于清污，一般要求过栅流速不大于 1.0m/s 左右。

（一）拦污栅分类

（1）引水（输水）隧洞或管道的进口在立面上分为浅式及深式两种。深式进水口的拦污栅受冰块或污物堵塞的机会少，但它承受的水压力较大，清污困难。

（2）拦污栅有固定式及移动式两种形式。固定式是把拦污栅结构固定在坝工部分，其清污工作须采用清污机械进行。移动式拦污栅可以沿栅槽提升，以便清除污物。

（二）拦污栅的主要技术参数

1. 栅叶

栅叶是由栅面和支承框架构成，栅面是由数块栅片连接排列而成，栅片由平行置放的金属栅条连接而成，连接的方式有螺栓连接和焊接两种。拦污栅栅条间距不宜过大，过大则会通过有害污物，起不到保护机组的作用；也不宜过小，过小则易于堵塞，加大水头损失。因此栅条的间距应根据水泵、水轮机的形式及转轮直径以及污物性质、数量等选择最大允许值。拦污栅栅条间距一般大于 50mm，小于 200mm。

2. 支承框架

支撑结构与平面闸门一样，由主梁、边梁、纵向联结系和支承等组成，但构件较轻。当主梁高度较大时，为了增加拦污栅的横向刚度，可在主梁之间加设横向联系构件。框架的主梁与边梁应等高布置，主梁的间距应按等荷载要求确定，并应考虑栅条的强度与稳定。主梁的形式应根据跨度及荷载而采用轧成梁、组合梁或桁架。

第六章 水利工程常用施工机械类型及应用

水利工程施工机械化水平随着时代的进步而不断发展，在现代施工机械中，新技术、新工艺得到广泛应用，合理有效地进行机械设备的选型和使用管理，充分发挥机械设备的效能，可使得水利工程项目取得较好的经济效益。

主要的水利工程施工机械可分为土方机械、石方机械、起重和运输机械、钻孔灌浆机械、砂石料加工和混凝土机械、疏浚机械、盾构机和TBM机械等。

第一节 土 方 机 械

一、概述

在水利工程建设中，大部分情况下土方工程量巨大、工作繁重。如水工建筑物基坑的开挖，土坝的填筑以及农业灌排渠道的修建和河道的疏浚等。

土方工程施工过程中，一般包括以下几种作业：①土方准备和辅助作业；②土方开挖和装卸；③土方运输；④土方铺填和压实；⑤土方建筑物整修工作。

由于作业性质不同，用以完成这些作业的机械也是多种多样的，按照机械完成的主要作业性质，土方机械类型可以分为：①挖运机械，如推土机、铲运机以及作为辅助设备的松土机等；②挖掘机械，如单斗挖掘机和多斗挖掘机等；③水下挖掘机械，如吸泥船等；④压实机械，如碾压机、夯实机和振动压实机等。

从事土方工程施工的土方机械种类较多，主要常见的有单斗挖掘机、推土机、装载机、铲运机、平地机和各类压实机械。

二、单斗挖掘机

单斗挖掘机是挖掘和装载土石的一种主要施工机械。它是用一个刚性或挠性连接的铲斗，以间歇重复的循环进行周期作业的自行式土石方机械。一般与自卸汽车配合作业。

单斗挖掘机具有挖掘能力强、构造通用性好、能适应不同作业要求的特点。在水利水电工程施工中，可以承担围堰的开挖和回填；水工建筑物的基础开挖；挖掘土料；采石和采矿场的覆盖层剥离；在料场、隧洞等处进行装载作业；挖掘沟渠、运河和疏浚水道等任务。在更换工作装置后，还可进行起重、浇筑、安装、打桩、夯土等作业。

（一）单斗挖掘机的分类

单斗挖掘机的分类方式较多，目前常见的分类方式有以下几种。

1. 按工作装置分类

单斗挖掘机按工作装置划分可分为正铲挖掘机［图1-3-1（a）］、反铲挖掘机［图1-6-1（b）］、拉铲挖掘机［图1-6-1（c）］、抓斗挖掘机［图1-6-1（d）］。

图 1-6-1　单斗挖掘机工作装置分类

(1) 正铲挖掘机。正铲挖掘机其铲斗向上，主要挖掘停机面以上的物料，铲斗的运动轨迹与土壤的性质、状态、切削边的形状和铲斗的推压速度有关，其挖掘能力较大。

(2) 反铲挖掘机。一般用于挖掘停机面以下的物料。铲斗的运动轨迹与动臂速度、斗柄运行速度及铲斗切削边的形状、土壤性质和状态有关。反铲工作循环时间平均比正铲长 8%～30%。

(3) 拉铲挖掘机。拉铲挖掘机适宜挖掘停机面以下的物料，特别适合水下作业。拉铲挖掘能力受铲斗自重限制，只能挖掘 Ⅰ～Ⅳ 级土壤及砂砾料。

(4) 抓斗挖掘机。抓斗挖掘机可在提升高度及挖掘深度范围内挖掘停机面以上及以下的物料，适宜挖掘边坡陡直的基坑和深井，其挖掘能力也受抓斗自重限制（限于重力抓斗，而液压抓斗的挖掘能力取决于油缸的作用力），一般用来挖掘土料、砂砾和松散物料。

(5) 单斗挖掘机的其他工作装置。机械传动的单斗挖掘机，利用钢丝绳装置，将铲斗换上如下工作装置，即可进行其他作业。

1) 吊钩是挖掘机通常换用装置，用来进行装卸、安装等作业。

2) 桩锤用以进行打桩，挖掘机在换了桩锤工作装置后，就成为打桩机。

3) 夯板用以进行夯实土壤，也称为夯土机。

4) 电磁吸盘装置用来吊运具有导磁性的黑色金属材料及其制品，如钢板、钢管及各种型钢等。

2. 按传动方式分类

按传动方式分类主要有机械传动、液压传动和混合传动三种。

(1) 机械传动。工作装置的动作是通过卷扬机、钢绳和滑轮组实现。但现在机械传动的单斗挖掘机已逐步地被液压传动的单斗挖掘机所取代。

(2) 液压传动。工作装置和各种机构的运动由液压马达和液压缸带动，并通过操纵各种阀控制其运动状况。动力装置由液压泵向液压马达及液压缸提供动力进行传动。其正发展为现代挖掘机的主流机型。

(3) 混合传动。即在单斗挖掘机中，一部分机械采用机械传动，另一部分机械采用液压传动的混合方式。

3. 按用途分类

由于用途的不同，单斗挖掘机可分为建筑型和专用型两类。

(1) 建筑型挖掘机，它用于水利、建筑、道路等工程施工，铲斗容量一般在 $2m^3$ 以下，并且有多种换用装置，如正铲、反铲、拉铲、起重吊钩、抓斗等，也称为通用型挖掘机。

(2) 专用型挖掘机,可分为采矿型和剥离型。采矿型挖掘机用于采掘爆破后矿石和岩石。目前,各水利水电工地普遍采用 $4m^3$ 的采矿型挖掘机开挖基坑和采集石料。剥离型挖掘机用于露天表层剥离和砂砾料开采、开挖河道以及大型土坝填筑等。目前使用最多的有步行式拉铲,铲斗容量 $4\sim25m^3$,它具有作业范围大、接地比压低、稳定性好等优点。

此外,还有专用于隧洞作业的隧洞挖掘机,它具有特种工作装置和较小的转台尾部回转半径,适于在隧洞、坑道、地铁等狭窄条件下作业。

4. 按工作质量分类

依据工作质量 T(整机重量)的级别划分为微型、小型、中型、大型和特大型:①$T\leqslant6t$ 为微型挖掘机;②$6t<T\leqslant13t$ 为小型挖掘机;③$13t<T\leqslant40t$ 为中型挖掘机;④$40t<T\leqslant100t$ 为大型挖掘机;⑤$T>100t$ 为特大型挖掘机。

5. 按其他方式分类

按行走装置分类,有履带式、轮胎式、步行式、浮动式、轨道式。

按动力装置分类,有内燃机驱动、电力驱动、复合驱动。电力驱动又分为交流电机驱动、直流电机驱动。复合驱动又分为柴油机-电力驱动、柴油机-液力驱动、柴油机-气力驱动、电力-液力驱动、电力-气力驱动和燃气轮机驱动等。

(二)单斗挖掘机的基本结构

单斗挖掘机的基本结构由工作装置、回转平台、行走装置三大部分组成,如图1-6-2所示。

1. 工作装置

(1) 机械传动挖掘机工作装置。正铲装置是机械传动挖掘机的基本工作装置,它由动臂、斗柄、铲斗、推压机构、斗底开启机构等

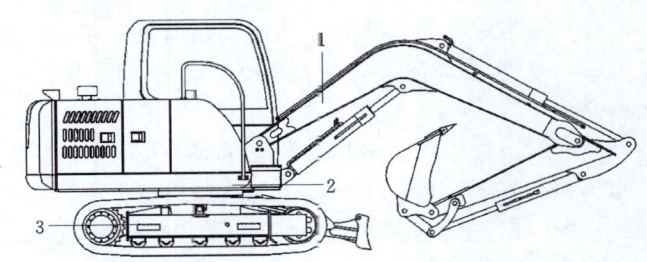

图1-6-2 单斗挖掘机基本结构
1—工作装置;2—回转平台;3—行走装置

组成,其主要型式为单梁动臂双梁外插斗柄和双梁动臂单梁内插斗柄两种。

(2) 液压挖掘机工作装置。液压挖掘机工作装置种类繁多,主要有反铲、正铲、装载铲、抓斗等,同一种工作装置又可以有多种结构型式,以适应不同工作条件。

1) 铲斗。铲斗是挖掘机工作装置的重要部件,用于直接切削、收集、装卸土料,在作业中,它可以承受很大的挖掘阻力和冲击载荷。作业要求铲斗形状和构造必须适应恶劣的工作环境,且有足够的强度和耐磨性。

2) 拉铲(又称为索铲斗)。拉铲是将铲斗进行挠性连接的一种工作装置,由动臂、铲斗、导向装置和滑轮绳系组成。

3) 其他工作装置。抓斗的动臂与拉铲动臂通用,只需在端部增设一个闭合索滑轮。抓斗有双瓣式、四瓣式,其绳系有3组钢绳,即提升钢绳、闭合钢绳和稳定钢绳。起重臂与拉铲臂相似,拉铲铲斗更换为起重钩,即可改为起重机。为了增加起重高度,也可在动臂上端采用鸟嘴架,在起重作业时,还要装上安全装置,增加配重。

2. 回转平台

挖掘机的回转平台又称为上部基架，为焊接构件。回转平台前部装有工作装置、支架及上部各传动机构，平台后部装有发动机组及配重，中下部装有回转支承装置。

3. 行走装置

挖掘机的行走装置是整机的支承基座，又称为下部基架。它承受整机重量和工作装置在作业过程中产生的各种负载，并使挖掘机行走，有履带行走装置、轮胎行走装置和步行式行走装置等。

（三）常见型号

挖掘机的主要参数是工作质量、标准铲斗容量和发动机额定功率。挖掘机的型号一般由字母和数字组成，常见的挖掘机字母和数字构成型号及表示的意义如下：

（1）我国单斗挖掘机型号的编制一般是：用 W 表示挖掘机；用 Y 表示液压挖掘机，用 D 表示电动挖掘机。

进口和合资生产的挖掘机用字母 L 表示加长型履带；LC 表示采用加宽加长履带，作用是加大履带与地面的接触面积，一般用于施工地面松软的工况；H 表示重载型，采用了强度增大的回转平台和下部行走体，标配岩石铲斗和前段工作装置，一般用在矿山工况。

（2）主参数代号：用数字表示工作质量，单位为 t。

（3）变型更新代号：按变型更新的顺序用大写的汉语拼音字母 A、B、C、D 等表示。

（4）我国过去一直沿用以斗容量作为第一主参数（斗容指铲斗能够装载物料的体积）。例如 WY250 表示斗容为 $2.5m^3$ 的液压型挖掘机。由于现代挖掘机配套工作装置的多样化发展，挖掘机使用范围不断拓宽。斗容量编制型号已经不能反映挖掘机的工作能力和效果，越来越多的国家使用整机重量作为挖掘机分级和型号编制标准。

三、推土机

推土机是土石方施工中的主要机械之一（图 1-6-3）。它以拖拉机或专用牵引车为主机，利用前端推土板（通称铲刀）主要进行短距离的推运土方、石渣等作业。根据工作需要，推土机可配置多种作业装置：如裂土器可以破碎 Ⅲ、Ⅳ 类土壤；除根器可以拔除直径 450mm 以下的树根，并能清除直径 400～2500mm 的石块；除荆器可以切断直径 300mm 以下的树木。推土机的经济运距为 50～80m。

图 1-6-3 推土机

（一）推土机的分类

（1）按行走方式可分为履带式和轮胎式两类。履带式接地比压小，附着牵引性好，在水利水电工程施工中得到广泛使用。

1）履带式推土机是基础工程施工的主要机械，在施工机械比重中占 1/3 以上。其机动性能大，动作灵活，能在较小的工作面上工作，接地比压较低，适宜于普通土壤、石渣、砂砾及松软潮湿场地作业。如将履带板加宽,使接地比压降低至10～36kPa,则能在湿地和沼泽地带作业,不易陷机。

履带式推土机除用于推运作业和当作拖式铲运机的机车外,还可将作业装置略加更换,便能进行起重、装载、钻探、夯实等多种作业,因此被广泛用于建筑、道路、机场、电力、石油等工程。其缺点是履带容易磨损,行动时易破坏地面。

2）轮胎式推土机一般采用专用底盘,前后桥驱动,液压传动。由于采用轮胎为行走机构,因此行驶速度比履带式推土机快,机动性能好,且对路面无损坏,并可作为平板拖车的牵引车。但由于轮胎接地比压大,附着牵引性能比履带式推土机差,所以在泥泞、松软场地作业时易打滑、陷机,在硬石或树根众多地区作业,易磨损或刺伤轮胎。

（2）按传动方式可分为机械式、液力机械式、全液压式三种。目前液力机械传动已逐渐代替机械传动。通过引进国外新技术,全液压传动也得到很大发展。

（3）按用途可分为通用型和专用型两种。专用型用于特定的工况,如采用三角形履带板以降低接地比压的湿地推土机（比压为0.02～0.04MPa）和沼泽地推土机（比压小于0.02MPa）,还有水陆两用、水下、无人驾驶等推土机。

（4）按推土装置形式可分为直铲式和角铲式两种。直铲式铲刀与底盘的纵向轴线构成直角,铲刀切削角可调,因其坚固和制造经济,为一般推土机所采用;角铲式铲刀除能调节切削角度之外,还可在水平方向上,回转一定角度,可实现侧向卸土,应用范围广。

（5）按功率等级可分为小型、中型、大型推土机,小型推土机80hp左右;中型推土机不大于200hp;大型推土机大于200hp且小于350hp。

（二）工作循环

推土机的一个工作循环由铲土、运土、卸土和空回四道工序组成。

（三）主要型号

推土机的型号是以发动机的功率为主要参数表示的。用T表示推土机;Y表示液压传动;L表示轮胎式。

例如TY180表示液压操纵式推土机、功率为180hp（1hp≈0.735kW）。

四、装载机

装载机是一种以铲装和短距离转运松散料为主的机械（图1-6-4）。它可配有多种工作装置,可铲取散粒物料、装车或自行装运,还能进行硬土等轻度铲挖作业和平整场地、牵引车辆、起重、抓举等作业。

目前,我国装载机行业已有十多个品种,基本上形成了系列产品,并向大型化发展。国产装载机形式大多为液力机械传动、铰接车架转向、大型轮胎行走和全动力换挡的前卸式装载机。

图1-6-4 装载机

（一）装载机的分类

（1）按工作装置的作业形式不同,可分为单斗式、挖掘装载式和多斗式三种,通常所称的装载机多指单斗式。

最为常见挖掘装载机是由三台建筑设备组成的单一装置，俗称"两头忙"。施工时，操作手只需转动一下座椅，就可以转变工作端。挖掘装载机的主要工作是开挖沟渠以便排布管道和地下线缆，为建筑物奠基并建立排水系统。

与其他大型挖掘、搬运单功能设备（如履带式挖掘机）相比，挖掘装载机因其体型紧凑，具有移动灵活便捷的特点；同时其既可进行挖掘作业，又可进行装载作业，故大幅度提高了效率，可节省大量时间和成本。

（2）按卸载形式的不同，可分为前卸式、侧卸式和回转式三种。

（3）按本身结构特点又分为整体式和铰接式。

（4）按铲斗的额定载重量不同，又分为小型（<1t）、轻型（1～3t）、中型（4～8t）和重型（>10t）。

（5）按发动机功率分为：功率小于74kW为小型装载机；功率为74～147kW为中型装载机；功率为147～515kW为大型装载机；功率大于515kW为特大型装载机。

（6）按行走装置的不同又可分为轮胎式和履带式两种。

轮胎式装载机与履带式装载机相比，其最显著的优点是行驶速度快，机动性能好，转移工作场地方便，并可在短距离内自铲自运。它不仅能用于装卸土方，还可以推送土方；其缺点是在潮湿地面作业容易打滑，铲取紧密的原状土壤较难，轮胎磨损较快。

履带式装载机的特点是：履带有良好的附着性能，铲取原状土和砂砾的速度较快，挖掘能力强，操作简便；但其最大缺点就是行驶速度慢，转移场地不方便，故实际使用较少。

（二）装载机的基本结构

1. 轮胎式装载机的基本结构

轮胎式装载机由工作装置、传动装置、转向系统、制动系统、液压系统、行走装置、车架和动力装置等组成。

（1）工作装置。装载机工作装置包括铲斗、臂架系统及其操纵装置等部分。

（2）传动装置。装载机传动装置主要包括发动机、四元件双涡轮液力变矩器、全动力换挡行星齿轮减速器、传动轴与驱动桥等部分组成。

（3）转向系统。装载机多采用液压助力转向系统，其结构主要由齿轮油泵、恒流网、转向机、转向阀、转向油泵和随动杆等组成。

（4）制动系统。制动系统用于车辆行驶时减速或刹车，以及在平地或坡道上较长时间的停车。

（5）液压系统。装载机工作机构液压系统由油箱、齿轮油泵、分配阀、安全阀、动臂油缸、铲斗油缸等组成。

（6）行走装置。装载机行走装置主要有机架、悬架、车桥、车轮等组成。

（7）车架。装载机车架主要由前后车架、前后驱动桥、传动轴、摆动架、配重铁等组成。

（8）动力装置。装载机一般配备柴油发动机作为动力装置。

2. 履带式装载机的基本结构

履带式装载机与轮式装载机相比，机动灵活性较差，在水利工程中用得较少。主要机

第六章 水利工程常用施工机械类型及应用

械结构除行走装置与轮式不同外,其余基本相同。

履带行走装置一般采用双履带刚性多支点结构。张紧装置使用液压缸式,活塞杆后部连接缓冲装置,在行走过程中,弹簧吸收震动,并给履带以足够张力。

（三）主要型号

装载机的主要参数包括发动机功率、斗容、额定载重量、牵引力、最大爬坡度等。装载机常用的铲斗容量范围为 $0.5\sim16m^3$,目前最大的装载机铲斗容量已达 $60m^3$。各种先进技术也应运而生,如Z形铲斗杆系、电控变速器、电子液晶显示监视装置、非等扭矩差速器等。

一般用Z表示装载机;L表示轮胎式;C表示履带式;S表示滑移转向轮式。以装载机额定载重量定型,如ZL50,表示为轮胎式装载机额定载重量为5t。

国际上用数字形式"9"表示装载机产品类别代号,中间数字1、2、3、4、5代表额定载重量,最后数字代表第几代产品,字母表示厂家,如XG910表示厦门厦工机械股份有限公司额定载重量为1t的装载机第一代产品。

五、铲运机

铲运机属于一种铲土、运土一体化机械,是利用装在轮轴之间的铲运斗,在行驶中顺序进行铲削、装载、运输和铺卸土作业的铲土运输机械(图1-6-5)。它适用于Ⅳ级以下土壤的铲运,要求作业地区的土壤不含树根、大石块和过多的杂草。如用于Ⅳ级以上土壤或冻土时,必须事先预松土壤。链板装载式铲运机适用范围较大,除可装普通土壤外,还可装载砂、砂砾石和小的石渣、卵石等物料。铲运机的经济运距与行驶道路、地面条件、坡度等有关。一般拖式铲运机的经济运距为500m以内,自行式轮胎铲运机的经济运距为800~1500m。

图1-6-5 铲运机

（一）铲运机的分类

(1) 按行走方式,铲运机可分为拖式和自行式两种。拖式由履带拖拉机牵引,其铲斗行走装置为双轴轮胎式。自行式是由牵引车和铲斗两部分组成,采用铰接式连接。根据安装发动机台数,可分为单发动机、双发动机和多发动机三种。根据牵引车和动力传递方式,又可分为机械传动、液力机械传动、电力传动和静液压传动四种,其中以液力机械传动应用较广,机械式传动在老机型上用得较多,电力传动只用在少数大型铲运机上,而静液压传动则只用在少数小型铲运机上。

(2) 按操纵方式,铲运机可分为液压操纵和机械操纵两种。液压操纵以其铲刀切土效果好而逐渐代替依靠自重切土的机械操纵式。

(3) 按卸土方式,又可分为强制式、半强制式和自由式三种。强制式是用可移动的铲斗后壁将斗内的土强制推出,效果好,用得最多;半强制式是铲斗后壁与斗底形成一整体,能绕前边绞点向前旋转,将土倒出;自由式卸土时将铲斗倾斜,土靠自重倒出,适用于小型铲运工程。

(4) 按装载方式,又可分为普通式和链板式两种。普通式是利用牵引力使土屑挤入铲斗装土；链板式是将铲刀切下来的土屑用链板装载机构送入斗内，装土阻力比普通式降低60%，不需助铲，效率高，但造价也高。

（5）按铲斗容量，可分为小、中、大三种。铲斗小于 $6m^3$ 为小型；$6\sim15m^3$ 为中型；大于 $15m^3$ 为大型。斗容量按堆装几何容量计量。

（二）铲运机的构造

铲运机包括车轮、牵引梁、车架、液压装置、带铲土机构的铲斗、支架机构和车架升降调整机构。其特征在于所述的带铲土机构的铲斗，由斗体、滑动挡板、转动挡板、铲刃和破土刀组成。

六、平地机

平地机是一种以刮刀为主，配以其他多种可换作业装置，进行土地平整和整形作业的土方工程施工机械（图 1-6-6）。主要从事平土、平整路基面、修整斜坡、边坡、填筑路堤等工作。在水利水电工程中，可用于修筑道路、渠道及平整场地和土坝施工中的平土作业。此外，平地机还可用来松土、扫雪、拌和或耙平材料等。

图 1-6-6 平地机

平地机是连续作业的轮式机械。早期的拖式平地机，因机动性差、操纵费力，已被淘汰，目前常用的是液压操纵的自行式平地机。

自行式平地机根据轮胎数目可分为四轮、六轮两种；根据车轮的转向情况可分为前轮转向、后轮转向和全轮转向；根据车轮驱动情况有后轮驱动和全轮驱动。自行式平地机按车轮对数的表示方法是：转向轮对数×驱动轮对数×车轮总对数，共有五种型式，即 1×1×2；1×2×3；2×2×2；1×3×3；3×3×3，如 1×2×3 表示转向轮对数 1，驱动轮对数 2，车轮总对数 3，其余依此类推。驱动轮越多，在工作中所产生的附着力越大。转向轮数越多，机械的转弯半径越小，因此 3×3×3 型性能最好。

自行式平地机按铲刀长度和发动机功率大小不同，可分为轻型、中型和大型，其具体参数见表 1-6-1。

表 1-6-1 自行式平地机轻型、中型和大型分类

类型	铲刀长度/mm	发动机功率/kW	质量/t
轻型	<3000	44～46	5～9
中型	3000（含）～3700	66（含）～111	9（含）～14
大型	3700（含）～4200	111（含）～220	14（含）～19

七、压实机械

压实机械（图 1-6-7）主要用于对土石坝、河堤、围堰、建筑物基础和路基的土壤、堆石、砂砾石、石渣等进行压实，并用于碾压干硬性混凝土坝（Roller Compacted Concrete Dam，简称 RCCD）、干硬性混凝土道路（Roller Compacted Concrete Path，简

称 RCCP）和道路的沥青铺装层，以提高建筑物的强度、不透水性和稳定性，防止因受雨水风雪侵蚀引起软化和膨胀，产生沉陷破坏。

（一）压实机械的分类

1. 按照压实力原理分类

压实机械按其压实力原理的不同，可分为静作用碾压机械、振动碾压机械、振荡碾压机械、组合式碾压机械和夯实机械五类。

图 1-6-7　压实机械

（1）静作用碾压机械。静作用碾压机械用碾轮沿被压实材料表面往复滚动，靠碾压机械自重产生的静压力作用，使被压层产生永久变形而达到压实目的。

（2）振动碾压机械。振动碾压机械碾轮沿被压实材料表面既做往复滚动，又以一定频率、振幅振动，使被压层同时受到碾轮的静压力和振动力的综合作用以提高压实效果。

（3）振荡碾压机械。振荡碾压机械碾轮在被压实材料表面既做往复滚动，又以一定的振荡力作用于被压层，在振荡轮自重及交变力矩作用下，产生并加速振荡碾轮下被压材料的交变剪切，同时振荡轮前、后部的土壤也受到不同程度的挤压而被密实，压实效果更好，是近年开发的新产品。

（4）组合式碾压机械。组合式碾压机械是通过串联式、铰接式或三轴式结构将轮胎碾和振动碾或振荡碾等优点相组合在一起的碾压机械。

在实际压实过程中，因被压材料的物理和力学性质的不同，压实往往是共振、重复冲击、内摩擦力减小等作用的综合效果。因此，现已由单一作用机理的压路机发展到综合机理的压路机。随着工程机械的铰接式结构的广泛应用，使组合碾既具有振动碾使被压层深处密实，又具有轮胎碾使表层密实、密封性改善的优点。

（5）夯实机械。夯实机械可分为振动夯实机械和夯实机械两类。振动夯实机械以振动平板夯为主，振动冲击夯寿命较短。夯实机械可分为蛙式打夯机和冲击夯两种。它是利用重物自一定高度落下，冲击被压层使其在冲击能量的作用下而达到压实效果。振动夯实除冲击夯实力之外，还有一个附加的振动力同时作用于被压层。

上述各类压实机械中，夯实机械虽压实深度较大，压实效果好，但因其生产率低，施工成本高，仅作为小型机具用于狭窄作业区或作为大型压实机械的辅助压实。

2. 按照行走方式分类

按照行走方式不同，静作用碾压机械可分为拖式和自行式两种；振动碾压机械可分为手扶式、拖式和自行式三种。拖式碾压机械，一般均由履带式拖拉机牵引，具有结构质量大、爬坡能力强、生产能力高的特点，适合大中型土石方填筑碾压作业。自行式碾压机械一般结构质量较小，机动性好，主要用于道路建筑和碾压干硬性混凝土工程。自行式碾压机械的动力传递方式有机械式、液力机械式和静液压式三种。机械传动的碾压机械在启动、制动、换向时，因惯性所产生的冲击力，在压实面上产生轮辙，影响压实质量。目前新型压路机均采用液力机械式和静液压式传动方式。

3. 按照产生振荡的方法分类

振荡碾按其产生振荡的方法不同，可分为机械振荡碾和液压式振荡碾两种。

4. 按照驱动方式分类

按照驱动方式不同，自行式碾压机械有后轮驱动和全轮驱动两种。后轮驱动时，前轮是被动轮，在它的滚动前部产生弓形土坡，后部产生尾坡。为了克服以上缺点，采用全轮驱动。全轮驱动压路机不但相当于两遍单轮驱动的效果，而且改善了碾的爬坡能力和通过性能，并在压实中增大了沥青铺层或干硬性混凝土铺层的稳定性。

5. 按照碾轮的材料和表面形状分类

按照碾轮的材料和表面形状不同，静作用碾压机械和振动、振荡碾压机械都可分为钢制光轮和钢制带羊足碾两种。静作用碾压机械还采用充气轮胎碾轮。

（二）压实机械的应用条件

1. 静作用碾压机械

（1）光轮压路机。光轮压路机可分为自行式（简称压路机）和拖式（简称平碾）两种。目前使用的光轮压路机分为三轮压路机（碎石压路机）、二轴串联压路机、三轴串联压路机。光轮压路机是依靠滚轮的静压力来压实土壤，单位直线压力较小，由于土壤存在内摩擦力，因此静作用的压实作用和压实深度都受到限制，且压实不均匀。它不适用于水工建筑物（如干硬性混凝土坝、土坝、河堤、围堰的碾压），主要用于筑路工程。压路机可通过增减配重物的办法在一定范围内调整其单位直线压力。在静作用碾压机械中，影响压实效果的因素除质量外，还有与这种质量如何转化为有效压实能量有关，因此增大滚轮直径成为光轮压路机发展的必然趋势。

平碾由于结构简单，便于制造，一般还用来压实干容重设计要求较低的黏性土、高含水量黏土、砂砾料、风化料、冲积砾质土等。

（2）羊脚压路机（简称羊脚碾）。羊脚压路机适用于黏性土壤和碎石、砾石土壤的压实。由于滚轮上突出部分与土壤接触时，单位压力较大，且具有很大的剪切土壤力，能不断翻松表层土，使黏土内的气泡或水泡受到破坏，增大土壤的密实度，有很好的压实效果。尤其在黏土成分超过 50% 的场合，它将成为较有效的压实机械，因此广泛地用于黏性土料的分层碾压。当对碎石、砾石土壤压实时，能挤碎石块，将细小颗粒填充到大块的碎石和砾石之间，使之得到更密实的结构。同时它还通过增减配重来调整羊脚的单位压力，在土坝施工中常用来碾压透水性较差的黏性土料。羊脚碾对于非黏性土料和高含水量黏土的压实效果不好，不宜采用。

（3）轮胎压路机（简称轮胎碾）。轮胎碾除了沥青铺装层的整平作用外，几乎可适用于所有的压实工作，使用范围广。轮胎碾的接触压力主要取决于轮胎内的充气压力，荷重增加时仅增加轮胎的变形使其接触面积增大，而在这个面上的接触压力改变不大，可近似看作接触压力不变。在轮胎碾碾压时，因轮胎具有弹性，与被压材料同时变形，使土壤受到全应力的作用维持一定时间。对于土壤，尤其是黏结性土壤，密实过程需要一定时间，轮胎碾全应力作用时间长，有较好的压实效果。由于轮胎压缩变形，因而使被压材料表面接触面积增大，且应力分布均匀，压实深度增加。刚性的碾轮因受到被压材料极限强度的限制，机重不能太大，而轮胎碾则可调节轮胎气压以限制最大压强。降低轮胎气压，可相应降低接触应力,所以它适用于压实黏结性土壤和非黏结性土壤,如壤土、砂壤土、砂土、砂砾料等。

2. 振动压路机

振动压路机(简称振动碾)可分为光轮和羊脚轮两类,以适用于不同的土质条件。它与静作用碾压机械相比具有以下优点:①单位直线压力大,压实深度可比同类型、同质量等级的静作用碾压机械大 1.5~2.5 倍,因此碾压厚度增加,碾压遍数减少;②结构质量轻,外形尺寸小在相同的压实效果时,其质量只有静作用碾压机械的 1/5~1/3。

光轮振动碾适宜于压实无坍落度混凝土(干硬性混凝土)坝、土石坝的非黏性土壤(砂土、砂砾石)、碎石、块石、堆石和沥青混凝土,其效果远非上述的碾压机械所能相比。但对黏性土壤和黏性较强的土壤压实效果不好。摆振式振动碾还可用于大体积干硬性混凝土的捣实作业。羊脚振动碾是一种新型的碾压机械。当羊脚碾和铰接式振动碾结合后,羊脚滚轮作为牵引部分的拖动部分,利用牵引部分的动力源,驱动滚轮内的振动机构、运行机构成为自行羊脚振动碾。它既可以压实非黏性土壤,又可压实含水量不大的黏性土壤和细颗粒砂砾石以及碎石与土壤的混合料。

振动碾最大缺点是它的高频振动,易使操作人员过度疲劳。目前振动碾采用振动滚轮通过用铰接式机架等措施使操作人员远离振动源。采用静液压传动等新型结构使非振零部件免受振动影响等隔振问题已基本得到解决。在国内外干硬性混凝土坝、土石坝施工中,多采用 5~15t 振动碾进行压实。

振动碾的振动频率和振幅对压实效果影响很大。压实表层土时宜采用高频和小振幅,压实底层时宜采用低频大振幅。对不同的被压层,应选择适当的频率和振幅,通常在压实非黏结性土和半黏结性土所用的振频以 1200~2500 次/min 为宜。粒状的底层材料采用 1500~1800 次/min,振幅在 1.5~2mm 较为有效。对于沥青、混凝土料,振频为 2000~3000 次/min,振幅为 0.4~0.8mm。在使用振动碾的过程中,应注意边坡的稳定,并应采取相应的措施。

振动压实的好坏,取决于压实机械的技术参数和特性,在调频、调幅振动碾的实际使用中,应参照被压材质的自振频率。碾压时振动碾的振频与土壤的自振频率应大致相近,使被压材料发生共振,以获得最大的压实效果。

3. 振荡压路机

振荡压路机(简称振荡碾)是 20 世纪 80 年代中期出现的一种新型的压实机械,它基本综合了振动、静力压路机各自的优点,适用于工程施工中从底层至面层的压实作业。按振荡碾的碾传动方法不同,振荡碾可分为机械式振荡碾和液压式振荡碾两种。振荡碾与振动碾相比具有以下优点:

(1) 在 30cm 深度之内,振荡碾与振动碾压实效果相当,并克服了上层材料的振松和脆性材料被压碎的缺点,压实面光滑平整,上层和表层的压实效果优于振动碾。

(2) 振荡碾由于减少了对周围区域的振动,能量集中在压实层上,当它把材料压实到与振动碾同等程度时,仅需其 60% 的能量,振荡压实时,其机架加速度只有 20%~30%,作用在地面加速度只有 10%~15%。

(3) 振荡轮减少了被压层两侧的能量消耗,其功率消耗较振动压实降低 40%,机架的垂直振动位移幅值不到振动压实时的 1/5，对两侧面的影响不足 1/3。

振荡碾始终保持振轮不离地面，振轮传递至被压层的是纯粹的振动能量，它克服了振动碾在振动时振轮离地，静荷不能充分利用这一缺点，使被压实材料受力合理且连续，压实更均匀，能耗更低。同时大大提高了操作人员的舒适性，降低了对周围环境的影响。

4．组合式压路机

组合式压路机（简称组合碾）是通过串联式、铰接式和三轴式结构将轮胎碾和振动碾或振荡碾的优点相组合在一起的碾压机械。

在实际压实过程中，因被压材料的物理和力学性质的不同，压实往往是共振、重复冲击、内摩擦力减小等作用的综合效果。因此，现已由单一作用机理的压路机发展到综合机理的压路机。随着工程机械的铰接式结构的广泛应用，使组合碾既具有振动碾使被压层深处密实，又具有轮胎碾使表层密实、密封性改善的优点。

5．夯实机械

夯实机械主要用于狭窄工作面的土层压实。振动夯实机械适用的土质条件与振动碾相似，主要用于非黏结性砂质黏土、砾石、碎石的压实，而夯实机械主要用于黏土、砂质土和灰土的夯实。

第二节　石　方　机　械

一、凿岩穿孔机械

（一）履带式钻机概述

在水利石方工程中，钻爆法是最常用的施工方法之一，在工程施工中具有相当的竞争力。特别是在地面上进行大规模的开挖工程，用钻爆法更能体现出其在技术上和经济上的优越性。在一定范围内，钻爆技术的发展有赖于钻孔技术和钻孔设备的钻孔能力及生产效率。实际上钻孔设备会直接影响到整个工程的开挖费用。

当前国外钻机的研制和发展方向，主要是在提高钻孔能力和生产效率的前提下，不断发展新凿岩机械的品种。20 世纪 70 年代发展了全液压钻机，从而大大提高了凿岩性能。20 世纪 70 年代以来，为了提高钻机的机动性并使其适应野外作业的特点，它的装载形式也由拖挂式发展成自行式，且大部分采用履带式（图 1-6-8），并在总体上除了易操作、易维修、有足够的动力和速度外，还有以下几个方面的特点：

图 1-6-8　履带式钻机

（1）在系列标准化的基础上，发展多种变形钻机，以适应各种工程钻孔作业的需要。

（2）不断提高主机性能，以提高钻机的钻深能力和钻进效率。

(3) 积极发展全液压钻机,提高钻机的机械化和自动化程度。
(4) 为了提高钻机生产效率,不断完善各种辅助装置。
(5) 改善钻机作业环境。

(二) 凿岩穿孔机械分类及结构

1. 凿岩穿孔机械的分类

按照工作机构动力,可分为液压式、风动式、电动式和内燃式四种。液压凿岩机由于钻孔效率高、消耗能量少、噪声低等优点而得到广泛应用。

按照破岩造孔方式,可分为冲击式、回转式以及冲击回转式三种。而单纯冲击式目前已很少使用,一般所说的冲击式就是指冲击回转式。冲击方式一般又可分为顶部冲击和潜孔冲击两种。

按照行走方式,可分为履带式、轮胎式、自行式和拖式等。

2. 凿岩穿孔机械的结构

凿岩穿孔机械基本上由以下四部分组成:

(1) 底盘,包括机架、行走机构、回转机构及动力驱动装置等。
(2) 工作机构,包括凿岩机、钻臂、给进机构、钻杆和钻头等。
(3) 各种辅助装置,包括排渣(集尘)系统、空气压缩机、接钎换钎及防卡装置等。
(4) 操作和电气系统。

3. 典型凿岩穿孔机械

(1) 风钻。风钻是以压缩空气为动力的打孔工具,利用压缩空气使活塞作往复运动,冲击钎子,也称为凿岩机。不同规格的风钻配合各种尺寸的钻头,多用于建筑工地,混凝土和岩石等工程的打孔工作。

(2) 风镐(铲)。风镐是以压缩空气为动力推动活塞往复运动,使镐头不断撞击,利用冲击作用破碎坚硬物体的手持施工机具,用于水利工程中的石方二次解小等。风镐是一种手持机具,因此要求结构紧凑,携用轻便。

(3) 潜孔钻。潜孔钻是将钻头和产生冲击作用的风动冲击器潜入孔底进行凿岩的设备。它以电、压缩空气或液压为动力,带动钻杆、冲击器、钻头回转,同时,压缩空气进入钻杆,推动冲击器活塞反复冲击钻头,将岩石破碎成孔,利用推压机构升降钻具,构造简单,行走方便,粉尘少,噪声小,是一种常用的钻孔设备。

1) 分类。依据钻机特点,潜孔钻的分类方法也是不同的。按使用地点的不同,潜孔钻机可分为井下和露天两大类;根据有无行走机构可分为自行式和非自行式两种,我国露天潜孔钻机较多,多为自行式;根据孔径的不同,潜孔钻机又可分为轻型潜孔钻机(孔径为80~100mm)、中型潜孔钻机(孔径为130~180mm)和重型潜孔钻机(孔径为180~250mm)。

2) 结构组成。钻具由钻杆、球齿钻头及冲击器组成。钻孔时,用两根钻杆接杆钻进。回转供风机构由回转电动机、回转减速器和供风回转器组成。回转减速器为三级圆柱齿轮封闭式的异性构件,它用螺旋注油器自动润滑。供风回转器由连接体、密封件、中空主轴及钻杆接头等部分组成,其上设有供接卸钻杆使用的风动卡抓。提升调压机构是由提升电动机借助提升减速器、提升链条而使回转机构及钻具实现升降动作的部件。在封闭链条系统中，装有调压缸及动滑轮组。正常工作时，由调压缸的活塞杆推动动滑轮组使钻具实现减压钻进。

3) 用途特点。潜孔钻机可用于城市建筑、铁路、公路、河道、水电等工程中钻凿岩石锚索孔、锚杆孔、爆破孔、注浆孔等的钻凿施工。特点：①潜孔钻机采用电机经高性能减速器作回转动力，用气缸作推进动力省去了液压系统，因而机械效率高、成本低、性能稳定；②具有防卡保护，当钻具被卡时电机不易烧毁、减速器不易损坏；③轻便易于移机，潜孔钻机整机重量小于500kg，且可分解成三块，移机、上架方便；④采用滚动拖板，轨道不易磨损；⑤潜孔钻机采用半自动拆卸钻杆，工作效率高。

（4）液压锚杆钻机。液压锚杆钻机具有安全防爆、结构合理、操作方便、功率大、效率高、使用寿命长、省力、故障率极低等优点，可在坚固系数 $f \leqslant 10$ 的各种岩石硬度的地下工程内实现高速高质量的钻进工作，在有压缩空气的地下工程内使用可以节能增效，在没有敷设压风管路的地下工程内是必备设备，在钻掘地下工程内可与钻机配套使用。

按钻机的结构型式可分为支腿式、导轨式、手持式；按钻机功能可分为顶板锚杆钻机、帮锚杆钻机。

其他类型的钻机在本章第四节介绍。

二、凿岩台车
（一）凿岩台车的分类

凿岩台车又称多臂钻车（图1-6-9），是20世纪60年代发展起来的岩石地层地下建筑工程的开挖机械，它代替了人工持钻和架钻施工法钻凿炮孔。近年来，液压凿岩机的发展促使了凿岩台车的全液压化，而全液压台车又以其高钻进速度、低能耗、低钻具消耗、低噪声等优越性替代了风动凿岩台车。目前世界各国都在大力推广使用全液压台车。

图1-6-9 多臂钻车

凿岩台车按行走装置可分为轮胎式、履带式和轨轮式三种。

轮胎式凿岩台车主要用于缓慢倾斜的各种规格断面的隧洞、巷道和其他地下工程开挖的钻凿作业。履带式凿岩台车主要用于水平及倾斜较大的各种断面隧洞、巷道和其他地下工程开挖的钻凿作业，目前应用广泛。轨轮式凿岩台车主要用于有轨运输条件的各种断面的水平隧洞、巷道和其他地下工程掘进的凿岩作业。

凿岩台车所配的钻臂（又称为支臂）可分为轻型、中型和重型三种。随着工作断面需要，有单臂、两臂、三臂、四臂等台车。钻臂数是凿岩台车的主要参数之一。选择钻臂的多少和等级，主要根据隧洞、巷道的开挖断面和开挖高度来确定，一般来说轻型用于5～20m²的开挖断面，中型用于10～30m²的开挖断面，重型用于25～100m²的开挖断面。每个钻臂都配有相应等级的推进器和凿岩机。

钻臂的运动方式有直角坐标和极坐标两种。直角坐标基型钻臂推进器可翻转，加推进器定位板，采用液压平动缸实现空间平动；变型钻臂有旋转式钻臂，用于打向上和侧向孔。伸缩式变型钻臂，主要用于大断面。极坐标只有一种基型，带定位板可打上向和侧向孔。凿岩台车的推进器，有马达-丝杆式、缸筒-钢丝绳式和马达-链条式三种。其动力可根据所配凿岩机种类的不同，选择风动或液压马达、气缸或液压缸等。推进器的轴向推力是推进器的主要参数，每种推进器都有一定的推力和推进长度。

在钻臂、推进器、夹钎器、转向系统、千斤顶等方面广泛采用液压技术，从而提高了台车的可靠性和稳定性。在液压缸上普遍装置双向液压锁，不会因油管漏油或振动而改变原来位置。

（二）凿岩台车的主要组成结构

全液压凿岩台车主要由底盘、钻臂、推进器、动力及其控制系统、凿岩机和工作平台以及辅助机构（安全顶棚、电缆卷筒）等组成。这些都是标准部件，可组成不同规格、型号的凿岩台车。只有钻臂和底盘联结的钢结构件——钻臂座架为某台车所特有。

三、爬罐

爬罐掘进法也称为阿利玛克法，是目前世界上天井掘进工程中采用最多的方法。因为同一台设备可在任何倾斜度、各种长度和不同地区使用，所以适用于矿石溜井、通风井、主井、交通井施工。爬罐是天井掘进施工中常用的施工机械。

（一）爬罐的分类

爬罐有风动、电动和柴油液压驱动三种形式。要根据最大竖井面积、最大竖井长度和施工现场的具体工作条件，选择使用适当的爬罐。

（二）爬罐的优缺点

爬罐有以下优点：

(1) 从下往上掘进，出渣容易。

(2) 爬罐沿着轨道上下，使工作人员能很快抵达工作面。

(3) 爬罐可固定在工作面前的轨道上，给工作人员提供了施工用的临时工作平台。

(4) 特制轨道中的管路，不但把压缩空气和水输送给钻机工作，而且在爆破后还起通风换气和除尘的作用。

爬罐也有以下缺点：

(1) 用风钻钻孔，劳动强度大。

(2) 风钻排出的油气对人体有害。

（三）爬罐系统的组成

爬罐系统如图 1-6-10 所示。

(1) 齿轮与导轨齿条相啮合的驱动系统。驱动系统的动力来源可以是风、电或柴油发动机，驱动系统最重要的是它的离心制动器，被用来限制爬罐在重力作用下的下降速度。

(2) 机架上装有滚轮组和安全装置。如果爬罐的下降速度超过预先限定的安全值，安全装置会自动地把爬罐停下来。

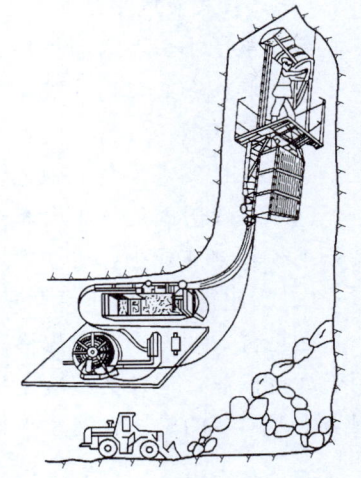

图 1-6-10 爬罐系统示意图

(3) 能使工作人员在其上进行导轨组装、钻孔、装药和测量等作业的工作平台。

(4) 可用手工或风动操纵的安全棚。

(5) 运载人员上下的罐笼。

四、液压平台车

在各种工程施工中，经常需要高空作业、例如：水利水电工程隧洞及地下厂房开挖时，需要打眼、装药、撬挖、挂网、喷浆、支架、排险等多种高空作业；在露天、火电站及其他形式电站的安装、厂房装修、变电站以及矿山等都需要高空作业。这些高空作业一般需使用液压平台车（图1-6-11）。

   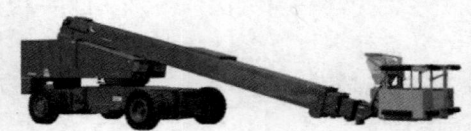

(a) 剪式液压平台　　　　　(b) 起重臂式液压平台

图1-6-11　液压平台车

根据起升形式不同，液压平台车可分为剪式液压平台 [图1-6-11 (a)] 和起重臂式液压平台 [图1-6-11 (b)] 两种。两者主要区别在于：剪式液压平台车起升高度较低，起重量较大，工作平台面积大，但只有垂直行程。而起重臂式液压平台车起升高度较高，起重量较小，工作平台面积小，但工作范围较大。

（一）剪式液压平台车

剪式液压平台车有时可称为低行程液压平台车，根据行走方式不同又分为自行剪式液压平台车和汽车底盘剪式液压平台车。

自行剪式液压平台车的特点有特制底盘、外形尺寸较小、行驶速度慢。它适用于场地狭窄、机动性要求不高的地方。

汽车底盘剪式液压平台车有整体汽车底盘和中心铰接汽车底盘两种形式。中心铰接式转弯半径较整体式小，机动性较强，具有很大的适用范围。

（二）起重臂式液压平台车

起重臂式液压平台车也称高行程液压平台车。它是在起重臂顶端安装一个工作平台，用于高空作业。这种类型液压平台车型号很多，根据起重臂节数分为单臂、双臂和多臂。国外生产最多的是三臂液压平台车，它适应大范围内工作。

五、装岩机

装岩机是一种在水平或缓倾斜坑道中装载矿石或岩石的机械（图1-6-12），适用于地质勘探坑道。主要用于隧道等工程巷道掘进中配以矿车或箕斗进行装载作业。

（一）概述

装岩机具有装岩效率高、结构简单、可靠性好、操作方便、适用范围广等特点，不仅可以用于平巷，也可以在30°以下的斜巷使用，是提高掘进速度实现巷道掘进机械化的一种主要机械设备。

（二）分类

(1) 按其工作机构的形式分，有耙斗式、铲斗式、蟹爪式、立爪式等。

(2) 按其行走方式分，有轨轮式、履带式和胶轮式三种。

图1-6-12 装岩机

(3) 按工作机构动作的连续性分，有间歇式、连续式。

也有将凿岩台车和装载机结合成一体，形成既能钻岩，又能装载的钻岩机。

（三）典型装岩机

1. 耙斗式装岩机

耙斗机全称为耙斗式装岩机，又可称为耙装机、耙岩机。耙斗式装岩机是通过绞车的两个滚筒分别牵引主绳和尾绳，使耙斗做往复运动把岩石扒进料槽，从卸料槽的卸料口卸入矿车或箕斗内，进而实现装岩作业。

(1) 组成结构。耙斗装岩机主要由固定楔、尾轮、耙斗、台车、绞车、操纵结构、导向轮、料槽、进料槽、中间槽、卸载槽、电气部分、风动推车缸等部件组成。

(2) 特点。耙斗装岩机主机部分采用行星轮传动。耙斗装岩机带有风动推车缸，矿车装满后，可用风动推车缸将重车推出，以减轻工人的劳动强度，缩短调车时间，提高掘进速度。

2. 铲斗式装岩机

铲斗式装岩机由行走机构、工作机构（铲斗和斗柄）、回转机构（回转座）、提升机构和装在左右操纵箱内的电气部分组成。装岩机的所有机构和装置都安装在回转座上。

3. 蟹爪式装岩机

蟹爪式装岩机是一种在煤巷或岩巷中掘进使用的装载机械，它采用蟹爪工作机构进行连续性装载煤或岩石，因此称为蟹爪式装岩机。蟹爪式装载机装岩时整机前进，两爪插入岩堆并分别交错地耙取岩（矿）石直接装入转载运输机，岩（矿）石靠自重卸入运输矿车内。全机由主要动力机（电或液压）控制，能持续装载作业，多用于煤矿。

4. 立爪式装岩机

立爪式装岩机是在蟹爪装岩机基础上发展的主要由耙取、装载、运输行走、控制系统（电或液压）组成的装载机械。工作机构为一对立爪，可上下、前后、两侧移动，将岩（矿）石耙到运输机上，再转载到矿车（梭车）内，然后经运输车把岩（矿）石运往废石场。其结构简单、动作灵活，多用于平巷、隧道掘进及采石场装载，适于中小断面巷道。

六、锚杆台车

图 1-6-13 锚杆台车

锚杆台车（图 1-6-13）能将钻孔、注浆和装锚杆这三道工序，在一台设备上依次完成。

锚杆台车一般由标准化凿岩钻车和不同的转架装置组成。锚杆台车的优点如下：

（1）锚杆台车的使用增强了安全性。由于锚杆作业全部实现机械化，因此操作人员能够在相对安全的地方作业。

（2）工作效率高，一般总体锚杆施工成本将降低 10%～20%。

（3）锚杆台车安装锚杆的质量稳定，90%以上性能良好。这样就减少了非受控岩石掉落的危险，并且缩短了作业周期。

（4）降低工人的劳动强度。所有的操纵，包括臂的定位、锚杆头的固定、钻孔、注入水泥砂浆或送入树脂、混合、推入锚杆、拧紧以及锚杆架立的动作，都能由一个人在锚杆台车上完成。

（5）适用范围广泛。锚杆台车一般能安装直径为 15～38mm 的树脂或砂浆锚杆、胀壳锚杆、楔缝式锚杆以及其他机械锚杆。

七、无轨胶轮车

无轨胶轮车包括货箱及车头。具体实物形式如图 1-6-14 所示。

无轨胶轮车的优点：①可实现一次装载后从地面至开采区工作面或从井口至开采区工作面不经转载的直达运输，运速快、运输能力大，从而可大量节省辅助运输人员并提高运输效率，运输成本低；②可实现一机多用，并可集铲装、运输和卸载功能于一体；③爬坡能力强，载重能力大。

图 1-6-14 无轨胶轮车

八、其他

（一）吊斗

吊斗是当用起重机作为混凝土拌和物垂直或水平运输的设备时，用以盛装混凝土拌和物的容器。斗形有圆形、圆弧形和方形。

（二）松土器

松土器是具有破碎、翻松功能的可换工作装置，分为挖掘机用松土器（斗钩）和推土机用松土器（尾钩），一般是单齿，也有二齿和三齿，挖掘切入力强，用于开挖有裂纹的岩石，破碎冻土，也用来挖开沥青路面，适用于硬土、次坚石、风化石的粉碎、分裂，以便于用挖斗进行挖掘及装载作业。

第三节 起重和运输机械

一、起重机械

起重机械一般可分为轻小型起重设备、桥架类型起重机械和臂架类型起重机三大类。

(1) 轻小型起重设备,如千斤顶、葫芦、卷扬机等。

(2) 桥架类型起重机械,如桥式起重机、龙门起重机等。

(3) 臂架类型起重机,如固定式回转起重机、塔式起重机、汽车起重机、轮胎起重机、履带起重机等。

根据《起重机设计规范》(GB/T 3811—2008),工作级别是起重机的一个主要技术参数,起重机整机工作级别由起重机的使用等级(起重机的使用频繁程度)和起重机的载荷状态级别(起重机承受载荷的大小)所决定,起重机的整机工作级别用符号 A 表示,其工作级别分为 8 级,即 A1~A8,其中 A1 工作级别最低,A8 工作级别最高。

(一)缆索起重机

缆索起重机(简称缆机)是一种以柔性钢索作为大跨距架空支承构件(简称承载索)供悬吊重物的载重小车在承载索上往返运行,具有垂直运输(起升)和远距离水平运输(牵引)功能的起重机械(图 1-6-15)。

图 1-6-15 缆索起重机

1. 缆机的用途与特点

缆机在水利工程混凝土大坝施工中常被用作主要的施工设备。此外,在渡槽架设桥梁建筑、码头施工、森林工业、堆料场装卸、码头搬运等方面也有广泛的用途,还可配用抓斗进行水下开挖。

大中型水利工程浇筑大坝混凝土所用的缆机,一般具有以下特点:跨距较大,采用密闭索作主索;工作速度高,采用直流拖动;满载工作频繁,其起重机工作级别为 A6~A7。

水利水电工程用缆机施工与用门机、塔机-栈桥施工相比,一般有以下几项主要优点:

(1) 无须架设横跨两岸之间的施工栈桥,省去了栈桥费用,也避免了栈桥施工中的许多麻烦,例如浇筑栈桥下的混凝土等。

(2) 缆机的工作与施工导流方案无关,且缆机操作时与地面其他施工机械的工作互不干扰、对于高坝也不存在需要分期架设高、低栈桥的问题,施工布置较易解决。

(3) 缆机可在基坑混凝土浇筑前安装完毕,形成生产能力,而不需另用其他机械设备浇筑第一期混凝土,从而有利于施工第一年坝体度过汛期。

(4) 缆机从工程初期投入使用后,一般可以一直工作到完工,且无须在汛期停止工作或撤出。

(5) 缆机可采用较高的起升、下降及小车运行速度(横移速度),因而其工效要比门机、塔机高得多。

(6) 工程初期还可用缆机作为两岸间交通的手段。

缆机也存在一定的局限性或缺点，一般有以下几项：

(1) 缆机轨道基础的开挖和混凝土浇筑工程量一般都比较大，又都位于工地较高的高程上，尤其由于工程初期道路及施工设施不易跟上，使上述缆机准备工作困难较多。

(2) 缆机是一种比较复杂的专用设备，其设计、制造、安装、调试所需周期较长，国内过去一般不少于两年时间（从最近发展情况看，还有可能缩短），必须提前订货和安排，不像门机、塔机通用性较强，制造安装周期较短。

(3) 使用缆机，必须熟练掌握操作技术，技术上要求较高，操作人员必须经过较长时间的培训（3～6个月以上）。

(4) 缆机与门机、塔机相比，单台造价要昂贵得多。

(5) 缆机的转用性较差，转用到下一工程时，往往必须加以不同程度的改造，有时由于工程条件不适宜，甚至会被长期搁置或废弃。

当然，以上这些优缺点只是相对的和有条件的，是否能真正发挥缆机施工的优点主要还是取决于工程设计及地形地质等条件。峡谷河床中的高坝（一般认为峡谷系数，即峡谷深与宽之比为1:3以上）用缆机施工较为有利，对于拱坝施工尤为适宜。

2. 缆机的类型

缆机有许多分类的方法，如按其主索的数量分为单索、双索及回索缆机，或按工作速度的高低分为高速、低速缆机等。但缆机作为一种专用的起重设备，其根本的特点为因地制宜地设置，因此按缆机主索两端支点的运动（或固定）情况来划分，最能从本质上反映其区别。由此，可将缆机分为六种基本机型，从这些基本机型的基础上发展起来了若干派生机型和复合机型。

(1) 基本机型缆机。基本机型缆机包含固定式、摆塔式（摇摆式）、平移式、辐射式（单弧移式）、索轨式、拉索式六种类型，如图1-6-16所示。

1) 固定式缆机。即主索两端的支点固定不动，其工作的覆盖范围只有一条直线。在大坝施工中，一般只能用于辅助工作，如吊运器材、安装设备、转料及局部浇筑混凝土等，近年还用于碾压混凝土筑坝。固定式缆机由于支承主索的支架不带运行机构，其机房可设置于地面上，因而构造最为简单，造价低廉，基础及安装工作量也最少，在工地还可以灵活调度，迅速搬迁，可以用来解决某些临时吊运工作的需要。

2) 摆塔式（摇摆式）缆机。属于为了扩大固定式缆机的覆盖范围所做的改进形式。其支承主索的桅杆式高塔根部铰支于地面的球铰支承座上，顶部后侧用固定纤锁拉住，而左右两侧通过绞车用活动纤索牵拉，绞车将左右活动纤索同时一收一放，便可使桅杆塔向两侧摆动。一般多为两岸桅杆塔同步摆动，覆盖范围为一狭长矩形，称为双摆塔式。也可一岸为摆动桅杆塔，另一岸为固定支架，其覆盖范围为一狭长梯形，称为单摆塔式。对于单摆塔式，如果固定支架采用低矮的锚固支座，则造价可降低不少。

摆塔式缆机适用于坝体为狭长条形的大坝施工，有时可以几台并列布置；也有的工程用来在工程后期浇筑坝体上部较窄的部位；也可用来浇筑溢洪道。

摆塔式缆机的绞车机房一般大多另行设置在地面上，但也有的小型缆机将绞车设在桅

第六章 水利工程常用施工机械类型及应用

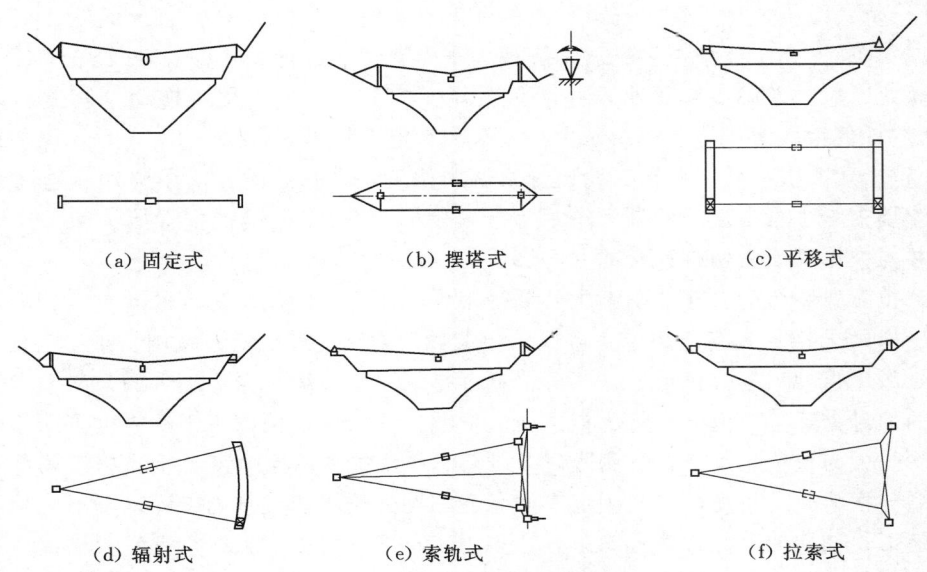

图 1-6-16 缆机基本机型布置示意图

杆塔近根部的平台上,并随塔摆动。

3) 平移式缆机。该缆机属于是实践中应用较广的一种机型。其支承主索的两支架均带有运行机构,可在河道两岸平行铺设的两组轨道上同步移动,一岸带有工作绞车、电气设备及机房等支架,另一岸的支架称为尾塔或副塔。平移式缆机的覆盖面为一矩形,只要加长两岸轨道的长度,便可增大矩形覆盖面的宽度,扩大工作范围,因而可适用于多种坝型,并可根据工程规模,在同组轨道上布置若干台,一般最多为3~4台,但也有例外,如巴西伊泰普工程布置有7台。与辐射式相比,平移式的轨道可较接近岸边布置,从而采用较小的主索跨度。但平移式缆机在各种缆机中基础准备的工程量最大,当两岸地形条件不利时,较难经济地布置。其机房必须设置在移动支架上,构造比较复杂,比其他机型造价要昂贵得多。

现今平移式缆机完全可以根据两岸地形,分别采取不同的支架形式。

4) 辐射式(单弧移式)缆机。该缆机一半是固定式一半是平移式,在一岸设有固定支架,而另一岸设有大致上以固定支架为圆心的弧形轨道上行驶的移动支架。其机房(包括绞车及电气设备等)一般设置在固定支架附近的地面上,各工作索则通过导向滑轮引向固定支架顶部,因此,固定支架习惯上称为主塔,移动支架称为副塔。在构造上主塔和固定式缆机支架的不同在于主塔顶部设有可摆动的设施,而副塔和移动式缆机的不同在于副塔的运行台车具有能在弧形轨道上运行的构造。

辐射式缆机的覆盖范围为一扇形面,特别适用于拱坝及狭长条形坝型的施工。为了增加覆盖范围,也为了便于相邻两机能同时浇筑坝肩部位,在相同条件下,辐射式往往比平移式缆机要采用较大的跨距。

和平移式相比,辐射式缆机具有布置灵活性大、基础工程量小,造价低,安装及管理方便等种种优点,故在选定机型时应优先予以考虑。

5）索轨式缆机。该类缆机是以架空的钢索（被称为轨索）来代替地面轨道支承主索的末端（大车），并用绞车牵引钢索来实现大车沿轨索的运行。

索轨式缆机的基础工程量小，并因其工作速度低，可采用交流拖动（涡流制动器调速），使造价更为低廉，特别适用于中小型水利水电工程。

6）拉索式缆机。该缆机构造原理与索轨式相近，唯一区别在于不另用索轨而让大车牵引索直接支承主索末端，所谓大车不是带车轮的"车"，而是带主索接头和工作索导向滑轮组并与大车牵引索两端连接的一个部件。

由于拉索式缆机的大车牵引索主要承受很大的压力，因而可达到的起重量较小，一般起重量不超过 4.5t。其构造简单，造价比同参数的索轨式缆机低，宜用于小型工程。

（2）派生机型与复合机型。这两种机型都是从固定式缆机派生出来的，其主索仍支承在两岸的固定支架上，但通过将起重索向上下游方向斜拉，偏离主索的铅垂平面，而使其覆盖范围扩大为一狭长矩形，达到既省基础工程量又能在一定宽度范围内施工的目的。这两种机型与索轨式缆机相比，其固定支架承受的拉力较小而且基础工程量小；可采用较高的横移速度；在构造上比索轨式简单；宜多用绞车；一般一个工地只宜设置一台，不宜作上下层布置，并且主索必须支承在较高高程以留出起重索斜拉的高度；在操作上难度也稍大一些，一般也只适用于中小工程。各派生机型如图 1-6-17 所示。

1）H 形缆机。H 形（或称复线式）缆机构造相当于两台固定式缆机，分别设置在上下游方向的两条接近平行的固定主索上，各有各自的小车，承马及工作索，但两者共用一套吊钩，通过收放一侧的起重索，即可使吊钩产生向上下游方向的移动，两侧起重索同时收放则吊钩起升或下降。两侧起重索下垂长度相等并成 120°角时，吊钩将处于两主索中间。因其平面图形呈 H 形，因此取名为 H 形缆机，日本生产的最大的 H 形缆机主要参数为：起重量 9.05t，跨距 504m，小车横移速度 240m/min，起升速度 160m/min。

2）M 形（带侧向控制索固定式）缆机。苏联在 20 世纪 40 年代曾使用过这种机型，其构造是在一台一般的固定式缆机的主索上游两侧各加设一条控制索，通过能在控制索上移动的副小车引出辅助索，收放辅助索即可由控制滑轮组将起重索拉向上下游侧。其小车横移速度达 360m/min。这种机型虽略比 H 形缆机复杂，未见国外有正规产品，但可作为利用已有固定式缆机进行技术改造的形式，对于中小工程仍有一定意义。

3）斜平移式与一侧延长平移式缆机。这两种机型基本上仍属于平移式缆机，仅在构造上略有改动，以便更好地适应地形地质条件，减少基础工程量。

斜平移式缆机。其主索与支架运行轨道不垂直，而是成一定夹角，因此其覆盖范围变成一平行四边形。在构造上则为支架顶部的主索支承部分及工作索的导向滑轮组根据需要从垂直偏转一个角度；必须加大支架运行机构的传动功率，以克服主索拉力在轨道方向的水平分力；还应设有自动的夹轨装置，防止支架运行停止后因上述水平分力引起支架发生滑移。但斜平移式缆机支架运行的平稳性稍差（特别是吊重工作时）。

一侧延长平移式缆机。这种机器利用了具有柔性的主索的跨距可略有改变（垂度变化）的原理，其一岸的支架运行轨道加长了一段长度，即一岸支架运行到轨道末端时自动停止，而对岸的支架还可继续向前运行相当距离，故其覆盖范围变为一梯形。其构造与上述斜平移式缆机相同，但支架顶部的主索支承部分及各导向滑轮组不是固定地偏转一个角

第六章 水利工程常用施工机械类型及应用

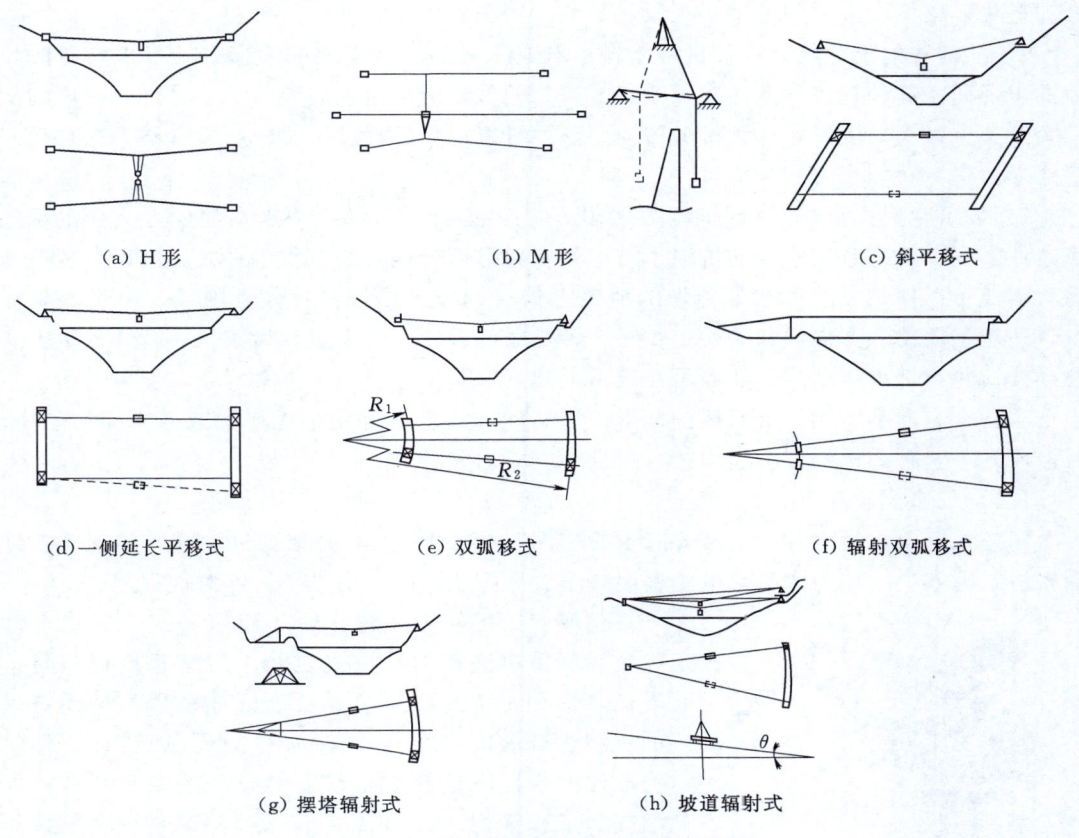

图 1-6-17 缆机派生机型布置示意图

度,而是能在一定角度内自由摆动。日本某工程采用了这种缆机,其一岸轨道平台比对岸长 22m,约为跨距的 5.5%,采用 6m³ 吊罐。也有的设计成轨道的延长段是弧形,可使延长段更长。

4) 双弧移式(同心圆弧式)缆机。这种缆机的支架分别在两组同圆心的弧形轨道上运行,覆盖范围为一较宽的扇形面。因此,有可能根据地形条件一岸布置较长的轨道而另一岸布置较短的轨道,以便减少基础工程量。其构造与平移式缆机并无大的不同,但支架运行台车能满足在弧形轨道上运行的要求,且两支架的运行速度应与各自运行的弧形轨道的半径成正比。

5) 辐射双弧移式缆机。该缆机属于双弧移式的一种特例,即当内侧支架采用 A 字架形式,而其活动纤索的末端刚好固定在两岸支架弧形轨道的共同圆心上(配重车变成固定支架),则成为辐射式与双弧移式相结合的形式。此时情况与辐射式相似,也有可能在同组轨道上布置 2~3 台,并将机房设于地面上,使构造简化。在这种条件下如直接采用辐射式缆机,虽可获得同样的覆盖范围,构造也较简单,但主索的跨距、垂度及拉力都将大得多,势必要加粗主索直径和加高加强支架。因此,辐射双弧移式缆机在某些情况下,有可能取得较好的效益。日本某工程采用了这种缆机,起重量 9t,跨距 525m,垂度 26m,而如用辐射式缆机,则跨距将为 775m,垂度将为 39m,这就必须将塔架加高 13m,非但增加造价,还将大大增加基础工程量。显然,用辐射双弧移式较为有利。

6)摆塔辐射式缆机。这种机型是将辐射式缆机的固定支架改为摇摆塔,以增宽所覆盖的扇形面。这种机型与上述辐射弧移式颇为相似,而构造比后者简单。另外,摆塔的摆动角度不宜过大。因此,这种机型覆盖扇形面可能增宽的程度不及辐射弧移式,并且在同组弧形轨道上只能布置一台缆机。

7)坡道辐射式缆机。一般辐射式缆机的支架运行轨道都必须水平铺设,往往由于地形条件不利,轨道基础平台的挖填土石方量和架设运行栈桥的工程量很大,难以经济地布置,因此可以使用支架可在带斜坡的轨道上运行的坡道缆机:一种是用绞车牵引支架运行,适用于向单一方向倾斜的坡道;另一种是在前后轨之间设置针齿条,在行走台车上装有摆线齿轮与针齿条啮合,从而可在坡道上爬行。其构造较前一方案复杂,但可适用于向上下游两个方向都有倾斜带起伏的地形。这两种方案都适合用于无塔架或低塔架的副塔。目前所知,这种缆机的爬坡能力约可达到30°。

(二)门座式起重机

门座式起重机是一种全回转臂起重机(图1-6-18)。其桥架通过两侧支腿支承在地面轨道或地基上。作为水利水电工程混凝土大坝施工用的主力设备,针对性很强。

图1-6-18 门座式起重机

门座起重机使用的特点介于建筑塔式起重机与港口装卸起重机或造船起重机之间。门座起重机与建筑塔机(带有高架的门座起重机也可看作是一种动臂式的重型建筑塔机)类似,有如下特点:①装拆转移较为方便,兼具浇筑混凝土与安装设备的双重功能,但因施工工程量大,因而转移不及后者频繁(一般数年转移一次);②采用高压电源供电;③工作幅度和起重力矩一般比后者大得多,还因在栈桥上工作而需要有门座,以供运输车辆通过。

在混凝土工程中,为适应混凝土的快速浇筑施工,门座式起重机须满足频繁操作的要求,同时其支承结构还需具有较大刚度,此类门座式起重机工作特点更接近于港口装卸起重机。

(三)塔式起重机

塔式起重机是指臂架安置在垂直的塔身顶部的可回转臂架型起重机(图1-6-19)。

大型塔式起重机大致具有以下几个主要特点:

(1)起重力矩特别大,为6300~40000 kN·m;起重臂铰点高度在50m以上甚至近100m。

(2)结构采用拆拼式构造,以便装拆和运输转移。

图1-6-19 塔式起重机

(3) 大多采用动臂式机型,在轨道上运行,并带有可供车辆通过的门座。

(4) 起重机的工作级别 A3~A4,但大车运行机构的工作级别不低于 M4,以便能吊着重物从轨道一端行驶到另一端,适应较长时间运行的工况。

(5) 轮压一般控制在 250kN 左右,大车运行机构常采用双轨台车。

(四)门式起重机(龙门式起重机)

门式起重机是指桥架通过两侧支腿支承在地面轨道或地基上的桥架型起重机(图1-6-20)。

1. 分类

(1) 按其取物装置,可分为吊钩、抓斗、电磁吸盘及两用或三用等。

图1-6-20 门式起重机

(2) 按其结构型式,可分为桁架式、箱形板梁式、管形梁式、混合结构式等。

(3) 按其支腿的外形,可分为八字形、O 形、L 形、C 形及半门架形等。

(4) 按其载重小车的构造,可分为电动葫芦、自行式小车、钢丝绳牵引小车、带臂架小车等。

此外,还可分为单梁或双梁、单悬臂、双悬臂或无悬臂、轨道式或轮胎式等。

2. 特点

大型工程施工中所用的门式起重机,主要用于露天组装场和仓库的吊装运卸作业,一般为吊钩式轨道门式起重机,但作为一种施工机械,除具有拆装、运输便利的特点外,有以下特点:

(1) 常采用桁架式结构、八字支腿,因其自重较轻、造价较低。

(2) 主钩很少起升额定载荷,因此起重机的工作级别不需很高,一般在 A3~A4。

(3) 一般用地面拖曳电缆通过电缆卷筒(配重式)向机上供电(电流电压 380V)。

(4) 轨道多用临时性的碎石基础,根据地基的承载能力,一般采用较低的大车轮压,如 250kN 左右。

3. 型号

门式起重机用代号、额定起重量、跨度、工作级别四个三要要素特征表示型号。

图1-6-21 桥式起重机

(五)桥式起重机

桥式起重机俗称天车、桁车、桥吊,横架于厂房车间内或室外吊车梁上,桥架沿厂房墙壁立柱上的轨道运行,作短距离起重运输货物的桥式类型起重机。由于它的两端坐落在高大的水泥柱或者金属支架上,形状似桥(图1-6-21),因此得名。一般广泛用于室内外仓库、厂房、码头和露天储料场等处。

在水电站中，主厂房内的桥式起重机主要承担厂内机电设备的安装和检修时的起吊工作。

1. 工作结构

桥式起重机由大车行走机构、小车行走机构、起升机构、大车车架、小车车架、行走支承装置、司机室、缓冲器和电气设备等组成。

"大车"一般是指起重机的桥架运行机构，"小车"是起升机构的运行部分，沿着桥吊大梁纵向行走，可以适应起吊件的位置。

2. 分类

按驱动方式有手动和电动两种；按构造分为单梁桥式、双梁桥式、多梁桥式、双小车桥式、多小车桥式等；按取物装置分吊钩式桥式起重机、抓斗桥式起重机、电磁桥式起重机、集装箱式桥式起重机等；按用途分为通用桥式起重机、冶金桥式起重机、防爆桥式起重机。

当前，多数水电站主厂房内选用单小车电动双梁桥式起重机。电动双梁双小车在大型水电站主厂房内设计使用。

3. 型号

桥式起重机的主要技术参数有额定起重量、跨度、提升高度、运行速度、提升速度、工作类型及电动机的通电持续率等。

额定起重量指起重机实际允许的起吊最大负荷量，以 t 为单位。对于固定式吊具的起重机，其额定起重量是指吊挂在起重机固定吊具上重物的最大质量；对于可分式吊具的起重机，其额定起重量是指可分吊具的质量与吊挂在起重机可分吊具上重物的最大质量之和。当设有主、副钩时，额定起重量用分式表示：分子表示主钩起重量，分母表示副钩起重量。如 20/5 起重机表示主钩额定起重量为 20t，副钩额定起重量为 5t。

跨度又称为跨距，指起重机主梁两端车轮中心线间的距离，即大车轨道中心线之间的距离，以 m 为单位。桥式起重机跨度有 10.5m、13.5m、16.5m、19.5m、22.5m、25.5m、28.5m、31.5m 等多种。每 3m 为一个等级。

提升高度指起重机的吊具或抓取装置（如抓斗、电磁吸盘）的上极限位置与下极限位置之间的距离，称为起重机的提升高度，以 m 为单位。起重机一般常用的提升高度有 12/16m、12/14m、12/18m、16/18m、19/21m、20/22m、21/23m、22/26m、24/26m 等几种。其中分子为主钩提升高度，分母为副钩提升高度。

运行速度是指大、小车移动机构在其拖动电动机以额定转速运行时所对应的速度，以 m/min 为单位。小车运行速度一般为 40～60m/min，大车运行速度一般 100～135m/min。提升速度是指提升机构的电动机以额定转速使重物上升的速度。一般提升速度不超过 30m/min，依重物性质、重量、提升要求来决定。

工作类型是按其载荷率和工作繁忙程度决定的，可分为轻级、中级、重级和特重级四种：

（1）轻级。运行速度低，使用次数少，满载机会少，通电持续率为 15%。用于不紧张及不繁重的工作场所。如在水电站、发电厂中用作安装检修用的起重机。

（2）中级。经常在不同载荷下工作，速度中等，工作不太繁重，通电持续率为 25%，如一般机械加工车间和装配车间用的起重机。

（3）重级。工作繁重，经常在重载荷下工作，通电持续率为40%，如冶金和铸造车间内使用的起重机。

（4）特重级。经常起吊额定负荷，工作特别繁忙，通电持续率为60%，如冶金专用的桥式起重机。

通电持续率是指桥式起重机的各台电动机在一个工作周期内工作时间与工作周期的百分比，用J_c表示，即

$$J_c = \frac{T_g}{T} \times 100\% = \frac{T_g}{T_g + T_0} \times 100\% \qquad (1-6-1)$$

式中 T_g——通电时间；
   T_0——休息时间；
   T——工作周期。

一个起重机标准的工作周期通常定为10min。标准的通电持续率有15%、25%、40%、60%四种。

（六）履带式起重机

履带式起重机的上车部分装在履带底盘上，其行走轮在自带的无端循环履带链板上行走（图1-6-22），履带与地面接触面积大，平均接地比压小，故可在松软、泥泞的路面上行走，适用在地面情况恶劣的场所进行装卸和安装作业。

履带式起重机的牵引系数高，约为汽车式起重机和轮胎式起重机的1.5倍，故其爬坡能力大，可在崎岖不平的场地上行驶；又由于履带支承面宽，故其稳定性好，作业时无须设置支腿。大型履带起重机为了提高作业稳定性，将履带装置设计成可横向伸展，工作时可以扩

图1-6-22 履带式起重机

大支承宽度，行走时又可缩小，以改善通过性能。履带式起重机上的吊臂一般是固定式桁架臂，因其行驶速度很慢，为1~5km/h，且履带易坏路面，所以转移作业场地时需通过铁路平车或公路平板拖车装运。履带底盘较为笨重，用钢量大，与同功率的汽车起重机和轮胎式起重机相比，自重约重50%，价格也较贵。近年来小型履带式起重机已逐步被机动灵活的伸缩臂汽车起重机和轮胎式起重机所取代。但起重量大于90t的大型履带式起重机，由于它的接地比压小，爬坡能力大，稳定性好，又能带负荷移动，所以仍得到迅速发展。

履带式起重机由起重臂、上转盘、下转盘、回转支承装置、机房、履带架、履带以及起升、回转、变幅、行走等机构和电气附属设备等组成。除行走机构外，其余各机构都装在回转平台上。其动力为柴油机，传动形式有机械传动、电力-机械传动和液压传动三种。

(七)汽车式起重机和轮胎式起重机

汽车式起重机和轮胎式起重机又统称为轮式起重机(图1-6-23),是指起重工作装置安装在轮胎底盘上自行的回转式起重机械,两者在结构、性能和用途方面有很多相同之处,只不过汽车起重机采用通用载重汽车底盘或专用汽车底盘,轮胎式起重机则采用特制的轮胎底盘,汽车式起重机行驶速度高,多在60km/h以上,可迅速转移作业场地、行驶性能符合公路法规的要求,作业时必须伸出外伸支腿,一般不能吊重行走。轮胎式起重机能在坚实平坦的地面吊重行走,一般行驶速度不高。近年来出现了能高速行驶、全轮驱动、全轮转向的全路面越野轮胎式起重机,是集汽车式起重机和轮胎式起重机的优点于一体的新机种。

(a)汽车式起重机　　　　　　(b)轮胎式起重机

图1-6-23　汽车式起重机和轮胎式起重机

1. 分类

(1)按起重量大小分类。起重量3~12t为小型;16~50t为中型;65~125t为大型;125t以上为特大型。常用轮式起重机的起重量为16~40t。

(2)按臂架型式分类。可分为桁架臂式和箱型伸缩臂式两种。桁架臂用钢丝绳滑轮组变幅,箱型伸缩臂用液压缸变幅。由于箱型伸缩臂的各节平时可收缩在基本臂内,不致妨碍车辆高速行驶。工作时又可及时逐节外伸或收缩,以改变起升高度和幅度,十分便捷,因而得到更加广泛的应用。

(3)按传动类型分类。汽车式起重机和轮胎式起重机的动力装置通常是内燃发动机(多数是柴油机)。从动力装置到各工作装置间的动力传递有机械传动、电传动和液压传动三种形式。在现代轮式起重机上,机械传动已很少采用,电传动多用于大型桁架臂轮式起重机,液压传动应用最广。

2. 组成

汽车式起重机和轮胎式起重机均由取物装置(主要是吊钩)、臂架(起重臂)、上车回转部分、回转支承部分、下车行走部分、支腿和配重等组成。按一般习惯,把取物装置、臂架配重和上车回转部分统称为上车部分,其余称为下车部分。

3. 用途

汽车式起重机和轮胎式起重机广泛应用于建筑工地、露天货场、仓库、车站、码头、车间等生产部门,从事装卸及安装等工作。在水利水电工程中常用于构筑物或设备的安装,在火电厂施工中常用于锅炉和厂房的吊装。它特别适用于工作点分散、货物零星的装卸和安装作业。

第六章 水利工程常用施工机械类型及应用

（八）叉式起重机

叉式起重机又称为叉车或铲车。按国际标准化组织的分类，叉车属于工业车辆中的高起升车辆，定义为装有叉架和货叉的用来运送和堆垛货物的高起升自装载车辆（图1-6-24）。

叉式起重机能把水平运输和垂直起升有效地结合起来，有装卸、起重及运输方面的综合功能，具有工作效率高、操作使用方便和机动灵活等优点，被广泛地用于车站、码头、货栈、仓库、车间和建筑施工现场，对

图1-6-24 叉式起重机

成件、成箱或散装货物进行装卸、堆垛，以及短途搬运、牵引和吊装等工作。

叉式起重机按结构型式分，主要有平衡重式、越野式跨车、侧面式、变形式、插腿式、前移式、拣选式、平台堆垛式、托盘堆垛式等。按动力源分有内燃式（汽油、柴油、液化石油气、液化石油气/汽油）、电动式（蓄电池）、内燃-电动式。按传动形式分有机械传动、液力传动和液压传动。

（九）张拉千斤顶

张拉千斤顶是用于张拉钢绞线等预应力筋的专用千斤顶（图1-6-25）。张拉千斤顶需和张拉油泵配合使用，张拉和回顶的动力均由张拉油泵的高压油提供。

根据结构的不同可分为前卡式千斤顶和穿心式千斤顶。

张拉千斤顶结构紧凑，张拉时工作平稳，油压高，张拉力大，广泛应用于公路桥梁、铁路桥梁、水电坝体、高层建筑等预应力施工工程。预应力张拉千斤顶装置的张拉力值准确与否，将直接影响工程质量及安全生产。因此，对其进行校准，出具准确可靠的检测数据非常重要。

（十）卷扬机

卷扬机又称为绞车。它是由转动的卷筒带动缠绕在卷筒上的钢丝绳使重物升降或移动的起重机具（图1-6-26）。

图1-6-25 张拉千斤顶

图1-6-26 卷扬机

卷扬机由原动机、减速装置、制动器、挠性件、机架和控制部分组成。按驱动方式分为手动、气动、液压传动和电动四种；按绳速方式分为快速、慢速和多速；按卷筒数分为单卷筒、双卷筒及多卷筒。它可单独应用，也可作为其他起重机械或建筑机械的一个机构。

卷扬机钢丝绳额定拉力、卷扬机钢丝绳额定速度、卷扬机钢丝绳偏角和卷筒容绳量等是卷扬机的重要工作参数。

（十一）电动葫芦

电动葫芦又称为电葫芦，是一种轻小型起重设备（图1-6-27），具有体积小、自重轻、操作简单、使用方便的特点，起重重量一般为0.1~80t，起升高度为3~30m，分为钢丝绳电动葫芦和环链电动葫芦。

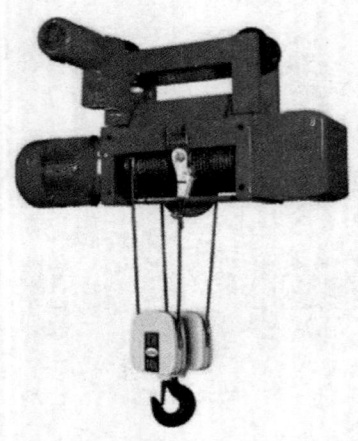

图1-6-27 电动葫芦

二、运输机械

（一）载重汽车

载重汽车是用于装卸货物的专用汽车，又称为货车（图1-6-28）。车型结构一般为发动机前置，车厢后置，后轮驱动。常用的货车采用单后轴，总重大的货车采用双后轴或三后轴的形式。为了提高运输效率、降低成本，许多国家在法规允许范围内加大载重量与轴荷载。目前多数国家规定最大宽度2.5m，满载高度4m；两轴、三轴汽车长11~12m，三轴至五轴铰接车长10~15m；单轴载荷10~13t，双轴载荷16~24t。通常货车车速略低于客车，近年来公路承载能力提高，高速公路增多，货车车速有所提高，不少货车行驶速度超过120km/h。

图1-6-28 载重汽车

1. 分类

（1）按载重量分类。根据载重量的大小可按表1-6-2进行分类。在水利工程施工中，施工物资运输用车的载重量一般为4t以上，而4t以下的载重汽车大多只用于生活及后勤服务。

表1-6-2　　　　　　　载 重 汽 车 分 类

类型	小载重量		中载重量	大载重量	
	超轻型	轻型	中型	重型	超重型
吨位/t	<0.75	0.75~2.5	3~8	8~15	>15

(2) 按发动机所耗用的能源分类,有汽油车和柴油车。

(3) 按驱动轴数分类,有普通汽车和越野汽车。普通汽车一般只有后轴车轮为驱动轮、前轴车轮为从动轮。越野汽车的车轮都为驱动轮。汽车的越野性能随驱动轴数的增加而提高。

(4) 按驾驶室型式分类,有平头式、短头式和长头式。重型载重车的驾驶室普遍采用平头式。

(5) 按车厢型式分类,有长厢、短厢、高边板和低边板。

2. 优缺点

由于工程施工运输现场的情况差别很大,对场内场外物料的运输采用汽车、火车、轮船等哪种运输方式较好,要根据具体情况来进行综合技术经济比较来定。就载重汽车的运输而言,有以下特点:

(1) 优点:①启动迅速,机动性好;②可以将物料由采掘场、转运基地、建材工业企业、仓库等各个地方直接运到使用或指定的地点;③适合运输各式各样的物料;④载重汽车(尤其是越野车)适应路面能力强,较少受道路条件的限制。

(2) 缺点:①在单位时间内所运物料的数量比铁路少得多;②对每吨载重量,汽车发动机所耗用的单位功率较大;③载重汽车折旧及维修费用较高,因此吨公里运费较火车高;④非越野车对路面要求较高。

(二) 自卸汽车

自卸汽车是具有自动卸料功能的载重汽车(图1-6-29)。

自卸汽车由发动机、底盘、驾驶室、车厢及车厢倾翻机构组成。车厢前端有驾驶室安全防护板。通过倾翻机构车厢能向后或向侧倾翻。倾翻机构由油箱、液压泵、分配阀、举升液压缸等组成。高压油进入举升液压缸,推动活塞杆使车厢倾翻,利用自重和液压控制复位。土木工程中,常与装载机械等联合作业,组成装、运、卸生产线,进行土方、砂石等散料的装卸和运输。目前自卸汽车多在矿山、水利水电施工、建筑施工、铁路、公路港口等工程中使用。

图1-6-29 自卸汽车

1. 分类

自卸汽车按其特点可作以下分类:

(1) 按总质量分类。可分为轻型自卸汽车(总质量在10t以下);重型自卸汽车(总质量10~30t);超重型自卸汽车(总质量30t以上)。

(2) 按用途分类。可分为通用自卸汽车;矿用自卸汽车;特种自卸汽车。

(3) 按动力源分类。可分为汽油自卸汽车和柴油自卸汽车。

(4) 按传动方式分类。可分为机械传动(总质量55t以下);液力传动(总质量一般为55~150t);电传动(总质量150t以上)自卸汽车。

(5) 按车身结构分类。可分为刚性自卸汽车和铰接式自卸汽车。

2. 自卸汽车的选用

自卸汽车大部分为非公路运输车。在选定汽车型号时，应综合考虑施工条件、施工场地、工期长短、运距、运料种类、配套设备、气候等因素。

(1) 按配套设备选用。自卸汽车的载重量和装载容积应与其配套的装载机械及挖掘机械相适应，车厢容积有平装及堆装。平装表示汽车的标准容积。有些汽车有两种以上不同容积的车厢供用户选择。根据国外的经验，自卸汽车的装载容积是与之配套的装载机或挖掘机工作容积的3~6倍最适宜。若小于3倍，汽车装载率低，经济效益差；若大于6倍，装载设备往返次数多，停车时间长，整体经济效益也将降低。

(2) 按施工条件选用。当施工路面差或坏路面所占比例大时，应选用爬坡性能好、后备功率大的多桥驱动车，或铰接式自卸汽车。反之可选用装载量大、车速高的自卸汽车。

(3) 按运距选用。运距超过250m时则应采用挖掘机（或装载机）与汽车配套使用；运距不足1000m时最好选用铰接式自卸汽车；运距较远且部位工作量大时，则应选用刚性自卸汽车作为运输手段。

(4) 按运料种类选用。运料主要有砂石料、沙土、混凝土、钢材、木料、岩石等。若运料的比重较大，可选较小的车厢容积；反之，应选用较大的。若运料为矿石或爆破的土石，最好选用适用于装岩石的车厢。若运料为燃料、煤炭等，应选用专门的运输车辆。

此外，在选用自卸汽车时，还应综合考虑购车价格、运输成本、工作环境等。

(三) 挂车

挂车俗称拖板（图1-6-30），由牵引汽车拖带行驶，可实现大吨位、长距离的公路运输。

挂车的总体结构由五部分组成：车架、牵引连接装置、转向装置、制动装置和行驶系统。挂车结构型式有全挂车和半挂车之分。

图1-6-30 挂车

1. 全挂车

全挂车具有装货车身的独立底盘，用牵引架上的挂环与牵引汽车的牵引钩连接，挂车的自重和货物的重量都由自身的轮胎传递给道路。

全挂车的载重量一般为20~600t。

2. 半挂车

半挂车具有装货车身的底盘，前部支承在牵引汽车的牵引支承连接装置上，后部则由车身的轮轴支承。因此半挂车的自重和载重的一部分传递给牵引汽车，另一部分传递给道路。

半挂车的载重量一般为10~200t。

(四) 洒水车

大中型工程在施工期间，机械化作业程度高，车流量大，而道路条件相对较差，一般都备用洒水车（图1-6-31）喷洒路面降尘，提高环境质量，有利于现场施工人员的健康以及减缓机械部件磨损，延长使用寿命。洒水汽车除用于降尘外，还可以用于运水、冲

第六章 水利工程常用施工机械类型及应用

洗、土坝施工及消防等方面。

(五)加油车

加油车除具有运油车的基本装置外,还设有泵油系统、计量仪表和操纵装置,可将油库中的油料吸入本车油罐,并能在运达目的地后给其他机械设备加注燃油(图1-6-32)。

图1-6-31 洒水车

图1-6-32 加油车

加油车通常使用碳钢、不锈钢、内衬滚塑、玻璃钢、塑料罐(聚乙烯、聚丙烯)、铝合金等材质制作罐体。加油车按罐体形状分为椭圆形罐体、匦形罐体、方圆形罐体。

加油车导静电装置分为两种:第一种是搭地带;第二种是导电杆。导静电装置一般是固定在加油车的车架上。

(六)油罐车

油罐车又称流动加油车、电脑税控加油车、引油槽车、装油车、运油车、拉油车、石油运输车、食用油运输车,是短途运输散装油品的专用汽车(图1-6-33)。罐体为圆筒形或椭圆筒形,一般容量为3~15m³。

油罐车根据不同的用途和使用环境有多种加油或运油功能,具有吸油,泵油,多种油分装、分放等功能。其专用部分由罐体、取力器、传动轴、齿轮油泵、管网系统等部件组成。

(七)沥青洒布车

沥青洒布车是装备有保温容器、沥青泵、加热器和喷洒系统,是用于喷洒沥青的罐式专用作业汽车(图1-6-34),也可以定义为一种喷洒普通沥青、乳化沥青、渣油等液态沥青的路面施工机械,可广泛应用于修建公路、城市道路、机场、港口码头和水利工程等

图1-6-33 油罐车

图1-6-34 沥青洒布车

路面底层的透层、防水层、黏结层的沥青洒布。大容量的沥青洒布车也可作为沥青运载工具，主要用于沥青贯入法表面处置、透层、黏层、混合料就地拌和、沥青稳定土等施工和养护工程。

智能型沥青洒布车由汽车底盘、沥青罐体、沥青泵送及喷洒系统、导热油加热系统、液压系统、燃烧系统、控制系统、气动系统、操作平台构成。

沥青洒布车品种很多，可按以下方式分类：

(1) 按照移动方式，可分为拖行式（挂车式）和自行式两种。拖行式是将沥青罐和洒布系统都装置在挂车底盘上，由牵引车牵引作业；根据沥青罐容量不同，有单轴、双轴和三轴之分。自行式是将沥青罐及洒布系统都安装在同一汽车底盘上。自行式沥青洒布车较为常用，它又有车载型、专用型之分。

上述沥青洒布车具有加热、保温、洒布、回收及循环等多种功能，可根据底盘最大载重量确定沥青罐容量。沥青罐容量一般为 1500～18000L。

(2) 按照控制方式，可分为普通型和智能型。普通型的沥青洒布量由手动调节控制，只能按照既定的沥青洒布量作业，无法随时根据工况自动调节；智能型的洒布过程由计算机控制，能根据用户实际工况，随时自动调节沥青洒布量，满足施工工艺要求。

(3) 按照沥青类型，可分为沥青洒布车和橡胶沥青洒布车。

(4) 按照喷洒方式，可分为泵压喷洒沥青洒布车和气压喷洒沥青洒布车。

(5) 按照沥青泵驱动方式，可分为汽车底盘发动机取力驱动和独立发动机驱动两种。

（八）散装水泥罐车

散装水泥罐车是指专为运输散装水泥而设计制造或改造的专用汽车（图 1-6-35）。在工程施工中采用散装水泥汽车运送水泥，具有工效高、防潮性好、防飞扬、经济效益明显等优点。

散装水泥罐车根据装灰容器的形式分为卧式与立式两种。前者重心低，结构简单，制造维修方便，可降低运输高度和增加车辆行驶的稳定性；后者重心较高，维修保养工作量大，但运输时可同时装载两个或两个以上立罐，因而可同时装载不同标号的水泥或为两个或两个以上用户服务，另外卸灰后罐内残留量少。目前国内外多采用卧式散装水泥罐车。

（九）工程修理车

工程修理车是工程车的一种，装备有钳工工作台、必要的修理设备及工具、量具、刀具，并带有供电设施，能对野外作业的机械设备进行一般性修理。一般为厢式（图 1-6-36）。

图 1-6-35　散装水泥罐车

图 1-6-36　工程修理车

第六章 水利工程常用施工机械类型及应用

（十）高空作业车

高空作业车是用来运送工作人员和器材到指定高度进行作业的特种工程车辆（图 1-6-37）。它由上车和下车组成，上车分为动臂式和垂直升降式；下车有汽车式、轮胎式、履带式和拖式。

高空作业车一般有剪刀式工作平台和悬臂式多种作业台车两种。

图 1-6-37 高空作业车

(1) 剪刀式工作平台。剪刀式工作平台为剪刀式起落架结构，液压操纵。由于只能升降，作业面有很大局限性。

(2) 悬臂式多种作业台车。悬臂式多种作业台车悬臂可以伸缩、升降及左右旋转，大大拓宽了作业范围。

两种高空作业车根据施工现场具体情况适当选用。

（十一）动力翻斗车

动力翻斗车是短距离输送物料且料斗可倾翻的搬运车辆（图 1-6-38），由料斗和行走底架组成，分前翻卸料、回转卸料、侧翻卸料、高支点卸料（卸料高度一定）和举升倾翻卸料（卸料高度可任意改变）等。为适应工地道路不平，避免物料撒落，行驶速度一般不超过 20km/h。在建筑工地常用来运输砂石、灰浆、砖块、混凝土等建筑材料。根据不同的施工作业要求，可快速换装起重、推土、装载等多种工作装置，具有多功能和高效率的特点。

图 1-6-38 动力翻斗车

图 1-6-39 内燃机车

（十二）内燃机车

内燃机车是以柴油机为动力的铁路运输牵引设备（图 1-6-39）。由于它具有传动效率高、操作简便、驾驶室瞭望条件好、司机工作环境舒适、对环境的污染少等优点，在世界各国得到了广泛的应用和发展。

内燃机车一般由柴油机、传动装置、走行部三个主要部分以及车体、车钩缓冲装置及制动装置等组成。

内燃机车按照轨距的不同分为准轨、窄轨两种类型。准轨内燃机车用于铁路、大型建筑工地、大中型工矿企业及各类专业线运输及调车作业。窄轨内燃机车用于建筑工地、中小矿区、地方窄轨线路的动力牵引和调车作业，在水利水电工地上常用于出渣和混凝土运输。窄轨内燃机车具有路基窄、机动性能好等特点。

按照动力传动方式的不同，内燃机车分为液力传动、电力传动和机械传动三种类型。液力传动是以机车发动机输出的动力经过液力变扭箱传给机车最终传动装置来驱动车轮。电力传动是以机车发动机带动发电机发电，所发的电能传给电动机驱动车轮。电力传动根据发电机和电动机的不同又可分为直-直流电力传动内燃机车（即使用直流发电机和直流电动机）和交-直流电力传动内燃机车（即使用交流发电机和直流电动机）。机械传动是发动机所输出的动力通过弹性联轴器、齿轮变速箱、传动连杆来驱动车轮的。

（十三）蓄电池机车

蓄电池机车是由驾驶室、制动系统、行走系统、控制系统、蓄电池组、照明灯等组成的机车（图1-6-40）。探矿坑道常用黏着重量为1.5t、2t、2.5t的蓄电池机车。动力由蓄电池组提供，驱动电动机运行，属简单可靠、机动灵活的牵引设备，无噪声、无污染。防爆型则可用于煤矿有瓦斯的巷道。

国内市场使用的蓄电池式电机车类型，其机械传动方式大致有三种：①抱轴电动机加开式齿轮传动；②电动机加蜗轮蜗杆传动；③电动机加伞齿轮、直齿轮传动。实践证明，蓄电池牵引机车机械传动在设计中多采用此种方式。

（十四）梭式矿车

梭式矿车（简称梭车）是穿梭式往返出渣运输的掘进机后配套设备（图1-6-41），也可用于非掘进机掘进的出渣运输。

图1-6-40 蓄电池机车

图1-6-41 梭式矿车

梭式矿车由车体、输送机、转向架、牵引杆及机械、压缩空气和电气系统等组成，由机车牵引。车体分前后两部分，可拆卸搬运。输送机一般为刮板式，装在车厢底板上，只需从车厢装料端装渣，输送机自动装满整个车厢。当组列使用时，则输送机又能继续将岩渣均匀地运到下一节车厢内，直到组列车厢全部装满。转向架为铰接式，适应轨道高低不平等恶劣环境，高速行驶时平稳。

梭式矿车用于隧道、井巷、引水洞、导流洞、石油输送管道、天然气输送管道、隧洞掘进和采矿施工中，属于提升储运设备。其优点如下：

（1）速度快。梭车可单车使用，也能若干辆串套搭接组成梭式列车运行。用梭车代替斗车配合装渣机出渣，可一次性将爆破方量全装完，以减少调车和出渣时间，加快隧道掘进速度。

（2）简单灵活。梭式矿车基本上综合了斗车和厢式矿车的灵活性和结构简单性。

（3）容积大。梭式矿车有容积大、能连续转载、自动卸渣的优点，它可在12～15m

第六章 水利工程常用施工机械类型及应用

小半径弯道上运行,既不用搭排架就可在卸渣线的前端卸渣,又能安全可靠地向两侧卸渣,使卸渣不受弃渣场地的限制。

因此,梭车在世界各国的矿山巷道开挖施工中使用较为普遍,在隧道及地下工程施工中也常采用。国内生产的梭车定型产品分小型梭式矿车、大型梭式矿车,容积有 4m³、6m³、8m³、10m³、12m³、14m³、16m³、20m³、25m³、30m³、45m³ 十一种。铁路隧道和公路隧道根据其施工特点和要求,宜发展单个的大容积梭车。用牵引电机车牵引在轨道上行驶。

(4) 节约成本。用梭车代替斗车和厢式矿车配合挖斗扒渣机出渣,可减少调车和出渣时间,加快隧道掘进速度,自然也就减少了掘进成本。

图 1-6-42 平车

(十五) 平车

平车是一种没有顶棚、固定侧墙和端墙,或仅有可翻下的活动端、侧板的货车 (图 1-6-42)。主要用来装运木材、钢铁、集装箱、建筑构件以及各种车辆等;当有活动墙板时,可用来装运矿石、煤炭和石渣等散体货物。在装运长大货物时,可用二车或三车跨装,但必须使用转环枕木。平车装卸便利,易于机械化,在我国广泛应用。

(十六) 矿车

矿车是在轻便铁轨上输送散料的搬运车 (图 1-6-43)。靠人力、绞车或牵引车拖动,在建筑工地输送散状建筑材料。除运送散状物料的矿车外,矿用车辆还有专为运送材料的平板车、材料车;乘人的斜井人车、平巷人车;其他专用车辆,如炸药车、供水车、消防车、卫生车等。

矿车主要用于矿井井下巷道、井筒以及地面的轨道运输,是煤矿中用量最大、应用最广的一种运输设备,常用轨距为 600mm、762mm、900mm。

(十七) V 形斗车

V 形斗车是一种用于窄轨或缆索运输的斗车 (图 1-6-44)。运送矿石、石渣等物料的窄轨车辆,用人力推送而体积较小者,通常称为斗车。按卸料方式的不同分为固定车斗式、底部式、侧卸式和 V 形斗车等形式。

图 1-6-43 矿车

图 1-6-44 V 形斗车

(十八) 螺旋输送机

螺旋输送机是一种不带挠性牵引构件的连续输送设备（图 1-6-45），它利用旋转的螺旋将被输送的物料沿固定的机壳内推移而进行输送工作。

图 1-6-45 螺旋输送机

螺旋输送机的优点是结构比较简单，维护方便，横断面的外形尺寸不大，便于在若干个位置上进行中间卸载，具有良好的密封性。它的缺点是单位动力消耗高，在移运过程中使物料有严重的粉碎，螺旋和机壳有强烈的磨损。

螺旋输送机被广泛地应用在各种工业部门，用来输送各种各样的粉状和小块物料，如煤粉、水泥、砂、块煤、谷类等。由于它功率消耗大，所以多用在较低或中等生产率，输送距离不长的情况下，不宜输送易变质的黏性大的结块物料和大块物料。

螺旋输送机允许稍微倾斜使用，最大倾角不得超过 20°，但其中管形螺旋输送机，不但可以水平输送，也可倾斜输送或垂直提升，目前在国内外混凝土搅拌楼（站）上，常用管形螺旋输送机输送水泥、粉煤灰、片冰等散状物料。

螺旋输送机的工作环境温度应在 −20~50℃，输送物料的温度不得超过 200℃。

(十九) 斗式提升机

斗式提升机是利用一系列固接在牵引链或胶带上的料斗在竖直或接近竖直方向向上运送散料的提升机（图 1-6-46）。由料斗、驱动装置、顶部和底部滚筒（或链轮）、胶带（或牵引链条）、张紧装置和机壳等组成。机壳密闭，可以防止物料飞扬，占地面积较小，但要求均匀供料，以防底部堵塞。提升高度一般在 60m 以下，有的已达 350m，生产效率通常小于 600t/h，有的已达 2000t/h。料斗装在胶带上的称为带斗提升机，提升速度一般为 1.0~2.5m/s，有的可达 5m/s，料斗在胶带上的间距较大，卸载时物料主要依靠离心力抛出。料斗装在牵引链上的称为链斗提升机，提升速度一般为 0.4~1.0 m/s，料斗密集布置，卸载时物料主要依靠重力沿前一料斗的斗背滑出。

图 1-6-46 斗式提升机

斗式提升机适用于在垂直方向或在很大倾角下运送大量的粉状、粒状或块状物料。在水利水电工程中，斗式提升机多配置在水泥仓库、砂石破碎筛分工厂或混凝土工厂中，用来输送砂、细石、水泥等物料。

与其他形式的输送机相比较，斗式提升机的优点是平面上所占的外形尺寸小、结构简单、维护成本低、输送效率高、升运高度高、运行稳定、生产能力适应范围大等。缺点是过载较敏感，必须均匀给料。

第六章　水利工程常用施工机械类型及应用

（二十）胶带输送机

胶带输送机俗称皮带机，是指用橡胶带作为输送带的带式输送机（图1-6-47）。

胶带式输送机主要适用于在矿山、工厂、建筑工地、化工、冶金、车站、码头等地方露天输送堆积容重为 0.8~2.5t/m³ 的各种块状、粒状等散状物料，也可用于成件物品的输送。它具有结构简单、输送均匀、连续、生产率高、运行平稳可靠、噪声低、对物料适应性强、运行费用低、维护方便等优点，可以实现水平或倾斜输送。向上倾斜输送物料时，其允许倾斜角一般应比被输送物料与胶带之间摩擦角小 10°~15°，对于正常槽角，平胶带的输送机倾角为 15°，在特殊情况下也可达 20°。除此之外，有的倾斜式带式输送机倾角可达 45°，一些特殊设计的带式输送机倾角甚至达 45°~75°，还有可达 90°的垂直带式输送机。胶带式输送机的工作环境一般限于 -10~50℃。

图1-6-47　胶带输送机

（二十一）堆取料机

堆取料机是大型、中型散料储料场用来堆存与挖取物料的联合作业设备（图1-6-48），广泛应用于电站、冶金、煤炭、港口、轻工、化工等储料场挖取、堆放煤炭、矿石、砂石骨料以及一些其他散状物料。它由装在伸臂上的输送机、机架及其行走机构等组成；伸臂一般可上下俯仰和水平摆动；具有堆放面积大，工作效率高的特点；分单臂式、双臂式等。堆料机是既能挖取又能堆放和运输的联合高效作业设备，因此，近年来得到广泛的应用。

堆取料机已有很多型式，但大体上分为斗轮堆取料机和门式斗轮堆取料机。

图1-6-48　堆取料机

1. 斗轮堆取料机

斗轮堆取料机是利用斗轮和带式输送机连续取料或堆料的轨道行走式装卸机械，是散料堆场的专用设备，与装车（船）机、带式输送机、卸船（车）机组成储料场运输机械化系统。作业规律性很强，易实现自动化。生产能力每小时可达1万多吨。斗轮堆取料机分臂架型斗轮堆取料机、门式斗轮堆取料机两种。只具一种功能的（堆料或取料）斗轮堆取料机则称斗轮堆（取）料机。控制方式有手动、半自动和自动等。

2. 门式斗轮堆取料机

门式斗轮堆取料机具有一个门架和可升降桥架，能实现堆料和取料作业的斗轮堆取料机。门架横梁上有一条固定的和一条可移动、并能双向运行的堆料带式输送机。门架一侧的料场带式输送机线路上设有随门架运行的尾车。无格式斗轮通过圆形滚道、支承轮、挡轮套装在可沿升降桥架运行的小车上,桥架内装有取料带式输送机。堆料时物料经料场带式输送机、尾车转至堆料带式输送机上,然后抛至料场。门架的移动以及堆料带式输送机的双向运动,使料堆具有整齐的形式。由横向运行的小车及其旋转的斗轮连续取料,斗内物料卸在装于桥架的取料带式输送机上,最后转卸到料场带式输送机运走。通过桥架的升降和门架的运行将料堆取尽。

图1-6-49 螺旋气力输送泵

(二十二) 螺旋气力输送泵

螺旋气力输送泵是压送式气力输送的一种供料设备(图1-6-49),可用于输送水泥、生料、煤粉、飞灰等粉状物料,输送距离达200m,压缩空气压力为0.2～0.4MPa,属于压送气力输送设备中的高压输送设备。

螺旋气力输送泵有悬臂型和支臂型两种类型,每种类型分为单管螺旋泵和双管螺旋泵两种。

螺旋气力输送泵的主要优点是能在高压下连续供料,输送量容易控制,构造简单,结构紧凑,机身高度小。可用于连续输送物料,并可在0～100%额定输送量下变量输送,输送过程无脉动,输送量可达数百吨,在相同输送量的前提下其体积最小。其主要缺点是动力消耗大,供料与压缩空气消耗的功率几乎相等;螺旋和轴套磨损快,维修工作量大,在要求长距离大输送量的工艺系统中不宜采用。

(二十三) 仓泵

仓泵又称为仓式泵,是在高压(700kPa以下)下输送粉状物料的一种比较可靠的动压气力输送装置(图1-6-50)。

仓式泵的卸料方式有顶部出料和底部出料两种,其中底部出料是最常用方式,罐内物料通过圆锥面充气槽充气、喷嘴喷气或其他方法得以流态化;在底部设置流态化充气板(层)可使物料在罐的上部卸出。输送气体在罐中不同输入平面上分布情况取决于输送物料性质。

图1-6-50 仓泵

仓式泵输送是一个不连续的输送过程。

第四节 钻孔灌浆机械

一、钻机

钻探和地基处理使用的钻机(图1-6-51),按其破碎岩石方法的不同分为冲击式、回转式和冲击-回转式。具体钻机类型包含冲击式钻机、冲击反循环钻机、回转式钻机、回转斗式钻机、水平多轴回转钻机、潜水钻机等。

(一) 冲击式钻机

冲击式钻机属于大口径型钻机,是利用钢丝绳将钻具提升到一定高度,然后自由落下，冲击地层，使孔底岩石破碎而进行钻进。其钻头多为十字形，不能采取完整岩心。

1. 工作原理

各种冲击式钻机虽然型号不同，但其结构原理基本相同，都是属于曲柄-连杆机构式，将回转运动变为往复运动。这种钻机最大的特点是对各种不同地层适应性大。造孔后，在孔壁周围形成一层密实土层，对稳定孔壁、提高桩基承载能力尤为有利。但其生产效率较低。

常用的冲击式钻机有 CZ-22 型、CZ-30 型和 KCL-100 型。

图 1-6-51 钻机

2. 适用条件

冲击式钻机是基础灌浆施工的一种主要钻孔机械，它能适应各种不同的地质情况，尤其适用于疏散性岩石、软岩石和硬地层中钻凿与地面垂直的孔，被广泛应用于疏散岩石、软岩石和硬地层的钻孔工作，主要用于钻凿地质工程中的水文井，地基处理中的防渗墙槽孔，工农业中的机井、矿区副井、露天爆破孔和桥墩、水闸、高层建筑等地基工程造孔。

（二）冲击反循环钻机

冲击反循环钻机是在冲击钻机的基础上研制出的新机型，由抽筒抽砂改为泵吸排砂，因此称为冲击反循环钻机，常见的机型有 CZF-1200 型、CZF-1500 型等。

CZF-1500 型冲击反循环钻机是一种将传统冲击钻进方法和反循环连续排渣技术结合在一起的钻孔桩施工机械。使用同步卷筒双绳提引冲击钻头，有利于坚硬地层的钻进，减少冲孔的扩孔率；采用潜水砂石泵，实现泵举反循环连续排渣和超深孔的钻进；操作简单，适用地层广。适用于各种复杂地质条件（土层、砂层、漂卵石层、岩石层）的钻进。

（三）回转式钻机

回转式钻机是利用钻机的回转器带动钻具旋转，以磨削孔底岩石进行钻进。其钻具多为筒状，能取出完整柱状岩芯。这种钻机的钻进速度较高，适用于各种硬度级别的岩石钻进；可钻直孔、斜孔、深孔。回转式钻机，由于结构和性能的不同，一般可分为立轴式钻机、转盘式钻机和动力头式钻机等。

1. 立轴式液压钻机

立轴式液压钻机是我国现在普遍使用的一种回转式钻机。该钻机可使用金刚石钻头、硬质合金钻头、钻粒钻头和鱼尾钻头等，可选取取芯钻进和不取芯的全孔钻进。用卷扬机也能配合冲击。如 XY-2PB 型钻机，用于坑道、廊道工程钻进，地质区域普查；也适用于建筑、水利水电、公路、铁路、港口等工程地质勘察，微型桩基孔钻进等。该型号钻机具有体积小、质量轻、解体性好、通用性强等特点，尤其适于水电系统作业。

2. 转盘式钻机

转盘式钻机（又称为轮转式钻机）是以转盘带动钻具旋转、钢丝绳给压钻进的一种钻机，具有回转和冲击两种功能，主要用于建筑、道路、桥梁等工程地质钻孔。它适应性较强，可在黏性土、砂卵石、各种杂填土第四纪覆盖层中钻进。并具有噪声低和无振动的特点,对地层的适用性强,但不适用于直径大于2/3钻杆内径的松散卵石层。

3. 动力头式钻机

动力头是钻机的重要组成部分,沿塔架的垂直导轨上下滑动,并将动力传至钻杆带动钻头回转钻进,因此称为动力头钻机。导轨刚性强、导向性好,能保证钻孔的垂直度和钻斜孔时所需要的倾斜度。动力头钻机具有回转和冲击两种功能。

(四) 回转斗式钻机

回转斗式钻机使用特制的斗式回转钻头,在钻头旋转时切土进入土斗,装满土斗后,回转停止旋转,并提土斗出孔外,打开土斗弃土,并再次进入孔中旋转切土,重复进行直至成孔。用斗式钻机施工,其排渣方法独特,不需要反复旋转钻机施工需要的排渣系统诸多机具和设施,施工消耗低,施工工艺简单。由于采用频繁提升、下降的回转斗,对孔壁的扰动较大,容易塌孔,所以对护壁泥浆的制备要求较高。

回转斗式钻机适用于除岩层以外的各种地质条件,排渣设备简单,对泥浆排放较严的地区比较有利。缺点是对桩长、桩径有一定限制,在某些地质条件下,回转斗施工的速度不理想,对泥浆的要求质量较高,选用时要加以综合考虑。

(五) 水平多轴回转钻机

水平多轴回转钻机也称为双轮铣槽机,分为电动和液压两种机型。双轮铣槽机的特点是对地层适应性强,淤泥、砂、砾石、卵石、砂岩、石灰岩均可掘削,配用特制的滚轮铣刀还可钻进抗压强度为200MPa左右的坚硬岩石。利用电子测斜装置和导向调节系统、可调角度的鼓轮旋铣器来保证挖槽精度,精度可高达1‰~2‰。由于铣槽机的优越性能,其被广泛应用于地下连续墙的施工中。

(六) 潜水钻机

潜水钻机及其设备简单、体积小、成孔速度快、移动方便,近年来被广泛地使用于覆层中进行成桩作用,适用于填土、淤泥、黏土、粉土、砂土等地层,尤其适用于地下水位较高的土层中成孔,但不宜用于碎石土层。

二、基础灌浆机械

把既有流动性又有胶凝性的浆液,压送到地基岩石或砂砾石层中,称为基础灌浆。这些浆液在岩石层的裂隙中或砂砾石层的孔隙中填实空隙,经过硬化、胶结,形成结石,防止基础渗漏,增强地基承载能力,以改善地基地质条件,满足地基设计要求。

基础灌浆所用的机械主要有泥浆泵、灰浆泵、化学灌浆泵、高压清水泵、全液压灌浆泵等不同形式的灌浆泵以及泥浆搅拌机。

(一) 泥浆泵

灌浆所用的泥浆泵,一般多为往复式活塞泵(图1-6-52)。活塞在缸套内每往返一次(即曲轴旋转一周),泵只进行吸、排浆液一次者,称单作用泥浆泵;活塞在缸套内每往返一次,泵进行吸、排浆液两次者,称双作用泥浆泵。

图1-6-52 泥浆泵

选择泥浆泵时应注意的事项:应能满足压力要求,一般泥浆泵的额定压力是灌浆使用压力的 1.2~1.5 倍;能满足岩石层裂隙或砂砾石孔隙吸浆量的要求;结构简单、轻便,易于拆卸、搬迁;压力稳定,安全可靠。

(二)灰浆泵

灰浆泵(图 1-6-53)具有体积小、重量轻、灵活便捷的特点,被用于垂直及水平输送灰浆,广泛应用于水利工程的灌浆注浆作业及介质输送,主要部件有叶轮、泵壳和轴封装置。

灰浆泵的叶轮安装在泵壳内,并紧固在泵轴上,泵轴由电机直接带动。

(三)化学灌浆泵

化学灌浆泵多为计量泵(图 1-6-54)。如 JD 型计量泵,适用于输送温度 -30~100℃、黏度 0.3~800cst,不含固体颗粒的腐蚀性或非腐蚀性的液体。其主要被用于进行化学灌浆,所以称为化学灌浆泵(简称化灌泵)。该泵在最大相对行程长度、最高排出压力和公称往复次数下,手动调节时流量复现性精度在 ±1‰ 之内,计量准确,故称为计量泵。该泵由传动部分和水力部分组成。传动部分使柱塞作往复运动,水力部分靠吸入和排出输送浆液。

图 1-6-53 灰浆泵

图 1-6-54 计量泵

(四)高压清水泵

高压清水泵(图 1-6-55)结构紧凑、体积小、质量轻、效率高,可输送 0~50℃ 清水、乳化物和化学性质类似清水的液体。它适于作断续作业的高压水动力装置,尤其适用于作移动式高压水清洗设备的动力装置。它被广泛应用于能源、化工、造船、交通、市政、水利水电等行业。在基础灌浆之前,可用它清(冲)洗孔内夹层的淤泥、积砂等杂质,因此称为高压泵。

(五)全液压灌浆泵

全液压灌浆泵是水泥浆压力灌注的专用

图 1-6-55 高压泵

泵（图1-6-56），主要用于大坝、矿井、隧道、桥梁等各种工程的基础处理。由于它结构紧凑，尤其适用于廊道内高压灌浆作业。

如YGB5-10型全液压灌浆泵，是由电动机通过弹性齿轮联轴节，带动轴向变量柱塞泵而产生高压油，通过液压阀，进入液压缸前后两个腔，驱动液压缸内活塞，液压缸内活塞带动工作缸活塞作连续地往复运动。该泵在工作缸活塞作用下，通过进浆阀和排浆阀完成吸浆和排浆过程。

（六）泥浆搅拌机

泥浆搅拌机（图1-6-57）结构简单，使用单位可在工地自行制造，容量通常为200～1000L，其形式有立式和卧式两种。

图1-6-56 全液压灌浆泵

图1-6-57 泥浆搅拌机

常用的200L双筒立式搅拌机，也称为搅拌槽，这种搅拌机上下两个搅拌筒共用一根立轴，每个筒内立轴上都装有搅拌叶片。上筒将浆液搅拌到合适使用要求后放到下筒，供灌浆使用。下筒搅拌防止浆液的沉淀。下筒下部有出浆口，与泥浆泵的吸浆口相连。

第五节 砂石料加工和混凝土机械

一、破碎机

（一）概述

破碎机是将开采出来的岩石或天然砾石按照需要的粒径进行破碎加工的机械，在水利水电建设工程中，破碎机通常用来加工各种粒径的砂石料，使其作为混凝土骨料之用。

破碎机通常是按被破碎物料的进料和出料粒径，分为粗碎机（进料粒径为350～1500mm，出料粒径为100～300mm）；中碎机（进料粒径为100～300mm，出料粒径为30～100mm）；细碎机（进料粒径为30～100mm，出料粒径为3～25mm），以及磨碎机等。破碎机的粗、中、细各破碎段分类及粒径，视各应用部门的产品进出料粒径不同及工

第六章 水利工程常用施工机械类型及应用

艺要求而有所差异。

破碎和筛分段数的确定，是砂石料加工工艺流程的主要环节，它取决于石料最初块径和加工后产品最终粒径及级配的要求。破碎段数由总破碎比决定，即

$$F=\frac{D}{d} \qquad (1-6-2)$$

式中 F——总破碎比；

D——毛料中最大块径，mm，指通过95%的毛料量的方孔筛尺寸；

d——破碎后产品中最大粒径，mm。

总破碎比等于各段破碎比的乘积。常用的破碎机械的破碎比范围见表1-6-3。一般采用两段破碎即可完成碎石加工；而人工制砂是用经过级配平衡后的各级碎石，其粒径为20～150mm，故而须通过第三段破碎，使粒径小于20mm后，方能进入制砂机械制砂。

表1-6-3 破碎机的破碎比范围表

破碎分段	破碎机型	流程方式	破碎比数值	
			名义	应用
第一段	旋回破碎机	开路	6～9	3～5
第二段	标准圆锥破碎机	开路	3～11	3～5
第三段	短头圆锥破碎机	开路		3～6
第四段	锤头破碎机	开路	6～30	5～30

各种破碎机依其自身的构造特点，对岩石或矿石施加挤压、弯曲、冲击、劈裂、碾磨等作用力，使其破碎。虽然各种岩石的机械性能不同，但它们的抗压强度均大于抗拉强度和抗弯强度。

机械破碎方法有挤压破碎、弯曲破碎、冲击破碎、劈裂破碎和碾磨破碎等。一台破碎机的工作过程，往往同时存在着两种以上的复合破碎作用。

一般在选用破碎机时，还要注意以下具体情况：

（1）所用石料的可碎性、黏性，混入石料中的泥土含量及含水量和给料最大块度。

（2）根据混凝土工程量及其级配要求，既要满足生产能力要求，又要适应工艺操作的特点，结合当地的自然地理条件和施工条件加以考虑。

（3）根据破碎机的特点和配置条件作技术经济指标比较，以达到既合乎质量要求，又便于操作，工作可靠，并能最大限度地节省投资和费用。

（4）岩石越坚硬越不易破碎，会影响破碎机的产量，若岩石含泥量大或黏性物料多时，则破碎机将因排料口堵塞而降低生产率。因此，在选用破碎机等设备时，从生产能力上来讲要留有余地。

工程中使用破碎机的工艺流程，有的是开路布置，主要是用于破碎天然砾石，又把过量的超径石破碎到250mm粒径以下；有的组成破碎筛分流程，以闭路形式布置，用以人工砂石料加工，分段破碎，为获得各种不同粒径的碎石，使生产形成一条龙。一般配套机械有挖掘机、推土机、给料机等。为确保破碎机正常生产，除按要求对机器进行正确安

装、合理使用之外，还必须注意对机器的维护、保养和检修。

（二）分类

1. 颚式破碎机

颚式破碎机（图1-6-58）的应用范围相当广泛，它具有结构简单、制造容易、维修方便、工作可靠并能破碎多种硬度的物料等特点；另外，和同类机械相比，它的重量最轻、价格低廉、运输方便、外形尺寸高度较小、排料口调节方便。

颚式破碎机是一种间断工作的破碎机械，它的工作效率比连续工作的破碎机械要低一些。颚式破碎机不同机型结构及动颚轨迹见表1-6-4。

图1-6-58 颚式破碎机

表1-6-4　　　　　　　　不同机型结构及动颚轨迹

名称	单肘	双肘	综合摆动	双动颚	动颚水平运动
结构草图					
动颚在破碎腔上部运动轨迹					
动颚在破碎腔下部运动轨迹					

（1）单肘板破碎机又称为复摆颚式破碎机或称高架偏心轴式破碎机，由于节省了偏心轴的连杆，简化了结构，故重量轻，占地面积小，而动颚的上下端交替进行破碎与排料，功率消耗相对减少；同时，动颚垂直行程较大，虽然导致衬板的磨损，但有利于排料。由于动颚上部水平行程大，因而生产能力比双肘板的破碎机要大约30%。近年来由于高负荷大型滚动轴承的应用，免除了轴瓦易损的弊病，从而促进了它向大型化发展的趋势。

（2）双肘板颚式破碎机又称为简摆颚式破碎机。由于距悬挂点最远处的颚板水平行程大，所做的功也大，故能破碎坚硬的矿石。然而它的动颚垂直行径小，故磨损也比单肘板破碎机要小些。由于颚板上部水平行程小，因而影响了它的破碎效率。

（3）按破碎腔形式，可分为直线型（即标准型或阻塞型）和曲线型（即非阻塞型）两种。直线型破碎腔排料口面积小,空隙率低,易发生阻塞,因此造成机器过载和衬板下部严重磨损。目前广泛采用的是曲线型破碎腔,此种破碎腔阻塞点上移,空隙率大,不易发生阻塞现象,其生产率也随之增加,而衬板磨损则相应地减小。

(4)另外用于粗碎的颚式破碎机,目前多采用深破碎腔和小啮角结构方式。

2. 旋回式破碎机

旋回式破碎机(图1-6-59)广泛地运用于各种岩石和矿石的粗碎。重型液压旋回破碎机适合于破碎抗压强度在250MPa以下的各种岩石或矿石,而轻型液压旋回破碎机则只适用于破碎抗压强度在120MPa以下的各种岩石。

近年来,一些大中型水利水电工程的施工单位,在布置人工砂石料加工系统时,粗碎部分大多选用底部液压旋回破碎机。目前世界各国对旋回破碎机生产均趋向大型化发展。美国已采用给料口尺寸为1520mm以上的大型旋回破碎机。旋回破碎机的缺点是构造复杂,价格较高;检修比较困难,修理费用大;机身较高,使厂房、基础等构筑物的建设投资增大。

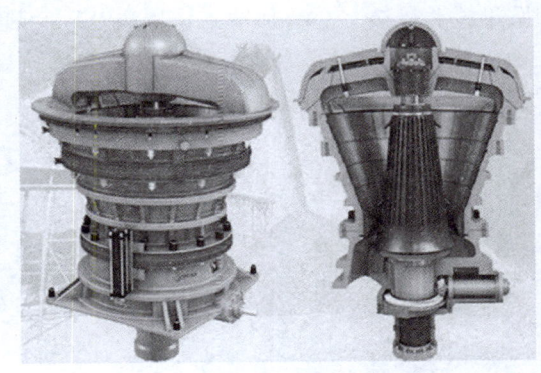

图1-6-59 旋回式破碎机

旋回破碎机适宜于生产量较大的工厂和采料场中使用。根据经验,如果选型时,一台颚式破碎机能满足生产要求,则用颚式;如果需要两台颚式,则应考虑选用一台旋回破碎机。

3. 圆锥式破碎机

圆锥式破碎机(图1-6-60)就其工作原理与运动学特点而言与旋回破碎机相似,但某些部件结构有所不同。破碎机工作时,破碎圆锥在偏心轴承的迫动下做旋摆运动,转速高,动锥的摆动角(冲程)大,因此对物料冲击破碎的效应强。圆锥破碎机的优点是结构先进,工作连续可靠,生产效率高,功率小,运转平稳,噪声小等优点,适合于中碎、细碎各种坚硬石料。它的缺点是构造复杂,摩擦件多,加工精密,设备外形尺寸较大;要

图1-6-60 圆锥式破碎机

分体移运，要求精心安装维护；同时系统的配套设备和基建造价高。

圆锥式破碎机按其调整排料口和过铁（不可破碎物）时的不同方式，分为弹簧式和液压式两种类型，它们的基本结构与工作原理相同。

根据给料粒度及产品要求粒度不同，圆锥破碎机按破碎腔的形状分为标准型、中型、短头型三种，标准型、中型圆锥破碎机可选用于中碎或细碎流程，而短头型则用于细碎作业。圆锥破碎机的最大给料粒度一般为给料口的 0.85 倍，其产品粒度取决于被破碎岩石的硬度、给料均匀性、给料配比、破碎动锥与定锥板的规整程度、机器的性能参数，以及相关设备的配置和运行的状况等。对于处理特别坚硬的矿物或岩石时，可选用西蒙斯超重型圆锥式破碎机，它有加宽的铸造法兰，经热处理的碳钢支承套，其截面较大，弹簧负荷比重型破碎机大 50%，使得各部位结构负荷增加，这样可以破碎高硬度的物料，生产的细粒度产品获得可靠的效果。

4. 锤式破碎机

锤式破碎机（图 1-6-61）也是一种冲击式破碎机，是借高速旋较的桶头来冲击破碎物料的机械。它适用于软的、中等硬度的以及脆性物料的中碎、细碎流程作业。运行时噪声大、粉尘多。

图 1-6-61　锤式破碎机

锤式破碎机按照转子数目可分为单转子式和双转子式。单转子式锤式破碎机又分为可逆式与不可逆式。按照锤头固定的方法又可分为锤头紧密地固定在转子上和锤头铰接悬挂在转子上两种。若按照转子上装设圆盘的数目还可分为：单排圆盘锤式破碎机、双排圆盘锤式破碎机和多排圆盘锤式破碎机，常用的是单转子铰接悬挂式锤头的多排圆盘锤式破碎机。

锤头是关键的工作部件，通常用优质钢、高锰钢或其他耐磨合金钢做成。除要求能有效地破碎物料外，在结构上还要求锤头在磨损后能上下或前后调头使用，以充分地利用材料。装在转子上锤头重量应相等，避免转动时产生振动。更换锤头时应成对地更换，其重量的偏差应控制在一定的范围内。此机型的产品粒度与锤头数目、转子速度有关。锤头圆周速度一般为 35~70m/s，若破碎物料较脆且产品中粒度细小，则锤头速度应大些（40~75m/s），且轻型锤头数目应多些；若破碎物料较硬且要求产品为中等粒度，则锤头速度应小些（35~55m/s），数目宜少些，而锤头重量应大些。增加锤头的速度虽然可以使破碎比增大，产品中细粒含量增多，但相应增加了功率消耗，降低了生产效率。同时还会引起锤头、算筛和衬板的剧烈磨损。

锤式破碎机构造简单、尺寸紧凑、占地面积小、自重轻、易于安装，且具有破碎比大、产品粒径小、粒形较好等优点。但使用中锤头时，转子圆盘、衬板、算筛磨损较快，不宜破碎坚硬石料。锤头磨损后产品粒径相应变粗、粉尘严重，采用湿法生产或物料含水率超过 12%，以及含有黏土时，出料算筛极易堵塞，因而降低了生产率。同时，在来料中有夹带金属杂物时，极易打坏筛条。并且锤头数量多、磨耗大、更换困难。

5. 反击式破碎机

反击式破碎机（图 1-6-62）是一种利用冲击能来破碎物料的破碎机械，具有破碎效率高、破碎比大、粒度均匀、适应性广等优点，可用于 39.2～245.2MPa 的中硬和脆性矿石与物料的破碎。目前，在我国水利工程中多用于物料的中碎、细碎工艺流程。

反击式破碎机能充分利用整个转子能量，破碎比大且物料碎裂可达极大限度。破碎效率高、节省能耗、能简化破碎生产流程、节省设备和基建费用，而机器本身构造简单、外形尺寸小、机器价格低、进行操作及维修均较方便。其主要缺点是板锤、反击板等部件极易磨损、更换频繁、运行噪声大、粉尘多。它适合于破碎中等硬度的易碎性物料，不适合于硬度大难破碎的细粒结构的花岗岩、玄武岩及 SiO_2 含量较大的岩石及塑性、黏性矿石。

图 1-6-62 反击式破碎机

反击式破碎机电能消耗小、破碎比大、处理量大、粒度均匀，而且具有选择性作用，在非金属矿破碎作业中，多用于易碎性物料破碎，比其他锤式破碎机有更多优越性，故国外广泛地发展此机型。

6. 悬辊式磨机

图 1-6-63 悬辊式磨机

悬辊式磨机又称为雷蒙磨、悬辊磨（图 1-6-63）。主要适用于莫氏硬度 9.3 级以下，湿度在 6% 以下的各种非易燃易爆矿产物料的加工，在冶金、建材、化工、矿山、高速公路建设、水利水电等行业有着广泛的应用，是加工石英、长石、方解石、石灰石、滑石、陶瓷、大理石、花岗岩、白云石、铝矾土、铁矿石、重晶石、膨润土、煤矸石、煤等物料的理想选择。物料的成品细度为 0.033～0.613mm。

悬辊磨的主要技术参数是最大给料粒度、粉碎力、生产能力及电机功率。悬辊磨的规格以磨辊数量、直径及高度来表示，例如 4R3216 型悬辊磨为 4 个磨辊，其直径为 32cm，磨辊高度为 16cm。

7. 球磨机

球磨机（图 1-6-64）为筒形磨碎机，它由给料、出料、筒体、轴颈、轴承、传动及润滑等部件组成。筒体内装有不同直径的研磨介质，它由电动机、减速箱、周边齿轮带动而旋转。物料进入筒体与研磨介质在摩擦力和离心力作用下，随着筒体回转被提升到一定高度后抛落，从而对物料产生冲击、滚压、研磨而被破碎，并通过溢流和连续给料作用将成品排出机外。

球磨机的优点在于粉碎比大、出料细、扬尘少；缺点是产量低、电耗高，要求原料的含水率很低。

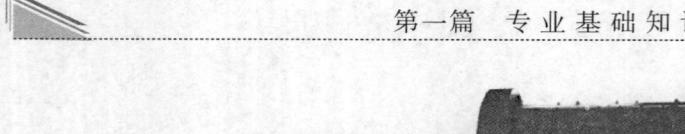

图1-6-64 球磨机

二、洗砂机

(一) 概述

建筑施工中,浇筑混凝土所需要的天然砂石料或人工砂石料都必须通过冲洗、分级、脱水,除去其中的污物和杂质后,才能作为建筑材料来使用。为此通常采用洗砂机来处理。

洗砂机的种类很多,如沉砂箱、链板洗砂机、螺旋分级机、水力分级机、风力分级机等。

通过提高砂料的级配,适当增加细砂的含量,可以提高混凝土的强度和抗渗性能,改善混凝土和易性,节约水泥用量。因此,国内外已采用分级精度很高的各种空气分级机和水力分级机,把砂料分成5~7级,并使每级的含量保持所需要的比例,以获得最优的颗粒级配。

图1-6-65 螺旋式输送机

(二) 分类

1. 螺旋分级机

螺旋分级机是一种特制的比普通螺旋输送机更为复杂的螺旋式输送机(图1-6-65)。用它来对砂料或矿物进行淘洗、分级和脱水。其构造原理与螺旋输送机相仿。

螺旋分级机的结构型式若按螺旋的数目可分为单级螺旋和双级螺旋两种,两者工作原理相同;按传动型号可分为单传动和双传动,单传动用于单螺旋,双传动用于双螺旋,双传动的两个传动系统功率和转速相同,分成左右对称安装;按溢流端螺旋叶片浸入溢流面的深度不同,又可分为低堰式、高堰式和沉没式三种。

低堰式螺旋分级机的溢流堰顶低于溢流端轴承的中心。因此,沉降区面积较小、溢流量低,一般只适用于冲洗矿砂,而不适宜于分级,故选用的不多。

高堰式螺旋分级机的溢流堰顶高于溢流端轴承的中心,但低于螺旋叶片的上缘,沉降区的面积较大。这种螺旋分级机适用于分离粒度小于0.15mm的特细砂和杂质。

沉没式螺旋分级机溢流端的螺旋叶片全部浸没在沉降区的料浆面以下,沉降区的面积和深度较大,有利于砂粒的沉淀,这种分级适用于细颗粒的分级,一般用于分级小于0.15mm的特细料。

螺旋分级机由传动装置、螺旋、水槽、进料口、放水阀、升降机构、上下支承座等主要部件组成。给料和溢流的浓度对分级粒度的影响较大,给料时,尽可能沿槽箱宽度均匀地给料,所以必须适当选择。浓度小,分级的粒度也减小,且产量低;当浓度加大,料浆量增加时,其溢流的速度也增加,从而使颗粒沉降时间减少,分级粒度反而提高。

与其他洗砂机械相比,螺旋分级机结构简单操作方便,工作可靠,分级区工作平稳;分离粒度相同时,可以获得较浓的溢流;安装坡度较大,返砂中的水分较少,且易与胶带连接,便于把洗净的砂石料输送至堆料场继续脱水;发生淤塞或停车时不需要清理槽内的沉砂,只需将螺旋提高便可再行开机生产。

螺旋分级机的给料粒度最大不能超过15mm,产品的含水率一般为15%~18%,在相同的条件下,采用双螺旋分级机比采用单螺旋分级机所得到的砂料含水量稍低些,而生产率约为直径和转速相同的单螺旋分级机的两倍。

螺旋分级机的螺旋直径和螺旋转速是决定其返砂量的主要因素。必须依据混凝土工程设计的砂粒要求,适当选择螺旋直径或变更螺旋转速和功率,使之在最佳生产状态下进行。

螺旋分级机选型的依据除上述几点外,还需根据溢流粒度和浓度及分级机的长度和粒度来确定。在满足处理能力的前提下,应尽量选择单螺旋分级机,因为双螺旋输送机的螺旋工作负荷只是单螺旋的60%~70%,效率较低。

当与磨碎机或筛分机组成联合作业时,螺旋分级机的生产能力便与前者相匹配,且留有一定的余地,参考的裕度应为1.5倍。配合棒磨机制砂的螺旋分级机,其产量应为棒磨机的1.5倍。

2. 砂石洗选机

当石料、矿物中含有夹泥,在分机上用压力水冲洗不能保证其含泥量标准时,则需要使用洗泥设备,一般称为洗矿机或洗石机(图1-6-66)。

洗石机的构造部件是由它的作用功能决定的,其工作原理是采取叶片随筒体旋转、搅拌,或螺旋叶片随传轴相对搓动,达到洗除泥土的目的。前者称为筒式洗矿机,后者称为槽式洗矿机,这两种机型在砂石料厂均比较常用,相对而言,槽式洗矿机应用更广泛。

图1-6-66 洗石机

槽式洗矿机有倾斜式和水平式两种,倾斜式主要优点是生产能力大,结构简单,工作可靠,耗电少。其缺点是给料粒度最大不能超过100mm,石料未经分级,洗泥不够彻底,产品表面有黏土膜盖,对脆性物料泥化大;水平式槽洗机的优点是对含黏土多的石料擦洗较彻底,耗水量少,短时停车后容易启动。其缺点是生产能力较小,电能消耗大,结构也复杂些。

三、筛分机

(一) 概述

筛分机是将破碎或天然的砂砾石及其他松散物料通过筛面上具有一定尺寸和形状的网孔分成各种粒径的筛选机械,除作物料分级外,它还可用于脱水、脱泥、脱介质。它广泛用于选矿、化工、建材、煤炭、水利水电、建筑等工业部门。

水利水电工程的砂石料筛选主要有预先筛分、检查筛分、分级筛分三种。根据不同要求有湿式和干式两种作业方式，其工艺布置有开路、闭路及联合形式。筛分作业有时作为磨碎前的准备工序，为在碎磨过程降低能耗，为求"多碎少磨"尽量减少碎料的最终粒度，通常与破碎设备一起组成破碎筛分工艺流程。

按其工作特点与作用不同，筛分机可分为固定筛和活动筛两大类，固定筛的筛面是静止的，活动筛的筛面是活动的。

固定筛的棒条筛面是水平或安装成一定倾角，物料靠自身重量的分力，沿筛面移动，规格尺寸不同而达到不同规格的分级，如图 1-6-67 所示。

图 1-6-67 固定筛

固定筛的优点是不消耗动力、结构简单、价格便宜。缺点是效率低、生产率不高、筛孔易堵。

活动筛的筛面有水平和倾斜安装的，有座式和吊式的。按其传动方式不同，活动筛分为圆筒旋转筛和振动筛。

振动筛是利用不平衡重激振使筛箱振动，它具有构造简单、工作可靠、振动频率高，振动能使物料扩散、筛孔畅通、生产能力大、筛分效率高等优点。但它有要求基础要牢固、减振装置要灵敏、筛网破损严重、润滑装置密封要求严格等缺点。

（二）振动筛分机分类

1. 共振筛分机

共振筛分机简称共振筛（图 1-6-68），它借助偏心轴的旋转带动橡胶弹簧，使筛分

图 1-6-68 共振筛分机

机产生振动而工作。其特点是振动系统的自振频率与振动器的强迫振动频率接近相等。筛子在接近共振状态下工作，也就是各种弹簧刚性的设计是根据自振频率与强迫频率接近相等的条件来确定的，因此共振筛耗能较少。

共振筛有单层和双层两种方式。适用于中、细粒石料的干、湿式筛分和脱泥，最大入料粒度为 100mm。

共振工作时，筛子是作往复直线运动的，其优点是振幅大、筛分效率高、处理能力大、动负荷小、电耗少、结构紧凑等。但制造工艺复杂、设备重量大、振幅不稳定、调整较难、橡胶弹簧容易老化、使用寿命短、价格高。

2. 圆振动筛

圆振动筛（图 1-6-69）具有结构先进、振动噪声小、筛箱坚固耐用、易于维修等优点，在国内用它广泛替代了其他类型的振动筛。

圆振动筛工作时，由装在筛箱外的电动机通过三角皮带驱动具有偏心质量（轴偏心）

的振动器，由筛箱产生振动，其筛面的运动轨迹为圆形。其振动作用体现在三个方面：①使筛面上的物料层松散，细粒通过物料层下落到筛面并通过筛孔排出；②使物料能均匀沿筛面向前推进；③使卡在筛孔中的难筛物料跳出，起到清理筛孔的作用，以达到筛孔畅通的目的。

3. 直线振动筛

直线振动筛（图1-6-70）的筛面水平安装，物料在面上移动不依靠倾角，而取决于振动的方向角。由于水平安装，配置高度小，筛机振幅大，筛分效率高（筛面各点运动轨迹相同，有利于物料筛分）。该筛分机结构紧凑、强度大、振动参数合理、维修方便、可靠性强、噪声小。其缺点是构造复杂、制造精度要求高、成本高、振动器重量大、能量消耗多、振幅不易调整等。

图1-6-69　圆振动筛

图1-6-70　直线振动筛

直线振动筛广泛用于选煤、冶金、建材、化工等采矿业，水利水电工地的混凝土骨料预选工艺中常用此筛作为脱水设备。

四、给料机

在水利工程施工中，给料机的作用是将混凝土细骨料、水泥、粉煤灰等物料，均匀连续或间断地向筛分机、皮带机及其他工艺设备喂料，使设备在稳定负荷下进行生产。

给料机一般是直接安装在储料仓或储（卸）料口的底部或侧面（兼作闭镇器），给料机常用弧形门，能起到闸门的作用，以防止物料从料仓中流出。

给料机类型较多，有电磁振动给料机、槽式给料机、螺旋给料机、刚性叶轮给料机、胶带给料机、摆动式给料机、板式给料机及圆盘给料机等，可按物料的粒径、给料量、给料均匀性、工艺要求及场地布置来选取合适的型号。

1. 电磁振动给料机

电磁振动给料机是一种比较常用的给料设备（图1-6-71）。其主要优点是：结构简单、重量轻、体积小、无转动部件、安装维修简便、运转费用低、给料均匀、调节容易、可远距离控制、有利于生产的自动化。它的缺点是噪声大，尤其是在地弄内形成的声波反射会产生共鸣，影响操作人员的健康。同时，料仓不能放完，以避免石料直接下落击坏设备。当物料含泥量较大时卸料不畅，易发生堵塞，可用水冲。在输送湿砂及摩擦系数较小物料时，闭锁能力差，可以通过调节料仓门开度，改变料层厚度达到调节给料机生产率的

图1-6-71 电磁振动给料机

目的。

一般用于给料下倾10°的安装，对于黏性物料及含水量较大的物料可将下倾角增加到15°，如用于配料、定量给料或自动称量时，为保证给料量的均匀、稳定、防止物料自流，给料机应水平安装使用。

给料形式分类及主要用途如下：

(1) 基本型。结构型式为下振式，用于无特殊要求的给料。

(2) 上振型。安装在给料槽的上方，与基本型的方向相反，适用于配置空间不够的场合，其他与基本型相同。

(3) 封闭型。适用于易碎颗粒、粉尘较大及具有挥发性的物料给料。

(4) 轮槽型。适用于比重较小的轻比重物料。

(5) 平槽型。适用于薄料层均匀给料，可用于配料。

(6) 定槽型。适用于选煤，也可用于筛分设备的给料。

2. 槽式给料机

槽式给料机（图1-6-72）结构简单、运行可靠、保养方便、给料均匀、不易堵塞、故障较少，在给料板宽度固定的情况下，可调整给料高度、给料次数、增减行程、适应性强，尤其输送含泥量较大的骨料，生产能力较高，常用于粗碎机及半成品料仓的给料。给料量可通过调整传动机构的偏心轮的偏心距来调节。

槽式给料机由电动机通过减速箱经偏心轮、连杆带动给料槽板，进行连续性的往复运动，槽板上的物料随着往复运动达到给料目的。

3. 胶带给料机

胶带给料机，即短型的胶带运输机（图1-6-73），其特点与构造和胶带输送机一样，只是长度较短。

图1-6-72 槽式给料机

图1-6-73 胶带给料机

胶带给料机适用于中等粒度（粒度小于400mm）的物料，给料均匀，距离可长、可短，配置灵活性大，配无级变速电动机驱动后，可自动调节给料量。但不能承受较大料柱压力，物料硬度高，块度大，胶带磨损快。

五、混凝土搅拌机

(一) 概述

混凝土搅拌机是搅拌楼（站）的主要机械设备，它的任务是将一定配合比的水泥、砂、石、水、掺和料和外加剂等搅拌成混凝土。它与人工搅拌的混凝土相比，既能大大提高生产率，加快工程进度，提高混凝土的质量，又能大大减轻工人的劳动强度。

混凝土搅拌机一般由搅拌筒、装料机构、出料机构、配水设备、原动机、传动机构、机架与行走机构等组成。

混凝土搅拌机的动力主要有电动机、汽油机、柴油机，其中柴油机用得极少。

混凝土搅拌机选择与使用是否合理妥当，会直接影响到工程的造价、进度和质量。因此，必须根据工程量的大小、混凝土搅拌机的使用期限、施工条件以及设计的混凝土组成特性（如骨料的最大粒径等）、坍落度大小、稠度要求等具体情况，来正确选择和合理使用。

为了充分发挥混凝土搅拌机效能，除了必须根据混凝土搅拌机的生产能力匹配相应的衡量设备、进料、出料及所需的运输工具外，还必须注意合理的施工工艺布置。

混凝土搅拌机的施工工艺平面布置形式应根据施工条件来决定，它可以单台布置，也可以多台单线布置，或双合双线布置。我国使用最多的布置形式是巢式（一般为3台或4台等）布置。混凝土搅拌机的平面布置形式如图1-6-74所示。

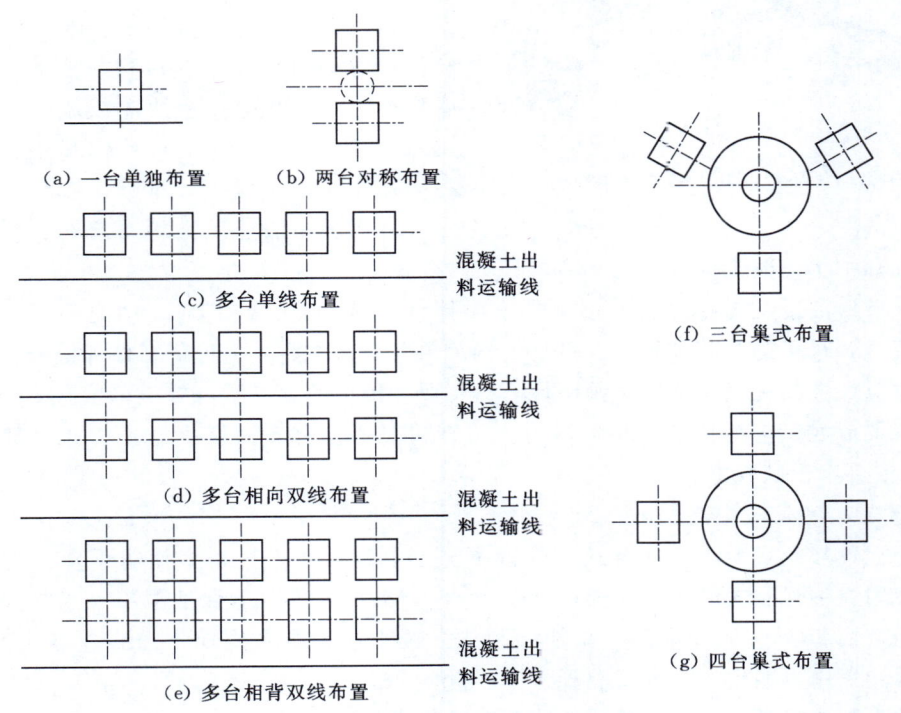

图1-6-74 混凝土搅拌机的平面布置形式

(二) 分类

混凝土搅拌机的种类繁多，分类情况见表1-6-5。

表1-6-5　　　　　　　　　　　混凝土搅拌机分类

分类	按工作性质分	按搅拌机形式分	按安装形式分	按出料方式分	按搅拌筒外形分
形式	周期式 连续式	自落式 强制式	固定式 移动式	倾翻式 非倾翻式	梨形 锥形 鼓形 盘形 槽形 其他形

混凝土搅拌机大致可分为大型、中型、小型三大类。其中大型混凝土搅拌机主要与混凝土搅拌楼配套使用。

1. 自落式混凝土搅拌机

自落式混凝土搅拌机均是搅拌筒旋转自落式（图1-6-75）。它是将搅拌物提升到一定高度后自由落下，以达到搅拌均匀的目的。根据出料方式不同，分为倾翻出料式和反转出料式，根据搅拌筒的形状不同，分为锥形混凝土搅拌机、鼓形混凝土搅拌机和梨形混凝土搅拌机。

（1）锥形混凝土搅拌机。锥形混凝土搅拌机由进料机构、搅拌机构、传动机构、供水机构、底盘及电控系统等组成。具有传动可靠、噪声小、能耗低、结构紧凑、运转平稳、操作简便、搅拌质量好、生产率高等优点。适用于一般建筑工地、道路、桥梁、水利等工程和中小混凝土构件厂。

图1-6-75　自落式混凝土搅拌机

（2）鼓形混凝土搅拌机。鼓形混凝土搅拌机由搅拌筒、装料斗、动力装置、配料装置、机架、卸料机构等部分组成。具有结构简单、制造方便、造价低、保养维修方便、体积小、适应性强的优点。常用于预制件厂、工业和民用建筑工程等施工单位。

（3）梨形混凝土搅拌机。梨形混凝土搅拌机属小型移动式混凝土搅拌机（额定容量100L），主要用于试验室。

2. 强制式混凝土搅拌机

（1）立轴强制式混凝土搅拌机。在混凝土预制构件生产中，多使用干硬性混凝土制品，常使用立轴强制式混凝土搅拌机（图1-6-76），这不仅能保证混凝土预制构件的质量，又能节约20%～30%水泥。立轴强制式混凝土搅拌机有周期生产和连续生产两种，目前我国均采用周期生产强制式混凝土搅拌机。

立轴强制式混凝土搅拌机的搅拌装置有涡桨式和行星式两种，搅拌筒有固定式和旋转式两种。

立轴强制式混凝土搅拌机的特点是结构简单、体积小、密封性好、转移方便、生产效率高。这类混凝土搅拌机加工出来的混凝土质量均匀，适合拌制细骨料和干硬性混凝土。

第六章 水利工程常用施工机械类型及应用

主要缺点是不宜拌制较粗骨料的混凝土,在水利水电工程中一般用得比较少。

(2)卧轴强制式混凝土搅拌机。卧轴强制式混凝土搅拌机有单卧轴和双卧轴两种。

水利工程中,干硬性混凝土常用于碾压混凝土大坝中,具备施工进度快、水泥用量少等优点,而双卧轴强制式混凝土搅拌机(图1-6-77)特别适用于生产干硬性混凝土,因而得到了大量应用。

图1-6-76 立轴强制式搅拌机　　　图1-6-77 双卧轴强制式搅拌机

双卧轴强制式混凝土搅拌机主要由搅拌筒体、搅拌机构、驱动装置、气动排料装置四部分组成。

双卧轴强制式混凝土搅拌机是机械制备混凝土最早使用的搅拌设备。其主要原因是该设备具有以下优点:

1)双卧轴强制式混凝土搅拌机外形尺寸小、重量轻、容量大、效率高。

2)双卧轴强制式混凝土搅拌机是通过对搅拌物施加作用力,使其形成一定的物料流动方向,从而使搅拌物达到均匀分布和混合的目的。因而能生产坍落度广泛的优质混凝土。

3)结构合理坚固,从而提高了传动效率和工作可靠性。并且搅拌轴和搅拌铲臂刚度大、运转平稳、噪声小、机械维护保养方便,对大骨料混凝土生产的适应性较好。

4)采用了高耐磨铸钢制造衬板与叶片,其叶片厚度明显大于同类混凝土搅拌机,寿命约达20万罐次。

5)混凝土搅拌筒体形状仍保持BHS公司的机型,搅拌片形状做了改进,设置了中间搅拌叶片,搅拌效率高。虽然搅拌时的尖峰能耗高,但这正是提高搅拌效果所必需的。

6)此种搅拌机的圆周速度只有其他类型搅拌机的1/3,因而,叶片和衬板磨损较小,耐磨性比圆盘式提高2倍。

该设备的不足是搅拌机功率消耗较其他搅拌机大,制造成本也较高。

六、混凝土搅拌楼
(一)概况

混凝土搅拌楼是一种新型的混凝土搅拌制备系统,主要由搅拌主机、物料称量系统、物料输送系统、物料储存系统和控制系统五大系统和其他附属设施组成。混凝土搅拌楼骨料计量与混凝土搅拌站骨料计量相比,减少了四个中间环节,并且是垂直下料计量,节约了计量时间,因此大大提高了生产效率。同型号的情况下,搅拌楼生产效率比搅拌站生产效率提高了1/3。

国产混凝土搅拌楼的主体和外形,基本上是采用大构件组装式钢结构。

(二) 国产混凝土搅拌楼

混凝土搅拌楼按其布置形式可分为单阶式(垂直式)、双阶式(水平式),其骨料流程如图1-6-78所示。

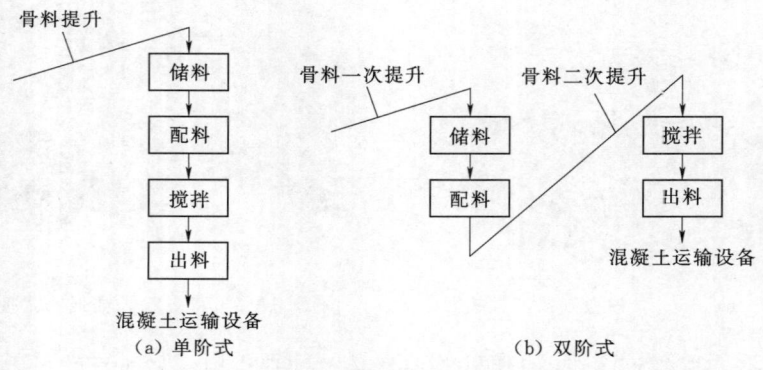

图1-6-78 混凝土搅拌楼骨料流程图

单阶式布置的混凝土搅拌楼,混凝土搅拌楼材料只需要提升一次,然后靠自重下落至各道工序。因此,这种布置形式的混凝土搅拌楼生产率高,占地面积小,易于实现自动化。目前,水利水电工程使用的混凝土搅拌楼均属于这种形式。

图1-6-79 自落式混凝土搅拌楼

双阶式混凝土搅拌楼,混凝土搅拌的组合材料需经二次提升,它是先将组合料第一次提升至储料仓,材料经过称量后,再次提升加入混凝土搅拌机。这种布置形式的优点是结构简单、投资少、建筑高度低;缺点是材料需要二次提升,效率较低,自动化程度也低。这种布置形式适合于小型水利水电工程使用的混凝土搅拌楼。

目前,水利水电工程使用的多属于可单阶式布置、自动操作、单独称量的自落式混凝土搅拌楼(图1-6-79)。

七、混凝土振捣器

(一) 分类和选用

混凝土振捣器是一种借助动力通过一定装置作为振源产生频繁的振动,并把这种频繁的振动传给混凝土,使混凝土得到振动捣实的设备。选用混凝土振捣器的原则应根据混凝土施工工艺确定,即根据混凝土的组成特性以及施工条件的具体情况,选择合适的结构型式和合理的工作参数的振捣器，同时还应根据振捣器的结构特点、制造和供应条件、使用寿命、维修配套和功率消耗等技术经济因素进行选用。

在实际应用中，振捣器使用频率范围为3000～21000次/min，在钢筋稠密或仓面狭窄的浇筑部位，需用小型轻便的振捣器，宜选用直径较小的插入式振捣器或使用附着式振捣器；对于机械化施工的大面积混凝土浇筑，依靠人工平仓，用小型振捣器进行捣实已无法满足需要，需要生产率高、重量较大、机械化操作的振捣器，或采用大型现代化的振捣设备（如振捣群组、平仓机、振动碾等机载式振捣设备）。混凝土振捣器频率选择需与混凝土工程匹配，见表1-6-6。

表1-6-6　　　　　　　　　　混凝土振捣器频率范围选择

振捣频率/(次/min)	7000～12000	6000～12000	6000～7000	7000～9000
实际应用	一般的普通混凝土振捣	大坝混凝土，振捣器的平均振幅不应小于1mm	一般的水工建筑物混凝土，其坍落度为3～5cm，骨料最大粒径为30～150mm	小骨料低塑性的混凝土

（二）分类

混凝土振捣器按传播振动的方式可分为内部式（也称插入式）、外部式（也称附着式）、表面式、平台式等；按工作部分结构表征可分为锥形、柱形、片形、条形、平台形等；按振源振动的形式不同可分为偏心式、行星式、往复式、电磁式；按使用振源的动力可分为电动式、风动式、内燃式、液压式等；按振动频率的不同可分为高频、中频、低频振捣器。一般来讲，频率为8000～20000次/min的振捣器属于高频振捣器，适用于干硬性混凝土和塑性混凝土的振捣；频率为2000～5000次/min的振捣器属于低频振捣器，一般作为外部振捣器。

1. 插入式混凝土振捣器

插入式混凝土振捣器是插入混凝土内部进行振捣工作的振捣器，如图1-6-80所示。由于这种振捣器是把振动直接传给混凝土，所以它的振动效果较好。

插入式混凝土振捣器主要用于捣固各种垂直方向尺寸较大的混凝土体，例如坝体、闸墩、基础、墙梁、柱、桩等。

国产插入式混凝土振捣器有电动软轴式、电动硬轴直连式、风动插入式、内燃插入式和液压插入式等类型。

2. 附着式和平板式混凝土振捣器

附着式和平板式混凝土振捣器是在混凝土外部或表面进行振捣工作的振捣器，如图1-6-81所示。

平板式振捣器实质上是表面振捣器的一种类型，它是直接放在混凝土表面上移动进行振捣工作。它只适用于坍落度不太大的塑性、半塑性、干硬性、半干硬性的混凝土或浇筑层不厚、表面较宽敞的混凝土捣固。在水利水电工程中，主要用于振捣过水面、溢流面、盖板、拱面、底板等结构物。

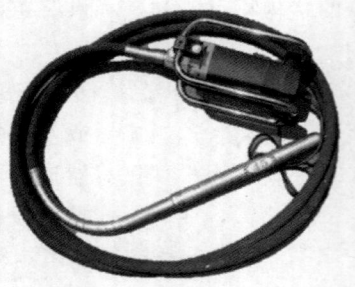 

图1-6-80 插入式振捣器　　　　图1-6-81 平板式振捣器

八、混凝土输送泵

混凝土输送泵又名混凝土泵，由泵体和输送管组成，是利用压力将混凝土拌和物沿管道连续输送的机械，适合于大体积混凝土和高层建筑混凝土的运输和浇筑。

(1) 按其工作原理可分为挤压式、液压活塞式、水压隔膜式。活塞式较为多用，主要由料斗、液压缸和活塞、混凝土缸、分配阀、Y形管、冲洗设备、动力和液压系统等组成。分配阀是重要部件，有各种型式，其中闸板式、管式性能较好，应用较多。活塞式混凝土泵的排量取决于混凝土缸的数量和直径、活塞往复运动速度和混凝土缸吸入的容积效率等。

(2) 按其型式可分为：①固定式混凝土泵（HBG）——安装在固定机座上的混凝土泵；②拖式混凝土泵（HBT）——安装在可以拖行的底盘上的混凝土泵；③车载式混凝土泵（HBC）——安装在机动车辆底盘的混凝土泵。在车载泵基础之上自带臂架和输送管道的，称为混凝土泵车、臂架泵等。混凝土泵车能行驶，便于转移工地，车上还装有能伸缩或曲折的布料杆，能将混凝土拌和物直接运至浇筑地点，机动性更好。混凝土泵车输送压力高，可以满足100m的高层建筑和400m的水平远距离输送。

混凝土泵车的臂架高度是指臂架完全展开后，地面与臂架顶端之间的最大垂直距离。其主参数为臂架高度和理论输送量。臂架高度和理论输送量已系列化。按其臂架高度可分为短臂架（13～28m）、长臂架（31～47m）、超长臂架（51～62m）。按其理论输送量可分为小型（44～87m^3/h）、中型（90～130m^3/h）、大型（150～204m^3/h）。

(3) 按动力可分为电机动力和柴油机动力。在供电正常地区和施工现场，在长时间固定不动的情况下，电机动力使用成本低；柴油机动力机动性强，不受电源影响，但相对电机泵，使用成本略高。

(4) 按每小时泵送方量（m^3/h）分为：15m^3、20m^3、60m^3、80m^3、85m^3、95m^3、105m^3等。选择泵送方量时首先要考虑是商品混凝土还是现场搅拌，如现场搅拌就须考虑搅拌机单位时间的喂料方量和泵送距离的远近等因素。

(5) 按出口压力分类（MPa）分为：4.6MPa、6.7MPa、8.1MPa、13MPa、16MPa、18MPa、20MPa、22MPa等。出口压力（即混凝土压）是决定泵送距离（垂直高度和水平距离）的标志。正常情况下实际泵送（适合泵送混凝土）的垂直高度＝出口压力（MPa）×10，输送距离的远近还受混凝土和管道的密封性等因素的影响。

(6) 按吸料的方式分类：一般分为S阀混凝土泵和闸板阀混凝土泵，两者的优缺点见表1-6-7。

第六章　水利工程常用施工机械类型及应用

表 1-6-7　　　　　　S 阀和闸板阀混凝土泵优缺点

类型	S 阀混凝土泵	闸板阀混凝土泵
优点	泵送距离远（垂直 80m 以上，水平 300m 以上）；泵送完毕后，管道清洗方便	吸料更直接；较 S 阀泵更适用于现场搅拌粗骨料混凝土；电机相对 S 阀泵小
缺点	对骨料要求严（最好是商品混凝土）；电动机过大，成本高，少数工地难以满足供电或混凝土泵，离变压器较远时还要考虑压降问题等	洗管不如 S 阀方便；泵送距离最好控制在垂直 80m 或水平 300m 内

（7）一般常见混凝土泵（图 1-6-82）与输送管道的连接方式有三种，分别是直接连接、U 形连接和 L 形连接。输送管可为钢管、橡胶管和塑料软管。钢管每段长 3m，常用管径为 φ100mm、φ125mm 和 φ150mm，还配有 45°、90°等弯管和变截面的锥形管。布管时应尽量减小混凝土拌和物在管中的流动阻力。

图 1-6-82　混凝土输送泵

第六节　疏 浚 机 械

一、疏浚机械的概念

疏浚机械是当需要疏通、挖深或者是扩宽河流湖泊等水域的时候，在水下进行土石方开挖工作的机械设备，包括各种类型的吸砂船、挖泥船、冲塘机、清淤机等。上述设备主要用于开挖新航道、新运河和新港口，以及加宽、加深、清理现有的航道和港口；疏通渠道、河道、水库清淤；开挖船坞、码头、船闸等水工建筑物的基坑；清除水下障碍物等。大型水利疏浚工程主要使用各种类型的挖泥船进行施工。如今疏浚机械除用于上述工程外，还广泛地应用在土地整理工程上，尤其是在沿海的填海造地工程和内陆的土地整理工程时，机械疏浚需要和吹填造地、堤防加固等结合进行。

我国对于挖泥船的分类，尚没有统一规定，迄今为止，国内外所建造的挖泥船，一般是根据工作原理和输送方式的不同划分为机械式、水力式和气动式三大类。

（一）机械式挖泥船

机械式挖泥船是通过机械周期切割挖掘、机械提升来完成挖泥任务的作业船。一般是用各种斗或铲挖取疏浚物并从水下提升卸入专用驳船，再自航或用拖轮拖带送至预定排放地点卸空。当排放点为水域且具有一定水深条件时，则将疏浚物直接卸于水中；当排放点为陆地时，对粒径大、易脱水的可采用干式输送，如使用传送带等，对颗粒小、不易脱水的泥土，可用吹泥设备将稀释泥沙自泥驳中排出。

常用机械式挖泥船有链斗式、抓斗式、铲扬式、反铲式。其中链斗式挖泥船，略加改进即可成为采掘砂石料的采砂船或采矿船。机械式挖泥船已各自成系列设计、建造、施工，应用较为广泛。

（二）水力式挖泥船

水力式挖泥船是以水力或机械连续切泥、水力输送来完成挖泥任务的作业船。它用高压喷嘴以高速水流冲刷疏浚物，或由绞刀（包括斗轮、刀轮）或耙头切割、扰动疏浚物，使其与水混合，形成泥浆，然后由离心式或射流式泥泵，经吸排管排放到挖泥船自备的泥舱或挖槽外侧，也可排放到远离挖槽的其他区域。由于该类挖泥船具有吸入或扬出作用，故又称吸扬式挖泥船。

常用水力式挖泥船有绞吸式、耙吸式、射流式以及冲吸式等。但以绞吸式挖泥船应用最为普遍。

（三）气动式挖泥船

气动式挖泥船主要是利用空气形成的压力差，将水下土层已被松动的泥沙和水的混合体，经过管道的吸入、提升和排出，来达到疏浚的目的。进泥是靠水深产生的负压差，排泥以压缩空气为动力，有别于传统挖泥船的叶轮转动离心泵或机械传动。

挖泥船类型、施工特点及适用条件见表 1-6-8。

表 1-6-8　　　　　　　挖泥船类型、施工特点及适用条件

基本类型	挖泥船类型及名称	施工特点	适用范围	适用土质	不宜施工情况
机械式	链斗式挖泥船	多斗连续作业，效率高；挖泥能力强，适用规模较大工程；挖槽规整、平坦；抗风浪能力强	港口、码头泊位、航道、滩地及水工建筑物基槽等规格要求较严的工程	松散砂壤土、砂质黏土、卵石夹砾、淤积土；可用于挖掘水下砂石料	狭长河道内，泥驳及拖轮不宜靠泊、掉头；内河水域弃土困难；开挖黏性土、稀泥、粉尘
	铲扬式挖泥船	挖掘坚硬土、石方能力最强；抗风浪能力较好；可装置碎石设备，改做起重船；单斗挖掘效率低、挖槽不平整	河底清障、拆毁坝基、打捞沉物、排除水下障碍物等工程	珊瑚礁、砾石、卵石、块石、重黏土和胶结紧密的泥土	开挖稀泥、细砂、粉砂
	反铲式挖泥船	泥斗重量轻，切削力大；操作灵活，适合水下开挖作业	同链斗、铲扬式	泥土、黏土、砂土、密室砂、碎石、砾石、板砂及风砂岩	同铲扬式
	抓斗式挖泥船	易调节挖深；抓斗形式、结构可根据土类选择，可抓取较大石块可改做碎石船、起重船，开挖平整度差，易漏挖	水下基础开挖，码头、泊位、河道疏浚深水打捞清障	黏土、砾石、卵石、块石、混凝土块等	同铲扬式
水力式	绞吸式挖泥船	泥水混合、管道输送；挖泥、运泥、卸泥一次连续完成，效率高	内河、湖泊、沿海、航道、水库、港口、泊位、清淤、疏浚、开挖工程、吹填工程	松散细砂、砂壤土、黏土、淤泥等	超过挖泥船抗风浪等级；排距、排高超过挖泥船允许值；土石中有砾石、块石及固体障碍物
	耙吸式挖泥船	抗风浪能力强，挖深大，施工时对其他船干扰小；挖槽底部平整度差，易漏挖、超挖、重挖	沿海、港口航道及海口段清淤、疏浚施工	砂土、砂壤土、淤泥等	狭窄水域、浅水域

续表

基本类型	挖泥船类型及名称	施工特点	适用范围	适用土质	不宜施工情况
水力式	斗轮式挖泥船	挖掘效果好、泄漏少、产量高、切削力较绞刀大	同绞吸式	硬质土、密实砂矿	同绞吸式
	吸盘式挖泥船	泥土强迫进入、泥浆浓度高、纵向开挖			
	射流式挖泥船	射流泵无运动件，寿命长，以水为介质，具有稀释作用，取砂效果好；施工效率低	港口、码头、水工建筑物前水下清淤；水下挖砂	砂、砂壤土、淤积土	
气动式	气动泵式挖泥船	挖深大，泥浆浓度高，适用范围广、施工效率低、功耗大	深水作用；港口、水库清淤	各种土质；土颗粒粒径小于排管直径的1/3	浅水域（水深小于5m）；杂物多，排距长、排高大

二、常用的挖泥船简介

（一）绞吸式挖泥船

绞吸式挖泥船为吸扬式挖泥船（图1-6-83）的一种，它适应性最强，应用最为广泛，其数量在国内外均居各类挖泥船之首，约占挖泥船总数的39%。

绞吸式挖泥船按其额定流量一般分为：小型（额定流量80m³/h以下）、中型（额定流量200～500m³/h）、大型（额定流量500m³/h以上）。

图1-6-83 绞吸式挖泥船

1. 船型及船体结构

新型绞吸式挖泥船多属于超大型，可在距海岸20海里（Ⅲ类航区）范围内开阔海域作业并可挖掘风化岩（其抗压强度小于40MPa）。大、中型挖泥船适合在沿海港口、干流河道施工；中、小型挖泥船适合在内河、湖泊及水库地区施工；小型挖泥船适合在内陆湖泊、沟渠、市区公园和农林水网地区施工。

整体式船型适用于水路可直达的地区施工和调遣，但易受航道水深、桥梁、架空电缆等限制。组合式船体可通过解体上岸，并由陆上运输转移至施工现场，再组装下水。一般绞吸式挖泥船水线以上高大建筑物可以拆除或放倒。

2. 挖泥装置

绞吸式挖泥船由很多单一机械装置组成，全船的生产效率和开挖质量在很大程度上取决于挖泥装置。挖泥装置主要有：绞刀及桥架、泥泵、定立桩及其起落设施、工作绞车等。

（1）绞刀。绞刀是绞吸式挖泥船挖掘和分离泥土的工具。绞刀按驱动方式有纵轴式和横轴式两类,常用的多为纵轴式(横轴式绞刀又称为斗轮式)。绞刀形式分为开式和闭式两类。

(2) 绞刀桥架。绞刀桥架用于承托绞刀装置和吸泥管道,多为桁架或箱形结构。

(3) 泥泵。泥泵为绞吸式挖泥船吸取和输送泥浆的关键设备。泥泵装置由柴油机或大率电动机驱动。泵壳和叶轮制造材料一般采用铸铁、铸钢、合金钢以及球墨铸铁等。

泥泵分为单壳和双壳两种。新建造船型吸管直径在 350mm 以上时多采用双壳式泥泵。

(4) 定位桩及其起落设施。定位桩也称为钢桩,用于绞吸式挖泥船定位和前移,船配两根定位桩,普通船型分布于船尾壁中线两侧。新型船一根桩布设在船尾部中心线台车上,并可相对船体前后移动。定位桩用钢板卷制焊接而成,下端装有锥形铸钢桩头,一般定位及起落装置均可放倒,以便挖泥船拖船时降低水线以上高度。

(5) 工作绞车。绞吸式挖泥船工作绞车主要有:绞刀桥架起落绞车,左、右横移绞车,定位桩起落绞车,左右抛锚扒杆起锚绞车和扒杆移动绞车以及可用于锚缆施工的首锚、尾锚绞车。

图 1-6-84 链斗式挖泥船

(二) 链斗式挖泥船

链斗式挖泥船是各类挖泥船中较早使用的一种,是机械式挖泥船较典型的船型,如图 1-6-84 所示。

1. 工作原理、应用及分类

链斗式挖泥船挖泥工具是以一定数量的泥斗通过链节串联组成挠性的斗链。斗链支承在斗桥上、下导轮和滚轮上,借助于上导轮的驱动,在斗桥上连续循环转动,使挖斗用斗刃或斗齿在水下切割、挖掘土壤并保留在泥斗中,挖斗提升至斗塔上部后倾卸入泥井,经溜泥槽可装驳运出(此为最常见的链斗式挖泥船船型)。斗桥上端横轴连同上导轮安放在斗塔的轴承座上,斗桥下端通过吊索可以升降以改变挖深。挖泥时依靠船上首尾和边铺绞车绞动锚缆收、放,使船体实现横移、前移,从而完成对土壤的挖取。

链斗式挖泥船本身只能完成泥土的挖取过程,泥土转移输送最常用的方法是配备泥驳和拖轮或用自航泥驳来完成。弃土一般选择在深水抛泥区,由泥驳开底卸泥或与吹泥船配合将泥土输送至陆上弃土区。

链斗式挖泥船可用于开挖各类土壤,较适合开挖黏性、砂性壤土,也可挖掘经碎石、爆破后的岩石,挖取建筑用砂石料或用于采矿,但对细砂、粉砂和淤质土的挖取,工效较差。

链斗式挖泥船开挖河槽规则、平整,误差极小,最适合用于港口泊位、航道、水工建筑物基槽等质量要求较严格的工程施工,但其施工占用水域较大,施工时噪声和振动较大,挖泥部件磨损较严重,辅助作业船只多。

链斗式挖泥船一般按生产效率划分船型大小,生产效率在 120m³/h 以下的为小型,200~500m³/h 为中型,超过 500m³/h 为大型。

2. 挖掘机构及其他设备

链斗式挖泥船挖掘机构及其他设备主要包括挖斗(泥斗)、斗链、斗桥与上下导轮、甲板辅机、操纵室等。

3. 船体结构及设施

链斗式挖泥船形似方驳，主甲板以下船体结构与一般船舶相同。由斗塔、泥井与泥槽、桥槽、斗桥吊架和护舷组成。

（三）抓斗式挖泥船

1. 工作原理及应用

抓斗式挖泥船是较为普遍应用的机械式挖泥船，其主要挖泥设备由吊机、吊杆和抓斗组成。吊机是吊放抓斗的起重机械，安装在可旋转360°的转盘上。抓斗依靠吊杆及钢索悬挂，挖泥时利用抓斗本身重量、重力的作用，获得一定的贯入力，使抓斗插入泥土中，然后斗索起吊并关闭抓斗，使抓起的泥土提升至水面以上，转动吊机到预定地点（或驳）、开启抓斗卸泥，完成一次挖泥作业，重复上述动作进行循环施工。如图1-6-85所示。

图 1-6-85 抓斗式挖泥船

抓斗式挖泥船多为非自航式，船配一台或多台挖掘机，均设置在船首或船中部，少数自航抓斗式挖泥船船体设有泥舱，能独立完成自装、自运、自卸等配套设备。

非自航抓斗式挖泥船本身只能完成泥土的挖取过程，泥土输移方式与链斗式挖泥船相同。

抓斗式挖泥船挖深幅度大，从几米到几十米，调整开挖深度方便，故可适应水深变化较大的地区施工。由于抓斗垂直起落，很适合在狭窄角隅和水工建筑物前沿施工。抓斗形式和结构可据不同土质选择配置。抓斗式挖泥船主要用于抓取黏土、砾石、卵石和挖掘较大石以及水下打捞等特殊工程，但挖取细砂、粉砂、淤泥时，由于抓斗提升时泄漏较大，故一般不宜采用。

由于抓斗式挖泥船构造特点，为简便起见，可将陆用抓斗机配置安装在浮箱式组合船体上或趸船上，其应用效果较好。抓斗吊机换成吊钩即可改作起重船。

2. 挖泥装置

抓斗式挖泥船主要装置及船体包括抓斗、吊杆、吊机和甲板绞车及船体四部分。

（1）抓斗。抓斗的种类有：①普通型抓斗，用于抓掘较软土质，斗唇上不带齿；②半齿形抓斗，用于抓掘较硬土质，斗刃上带有短齿；③全齿形抓斗，用于抓掘卵石、破碎石块以及打捞水下杂物体；④仙人掌式抓斗，抓斗上装有液压启闭装置，可对泥土产生很大的压力，用于挖掘硬质土。

（2）吊杆。吊杆安装于吊机转盘的正前方，用型钢或钢板组合而成，底部以活动轴与转盘连接，顶部安装两个滑轮，作为引导抓斗升降、开闭斗钢索之用。

（3）吊机。吊机的结构、制动方式及传动原理与陆用挖掘机基本相同。

（4）甲板绞车及船体。抓斗式挖泥船以抛锚定位方法进行施工挖泥，故船体甲板上相临配置有绞车以供船体定位和移位。抓斗挖泥船上一般还设置移驳绞车。

(四) 铲扬式挖泥船

1. 工作原理及应用

(1) 工作原理。铲扬式挖泥船是一种单斗挖泥船,如图 1-6-86 所示。

图 1-6-86 铲扬式挖泥船

铲扬式挖泥船一般为非自航,但可利用抛锚或利用铲斗与后桩配合来移动船位,铲扬式挖泥船的吊杆顶端装有碎石装置,供破碎岩石挖掘层用,也可改作起重用。

(2) 应用范围。铲扬式挖泥船铲斗容积较大,适合直接挖掘胶结紧密的卵石、砾石、重黏土、砂质土,挖掘大石块及其他混合土。在水利水电工程施工中用于完成清理围堰、拆除旧堤、开挖底质坚硬的航道、打捞大型沉物、清理水下障碍物等施工项目。适用于沿海、港湾、河湖和航道等处施工。

铲扬式挖泥船装机功率较其他类型挖泥船大,但属于单斗、非连续挖掘,其生产率较低。并且由于船体结构及铲扬结构要求坚固,因而整船造价较高。

铲扬式挖泥船挖掘后河床不平整,超挖较多。其铲斗斗门无水密装置,不适用于挖掘细砂和稀泥,也不适用于挖掘黏性土。

铲扬式挖泥船一般以斗容量来划分船型大小。与其他斗式挖泥船类似,只能完成泥土挖掘过程,施工时需有泥驳配合装运输送挖掘料。

2. 主要挖泥装置

铲扬式挖泥船主要挖泥装置有主起升、推压、旋回、变幅装置、人字架、吊杆、斗柄定位桩以及铲斗等。

(五) 耙吸式挖泥船

1. 概述

耙吸式挖泥船为自航式挖泥船(图 1-6-87)。它在航行过程中借助耙头在水下将泥土挖松,由泥泵通过吸管吸入泥沙,并可排至耙吸式挖泥船自身泥舱。它外形与运输货轮相似,配有航行与挖泥两套系统。

图 1-6-87 耙吸式挖泥船

耙吸式挖泥船一般按船体泥舱容积来划分船型大小。一般耙吸式挖泥船舱容为 500~1000m^3,国内生产的耙吸式挖泥船最大容量已达 13000m^3。最小的耙吸船能在水深 3m 左右条件下施工,最大耙吸船挖深可达 70m 以上。耙吸式挖泥船施工时空载、重载航速为 8~15km/h,挖泥航速与所挖土质有关,一般为 3~6km/h。耙吸式挖泥船在施工期间空载、装舱、重载各阶段吃水变化较大。

2. 施工特点和适用条件

(1) 单船自航作业,挖深大,施工开工展布快,施工辅助船舶少。

(2) 施工时与运输船舶干扰较小,基本上不影响航道正常使用。

(3) 耙吸式挖泥船尺度较大,航行作业时抗风浪能力强。

耙吸式挖泥船适合疏浚较长航(河)道。它是航道及开敞水域清淤疏浚的首选船型,适合挖取淤泥、壤土、松散泥土等。

第七节 盾构机和 TBM 机械

一、盾构机

(一) 概念

盾构法是在地面下暗挖隧道的一种施工方法。在地面具有建筑物、隧道埋深较大、地质又复杂时,用明挖法建造隧道很难实现,但运用盾构法建设隧道(洞)、城市地下铁道、上下水道、电子通信等各类地下工程时,在技术经济方面具有明显优势。盾构机就是使用盾构法的隧道掘进机、是盾构法中最主要的特殊施工机具,如图 1-6-88 所示。

图 1-6-88 盾构机

盾构机的外壳(护盾)是一个能支承围土(岩)压力而又能在地层中推进的钢筒结构。盾构的前面设置了各种类型的支撑和开挖土体的装置。在盾构中段沿周边装有顶进所需的千斤顶。盾构尾部是具有一定空间的壳体。盾构每推进一环距离,就在盾尾支护下拼装一环衬砌。在盾构推进过程中不断从开挖面排出适量的土方,并及时向盾尾后的衬砌环与地层之间的空隙中压注足够的浆体,以防止隧道及地面下沉,同时使衬砌结构的受力状态得到改善。盾构机尤其适用于软土基、软岩的挖掘。

(二) 应用原理

盾构机的基本工作原理就是一个圆柱体的钢组件沿隧洞轴线边向前推进边对土壤进行挖掘。该圆柱体组件的壳体即护盾,它对挖掘出的还未衬砌的隧洞段起着临时支撑的作用,承受周围土层的压力,有时还承受地下水压以及将地下水挡在外面。挖掘、排土、衬砌等作业在护盾的掩护下进行。

(三) 分类及适用条件

盾构机根据机械结构不同可主要分为敞口式盾构机、普通闭胸式盾构机和机械闭胸式盾构机三类。

1. 敞口式盾构机

敞口式盾构机又称为普通盾构机,正面有切削土体或软岩的刀盘。这种盾构机适于地质条件较好,开挖面在掘进中能维持稳定或在有辅助措施时能维持稳定的情况,开挖时一般是从顶部开始逐层向下挖掘。若土层较差,还可借用千斤顶加撑板对开挖面进行临时支撑。采用敞开式开挖,处理孤立障碍物、纠偏、超挖均比其他方式容易。为尽量减少对地层的扰动，要适当控制超挖量与暴露时间。

2. 普通闭胸式盾构机

普通闭胸式盾构机又称普通挤压式盾构机或半机械化盾构机，通常配合全挤压式和局部挤压式开挖方式使用，由于施工时不出土或只部分出土，对地层有较大的扰动，在施工时轴线应尽量避开地面建筑物。局部挤压式施工时，要精心控制出土量，以减少和控制地表变形。全挤压式施工时，盾构把四周一定范围内的土体挤密实。

3. 机械闭胸式盾构机

机械闭胸式盾构机根据正面密封舱内物体可进一步分类。正面密封舱中加气压，刀盘切削土体的，称为局部气压盾构机；正面密封舱中设泥浆或泥浆加气压平衡装置的，称为泥水平衡盾构机；正面密封舱中设土压或土压加泥式装置的，称为土压平衡盾构。适用于土质较好的条件。

二、TBM 机械

广义的"掘进机"包括岩石掘进机和软土盾构机。通常所说的"掘进机"其全称为"全断面岩石掘进机"（Full Face Rock Tunnel Boring Machine，简称 TBM）。各种不同类型的 TBM 具有不同的工作模式，适宜不同的地质条件和工程条件，但其基本工作原理是相同的，即通过主轴传递的强大推力和扭矩，使刀盘紧压岩面旋转，由刀盘上均匀分布的盘形滚刀切削岩石破岩，通过出渣系统出渣，达到连续掘进成洞的目的。

（一）TBM 施工的优点

(1) 快速。TBM 是一种集机、电、液压、传感、信息技术于一体的隧道施工成套设备，可以实现连续掘进，能同时完成破岩、出渣、支护等作业，实现了工厂化施工，掘进速度较快，效率较高。

(2) 优质。TBM 采用滚刀进行破岩，避免了爆破作业，成洞周围岩层不会受爆破震动而破坏，洞壁完整光滑，超挖量少。

(3) 高效。TBM 施工速度快，缩短了工期，较大地提高了经济效益和社会效益；同时由于超挖量小，节省了大量衬砌费用。TBM 施工用人少，降低了劳动强度、降低了材料消耗。

(4) 安全。用 TBM 施工，改善了作业人员的洞内劳动条件，减轻了体力劳动量，避免了爆破施工可能造成的人员伤亡，事故大大减少。

(5) 环保。TBM 施工不用炸药爆破，施工现场环境污染小；TBM 施工减少了长大隧道的辅助导坑数量，保护了生态环境，有利于环境保护。

(6) 自动化、信息化程度高。TBM 采用了计算机控制、传感器、激光导向、测量、超前地质探测、通信技术，是集机、光、电、气、液、传感、信息技术于一体的隧道施工成套设备，具有自动化程度高的优点。TBM 具有施工数据采集功能、TBM 姿态管理功能、施工数据管理功能、施工数据实时远传功能，可实现信息化施工。

（二）TBM 施工的缺点

TBM 的地质针对性较强，不同的地质条件、不同的隧道断面，需要设计成满足不同施工要求的 TBM，配置适应不同要求的辅助设备。

(1) 地质适应性较差。TBM 对隧道的地层最为敏感，不同类型的 TBM 适用的地层也不同，一般的软岩、硬岩、断层破碎带，可采用不同类型的 TBM 辅以必要的预加固和支护设备进行掘进，但对于大型的岩溶暗河发育的隧道、高地应力隧道、软岩大变形隧道、可能发生较大规模突水涌泥的隧道等特殊不良地质隧道，则不适合采用 TBM 施工。

（2）不适宜中短距离隧道的施工。由于 TBM 体积庞大，运输移动较困难，施工准备和辅助施工的配套系统较复杂，加工制造工期长，对于短隧道和中长隧道很难发挥其优越性。

（3）断面适应性较差。断面直径过小时，后配套系统不易布置，施工较困难；而断面过大时，又会带来电能不足、运输困难、造价昂贵等种种问题。

（4）运输困难，对施工场地要求高。TBM 属大型专用设备，全套设备重达几千吨，最大部件重达上百吨，拼装长度最长达 200 多米。同时洞外配套设施多，主要有混凝土搅拌系统、管片预制厂、修理车间、配件库、材料库、供水、供电、供风系统，运渣和翻渣系统，装卸调运系统，进场场区通 TBM 组装场地等。这些对隧道的施工场地和运输方案等都提出了很高的要求，可能有些隧道虽然长度和地质条件较适合 TBM 施工，但运输道路难以满足要求，或者现场不具备布置 TBM 施工场地的条件。

（5）设备购置及使用成本大。TBM 施工需要高负荷的电力保证、高素质的技术人员和管理队伍，前期购买设备的费用较高，这些都直接影响到 TBM 施工的适用性。

（三）TBM 机械分类及适用条件

TBM 按照掘进机的作业面是否封闭主要分为开敞式、双护盾式、单护盾式三种类型。开敞式 TBM 适用于围岩稳定性好的场合，护盾式 TBM 适合于围岩较软弱、需进行混凝土（钢）管片安装的场合。

1. 开敞式 TBM

开敞式 TBM（图 1-6-89）掘进隧洞的衬护结构通常为锚喷式支护结构或锚喷式支护加二次现浇混凝土衬砌结构，其掘进前行完全依靠侧向撑靴撑紧洞壁围岩提供的摩擦反力，故对围岩的基本要求是"撑得起、稳得住"。

图 1-6-89 开敞式 TBM 外形结构

开敞式 TBM 常用于硬岩，一般在完整性较好的围岩条件下选用，如在以Ⅳ类和Ⅴ类围岩为主的地层中则不适用。在开敞式 TBM 上，配置了钢拱架安装器和喷锚等辅助设备，以适应地质的变化；当采取有效支护手段后，也可用于软岩隧道。

2. 双护盾式 TBM

双护盾式 TBM 掘进隧洞的衬护结构通常为预制混凝土管片。双护盾式 TBM 具有两种掘进模式：即双护盾掘进模式和单护盾掘进模式。双护盾掘进模式适用于稳定性好的地层及围岩有小规模剥落而具有较稳定性的地层，单护盾掘进模式则适应于不稳定及不良地质地段。

（1）双护盾掘进模式。在围岩稳定性较好的地层中掘进时，位于后护盾的撑靴紧撑在壁上，为刀盘掘进提供反力，在主推进油缸的作用下，使 TBM 向前推进。此时 TBM 作业循环为：掘进与安装管片→撑靴收回换步→再支撑→再掘进与安装管片。双护盾掘进模式适用于稳定性较好的硬岩地层施工，在此模式下，掘进与安装管片同时进行，施工速度快。

（2）单护盾掘进模式。单护盾掘进模式适应于不稳定及不良地质地段。在软弱围岩地层中掘进时，洞壁不能提供足够的支撑反力。这时，不再使用支撑靴与主推进系统，伸缩护盾处于收缩位置，双护盾 TBM 就相当于一台简单的盾构机。刀盘的推力由辅助推进油缸支撑在管片上提供，TBM 掘进与管片安装不能同步。作业循环为：掘进→辅助油缸回收→安装管片→再掘进。

3. 单护盾式 TBM

单护盾式 TBM 常用于软岩。单护盾式 TBM 推进时，要利用管片作为支撑，其作业原理类似于盾构机，与双护盾式 TBM 相比，掘进与安装管片两者不能同时进行，施工速度较慢。单护盾式 TBM 与盾构机的区别有两点：一是单护盾式 T3M 采用皮带机出渣，而盾构机则采用螺旋输送机出渣或采用泥浆泵以通过管道出渣；二是单护盾式 TBM 不具备平衡掌子面的功能，而盾构机则采用土仓压力或泥水压力平衡开挖面的水土压力。

第七章 水利工程施工技术

第一节 施工水流控制

一、施工导流

在江河上修建水工建筑物时,为了创造干地施工条件,在河床中修建围堰围护基坑,并将上游的来水量引向预定的泄水通道往下游宣泄,这种水流控制措施称为施工导流。

（一）施工导流基本方法及泄水建筑物类型

施工导流的基本方法有分段围堰法导流和全段围堰法导流两种。根据泄水建筑物的不同,具体有明渠导流、隧洞导流、涵管导流,以及坝体底孔导流、缺口导流等型式。

另外还有淹没基坑法导流作为辅助导流方法,在分段围堰法导流和全段围堰法导流中均可使用。

1. 分段围堰法导流

分段围堰法导流也称为分期围堰法导流,是用围堰将水工建筑物分段、分期围护起来进行干地施工的方法。该法一般适用于以下情况:①流量大、工期长,河床宽有条件布置纵向围堰;②河床中永久性水工建筑物便于布置导流泄水建筑物;③河床覆盖层厚度不大;④通航河段和冰凌严重的河流。

分段围堰法导流中,前期都利用束窄的原河床导流,后期要通过事先修建的泄水建筑物导流。后期导流阶段通常采用的泄水建筑物有导流底孔和坝体预留导流缺口两种,它们一般只适用于混凝土坝工程。

（1）导流底孔。该法是事先在混凝土坝体内修建临时或永久底孔,导流时让全部或部分导流流量通过导流底孔泄至下游,保证混凝土坝继续施工。

导流底孔布置应遵循以下原则:①宜布置在近河道主流位置;②宜与永久泄水建筑物相结合;③坝内导流底孔宽度不宜超过该坝段长度的一半,并宜骑缝布置;④应考虑后期下闸和封堵施工方便。

导流底孔设置的数量、尺寸和高程应满足导截流、坝体度汛、下闸蓄水、下游供水、生态流量和排冰等要求。导流底孔与永久建筑物结合布置时,应同时满足永久和施工期运行的需要。

（2）坝体预留导流缺口。该法就是在混凝土坝施工过程中,当汛期河水暴涨暴落,其他导流建筑物又不足以宣泄全部来流量时,为使施工进度不受影响(即大坝在涨水时仍能继续施工),可以在未建成的坝体上预留一定的缺口,以配合其他导流建筑物宣泄洪峰流量,待洪峰过后,上游水位回落,再继续修筑缺口部位坝体。

预留缺口的宽度和高度取决于导流设计流量的大小、其他泄水建筑物的泄流能力、建筑物的结构特点和施工特点。利用未形成溢流面的坝段泄流,可经水工模型试验确定空蚀指数。当空蚀指数小于 0.3 时，应采取掺气措施降低坝面负压值。

2. 全段围堰法导流

全段围堰法导流是指在河床内距主体工程（如大坝、水闸等）轴线上下游一定的距离，修筑横向围堰一次性截断河床，使河道中的来水量经河床外修建的临时泄水道或永久泄水建筑物泄至下游。该法一般适用于：①枯水期流量不大、河道狭窄的河流；②水深、流急和由于覆盖层较深难以修筑纵向围堰实现分期导流的工程。

该法常见的导流泄水建筑物的类型有明渠、隧洞、涵管等。

（1）导流明渠。该法是在河岸或河滩上开挖渠道，在基坑上下游修筑横向围堰，水流经由渠道下泄。它一般适用于岸坡平缓的平原河道，一岸具有较宽的台地、垭口或古河道的地形。

导流明渠的布置应遵循以下原则：

1）要保证水流顺畅、泄流安全、施工方便。

2）应尽量利用老河道或利用裁弯取直开挖明渠，以缩短轴线、减小工程量、节约投资。

3）当泄流量大时，宜优先考虑与永久建筑物相结合。

4）为使明渠进出口水流与上下游平顺连接，避免泄洪时对上下游沿岸及围堰堰脚产生冲刷，明渠进出口轴线与河道主流的交角以 30°为宜，明渠进出口与上下游围堰之间的距离以 50～100m 为宜。

5）为保证明渠内水流顺畅，明渠的转弯半径应大于 5 倍渠底宽度。

（2）导流隧洞。该法是在河岸山体中开挖隧洞，在基坑上下游修筑横向围堰，水流经由隧洞下泄。它主要适用于河谷狭窄、两岸地形陡峻、山岩坚实的山区性河流。

导流隧洞的布置应遵循以下原则：

1）导流隧洞的布置应符合《水工隧洞设计规范》（SL 279—2016）的有关规定。

2）导流隧洞洞线应在综合考虑地形、地质、枢纽总布置、水流条件、施工、运行及周边环境等影响因素的基础上，通过技术经济比较选定。

3）导流隧洞进出口与主河道的交角以 30°为宜，与上下游围堰堰脚之间的距离以大于 50m 为宜。

4）导流隧洞最好布置成直线，若有弯道，其转弯半径以大于 5 倍洞宽为宜。

5）与枢纽总布置综合协调考虑，有条件时宜与永久隧洞相结合（此时，导流隧洞与永久隧洞共用洞身段和出口段，而导流隧洞低高程的进口段在导流任务完成后进行封堵，并重新开挖一段高程较高的进口段作为永久隧洞的进口，这样衔接布置的方式称为"龙抬头"）。

（3）导流涵管。该法是在河滩或河床上事先建造预埋于坝内的涵管（一般多为钢筋混凝土管），然后在基坑上下游修筑横向围堰，将水流导向涵管下泄。因涵管的泄流能力较低，故该法一般仅用于导流流量较小的河流上，或只用来承担枯水期的导流任务。

由于涵管埋设对坝身结构不利，而且会使大坝施工受到干扰，因此应尽量减少使用。确需使用时，应在涵管外壁每隔一定距离设置截流环，以防止接触冲刷。施工中必须严格控制涵管外壁防渗体土料的压实质量。

第七章 水利工程施工技术

3. 淹没基坑法导流

淹没基坑法导流一种辅助导流方法,在分段围堰法和全段围堰法中均可使用。

山区河流汛期洪水往往具有洪峰流量大、历时短,而枯水期流量则很小,水位暴涨暴落、变幅很大等特点。若按一般导流标准要求来设计导流建筑物,不是挡水围堰修得很高、就是泄水建筑物的尺寸要求很大,但使用期又不长,这显然不太经济。在这种情况下,可以考虑采用允许基坑淹没的导流方法,即洪水来临时围堰过水,基坑被淹没,河床部分停工,待洪水退落,围堰挡水时再继续施工。使用这种方法,若基坑淹没所引起的停工天数不长,施工进度能保证,在河道泥沙含量不大的情况下,导流总费用较节省,一般是合理的。

应该注意的是,以上所述导流方法中,底孔和坝体预留缺口泄流,并不只是适用于分段围堰法导流,在全段围堰法后期导流中也常采用;同样,明渠和隧洞泄流,也并不只是适用于全段围堰法导流,在分段围堰法后期导流中也会有应用。因此,选择一个工程的导流方式,不能机械套用,而应该根据枢纽布置、建筑物型式和施工条件等具体情况做到恰当组合、灵活应用。

在实际工程中,除了上述所采用的泄水建筑物型式外,还有其他多种型式。比如在平原河道上的河床式电站枢纽工程中,可采用电站厂房导流;在有船闸的枢纽工程中,可采用船闸导流;在导流设计流量较小的水闸枢纽工程中,可以采用穿越基坑架设渡槽的导流方法等。

影响导流方法选择的主要因素有:

(1)水文条件。河流的水文特性,在很大程度上影响着导流方法的选择。河床流量大小、流量过程线的特征、冰情和泥沙也影响着导流方式的选择。例如,洪峰历时短而峰形尖瘦的河流,有可能采用汛期淹没基坑导流方式;含沙量很大的河流,一般不允许淹没基坑。束窄河床和明渠有利于排冰;隧洞、涵管和底孔不利于排冰,如用于排冰,则在流冰期应为明流,而且应有足够的净空,孔口尺寸也不能过小。

(2)地形、地质条件。宽阔的平原河道,宜采用分段围堰法导流,且最宜采用明渠导流方式。河谷狭窄的山区河道,常用隧洞导流。每种导流方式适用的地形地质条件,前面已经介绍过,不再重复。

(3)枢纽类型及布置。分期导流适用于混凝土坝枢纽工程。因土石坝不宜分段修建,且坝体一般不允许过水,故土石坝枢纽工程几乎不用分段围堰法导流,而多采用全段围堰法导流。高水头水利枢纽工程的后期导流常为多种导流方式的组合,导流程序比较复杂。例如,峡谷处的混凝土坝,前期导流可用隧洞,但后期(完建期)导流往往利用布置在坝体不同高程上的泄水孔。高水头土石坝的前后期导流,一般是在两岸不同高程上布置多层导流隧洞。如果枢纽中有永久性泄水建筑物,如隧洞、涵管、底孔、引水渠、泄水闸等,应尽量加以利用。

(4)施工期间河流的综合利用。要综合考虑通航、发电、灌溉、供水及渔业等对施工期水流的应用要求。如采用分段围堰法导流时,束窄河床断面中水流最大流速一般不应超过 2m/s。

(5)施工进度、施工方法以及施工场地布置等。在施工进度计划安排中,与导流方案选择息息相关的控制性时段主要有截流时间、拦洪度汛时间、封堵时间、发电时间、完工期等。施工场地的布置也影响明显,如当混凝土生产系统布置在一岸时,宜采用全段围堰法导流,若采用分段围堰法导流时,则应以混凝土生产系统所在一岸作为第一期工程。

(二) 导流标准、导流时段及导流设计流量

导流设计流量是选择导流方案、设计导流建筑物的主要依据。导流设计流量一般需要结合导流标准和导流时段的分析来确定。

1. 导流标准

导流标准也称导流设计的洪水频率标准(洪水重现期),就是选择导流设计流量进行施工导流设计的洪水标准,包括初期导流标准、坝体拦洪度汛标准、孔洞封堵标准等。

工程中常说的导流标准主要指的是施工初期导流标准,它按以下程序确定:按《水利水电工程施工组织设计规范》(SL 303—2017)的规定,首先根据导流建筑物的下列指标:保护对象、失事后果、使用年限、工程规模,将导流建筑物划分为Ⅲ~Ⅴ级;再根据导流建筑物的类别和类型,在规范规定的幅度内选定相应的洪水重现期作为初期导流标准。

实际上,导流标准的选择受众多随机因素的影响。如果标准太低,则不能保证施工安全;反之,则使导流建筑物设计规模过大,不仅增加导流费用,而且可能因其规模太大以致无法按期完成,造成工程施工的被动局面。因此,导流标准的确定应结合风险度的分析,使所选标准更加经济合理。

2. 导流时段

导流程序:在工程施工过程中,不同阶段可以采用不同的施工导流方法和挡水、泄水建筑物。不同导流方法组合的顺序,通常称为导流程序。

导流时段:导流时段就是按导流程序所划分的各施工阶段的延续时间。具有实际意义的导流时段,主要是围堰挡水而保证基坑干地施工的时间,所以也称挡水时段。

导流时段的划分实质上是解决主体建筑物在整个施工过程中各个时段的水流控制问题,也就是确定工程施工顺序,施工期间不同导流时段宣泄不同的导流流量的方式,以及与之适应的导流建筑物的高程及尺寸。显然,导流时段越短,标准可定得越低,就越经济。

导流时段的划分与河流的水文特征、水工建筑物的布置和型式、导流方案、施工进度等因素有关。按河流的水文特征可分为枯水期、中水期和洪水期。在不影响主体工程施工的条件下,若导流建筑物只负担枯水期的挡水、泄水任务,显然可大大减少导流建筑物的工程量,改善导流建筑物的工作条件,具有明显的技术经济效果。因此,合理划分导流时段,明确不同时段导流建筑物的工作条件,是既安全又经济地完成导流任务的基本要求。

3. 导流设计流量

导流设计流量的大小,取决于导流标准和导流时段。在同一导流时段内,导流设计标准越高,导流设计流量就越大;在同一导流设计标准内,洪水期的流量要明显大于枯水期的流量。工程中通常将导流时段内的流量最大值作为导流设计流量。

(1) 对于土坝、堆石坝、支墩坝等坝面不允许过水的工程。当施工进度较慢、施工期较长（需跨越洪水期），汛期洪水来临前坝体无法达到拦洪度汛高程时，导流时段要以全年施工为时段，导流设计流量就采用导流标准确定的相应洪水重现期（洪水频率）所对应的全年最大流量。

当施工进度较快，汛期洪水来临前能够将坝体抢修到拦洪度汛高程（即起到蓄水拦洪作用）时，导流时段就取汛期洪水来临前的施工时段，导流设计流量就采用导流标准确定的相应洪水重现期（洪水频率）所对应的洪水来临前施工时段为的最大流量。

（2）对于混凝土重力坝等坝面允许过水的工程。可针对不同流量作技术经济比较，选择导流费用（导流建筑物的修建费与淹没基坑的损失费之和）最小时所对应的流量作为导流设计流量。

（三）围堰工程

围堰是在施工导流中保护主体水工建筑物能在干地施工的必要挡水建筑物，一般属于临时性工程，需要在其挡水期最后一年的汛期过后加以拆除；也可根据设计要求，与永久工程相结合而成为永久建筑物的一部分。

1. 围堰的分类

按围堰修筑时所用的材料可分为：草土围堰、土石围堰、钢筋石笼围堰、钢板桩格型围堰、混凝土围堰等。

按围堰与水流方向的相对位置可分为：横向围堰和纵向围堰。横向围堰又有上游横向围堰和下游横向围堰之分。

按导流期间基坑淹没条件可分为：过水围堰和不过水围堰。

2. 围堰的平面布置

围堰平面布置的基本要求是：围堰与水流的作用既不影响泄流能力又不能对围堰产生过大冲刷；不影响基坑开挖和主体建筑物施工；便于排水系统的布置，又尽量减小工程量。为此就应合理布局围堰外形轮廓、堰内空间。

当采用全段围堰法导流时，上下游横向围堰一般应与主河道垂直，以减少工程量降低造价；当采用分段围堰法导流时，上下游横向围堰一般不与河床中心线垂直，而是呈梯形状布置，以使水流顺畅，并便于运输道路的布置和衔接。

上下游横向围堰的布置取决于主体工程的轮廓，通常基坑坡趾距主体建筑物轮廓的距离以 20～30m 为宜，以便布置排水设施、交通运输道路、堆放材料和模板等。

当纵向围堰不作为永久建筑物的一部分时，基坑纵向坡趾距主体建筑轮廓的距离可取为 0.4～0.6m，当需要堆放模板和布置排水系统时，其距离也不大于 2.0m。

3. 围堰堰顶高程的确定

围堰堰顶高程取决于导流设计流量以及围堰的工作条件。

（1）不过水横向围堰堰顶高程。下游围堰堰顶高程由式（1-7-1）确定：

$$H_d = h_d + h_a + \delta \quad (1-7-1)$$

式中　H_d——下游围堰堰顶高程，m；

　　　h_d——下游静水位，m，可直接从河道水位-流量关系查出；

　　　h_a——波浪爬高，m；

　　　δ——安全超高，m，可按表 1-7-1 确定。

表 1-7-1　　　　　　　　　不过水围堰堰顶安全超高值　　　　　　　　单位：m

围堰类型	围堰级别	
	Ⅲ级	Ⅳ～Ⅴ级
土石围堰	≥0.7	≥0.5
浆砌石围堰、混凝土围堰	≥0.4	≥0.3

上游围堰堰顶高程由式（1-7-2）确定：

$$H_u = h_d + z + h_a + \delta \qquad (1-7-2)$$

式中　H_u——上游围堰堰顶高程，m；

　　　z——上下游水位差，m。

应注意的是，当围堰要拦蓄一部分水流时，则上游围堰的堰顶高程应通过调洪演算来确定。

（2）过水横向围堰堰顶高程。过水围堰的堰顶高程应通过技术经济比较确定，使围堰造价与基坑淹没损失费用之和最小。

（3）纵向围堰堰顶高程。纵向围堰堰顶高程应与束窄河段宣泄导流设计流量时的河道水面线相适应。纵向围堰的顶面一般设置成阶梯状或斜坡状（堰顶应高于堰侧束窄河道内的水面线，上下游端部分别与所衔接的上下游横向围堰同高程连接）。

4. 围堰的拆除

围堰一般属临时性工程，导流任务完成以后，应按设计要求进行拆除。一般在围堰挡水期最后一次汛期之后、上游水位下降时，从围堰的背水坡面开始分层拆除。

土石围堰一般采用挖掘机械开挖拆除；混凝土围堰一般只能采用爆破方式拆除；钢板桩格型围堰首先要用抓斗挖掘机或吸石器将填料清除，然后再用拔桩机将钢板桩拔出。

二、截流工程

在施工导流中，用围堰堰体的戗堤部分迅速截断原河床水流，最终把河水引向导流泄水建筑物下泄，在河床中全面开展主体建筑物的施工，就是截流。截流是在河床中修筑上下游横向围堰工作的一部分，在截流戗堤基础上加高培厚即形成上下游横向围堰。

截流过程包括戗堤进占、龙口范围的加固（裹头和护底）、合龙和闭气等工作。截流以后，再对戗堤进行加高培厚，直到达到围堰的设计断面和堰顶高程为止。

（一）截流的基本方法

截流有立堵法、平堵法、立平堵法、平立堵法、定向爆破截流和下闸截流等多种方法，但基本方法为立堵法、平堵法两种。

1. 立堵法截流

立堵法截流就是把截流材料从河道的一岸往另一岸或两岸往中间抛投进占，逐渐束窄龙口，直至全部拦断河床。

优点：准备工作简单，费用较低。缺点：龙口单宽流量较大，在戗堤端头容易产生漩涡流，易造成河床冲刷；龙口水流流速较大且分布不均，抛填材料单块重量要求较大，抛投工作面狭窄，抛填强度受到限制。

适用条件：大流量、岩基或覆盖层较薄的岩基河床。若遇到软基河床时，要采取护底措施。

2. 平堵法截流

平堵法截流是先在龙口位置架设临时栈桥，然后由自卸汽车运输截流材料沿整个龙口宽度全线抛投，直至戗堤高出水面为止。

优点：龙口单宽流量较小，龙口流速较小且分布比较均匀。抛填材料单块重量要求较小，抛填强度较高，施工较快。缺点：需架设临时栈桥，技术复杂，费用较高，在通航河道上会碍航。

适用条件：软基河床，架桥方便，无通航要求的河流。

（二）截流时段、截流设计流量

截流年份应结合施工进度安排来确定。截流时段应在考虑以下要求的基础上进行选择：

（1）截流应选择来流量较小、风险较低的枯水期时段进行。

（2）截流时段应尽量提前。

（3）有通航要求的河道，应选择在对航运影响比较小的时段。

（4）在北方有冰凌的河流上，应避开封冻期和流冰期。

综合考虑上述要求，截流年份内的截流时段一般选在枯水期初，且流量已有明显减小的时候，而不选择在流量最小的时刻，这样既容易保证截流成功，又能为后续基坑开挖、基础处理、抢修大坝拦洪度汛断面等留有余地。

截流设计流量，一般可按工程的重要程度选用截流时段内重现期为5～10年（即10%～20%频率）的旬或月的平均流量。

在实际施工时，还须根据当时的水文气象预报及实际水情分析，修正截流日期和截流设计流量，并按修正后的结果准备各项截流工作，指导导截流施工。

（三）龙口位置的选择

龙口位置的选择应结合截流戗堤轴线的选择统一考虑，由地形、地质、水力条件和交通运输等因素综合确定。确定龙口位置应遵循以下原则：

（1）考虑河床的地形、地质条件，龙口应尽量选择在地形较高、水深较浅、覆盖层较薄或基岩坚实裸露的部位。

（2）龙口应设置在河床主流部位，方向力求与主流顺直，使合龙前河水能较顺畅地经由龙口下泄。

（3）龙口应选择在耐冲河床上，以免截流时因流速增大引起河床过分冲刷。

（4）龙口附近应有较宽的场地，以便布置截流材料运输线路，并方便制作、堆放截流材料。

（四）龙口宽度的确定

龙口的宽度以不引起龙口及其下游河床的冲刷为限。具体应综合以下因素进行确定：

（1）尽量减小合龙工作量。龙口宽度应尽可能窄些，以减小工作量，缩短截流延续时间。

（2）减小龙口河床的冲刷。为提高龙口的抗冲刷能力，必要时可采取护底和裹头等措施对龙口加以保护。

(3) 在通航河道上应满足通航要求。龙口宽度不能太小，必须满足航运对流速、水面比降等的要求。

（五）截流材料

1. 种类

截流材料应尽可能就地取材，如马槎、梢料、麻袋、草包、土料、石料（石渣料、块石、石串）、填石竹笼等。凡有条件者，宜优先选用块石截流。

当截流水力条件较差时，应用人工块体，如混凝土六面体、混凝土四面体、混凝土四脚体、钢筋石笼、铅丝石笼、合金网兜等。

2. 尺寸及重量

截流工程中，合理选择截流材料的尺寸或重量，对于截流的成功和节省截流费用具有很大意义。截流材料的块体尺寸或重量取决于龙口流速大小。不同截流材料的适用流速（即抵抗水流冲动的经验流速）见表1-7-2。

表1-7-2 不同截流材料的适用流速

截流材料	适用流速/(m/s)	截流材料	适用流速/(m/s)
土料	0.5~0.7	3t 重大块石或钢筋石笼	3.5
20~30kg 重石块	0.8~1.0	4.5t 重混凝土六面体	4.5
50~70kg 重石块	1.2~1.3	5t 大块石、大石串或钢筋石笼	4.5~5.5
麻袋装土（0.7m×0.4m×0.2m）	1.5	12~15t 重混凝土四面体	7.2
φ0.5×2m 填石竹笼	2.0	20t 重混凝土四面体	7.5
φ0.6×4m 填石竹笼	2.5~3.0	φ1.0×15m 柴石枕	7~8
φ0.8×6m 填石竹笼	3.5~4.0		

当采用块石或混凝土块体截流时，可通过水力计算确定截流过程中的龙口水力参数（单宽流量 q、龙口落差 z、龙口流速 v）的变化规律，在此基础上依据式（1-7-3）、式（1-7-4）初步确定所需截流材料的块体尺寸、重量，必要时进行截流模型试验，参照类似工程经验，同时考虑工程所配备的起重运输设备的能力最终确定。

$$D = \left[\frac{v}{k\sqrt{2g\frac{\gamma_1-\gamma}{\gamma}}} \right]^2 \quad (1-7-3)$$

$$G = \frac{\pi D^3}{6}\gamma_1 \quad (1-7-4)$$

式中 D——截流块体折算成球体的化引直径，m；
G——截流块体的单块重量，t；
v——龙口水流流速，m/s；
k——综合稳定系数；
γ_1——截流块体的容重，t/m³；
γ——水的容重，t/m³；
g——重力加速度，m/s²。

3. 备料量

（1）截流备料总量：应综合考虑运输、堆存中的损失，可能的水流冲失量，戗堤沉陷以及可能发生比设计更坏的水力条件等因素而预留适当的备用量，备用系数可取 1.2～1.3。

（2）最大粒径材料数量：平堵法截流时，可按实际使用区段考虑，也可按从最大流速出现时起，直到戗堤露出水面时所用材料总量的 70%～80% 考虑；立堵法截流时，常按困难区段抛投总量的 1/3 考虑。

三、基坑排水

在截流戗堤合龙闭气以后，就要排除基坑的积水和渗水，按排水时间及性质分为：初期排水、经常性排水和人工降低地下水位。

（一）基坑开挖前的初期排水

基坑开挖前的初期排水包括基坑积水的排除，以及对该期间所产生的围堰及其基础渗水、降雨等的排除。

（二）基坑开挖及主体建筑物施工过程中的经常性排水

基坑开挖及主体建筑物施工过程中的经常性排水包括围堰和基坑的渗水、降雨、基岩冲洗及混凝土养护用废水的排除等。

在经常性排水过程中，为了保证基坑开挖工作始终在干地进行，常常要多次降低排水沟、集水井的高度，变换水泵的位置，这会影响开挖工作的正常进行。此外，在开挖细砂土、砂壤土一类地基时，随着基坑底面的下降，基坑与地下水位的高差越来越大，在地下水渗透压力作用下，容易产生边坡滑塌、坑底隆起等事故，对开挖工作带来不利影响。为减轻或避免上述问题，可采用人工降低地下水位的方法。

（三）人工降低地下水位

人工降低地下水位的做法是在基坑周围钻设一些井管，地下水渗入井管后，随即被抽走，使地下水位线降至开挖基坑底面以下。

人工降低地下水位的方法，按排水工作原理分为管井法和井点法两种。管井法是纯重力作用排水，井点法还附有真空或电渗排水的作用。

1. 管井法降低地下水位

管井法降低地下水位时，在基坑周围布置一系列管井，管井中放入水泵的吸水管，地下水在重力作用下流入井中，被水泵抽走。

用管井法降低地下水位，须先设置管井，管井通常为下沉钢井管而形成，在缺乏钢管时也可以采用预制混凝土管代替。

2. 井点法降低地下水位

井点法把井管和水泵的吸水管合二为一，简化了井的构造，便于施工。

井点法降低地下水位的设备，根据其降深能力分为轻型井点（浅井点）和深井点。

轻型井点是由井管、积水总管、普通离心式水泵、真空泵和集水箱等设备所组成的一个排水系统。

四、拦洪度汛

在水利水电枢纽施工过程中，中后期的施工导流，往往需要由坝体挡水或拦洪。坝体能否可靠拦洪与安全度汛，将涉及工程的进度和成败。

根据施工进度安排，如果汛期到来之前坝身不能修筑到拦洪高程，则必须采取一定的工程措施，确保安全度汛。

（一）混凝土坝的拦洪度汛措施

混凝土坝一般是允许过水的，若坝身在汛前不能浇筑到拦洪高程，为了避免坝身过水时造成停工，可以在坝面上预留度汛缺口，待洪水消退水位回落后，再封堵缺口，全面上升坝体。

另外，如果按照混凝土浇筑进度安排，虽然在汛前坝身可以浇筑到拦洪高程，但一些坝体纵缝尚未进行接缝灌浆封闭时，可以考虑用临时断面挡水，在这种情况下，必须提出充分论证，采取相应措施，以消除应力恶化的影响。

（二）土坝、堆石坝的拦洪度汛措施

土坝、堆石坝一般不允许过水，若坝身在汛前不能填筑到拦洪高程，一般可以考虑降低溢洪道高程、设置临时溢洪道、用临时度汛断面挡水，或经过论证采用临时坝面保护措施过水。

五、封堵蓄水

在施工后期，根据发电、灌溉及航运等国民经济各部门所提出的综合要求，确定竣工运用日期，有计划地进行导流临时泄水建筑物的封堵和水库的蓄水工作。

第二节　土石方开挖工程

一、概述

（一）土石方开挖的分类

土石方开挖是将土和岩石进行松动、破碎、挖装、运输的工程。

按岩土性质，土石方开挖分土方开挖和石方开挖。按施工环境是露天、地下或水下的情况，分为明挖、洞挖和水下开挖。

（二）土石方开挖的工程应用

在水利工程中，土石方开挖广泛应用于下列情况：场地平整和削坡；水工建筑物（水闸、坝、溢洪道、泵站、水电站厂房等）地基开挖；地下洞室（水工隧洞、地下厂房、各类平洞、竖井和斜井）开挖；河道、渠道开挖及疏浚；填筑材料、砌筑石料及混凝土骨料等的开采；围堰等临时建筑物或砌石、混凝土结构物等的拆除等。

（三）土石方开挖的方式

土石方开挖是水工建筑物施工过程中的关键工序，在施工前，需根据工程规模和特性，地形、地质、水文、气象等自然条件，施工导流方式和工程进度要求，施工条件以及可能采用的施工方法等，研究选定开挖方式。

（1）明挖有全面开挖、分部位开挖、分层开挖和分段开挖等开挖方式。全面开挖适用于开挖深度浅、范围小的工程项目；开挖范围较大时，需采用分部位开挖；如开挖深度较大，则采用分层开挖，对于石方开挖常结合深孔梯段爆破按梯段分层；分段开挖则适用于长度较大的渠道、溢洪道等工程。

(2) 洞挖有全断面开挖、台阶法开挖和导洞法开挖等开挖方式。

二、土方开挖工程

(一) 土类分级

工程中常将土类级别分为四类，见第一篇第一章表 1-1-1。一般种植土、腐殖土、砂土多为Ⅰ~Ⅱ类土；覆盖层表土、水工建筑物基础开挖一般土方常为Ⅲ类土；砂（卵）砾石、砾质黏土等为Ⅳ类土。

(二) 土方开挖方式方法

土方开挖方式包括自上而下开挖、上下结合开挖、先岸坡后河槽开挖和分期分段开挖等。一般应自上而下、分层开挖，邻近设计开挖线处，应预留一定厚度的保护层，待基础施工时再仔细清除。

水利工程建设中，土方开挖的方法主要有机械开挖、人工开挖。

(1) 机械开挖：一般情况下土方开挖应采用机械化施工，以提高效率、降低开挖成本。一般常用的开挖机械有正铲挖掘机、反铲挖掘机、推土机、铲运机等。

(2) 人工开挖：只有在小型水利工程中不具备采用机械开挖的条件下或在机械设备不足的情况下，一般才考虑采用人工开挖。人工开挖时，常使用锹、风镐、风钻等简单工具，配合挑抬或者简易小型的运输工具（如胶轮车等）进行作业，一般采取分层分段均衡往下开挖，较深的坑（槽），每挖 1m 左右应检查边线和边坡，随时纠正偏差。

闸坝等水工建筑物的基础开挖中，应特别注意做好排水工作。在安排施工程序时，应先挖出排水沟，然后再分层下挖。临近设计高程时，应留出 20~30cm 的保护层暂不开挖，待上部结构施工时，再予以挖除。

三、石方开挖工程

石方开挖工程中，除松软岩石可用松土器以凿裂法开挖外，一般需以爆破的方法进行松动、破碎。

(一) 爆破的基本方法

工程爆破的基本方法按照药室的形状不同可分为钻孔爆破和洞室爆破两大类。爆破方法的选用取决于工程规模、开挖强度和施工条件。

1. 钻孔爆破

钻孔爆破又称孔眼爆破。根据孔径的大小和钻孔的深度不同，它可分为浅孔爆破和深孔爆破。浅孔爆破的孔径不大于 75mm、孔深不大于 5m，深孔爆破的孔径大于 75mm、孔深大于 5m。

浅孔爆破的优点是有利于控制开挖面的形状和规格，使用的钻孔机具较简单，操作方便；缺点是劳动生产率较低，无法适应大规模爆破的需要。它主要应用于地下工程开挖、露天工程的中小型料场开采、水工建筑物基础分层开挖以及城市建筑物的爆破拆除。

深孔爆破弥补了浅孔爆破的缺点，它适用于料场和基坑的大规模、高强度开挖。

无论是浅孔爆破还是深孔爆破，施工中均应充分利用天然临空面或创造更多的人工临空面；宜采用分段装药和不耦合装药结构；多排炮孔间宜设置毫秒微差迟发电雷管，以形成微差挤压爆破；应采用炮泥、砂砾石、锯末等堵塞炮口，并保证足够的堵塞长度和堵塞质量。通过上述措施以提高爆破效果，减小爆破岩体的单方装药量，降低成本。同时，在多排炮孔的爆破施工组织中，须形成台阶状的布置，以便于组织钻孔、装药、爆破和出渣的平行流水作业，减小干扰，加快进度。布孔时，宜使炮孔与岩石层面和节理面正交，不宜穿过与地面贯穿的裂缝，以防止爆炸气体从裂缝中逸出而影响爆破效果。

2. 洞室爆破

洞室爆破是在地下开挖巨大的洞室作为药室，一次性装入数百公斤乃至数以吨计的炸药以实现的大爆破。药室用平洞或竖井相连，装药后按要求将平洞或竖井堵塞。

洞室爆破主要用于定向爆破，如定向爆破修筑围堰或筑坝等。在面板堆石坝的坝料大块体开采中，有的工程也会采用洞室爆破。

（二）轮廓控制爆破技术

在工程中的边坡开挖和地下洞室开挖中，为了保证按照设计轮廓面成型并防止破坏保留区岩体，常需采用轮廓控制爆破技术，其开挖的基本要求是：①要求爆破开挖的边界尽量与设计的开挖轮廓相吻合，不要出现欠挖，并尽量减少超挖；②要求开挖边界上的保留区岩体尽量完整无损。

常用的轮廓控制爆破技术包括预裂爆破和光面爆破，它们本质上属于钻孔法爆破。

（1）预裂爆破：在开挖区未进行大量爆破前，首先起爆布置在设计轮廓线上的成排预裂爆破孔药包，炸出一条沿设计轮廓线的贯穿裂缝面（一般大于1cm），再在该人工裂缝的屏蔽下进行主体开挖部位的爆破，以保证保留区岩体免遭破坏。它的起爆顺序是：预裂孔→主爆孔→缓冲孔。

（2）光面爆破：先炸除主体开挖部分的岩体，然后再起爆布置在设计轮廓线上的周边孔（又称"光爆孔"）药包，将光爆层炸除，形成一个平整的开挖面。它的起爆顺序是：掏槽孔→崩落孔（辅助孔）→光爆孔。

预裂爆破与光面爆破的相同点是：①钻孔施工要求相同：位于开挖边线上的炮孔一般孔径较小些、孔距较密些。②装药结构相同：位于开挖边线上的炮孔一般采用不耦合装药结构。不同点是：①起爆时间顺序不一样：预裂爆破的位于设计开挖轮廓线上的预裂孔是先于主爆孔、缓冲孔等起爆，而光面爆破的位于设计开挖轮廓线上的光爆孔则是后于掏槽孔、崩落孔等起爆。②炸药选取不一样：预裂爆破对炸药的敏感度、成型状况要求较高，而光面爆破则要求炸药的威力较大。③堵塞要求不一样：预裂爆破为了保证充分的间隔空间，对堵塞要求不太严格，可只在孔口进行堵塞；而光面爆破中，分段装药时要求分段堵塞，且孔口部分的堵塞长度应足够、密实。

预裂爆破广泛用于地基、边坡的开挖；而光面爆破则广泛用于地下洞室的开挖。

（三）岩基爆破施工技术要求

地基岩体的开挖采用钻孔爆破法施工，要保证建基面的形状和完整性。具体应严格执行《水工建筑物岩石基础开挖工程施工技术规范》（DL/T 5389—2007）的规定，其主要技术要点如下：

（1）岩石岸坡的开挖，应采用预裂爆破法。

（2）基础下岩石的开挖，应主要采用分层梯段爆破法。

（3）开挖应自上而下进行（某些部位如需上下同时开挖，则应采取有效安全技术措施并经主管部门同意)。邻近设计开挖线处,应预留一定厚度的保护层(保护层厚度应由爆破试验确定,若无条件进行试验才可采用工程类比法确定),以保证建基面的形状和完整性。

(4) 采用预留岩体保护层开挖方法,其上部梯段炮孔不得穿入保护层,梯段爆破的最大一段起爆药量,不得大于500kg;邻近设计建基面和设计边坡时,不得大于300kg。

(5) 保护层的开挖是保证基岩质量的关键。对岩体保护层进行分层爆破必须遵守下述规定:第一层:炮孔不得穿入距水平建基面1.5m的范围,炮孔装药直径不应大于40mm,应采用梯段爆破方法。第二层:对节理裂隙不发育、较发育、发育和坚硬的岩体,炮孔不得穿入距水平建基面0.5m的范围;对节理裂隙极发育和软弱的岩体,炮孔不得穿入距水平建基面0.7m的范围。炮孔装药直径不应大于32mm;应采用单孔起爆方法。第三层:对节理裂隙不发育、较发育、发育和坚硬、中等坚硬的岩体,炮孔不得穿过水平建基面;对节理裂隙极发育和软弱的岩体,炮孔不得穿入距水平建基面0.2m的范围,剩余厚0.2m的岩体应进行撬挖。炮孔装药直径和起爆方法,均同第二层的规定。

第三节 地基及基础工程

水工建筑物的地基有岩基和软基两大类。岩基又称为岩石体地基,软基是指土质地基及砂卵砾石地基。

天然河床地基一般不能满足强度、整体性、抗渗性和耐久性四方面的要求,施工中可采用土石方开挖工艺将其挖除(即清基);当覆盖层厚度太大、完全清除不易施工、不经济时,可配合采用基础防渗和基础加固的相关措施加以解决。常见的基础防渗措施主要有混凝土防渗墙、帷幕灌浆、高压喷射灌浆等,基础加固措施主要有固结灌浆及振冲桩、灌注桩等。

一、灌浆工程

灌浆就是将具有胶凝性质的浆液,按照规定的浓度,借助机械(如灌浆泵)对它施加压力,通过钻孔或预埋管道,压送到需要灌浆的部位中的一种施工工艺。

(一) 灌浆的类型

1. 帷幕灌浆

帷幕灌浆是在靠近坝轴线或略偏向上游侧的坝基内布设一排或几排钻孔,将浆液灌入岩体或土体的裂隙、孔隙中形成阻水帷幕,以降低作用在水工建筑物底部的扬压力、减少渗流量、防止地基发生渗透变形的灌浆工程。

2. 固结灌浆

固结灌浆是在坝基范围持力层内或隧洞围岩中布设若干钻孔,将浆液通过钻孔压入岩体裂隙或破碎带,以提高其整体性和承载能力的灌浆工程。

3. 接触灌浆

接触灌浆是将浆液灌入混凝土坝体底面与基岩之间的缝隙,以增加接触面结合能力,提高坝体抗滑稳定性的灌浆工程。

4. 接缝灌浆

接缝灌浆是通过埋设管路或其他方式将浆液灌入混凝土坝体的接缝中，以改善传力条件、增强坝体整体性的灌浆工程。

5. 回填灌浆

回填灌浆是对隧洞顶拱混凝土与围岩之间或混凝土与钢板之间的空隙和孔洞，通过预埋灌浆管将浆液压入其中进行充填的灌浆工程。

6. 高压喷射灌浆

高压喷射灌浆简称高喷灌浆或高喷，是一种采用高压水或高压浆液形成高速喷射流束，冲击、切割、破碎地层土体，并以水泥基质浆液充填、掺混其中，形成桩柱或板墙状的凝结体，用以提高地基防渗或承载能力的灌浆工程。

7. 土坝劈裂灌浆

劈裂灌浆是利用水力劈裂原理，对存在隐患或质量不良的土坝在坝轴线上钻孔、加压灌注泥浆形成新的防渗墙体的加固方法。堤坝体沿坝轴线劈裂灌浆后，在泥浆自重和浆、坝互压的作用下，固结而成为与坝体牢固结合的防渗墙体，堵截渗漏；与劈裂缝贯通的原有裂隙及孔洞在灌浆中得到填充，可提高堤坝体的整体性；通过浆、坝互压和干松土体的湿陷作用，部分坝体得到压密，可改善坝体的应力状态，提高其变形稳定性。

（二）帷幕灌浆、固结灌浆的施工工艺

同一地段的基岩灌浆必须按照先固结灌浆→后帷幕灌浆的顺序，且按照分序加密的原则进行。多排孔帷幕灌浆的施工顺序，应按先下游排→后上游排→再中间排的顺序，按序逐渐加密进行。

由于帷幕灌浆工程量较大，而且沿着防渗轴线呈线状布孔，所以为了不影响坝体填筑的施工进度，有时帷幕灌浆可结合工程实际情况考虑在灌浆廊道内进行。

帷幕灌浆和固结灌浆的工艺流程为：施工准备→钻孔→洗孔→压水试验→灌浆与封孔→质量检查。

1. 施工准备

施工准备工作包括场地清理、劳力组合、材料准备、孔位放样、电水风布置、机具设备就位及检查。

2. 钻孔

（1）帷幕灌浆的钻孔：当采用自上而下分段灌浆法、孔口封闭灌浆法时，宜采用回转式钻机和金刚石钻头或硬质合金钻头钻进；当采用自下而上分段灌浆法时，可采用回转式钻机或冲击回转式钻机钻进。

（2）固结灌浆钻孔：根据工程地质条件，选用各式适宜的钻机和钻头钻进。

一般情况下钻孔孔径为 75～91mm，钻机采用 150 型；当钻孔孔径大于 91mm 或孔深超过 70m 时，则改用 300 型钻机。

灌浆孔一般为铅直孔，钻孔过程中应采用测斜仪进行孔斜测量，发现偏斜应及时纠偏，保证孔底偏差控制在规范允许的范围内。

3. 洗孔

灌浆孔段或整个灌浆孔钻设完毕后，接着进入钻孔及裂隙冲洗阶段，以便保证灌浆效

果。洗孔工作包括：①钻孔冲洗：用水将残存在孔底、黏附在孔壁的岩粉、铁屑等冲洗排出孔外；②裂隙冲洗：将岩层裂隙中的松软充填物冲洗排到孔外或灌浆范围之外。

采用自上而下分段灌浆法、孔口封闭灌浆法时，各灌浆段在灌浆前应采用压力水进行钻孔及裂隙冲洗（即分段冲洗）；采用自下而上分段灌浆法时，各灌浆孔可在灌浆前进行全孔一次钻孔及裂隙冲洗（即全孔一次性冲洗）。

帷幕灌浆一般均为单孔冲洗，固结灌浆孔可采用单孔冲洗或群孔冲洗。洗孔时可采用高压水冲洗或高压脉动冲洗，冲洗水压力一般为设计灌浆压力的80%，且不超过1MPa。当地下水位较高，地下水补给条件好时，可采用压气扬水冲洗。洗孔后孔底沉积厚度不得超过20cm。

4. 压水试验

压水试验的原理是在一定水压力 P 作用下，通过一定钻孔长度 L 将水压入到孔壁四周的缝隙中，根据单位时间压入的水量 Q，来计算代表岩层渗透特性的技术参数——透水率 q（单位：Lu）。有压水试验和简易压水试验两种做法。其中压水试验有单点法（即一级压力）和五点法（即三级压力五个阶段）之分。

帷幕灌浆施工中，灌浆试验孔段内应自上而下分段做压水试验（五点法）；先导孔、质量检查孔内，需自上而下分段做压水试验（单点法）；其他灌浆孔，宜做简易压水试验。

固结灌浆施工中，因无先导孔，故仅是每一灌浆段在灌浆前做简易压水试验即可。

（1）压水试验：应在裂隙冲洗后进行。其测读方法为：在稳定压力下，每3～5min测读一次压水流量，连续四次读数中最大值与最小值之差小于最终值的10%，或最大值与最小值之差小于1L/min，本阶段试验即可结束，取最终值作为计算值。应注意的是，在五点法压水试验中，应以压水试验三级压力中的最大压力值 P 及相应的压入流量 Q 来计算透水率 q 值，而其他压力级下的结果主要用于绘制 P-Q 曲线。

（2）简易压水试验：可在裂隙冲洗后或结合裂隙冲洗进行。其测读方法为：压力为灌浆压力的80%（若该值大于1MPa，则采用1MPa），压水20min，每5min测读一次压水流量，取最后的流量作为计算流量。

5. 灌浆

（1）浆液制备及输送。

1) 材料称量：制浆材料必须按规定的浆液配比计量，称量误差应小于5%。

2) 搅拌时间：对纯水泥浆液的搅拌，使用高速搅拌机时，应不少于30s；使用普通搅拌机时，应不少于3min。各类浆液必须搅拌均匀并测定浆液密度。

3) 存储时间：浆液在使用前应过筛。浆液自制备至用完的时间为：水泥浆不宜超过4h，黏土浆不宜超过6h。

4) 集中制浆：集中制浆站宜制备水灰比为0.5:1（最浓一级）的浆液。各灌浆作业点，在测定浆液密度后，按所需浓度调制使用。

5) 浆液输送：输送浆液的管道流速宜为1.4～2.0m/s。寒冷季节应防寒保暖，炎热季节应防晒降温，使浆液温度保持在5～40℃。

（2）灌浆方式。根据灌浆时浆液灌注和流动特点，可分为纯压式灌浆和循环式灌浆两种方式。帷幕灌浆应优先采用循环式灌浆。

(3) 灌浆顺序。基础灌浆应按照先固结灌浆后帷幕灌浆的顺序进行。

有盖重（灌浆盖板）的坝基固结灌浆，应在盖重混凝土达到 50% 设计强度后（或 10MPa 以上），方可开始钻灌。

(4) 钻灌方法。按照同一钻孔内的钻灌顺序，分为一次钻灌法和分段钻灌法两种。后者又分为自上而下分段灌浆法、自下而上分段灌浆法、综合灌浆法和孔口封闭灌浆法。

1) 一次钻灌法：将钻孔一次钻到设计深度，再对全孔段一次性进行洗孔、压水试验、灌浆。该法施工简便，适用于孔深 6m 以内的浅孔（最大不超过 10m）、地质条件良好、基岩完整、渗漏较小的情况。

2) 自上而下分段灌浆法：从上往下钻一个灌段后（一般一个灌段长度为 5m 左右），经洗孔、压水试验、灌浆，待浆液待凝一定时间后，再进行下一灌段的钻灌工作，以此反复交替，直至达到设计深度。该法随着深度增加，可适当提高灌浆压力，故灌浆质量好；但钻、灌工作交替，钻孔效率低，设备搬迁影响进度。主要适用于地质条件不良、岩层破碎、竖向节理裂隙发育的地层。

3) 自下而上分段灌浆法：一次钻孔到设计深度，并进行洗孔和压水试验，然后从下往上利用灌浆塞逐段灌浆。该法钻灌连续、功效高，但灌浆压力不宜太高，灌浆质量较差。主要适用于岩层比较完整或上部有足够盖重，不易产生岩层抬动的情况。

4) 综合灌浆法：上部孔段自上而下分段灌浆，下部孔段自下而上分段灌浆。

5) 孔口封闭灌浆法：孔口管段应先行灌浆，而后镶铸孔口管；其他各灌浆段应自上而下分段钻进，每段灌浆结束后可不待凝。该法适用于高压水泥灌浆工程（压力不小于 3MPa），压力小于 3MPa 的可参照应用。

(5) 灌浆结束标准。灌浆结束条件一般采用残余吸浆量和闭浆时间两个指标控制。残余吸浆量又称最终吸浆量，指灌到最后的限定吸浆量。闭浆时间指在残余吸浆量不变的情况下保持设计规定压力的延续灌注时间。《水工建筑物水泥灌浆施工技术规范》（SL 62—2014）规定：一般情况下，当灌浆段在最大设计压力下，注入率不大于 1L/min 后，继续灌注 30min，即可结束灌浆；当遇特殊情况时，可适当延长或缩短闭浆时间。

6. 封孔

封孔就是在灌浆孔灌浆结束后，使用水灰比为 0.5∶1 的浓浆置换孔内稀浆或积水。

帷幕灌浆工程采用全孔灌浆法封孔；固结灌浆工程采用导管注浆法封孔或全孔灌浆法封孔。

7. 质量检查

检查灌浆质量的方法很多，最常用的就是钻检查孔。

(1) 帷幕灌浆质量检查：以检查孔压水试验成果为主，结合对施工记录、竣工资料和测试成果的分析，综合评定。检查孔数量宜为灌浆孔总数的 10%，一个坝段或一个单元工程内至少应布置一个检查孔。帷幕灌浆检查孔压水试验，应在该部位灌浆结束 14d 后，自上而下分段采用单点法进行。帷幕灌浆检查孔应采取岩芯，绘制钻孔柱状图。岩芯应全部拍照，重要岩芯应长期保留。

(2) 固结灌浆质量检查：宜采用测量岩体弹性波波速方法（检测时间在灌浆结束 14d 后），也可采用检查孔压水试验的方法（检查孔数量不宜少于灌浆孔总数的 5%，在灌浆结束 7d 或 3d 以后采用单点法进行）。

检查孔压水试验结束后，均应按技术要求进行灌浆和封孔。

（三）高压喷射灌浆的施工工艺

1. 注浆方式及适用性

在垂直往上提升喷射灌浆管进行注浆的过程中，根据前端喷嘴运动状态的不同，可将高压喷射灌浆分为定喷、摆喷和旋喷三种注浆方式。

（1）高压定喷：垂直提升喷射管过程中，使喷嘴向某一方向定向喷射，在地层中形成一道薄板墙凝结体。

（2）高压摆喷：垂直提升喷射管过程中，喷嘴做一定角度的摆动喷射，在地层中形成扇形断面的桩柱体凝结体。

（3）高压旋喷：垂直提升喷射管过程中，喷嘴旋转喷射，在地层中形成圆柱形桩体的凝结体。

定喷、小角度摆喷（摆角 15°～30°）适用于粉土和砂土地层。

大角度摆喷（摆角 30°～90°）、旋喷适用于淤泥质土、粉质黏土、粉土、砂土、砾石、卵（碎）石等松散地基或填筑体。

2. 结构布置型式及选择

高压喷射灌浆有定喷折接、摆喷折接、摆喷对接、柱定结构、柱摆结构、旋喷套接等六种结构布置型式，如图 1-7-1 所示。在工程中应按如下原则进行选用：

承受水头较小的或历时较短的高喷墙：可采用摆喷折接或对接、定喷折接型式。

在卵（碎）砾石地层中，深度小于 20m 时，可采用摆喷对接或折接型式（对接摆角不宜小于 60°，折接摆角不宜小于 30°）；深度 20～30m 时，可采用单排或双排旋喷套接、

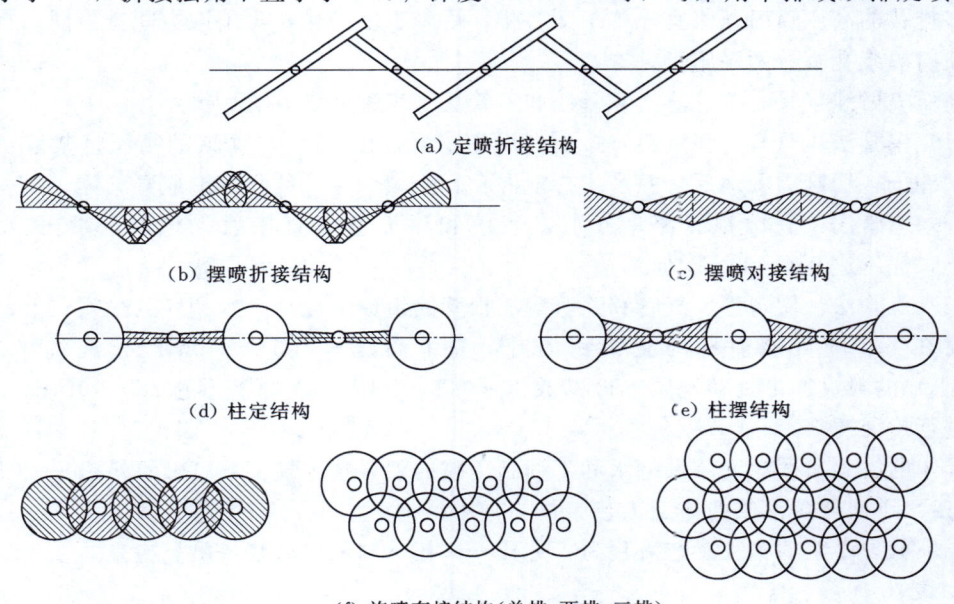

图 1-7-1 高压喷射灌浆结构布置型式

柱摆结构型式；深度大于30m时，宜采用两排或三排旋喷套接型式。

3. 高压喷射灌浆的施工工艺流程

高压喷射灌浆的施工工艺流程为：造孔→下灌浆管→喷射灌浆→充填→清洗管路。

(1) 造孔。布设孔位与设计孔位偏差不得大于50mm，孔深小于30m时，孔斜率不应超过1‰。钻孔孔径应大于喷射管外径20mm以上。钻孔的有效深度应超过设计墙底0.3m。

(2) 下灌浆管。造孔结束后，下放喷射灌浆管至设计深度，使喷嘴对准喷射方向不得偏斜。下放喷射灌浆管前，应进行地面试喷，检查机械及管路运行情况，并调准喷射方向和摆动角度。

(3) 喷射灌浆。当喷头下至设计深度，应先按规定参数进行原位喷射，待浆液返出孔口、情况正常后方可开始提升喷射。

从孔底开始往上提升喷射灌浆管进行喷射的过程中，根据设计需要保持喷嘴方向不动或进行摆动或旋转，从而形成定喷、摆喷或旋喷。

高压喷射灌浆宜全孔自下而上连续作业。需中途拆卸喷射管时，搭接段应进行复喷，复喷长度不得小于0.2m；因故施工中断后（如大于30min）恢复施工，应对中断孔段进行复喷，搭接长度不得小于0.5m。

(4) 充填。高压喷射灌浆结束，应利用回浆或水泥浆及时回灌，直至孔口浆面不再下降为止。

(5) 清洗管路。当喷射灌浆管提升至孔口地面之后，应通入高压水进行及时清洗，避免浆液堵塞灌浆管和喷嘴。

4. 高压喷射灌浆的施工方法

多排孔的高压喷射灌浆宜先施工下游排，后施工上游排，再施工中间排。同一排内的高压喷射灌浆孔宜分两序施工。

高压喷射灌浆具有单管法、双管法和三管法等三种施工方法。

(1) 单管法：只有一根管路，接引高压灌浆泵，以25~40MPa的高压将浆液从喷嘴喷出，冲击、切割周围地层，并产生掺搅混合、充填作用，硬化后形成凝结体。

(2) 双管法：有两根管路，分别将浆液和压缩空气直接射入地层，浆压达25~40MPa，气压达0.6~1.2MPa。

(3) 三管法：用水管、气管和浆管等三根管路组成喷射杆，水、气的喷嘴在上，浆液的喷嘴在下，随着喷射杆的旋转和提升，先由高压水（35~40MPa）和气（0.6~1.2MPa）的射流冲击扰动地层，再以低压（0.2~1.0MPa）或高压（25~40MPa）注入浓浆进行掺混搅拌。

具体的施工参数参见《水电水利工程高压喷射灌浆技术规范》（DL/T 5200—2019）。

（四）土坝劈裂灌浆的施工工艺

土坝劈裂灌浆的施工工艺流程为：定孔→造孔→制浆→灌浆→质量检查。

1. 定孔

按设计图纸提供的灌浆轴线，首先对钻孔轴线进行放样，并测量布设出各孔位。钻孔前应对桩号、孔号、孔位进行校验，偏差严格控制在20mm以内。

2. 造孔

造孔一般分二序或三序进行。将钻机对准孔号位置，偏差不得大于 20mm，用水平尺校正钻机的平稳及垂直度（保证钻机垂直偏差度小于 1°，孔斜不得大于孔深的 2%），然后开始造孔。

造孔方式可为回转式钻机干钻法或泥浆护壁湿钻法，要一次性成孔，不分段，下定向管后，一次打到设计深度为准。

3. 制浆

工程灌浆具体采用黏土浆液还是黏土水泥混合浆液，要根据设计要求，并经试验确定配比。

常用的干法制浆，是先用打浆机打碎黏土，过滤粗颗粒，然后加水搅成黏土浆，最后再掺入水泥并搅拌均匀配成黏土水泥混合浆液。配浆时固定水泥用量，通过调整黏土和水的用量来吻合所需要的浆液稠度。

搅拌均匀的浆液经由过滤筛（筛孔 5mm×5mm）流入一级浆池（沉淀池），后流入二级浆池（净浆池）供灌浆使用，并经常对净浆池中的浆液进行物理性能的现场测试。

4. 灌浆

（1）灌浆方法。将射浆管下放至距孔底 0.5m 处，采用孔底注浆全孔一次性灌注，孔口封闭，不分段。以稀浆开路、浓浆为主进行灌注。即先灌稀浆使坝体劈裂，然后用浓浆将裂缝充填满。

（2）灌浆孔口压力。灌浆压力是劈裂灌浆施工中的重要控制指标，它一方面关系到坝体在施工过程中的安全性，另一方面是对浆液能否在坝体中劈开一道纵向裂缝、形成完整的防渗帷幕起着至关重要的作用。

坝体劈裂灌浆时，根据不同孔深控制不同的孔口压力，一般将灌浆压力控制在 0.2～0.4MPa 以内。施工时，应派专人观测现场的压力表，压力值不得超过最大允许灌浆压力。

（3）灌浆综合控制。在灌浆全过程应实施灌浆综合控制，包括：每次灌浆量控制；灌浆压力控制；坝肩横向位移控制；裂缝开展度控制等。这些控制是相互联系进行的。每次灌浆量以 $0.1\sim0.5m^3$ 为宜，灌浆压力以每米孔深 $0.15kg/m^2$、孔口压力不超过 0.4MPa 为原则，每次横向位移控制在 3cm 以内，每次灌浆裂缝开展宽度不超过 3cm。

（4）终灌标准。经反复轮灌后，浆体帷幕厚度必须达到设计标准。如连续 3 次不再吃浆或坝顶连续 3 次冒浆即可终灌，直观上要以饱、满、实为度。

（5）封孔。在终灌后，用浓浆（采用 0.5:1 以上的浓浆）填满全孔为止，待浆液析水沉淀后，再进行第二次填封，直至钻孔封满为止。

5. 质量检查

土坝劈裂灌浆不宜采用钻检查孔做压（注）水试验的方法对其进行质量检查，而是采用综合检查法，重点检查浆体帷幕质量、下游坝坡渗漏潮湿情况。

（1）帷幕厚度检查。通常是采用耗灰量来进行帷幕厚度折算，但这与实际相差较大，因为河槽段与岸坡段、孔上部与下部所形成的帷幕厚度是不一样的。为此，工程中可采用计算、挖探坑和水平位移观测结果三者进行比较分析。

(2) 帷幕强度检查。可通过挖探坑检查浆液结石情况，看是否坚硬、耐击，成分是否均匀，充填是否密实，是否确实达到了饱、满、实的要求。

(3) 下游坝坡渗漏观测。当库水位升至正常蓄水位后，下游坝坡应全部干燥，无潮湿现象；浸润线应比灌浆前显著降低。

二、混凝土防渗墙工程

混凝土防渗墙是在松散透水地基或土石坝（堰）体中连续造孔成槽，以泥浆固壁、在泥浆下浇筑混凝土而建成的，以防渗为目的的地下水工建筑物。

（一）防渗墙的类型

1. 按墙体构造特点分类

按墙体构造特点分，主要有槽孔型防渗墙和桩柱形防渗墙。

2. 按墙体材料分类

按墙体材料分，主要有普通混凝土防渗墙、黏土混凝土防渗墙、塑性混凝土防渗墙、固化灰浆防渗墙、自凝灰浆防渗墙。

3. 按布置方式分类

按布置方式分，主要有悬挂式防渗墙、嵌入基岩的全封闭防渗墙。

4. 按成槽工艺分类

按成槽工艺分，主要有钻劈法施工的防渗墙、钻抓法施工的防渗墙、纯抓法施工的防渗墙、铣槽法施工的防渗墙。

（二）防渗墙施工的基本技术要求

(1) 防渗墙在整个工程中的定位要求：墙体中心线、墙顶高程、墙底高程等。

(2) 防渗墙定型尺寸要求：墙厚、墙长、墙深、墙的垂直度。

(3) 防渗墙质量要求：墙体材料及技术要求；墙体的连续性、均匀性、完整性；质量检测的方法和要求。

(4) 特殊用途的防渗墙要求：钢筋笼布设、观测仪器埋设的技术要求。

（三）防渗墙的施工工艺

防渗墙的施工工艺流程为：造孔准备→造孔成槽→泥浆固壁→终孔验收和清孔换浆→孔底淤积的清理→墙体浇筑→接头处理（墙段连接）→质量检测验收。

1. 造孔准备

混凝土防渗墙的造孔准备工作主要包括以下几方面：平整场地、设导向槽；铺设轨道、安装成槽机械设备；布置动力系统、供水供浆管路、排水排浆系统。

混凝土防渗墙施工时需要设置导向槽。导向槽的导墙一般采用浆砌石或钢筋混凝土结构，平行于防渗墙轴线设在槽孔上部两侧，支撑上部孔壁，其净宽一般等于或略大于防渗墙的设计厚度，深度以 1.5～2.0m 为宜。为了维持槽孔的稳定，要求导向槽底部应高出地下水位 0.5m 以上。为了防止地表积水倒流或便于自流排浆，其顶部高程要高于两侧地面高程。

导向槽设置好之后，在槽侧铺设钻机轨道，安装钻机，修筑运输道路，架设动力和照明线路及供水供浆管路，做好排水排浆系统，并向槽内充灌泥浆，保持液面在槽顶以下 30～50cm，即可钻孔。

第七章 水利工程施工技术

2. 造孔成槽

(1) 槽段划分。槽段划分与施工顺序、造孔方法等有关。工程中最常用的是采用冲击式钻机造孔成槽，这时采用间隔分序法施工，即沿着混凝土防渗墙的轴线走向分为两期槽段，先施工一期槽段，待一期槽段混凝土浇筑完后再施工二期槽段；各期槽段内的每个槽孔均先开挖主孔、后开挖副孔，多个主、副孔相连成为一个槽孔，槽孔内浇筑混凝土后成为一个单元墙段。主孔直径等于墙厚，副孔就是两个主孔之间留下的位置，其长度一般大于墙厚的 1.5 倍。

(2) 造孔成槽方法。混凝土防渗墙的造孔成槽方法有两大类：挖掘机具造孔、锯槽法造孔。

1) 钻劈法成槽。钻劈法是用冲击式钻机"钻凿主孔、劈打副孔"形成槽孔的一种防渗墙成槽方法。劈打副孔时，在相邻的两个主孔中放置接砂斗接出大部分劈落的钻渣。由于在劈打副孔时有部分（或全部）钻渣落入主孔内，因此需要重复钻凿主孔，此作业称"打回填"。施工工艺流程为：施工准备→钻机就位→对准孔位→主孔钻入→劈打副孔→劈打小墙→清孔换浆和验收→下导管浇筑混凝土→成墙。

该法适用于各种复杂地层，槽孔深度从几米到几十米，范围较大，墙体厚度 60～120cm。其缺点是工效较低，机械装备落后，造价较高。

2) 钻抓法成槽。钻抓法是用"冲击式钻机先钻凿主孔、然后用抓斗抓取其间的副孔"形成槽孔的一种防渗墙成槽方法。工程中可根据具体情况采用两钻一抓、三钻两抓、四钻三抓形成长度不同的槽孔。应注意的是，该法副孔长度一定要小于抓斗的最大开度（一般要求不大于抓斗最大开度的 2/3），否则可能出现漏抓的部位。

该法能充分发挥两种机械的优势：冲击式钻机的凿岩能力较强，可钻进不同地层，先钻主孔为抓斗开路；抓斗抓取副孔的效率较高，所形成的孔壁较平整。抓斗在副孔施工中遇到坚硬地层时，随时可换上冲击钻机重凿加以克服。该法一般比单用冲击式钻机成槽提高工效 1～3 倍，地层适用性也较广。而且钻抓法施工时，在抓斗的两端预先钻凿主孔，一方面起到导向作用，另一方面又保证槽段连接质量。

3) 纯抓法成槽。纯抓法是采用抓斗直接挖槽的一种防渗墙成槽方法。可采用单抓成槽，也可以多抓成槽。

a. 单抓成槽：此法即一次抓一个槽孔。若抓斗最大开度为 Bm，则一期槽段长度为 Bm，二期槽段一般为 $(B-2\times S)$m。S 为抓取二期槽段时把一期槽段已经浇筑的混凝土两端面切去的长度，以保证一、二期墙段的可靠连接，当端面为平面时，$S=0.1\sim0.2$m，当端面为弧面时，$S=0.3\sim0.5$m。

b. 多抓成槽：此法分主、副孔施工，每个槽孔由三抓或多抓形成。主孔的长度等于抓斗的最大开度，副孔的长度小于主孔的长度。

纯抓法一般适用于细颗粒软弱地层。

4) 液压铣槽机成槽。用液压铣槽机成槽，一般是先铣两侧主孔，再铣中间的副孔形成一期槽段；二期槽段为一钻成槽，以便两期墙段搭接，需要时一期槽段也可以一钻成槽。

5) 其他成槽方法。在防渗深度不大的小型水利工程中，还有使用射水成槽机、链斗式挖掘机、锯槽机等成槽的施工方法。

射水成槽的主、副孔布置与液压铣槽机基本相同。链斗挖槽和锯槽形成的是连续的沟槽，然后用模袋混凝土等特制的隔离装置将其分割为单元槽段，再进行混凝土浇筑。

3. 泥浆固壁

泥浆在防渗墙施工中的作用主要是支承槽孔孔壁、稳定地层，悬浮、携带钻渣，并可冷却、润滑钻头。

泥浆通过集中制浆站制浆后经管道输送至各施工槽孔。施工过程中，不得向施工槽孔内泥浆中倾注清水和废渣等。停止挖槽时，应经常搅拌槽孔内泥浆。返流到地面的泥浆应集中回收净化处理、重复使用。

应始终保持槽孔内注满泥浆，并使固壁泥浆液面高于地下水位并保持在导墙顶面以下30~50cm。加上泥浆比重较大，可以保证槽内的泥浆压力高于地下水压力，使泥浆渗入槽壁土体中，其中较细的颗粒进入空隙中，较粗的颗粒附着在孔壁上，形成"泥皮"。随着泥皮厚度的增加，对水的流动阻力也会增加，最终达到了平衡，水不再进入地层，泥浆与土体被泥皮隔开。泥浆所产生的侧压力通过泥皮作用在孔壁上，保证孔壁的稳定。

配制固壁泥浆的土料可选择膨润土、黏土，或两者的混合料，宜优先选用膨润土。新制浆液的技术性质指标应满足《水利水电工程混凝土防渗墙施工规范》（SL 174—2014）的要求。

4. 终孔验收和清孔换浆

在槽孔终孔后要进行槽孔长度、宽度、孔位、孔深、孔斜等全面检查验收，验收合格后方可进行清孔换浆。

清孔换浆是将孔内含有大量砂粒与岩屑的泥浆更换成质量合格的泥浆，还要把槽孔两端已浇混凝土表面附着的岩屑和泥皮刷洗干净，以保证墙体混凝土、相邻两墙段的竖直接缝、墙底与基岩接触带等的质量。清孔换浆常用的机具有压缩空气吸泥器、砂石泵、钢丝刷子钻头等。

清孔换浆结束 1h 后，槽孔中留存的新泥浆的密度、含砂量、黏度等主要技术指标应满足《水利水电工程混凝土防渗墙施工规范》（SL 174—2014）的规定。

5. 孔底淤积的清理

槽孔钻挖结束后，混杂在泥浆中的钻渣都将沉淀淤积在槽底，在浇筑混凝土之前必须将这些钻渣清理干净，否则会给墙体质量带来危害。清理排出孔底淤积钻渣的方法主要有以下几种：

（1）抽筒出渣法。抽筒出渣法是钢绳冲击式钻机成槽采用的出渣方式。该法操作简单，但泥浆损耗大，效率低，清渣效果较差，已逐步被其他方法取代。

（2）泵吸排渣法。泵吸排渣法是用设置在地面的特制反循环砂石泵通过排渣管将沉积在孔底的沉渣吸出，经泥浆净化系统去除粒径 65μm 以上颗粒后，再返回到槽内使用。该法节约泥浆，而且清渣效率高、效果好。

（3）潜水泵排渣法。当孔深较小或槽孔内已下设钢筋笼时，可采用立式潜水砂石泵进行清孔换浆。潜水砂石泵安设在孔底，将混有钻渣的泥浆抽出孔外，经泥浆净化系统处理后再用。一般情况下，多头钻机、液压铣槽机上均配置有潜水砂石泵，其清渣方式也属于潜水泵排渣法。

(4) 气举排渣法。气举排渣法是借助气举排渣器将液气混合，利用密度差来升扬排出孔底的沉渣。该法施工时，压缩空气从风管进入混合器，在排渣管内形成一种密度小于管外泥浆的液气混合物，在内外液体压力差和压缩空气动能的联合作用下沿着排渣管上升，从而使孔内泥浆携带孔底沉渣跟随上升、排出孔外。

孔深 50m 内时，泵吸排渣法效率优于气举排渣法，孔深 10m 以内时气举排渣法效果很差，不宜采用；孔深超过 50m 时，气举排渣法优于泵吸排渣法。

应注意的是，清除孔底沉渣的工作，不仅应在清孔换浆时进行，有时由于下设钢筋笼时间过长或其他原因，造成孔底淤积量增加，此时应当在浇筑混凝土前进行孔底淤积的复测，必要时再次清孔。

6. 墙体浇筑

清孔验收合格后 4h 内开浇混凝土。泥浆下的混凝土墙，应采用直升导管法浇筑（导管内径不应小于混凝土粗骨料最大粒径的 6 倍），先下隔水球（能被泥浆浮起的隔离球塞，常称导注塞），接着在导管中灌入适量的水泥砂浆，随即灌入足量的混凝土将隔水球压到导管底部并随即排出导管外进而上浮到槽孔泥浆表面（从导管排出的隔水球上浮至泥浆面后，可回收重复使用），使管内水泥砂浆挤出管外并埋住导管底部，保证后续浇筑的混凝土不与固壁泥浆掺混。

泥浆下浇筑的混凝土，应遵守以下技术规定：

(1) 混凝土入孔坍落度应为 180～220mm，扩散度应为 340～400mm，坍落度保持 150mm 以上的时间应不少于 1h；初凝时间应不少于 6h，终凝时间不宜超过 24h。

(2) 导管位置：导管中心距离槽孔两端头或接头管壁面的距离宜为 1.0～1.5m；当槽孔底部的高差大于 25cm 时，导管应布置在其控制范围的最低处。开浇前，导管出口距槽底应控制在 15～25cm 范围内。

(3) 导管间距：在同一槽孔内同时使用两套以上导管浇筑时，导管中心间距不宜大于 4.0m（当采用一级配混凝土时，中心距可适当加大，但不得大于 5.0m）。

(4) 导管管节：每套导管的顶部和底节管以上部位，应设置数节长度为 0.3～1.0m 的短管。

(5) 导管埋深：不宜小于 2m，不宜大于 6m。

(6) 混凝土面的上升：速度不得小于 2m/h；要均匀上升，各处高差控制在 0.5m 以内；相邻导管底部高差不宜超过 3m。

(7) 混凝土面深度测量：至少每隔 30min 测读一次槽孔内混凝土面深度，每隔 2h 测量一次导管内混凝土面深度，并及时填绘混凝土浇筑指示图。

7. 接头处理（墙段连接）

各单元墙段（即一二期槽段的墙体）由接缝（或接头）连接成为防渗墙整体，墙段间的接缝（或接头）是防渗墙的薄弱环节。由于施工方法的不同，墙段接头处理的型式也有所差异，主要有以下几种：

(1) 钻凿法连接。该法是在已浇筑的一期槽孔混凝土终凝后，采用冲击式钻机在其两端主孔中套打一钻，重新钻凿成孔，在墙段间形成半圆形接缝连接的一种方法。

该法优点是工艺简单，不需专门的设备，形成的接缝可靠；缺点是要损耗一定的墙体材料和工时。适用于冲击式钻机造孔和墙体材料为低强度混凝土（<20MPa）的条件。

（2）接头管法连接。该法是在一期槽段混凝土浇筑前将专用的接头管置于槽孔的两端，然后浇筑混凝土，待混凝土初凝后，用专用的拔管机或吊车将接头管拔出并在此空间充填泥浆，从而在一期墙段的两端形成光滑的半圆柱面和便于二期槽孔施工的两个导孔，待二期槽段施工完成后，即在一、二期槽段之间形成一定的曲面接头。该法在国内外应用最为广泛。

（3）双反弧法连接。该法是先行建造并浇筑一、二期槽段，相邻一、二期槽段之间的双反弧桩柱孔用特制的双反弧钻头钻凿，最后清除桩孔间两端反弧面上的泥皮及地层残留物，清孔换浆，浇筑混凝土，从而形成两期槽段之间的双反弧形接头。

（4）铣削法连接。该法适用于铣槽法施工的防渗墙，是在两个一期墙段之间留出比铣槽机长度略小的位置作为二期槽段。该二期槽段铣槽施工时，同时将一期墙段的端部铣出锯齿形的沟槽，形成两期槽段之间的榫形连接。

8. 质量检测验收

地质雷达、井下电视系统（超声电视、视频电视）、高密度弹性波CT和超声波速CT等几种无损检测技术在混凝土防渗墙检测上被广泛应用。

地质雷达检测法对内部缺陷情况可以进行定性解译，但定量测量不能满足要求；井下电视系统的优点是通过超声波成像、视频成像的方法检测，成果形象、直观可靠，但需要造孔；高密度弹性波CT法可反映墙体介质分布的均匀性，但目前软件只能满足一般性数据处理；超声波速CT成像技术能在不同深度位置将不同声速用不同颜色显示出来，成果一目了然，但图像颜色比较单一，相邻声速范围呈现的色彩区分较困难。

三、振冲工程

振冲法亦称振动水冲法，它是在松软地层中利用振冲器的高频振动、喷射高压水流的共同作用下成孔，然后填入砂或碎石等填料并使之振动密实，以挤密周围土体或与土体形成复合地基，达到地基加固的目的。

（一）振冲法的分类

按照地基土加密方式的不同，振冲法可分为振冲挤密法和振冲置换法两类。

1. 振冲挤密法

振冲挤密法也称振冲密实法，它是指经过振冲施工使原砂土地层产生液化、颗粒移位后相互挤密，使处理后的地基土本身强度有明显提高。

该法适用于砂土和粉土地基，特别是黏粒含量小于10%的粗砂、中砂地基。

2. 振冲置换法

振冲置换法是指经过振冲法处理后地基土强度虽没有明显提高，但通过用强度高的碎（卵）石置换出部分原土体，从而形成由强度高的碎（卵）石桩柱与周围土体组成的复合地基来提高地基强度。

该法适用于不排水抗剪强度 $C_u \geqslant 20$ kPa 的黏性土、粉土、饱和黄土和人工填土等地基。

(二) 振冲法施工工艺

振冲法施工的基本工艺流程为：桩位放样及振冲机具就位→造孔→清孔→填料制桩或振密→制桩结束→质量检测。

1. 振冲机具就位

根据设计图纸测量放样定出桩位之后，用吊车起吊振冲器对准桩位，定位误差应小于 10cm。

振冲造孔前先开启供水泵，水压宜控制在 0.3~0.8MPa（水量可用 200~400L/min），待振冲器下口出水后，开动电源，启动振冲器，检查水压、电压、振冲器空载电流是否正常。

2. 造孔

利用振动水冲法进行造孔。启动吊车的卷扬机下放振冲器，使其以 1~2m/min 的速度徐徐贯入土中，整个造孔过程的成孔速度不宜超过 2m/min。振冲置换碎石桩的成孔深度宜小于设计孔深 0.3~0.5m。

造孔过程中应注意以下几方面的施工要点：①密切监测电流值：造孔的过程应保持振冲器呈悬垂状态以保证垂直成孔。注意在振冲器下沉过程中的电流不得超过电机的额定电流值，万一超过，须减速下沉或暂停下沉或向上提升一段距离，借助于高压水松动土层后，电流值下降到额定电流以内时再进行下沉；②应保持孔口返水：若孔口不返水，应加大供水量，并记录造孔的电流值、造孔的速度及返水的情况；③若遇中部硬夹层应进行扩孔：在造孔中途遇到硬夹层部位时，则每深入 1m 应停留扩孔 5~10s，达到深度后振冲器再上下往返 1~2 次进行扩孔；④对振冲挤密法应进行留振：当振冲达到设计深度后，可在这一深度上留振 30s，将水压和水量降至孔口有一定量回水但无大量细小颗粒带走的程度。

3. 清孔

成孔后，若返水中含泥量较高或孔口被泥淤堵以及孔中有强度较高的黏土，导致成孔直径较小时，一般需清孔。即把振冲器提出孔口（或提到需要清孔的位置），然后重复"造孔~留振"步骤 1~2 遍，借助于循环水使孔内泥浆变稀，清除孔内泥土，保证填料畅通，最后将振冲器停留在设计加固深度以上 0.3~0.5m 处准备填料。

应注意的是，对于振冲挤密法工程，则不需要进行清孔。

4. 填料制桩或振密

清孔后即可填料。一般选用 0.5~1m³ 装载机填料，30kW 振冲器施工时也可采用人工推车填料。填料方法有连续填料法和间断填料法之分。

(1) 连续填料法：成孔后振冲器停留在设计加固深度以上 0.3~0.5m 处，向孔内不断填料，并在整个制桩过程中石料均处于满孔状态。该法适用于加填料的振冲挤密法及深孔的振冲置换法。

(2) 间断填料法：成孔后，应将振冲器提出孔口，往孔内每次倒一定量石料（一般为 0.2~0.3m³），振冲器下降至填料中振动密实。如此反复，直到制桩完成。对于桩长小于 6m 且孔壁稳定的振冲置换加固孔，可采用间断填料法。

对于一般的振冲挤密法，是不需要加填料而是主要依靠孔周壁砂层塌陷而密实的。此时是在振冲器沉至设计深度、留振至规定的密实电流值后,将振冲器上提 0.3～0.5m,如此重复进行直至完成。

加密是振冲的关键工序,为保证施工质量,应采用"加密电流、留振时间、加密段长度"作为控制指标(注：这三个控制指标应通过现场试验和工艺试验的结果确定,以使桩体质量满足密实度、桩径等设计要求),"填料数量"作为参考值。

5. 制桩结束

制桩加固至桩顶设计标高以上 0.5～1.0m 时,先停止振冲器运转,再停止供水泵,这样一根桩就完成了。

施工过程中每一孔(桩)都必须有完整的原始记录,造孔时每贯入 1～2m 应记录电流、水压、时间;加密时每加密 1～2m 应记录电流、水压、时间、填料量。

6. 质量检测

振冲法的施工质量检测包括以下两方面：

(1) 桩体密实度检测：采用重型动力触探试验进行抽样检测,检测时间应在成桩 1d 后进行。

(2) 桩间土的加密效果检测：对可加密地基土,应对桩间土的加密效果采用重型动力触探试验或标准贯入试验进行检测,根据地基土的性质宜在施工 7～30d 后进行(检测时间应满足恢复期的要求,一般砂土地基不少于 7d,粉土地基不少于 15d,黏性土地基不少于 30d)。

第四节　土　石　坝　工　程

土石坝又称为当地材料坝,由于原材料为土石料,来源广泛、成本低,而且施工简单、技术成熟,所以在水库枢纽工程中应用最为广泛,在我国已建成的 10 万多座水库大坝中,土石坝占比最大,约达 90%。

一、土石坝的分类

(1) 按照坝高分类：可分为低坝、中坝和高坝。

(2) 按施工方法分类：可分为碾压式土石坝、冲填式土石坝、水中填土坝和定向爆破堆石坝等。其中应用最为广泛的是碾压式土石坝。

(3) 按照坝体结构布置和防渗体所用的材料种类分类：碾压式土石坝可分为以下几种主要类型：①均质坝：坝体断面不区分防渗体和坝壳,基本上是由均一的黏性土料(壤土、砂壤土)填筑而成；②土质防渗体分区坝：该种坝型是用透水性较大的土料作坝的主体,用透水性极小的黏性土作防渗体,包括心墙坝和斜墙坝；③非土料防渗体坝：是指防渗体由沥青混凝土、自密实混凝土、钢筋混凝土或其他人工材料建成的坝,按其位置也可分为心墙坝和面板坝,其中面板堆石坝应用比较多。

二、碾压式土石坝的施工作业内容

(1) 准备作业：四通一平,修建生产、生活、办公用房、排水清基等。

(2) 基本作业：土石料的开采、挖、装、运、卸及坝面铺料、压实、质检、层间洒水。

(3) 辅助作业：清除施工场地及料场的覆盖层；从上坝土料中剔除超径石块、杂物；坝面排水、层间刨毛和洒水等。

(4) 附加作业：坝坡修整；坝面铺砌护面块体、铺植草皮等。

三、碾压式土石坝的施工工艺

碾压式土石坝的施工工艺流程为：坝料开采运输→铺料→（含水量调整）→压实→质量检验→（刨毛）→层间洒水→上一碾压层施工。

由于坝面作业面狭窄，工序多，机械设备多，施工时需要妥善组织施工规划。为了减小坝面各工序间的施工干扰，以提高施工效率、加快施工进度。碾压式土石坝坝面作业宜采用流水作业施工。

（一）坝料开采运输

在对料场覆盖层进行剥离清除的基础上，再进行坝料的开采运输。

1. 筑坝材料的种类

(1) 防渗体土料：主要以黏性土等细粒土为主，随着施工技术和岩土工程技术的发展，也有的工程将风化料、砾质土作为防渗体土料，在工程中取得了较好的效果。

(2) 坝壳料：料场和建筑物开挖的无黏性土（包括砂、砾石、卵石、漂石等）、石料和风化料、砾石土等均可用于坝壳填筑料，并应根据材料性质用于坝壳的不同部位。

(3) 反滤料、垫层料、过渡料：可采用天然或经过筛选的沙砾石料；可采用块石、砾石轧制而成；可采用天然和轧制的混合料；过渡料也可采用级配合适的爆破堆石料。

2. 料场规划

对土石料场应从空间、时间、质量与数量等方面做出总体规划。

(1) 空间规划：指对料场位置、高程恰当选择、合理布置。布置的基本原则为：①高程上有利于重车下坡，低料低用，高料高用；②易于排除地面水和地下水；③坝的上下游、左右岸最好都选有料场；④近料场不应因取料影响坝的防渗稳定和上坝运输。

(2) 时间规划：料场开采使用要考虑施工强度和坝体填筑部位的变化。具体应做到：①近料先用，远料后用；②上游易淹没的料场先用，下游不易淹没的料场后用；③含水量高的料场旱季用，含水量低的料场雨季用；④上坝强度高时用近料场，上坝强度低时用较远的料场。

(3) 质量规划：筑坝土石料的质量应满足《碾压式土石坝设计规范》（SL 274—2020）的要求。

(4) 数量规划：料场的储量应满足坝体填筑总方量的要求，且应满足施工各个阶段最大上坝强度的要求；应充分利用质量良好、符合要求的工程开挖渣料作为上坝料，做到料尽其用。工程中，料场规划应设有主料场和备用料场，主料场实际可开采总量与坝体设计填筑量之比一般为：土料 2.0～2.5；砂砾料 1.5～2.0；水下砂砾料 2.0～3.0；石料 1.5～2.0；反滤料应根据筛分后有效方量确定，一般不宜小于 3.0。备用料场的储量为主料场储量的 20%～30%。

3. 覆盖层剥离清除

对料场表部的腐殖土、植被、无用层等，应在料场正式开采前进行剥离清除。土质覆盖层一般采用推土机、反铲挖掘机等进行开挖清除，风化岩石覆盖层要采用爆破法开挖清除。若料场附近有冲沟、洼地等地形条件的,则清除渣料可就近进行回填;否则,覆盖层剥离清除渣料应通过自卸汽车运至工程布置的弃渣场统一堆弃。

4. 坝料的开采和运输

石料场采用爆破法开采,具体工艺见第二章爆破工程。爆破后的块石料和石渣料,常以反铲挖掘机或装载机装车,自卸汽车运输上坝。

土料场有立采法和平采法两种开采方式,见表1-7-3。坝料常以自卸汽车运输上坝。

表1-7-3　　　　　　　　　　土料开采方式比较

开采方式	立面开采法(立采法)	平面开采法(平采法)
料场条件	土层较厚,料层分布不均	地形平坦,适应薄层开挖
含水率	损失小	损失大,适用于有降低含水率要求的土料
冬季施工	土温散失小	土温易散失,不宜在负温下施工
雨季施工	不利因素影响小	不利因素影响大
适用开挖装车机械	正铲挖掘机;反铲挖掘机配合装载机	反铲挖掘机;推土机配合装载机;推土机配合反铲挖掘机

水下砂砾石常采用链斗式采砂船开挖,胶带机运输上岸,然后转由自卸汽车运输上坝。

其他的开挖运输方式还有人工开挖、斗轮机开挖、机车运输、机动翻斗车运输、胶轮车运输等,可根据工程的开挖部位、开挖工程量大小等具体情况加以分析选用。

(二) 铺料

1. 铺料的方法

运输上坝的坝料,其铺料工作包括卸料和平料两个环节。

在最常见的自卸汽车运输上坝卸料、推土机平料的施工方法中,其铺料方式有三种。

(1) 进占法铺料:该法是汽车在已平好的松土层上行驶、卸料,用推土机向前进占平料。它不会影响洒水、刨毛等作业,铺料层厚容易控制,而且不会对下部已压实层产生超压破坏。该法适用于黏性土、大粒径料。

(2) 后退法铺料:该法是汽车在已压实合格的坝面上行驶、卸料。该法平料比较容易,比较适用于砂土、砂砾石等。

(3) 综合法铺料:厚层填筑时可采用综合法铺料,以减小平料工作量。

2. 铺料方法的选用

(1) 防渗体土料的铺料。黏性土防渗体应采用进占法铺料;对砾质土、掺合土、风化料可以选用后退法铺料。

(2) 坝壳料的铺料。

1) 堆石料:一般宜选用进占法铺料。对于铺料厚度大于1.0m的堆石料,为避免分离、减小推土机平整工作量,应选用混合法铺料。

2) 级配较好的石料、砂砾（卵）石料等：宜选用后退法铺料，以减少分离，有利于提高密实度。

(3) 反滤料、过渡料的铺料。宜采用后退法铺料，以减少粗细料的分离。

反滤料、过渡料的填筑与相邻的防渗体土料、坝壳料填筑密切相关，为了减少反滤层与土料及堆石料分区界面粗、细料分离和方便界面上超径石的清除，自卸汽车卸料次序应为："先粗后细"，即按"堆石料→过渡料→反滤料"次序卸料。

当铺料宽度小于 2m 时，宜选用侧卸式汽车或 5t 以下后卸式汽车运料；较大吨位自卸汽车运料时，可采用分次卸料或在车斗出口安装挡板，以缩窄卸料出口宽度。一般多采用小型反铲（斗容 1m³）铺料，也有使用装载机配合人工铺料。当反滤层宽度大于 3m 时，可采用推土机摊铺平整。

3. 铺料的要求

坝面铺填应沿坝轴线方向进行，以避免不同区域的坝料产生混杂。土料与岸坡、反滤料等交界处应辅以人工仔细平整。

（三）含水量调整

1. 防渗体土料

对防渗体土料，应严格将上坝土料的含水量控制在最优含水量附近。

若料场土料的天然含水量偏低太多，则应在料场上表部筑土埂，往田字格内灌入适量水使之下渗到下部土体内，待土体充分浸水后再进行土料的开采运输上坝。也可将土料开采后，在临时堆料场加适量水后敷上塑料膜形成"土牛"（即大土堆），待水分充分浸润均匀后再运输上坝。

若料场土料的天然含水量偏低不大（比最优含水量低 2% 以内）时，可在坝面铺料后采用洒水车喷雾洒水，洒水应遵循"少、勤、匀"的原则，切忌洒水过多。

若料场土料的天然含水量偏高时，则应将开采的土料运至临时堆料场，用圆盘耙等翻松晾晒，待土料含水量降至最优含水量附近时再运输上坝。

2. 坝壳料、反滤料、过渡料

这些部位采用的筑坝材料多为砂砾石、碎石、石渣料、堆石料等非黏性料，为防止运输过程脱水过量，加水工作主要在坝面进行。一般应在压实前进行大量洒水或灌水，以提高润滑作用、减小颗粒间的摩擦。

为提高洒水效率，常采用洒水车洒水或人工持胶皮管洒水。

（四）压实

1. 压实机械的选择

(1) 黏性土的压实。防渗体黏性土料的压实机械主要有：凸块振动碾、气胎碾和羊脚碾。

1) 凸块振动碾：目前国内使用的碾重为 10～20t，振动频率 20～30Hz，适用于黏性土料、砾质土及软弱风化土石混合料，压实功能大，厚度达 30～40cm，一般碾压 4～8 遍可达设计要求，生产效率高。压实后表层 8～10cm 的土层留有凹坑，填土表面不需刨毛处理。凸块振动碾因其良好的压实性能，国内外已广泛采用，是当前防渗土料的主要压实机具。

2) 气胎碾：国内目前使用的碾重为18～50t，国外已采用100t或更大。适用于黏性土、砾质土，含水量范围偏于上限的土料，生产效率高，适于高强度施工。

3) 羊脚碾：碾滚重量10～30t，对黏性土适应性好，在压实过程中，"羊脚"对表层土有翻松作用，一般无需刨毛就能保证土料良好的层间结合。

(2) 非黏性土的压实。

1) 振动平碾：对于堆石与含有漂石的砂卵石、砂砾石、砾质土及反滤料，宜优先选用振动平碾压实。

2) 气胎碾：对于砂、砂砾料、砾质土，也可采用气胎碾压实。

2. 压实的施工要求

(1) 碾压方向：应平行于坝轴线方向进行碾压，严禁垂直坝轴线方向碾压，以杜绝因漏压而形成贯穿上、下游的渗漏通道；在特殊部位（如防渗体截水槽内或与岸坡结合处），应用专用设备（如蛙夯、振动冲击夯等）在划定范围可沿接坡方向碾压。

(2) 碾压方式：一般均采用进退错距法压实。

(3) 碾迹搭接宽度：分段碾压时，相邻两段交接带碾迹应彼此搭接。垂直碾压方向搭接宽度应不小于0.3～0.5m，顺碾压方向搭接宽度应不小于1.0～1.5m。

(4) 反滤层的填筑：可根据工程情况选择"先土后砂法""先砂后土法"或"土砂平起法"作为反滤层填筑施工的次序。①先土后砂法：先填2～3层土料，压实时边缘留30～50cm宽的松土带，一次铺反滤料与黏土齐平，压实反滤料，并用气胎碾压实土砂接缝带。该法易排除坝面雨水；因土料在无侧限条件下碾压，会形成超坡，且接缝处不便压实。当反滤料上坝强度赶不上土料填筑时，可用此法。②先砂后土法：先用反滤料在其设计线内筑一小堤，再填筑压实2～3层土料与反滤料齐平，然后压实反滤料及土料接缝带。该法填土料时有反滤料作侧限，便于控制防渗土体边线，接缝处土料便于压实，工程中宜优先采用此法。③土砂平起法：在国内很少使用。

(5) 压实施工参数：铺土厚度、含水量、压实遍数等施工参数应通过现场碾压试验（压实试验）进行事先确定，施工中做好控制。

3. 压实标准

(1) 黏性土和砾质土的压实标准。黏性土和砾质土主要以干密度（或压实度D_c）和施工含水量两个指标来控制。

1级坝、2级坝及3级以下高坝的D_c不应低于98%，3级中坝、低坝及3级以下中坝的D_c不应低于96%（注：地震设计烈度为Ⅷ度、Ⅸ度的坝，应在上述规定D_c值的基础上相应提高）。

(2) 砂土和砂砾石的压实标准。砂土和砂砾石一般用相对密度D_r（或干密度）来控制。砂砾石：D_r不应低于0.75；砂：D_r不应低于0.70；反滤料：D_r宜为0.70。

(3) 石渣和堆石体的压实标准。石渣和堆石体一般用空隙率控制。

土质防渗体分区坝、沥青混凝土心墙坝的堆石料，其空隙率宜为19%～26%（注：地震设计烈度为Ⅷ度、Ⅸ度的坝，可取小值）；混凝土面板堆石坝的填筑料，其空隙率按表1-7-4所列标准控制；沥青混凝土面板坝堆石料的空隙率在混凝土面板堆石坝和土质防渗体分区坝的空隙率之间选择。

第七章 水利工程施工技术

表 1-7-4　　　　　　　　硬岩堆石料或砂砾石料填筑压实标准

坝料或分区	坝高<150m		150m≤坝高<200m	
	空隙率/%	相对密度	空隙率/%	相对密度
垫层料	15~20		15~18	
过渡料	18~22		13~20	
主堆石料	20~25		18~21	
下游堆石料	21~26		19~22	
砂砾石料		0.75~0.85		0.85~0.90

（五）质量检验

1．质量检验项目及检验频次的要求

坝体填筑质量检验时，其检查项目及取样次数的要求见表 1-7-5。

表 1-7-5　　　　　　　　坝体填筑质量检查项目及取样次数

坝料类别及部位			检查项目	取样（检测）次数
防渗体	黏性土	边角夯实部位	干密度、含水量	2~3 次/层
		碾压面		1 次/(100~200m³)
		均质坝		1 次/(200~500m³)
	砾质土	边角夯实部位	干密度、含水量、>5mm 砾石含量	2~3 次/层
		碾压面		1 次/(200~500m³)
反滤料			干密度、颗粒级配、含泥量	1 次/(200~500m³)，每层至少 1 次
过渡料			干密度、颗粒级配	1 次/(500~1000m³)，每层至少 1 次
坝壳砂砾（卵）石料			干密度、颗粒级配	1 次/(0.5 万~1 万 m³)
坝壳砾质土			干密度、含水量、<5mm 颗粒含量	1 次/(3000~6000m³)
堆石料			干密度、颗粒级配	1 次/(5 万~15 万 m³)

注　堆石料颗粒级配试验组数可为干密度试验的 30%~50%。

2．压实质量检验

（1）含水量检测。

黏性土：宜采用烘干法，也可用核子水分密度计法、酒精燃烧法、红外线烘干法。

砾质土：宜采用烘干法或烤干法。

反滤料、过渡料和砂砾料：宜采用烘干法或烤干法。

堆石料：宜采用烤干和风干联合法。

（2）密度检测。

环刀法：仅适用于黏性土。要求环刀容积不小于 500cm³（直径不小于 100mm、高度不小于 64mm）。

灌砂法：主要用于砾质土、砂性土等。

灌水法：主要用于砾质土、反滤料、过渡料、砂砾料及堆石料等。

（六）刨毛

防渗体土料压实施工中，当使用光面压实机械（如平碾、气胎碾等）碾压时会在填筑面形成光滑硬壳层,为保证层间结合质量,铺筑上层土料之前应将下层压实合格面洒水湿润并刨毛3~5cm形成毛面结合。严禁在表土干燥状态下,在其上铺填新土。

当使用羊脚碾、凸块振动碾碾压时,会在压实合格面表部自然形成松土毛面,故一般可省去刨毛工序,只需进行层间洒水即可。

层间刨毛工序常用机械有刨毛机、带松土器的履带式推土机等。

(七)层间洒水

对于黏性土料而言,为了提高上下层土料之间的黏结力,一般应适当提高结合层面土料的含水量,即应进行层间洒水。具体做法为在下层压实层检验合格并刨毛后,采用洒水车适当进行喷雾状洒水使土料表面含水量略高于最优含水量,然后再铺填上层土料。

四、混凝土面板堆石坝的施工工艺

(一)坝体结构组成

混凝土面板堆石坝由堆石体(包括主堆石区、下游次堆石区及下游护坡)、防渗系统(包括基础防渗工程、面板、趾板)、过渡区和垫层区所构成。

(二)施工程序

混凝土面板堆石坝的基本施工程序为:岸坡开挖清理→趾板基础及坝基开挖→基础灌浆→趾板混凝土浇筑→坝体填筑→混凝土面板浇筑。当坝高超过100m时,坝体填筑和混凝土面板浇筑应分期进行。

(三)坝体填筑施工工艺

坝体填筑前,应完成坝基、岸坡的开挖和处理验收,及趾板(即面板底座)混凝土的浇筑等工作。

垫层料、过渡料和一定宽度的堆石料的填筑应平起施工、均衡上升。坝料应按照"堆石→过渡料→垫层料"的顺序填筑,并应清除边坡界面的分离料。

1. 坝料铺填

堆石料宜采用进占法卸料;垫层料、过渡料宜采用后退法卸料。坝料铺填时应予剔除超径石,及时用推土机进行平料,保持铺料面平整;要避免粗细颗粒分离,两者交界面处避免大块石集中。

2. 坝料压实

主堆石体、次堆石体和过渡料压实:这些部位的坝体填筑料宜加水碾压。一般采用振动平碾压实,碾重不小于10t,对于高坝宜采用重型振动碾碾压(如自重18t、25t的牵引式振动碾,总重26t、32t的自行式振动碾),振动碾行进速度宜按照不大于2km/h控制。

垫层料压实:由于垫层料粒径较小,且位于斜坡面,故其压实可用斜坡振动碾或液压平板振动器。用斜坡振动碾压实时,一般先静压2~4遍,再振压6~8遍。

3. 垫层料坡面保护

对已压实合格的垫层料,为防止雨水冲刷流失,应采取措施以保护坡面稳定。

传统的坡面保护措施有碾压水泥砂浆、喷乳化沥青、喷混凝土等。

随着施工技术的不断发展,目前常用的垫层坡面保护新技术是挤压式边墙。该法施工时,每层高度为40cm的挤压式边墙先施工,其混凝土应加速凝剂,强度等级不宜大于C5;待挤压式边墙混凝土成型2~3h后即可进行垫层料的铺填、碾压,垫层料应采用自行式振动平碾碾压,靠近挤压式边墙 1m 范围宜改用小型振动碾碾压。

4. 钢筋混凝土面板施工

(1) 面板的分缝分块。

1) 垂直伸缩缝:为适应堆石体的变形,应对面板进行分缝。一般用垂直于坝轴线方向的缝(即垂直伸缩缝)将面板分为若干块,中间为宽块,每块宽 12~18m;两侧为窄块,每块宽 6~9m。垂直伸缩缝面处应设止水进行防渗。

2) 水平施工缝:坝高不大于 100m 时面板混凝土宜一次浇筑完成。但坝高大于 100m 时,根据施工安排或提前蓄水的需要,面板混凝土宜分期浇筑。分期接缝(即水平缝)按施工缝处理。施工缝处理时,要认真进行凿毛、冲洗、清除污勿和排除表面积水,浇筑混凝土前应先铺一层 20~30mm 厚与混凝土内砂浆成分相同的砂浆。

(2) 趾板施工。趾板部位混凝土的浇筑,应在相邻区的垫层、过渡层和主堆石区填筑前完成。

(3) 面板施工。面板混凝土应采用分块跳仓浇筑、无轨滑模施工。施工顺序为:安设分缝止水→安设钢筋网→架立侧模→安设滑模系统→面板混凝土入仓浇筑。

1) 侧模安装:侧模可采用木模板或组合钢模板,安装应紧固牢靠,并将止水固定就位。

2) 钢筋网安装:钢筋网宜采用现场绑扎或焊接,也可视情况采用预制钢筋网片现场整体拼装的方法。

3) 无轨滑模安设:在所浇筑块位置,于坝脚处安设无轨滑模,自下而上进行混凝土的滑模施工动态成型。滑模长度一般为面板条块宽度加 40cm,宽度一般为 1.5m。

4) 混凝土入仓方法:面板混凝土宜采用溜槽入仓。一般溜槽每节长 2m,节与节之间采用挂钩连接。布置溜槽时,8m 宽范围内至少设一条溜槽,一般宽度小于 8m 时设一条溜槽,8~12m 可用两条溜槽,12m 以上时可用三条溜槽。溜槽下放时,在钢筋网上铺设并分段固定,溜槽上部宜加遮阴网覆盖。为防止混凝土离析,溜槽内每隔 20~30m 设置塑料软挡板,溜槽出口距仓面距离不应大于 2m。

5) 混凝土入仓布料:入仓布料应均匀,每层布料厚度应为 25~30cm,严禁混凝土分离。止水片周围布料时,应多加小心,严禁触碰止水片。

6) 混凝土振捣:布料后应及时振捣密实。振捣器直径不宜大于 50mm,靠近侧模处不宜大于 30mm。振动过程中,振捣器不得触及滑模、钢筋、止水片;振捣器垂直插入下层混凝土深度宜为 5cm 左右。

7) 模板滑升要求:面板混凝土浇筑时,滑模每次滑升距离不应大于 30cm,每次滑升间隔时间不应超过 30min 以防止拉伤已浇面板。面板浇筑滑升平均速度宜为 1.5~2.5m/h,最大滑升速度不宜超过 3.5m/h。

8) 施工中断的处理:混凝土浇筑必须保持连续性,若产生中断,则应按施工缝处理,方法同前面所述的水平施工缝。

9) 混凝土表面的修整、压面:脱模后的混凝土,应及时修整和适时压面。接缝两侧各 1m 范围内的混凝土表面,用 2m 长直尺检查,不平整度不超过 5mm。

10) 混凝土养护:脱模后的混凝土,宜及时用塑料薄膜等遮盖表面。终凝后应及时铺盖草袋等隔热保温材料，并及时洒水养护，宜连续养护至水库蓄水或至少养护90d。

11) 混凝土裂缝处理：在混凝土浇筑完成后、蓄水前，应对面板进行全面检查，对宽度大于0.2mm或判定为贯穿性的裂缝，应采用表面封闭法进行逐条处理，当缝宽较小时，采用聚硫密封胶→环氧处理，当缝宽较大时，常采用聚氨酯对裂缝进行灌浆。

第五节 混凝土工程

一、钢筋混凝土的施工工艺流程

水利工程建设中，隧洞、溢洪道、水闸、渠道及渠系建筑物等水工建筑物基本上都是采用钢筋混凝土结构；同时，有的大型水库、水电站工程中的大坝结构中，也会采用混凝土坝型。这些混凝土工程的施工工艺流程基本相同：骨料生产加工→钢筋制安、模板制安→混凝土制备→混凝土运输→混凝土浇筑及养护→模板拆除。

二、骨料料场的规划

(一) 骨料的种类、级配及来源

1. 骨料的种类

(1) 天然骨料：成本低，需筛分分级以满足设计级配要求。

(2) 人工骨料：质量好，但需要爆破开采原材料并进行破碎、筛分、冲洗等加工环节，故一般成本较高。

(3) 组合骨料：天然骨料为主，人工骨料为辅。

2. 骨料的级配

(1) 粗骨料：根据粒级组成及最大粒径可划分为四个级配，即5～20mm为一级配，一级配混凝土主要用于闸门槽二期混凝土等细部结构；5～20mm、20～40mm为二级配，二级配混凝土广泛用于各类工程的混凝土结构；5～20mm、20～40mm、40～80mm为三级配，5～20mm、20～40mm、40～80mm、80～120（或150）mm为四级配，三级配混凝土或四级配混凝土主要应用于混凝土坝工程中。

(2) 细骨料：一般宜采用Ⅱ区中砂，并将细度模数控制在2.4～2.8。

3. 骨料的来源

工程中可以从以下料源开采、加工混凝土骨料：

(1) 天然砂砾石料：从陆地料场、河滩料场和河床料场中开采、筛洗获得。

(2) 从岩石料场加工的人工骨料：石料场爆破开采、破碎、筛洗加工得到。

(3) 工程开挖石渣料：利于降低工程造价、保护环境。

(二) 骨料方案

混凝土砂石骨料料场规划涉及因素众多，在对可供选择的多个方案进行比较分析时，应以满足质量、数量为基本，寻求开采、运输、加工成本费用低的方案。

(1) 天然骨料方案：当附近天然料场筛选的砂石骨料，其质量合格、储量满足工程需求、开采条件合适、且不构成对环保和水运交通影响时，宜优先选用。

(2) 人工骨料方案：若天然骨料运距太远、成本过高，应考虑采用人工骨料方案。

(3) 组合骨料方案：需确定天然骨料和人工骨料的最佳搭配方案。

（三）毛料开采量的确定

1. 天然砂砾料开采量

毛料开采量取决于混凝土中各种粒径骨料的需要量（与工程中混凝土的种类等级、各种混凝土的配合比有关）和天然砂砾料中各种粒径骨料的含量。

若某工程共有 j 种混凝土，每一种的混凝土的工程量为 V_j。混凝土中的骨料有多个粒径组，各粒径组需要量为 $e_{ij}(\mathrm{m}^3/\mathrm{m}^3)$。则第 i 粒径组骨料总需要量（净量）q_i 为

$$q_i = (1+k_c)\sum_j e_{ij} V_j \qquad (1-7-5)$$

式中 q_i——q_i 单位为 m^3，以松方计；

k_c——混凝土出机以后的损失系数，为 $1\% \sim 2\%$。

为满足第 i 粒径组骨料总需要量（净量）q_i，则要求开采的砂砾料总量 Q_i 为

$$Q_i = (1+K)\frac{q_i}{K_p P_i} \qquad (1-7-6)$$

式中 Q_i——单位为 m^3，以自然方计；

K——骨料生产过程中的损失系数，是各生产环节损耗系数的总和，即 $K = K_1 + K_2 + K_3 + K_4$；参见表 1-7-6；

K_p——砂砾料的松散系数，取 $1.15 \sim 1.35$；

P_i——天然砂砾料中第 i 粒径组骨料的含量百分数。

表 1-7-6　　　　　　　　　生产过程中骨料损耗系数

产生损耗的生产环节		K_i	骨料粒径		
			<5mm	5～20mm、20～40mm	40～80mm、80～120(150)mm
开采	水上	K_1	0.03	0.02	0.02
	水下		0.07	0.05	0.03
加工		K_2	0.07	0.02	0.01
运输堆存		K_3	0.05	0.03	0.02
混凝土生产		K_4	0.03	0.02	0.02

依据不同粒径组求得的天然砂砾料开采总量 Q_i 值互不相同。若按照最大值 $Q_{\max}$ 进行开采，所有各组骨料的需要均能满足，然而有的粒径组会有剩余而造成弃料；若按照最小值 $Q_{\min}$ 进行开采，则除一组骨料的需要能满足外，其余各组均短缺。实际施工中选择的开采量往往介于 $Q_{\max}$ 与 $Q_{\min}$ 之间，于是有些粒径组会短缺，另一些粒径组则会有弃料，此时可采取如下措施：

(1) 调整混凝土的设计配合比，在许可范围内减少短缺粒径组的需用量。

(2) 设置破碎机，将富余的大粒径组骨料加工成短缺的较小粒径组。

(3) 改进生产工艺，减少短缺粒径组的损失。

(4) 以人工骨料补充短缺粒径组。

2. 人工骨料的采石场开采量

采石场开采量按式（1-7-7）确定：

$$V_r = (1+K)\frac{eV}{\beta\gamma} \qquad (1-7-7)$$

式中 V_r——采石场总开采量，m^3，以自然方计；

K——人工骨料损耗系数，对碎石，加工损失为2%～6%，运输储存损失为2%～4%；对人工砂，加工损失为8%～20%，运输储存损失为2%～6%；

e——每立方米混凝土中的骨料用量，t/m^3；

V——混凝土的总工程量，m^3；

β——块石开采成品获得率，0.8～0.9；

γ——块石表观密度，t/m^3。

若基础开挖的石料可以利用，在采石场开采量中应予扣除。

三、骨料生产加工

采集到的毛料一般需要通过破碎、筛分和冲洗等工序，才能制成符合级配、除去杂质的混凝土粗细骨料。根据骨料加工工艺流程，组成骨料加工厂。

1. 骨料的破碎

骨料的破碎有粗碎（将原石料破碎到300～70mm）、中碎（破碎到70～20mm）、细碎（破碎到20～1mm）之分。常用破碎机械的特点及其适用性如下：

（1）颚式破碎机：是常用的粗碎设备。成品中针片状颗粒含量较高。

（2）圆锥破碎机：用于中碎、细碎、制砂等工序。产品粒形很好。

（3）反击式破碎机：适应于破碎中等硬度岩石。用于中碎、细碎、制砂。产品级配不容易控制，容易产生过度粉碎。

（4）冲击式破碎机：用于细碎、制砂。产品粒径组成不理想。

（5）棒磨机：是制砂的专用设备。

2. 骨料的筛分

筛分是将天然砂（卵）砾料或人工砂、碎石按粒径大小进行分级，并去除超径石料。分级的方法有水力筛分和机械筛分两种。大规模的筛分多用机械筛分，有偏心振动和惯性振动两种。

（1）偏心振动筛：一般有2～3层筛网，适用于较粗粒径、中等粒径的骨料筛分。常用于骨料的第一道筛分。

（2）惯性振动筛：与偏心振动筛相比，惯性振动筛的振频高、振幅小，故适用于中、细粒径的骨料筛分。常用于骨料的第二道筛分。

3. 骨料的冲洗

骨料的冲洗一般要结合筛分同步进行，目的是在骨料洗净的同时，避免筛分时产生扬尘，以改善生产条件。

对于粗骨料，常在筛分过程中在筛网上面通入喷洒的高压水进行同步冲洗，以去除含泥量或过多的石粉。

对于细骨料，有专门用来洗砂的沉沙箱、螺旋洗砂机等筛洗机械，一般小型工程使用较少，大中型工程应用较多。

4. 骨料的堆存与运输

骨料堆存的目的是解决骨料生产与混凝土生产之间的不均衡性。骨料堆存量的多少，主要取决于生产强度和管理水平，通常可按高峰时段月平均需用量的 50%～80%考虑；汛期、冰冻期停采时，需按停采期骨料需用量的 20%的富余度考虑。

堆料场的型式与地形条件、堆料设备、进出料方式有关。常用的型式有台阶式、栈桥式、土堤式等。

骨料堆存的质量控制任务：一是防止跌碎和分离；二是防止骨料混级堆存（混级容易引起骨料超逊径，从而导致骨料级配发生改变，影响混凝土的性能）。

骨料的堆存与运输应符合以下规定：

（1）堆存场地应有良好的排水设施，必要时应设遮阳防雨棚。

（2）各级骨料仓之间应设置隔墙等有效措施，严禁混料，并应避免泥土和其他杂物混入骨料中。

（3）应尽量减少转运次数。卸料时，当粒径大于 40mm 骨料的自由落差大于 3m 时，应设置斜溜槽（泻槽）、螺旋缓降器等缓降设施，或用动臂堆料机进行堆料。

（4）储料堆存仓除有足够的容积外，还应维持不小于 6m 的堆料厚度。细骨料仓的数量和容积应满足细骨料脱水的要求。

（5）在粗骨料成品堆料场取料时，同一粒径级粗骨料应注意在料堆不同部位同时取料。

5. 骨料的加工厂

大规模的骨料加工，常将加工机械设备按工艺流程（破碎、筛分、冲洗、运输和堆存）布置成骨料加工工厂。其中，以筛分作业为主的加工厂称为筛分楼。

6. 骨料生产能力的确定

骨料生产能力由其需求量确定，实际需求量与各阶段混凝土浇筑强度有关，也与上一阶段结束时的储存量有关。骨料加工厂的生产能力按式（1-7-8）测算。

$$P = \frac{K_1 V}{K_2 mnT} \tag{1-7-8}$$

式中　P——骨料生产能力，m^3/h；

　　　V——骨料生产高峰期的总产量，m^3；

　　　T——骨料生产高峰时段的月数，月；

　　　m——每月有效工作日数，d，可取 25～28d；

　　　n——每日有效工作时数，h，可取 20h；

　　　K_1——高峰时段骨料生产的不均匀系数，可取 1.0～1.4；

　　　K_2——时间利用系数，可取 0.8～0.9。

四、钢筋制安

（一）材料要求

可用于水工混凝土结构的钢筋材料牌号为 HPB300、HRB400、HRB500、KL400、CRB550 和冷拉Ⅰ级钢筋等。

钢筋应按不同等级、牌号、规格及生产厂家分批验收，分别堆存，不应混杂，且应立牌标识。钢筋宜堆置在仓库或料棚内；露天堆置时，表面应遮盖，场地应夯实平整，并有良好的排水措施。钢筋存放时应将其垫高，离地高度不应小于 20cm，堆放高度以最下层钢筋不变形为宜。钢筋运输、贮存过程中应避免锈蚀，并不得被酸、盐、油等污染。

钢筋使用前应做冷拉、冷弯试验。需要焊接的钢筋还应做焊接工艺试验。

（二）钢筋配料

钢筋配料是根据结构或构件的配筋图，计算出所有钢筋的直线下料长度、总根数及钢筋的总重量，并编制钢筋配料单，绘出钢筋加工形状、尺寸，作为钢筋加工的依据。

直钢筋下料长度＝构件长度－保护层厚度＋弯钩增加长度

弯起钢筋下料长度＝直段长度＋斜段长度－弯曲调整值＋弯钩增加长度

箍筋下料长度＝直段长度＋箍筋弯钩增加长度－弯曲调整值

钢筋若需搭接，还应增加钢筋搭接长度。其中：

(1) 保护层厚度：按照设计要求进行扣减。

(2) 弯钩增加长度：直钢筋或弯起钢筋两端头制作弯钩时，一个 90°弯钩的增加长度为 $3.5d_0$，一个 135°弯钩的增加长度为 $4.9d_0$，一个 180°弯钩的增加长度为 $6.25d_0$。（注：d_0 为钢筋的直径，下同）。

(3) 弯曲调整值：也称为量度差值。钢筋弯起不同角度时，应按表 1-7-7 的规定扣除其弯曲调整值。

表 1-7-7　　　　　　　　　　钢 筋 弯 曲 调 整 值

钢筋弯起角度	30°	45°	60°	90°	135°
弯曲调整值	$0.3d_0$	$0.5d_0$	$0.85d_0$	$2d_0$	$2.5d_0$

(4) 箍筋弯钩增加长度：箍筋用 90°/90°弯钩时，两个弯钩增加长度值为 $11d_0$；箍筋用 90°/180°弯钩时，两个弯钩增加长度值为 $14d_0$；箍筋用 135°/135°弯钩时，两个弯钩增加长度值为 $14d_0$。

（三）钢筋加工

钢筋加工包括清污除锈、调直、切断、弯曲成型等工艺环节。

1. 钢筋清污除锈

钢筋表面应洁净，使用前应将表面油渍、漆污、锈皮、鳞锈等清除干净。

钢筋可在调直或冷拉过程中除锈，除锈方法有手工除锈、机械除锈、喷砂除锈和酸洗除锈等。

2. 钢筋调直

钢筋应平直无局部弯折，钢筋中心线同直线的偏差不得超过其全长的 1‰，否则应做调直处理。钢筋在调直机上调直后，其表面不得有明显的伤痕。

钢筋的调直严禁采用氧气、乙炔焰烘烤取直，而宜采用机械调直和冷拉方法调直。机械调直就是采用钢筋调直机调直；冷拉调直常采用绞磨、卷扬机调直。

当采用冷拉调直时，HPB300 级钢筋的冷拉率不宜大于 4%；HRB400、HRB500 和 RRB400 级带肋钢筋的冷拉率不宜大于 1%。

3. 钢筋切断

钢筋切断应根据钢筋配料表中编号、直径、长度和数量，长短搭配。

钢筋接头的切割方式应符合下列规定：

（1）采用绑扎接头、帮条焊、搭接焊的接头宜采用钢筋切断机切割。

（2）采用电渣压力焊的接头，应采用砂轮锯切割或气焊切割。

（3）采用熔槽焊、窄间隙焊和气压焊连接的钢筋端头，宜采用砂轮锯切割。

（4）采用冷挤压连接和螺纹连接的机械连接钢筋端头，宜采用砂轮锯或钢锯片切割，不得采用电气焊切割。如切割后钢筋端头有毛边、弯折或纵肋尺寸过大者，应用砂轮机修磨。冷挤压接头不得打磨钢筋横肋。

4. 钢筋弯曲成型

所有钢筋的弯曲宜在环境温度为5℃以上时进行，当环境温度低于－20℃时，不应对低合金钢筋进行冷弯加工。

钢筋的弯曲宜采用钢筋弯曲机加工，弯曲形状复杂的钢筋立画线、放样后进行。弯曲过程中，最小弯弧内直径、弯钩的弯后平直部分长度等应符合《水工混凝土钢筋施工规范》（DL/T 5169—2013）的规定。

（四）钢筋连接

钢筋的连接有焊接连接、绑扎连接和机械连接等三种连接方法。

加工厂钢筋连接宜采用手工电弧焊、闪光对焊和机械连接。钢筋的交叉连接宜采用接触点焊，不宜采用手工电弧焊。

现场施工钢筋连接宜采用绑扎搭接、手工电弧焊、气压焊、竖向钢筋接触电渣焊和机械连接等。

1. 焊接连接

焊接连接是为了接长钢筋、成型网片、连接构件等。常用的焊接方法有电阻点焊、闪光对焊、手工电弧焊、埋弧压力焊、电渣焊、气压焊等。

各种焊接的技术要求应符合《水工混凝土钢筋施工规范》（DL/T 5169—2013）的规定。

2. 绑扎连接

钢筋绑扎连接主要用于：①交叉点的连接：钢筋网中钢筋交叉点的连接；梁、柱的钢筋中，主筋与箍筋交叉点的连接。②钢筋绑扎接长：工程中有时也用绑扎连接的方式搭接接长钢筋。

直径不大于22mm的受拉钢筋、直径不大于32mm的受压钢筋、直径不大于25mm的其他钢筋可以采用绑扎连接；轴心受拉构件、小偏心受拉构件（如桁架和拱的拉杆）及直接承受动力荷载的构件，其纵向受力钢筋不得采用绑扎连接。

受拉区域内的光圆钢筋绑扎接头的末端应做弯钩；螺纹钢筋的绑扎接头末端不做弯钩。

钢筋搭接处，应在中心和两端用绑扎细铁丝扎牢，绑扎不少于3道。

3. 机械连接

钢筋的机械连接方法有套筒冷挤压连接、锥螺纹连接、直螺纹连接等几种。

钢筋套筒冷挤压连接时，套筒材质应采用低碳钢制作，厚度、长度应满足设计要求；

接头部位的混凝土保护层可比混凝土设计规定的最小厚度小 5mm，但不得小于 15mm。钢筋间距不小于 50mm。

钢筋锥螺纹或直螺纹连接时，接头应根据其性能等级和应用场合，对单向拉伸性能、高应力反复抗拉、大变形反复抗拉、抗疲劳等各项性能确定相应的检验项目。

（五）钢筋安装

钢筋的安装可采用散装法和整装法两种方式。散装法是将在加工厂加工好的钢筋运到现场，再逐步安装；整装法是将钢筋骨架或网片在加工厂制好，再运到现场安装。

1. 钢筋绑扎要求

现场焊接或绑扎的钢筋网，其钢筋交叉点的连接应按设计文件的规定进行；设计文件未作规定时，钢筋交叉点的连接按 50% 的间隔绑扎，但钢筋直径小于 25mm 时，楼板和墙体外围钢筋网交叉点应逐点绑扎；板内双向受力钢筋网的全部交叉点都要全部逐点绑扎；梁与柱的钢筋，其主筋与箍筋交叉点，在拐角处应全部逐点绑扎，中间部分可均匀间隔绑扎。

安装双层钢筋网时，在两层钢筋网之间应设置撑铁（钩）以固定两层钢筋网之间的间距。撑铁（钩）间距宜根据钢筋直径大小和安装位置确定。

2. 套筒冷挤压钢筋接头的安装要求

钢筋端部应有检查插入套筒深度的明显标记，钢筋端头离套筒长度中点不宜超过 10mm。

挤压应从套筒中央开始，依次向两端挤压，压痕直径的波动范围应控制在产品允许波动范围内，并提供专用量规进行检验。挤压后的套筒不得有肉眼可见裂纹。

3. 直螺纹钢筋接头的安装要求

安装接头时可用管钳扳手拧紧，应使钢筋丝头在套筒中央位置相互顶紧。标准型接头安装后的外露螺纹不宜超过 $2p$（注：p 为机械连接接头螺距），加长型接头的外露丝扣不受限制，但应有明显标记，以检查进入套筒的丝头长度是否满足要求。

4. 锥螺纹钢筋接头的安装要求

安装接头时应保证钢筋与连接套的规格一致。

钢筋安装中的其他相关要求应执行《水工混凝土钢筋施工规范》（DL/T 5169—2013）的规定。安装后的允许偏差见表 1-7-8。

表 1-7-8 钢筋安装允许偏差和检验方法

偏差名称	允许偏差	检验工具	检验频次
钢筋长度偏差	±1/2 净保护层厚		每型号不少于 2 个断面
同一排受力钢筋间距的局部偏差	梁、柱 ±0.5d_0		每型号不少于 2 处
	板、墙 ±0.1 倍间距		每型号不少于 5 处
同一排分布钢筋间距偏差	±0.1 倍间距	钢卷尺	每排不少于 3 处
双排钢筋间距的局部偏差	±0.1 倍间距		不少于 5 处
梁、柱箍筋间距偏差	±0.1 倍箍筋间距		每梁柱不少于 3 处
保护层厚度的局部偏差	±1/4 净保护层厚		每一构件不少于 5 处

五、模板制安

模板的主要作用是对新浇筑塑性混凝土起成型和支撑作用，同时还具有保护和改善混凝土表面质量的作用。

（一）模板的分类

(1) 根据制作材料，模板可分为木模板、钢模板、混凝土和钢筋混凝土预制模板。

(2) 按形状可将模板分为平面模板、曲面模板。

(3) 按受力条件，模板可分为承重模板、侧面模板。

(4) 按架立和工作特性，模板可分为固定式模板、拆移式模板、移动式模板、滑动式模板。

1) 固定式模板：一般用于特定的异形结构，很难在其他工程中重复利用，在征得设计同意的情况下，它可不拆除。

2) 拆移式模板：可重复周转使用，但安拆消耗工时较多。

3) 移动式模板：安拆效率高、人工消耗少。

4) 滑动式模板：混凝土动态成型、连续浇筑，施工速度快。

（二）模板的基本要求

(1) 就成型而言，模板要求拼装严密准确，不漏浆，表面平整，不产生过大的变形。

(2) 就支撑作用而言，模板要求强度足够，结构坚固，能支撑各种设计荷载。

(3) 就保护作用而言，模板应有利于混凝土凝固。寒冷地区应有利于保温；高速水流作用部位，应有利于抗冲、耐磨、防止气蚀破坏。

(4) 就方便施工、节约投资而言，应结构简单，制作、安装和拆除方便，尽量标准化、系列化，提高周转率，消耗工料少，成本低。

（三）模板的选型

(1) 拆移式模板：工程中应用最广的一类模板，可用于各类水工建筑物中。

(2) 固定式模板：主要用于一些异形混凝土结构。

(3) 移动式模板：主要用于混凝土结构外形、尺寸沿浇筑方向相同的工程，例如混凝土挡墙浇筑、隧洞混凝土浇筑、高耸桥墩混凝土浇筑等。应用于垂直方向施工时，常被称为自升式模板。

(4) 滑动式模板：适用于混凝土结构外形、尺寸沿浇筑方向相同的工程，例如面板堆石坝的上游防渗面板钢筋混凝土浇筑、U形渠道混凝土浇筑、隧洞混凝土浇筑等。

（四）模板的设计荷载

模板及其支撑结构应具有足够的强度、刚度和稳定性，必须能承受施工中可能出现的最不利荷载组合，其结构变形应在允许范围内。

设计模板结构时，应考虑以下各项荷载：①模板自重；②新浇筑混凝土的重力；③钢筋和预埋件的重力；④施工人员和机具设备的荷载；⑤振捣混凝土时产生的荷载；⑥新浇筑混凝土的侧压力；⑦新浇筑混凝土的浮托力；⑧混凝土拌和物入仓时产生的冲击荷载；⑨风荷载；⑩混凝土与模板的摩阻力（适用于滑动式模板）。

在计算模板的强度和刚度时，可按《水电水利工程模板施工规范》（DL/T 5110—2013）规定的常用荷载组合进行计算。

(五) 模板的安装

模板的安装步骤：测量放线→依线定模→设置控制点→架立拼装（临时支撑固定）→校正复核→固定全部拉撑系统→补缝及涂刷脱模剂。

模板安装误差应控制在《水电水利工程模板施工规范》（DL/T 5110—2013）的规定范围内。具体见表1-7-9和表1-7-10。

表1-7-9　　　　　一般大体积混凝土模板安装的允许偏差　　　　　单位：mm

偏差项目		混凝土结构的部位	
		外露表面	隐蔽内面
模板平整度	相邻两面板错台	2	5
	局部不平（用2m直尺检查）	5	10
	板面缝隙	2	2
结构物边线与设计边线	外模板	0 −10	15
	内模板	+10 0	
	结构物水平截面内部尺寸	±20	
	承重模板标高	+5 0	
预留孔洞	中心线位置	5	
	截面内部尺寸	+10 0	

注　1. 外露表面、隐蔽内面系指相应模板的混凝土结构表面最终所处的位置。
　　2. 高速水流区、流态复杂部位、机电设备安装部位的模板，除参照上表要求外，还必须符合有关专项设计的要求。

表1-7-10　　　　　一般现浇结构模板安装的允许偏差　　　　　单位：mm

偏差项目		允许偏差
轴线位置		5
底模上表面标高		+5 0
截面内部尺寸	基础	±10
	柱、梁、墙	+4 −5
层高垂直	全高≤5m	6
	全高>5m	8
相邻两面板高差		2
表面局部不平度（用2m直尺检查）		5

六、混凝土制备

混凝土制备就是要按照混凝土配合比设计要求，将各组成材料拌和成均匀的混凝土拌

第七章 水利工程施工技术

和物,以满足浇筑的需要。

(一) 混凝土配料

混凝土配料有重量配料法和体积配料法两种,水利工程中主要采用重量配料法。

重量配料法的要求是:砂、石、水泥、矿物掺合料、粉状外加剂按质量计;水、液体外加剂按体积计量。配料精度应控制在水泥、掺合料、水、外加剂溶液为±1%,砂、石为±2%。

称量设备常用的有台秤、地磅、自动杠杆秤、自动电子秤等。

(二) 混凝土拌和(搅拌)

1. 混凝土拌和方法及搅拌设备

混凝土拌和方法有人工拌和和机械拌和两种。

(1) 人工拌和。人工拌和的拌和质量差、效率低,水泥耗量大,所以仅用于工程量很小的、零星使用的混凝土工程。

(2) 机械拌和。工程中常用的搅拌机械,按其工作原理可分为自落式、强制式两大类。

1) 自落式搅拌机:该搅拌机是利用可旋转的拌和筒内壁上的固定叶片,将混凝土原材料带至筒顶而自由跌落实现拌和。常见的自落式搅拌机有双锥自落式搅拌机、鼓筒自落式搅拌机,双锥自落式搅拌机又有反转出料式、倾翻出料式两种型式,鼓筒自落式搅拌机已经很少使用。它们拌和质量均匀性较差、效率低,一般只用于普通的塑性混凝土、流动性混凝土。

2) 强制式搅拌机:通常采用的强制式搅拌机的装料筒是固定不旋转的,而是由固定在筒内旋转轴上的叶片旋转来带动混凝土原材料实现强制拌和(也有装料搅拌筒与叶片做相对旋转来强制拌和的)。其搅拌是强制的,拌和均匀性好、效率高,工程中应用最为广泛,既可用于搅拌塑性混凝土、流动性混凝土,还可以搅拌轻骨料混凝土、碾压法施工的干硬性混凝土、高强混凝土等各类混凝土。

在强制式搅拌机的基础上,发展兴起一种自动化程度较高的拌和方式——混凝土拌和楼。它是由配料、搅拌、电气控制等部分组成的全自动混凝土拌制成套设备。混凝土拌和楼主要由搅拌主机、物料称量系统、物料输送系统、物料贮存系统和控制系统等五大系统和其他附属设施构成,其中:①搅拌主机基本上采用的是强制式搅拌机。②物料称量系统是影响混凝土质量和混凝土生产成本的关键部件,主要分为骨料称量、粉料称量和液体称量三部分。一般情况下,每小时 $20m^3$ 以下的搅拌站采用叠加称量方式,即骨料(砂、石)用一把秤;水泥和粉煤灰用一把秤;水和液体外加剂分别称量,然后将液体外加剂投放到水称斗内预先混合。而在每小时 $50m^3$ 以上的搅拌站中,多采用各种物料独立称量的方式,所有称量都采用电子秤及微机控制。③物料输送系统由三个部分组成。一是骨料输送系统:搅拌站输送有料斗输送和皮带输送两种方式。料斗提升的优点是占地面积小、结构简单;皮带输送的优点是输送距离大、效率高、故障率低。皮带输送主要适用于有骨料暂存仓的搅拌站,从而提高搅拌站的生产率。二是粉料输送系统:混凝土所用的粉料主要是水泥、粉煤灰和其他矿物掺合料。普遍采用的粉料输送方式是螺旋输送机输送,大型搅拌楼有采用气动输送和刮板输送的。螺旋输送的优点是结构简单、成本低、使用可靠。三是液体输送系统：主要指水和液体外加剂，它们是分别由水泵输送的。④物料贮存系统：骨料一般露天堆放；粉料用全封闭钢结构筒仓贮存；外加剂用钢结构容器贮存。⑤控制系统：搅拌站的控制系统是整套设备的中枢神经，控制系统根据用户不同要求和搅拌站的大小而有不同的功能和配置，一般情况下小型搅拌站控制系统简单一些，而大型搅拌站的系统相对复杂一些。

2. 投料顺序

投料顺序常见的有一次投料法、二次投料法。

（1）一次投料法：是在上料斗中先装石子，再加水泥和砂，然后将水与它们一起一次性投入搅拌机。

（2）二次投料法：又称裹砂石法混凝土搅拌工艺，它是两次加水、两次搅拌，具体投料顺序是：全部骨料→70％水（搅拌15s左右）→全部水泥（搅拌30s左右）→30％水（再搅拌60s左右）。

3. 搅拌生产能力

混凝土搅拌机工作一个循环均包括装料、拌和、卸料等环节。单台搅拌机的生产率取决于拌和机的工作容量和循环一次所需的时间，具体由式（1-7-9）确定。

$$P = NV = K_t \frac{3600V}{t_1 + t_2 + t_3 + t_4} \qquad (1-7-9)$$

式中　P——每台搅拌机的小时生产能力，m^3/h；

　　　N——每台搅拌机每小时的平均拌和次数；

　　　V——搅拌机出料容量，m^3；

　　　t_1——进料时间，自动化配料为10～15s，半自动化配料为15～30s；

　　　t_2——拌和时间，随混凝土坍落度、搅拌机容量、是否掺用外加剂等而异，一般约为2min，具体可参照表1-7-11；

　　　t_3——出料时间，一般倾翻式为15s，非倾翻式为25～30s；

　　　t_4——必要的技术间歇时间，对双锥式为3～5s；

　　　K_t——时间利用系数。

表1-7-11　　　　　　　　混凝土拌和时间参考值　　　　　　　　单位：s

混凝土坍落度/mm	搅拌机机型	搅拌机出料量		
		<250L	250～500L	>500L
≤30	强制式	60	90	120
	自落式	90	120	150
>30	强制式	60	60	90
	自落式	90	90	120

注　当掺用外加剂时，搅拌时间应当延长。

七、混凝土运输

混凝土运输包括水平运输和垂直运输两个环节。混凝土水平运输是指混凝土从搅拌机（楼）出料口至浇筑仓面（或至垂直吊运起吊点）的水平距离运输；混凝土垂直运输是指混凝土从垂直吊运起吊点至浇筑仓面的垂直距离运输。

(一) 混凝土运输机具

1. 混凝土水平运输机具

混凝土水平运输机具有间歇式运输机具、连续式运输机具两大类，可根据施工条件进行选用。

(1) 间歇式运输机具：如常用的有胶轮车、机动翻斗车、自卸汽车、混凝土搅拌运输车等。胶轮车、机动翻斗车适用于运输距离短、运输量不大的混凝土运输；自卸汽车适用于长距离的混凝土运输；混凝土搅拌运输车适用于建有混凝土集中搅拌站的混凝土运输。

(2) 连续式运输机具：如皮带运输机、混凝土输送泵等。它们适用于长距离运输、洞内运输等，可实现混凝土的连续输送。

2. 混凝土垂直运输机具

混凝土的垂直运输有垂直向上、垂直（或倾斜）向下两种运输型式。

(1) 垂直向上的混凝土运输。大坝、厂房、渡槽、排架等混凝土工程中，常用的吊运设备有履带式起重机、门式起重机、塔式起重机、缆式起重机等。此外还有混凝土输送泵、混凝土泵车等垂直运输设备可实现垂直运输与水平运输一体化作业。

(2) 垂直（或倾斜）向下的混凝土运输。竖井、基坑、混凝土面板堆石坝的面板等混凝土工程中，常用的运输机具有溜筒（串筒）、斜溜槽（泻槽）等。

(二) 混凝土运输方案

1. 大坝混凝土运输方案

混凝土坝施工时，常用的运输方案有以下几种：

(1) 门-塔机方案：自卸汽车运立罐或卧罐，门机、塔机吊运入仓。具体又分为有栈桥方案、无栈桥方案。

(2) 缆机方案：铁路机关车运立罐，缆机吊运入仓，最宜用于拱坝施工中。

(3) 缆机、门机混合方案：缆机控制主要部位，门机控制坝顶及边角。

(4) 辅助运输方案：履带式起重机浇筑方案、汽车运输浇筑方案、皮带运输机浇筑方案等。

2. 平洞混凝土运输方案

平洞混凝土浇筑时，根据浇筑顺序、衬砌断面大小等的不同，适宜采用的混凝土运输方案也不一样。工程中的常用方案如下：

(1) 混凝土泵车方案：适用于大断面平洞工程。

(2) 混凝土输送泵方案：在平洞的跳仓浇筑法施工中非常适用，可以减少混凝土浇筑、开挖出渣之间的干扰。

(3) 混凝土搅拌运输车-混凝土输送泵方案：适用于大断面、长距离平洞工程。

(4) 斗车或机动翻斗车方案：适用于小断面平洞工程。

(5) 胶轮车运输方案：适用于小断面、短距离运输的平洞工程。

3. 竖井混凝土运输方案

最常用的为溜筒（串筒）方案，该方案采用胶轮车、机动翻斗车或混凝土搅拌运输车运输混凝土至井口，采用溜筒（串筒）下溜混凝土入仓。

4. 渡槽混凝土运输方案

渡槽的槽身、排架混凝土浇筑时，常见的混凝土运输方案有：

（1）自卸汽车-履带式起重机方案：自卸汽车运立罐，履带式起重机吊运入仓。

（2）混凝土泵车方案：混凝土泵车运混凝土并直接入仓。

5. 溢洪道、渠道混凝土运输方案

（1）胶轮车或机动翻斗车-斜溜槽（泻槽）方案：胶轮车或机动翻斗车运混凝土，转斜溜槽（泻槽）入仓。

（2）混凝土搅拌运输车-斜溜槽（泻槽）方案：混凝土搅拌运输车运混凝土，转斜溜槽（泻槽）入仓。

6. 钢筋混凝土面板堆石坝的面板混凝土运输方案

在钢筋混凝土面板堆石坝工程中，面板混凝土常采用混凝土搅拌运输车-斜溜槽（泻槽）方案运输入仓。

7. 其他细部结构的混凝土运输方案

细部结构的混凝土往往用量小、浇筑点分散，工程中可根据情况选择人工挑运方案、胶轮车运输方案等。

应注意的是，以上所述混凝土运输方案，并不能完全包罗所有工程中的所有运输方案。在具体工程中选择混凝土的适宜运输方案时，应具体情况具体分析，并遵循以下原则加以确定。

（1）运输效率高，转运次数少，成本低，混凝土不易离析，容易保证质量。

（2）起重吊运设备应能够控制整个建筑物的浇筑部位。

（3）力求主要设备型号单一、性能优良，配套设备能使主要设备的生产能力得以充分发挥。

（4）在保证工程质量的前提下，能满足高峰浇筑强度的运输要求。

（5）在工作范围内，设备利用率高，不压浇筑块，或不因压块而延误浇筑时间。

（6）除满足混凝土浇筑外，同时能最大限度地承担模板、钢筋、金属结构及仓面小型机具的吊运工作。

八、混凝土浇筑及养护

（一）浇筑前准备工作

1. 基础面处理

（1）岩基：人工清除表面松软岩石、棱角和反坡→用高压水枪冲洗（若有油污，用钢丝刷刷洗）直至洁净→再用高压风吹至岩面无积水。

（2）砂砾石地基：清除杂物→整平建基面→洒水湿润→浇10～20cm混凝土垫层。

（3）土质地基：分层挖除保护层→铺碎石（砂砾石）→上盖湿砂并压实→浇10～20cm混凝土垫层。

2. 施工缝的处理

施工缝是指浇筑块间的垂直结合纵缝及浇筑层间的水平缝。它是新老混凝土的结合面。

处理方法：①在混凝土浇筑前，对纵缝可不凿毛，但应冲洗清扫干净，以利于接缝灌浆。②对水平缝，应凿毛或冲毛（将已浇老混凝土表面的乳皮清除干净，并使表面形成石子半露的麻面），以利于新老混凝土层面的良好结合。毛面处理可采用 25～50MPa 高压水冲毛，或风砂枪喷毛、刷毛机刷毛、人工凿毛等方法。

3．模板、钢筋和预埋件的安设和检查

（1）模板：架立后需检查的内容有定位的准确性、支撑的牢固性、拼装的严密性、板面的洁净性、脱模剂涂刷的均匀性等。

（2）钢筋：安装后应检查位置、规格和数量的准确性，保护层厚度，绑扎的牢固性。

（3）作为安装设备用的螺栓、套筒等预埋件：要采取可靠的固定措施，并保证其位置的准确性。

（4）作为供永久观测用的传感器等预埋件：要确保传感器不因混凝土的浇筑振捣而受到损坏。

4．开仓前全面检查

开仓浇筑混凝土前，应检查确认设备（振捣器、空压机等）、工具（铁锹等）、材料（防雨布等）、器材（照明灯具及插座等）、人员（劳力组合）等合理配置、准确到位。

（二）入仓铺料

混凝土的浇筑可采用平铺法、斜铺法、阶梯法等方式铺料。浇筑时应按一定厚度、次序、方向、分层进行。浇筑竖井、孔道、廊道、高压钢管等部位处的周边混凝土时，应使混凝土均匀上升。

对基岩面和混凝土施工缝面，浇筑第一坯混凝土前，宜先铺一层厚 2～3cm 的水泥砂浆或同强度等级的小级配混凝土或富砂浆混凝土。

混凝土的浇筑坯层厚度，应根据拌和能力、运输距离、浇筑速度、气温及振捣器的性能等因素确定。一般情况下，浇筑坯层的允许最大厚度，不应超过表 1－7－12 的要求。

表 1－7－12　　　　　　　混凝土浇筑坯层的最大允许厚度

振捣设备类别		浇筑坯层的允许最大厚度
插入式	振捣机	振捣棒（头）工作长度的 1.0 倍
	电动或风动振捣器	振捣棒（头）工作长度的 0.8 倍
	软轴式振捣器	振捣棒（头）工作长度的 1.25 倍
平板式振捣器		200mm

（三）平仓振捣

混凝土入仓后应先平仓、后振捣，不得以平仓代替振捣。平仓振捣应及时，混凝土不应堆积。常态混凝土一般用平仓振捣机或振捣器进行平仓；碾压混凝土一般采用推土机进行平仓。

倾斜面上浇筑混凝土，应从低处开始浇筑，浇筑面宜保持水平，收仓面与倾斜面接触处宜与倾斜面垂直。浇筑混凝土坝时，不应产生倾向下游的斜坡。

混凝土振捣时，每个插入点均应垂直插入，快插慢拔，并插入下层混凝土 5～10cm；插入点间距 $a \leqslant 1.5R$（R 为振捣有效半径，一般为 30～50cm），距离模板的距离 b 应满足 $R/2 \leqslant b \leqslant R$；振捣器不得触碰预埋件和钢筋。

振捣应达混凝土密实，不得漏振或过振。混凝土振捣密实的基本特征是：粗骨料不再明显下沉，气泡不再逸出；振捣器周围10cm左右范围有泛浆，且振捣器拔出时没有孔洞。

（四）养护

浇筑完毕的混凝土在初凝前，应避免仓面积水、阳光暴晒。

混凝土初凝后，可采用洒水或流水方式养护。养护应连续进行，养护期间混凝土表面及所有侧面始终保持湿润。混凝土养护时间应按设计要求执行，一般水工大体积混凝土不宜少于28d；面板堆石坝的防渗面板混凝土应尽量养护至水库蓄水，最短养护时间也不得少于90d。

九、模板的拆除

1. 现浇结构的模板拆除

现浇结构模板拆除时的混凝土强度，应符合设计要求；当设计无具体要求时，应符合下列规定：

（1）侧模：混凝土强度能保证其表面和棱角不因拆除模板而受损坏。

（2）底模：混凝土强度应符合表1-7-13的规定。

表1-7-13　　　　　　　现浇结构拆模时所需混凝土强度

结构类型	结构跨度/m	按设计的混凝土强度标准值的百分率计/%
板	≤2	≥50
板	>2，≤8	≥75
板	>8	≥100
梁、拱、壳	≤8	≥75
梁、拱、壳	>8	≥100
悬臂构件	—	≥100

2. 预制构件的模板拆除

预制构件模板拆除时的混凝土强度应符合设计要求；当设计无具体要求时，应符合下列规定：

（1）侧模：在混凝土强度能保证构件不变形、棱角完整时，方可拆除。

（2）芯模或预留孔洞的内模：在混凝土强度能保证构件和孔洞表面不发生坍陷和裂缝后，方可拆除。

（3）底模：当构件跨度不大于4m时，在混凝土强度达到设计的混凝土强度标准值的50%的要求后，方可拆除；当构件跨度大于4m时，在混凝土强度达到设计的混凝土强度标准值的75%的要求后，方可拆除。

3. 后张法预应力混凝土结构构件的模板拆除

后张法预应力混凝土结构构件的模板拆除时，除应符合上述规定外，还应注意按以下规定的顺序进行拆除：

（1）侧模：应在预应力张拉前拆除。

（2）底模：应在结构构件建立预应力后拆除。

十、大体积混凝土的温度控制

（一）大体积混凝土的温控任务

大体积混凝土的温控任务是：①通过控制混凝土的拌和温度来控制混凝土的入仓温

度（注：混凝土浇筑温度不宜大于 28℃），再通过冷却来降低混凝土内部的水化热温升，使温度降到允许范围内，以避免混凝土内外温差过大而产生温度裂缝；②通过二期冷却，使坝体温度从最高温度降到接近稳定温度，以便在达到灌浆温度后及时进行接缝灌浆。

（二）大体积混凝土的温控措施

混凝土的温度控制措施体现在减热与散热两大方面。减热就是减少混凝土内部水化热释放量和温升；散热就是采取措施加快混凝土水化热往外界释放。具体可从以下几方面着手解决。

1. 减少混凝土的发热量（即降低混凝土水化热温升）

(1) 采用低发热量的水泥。

(2) 减少每方混凝土的水泥用量。

2. 降低混凝土的入仓温度

(1) 采用加冰或加冰水拌和。

(2) 对骨料进行预冷。

(3) 合理安排浇筑时间。

3. 加速混凝土散热

(1) 采用自然散热冷却降温。

(2) 在混凝土内预埋水管通水冷却。

第六节 砌 石 工 程

一、石砌体施工工艺流程

砌石工程按其坐浆与否分为干砌石与浆砌石两大类。

1. 干砌石施工工艺流程

干砌石是指砌筑石块时不用任何灰浆。一般应用于大坝上游护坡、下游坝脚排水棱体等部位。

干砌石的施工工艺比较简单，基本流程为：砌筑面准备（整平基面）→选料→安装石块→填塞明缝→检查砌筑质量。

2. 浆砌石施工工艺流程

浆砌石是采用坐浆砌筑的方法把石块胶结在一起形成一个砌筑整体。浆砌石具有良好的整体性、密实性和较高的强度，有一定的抗渗性和抵抗水流冲刷的能力。它广泛用于挡墙、渠道、排水沟、隧洞进出口洞脸护坡等工程。

浆砌石的施工工艺流程为：砌筑面准备（凿毛、清除浮浆及残渣、冲洗）→选料→坐（铺）浆→安放石块→捣实→清除石面浮浆、检查砌筑质量→勾缝或抹面→养护。

二、石砌体砌筑要领

石砌体的砌筑要领，可概括为"平、稳、满、错"四个字。

(1) "平"：同一层面大致砌平，相邻石块的高差宜小于 2～3cm。

(2) "稳"：单个石块的安砌应自身稳定。

(3) "满"：灰缝饱满密实，严禁石块之间直接接触。

(4)"错":相邻石块应错缝砌筑,尤其不允许顺水流向形成通缝。

三、石砌体砌筑方法

(一) 干砌石体砌筑

1. 一般要求

(1) 砌石工程应在基础验收及结合面处理合格后方可施工。

(2) 干砌石使用材料应按施工图纸要求采用合适的砌筑料。石料使用前表面应冲洗去除泥土和水锈等杂质。

(3) 干砌石体铺砌前,在基础面上放出墙身中线及边线,放样立标,拉线砌筑。基底平整夯实后应先铺设一层厚为10~20cm的砂砾石垫层,砂砾石垫层厚度应均匀,其密实度应大于90%。

(4) 干砌石体宜采用立砌法,不得叠砌和浮塞。叠砌是指用薄石重叠,双层砌筑;浮塞是指砌体的缝口,加塞时未经砸紧。石料最小边厚不宜小于15cm。不得有通缝和上下层垂直对缝,错缝不得小于10cm。砌筑时缝隙不应大于2cm,三角缝不应大于3cm,表面平整度不应大于3cm。明缝要用小片石填塞紧密,一般以手拉不出为宜。

(5) 不得使用翘口石和飞口石。翘口石是指一边薄一边厚的石料,上下两块薄石部分互相搭接而成;飞口石是指石块的边口很薄,未经砸掉即砌上。

(6) 不得在外露面用块石砌筑,而中间以小石填心;不得在砌筑层面以小块石、片石找平。

(7) 在梯形断面沟、渠的施工中,宜先底后坡、先中间后两边、由下而上砌筑;对矩形断面而言,可先侧墙后底部。

(8) 砌体缝口应砌紧,底部应垫稳填实,与周边砌石靠紧,严禁架空。

2. 干砌料石(条石)砌筑

(1) 砌筑之前应按墙体厚度、设计要求预先计算层数和选定排列方法、尺寸。

(2) 条石平整度不应大于2cm。

(3) 干砌料石(条石)应单皮顺砌,但必须上下错缝搭接,搭接长度不小于较短条石长度的1/3,双轨条石排列也要顺砌,但上下左右竖缝均应错开。

(4) 砌筑时,按一顺一丁或两顺一丁排列,砌缝应横平竖直,丁石的上下方不应有竖缝;丁石的上下方应为顺石,以增加其整体强度。

3. 干砌石护坡砌筑

(1) 坡面上的干砌石砌筑,应在夯实的砂砾石垫层上,以一层与一层错缝锁结方式铺砌。砂砾石垫层的粒径应不大于50mm,含泥量小于5%。

(2) 护坡表面砌缝的宽度不应大于25mm,砌石边缘应顺直、整齐、牢固。

(3) 砌体外露面的坡顶和侧边,应选用较整齐的石块砌筑平整。

(4) 为使沿石块的全长有坚实支撑,所有前后的明缝均应采用小片石填塞紧密。

(二) 浆砌石体砌筑

1. 一般要求

(1) 砌筑砂浆必须要有试验配合比,强度须满足设计要求;且应有试块试验报告,试块应在砌筑现场随机制取。

(2) 砌筑前,应在砌体砌筑范围外将石料上的泥垢冲洗干净,砌筑时保持砌石表面湿润。

(3) 砌石体应采用铺（坐）浆法砌筑，砂浆灰缝厚度应为 20～50mm，当气温变化时，应适当调整。

(4) 采用浆砌法砌筑的砌石体转角处和交接处应同时砌筑。对于不同时砌筑的面，必须留置临时间断处，并应砌成斜槎。

(5) 砌筑因故停顿，砂浆已超过初凝时间时，应待砂浆强度达到 2.5MPa 后才可继续施工；在继续砌筑前，应将原砌体表面的浮渣清除；砌筑时应避免震动下层砌体。

2. 料石砌体砌筑

(1) 料石基础砌体的第一皮应采用丁顺坐浆砌筑。阶梯形石基础的上级阶梯料石应至少压砌下级阶梯的 1/3。

(2) 料石砌体应上下错缝搭砌，砌体厚度等于或大于两块料石宽度时，若同一皮内全部采用顺砌，则每砌两皮后，应砌一批丁砌层；若在同皮内采用丁顺组砌，则丁砌石应交错设置，其中距应不大于 2m。

(3) 料石砌体的灰缝厚度，应按料石种类确定。细料石砌体不大于 5mm；半细料石砌体不大于 10mm；粗料石和毛料石砌体不大于 20mm。

(4) 砌筑料石砌体时，料石应放置平稳，砂浆摊铺厚度应略高于规定的灰缝厚度。其高出厚度为：细料石和半细料石砌体，应高出 3～5mm；粗料石和毛料石砌体，应高出 6～8mm。

3. 块石、毛石砌体砌筑

(1) 砌体第一皮及转角处、交接处和洞口处应选用较大的石料砌筑。

(2) 砌筑基础的第一皮石块应坐浆，且将大面朝下。砌体基础扩大部分，若做成阶梯形，上级阶梯的石块应至少压砌下级阶梯的 1/2，相邻阶梯的块、毛石应相应错缝搭接。

(3) 石墙必须设置拉结石。拉结石必须均匀分布、相互错开，一般每 0.7m² 墙面至少应设置一块，且同皮内的中距不应大于 2m。拉结石的长度：若其墙厚等于或小于 400mm 时，应等于墙厚；墙厚大于 400mm 时，可用两块拉结石内外搭接，搭接长度不应小于 150mm，且其中一块长度不应小于墙厚的 2/3。

(4) 砌体应分皮卧砌、上下错缝、内外搭砌，不得采用外面侧立石块、中间填心的砌筑方法。

(5) 砌体的灰缝厚度应为 20～30mm，砂浆应饱满，石块间较大的空隙应先填塞砂浆，后用碎块或片石嵌实，不得先摆碎石块后填砂浆或干填碎石块的施工方法，石块间不应相互直接接触。

4. 卵石砌体砌筑

(1) 卵石砌筑方法有人字砌法、品字砌法两种。人字砌法，平面每隔 1m 左右应砌一块其长度与墙同厚的拉结石；品字砌法，在水平方向每隔 1m、竖向每隔 0.5m 应砌一块与墙同厚的拉结石。

(2) 每层应先铺砂浆、再砌卵石，每块卵石应被砂浆包住，每层大卵石的间隙铺满砂浆，随即用小卵石填紧塞实。

5. 砌石表面勾缝或抹面

(1) 勾缝。勾缝砂浆宜采用细砂，用较小的水灰比，灰砂比应控制在 1∶1～1∶2 之间。清缝在砌筑 24h 后进行，缝宽不小于砌缝宽度，缝深不小于缝宽的两倍。勾缝前必须将槽缝冲洗干净,不得残留灰渣和积水,并保持缝面湿润。勾缝砂浆强度等级应高于砌筑砂浆,两者必须单独拌制,严禁混用。勾缝应按实有砌缝勾平缝,严禁勾假缝、凸缝。将拌制好的勾缝砂浆向缝内分几次填充并用力压实,直到与表面平齐,然后抹光。勾缝应密实,黏结牢固。勾缝表面与块石应自然接缝,力求美观、匀称,砌体表面溅上的砂浆要清除干净。当勾缝完成和砂浆初凝后,砌体表面应冲洗干净,至少用浸湿物覆盖保持21d,在养护期间应经常洒水,使砌体保持湿润,避免碰撞和振动。

(2) 抹面。先将砌体表面的浮渣清除干净,并用喷壶均匀洒水一遍。在铺设水泥砂浆之前,宜涂刷水泥浆一层,不要涂刷面积过大,随刷随铺面层砂浆。涂刷水泥浆之后紧跟着铺水泥砂浆,然后立即用木抹子搓平,并随时用 2m 靠尺检查其平整度。木抹子搓平后,立即用铁抹子压第一遍,直到出浆为止;面层砂浆初凝后,用铁抹子压第二遍,表面压平压光;第三遍压光必须在水泥砂浆终凝前完成。

6. 养护

砌体外露面在砌筑12~18h后应及时养护,并应经常保持其湿润。养护时间:水泥砂浆砌体一般不少于14d,混凝土砌体不少于21d。

第七节 地下建筑工程

一、地下工程施工的作业内容

地下工程施工的主要作业内容有:开挖、出渣、支护、衬砌、灌浆等。

为创造良好的地下施工环境,加快施工进度,应妥善解决好以下辅助作业内容:通风、散烟、除尘;风、水、电供应;排水等。

二、地下工程的施工程序

地下工程的施工程序如图 1-7-2 所示。

三、地下工程的施工工艺

(一) 开挖

地下工程的开挖包括平洞开挖和竖井开挖。常用的开挖方法是钻孔爆破法开挖,平洞开挖还可采用掘进机开挖。目前应用最为广泛的是钻孔爆破法中的光面爆破。

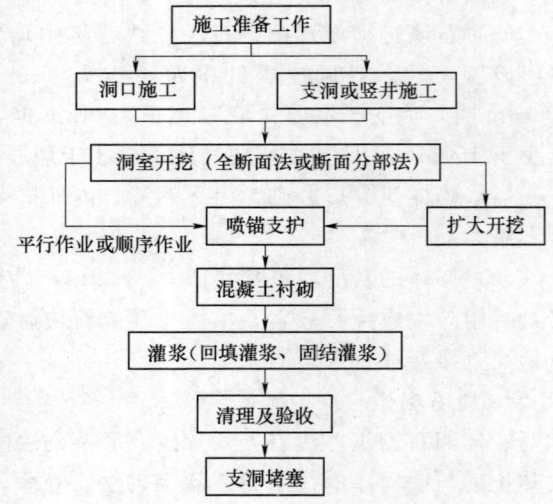

图 1-7-2 地下工程施工程序图

1. 平洞开挖

根据断面大小、地质情况等不同,平洞开挖时可视情况选择全断面开挖、台阶法开挖或导洞法开挖。

(1) 全断面开挖。

1) 施工工序:将平洞整个断面一次性开挖成洞,待全洞贯通或开挖相当距离以后,结合围岩开挖后允许暴露时间和总的施工安排再进行衬砌或支护施工。

2)特点：洞内工作场面较大，施工组织易安排，施工干扰问题易解决，有利于提高施工速度。

3)适用条件：断面较小、围岩坚固稳定（$f \geqslant 8 \sim 10$）、配有充足大型开挖衬砌设备的平洞工程。在Ⅰ～Ⅲ类围岩中，当开挖洞径小于10m时宜采用全断面法开挖。

(2)台阶法开挖。

1)施工工序：将整个断面分成若干层和块，分层分块开挖推进。

2)特点：不一定需要大型设备就能进行大断面洞室的开挖，机动灵活，能适应地质条件的变化，但施工组织复杂，施工速度受影响。

3)适用条件：在Ⅰ～Ⅲ类围岩中，当开挖洞径或洞高大于等于10m时可采用台阶法开挖。

(3)导洞法开挖。

1)施工工序：先在平洞断面中开挖一个导洞，然后在导洞的基础上扩大至整个设计断面。

2)特点：导洞断面小有利于围岩稳定，同时通过开挖导洞可进一步探明地质情况，并利用导洞解决排水问题，利于改善洞内通风条件。

3)适用条件：下导洞法适用于围岩比较稳定的情况；上导洞法和上下导洞法适用于围岩稳定性较差的情况，其中上下导洞法最宜用于大断面洞室，地下水丰富又缺少大型设备的情况。

2.竖井开挖

(1)小断面竖井全断面开挖。小断面竖井全断面开挖中，有正井法开挖和反井法开挖两种。

1)正井法开挖。若隧洞进口有压段尚未开挖完毕，则竖井采用自上而下法（即下行）全断面开挖，也称为正井法开挖。开挖渣料一般采用移动式龙门吊、卷扬机或绞车提升至井口出渣。该法施工时，要注意先锁好井口，确保井口稳定。

2)反井法开挖。若隧洞进口有压段已开挖至竖井位置，且围岩稳定性较好时，则竖井可采用自下而上法（即上行）全断面开挖，也称为反井法开挖。开挖渣料自然下溜至隧洞中，再由胶轮车、斗车、自卸汽车或胶带输送机等往洞外运输出渣。

(2)大、中断面竖井的导井法开挖。该法是在竖井断面中间开挖$4 \sim 5 m^2$断面的导井，然后在其基础上扩挖至竖井设计断面。具体有以下两种施工方法。

1)自上而下开挖导井法。该法常用钻孔爆破法或大钻机钻进法从上往下开挖导井，然后再在此基础上扩挖形成竖井断面。

2)自下而上开挖导井法。该法是先采用钻机钻一贯通的小口径导孔，然后用爬罐法、反井钻机法或吊罐法从下往上开挖出导井，最后再在此基础上扩挖形成竖井断面。

(二)初期支护

初期支护是指在地下开挖作业时，为了防止围岩的掉落或坍塌，采取临时防护措施，使施工得以继续进行的一种支护方式。

平洞初期支护一般采用喷锚支护方式，包括喷射混凝土、锚杆、钢支撑及几种型式的复合。

1. 砂浆锚杆施工

砂浆锚杆的施工工艺流程为：施工准备→布孔→钻孔→清孔→注入砂浆→插入杆体→加垫板、拧紧螺栓、固定杆体。

普通砂浆锚杆可采用螺纹钢筋现场制作，长度、间距根据围岩状况及设计确定（一般间距不大于杆长的二分之一），系统锚杆呈梅花型布置。砂浆锚杆采用锚杆台车、锚杆钻机或风动凿岩机钻孔，机械配合人工安装锚杆，水泥砂浆终凝后安设孔口垫板。

钻孔直径一般比锚杆直径大15mm，然后采用砂浆锚杆专用注浆泵往孔内压注早强水泥砂浆，砂浆配合比（质量比）一般宜为砂灰比1:1~1:2，水灰比0.38~0.45。注浆开始或中途超过30min时应用水润滑注浆管路；注浆孔口压力不得大于0.4MPa；注浆时注浆管要插至距孔底5~10cm处，随水泥浆的注入缓缓匀速拔出，随即迅速将杆体插入，锚杆杆体插入孔内的长度不得短于设计长度的95%。若孔口无砂浆溢出，要将杆体拔出重新注浆。

2. 中空注浆锚杆施工

中空注浆锚杆的施工工艺流程为：施工准备→布孔→钻孔→清孔→插入杆体→安设止浆塞→浆液配制→注浆→加垫板、拧紧螺栓、固定杆体。

中空锚杆施工使用锚杆台车钻孔，钻孔前根据设计要求定出孔位，钻孔保持直线并与所在部位岩层结构面尽量垂直，钻孔直径根据设计锚杆直径及保护层厚度加以确定，钻孔深度大于锚杆设计长度10cm。

钻完钻孔后，用高压风吹净孔内岩屑→将锚头与锚杆端头组合，戴上垫片与螺母→将组合杆体送入孔内，直达孔底→将止浆塞穿入锚杆末端与孔口齐平并与杆体固紧→锚杆末端戴上垫板，然后拧紧螺母→采用锚杆专用的螺杆式注浆泵往中空锚杆内压注水泥浆，水泥浆的配合比为1:0.3~1:0.4，注浆压力为1.2MPa左右，水泥浆随拌随用。

3. 喷混凝土施工

根据设计要求和围岩地质状况，喷射混凝土分为：素喷、锚喷、钢架联合锚网喷等类型。为减小粉尘、改善喷射环境，工程中多采用湿喷作业技术。

安装调试好混凝土喷射机之后，在料斗上安装振动筛（筛孔10mm），以避免超径骨料进入喷射机。喷射前首先要对岩面进行修整，清除松动岩块，对个别欠挖凸出部分进行凿除，对个别超挖部分用喷射混凝土喷填补平；用高压水将岩面冲洗干净，对遇水易崩解的岩层，则用高压风清扫岩面；检查喷射机工作是否正常，要进行喷射试验，一切正常后方可进行混凝土喷射工作。

混凝土喷射送风之前先打开计量泵（此时喷嘴朝下，以免速凝剂流入输送管内）；送风后调整风压，控制在0.15~0.2MPa之间（若风压过小，则粗骨料冲不进砂浆层而脱落；若风压过大，则将导致混凝土回弹量增大。所以风压值可按混凝土回弹量大小、表面湿润易黏着的力度来掌握）。根据喷射仪表反馈的信息及时调整风压和计量泵，控制好速凝剂掺量。

为保证喷射混凝土的厚度和质量，喷射混凝土分初喷和复喷二次完成。复喷是在初喷混凝土层及加固后的围岩保护下，完成立挂网、锚杆或拱架等工序的作业后进行的。

喷射混凝土应分段、分层进行，一次喷射厚度应控制为：拱部不得超过6cm、边墙不得超过10cm，否则应分层喷射，分层喷射时，后一层应在前一层终凝后进行，但间隔时间以1~2h为宜。一次喷射区段长度以不超过6m为宜。喷射顺序通常自下而上、先墙后拱、先凹后凸，从无水、少水向有水、多水地段集中（多水处应安放导管将水排出）。施喷时喷头与受喷面夹角为90°±10°（一般应垂直岩面喷射），喷射距离控制在0.6~1.2m。

设格栅钢架时，钢架与岩面之间的间隙用喷射混凝土充填密实，喷射顺序先下后上对称进行，先喷钢架与围岩之间空隙，后喷钢架之间，钢架应被喷射混凝土所覆盖，保护层不得小于4cm。喷前先找平受喷面的凹处，再将喷头呈螺旋形缓慢均匀移动，每圈压前面半圈，绕圈直径约30cm，力求喷出的混凝土层面平顺光滑。

喷射混凝土喷完2h后，应开始喷水养护，养护时间一般工程不得少于7d、重要工程不得少于14d。气温低于5℃时，不得喷水养护，必要时需采取保温防冻措施。

4. 挂钢筋网施工

钢筋网按照设计要求加工成方格网片，纵横钢筋相交处可点焊成块。钢筋网一般在初喷混凝土、锚杆完之后安设，施工时运至工作面进行敷设，网片要紧贴初喷混凝土面，混凝土保护层厚度必须满足设计要求。网片与网片间、网片与锚杆间要焊接牢固。

5. 格栅钢架、工字钢拱架施工

拱架支撑主要有格栅钢架、工字钢拱架（即钢支撑）两种型式。

格栅钢架、工字钢拱架在洞外按设计加工成型，洞内安装在初喷混凝土之后进行，与定位系筋、锚杆连接。钢支撑间设纵向连接筋，拱架支撑间以喷混凝土填平。拱架支撑的拱脚安放在牢固的基础上，架立时垂直隧洞中线，当拱架支撑和围岩之间间隙过大时设置垫块顶紧（必要时设置锁脚锚杆），用喷混凝土喷填。

（1）现场制作加工。拱架按设计要求预先在洞外结构构件加工厂加工成型。先将加工场地用混凝土硬化平整；按设计放出1:1的加工大样，放样时根据工艺要求预留焊接收缩余量及切割的加工余量；将格栅钢筋冷弯成形，要求尺寸准确、弧形圆顺；对于工字钢拱架，每榀拱架加工完成后应放在坚实平整的地面上试拼，居边拼装允许误差为±3cm，平面翘曲应小于2cm。

（2）拱架架设工艺要求。

1) 为保证拱架支撑设在稳固的地基上，施工中在拱架支撑基脚部位预留0.15~0.2m原地基；架立拱架支撑时挖槽就位，软弱围岩地段在拱架支撑基脚处设锁脚锚杆和垫槽钢以增加基底承载力。

2) 拱架支撑平面垂直于隧洞中线，倾斜度不大于2°。拱架支撑的任何部位偏离铅垂面不大于5cm。

3) 为保证拱架支撑的稳定性、有效性，两拱脚处和两边墙脚处应加设锁脚锚杆，锁脚锚杆由2~4根锚杆组成。

4) 拱架支撑按设计位置安设，在安设过程中，当拱架支撑和初喷混凝土层之间有较大间隙时设垫块，钢支撑与围岩（或垫块）之间的间隙不大于50mm。

5) 为使拱架支撑准确定位，拱架支撑架设前均需预先打设定位系筋。系筋一端与拱架支撑连接在一起，另一端锚入围岩中0.5~1m并用砂浆锚固，当拱架支撑架设处有锚杆时尽量利用锚杆定位。

6）为增强拱架支撑的整体稳定性，将拱架支撑与锚杆连接在一起。沿钢支撑设直径不小于22mm的纵向连接钢筋。

7）拱架支撑架立后尽快复喷混凝土，并将拱架支撑全部覆盖，使拱架支撑与喷混凝土共同受力。喷射混凝土先从拱脚或两边墙脚处向上喷射，以防止上部喷射料虚掩拱脚（墙脚）不密实，造成强度不够、拱脚（墙脚）失稳。

（三）混凝土衬砌

1. 分段分块浇筑顺序

平洞混凝土衬砌在纵向方向（即沿着洞轴线方向）需要分段进行浇筑；在横断面上，小断面平洞采用全断面浇筑，大断面平洞可采用分块浇筑。

纵向方向分段浇筑分为顺序浇筑、跳仓浇筑、留空档浇筑等几种方法。①顺序浇筑：当平洞较长、地质条件较差时，宜逐段开挖、浇筑。②跳仓浇筑：当平洞较短、地质条件较好时，可一次开挖贯通，然后以跳仓方式进行混凝土浇筑（即先浇筑奇数号段，再浇筑偶数号段）。③留空档浇筑：分缝较多，施工组织麻烦，一般很少使用。

在横断面上分块浇筑时，通常情况下：先底拱（底板）→后边拱（边墙）和顶拱。当地质条件较差时：先顶拱→后边拱（边墙）和底拱（底板）。在进行开挖和衬砌平行作业时，隧洞底板还未清理成形时：先边拱（边墙）和顶拱→后底拱（底板）。

2. 钢筋制安

严格按照设计图纸和规范要求制作钢筋。钢筋的型号、长度、式样应符合设计要求，钢筋焊接和绑扎连接应符合规范要求，做到布置均匀合理、安装牢固，预留保护层厚度符合设计要求。

3. 模板安装

模板必须等钢筋绑扎完毕并通过验收合格后才能进行安装。安装模板前，应清扫模面，涂刷脱模剂。然后通过中心线和底板高程固定好立柱，以此控制边墙模板的安装和顶模的安装；定型组合钢模板应先调中心，然后从两侧到顶拱检查模板外轮廓竖向对称中心线是否与隧洞中心线重合。安装好的模板应表面平整、牢固不移位、不变形、接缝严密。

4. 混凝土浇筑

混凝土采用分层、左右交替对称浇筑，每层浇筑厚度应小于0.5m，两侧高差控制在1.5m以内，混凝土输送软管管口至浇筑面垂直距离控制在2.0m以内，以防混凝土入仓时产生离析。浇筑过程要连续，避免停歇造成"冷缝"，间歇时间超过1h应按施工缝处理。

当混凝土浇至作业窗下50cm左右时，应刮净窗口附近的脏物，涂刷脱模剂，窗口与面板接缝处涂腻子以保紧密结合、不漏浆。

5. 混凝土振捣

混凝土入仓后应及时振捣，要定人定位用插入式振动器捣固，起拱线以下辅以木锤在模板外敲振和插入式振动器捣固相配合，以保证混凝土均匀密实。

6. 衬砌混凝土封拱

平洞衬砌封顶时采用钢管压注法，选择合适的混凝土坍落度，从拱部的灌注口压注混凝土封顶。为了保证顶拱混凝土与围岩贴合紧密，宜由封顶口倒退逐一泵送混凝土。在顶

第七章 水利工程施工技术

拱 120°范围内，应在架立安装钢筋时，预先按设计要求预埋回填灌浆管，待后期顶拱回填灌浆使用。

7. 拆模

按施工规范采用最后一盘封顶混凝土试件现场试压达到的强度来控制，一般情况下混凝土强度应达到 8.0MPa 以上。当初期支护未稳定、二次衬砌提前施做时，宜在混凝土强度达到设计强度的 70% 以上再拆模。特殊情况下，应根据试验及监控量测结果确定拆模时间。

8. 养护

拆模前用水冲淋模板外表面以促进水化热的释放，拆模后用水喷淋混凝土表面进行养护，最少养护 14d。

（四）灌浆

平洞灌浆的施工顺序是：先回填灌浆→后固结灌浆。

回填灌浆在衬砌混凝土强度达到设计强度的 70% 后方可进行；固结灌浆应视地质情况由设计确定看有无必要进行，若需进行固结灌浆，则宜在该部位的回填灌浆结束 7d 后进行。

第八节 设备安装工程

一、机电设备安装的基本要求

（一）水轮发电机组安装

水轮发电机组一般分为卧式机组和立式机组两大类型。卧式机组容量小，结构简单，安装方便，多用于小型水电站；立式机组容量大，结构及安装要求均比卧式复杂些，一般主要用于大中型水电站。

1. 卧式水轮发电机组的安装

卧式机组分为有底座和无底座两种，其安装与立式机组有所不同。

（1）有底座机组安装。先将底座放置于浇筑好的基础上，套上地脚螺丝和螺帽，调整位置，使底座的纵横中心位置和浇筑基础时所定的纵横中心线一致，若因地脚螺丝的限制，不能调整好位置时，其最大偏差不能超过 ±5mm。然后调水平，拧紧地脚螺栓。机座安装好后，再将水泵安装在机座上。接着安装电动机，当采用直接传动时，在电动机固定之前，应先进行同心度量测和调整，再进行轴向间隙量测和调整，两者反复进行，直至满足规定要求为止，最后固定电动机。

（2）无底座机组安装。无底座机组安装流程是：吊水泵→中心线校正→水平校正→标高校正→拧紧地脚螺栓→水泵安装→电动机安装→验收。

水泵安装时，先将它吊到基础上，与基础上的地脚螺栓对正并穿入泵脚地脚螺孔使水泵就位。然后在水泵地脚的四角各垫一块楔形垫片，进行水泵的中心线校正、水平校正及标高校正。反复校正好后，再用水泥砂浆从缝口填塞进基础与泵体底脚间的空隙内。在四周用木板挡住，以免灌浆时水泥砂浆流出，并保证内部密实无空隙。待砂浆凝固后，拧紧地脚螺母。

第一篇 专业基础知识

电动机的安装与水泵安装基本相同,即先将电动机吊到基础上就位,再采用与水泵相同的调整方法反复进行同心度和轴向间隙的量测与调整,最后进行灌浆固定。

2. 立式水轮发电机组的安装

立式机组的水泵是安装在专设的水泵梁上,动力机安装在水泵上方的电机梁上。中小型立式轴流泵机组的安装流程是:安装前准备→泵体就位→电机座就位→水平校正→同心校正→地脚螺丝固定→泵轴和叶轮安装→传动轴安装→测量和调整泵轴、传动轴摆度→电动机吊装→验收。

水平校正以电机座的轴承座平面为校准面,泵体以出水弯管上的橡胶轴承座平面为校准面。一般将万向水平仪放在校准面上,按水平要求调整机座下的垫片,直至水平气泡居中。同心校正一般也称为找正,是校正电机座上传动轴孔与水泵弯管上泵轴孔的同心度。

测量和调整泵轴、传动轴摆度,目的是使机组轴线各部位的最大摆度在规定的允许范围内,当测算出的摆度值不满足规定要求时,通常采用刮磨推力盘底面的方法进行调整。

(二)水力机械辅助设备安装

水力机械辅助设备是水轮机组正常运行不可或缺的组成部分,设有油、气、水系统。这些项目的安装主要包括管路埋设及基础部件的安装;各种设备及明管的安装;电缆及盘柜的安装。

管路埋设及基础部件安装是配合土建施工进度穿插进行的;设备安装在土建工作完成场地已清理,装修已结束,设备基础可交付安装的条件下进行;明管及控制元件的安装随机组安装进度配合进行。所以,水力机械辅助设备的安装是从属于土建施工和主机安装的,它不单独占用机电设备安装的工期,但必须做好配合工作,保证水轮发电机组安装的顺利进行。

水力机械辅助设备安装的基本要求是:

(1)设备到货应附有出厂证书及安装说明书,必要时应按说明书进行拆卸、检查、测试。

(2)设备的附件、仪表应在设备安装前进行检查、校验。

(3)设备安装前应清扫设备安装基础垫板,并检查埋设垫板的高差、中心及方位应符合设计图纸要求。

(4)设备安装后应按说明书要求进行单独调试并经检验合格,才允许投入系统运行。

二、金属结构安装的基本要求

(一)闸门埋件的安装

闸门埋件包括主轨、反轨、侧轨、门楣、底坎、铰座基础螺栓架、铰座钢梁及混凝土棱角保护装置等。

1. 闸门埋件安装方法

闸门埋件的安装方法有两种:设预留二期混凝土的安装方法和不设二期混凝土的安装方法。工程中宜优先采用前者进行安装。

(1)预留二期混凝土时的闸门埋件安装方法。在闸门门槽一期混凝土浇筑时,于闸门工作轨道、支撑铰和预埋件的位置处预留出二期混凝土的浇筑位置(即此块体混凝土暂不浇筑),用于下一步在此处安装预埋件。在一期混凝土浇筑中,应预埋插筋并将其端头外

第七章 水利工程施工技术

露一定的长度，以便在其上焊接安装固定预埋件。二期混凝土块的尺寸应保证预埋件装配、调整、固定等施工操作的正常进行，同时还要保证焊接施工、二期混凝土浇筑的正常操作方便。

浇筑二期混凝土时，应适当减小粗骨料的最大粒径（如可采用一级配混凝土），并细心捣固，不要振动触碰已经装好的预埋件。门槽较高时，不要直接从高处下料，可以分段安装和浇筑。二期混凝土拆模后，应对预埋件进行复测，并做好记录，同时检查混凝土表面尺寸，清除遗留的杂物、钢筋头等，以免影响闸门安装。

（2）不留二期混凝土时的闸门埋件安装方法。该法是将预埋件牢固地固定在已完成的建筑物上的设计位置处，同时架立安装门槽钢筋，并且一次性完成门槽全部混凝土的浇筑。为了使安装的预埋件具有足够的整体刚度，要预先加固门槽结构件。

2. 埋件安装

（1）埋件安装之前应完成以下工作：

1）埋件检查和变形矫正。矫正一般有两种方法：①用油压机或千斤顶借外力来矫正；②用氧气乙炔火焰加热矫正。

2）门槽一期混凝土凿毛，调整预埋插筋或基础螺栓。

3）清除门槽内的渣土杂物，并将积水排除并擦拭干净。

4）设置孔口中心、高程及里程测量控制点，用红铅油标示。控制点是闸门安装的基准点，应设置牢固可靠。

5）搭设好脚手架及安全防护设施。

6）布置起吊设备和电焊机。

7）在浇筑一期混凝土时，应预埋好配合吊装用的锚栓。

（2）埋件安装的主要工作内容有：基础螺栓调整，埋件就位、调整、固定、检查及验收，接头焊接、磨平、复测等。

（3）埋件安装施工中的基本要求：埋件安装完后，经检查合格，应在5~7d内浇筑二期混凝土。二期混凝土一次浇筑高度不宜超过5m，浇筑时，应注意防止撞击埋件和模板，防止混凝土离析、泌水和漏浆，并采取措施捣实混凝土。埋件的二期混凝土强度达到70%以后方可拆除模板，拆模后，应对埋件进行复测，并做好记录；同时检查混凝土结构尺寸，清除外露的钢筋端头及其他黏附物，以免影响闸门启闭。

（二）闸门安装

闸门应有出厂标志，内容包括：制造厂商名称、产品名称、生产许可证标志及编号、制造日期、闸门中心位置和总重量。

1. 闸门安装前的必备资料

（1）设计图、施工图及相关技术文件。

（2）闸门出厂合格证书。

（3）闸门制造验收资料和出厂检验资料。

（4）闸门制造竣工图或能反映闸门出厂时实际结构尺寸的图样。

（5）发货清单、到货验收文件及装配编号图。

（6）安装用控制点位置图。

2. 闸门安装

闸门安装前，应检查闸门和支承导引部件的几何尺寸，消除出现的损伤，清理闸门锈迹，润滑支承导向部件。

(1) 平板闸门安装。平板闸门门叶由面板、梁格、竖向和横向联结系、行走支承及止水等组成。平板闸门可采用移动式起重机或其他简易起吊设备等进行吊装。平板闸门的安装程序：吊装闸门放置于门底坎处→按照预埋件调整止水和支承导向部件→安装闸门拉杆→在门槽内试验闸门的提升和关闭→在试验水头下做闸门的动水启闭试验→投入试运行。

(2) 弧形闸门安装。弧形闸门由弧形面板、梁格、横向和竖向联接系、支臂和支承铰等组成。露顶式弧形闸门可采用移动式起重机或其他简易起吊设备等进行吊装；浅孔式弧形闸门采用预埋锚钩措施，用滑轮组、卷扬机分件或整体吊装。弧形闸门安装程序：支臂吊装→穿铰轴→门叶吊装→门叶及支臂相连和附件安装。由于运输条件的限制，需将闸门分件运至工地的，为减少现场吊装工作量，常在吊装前对主要构件进行预组装，或拼装成整体后吊装。

3. 闸门安装试验

闸门安装检验合格后，应在无水情况下做全行程启闭试验。试验前应检查自动挂脱梁挂钩脱钩是否灵活可靠；充水阀在行程范围内的升降是否自如；在最低位置时止水是否严密；同时还须清除门叶上和门槽内所有杂物并检查吊杆的连接情况。启闭时，应在止水橡胶处浇水湿润。此外，工作闸门应做动水启闭试验，事故闸门应做动水关闭试验。

闸门启闭过程中应检查滚轮、支铰、顶驱及底驱等转动部位运行情况，闸门升降或旋转过程有无卡阻，启闭设备左右两侧是否同步，止水橡胶有无损伤。

闸门处于工作状态时，应用灯光或其他方法检查止水橡胶的压缩程度，不应有透亮或有间隙。若闸门为上游侧止水，则应在支承装置和轨道接触后检查。

闸门在承受设计水头压力时，通过任意 1m 长度的水封范围的漏水量不应超过 0.1L/s。

(三) 启闭机的安装

在启闭机明显部位应设置标牌，其内容包括：制造厂商名称、产品名称及规格、出厂编号、许可证编号与有效期、主要技术参数、制造日期等。

1. 启闭机安装前的必备条件

(1) 启闭机安装位置的土建工作应全部结束，排架混凝土达到允许承受荷载的强度。
(2) 应有出厂验收资料、产品合格证。
(3) 应有制造正式图样、安装图样和技术文件、产品说明及维修养护说明书。
(4) 应有产品发货清单。
(5) 应有现场到货交接清单。

2. 启闭机安装

(1) 螺杆式启闭机安装。螺杆式启闭机一般由起重螺杆、承重螺母、传动机构、机架及安全保护装置等部分组成。安装过程包括基础埋件的安装、启闭机安装和启闭机负荷试验。安装应按下列要求进行：

1) 保证基础螺栓埋设位置及螺栓伸出部分的长度满足安装要求。

2) 机箱清洗后应注入新的润滑油,满足油位要求,其油封和结合面处不得漏油。
3) 检查启闭机平台的安装高程和水平偏差。
4) 检查启闭机各传动轴、轴承及齿轮的转动灵活性和啮合情况。
5) 检查螺杆的平直度;螺杆螺纹容易碰伤,要逐圈进行检查和修正。

(2) 卷扬式启闭机安装。卷扬式启闭机一般由起升机构、机架及电气控制系统组成。安装按以下顺序和要求进行:

1) 在水工建筑物混凝土浇筑时,埋入机架基础螺栓和支承垫板,在支承垫板上放置调整用楔形板,保证基础螺栓埋设位置及螺栓伸出部分的长度满足安装要求。

2) 安装机架。按闸门实际起吊中心线找正机架的中心、水平、高程,拧紧基础螺母,浇筑基础二期混凝土,固定机架。

3) 在机架上安装、调试传动装置,包括:电动机、弹性联轴器、制动器、减速器、传动轴、齿轮联轴器、开式齿轮、轴承、卷筒等。

安装完成的启闭机,在试验前要检查启闭机在混凝土上或其他基础上的安装与固定的质量,以及启闭机械润滑、行程开关和制动器的调整情况。

3. 安装竣工验收

按图样和《水利水电工程启闭机制造安装及验收规范》(SL 381—2007)进行检查,检查合格后方能进行验收。安装单位除移交制造厂商在出厂验收时提供的全部资料外,还应提供以下技术资料:安装竣工图;设计修改通知书;安装尺寸的最后测定记录和调试记录;安装焊缝的检验报告及有关记录;安装重大缺陷的处理记录;现场试验记录和试验报告。

制造厂商所供应的产品在用户妥善保管和合理安装及使用的条件下,自设备安装验收合格起 12 月内为产品质量保证期。在质量保证期内产品应能正常运行,否则,制造厂商应无偿给予修理或更换。

第九节 施 工 组 织 设 计

施工组织设计是在工程建设的可行性研究、初步设计、招投标设计及施工等不同阶段,对工程的施工环节所做的一个综合性计划。它是水利工程设计文件的重要组成部分,是研究施工条件、选择施工方案、对工程施工全过程实施组织和管理的指导性文件;是编制工程投资概(估)算的主要依据和编制招标、投标文件的主要参考。

一、施工组织设计的编制内容

1. 施工条件分析

施工条件主要包括自然条件与工程条件两个方面。施工条件分析的主要目的是判断它们对工程施工的作用和可能造成的影响,以充分利用有利条件,避免或减小不利因素的影响。

2. 施工导流

具体应确定导流标准、导流方式;进行导流建筑物设计;提出导流建筑物的施工安排;拟定截流、拦洪度汛、下闸蓄水、施工期间的通航和过木等方面的措施。

3. 料场的选择、规划与开采

(1) 料场选择：分析各种用料的料场分布、质量、储量、开采加工条件及运输条件、剥采比、开挖弃渣利用率及其主要技术参数，通过试验成果及技术经济比较选定料场。

(2) 料场利用规划：对选定料场进行综合平衡和开采规划。

(3) 料场开采：对工程用料的开采方式、加工工艺、废料处理等进行恰当选择，对开采、运输设备进行选择，并对储存系统布置等进行设计。

4. 主体工程施工

通过分析研究，确定完整可行的施工方案，使主体工程设计方案在经济、合理、满足总进度要求的条件下如期建成，并保证工程质量和施工安全。

5. 施工交通运输

(1) 对外交通运输：应进行技术经济比较，选定技术可靠、经济合理、运行方便、干扰较少、施工期短、便于与场内交通衔接的方案。

(2) 场内交通运输：应根据运输量和按施工进度确定的运输强度，结合施工总布置进行统筹规划，选定便于主体工程施工运输、干扰较小的线路方案。

6. 施工工厂设施、仓库及大型临建工程

(1) 施工工厂设施，主要包括：砂石加工系统；混凝土生产系统；混凝土制冷、制热系统；风水电供应系统及通信系统；机械修配厂、加工厂（钢筋、模板……）等。

(2) 施工仓库：水泥、油料、火工材料等的储存仓库。

(3) 大型临建工程，主要指：施工栈桥、过河桥梁、缆机平台等。

本部分最好配以附表，列出施工工厂设施项目、生产规模、主要设备配置一览表。

7. 施工总布置

施工总布置中，应主要从以下方面着手编制：①说明施工总布置的规划原则；②对施工工厂、生活设施、交通运输等进行总体布局，并据此提出施工总布置图和房屋分区布置一览表；③对场地平整土石方量、土石方平衡利用规划及弃渣处理等进行分析；④提出施工永久占地和临时占地面积及分区分期施工的征地计划。

8. 施工进度计划

根据国家或建设单位对本工程投入运行期限的要求，进行施工总进度安排，绘制施工总进度图表。

9. 施工劳动力及主要技术供应

(1) 施工劳动力的供应：应按直接生产人员和间接生产人员，分别计算各年平均、施工总工期平均及施工高峰期年平均的生产人员总数。

(2) 主要建筑材料的供应：对主体工程和临建工程，按分项列出所需钢筋、水泥、砂石料、油料、火工材料、木材等主要建筑材料总需用量和分年度（月）供应数量及供应期限。

(3) 主要施工机械设备的供应：对施工所需主要机械和设备，按名称、规格型号、数量列出汇总表，并提出分年度（月）供应数量及供应期限。

10. 附图

在上述设计内容的基础上，还应提出施工总布置图、施工总进度计划表等附图。

二、施工进度计划编制

（一）施工时段的划分

工程建设全过程可划分为工程筹建期、工程准备期、主体工程施工期和工程完建期四个施工时段。编制施工总进度时，工程施工总工期应为后三项工期之和。工程建设相邻两个阶段的工作可交叉进行。

1. 工程筹建期

主体工程开工前，为保证主体工程施工具备进场开工条件而所做的各项工作的所需时间。其主要工作内容为：对外交通、施工供电和通信系统、征地补偿和移民安置等工作。

2. 工程准备期

自准备工程开工起，至关键线路上的主体工程开工或河道截流闭气前的工期。该阶段的主要工作包括：场地平整、场内交通、导流工程、施工工厂设施、生产生活用房及经批准的试验性工程等。

3. 主体工程施工期

自关键线路上的主体工程开工或河道截流闭气开始，至工程开始发挥效益或第一台机组发电为止的工期。

4. 工程完建期

自工程开始发挥效益或第一台机组发电起，至工程完工的工期。

（二）施工进度计划的编制原则

编制施工总进度应遵守以下原则：

（1）遵守国家政策法规、技术标准和规程规范；遵守基本建设程序。

（2）采用国内平均先进施工水平合理安排工期。地质条件复杂、气候条件恶劣或受洪水制约的工程，工期安排宜适当留有余地。

（3）做到资源（人力、物资和资金等）均衡分配。

（4）单项工程施工进度应与施工总进度相协调，各项目施工程序应前后兼顾、衔接合理、干扰小、施工均衡。

（5）在保证工程施工质量、施工总工期的前提下，应充分发挥投资效益。

（6）确保工程项目的施工在安全、连续、稳定、均衡的状态下进行。

（7）应研究工程分期建设以降低初期建设投资、提前发挥效益的合理性。

（三）施工进度计划的编制步骤

施工总进度计划的编制步骤为：收集相关资料→划分施工项目并列出施工项目一览表→计算工程量→确定各项目的施工持续时间（定额计算法或三值估算法或工程类比法）→分析项目间的逻辑关系（包括工艺关系和组织关系两方面）→编制施工进度初步方案→检查和优化方案（保证工期符合要求；劳动力、机械投入均衡；材料供应未超过供应限额）→编制正式进度计划成果。

（四）施工进度计划的成果表示形式

1. 横道图

横道图又称施工进度计划表，国外叫甘特图。它是传统的进度计划表示方法，图左边按工作的先后顺序列出项目的工作名称，图上边的横栏是时间刻度标尺，图右边是进度表（用水平线段在时间刻度标尺下标出项目的进度线，水平线段的位置和长短反映该项目的最早开始时间、最早完成时间及施工持续时间）。

这种方法优点是简单直观（可清晰表达各项工作的最早开始时间、最早完成时间和施工持续时间及整个工程的总工期），易于掌握，便于检查和计算资源需求情况。缺点是不能直观反映各项工作之间的逻辑关系，不能反映关键工作和关键线路，难以对计划进行控制和调整。

2. 网络图

网络进度计划有单代号网络图、双代号网络图两种。它们均能很直观地表达各项工作间的逻辑关系（注：有些时候，双代号网络时需引入虚工作来表达逻辑关系），但六大时间参数（最早开始时间、最早完成时间、最迟开始时间、最迟完成时间、总时差和自由时差）的计算比较复杂。

3. 时标网络图

时标网络图是将项目的双代号网络图和横道图结合在一起，既表示项目的逻辑关系，又表示工作时间，故工程中也常称为双代号时标网络计划。

这种方法具有明显的优点：①它既是一个网络计划，又是一个水平进度计划，能够清楚地标明计划的时间进程，便于使用。②能在图上直接显示出各项工作的最早开始时间、最早完成时间和自由时差及关键线路。在使用过程中，可以随时确定哪些工作已经完成，哪些工作正在进行及哪些工作就要开始。③可以确定同一时间对材料、机械设备以及劳动力的需要量。

4. 里程碑法

里程碑法又称为可交付成果法。它是在横道图上或网络图上标示出一些关键事项，这些事项能够被明显地确认，一般是反映进度计划执行中各个阶段的目标。通过这些关键事项在一定时间内的完成情况可反映项目进度计划的进展情况，因而这些关键事项被称为里程碑。

5. 进度曲线（S曲线）法

这种方法是以时间为横轴，以完成累计工作量为纵轴（该工作量的具体表示内容可以是实物工程量的大小、工时消耗或费用支出额，也可以用相应的百分比来表示），按计划时间累计完成任务量的曲线作为预定的进度计划。从整个项目的实施进度来看，由于项目的初期和后期进度比较慢，中间的进度要快些，因此进度曲线大体呈S形。

三、施工总体布置

施工总体布置是在施工期间对施工场区进行的空间组织规划。

（一）施工总布置及场地规划

1. 施工总布置的重点研究内容

施工总布置应在施工导流方案、主体工程施工分区确定后，重点研究以下内容：

（1）施工临时设施项目的划分、组成、规模及场地布置。

（2）对外交通连接方式、主要站场位置、主要交通干线及跨河设施的布置。

（3）可利用场地的相对位置、范围、高程和面积。

（4）供生产、生活设施布置的场地范围。

第七章 水利工程施工技术

(5) 临时建筑工程和永久设施的结合。

(6) 场地的前后期结合和重复利用。

(7) 做好土石方挖、填平衡，并充分利用开挖渣料，减小工程弃渣，统筹规划弃渣堆置场地。

2. 施工场地选择

在工程施工区有多处场地可供选用时，应根据可选用场地的地形地质条件、枢纽布置特点，以分区规划为重点，结合场内外主要交通运输线路的布置、施工场地征地移民情况，经技术经济方案比较后选定施工场地。

(1) 对于水库枢纽工程或堤坝式水电站枢纽工程，常在两坝肩或坝址下游的一岸或两岸布置施工场地。

(2) 对于引水式电站工程或大型输水工程等线型工程，常以交叉建筑物、控制性建筑物为控制点分段布置施工场地。

(3) 如果工程区场地狭窄，谷深坡陡，可利用弃渣回填洼地或冲沟后作为施工场地。

(二) 施工分区规划

施工总布置设计中，可将施工场地划分为八大区域：①主体工程施工区；②施工工厂区；③当地建材开采区；④工程存、弃渣场区；⑤仓库、站、场、码头等储运系统区；⑥机电、金属结构和大型机械设备安装区；⑦施工管理及生活区；⑧工程建设管理及生活区。

(三) 土石方平衡及渣场规划

1. 土石方平衡的原则

(1) 根据工程开挖区的地形地质条件、开挖料的质量特性和工程建筑材料的技术要求，填筑料和混凝土骨料的料源应尽量充分利用建筑物开挖料。

(2) 开挖料宜尽量直接利用，减少渣料存放周转数量。

(3) 应合理规划存、弃渣场，使填筑料和弃渣料运输顺畅、运距短。

(4) 应合理确定弃渣松散系数和填筑料压实系数，以及工程总弃渣量和利用数量。

(5) 应根据开挖利用料的来源和施工特点，考虑施工作业损耗。

2. 渣场选址原则

渣场选址及各渣场的堆存量应结合土石方平衡进行。渣场选址应遵循以下原则：

(1) 应满足环境保护、水土保持要求和当地城乡建设规划的要求。

(2) 存渣场应便于渣料回采，减小反向运输。

(3) 弃渣场宜靠近开挖作业区的山沟、山坡、荒地、河滩等地段，不占或少占耕地、林地，地基承载力满足堆渣要求。

(4) 渣场布置宜避开天然滑坡、泥石流、岩溶、涌水等地质灾害区。

(5) 有条件时弃渣场可选在水库死库容以下，但不得妨碍永久建筑物的正常运行。

(6) 利用下游河滩地做堆弃渣场时，不得影响河道正常行洪、航运和抬高下游水位。

(7) 应考虑场内交通、渣料来源等因素。

3. 渣场规划原则

(1) 存渣与弃渣应分开堆存，存、弃渣场容量应适当留有余地。

(2) 存、弃渣场规划利用同一场地时，宜遵循下部弃渣、上部存渣的原则。

(3) 应按堆存料的性状确定分层堆置的台阶高度和稳定边坡，保持堆存料的形体稳定。

(4) 应结合施工总进度要求提出渣场运行程序，设置渣场临时排水和永久排水设施。

(5) 存、弃渣场周边应设置导水、排水与挡（截）水设施。

(6) 应及时进行渣场封闭，利用渣场作为施工场地或进行绿化、造地。

（四）施工总布置图设计

在水工枢纽平面布置图的基础上，进行以下布置形成施工总布置图。

(1) 场外运输线路的布置。

(2) 场内运输道路的布置。

(3) 仓库的布置。

(4) 加工厂的布置。

(5) 临时生活设施的布置。

(6) 风、水、电系统的布置。

(7) 料场、存弃渣场及临时堆料场的布置。

（五）施工用地

(1) 施工用地范围应根据场地条件、施工总布置、用地性质、使用时限、征地补偿及移民安置等综合分析确定，并应考虑与地方区划、建设和交通现状及发展规划相结合，减少矛盾。

(2) 施工用地分为施工临时用地和永久用地，两者应统筹规划。工程建设中应优先规划使用永久用地，并宜使临时用地和永久用地相结合。

(3) 施工临时用地宜以施工临时设施外轮廓为基础，综合考虑安全、维修、施工的影响和便于管理等因素确定；工程永久用地应按《水库工程管理设计规范》（SL 106—2017）及有关规定确定。

(4) 取料场和弃渣场等用地应优先复垦，并列为临时用地；不能或难以复垦的土地，可列为永久用地。

第二篇 水利工程造价构成

第一章 水利工程总投资构成

第一节 水利工程分类

一、按工程性质和功能划分

水利工程按工程性质和功能可划分为三大类，具体见图2-1-1。

大型泵站、大型拦河水闸、灌溉工程的工程等级划分标准参见水总〔2014〕429号文《水利工程设计概（估）算编制规定》附录1。灌溉工程（1）指设计流量≥5m³/s的灌溉工程，灌溉工程（2）指设计流量<5m³/s的灌溉工程和田间工程。

二、按水利工程概算项目划分

水利工程概算项目可划分为工程部分、建设征地移民补偿、环境保护工程和水土保持工程4部分。具体见图2-1-2。

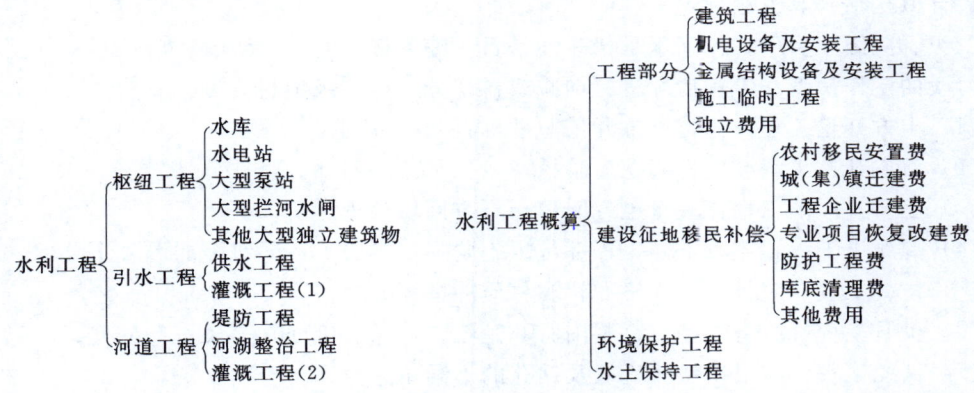

图2-1-1 水利工程按工程性质和功能分类　　图2-1-2 水利工程概算项目划分

（一）工程部分

工程部分划分为5个部分：①建筑工程；②机电设备及安装工程；③金属结构设备及安装工程；④施工临时工程；⑤独立费用。

①～③属于永久工程，指竣工投入运行后承担设计所确定的功能并发挥效益，构成生产运行单位的固定资产。凡永久工程与临时工程相结合的项目列入相应的永久工程项目内。

施工临时工程是指在工程筹备和建设阶段，为辅助永久建筑和安装工程正常施工而修建的临时性工程或采取的临时措施。临时工程的全部投资扣除回收价值后，以适当的比例摊入各永久工程中，构成固定资产的一部分。

独立费用是指应在工程总投资中支出但又不宜列入建筑工程费、安装工程费、设备费而需要独立列项的费用。

（二）建设移民征地补偿

建设移民征地补偿包括农村移民安置费、集镇迁建费、城镇迁建费、工程企业迁建费、专业项目恢复改建费、防护工程费、库底清理费和其他费用8项。

（三）环境保护工程

环境保护工程包括工程保护设施、环境监测设施、设备及安装工程、环境保护临时设施和其他费用5项。

（四）水土保持工程

水土保持工程包括建筑工程、植物措施、设备及安装工程、水土保持临时工程和其他费用5项。

第二节 项目划分与项目组成

一、项目划分

（一）项目划分标准

根据水利工程性质，其工程项目分别按枢纽工程、引水工程和河道工程划分，工程项目各部分下设一级、二级、三级项目。具体项目划分可参见水总〔2014〕429号文《水利工程设计概（估）算编制规定》。

二级、三级项目中，仅列示了代表性子目。编制概算时，二级、三级项目可根据初步设计阶段的工作深度和工程情况进行增减或再划分。以三级项目为例：

（1）土方开挖工程，应将土方开挖与砂砾石开挖分列。
（2）石方开挖工程，应将明挖与暗挖，以及平洞与斜井、竖井分列。
（3）土石方回填工程，应将土方回填与石方回填分列。
（4）混凝土工程，应将不同工程部位、不同强度等级、不同级配的混凝土分列。
（5）模板工程，应将不同规格形状和材质的模板分列。
（6）砌石工程，应将干砌石、浆砌石、抛石、铅丝（钢筋）笼块石等分列。
（7）钻孔工程，应根据钻孔机械及钻孔的不同用途分列。
（8）灌浆工程，应将不同灌浆种类分列。
（9）机电、金属结构设备及安装工程，应根据设计提供的设备清单，按分项要求逐一分列。
（10）钢管制作及安装工程，应将不同管径的一般钢管、叉管分列。

（二）项目划分注意事项

（1）为便于单价分析，三级项目的设置应与所采用的定额相适应。
（2）注意设计单位的习惯与概算项目划分的差异。目前我国多数设计单位都是按水工、施工机电、水库等分类提供工程量或设备清单，概算人员要将提供的所有资料加以整理归类，或向其他专业明确要求，使之符合项目划分和费用构成的规定，避免遗漏或重复，切忌直接套用。

二、项目组成

下面是按水利工程造价计算时工程划分的一至五部分介绍水利工程项目组成内容。

第一章　水利工程总投资构成

（一）建筑工程

1. 枢纽工程

枢纽工程是指水利枢纽建筑物、大型泵站、大型拦河水闸和其他大型独立建筑物（含引水工程的水源工程），包括挡水工程、泄洪工程、引水工程、发电厂（泵站）工程、升压变电站工程、航运工程、鱼道工程、交通工程、房屋建筑工程、供电设施工程和其他建筑工程。其中挡水工程等前七项为主体建筑工程。

（1）挡水工程。包括挡水的各类坝（闸）工程。

（2）泄洪工程。包括溢洪道、泄洪洞、冲沙孔（洞）、放空洞、泄洪闸等工程。

（3）引水工程。包括发电引水明渠、进水口、隧洞、调压井、高压管道等工程。

（4）发电厂（泵站）工程。包括地面、地下各类发电厂（泵站）工程。

（5）升压变电站工程。包括升压变电站、开关站等工程。

（6）航运工程。包括上下游引航道、船闸、升船机等工程。

（7）鱼道工程。根据枢纽建筑物布置情况，可独立列项。与拦河坝相结合的，也可作为拦河坝工程的组成部分。

（8）交通工程。包括上坝、进厂、对外等场内外永久公路，以及桥梁、交通隧洞、铁路、码头等工程。

（9）房屋建筑工程。包括为生产运行服务的永久性辅助生产建筑、仓库、办公、值班宿舍及文化福利建筑等房屋建筑工程和室外工程。

（10）供电设施工程。指工程生产运行供电需要架设的输电线路及变配电设施工程。

（11）其他建筑工程。包括安全监测设施工程，照明线路，通信线路，厂坝（闸、泵站）区供水、供热、排水等公用设施，劳动安全与工业卫生设施，水文、泥沙监测设施工程，水情自动测报系统工程及其他。

2. 引水工程

引水工程是指供水工程、调水工程和灌溉工程（1），包括渠（管）道工程、建筑物工程、交通工程、房屋建筑工程、供电设施工程和其他建筑工程。

（1）渠（管）道工程。包括明渠、输水管道工程，以及渠（管）道附属小型建筑物（如观测测量设施、调压减压设施、检修设施）等。

（2）建筑物工程。指渠系建筑物、交叉建筑物工程，包括泵站、水闸、渡槽、隧洞、箱涵（暗渠）、倒虹吸、跌水、动能回收电站、调蓄水库、排水涵（槽）、公路（铁路）交叉（穿越）建筑物等。

建筑物类别根据工程设计确定。工程规模较大的建筑物可以作为一级项目单独列示。

（3）交通工程。指永久性对外公路、运行管理维护道路等工程。

（4）房屋建筑工程。包括为生产运行服务的永久性辅助生产建筑、仓库、办公用房、值班宿舍及文化福利建筑等房屋建筑工程和室外工程。

（5）供电设施工程。指工程生产运行供电需要架设的输电线路及变配电设施工程。

（6）其他建筑工程。包括安全监测设施工程，照明线路，通信线路，厂坝（闸、泵站）区供水、供热、排水等公用设施工程，劳动安全与工业卫生设施，水文、泥沙监测设施工程，水情自动测报系统工程及其他。

3. 河道工程

河道工程是指堤防修建与加固工程、河湖整治工程以及灌溉工程（2），包括河湖整治与堤防工程、灌溉及田间渠（管）道工程、建筑物工程、交通工程、房屋建筑工程、供电设施工程和其他建筑工程。

（1）河湖整治与堤防工程。包括堤防工程、河道整治工程、清淤疏浚工程等。

（2）灌溉及田间渠（管）道工程。包括明渠、输配水管道、排水沟（渠、管）工程、渠（管）道附属小型建筑物（如观测测量设施、调压减压设施、检修设施）、田间土地平整等。

（3）建筑物工程。包括水闸、泵站工程、田间工程机井、灌溉塘坝工程等。

（4）交通工程。指永久性对外公路、运行管理维护道路等工程。

（5）房屋建筑工程。包括为生产运行服务的永久性辅助生产建筑、仓库、办公用房、值班宿舍及文化福利建筑等房屋建筑工程和室外工程。

（6）供电设施工程。指工程生产运行供电需要架设的输电线路及变配电设施工程。

（7）其他建筑工程。包括安全监测设施工程，照明线路，通信线路，厂坝（闸、泵站）区供水、供热、排水等公用设施工程，劳动安全与工业卫生设施，水文、泥沙监测设施工程及其他。

（二）机电设备及安装工程

1. 枢纽工程

枢纽工程是指构成枢纽工程固定资产的全部机电设备及安装工程，由发电设备及安装工程、升压变电设备及安装工程和公用设备及安装工程三项组成。大型泵站和大型拦河水闸的机电设备及安装工程项目划分参考引水工程及河道工程划分方法。

（1）发电设备及安装工程。包括水轮机、发电机、主阀、起重机、水力机械辅助设备、电气设备等设备及安装工程。

（2）升压变电设备及安装工程。包括主变压器、高压电气设备、一次拉线等设备及安装工程。

（3）公用设备及安装工程。包括通信设备，通风采暖设备，机修设备，计算机监控系统，工业电视系统，管理自动化系统，全厂接地及保护网，电梯，坝区馈电设备，厂坝区供水、排水、供热设备，水文、泥沙监测设备，水情自动测报系统设备，视频安防监控设备，安全监测设备，消防设备，劳动安全与工业卫生设备，交通设备等设备及安装工程。

2. 引水工程及河道工程

引水工程及河道工程是指构成该工程固定资产的全部机电设备及安装工程，一般包括泵站设备及安装工程、水闸设备及安装工程、电站设备及安装工程、供变电设备及安装工程和公用设备及安装工程五项组成。

（1）泵站设备及安装工程。包括水泵、电动机、主阀、起重设备、水力机械辅助设备、电气设备等设备及安装工程。

（2）水闸设备及安装工程。包括电气一次设备及电气二次设备及安装工程。

（3）电站设备及安装工程。其组成内容可参照枢纽工程的发电设备及安装工程和升压变电设备及安装工程。

（4）供变电设备及安装工程。包括供电、变配电设备及安装工程。

(5) 公用设备及安装工程。包括通信设备，通风采暖设备，机修设备，计算机监控系统，工业电视系统，管理自动化系统，全厂接地及保护网，厂坝（闸、泵站）区供水、排水、供热设备，水文、泥沙监测设备，水情自动测报系统设备，视频安防监控设备，安全监测设备，消防设备，劳动安全与工业卫生设备，交通设备等设备及安装工程。

3. 灌溉田间工程

灌溉田间工程还包括首部设备及安装工程、田间灌水设施及安装工程等。

(1) 首部设备及安装工程。包括过滤、施肥、控制调节、计量等设备及安装工程等。

(2) 田间灌水设施及安装工程。包括田间喷灌、微灌等全部灌水设施及安装工程。

（三）金属结构设备及安装工程

金属结构设备及安装工程是指构成枢纽工程、引水工程和河道工程固定资产的全部金属结构设备及安装工程，包括闸门、启闭机、拦污设备、升船孔等设备及安装工程，水电站（泵站等）压力钢管制作及安装工程和其他金属结构设备及安装工程。

金属结构设备及安装工程的一级项目应与建筑工程的一级项目相对应。

（四）施工临时工程

施工临时工程是指为辅助主体工程施工所必须修建的供生产和生活使用的临时性工程。本部分组成内容如下：

(1) 导流工程。包括导流明渠、导流洞、施工围堰、蓄水期下游断流补偿设施、金属结构设备及安装工程等。

(2) 施工交通工程。包括施工现场内外为工程建设服务的临时交通工程，如公路、铁路、桥梁、施工支洞、码头、转运站等。

(3) 施工场外供电工程。包括从现有电网向施工现场供电的高压输电线路（枢纽工程 35kV 及以上等级；引水工程、河道工程 10kV 及以上等级；掘进机施工专用供电线路）、施工变（配）电设施设备（场内除外）工程。

(4) 施工房屋建筑工程。指工程在建设过程中建造的临时房屋，包括施工仓库、办公及生活、文化福利建筑及所需的配套设施工程。

(5) 其他施工临时工程。指除施工导流、施工交通、施工场外供电、施工房屋建筑、缆机平台、掘进机泥水处理系统和管片预制系统土建设施以外的施工临时工程。主要包括施工供水（大型泵房及干管）、砂石料系统、混凝土拌和浇筑系统、大型机械安装拆卸、防汛、防冰、施工排水、施工通信等工程。

根据工程实际情况可单独列示缆机平台、掘进机泥水处理系统和管片预制系统土建设施等项目。

施工排水指基坑排水、河道降水等，包括排水工程建设及运行费。

（五）独立费用

本部分由建设管理费、工程建设监理费、联合试运转费、生产准备费、科研勘测设计费和其他等六项组成。

(1) 建设管理费。

(2) 工程建设监理费。

(3) 联合试运转费。

(4) 生产准备费。包括生产及管理单位提前进厂费、生产职工培训费、管理用具购置费、备品备件购置费、工器具及生产家具购置费。

(5) 科研勘测设计费。包括工程科学研究试验费和工程勘测设计费。

(6) 其他。包括工程保险费和其他税费。

第三节 概 算 文 件

一、概算文件编制依据

(1) 国家及省（自治区、直辖市）颁发的有关法令法规、制度、规程。
(2) 水利工程设计概（估）算编制规定。
(3) 水利行业主管部门颁发的概算定额和有关行业主管部门颁发的定额。
(4) 水利水电工程设计工程量计算规定。
(5) 初步设计文件及图纸。
(6) 有关合同协议及资金筹措方案。
(7) 其他。

二、概算文件组成内容

概算文件包括设计概算报告（正件）、附件、投资对比分析报告。

（一）概算报告组成内容

1. 编制说明

(1) 工程概况。包括：流域、河系，兴建地点，工程规模，工程效益，工程布置形式，主体建筑工程量，主要材料用量，施工总工期等。

(2) 投资主要指标。包括：工程总投资和静态总投资，年度价格指数，基本预备费率，建设期融资额度、利率和利息等。

(3) 编制原则和依据。

1) 概算编制原则和依据。
2) 人工预算单价，主要材料，施工用电、水、风以及砂石料等基础单价的计算依据。
3) 主要设备价格的编制依据。
4) 建筑安装工程定额、施工机械台时费定额和有关指标的采用依据。
5) 费用计算标准及依据。
6) 工程资金筹措方案。

(4) 概算编制中其他应说明的问题。

(5) 主要技术经济指标表。根据工程特性表编制，反映工程主要技术经济指标。

2. 工程概算总表

工程概算总表应汇总工程部分、建设征地移民补偿、环境保护工程和水土保持工程各部分总概算表。

3. 工程部分概算表和概算附表

(1) 概算表。

1) 工程部分总概算表。
2) 建筑工程概算表。
3) 机电设备及安装工程概算表。
4) 金属结构设备及安装工程概算表。
5) 施工临时工程概算表。
6) 独立费用概算表。
7) 分年度投资表。
8) 资金流量表（枢纽工程）。
（2）概算附表。
1) 建筑工程单价汇总表。
2) 安装工程单价汇总表。
3) 主要材料预算价格汇总表。
4) 次要材料预算价格汇总表。
5) 施工机械台时费汇总表。
6) 主要工程量汇总表。
7) 主要材料量汇总表。
8) 工时数量汇总表。

（二）概算附件组成内容

（1）人工预算单价计算表。
（2）主要材料运输费用计算表。
（3）主要材料预算价格计算表。
（4）施工用电价格计算书（附计算说明）。
（5）施工用水价格计算书（附计算说明）。
（6）施工用风价格计算书（附计算说明）。
（7）补充定额计算书（附计算说明）。
（8）补充施工机械台时费计算书（附计算说明）。
（9）砂石料单价计算书（附计算说明）。
（10）混凝土材料单价计算表。
（11）建筑工程单价表。
（12）安装工程单价表。
（13）主要设备运杂费率计算书（附计算说明）。
（14）施工房屋建筑工程投资计算书（附计算说明）。
（15）独立费用计算书（勘测设计费可另附计算书）。
（16）分年度投资计算表。
（17）资金流量计算表。
（18）价差预备费计算表。
（19）建设期融资利息计算书（附计算说明）。
（20）计算人工、材料、设备预算价格和费用依据的有关文件、询价报价资料及其他。

（三）投资对比分析报告

应从价格变动、项目及工程量调整、国家政策性变化等方面进行详细分析，说明初步设计阶段与可行性研究阶段（或可行性研究阶段与项目建设书阶段）相比较的投资变化原因和结论，编写投资对比分析报告。工程部分报告应包括以下附表：

(1) 总投资对比表。

(2) 主要工程量对比表。

(3) 主要材料和设备价格对比表。

(4) 其他相关表格。

投资对比分析报告应汇总工程部分、建设征地移民补偿、环境保护和水土保持各部分对比分析内容。注意：①设计概算报告（正件）和投资对比分析报告可单独成册，也可作为初步设计报告（设计概算章节）的相关内容；②设计概算附件宜单独成册，并应随初步设计文件报审。

第四节 工程总投资构成

一、工程概算总表

工程概算总表由工程部分的总概算表与建设征地移民补偿、环境保护工程、水土保持工程的总概算表汇总并计算而成，见表 2-1-1。

表 2-1-1　　　　　　　　　工 程 概 算 总 表　　　　　　　　　单位：万元

序号	工程或费用名称	建安工程费	设备购置费	独立费用	合计
Ⅰ	工程部分投资 第一部分 建筑工程 第二部分 机电设备及安装工程 第三部分 金属结构设备及安装工程 第四部分 施工临时工程 第五部分 独立费用 一至五部分投资合计 基本预备费 静态投资				
Ⅱ	建设征地移民补偿投资 第一部分 农村部分补偿费 第二部分 城（集）镇部分补偿费 第三部分 工业企业补偿费 第四部分 专业项目补偿费 第五部分 防护工程费 第六部分 库底清理费 第七部分 其他费用 一至七部分小计 基本预备费 有关税费 静态投资				

第一章 水利工程总投资构成

续表

序号	工程或费用名称	建安工程费	设备购置费	独立费用	合计
Ⅲ	环境保护工程投资静态投资				
Ⅳ	水土保持工程投资静态投资				
Ⅴ	工程投资总计（Ⅰ～Ⅳ合计）				
	静态总投资				
	价差预备费				
	建设期融资利息				
	总投资				

表2-1-1中：Ⅰ为工程部分总概算表，按项目划分的五部分填表并列示至一级项目。

Ⅱ为建设征地移民补偿总概算表，列示至一级项目。

Ⅲ为环境保护工程总概算表。

Ⅳ为水土保持工程总概算表。

Ⅴ包括静态总投资（Ⅰ～Ⅳ项静态投资合计）、价差预备费、建设期融资利息和总投资。

二、案例

某市为加强生态文明建设，改善流域生态环境，提升当地水生态文明水平，提升城市防洪能力，拟对流域水系进行综合治理，工程任务以河湖整治为主。该河湖整治工程为大（2）型工程，目前正处于初步设计阶段，初步设计概算部分成果见表2-1-2。

表2-1-2　　　　　初步设计概算部分成果表　　　　　　单位：万元

序号	项　目	建筑、安装工程费用	设备工程费用	合计费用
1	堤防工程	3025.6		3025.6
2	水闸工程	1830.7		1830.7
3	河道疏浚工程	4182.3		4182.3
4	交通工程	162		162
5	施工交通工程	206		206
6	辅助生产用房	62		62
7	仓库	75		75
8	办公用房	98		98
9	施工房屋工程	398		398
10	供电设施工程	196		196
11	施工供电工程	71		71
12	其他建筑工程	39		39
13	导流工程	732		732
14	其他施工临时工程	110		110
15	机电设备及安装工程	28	126	154
16	金属结构设备及安装工程	116	268	384

(1) 除以上所列各项目外,房屋建筑工程需增列:①值班宿舍及文化福利建筑投资按主体建筑工程投资的 0.4% 计算;②室外工程按房屋建筑工程投资(不含室外工程本身)的 15%~20% 计算,本工程取上限。

(2) 独立费用所包含内容及计算方法如下:

1) 建设管理费。建设管理费费率见表 2-1-3。

表 2-1-3　　　　　　　　　　　建设管理费费率

一至四部分建安工作量/万元	费率/%	辅助参数/万元
10000 及以内	3.5	0
10000~50000	2.4	110
50000~100000	1.7	460
100000~200000	0.9	1260
200000~500000	0.4	2260
500000 以上	0.2	3260

注　建设管理费以超额累进方法计算,简化计算公式为:一至四部分建安工作量×该档费率+辅助参数。

2) 工程建设监理费。工程建设监理费采用的计算公式为

工程建设监理费＝监理费收费基价×专业调整系数×复杂程度调整系数×附加调整系数

本工程专业调整系数为 0.9,复杂程度调整系数为 0.85,附加调整系数为 1.0。

监理费收费基价见表 2-1-4。

表 2-1-4　　　　　　　　　　监理费收费基价表　　　　　　　　　　单位:万元

计费额	收费基价	计费额	收费基价
500	16.5	60000	991.4
1000	30.1	80000	1255.8
3000	78.1	100000	1507.0
5000	120.8	200000	2712.5
8000	181	400000	4882.6
10000	218.6	600000	6835.6
20000	393.4	800000	8658.4
40000	708.2	1000000	10390.1

注　收费基价采用插值法计算。

3) 联合试运转费。本工程不计。

4) 生产准备费。生产准备费包含的各项费用计算方法如下:

a. 生产及管理单位提前进厂费。枢纽工程按一至四部分建安工作量的 0.15%~0.35% 计算,大(1)型工程取小值,大(2)型工程取大值;引水工程视工程规模参照枢纽工程计算;河道工程、除险加固工程、田间工程原则上不计此项费用,若工程含有新建大型泵站、泄洪闸、船闸等建筑物时,按建筑物投资额参照枢纽工程计算。

b. 生产职工培训费。按一至四部分建安工作量的 0.35%~0.55% 计算,枢纽工程、

第一章 水利工程总投资构成

引水工程取中上限，河道工程取下限。

c. 管理用具购置费。枢纽工程按一至四部分建安工作量的 0.04%～0.06% 计算，大（1）型工程取小值，大（2）型工程取大值；引水工程按一至四部分建安工作量的 0.03% 计算；河道工程按一至四部分建安工作量的 0.02% 计算。

d. 备品备件购置费。按设备费的 0.4%～0.6% 计算，本工程取上限。

e. 工器具及生产家具购置费。按设备费的 0.1%～0.2% 计算，本工程取上限。

5）科研勘察设计费。工程科学研究试验费按一至四部分建安工作量的 0.3% 计算，工程勘察设计费为 870.63 万元。

6）其他费用。仅计列工程保险费，按一至四部分投资的 0.5% 计算。

（3）建设征地移民补偿静态投资为 4205.47 万元，环境保护工程静态投资为 258.14 万元，水土保持工程静态投资为 278.47 万元。

（4）价差预备费不计，基本预备费根据工程规模、施工年限和地质条件等不同情况，按工程一至五部分投资合计的百分率计算。初步设计阶段为 5%～8%，本工程取下限。

问题一：简述建筑工程中房屋建筑工程投资的组成部分。

问题二：根据上述资料，完成工程部分总概算表，见表 2-1-5。

表 2-1-5 工程部分总概算表

序号	工程或费用名称	投资/万元
	第一部分 建筑工程	
一	主体建筑工程	
	河湖整治与堤防工程	
	建筑物工程	
二	交通工程	
三	房屋建筑工程	
四	供电设施工程	
五	其他建筑工程	
	第二部分 机电设备及安装工程	
	第三部分 金属结构设备及安装工程	
	第四部分 施工临时工程	
一	导流工程	
二	施工交通工程	
三	施工供电工程	
四	施工房屋工程	
五	其他施工临时工程	
	第五部分 独立费用	
一	建设管理费	
二	工程建设监理费	
三	生产准备费	

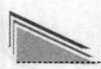

第二篇 水利工程造价构成

续表

序号	工程或费用名称	投资/万元
四	科研勘察设计费	
五	其他	
	一至五部分投资合计	
	基本预备费	
	静态总投资	

问题三：完成工程概算总表，见表2-1-6。

表2-1-6　　　　　　　　工程概算总表

序号	工程或费用名称	投资/万元
Ⅰ	工程部分投资	
	第一部分　建筑工程	
	第二部分　机电设备及安装工程	
	第三部分　金属结构设备及安装工程	
	第四部分　施工临时工程	
	第五部分　独立费用	
	一至五部分投资合计	
	基本预备费	
	静态投资	
Ⅱ	建设征地移民补偿投资静态投资	
Ⅲ	环境保护工程投资静态投资	
Ⅳ	水土保持工程投资静态投资	
Ⅴ	工程投资总计静态总投资	

以上计算结果均保留两位小数。

解：

问题一：房屋建筑工程投资包括：辅助生产建筑投资、仓库投资、办公用房投资、值班宿舍及文化福利建筑投资以及室外工程投资。

问题二：

(1) 建筑工程：

河湖整治与堤防工程投资＝堤防工程投资＋河道疏浚工程投资
　　　　　　　　＝3025.60＋4182.30＝7207.90（万元）

主体建筑工程投资＝河湖整治与堤防工程投资＋水闸工程投资
　　　　　　　　＝7207.90＋1830.70＝9038.60（万元）

交通工程投资：162.00万元

房屋建筑工程投资＝辅助生产建筑投资＋仓库投资＋办公用房投资
　　　　　　　　＋值班宿舍及文化福利建筑投资＋室外工程投资
　　　　　　　　＝62.00＋75.00＋110.00＋9038.60×0.4%

第一章 水利工程总投资构成

$$+(62.00+75.00+110.00+9038.60\times0.4\%)\times20\%$$
$$=339.79(万元)$$

供电设施工程投资：196.00 万元

其他建筑工程投资：39.00 万元

建筑工程投资＝主体建筑工程投资＋交通工程投资＋房屋建筑工程投资
　　　　　　　＋供电设施工程投资＋其他建筑工程投资
　　　　　　＝9038.60＋162.00＋339.79＋196.00＋39.00
　　　　　　＝9775.39（万元）

（2）机电设备及安装工程投资：154.00 万元

（3）金属结构设备及安装工程投资：384.00 万元

（4）施工临时工程投资＝导流工程投资＋施工交通工程投资＋施工供电工程投资
　　　　　　　　　　　＋施工房屋工程投资＋其他施工临时工程投资
　　　　　　　　　　＝732.00＋206.00＋71.00＋398.00＋110.00
　　　　　　　　　　＝1517.00（万元）

（5）独立费用：

一至四部分建安工作量
＝第一部分 建筑工程建安工作量＋第二部分 机电设备及安装工程建安工作量
＋第三部分 金属结构设备及安装工程建安工作量＋第四部分 施工临时工程建安工作量
＝9775.39＋28.00＋116.00＋1517.00＝11436.39（万元）

建设管理费＝一至四部分建安工作量×该档费率＋辅助参数
　　　　　＝11436.39×2.4%＋110.00＝384.47（万元）

工程建设监理费＝监理费收费基价×专业调整系数×复杂程度调整系数×附加调整系数
　　　　　　　＝[218.60＋(11436.39－10000)/(20000－10000)
　　　　　　　　×(393.40－218.60)]×0.90×0.85×1.00
　　　　　　　＝186.44（万元）

生产准备费＝生产及管理单位提前进厂费＋生产职工培训费＋管理用具购置费
　　　　　　＋备品备件购置费＋工器具及生产家具购置费
　　　　　＝0.35%×1830.70＋0.35%×11436.39＋0.02%×11436.39
　　　　　　＋0.6%×(126.00＋268.00)＋0.2%×(126.00＋268.00)
　　　　　＝51.87（万元）

科研勘察设计费＝工程科学研究试验费＋工程勘察设计费
　　　　　　　＝0.3%×11436.39＋870.63＝904.94（万元）

其他费用＝工程保险费＝0.5%×(9775.39＋154.00＋384.00＋1517.00)＝59.15（万元）

独立费用＝建设管理费＋工程建设监理费＋生产准备费＋科研勘测设计费＋其他费用
　　　　＝384.47＋186.44＋51.87＋904.94＋59.15＝1586.87（万元）

（6）基本预备费用：

工程一至五部分投资
＝第一部分 建筑工程投资＋第二部分 机电设备及安装工程投资

＋第三部分 金属结构设备及安装工程投资
＋第四部分 施工临时工程投资＋第五部分 独立费用
＝9775.39＋154.00＋384.00＋1517.00＋1586.87＝13417.26(万元)

基本预备费＝工程一至五部分投资×5％＝13417.26×5％＝670.86(万元)

因此，工程部分总概算表见表2-1-7。

表2-1-7　　　　　　　　工 程 部 分 总 概 算 表

序号	工程或费用名称	投资/万元
	第一部分　建筑工程	9775.39
一	主体建筑工程	9038.60
	河湖整治与堤防工程	7207.90
	建筑物工程	1830.70
二	交通工程	162.00
三	房屋建筑工程	339.79
四	供电设施工程	196.00
五	其他建筑工程	39.00
	第二部分　机电设备及安装工程	154.00
	第三部分　金属结构设备及安装工程	384.00
	第四部分　施工临时工程	1517.00
一	导流工程	732.00
二	施工交通工程	206.00
三	施工供电工程	71.00
四	施工房屋工程	398.00
五	其他施工临时工程	110.00
	第五部分　独立费用	1586.87
一	建设管理费	384.47
二	工程建设监理费	186.44
三	生产准备费	51.87
四	科研勘察设计费	904.94
五	其他费用	59.15
	一至五部分投资合计	13417.26
	基本预备费	670.86
	静态总投资	14088.12

问题三：

工程概算总表见表2-1-8。

第一章 水利工程总投资构成

表 2-1-8 工程概算总表

序号	工程或费用名称	投资/万元
	工程部分投资	
Ⅰ	第一部分 建筑工程	9775.39
	第二部分 机电设备及安装工程	154.00
	第三部分 金属结构设备及安装工程	384.00
	第四部分 施工临时工程	1517.00
	第五部分 独立费用	1586.87
	一至五部分投资合计	13417.26
	基本预备费	670.86
	静态总投资	14088.12
Ⅱ	建设征地移民补偿投资静态投资	4205.47
Ⅲ	环境保护工程投资静态投资	258.14
Ⅳ	水土保持工程投资静态投资	278.47
Ⅴ	工程投资总计静态总投资	18830.20

第二章 工程部分造价构成

水利工程工程部分费用组成见图2-2-1。

```
         ┌ 工程费 ┬ 建筑及安装工程费
         │       └ 设备费
费用 ─────┼ 独立费用
         ├ 预备费
         └ 建设期融资利息
```

图2-2-1 水利工程工程部分费用组成

表2-2-1按项目划分的五部分填表并列示至一级项目。五部分之后的内容为：一至五部分投资合计、基本预备费、静态总投资。

表2-2-1　　　　　　　　　工程部分总概算表

序号	工程或费用名称	建安工程费/万元	设备购置费/万元	独立费用/万元	合计/万元	占一至五部分投资比例/%
1	各部分投资					
2	一至五部分投资合计					
3	基本预备费					
4	静态总投资					

第一节　建筑及安装工程费

建筑及安装工程费由直接费、间接费、利润、材料补差及税金组成。

一、直接费

直接费指建筑安装工程施工过程中直接消耗在工程项目上的活劳动和物化劳动，由基本直接费和其他直接费组成。

（一）基本直接费

基本直接费包括人工费、材料费和施工机械使用费。

1. 人工费

人工费指直接从事建筑安装工程施工的生产工人开支的各项费用。内容包括：

（1）基本工资。由岗位工资和年应工作天数内非作业天数的工资组成。

1）岗位工资。指按照职工所在岗位各项劳动要素测评结果确定的工资。

2）生产工人年应工作天数内非作业天数的工资。包括生产工人开会学习、培训期间的工资，调动工作、探亲、休假期间的工资，因气候影响的停工工资，女工哺乳期间的工资，病假在六个月以内的工资及产、婚、丧假期的工资。

（2）辅助工资。指在基本工资之外，以其他形式支付给生产工人的工资性收入，包括根据国家有关规定属于工资性质的各种津贴，有艰苦边远地区津贴、施工津贴、夜餐津贴、节假日加班津贴等。

2．材料费

材料费指用于建筑安装工程项目上的消耗性材料、装置性材料和周转性材料的摊销费，包括定额工作内容规定应计入的未计价材料和计价材料。

材料预算价格一般包括材料原价、运杂费、运输保险费和采购及保管费四项。

（1）材料原价。指材料指定交货地点的价格。

（2）运杂费。指材料从指定交货地点至工地分仓库或相当于工地分仓库（材料堆放场）所发生的全部费用，包括运输费、装卸费及其他杂费。

（3）运输保险费。指材料在运输途中的保险费。

（4）采购及保管费。指材料在采购、供应和保管过程中所发生的各项费用，主要包括：材料的采购、供应和保管部门工作人员的基本工资、辅助工资、职工福利费、劳动保护费、养老保险费、失业保险费、医疗保险费、工伤保险费、生育保险费、住房公积金、教育经费、办公费、差旅交通费及工具用具使用费，仓库、转运站等设施的检修费、固定资产折旧费、技术安全措施费，材料在运输、保管过程中发生的损耗等。

3．施工机械使用费

施工机械使用费指消耗在建筑安装工程项目上的机械磨损、维修和动力燃料费用等，包括折旧费、修理及替换设备费、安装拆卸费、机上人工费和动力燃料费等。

（1）折旧费。指施工机械在规定使用年限内回收原值的台时折旧摊销费用。

（2）修理及替换设备费。

1）修理费指施工机械使用过程中，为了使机械保持正常功能而进行修理所需的摊销费用和机械正常运转及日常保养所需的润滑油料、擦拭用品的费用，以及保管机械所需的费用。

2）替换设备费指施工机械正常运转时所耗用的替换设备及随机使用的工具附具等摊销费用。

（3）安装拆卸费。指施工机械进出工地的安装、拆卸、试运转和场内转移及辅助设施的摊销费用。部分大型施工机械的安装拆卸不在其施工机械使用费中计列，包含在其他施工临时工程中。

（4）机上人工费。指施工机械使用时机上操作人员人工费用。

（5）动力燃料费。指施工机械正常运转时所耗用的风、水、电、油和煤等费用。

（二）其他直接费

其他直接费包括冬雨季施工增加费、夜间施工增加费、特殊地区施工增加费、临时设施费、安全生产措施费和其他。

1．冬雨季施工增加费

冬雨季施工增加费指在冬雨季施工期间为保证工程质量所需增加的费用，包括：增加施工工序，增设防雨、保温、排水等设施增耗的动力、燃料、材料以及因人工、机械效率降低而增加的费用。

269

2. 夜间施工增加费

夜间施工增加费指施工场地和公用施工道路的照明费用。照明线路工程费用包括在"临时设施费"中；施工附属企业系统、加工厂、车间的照明费用，列入相应的产品中，均不包括在本项费用之内。

3. 特殊地区施工增加费

特殊地区施工增加费指在高海拔、原始森林、沙漠等特殊地区施工而增加的费用。

4. 临时设施费

临时设施费指施工企业为进行建筑安装工程施工所必需的但又未被划入施工临时工程的临时建筑物、构筑物和各种临时设施的建设、维修、拆除、摊销等。如：供风、供水（支线）、供电（场内）、照明、供热系统及通信支线，土石料场，简易砂石料加工系统，小型混凝土拌和浇筑系统，木工、钢筋、机修等辅助加工厂，混凝土预制构件厂，场内施工排水，场地平整、道路养护及其他小型临时设施等。

5. 安全生产措施费

安全生产措施费指为保证施工现场安全作业环境及安全施工、文明施工所需要，在工程设计已考虑的安全支护措施之外发生的安全生产、文明施工相关费用。

6. 其他

其他，包括：施工工具、用具使用费，检验试验费，工程定位复测及施工控制网测设，工程点交、竣工场地清理，工程项目及设备仪表移交生产前的维护费，工程验收检测费等。

（1）施工工具、用具使用费指施工生产所需，但不属于固定资产的生产工具，检验、试验用具等的购置、摊销和维护费。

（2）检验试验费指对建筑材料、构件和建筑安装物进行一般鉴定、检查所发生的费用，包括自设实验室所耗用的材料和化学药品费用，以及技术革新和研究试验费，不包括新结构、新材料的试验费和建设单位要求对具有出厂合格证明的材料进行试验、对构件进行破坏性试验，以及其他特殊要求检验试验的费用。

（3）工程项目及设备仪表移交生产前的维护费指竣工验收前对已完工程及设备进行保护所需费用。

（4）工程验收检测费指工程各级验收阶段为检测工程质量发生的检测费用。

二、间接费

间接费指施工企业为建筑安装工程施工而进行组织与经营管理所发生的各项费用。间接费构成产品成本，由规费和企业管理费组成。

（一）规费

规费指政府和有关部门规定必须缴纳的费用，包括社会保险费和住房公积金。

1. 社会保险费

（1）养老保险费指企业按照规定标准为职工缴纳的基本养老保险费。

（2）失业保险费指企业按照规定标准为职工缴纳的失业保险费。

（3）医疗保险费指企业按照规定标准为职工缴纳的基本医疗保险费。

（4）工伤保险费指企业按照规定标准为职工缴纳的工伤保险费。

（5）生育保险费指企业按照规定标准为职工缴纳的生育保险费。

第二章 工程部分造价构成

2. 住房公积金

住房公积金指企业按照规定标准为职工缴纳的住房公积金。

（二）企业管理费

企业管理费指施工企业为组织施工生产和经营管理活动所发生的费用。内容包括：

（1）管理人员工资。指管理人员的基本工资、辅助工资。

（2）差旅交通费。指施工企业管理人员因公出差、工作调动的差旅费，误餐补助费，职工探亲路费、劳动力招募费，职工离退休、退职一次性路费，工伤人员就医路费，工地转移费，交通工具运行费及牌照费等。

（3）办公费。指企业办公用文具、印刷、邮电、书报、会议、水电、燃煤（气）等费用。

（4）固定资产使用费。指企业属于固定资产的房屋、设备、仪器等的折旧、大修理、维修费或租赁费等。

（5）工具用具使用费。指企业管理使用不属于固定资产的工具、用具、家具、交通工具和检验、试验、测绘、消防用具等的购置、维修和摊销费。

（6）职工福利费。指企业按照国家规定支出的职工福利费，以及由企业支付离退休职工的易地安家补助费、职工退职金、病假六个月以上的人员工资、按规定支付给离休干部的各项经费。职工发生工伤时企业依法在工伤保险基金之外支付的费用，其他在社会保险基金之外依法由企业支付给职工的费用。

（7）劳动保护费。指企业按照国家有关部门规定标准发放的一般劳动防护用品的购置及修理费、保健费、防暑降温费、高空作业及进洞津贴、技术安全措施以及洗澡用水、饮用水的燃料费等。

（8）工会经费。指企业按职工工资总额计提的工会经费。

（9）职工教育经费。指企业为职工学习先进技术和提高文化水平按职工工资总额计提的费用。

（10）保险费。指企业财产保险、管理用车辆等保险费用，高空、井下、洞内、水下、水上作业等特殊工种安全保险费、危险作业意外伤害保险费等。

（11）财务费用。指施工企业为筹集资金而发生的各项费用，包括企业经营期间发生的短期融资利息净支出、汇兑净损失、金融机构手续费，企业筹集资金发生的其他财务费用，以及投标和承包工程发生的保函手续费等。

（12）税金。指企业按规定交纳的房产税、管理用车辆使用税、印花税等。

（13）其他。包括技术转让费、企业定额测定费、施工企业进退场费、施工企业承担的施工辅助工程设计费、投标报价费、工程图纸资料费及工程摄影费、技术开发费、业务招待费、绿化费、公证费、法律顾问费、审计费、咨询费等。

三、利润

利润指按规定应计入建筑安装工程费用中的利润。

四、材料补差

材料补差指根据主要材料消耗量、主要材料预算价格与材料基价之间的差值，计算的主要材料补差金额。材料基价是指计入基本直接费的主要材料的限制价格。

五、税金

营业税改征增值税后,税金指应计入建筑及安装工程费用的增值税销项税额。增值税计税方法分为一般计税方法和简易计税方法,水利工程除自采砂石料按简易计税方法计税(税率为3%)外,建筑及安装工程费用中包含的增值税均采用一般计税方法计税,税率为9%。

第二节 设 备 费

设备费包括设备原价、运杂费、运输保险费和采购及保管费。

一、设备原价

(1) 国产设备。其原价指出厂价。

(2) 进口设备。以到岸价和进口征收的税金、手续费、商检费及港口费等各项费用之和为原价。

(3) 大型机组及其他大型设备分解运至工地后的拼装费用,应包括在设备原价内。

二、运杂费

运杂费指设备由厂家运至工地现场所发生的一切运杂费用,包括运输费、装卸费、包装绑扎费、大型变压器充氮费及可能发生的其他杂费。

三、运输保险费

运输保险费指设备在运输过程中的保险费用。

四、采购及保管费

采购及保管费指建设单位和施工企业在负责设备的采购、保管过程中发生的各项费用。主要包括:

(1) 采购保管部门工作人员的基本工资、辅助工资、职工福利费、劳动保护费、养老保险费、失业保险费、医疗保险费、工伤保险费、生育保险费、住房公积金、教育经费、办公费、差旅交通费、工具用具使用费等。

(2) 仓库、转运站等设施的运行费、维修费、固定资产折旧费、技术安全措施费和设备的检验、试验费等。

第三节 独 立 费 用

独立费用由建设管理费、工程建设监理费、联合试运转费、生产准备费、科研勘测设计费和其他等六项组成。

一、建设管理费

建设管理费指建设单位在工程项目筹建和建设期间进行管理工作所需的费用,包括建设单位开办费、建设单位人员费、项目管理费三项。

1. 建设单位开办费

建设单位开办费指新组建的工程建设单位,为开展工作所必须购置的办公设施、交通工具等以及其他用于开办工作的费用。

2. 建设单位人员费

建设单位人员费指建设单位从批准组建之日起至完成该工程建设管理任务之日止，需开支的建设单位人员费用。主要包括工作人员的基本工资、辅助工资、职工福利费、劳动保护费、养老保险费、失业保险费、医疗保险费、工伤保险费、生育保险费、住房公积金等。

3. 项目管理费

项目管理费指建设单位从筹建到竣工期间所发生的各种管理费用。包括：

（1）工程建设过程中用于资金筹措、召开董事（股东）会议、视察工程建设所发生的会议和差旅等费用。

（2）工程宣传费。

（3）土地使用税、房产税、印花税、合同公证费。

（4）审计费。

（5）施工期间所需的水情、水文、泥沙、气象监测费和报汛费。

（6）工程验收费。

（7）建设单位人员的教育经费、办公费、差旅交通费、会议费、交通车辆使用费、技术图书资料费、固定资产折旧费、零星固定资产购置费低值易耗品摊销费、工具用具使用费、修理费、水电费、采暖费等。

（8）招标业务费。

（9）经济技术咨询费。包括：勘测设计成果咨询、评审费，工程安全鉴定、验收技术鉴定、安全评价相关费用，建设期造价咨询，防洪影响评价、水资源论证、工程场地地震安全性评价、地质灾害危险性评价及其他专项咨询等发生的费用。

（10）公安、消防部门派驻工地补贴费及其他工程管理费用。

二、工程建设监理费

工程建设监理费指建设单位在工程建设过程中委托监理单位，对工程建设的质量、进度、安全和投资进行监理所发生的全部费用。

三、联合试运转费

联合试运转费指水利工程的发电机组、水泵等安装完毕，在竣工验收前，进行整套设备带负荷联合试运转期间所需的各项费用。主要包括联合试运转期间所消耗的燃料、动力、材料及机械使用费，工具用具购置费，施工单位参加联合试运转人员的工资等。

四、生产准备费

生产准备费指水利建设项目的生产、管理单位为准备正常的生产运行或管理发生的费用，包括生产及管理单位提前进厂费、生产职工培训费、管理用具购置费、备品备件购置费和工器具及生产家具购置费。

1. 生产及管理单位提前进厂费

生产及管理单位提前进厂费指在工程完工之前，生产、管理单位一部分工人、技术人员和管理人员提前进厂进行生产筹备工作所需的各项费用。包括：提前进厂人员的基本工资、辅助工资、职工福利费、劳动保护费、养老保险费、失业保险费、医疗保险费、工伤保险费、生育保险费、住房公积金、教育经费、办公费、差旅交通费、会议费、技术图书资料费、零星固定资产购置费、低值易耗品摊销费、工具用具使用费、修理费、水电费、采暖费等,以及其他属于生产筹建期间应开支的费用。

2. 生产职工培训费

生产职工培训费指生产及管理单位为保证生产、管理工作顺利进行,对工人、技术人员和管理人员进行培训所发生的费用。

3. 管理用具购置费

管理用具购置费指为保证新建项目的正常生产和管理所必须购置的办公和生活用具等费用,包括办公室、会议室、资料档案室、阅览室、文娱室、医务室等公用设施需要配置的家具器具。

4. 备品备件购置费

备品备件购置费指工程在投产运行初期,由于易损件损耗和可能发生的事故,而必须准备的备品备件和专用材料的购置费。不包括设备价格中已配备的备品备件。

5. 工器具及生产家具购置费

工器具及生产家具购置费指按设计规定,为保证初期生产正常运行所必须购置的不属于固定资产标准的生产工具、器具、仪表、生产家具等的购置费。不包括设备价格中已包括的专用工具。

五、科研勘测设计费

科研勘测设计费指工程建设所需的科研、勘测和设计等费用,包括工程科学研究试验费和工程勘测设计费。

1. 工程科学研究试验费

工程科学研究试验费指为保障工程质量,解决工程建设技术问题,而进行必要的科学研究试验所需的费用。

2. 工程勘测设计费

工程勘测设计费指工程从项目建议书阶段开始至以后各设计阶段发生的勘测费、设计费和为勘测设计服务的常规科研试验费。不包括工程建设征地移民设计、环境保护设计、水土保持设计各设计阶段发生的勘测设计费。

六、其他

1. 工程保险费

工程保险费指工程建设期间,为使工程能在遭受水灾、火灾等自然灾害和意外事故造成损失后得到经济补偿,而对工程进行投保所发生的保险费用。

2. 其他税费

其他税费指按国家规定应缴纳的与工程建设有关的税费。

第四节 预备费及建设期融资利息

一、预备费

预备费包括基本预备费和价差预备费。

第二章 工程部分造价构成

1. 基本预备费

基本预备费主要为解决在工程建设过程中，设计变更和有关技术标准调整增加的投资以及工程遭受一般自然灾害所造成的损失和为预防自然灾害所采取的措施费用。

2. 价差预备费

价差预备费主要为解决在工程建设过程中，因人工工资、材料和设备价格上涨以及费用标准调整而增加的投资。

二、建设期融资利息

根据国家财政金融政策规定，工程在建设期内需偿还并应计入工程总投资的融资利息。

第五节 案 例

一、工程部分静态投资

工程部分静态投资包括建筑工程、机电设备及安装工程、金属结构设备及安装工程、施工临时工程、独立费用和基本预备费。

二、案例

某市为提升城市防洪能力，改善流域生态环境，拟对当前水系进行综合治理，工程任务以堤防加固为主，兼顾河道整治。

该工程位于某河流二级支流上，目前正处于初步设计阶段。其建筑工程包括堤防加固工程、河道整治工程、房屋建筑工程和其他建筑工程。

已知：

（1）堤防工程 4162.46 万元，河道整治工程 1090.47 万元，导流工程 142.00 万元，施工交通工程 140.00 万元，辅助生产厂房、仓库和办公用房 118.00 万元，交通工程中对外公路工程 90.00 万元、运行管理维护道路工程 112.00 万元，供电设施工程 92.00 万元，施工供电工程 48.00 万元，施工房屋建筑工程 89.00 万元，其他施工临时工程 32.42 万元，机电设备及安装工程 12.36 万元，金属结构设备及安装工程 54.28 万元，独立费用 755.23 万元，基本预备费为工程一至五部分投资合计的 5%，价差预备费不计。

（2）值班宿舍及文化福利建筑工程投资按主体建筑工程投资百分率计算。

1) 枢纽工程：投资金额≤5000 万元时，取 1.0%～1.5%；50000 万元＜投资金额≤100000 万元时，取 0.8%～1.0%；投资金额＞100000 万元时，取 0.5%～0.8%。

2) 引水工程：取 0.4%～0.6%。

3) 河道工程：取 0.4%。

（3）室外工程按房屋建筑工程投资（不含室外工程本身）的 15%～20% 计算，本工程取下限。

（4）其他建筑工程投资按照主体建筑工程的 3% 计算。

（5）建设征地移民补偿静态投资 902.45 万元，环境保护工程静态投资 130.78 万元，水土保持工程静态投资 182.61 万元。

问题一：计算房屋建筑工程投资。

问题二：计算建筑工程投资。
问题三：计算工程部分静态投资。
问题四：计算静态总投资。
以上计算结果均保留两位小数。

解：

问题一：

$$主体建筑工程投资=堤防工程投资+河道整治工程投资$$
$$=4162.46+1090.47=5252.93(万元)$$

辅助生产厂房、仓库和办公用房投资：118.00 万元

$$值班宿舍及文化福利建筑工程投资=0.4\%\times5252.93=21.01(万元)$$

$$室外工程投资=(118.00+21.01)\times15\%=20.85(万元)$$

$$房屋建筑工程投资=辅助生产厂房、仓库和办公用房投资$$
$$+值班宿舍及文化福利建筑投资+室外工程投资$$
$$=118.00+21.01+20.85=159.86(万元)$$

问题二：

$$其他建筑工程投资=5252.93\times3\%=157.59(万元)$$

$$交通工程投资=对外公路投资+运行管理维护道路投资=90.00+112.00=202.00(万元)$$

$$建筑工程投资=主体建筑工程投资+交通工程投资+房屋建筑工程投资$$
$$+供电设施工程投资+其他建筑工程投资$$
$$=5252.93+202.00+159.86+92.00+157.59=5864.38(万元)$$

问题三：

$$施工临时工程投资=导流工程投资+施工交通工程投资+施工供电工程投资$$
$$+施工房屋建筑工程投资+其他施工临时工程投资$$
$$=142.00+140.00+48.00+89.00+32.42$$
$$=451.42(万元)$$

$$工程一至五部分投资=第一部分\ 建筑工程投资+第二部分\ 机电设备及安装工程投资$$
$$+第三部分\ 金属结构设备及安装工程投资$$
$$+第四部分\ 施工临时工程投资+第五部分\ 独立费用$$
$$=5864.38+12.36+54.28+451.42+755.23=7137.67(万元)$$

$$基本预备费=工程一至五部分投资\times5\%=7137.67\times5\%=356.88(万元)$$

$$工程部分静态总投资=工程一至五部分投资+基本预备费$$
$$=7137.67+356.88=7494.55(万元)$$

问题四：

$$工程静态总投资=工程部分静态总投资+建设征地移民补偿静态投资$$
$$+环境保护工程静态投资+水土保持工程静态投资$$
$$=7494.55+902.45+130.78+182.61=8710.39(万元)$$

第三章 建设征地移民补偿、环境保护工程、水土保持工程造价构成

第一节 建设征地移民补偿造价构成

一、编制依据

水利工程建设征地移民补偿概（估）算编制，按《水利工程设计概（估）算编制规定（建设征地移民补偿）》的规定进行编制。

(1) 国家有关法律、法规。主要包括《中华人民共和国水法》、《中华人民共和国土地管理法》、《中华人民共和国森林法》、《中华人民共和国草原法》、《中华人民共和国文物保护法》和《大中型水利水电工程建设征地补偿和移民安置条例》等。

(2) 各省（自治区、直辖市）颁布的《〈中华人民共和国土地管理法〉实施办法》等有关规定。

(3)《水利水电工程建设征地移民安置规划设计规范》(SL 290—2009)。

(4) 行业标准及有关部委的其他有关规定。

(5) 有关征地移民实物调查和移民安置规划等设计成果。

(6) 有关协议和承诺文件。

二、项目组成

移民征地补偿投资概算包括：征地移民补偿投资概算应包括农村部分、城（集）镇部分、工业企业、专业项目、防护工程、库底清理、其他费用以及预备费和有关税费。根据具体工程情况分别设置一级、二级、三级、四级、五级项目。具体项目划分可参见水总〔2014〕429号文《水利工程设计概（估）算编制规定》（建设征地移民补偿部分）。

(一) 农村部分

农村部分包括征地补偿补助，房屋及附属建筑物补偿，居民点新址征地及基础设施建设，农副业设施补偿，小型水利水电设施补偿，农村工商企业补偿，文化、教育、医疗卫生等单位迁建补偿，搬迁补助，其他补偿补助，过渡期补助。

1. 征地补偿补助

征地补偿补助包括征收土地补偿和安置补助、征用土地补偿、林地园地林木补偿、征用土地复垦、耕地青苗补偿等。

2. 房屋及附属建筑物补偿

房屋及附属建筑物补偿包括房屋补偿、房屋装修补助、附属建筑物补偿。

3. 居民点新址征地及基础设施建设

居民点新址征地及基础设施建设包括新址征地补偿和基础设施建设。

(1) 新址征地补偿应包括征收土地补偿和安置补助、青苗补偿、地上附着物补偿等。

(2) 基础设施建设包括场地平整和新址防护、居民点内道路、供水、排水、供电、电信、广播电视等。

4. 农副业设施补偿

农副业设施补偿包括行政村、村民小组或农民家庭兴办的榨油坊、砖瓦窑、采石场、米面加工厂、农机具维修厂、酒坊、豆腐坊等项目。

5. 小型水利水电设施补偿

小型水利水电设施补偿包括水库、山塘、引水坝、机井、渠道、水轮泵站和抽水机站，以及配套的输电线路等项目。

6. 农村工商企业补偿

农村工商企业补偿包括房屋及附属建筑物、搬迁补助、生产设施、生产设备、停产损失、零星林（果）木等项目。

7. 文化、教育、医疗卫生等单位迁建补偿

文化、教育、医疗卫生等单位迁建补偿包括房屋及附属建筑物、搬迁补助、设备、设施、学校和医疗卫生单位增容补助、零星林（果）木等项目。

8. 搬迁补助

搬迁补助包括移民及其个人或集体的物资，在搬迁时的车船运输、途中食宿、物资搬迁运输、搬迁保险、物资损失补助、误工补助和临时住房补贴等。

9. 其他补偿补助

其他补偿补助包括移民个人所有的零星林（果）木补偿、鱼塘设施补偿、坟墓补偿、贫困移民建房补助等。

10. 过渡期补助

过渡期补助包括移民生产生活恢复期间的补助。

（二）城（集）镇部分

城（集）镇部分均应包括房屋及附属建筑物补偿、新址征地及基础设施建设、搬迁补助、工商企业补偿、机关事业单位迁建补偿、其他补偿补助等。

1. 房屋及附属建筑物补偿

房屋及附属建筑物补偿包括移民个人的房屋补偿、房屋装修补助、附属建筑物补偿等项目。

2. 新址征地及基础设施建设

新址征地及基础设施建设包括新址征地补偿和基础设施建设。

(1) 新址征地补偿包括土地补偿补助、房屋及附属建筑物补偿、农副业设施补偿、小型水利水电设施补偿、搬迁补助、过渡期补助、其他补偿补助等项目。

(2) 基础设施建设包括新址场地平整及防护工程、道路广场、给水、排水、供电、电信、广播电视、燃气、供热、环卫、园林绿化、其他项目等。

3. 搬迁补助

搬迁补助包括搬迁时的车船运输、途中食宿、物资搬运、搬迁保险、物资损失补助、误工补助和临时住房补贴等。

第三章 建设征地移民补偿、环境保护工程、水土保持工程造价构成

4. 工商企业补偿

工商企业补偿包括房屋及附属建筑物补偿、搬迁补助、设施补偿、设备搬迁补偿、停产（业）损失、零星林（果）木补偿等。

5. 机关事业单位迁建补偿

机关事业单位迁建补偿包括房屋及附属建筑物补偿、搬迁补助、设施补偿、设备搬迁补偿、零星林（果）木补偿等。

6. 其他补偿补助

其他补偿补助包括移民个人所有的零星林（果）木补偿、贫困移民建房补助等。

（三）工业企业

工业企业迁建补偿包括用地补偿和场地平整、房屋及附属建筑物补偿、基础设施和生产设施补偿、设备搬迁补偿、搬迁补助、停产损失、零星林（果）木补偿等。

（1）用地补偿和场地平整包括用地补偿补助、场地平整等。

（2）房屋及附属建筑物补偿包括办公及生活用房、附属建筑物、生产用房等。

（3）基础设施包括供水、排水、供电、电信、照明、广播电视、各种道路以及绿化设施等项目；生产设施包括各种井巷工程及池、窑、炉座、机座、烟囱等项目。

（4）设备搬迁补偿包括不可搬迁设备补偿和可搬迁设备搬迁运输。

（5）搬迁补助包括人员搬迁和流动资产搬迁等。

（6）停产损失包括职工工资、福利费、管理费、利润等。

（7）零星林（果）木补偿。

（四）专业项目

专业项目恢复改建补偿包括铁路工程、公路工程、库周交通工程、航运工程、输变电工程、电信工程、广播电视工程、水利水电工程、国有农（林、牧、渔）场、文物古迹和其他项目等。

1. 铁路工程

铁路工程改（复）建包括站场、线路和其他等。

2. 公路工程

公路工程改（复）建包括等级公路、桥梁、汽渡等。

3. 库周交通工程

库周交通工程包括机耕路、人行道、人行渡口、农村码头等。

4. 航运工程

航运工程包括港口、码头、航道设施等。

5. 输变电工程

输变电工程改（复）建包括输电线路和变电设施。

6. 电信工程

电信工程改（复）建包括线路、基站及附属设施。

7. 广播电视工程

广播电视工程改（复）建包括有线广播、有线电视线路、接收站（塔）、转播站（塔）等设施设备。

8. 水利水电工程

水利水电工程包括水电站、泵站、水库、渠（管）道等。

9. 国有农（林、牧、渔）场

国有农（林、牧、渔）场补偿包括征地补偿补助、房屋及附属建筑物补偿、居民点新址征地及基础设施建设、农副业设施、小型水利水电设施、搬迁补助、其他补偿补助等。

10. 文物古迹

文物古迹包括地面文物和地下文物。

11. 其他项目

其他项目包括水文站、气象站、军事设施、测量设施及标志等。

（五）防护工程

防护工程包括建筑工程、机电设备及安装工程、金属结构设备及安装工程、临时工程、独立费用和基本预备费。

1. 建筑工程

建筑工程包括主体建筑、交通、房屋建筑、外部供电线路、其他建筑等。

2. 机电设备及安装工程

机电设备及安装工程包括泵站设备及安装、公用设备及安装等。

3. 金属结构设备及安装工程

金属结构设备及安装工程包括闸门、启闭机、压力钢管、其他金属结构等。

4. 临时工程

临时工程包括施工导流、施工交通、施工场外供电、施工房屋建筑和其他施工临时工程。

5. 独立费用

独立费用包括建设管理费、生产准备费、科研勘测设计费、建设及施工场地征用费和其他。

6. 基本预备费

基本预备费包括防护工程建设中不可预见的费用。

（六）库底清理

库底清理包括建（构）筑物清理、林木清理、易漂浮物清理、卫生清理、固体废物清理等。

1. 建（构）筑物清理

建（构）筑物清理包括建筑物清理和构筑物清理。

2. 林木清理

林木清理包括林地砍伐清理、园地清理、迹地清理和零星树木清理。

3. 易漂浮物清理

易漂浮物清理包括建（构）筑物清理后废弃的木质门窗、木檩椽、木质杆材、油毡、塑料等清理和林木砍伐后残余的枝丫、枯木及田间、农舍旁堆置的秸秆清理等。

4. 卫生清理

卫生清理包括一般污染源清理、传染性污染源清理、生物类污染源清理和检测工

第三章　建设征地移民补偿、环境保护工程、水土保持工程造价构成

作等。

5. 固体废物清理

固体废物清理包括生活垃圾清理、工业固体废物清理、危险废物清理和检测工作等。

（七）其他费用

其他费用包括前期工作费、综合勘测设计科研费、实施管理费、实施机构开办费、技术培训费、监督评估费等。

（八）预备费

预备费包括基本预备费和价差预备费。

（九）有关税费

有关税费包括与征地有关的国家规定的税费，如耕地占用税、耕地开垦费、森林植被恢复费和草原植被恢复费等。

三、费用构成

（一）费用划分

建设征地移民安置补偿费用由补偿补助费、工程建设费、其他费用、预备费、有关税费等构成。其中工程建设费包括建筑工程费、机电设备及安装工程费、金属结构设备及安装工程费、临时工程费等。

（二）补偿补助费

补偿补助费包括征收土地补偿和安置补助费、征用土地补偿费、房屋及附属建筑物补偿费、房屋装修补助费、青苗补偿费、林地与园地的林木补偿费、零星林（果）木补偿费、鱼塘设施补偿费、农副业设施补偿费、小型水利水电设施补偿费、工商企业设施设备补偿费、文化教育和医疗卫生等单位设施设备补偿费、行政事业等单位设备设施补偿费、工业企业设施设备补偿费、停产损失、搬迁补助费、坟墓补偿费等。此外，还有贫困移民建房补助、文教卫生增容补助和过渡期补助等费用。

（三）工程建设费

工程建设费包括基础设施工程、专业项目、防护工程和库底清理等项目的建筑工程费、机电设备及安装工程费、金属结构设备及安装工程费、临时工程费等，按项目类型和规模，根据相应行业和地区的有关规定计列费用。

（四）其他费用

其他费用包括前期工作费、综合勘测设计科研费、实施管理费、实施机构开办费、技术培训费、监督评估费等费用。

1. 前期工作费

在水利水电工程项目建议书阶段和可行性研究报告阶段开展建设征地移民安置前期工作所发生的各种费用，主要包括前期勘测设计、移民安置规划大纲编制、移民安置规划配合工作所发生的费用。

2. 综合勘测设计科研费

为初步设计和技施设计阶段征地移民设计工作所需要的综合勘测设计科研费用。主要包括两阶段设计单位承担的实物复核，农村、城（集）镇、工业企业及专业项目处理综合勘测规划设计发生的费用和地方政府必要的配合费用。

3. 实施管理费

实施管理费包括地方政府实施管理费和建设单位实施管理费。

4. 实施机构开办费

实施机构开办费包括征地移民实施机构为开展工作所必须购置的办公及生活设施、交通工具等，以及其他用于开办工作的费用。

5. 技术培训费

用于农村移民生产技能、移民干部管理水平的培训所发生的费用。

6. 监督评估费

监督评估费包括实施移民监督评估所需费用。

（五）预备费

预备费包括基本预备费和价差预备费两项费用。

1. 基本预备费

基本预备费主要是指在建设征地移民安置设计及补偿费用概（估）算内难以预料的项目费用。费用内容包括：经批准的设计变更增加的费用，一般自然灾害造成的损失、预防自然灾害所采取的措施费用，以及其他难以预料的项目费用。

2. 价差预备费

价差预备费是指建设项目在建设期间，由于人工工资、材料和设备价格上涨以及费用标准调整而增加的投资。

（六）有关税费

有关税费包括耕地占用税、耕地开垦费、森林植被恢复费、草原植被恢复费等。

1. 耕地占用税

耕地占用税是指根据《中华人民共和国耕地占用税暂行条例》，按各省（自治区、直辖市）的有关规定，对占用种植农作物的土地从事非农业建设需交纳的耕地占用税。

2. 耕地开垦费

耕地开垦费是指根据《中华人民共和国土地管理法》的规定，按照"占多少、垦多少"的原则，由占用耕地的单位负责开垦与所占用耕地的数量和质量相当的耕地，对没条件开垦或开垦不符合要求的，应当按各省（自治区、直辖市）的有关规定缴纳耕地开垦费。

3. 森林植被恢复费

森林植被恢复费是指根据《中华人民共和国森林法》第十八条规定，进行工程勘查、开采矿藏和各项工程建设，应当不占或少占林地，必须占用或者征收征用林地的，用地单位应依照有关规定缴纳森林植被恢复费。

4. 草原植被恢复费

根据《中华人民共和国草原法》第三十九条规定，因工程建设征收、征用或者使用草原的，应当缴纳草原植被恢复费。

四、单价分析

（一）补偿补助单价

1. 征收土地补偿费和安置补助费的单价

（1）征收耕地的补偿补助单价。应按该耕地被征收前三年平均年亩产值和相应的补偿

第三章 建设征地移民补偿、环境保护工程、水土保持工程造价构成

补助倍数计算。

（2）征收耕地的补偿倍数和安置补助倍数之和，应执行《大中型水利水电工程建设征地补偿和移民安置条例》（2006年国务院令第471号）的规定。经多方案比选后，土地补偿费和安置补助费不能使需要安置的农民保持原有生活水平、需要提高标准的，由项目法人或者项目主管部门报项目审批部门批准。

（3）耕地年亩产值。应按基准年耕地亩产值，考虑当地近年耕地亩产量的实际增长幅度和设计水平年计算确定。

1）基准年耕地亩产值。为耕地主产品亩产值和副产品亩产值之和。耕地主产品亩产值根据主产品亩产量和相应现行价格计算。

2）基准年亩产量。主产品亩产量指被征收耕地调查时前三年农作物的年均亩产量。应根据调查时被征地单位所在县（市）前三年的统计年鉴、乡（镇）统计报表、当地农调队的调查资料，结合典型村和典型户的调查资料，各类耕地的耕作制度和种植结构，分析计算出各类耕地各种作物的年均亩产量，以此作为基准年亩产量。

3）农产品综合价格。指当地现行的农产品综合收购价。应按调查收集的各种收购价的加权平均值计算。每种农产品的各种收购价应取中等产品的价格。

4）农作物副产品年产值。指农作物的秸秆等副产品产值，可取主产品年产值的比例计算，其比例宜按有关统计资料或通过抽样调查计算确定。也可按副产品产量和价格计算。

（4）征收其他土地的补偿补助单价。应依据所在省（自治区、直辖市）人民政府的规定计算，对需要计算其他土地亩产值的可参照耕地的亩产值计算方法。

2．征用土地补偿单价

征用土地补偿单价按规划水平年征用土地亩产值乘以用地年限计算。

3．林地、园地的林木补偿单价

林地、园地的林木补偿单价按照征地所在省（自治区、直辖市）人民政府的规定确定。对没有具体规定的，参照本省类似水利水电工程林木补偿单价分析确定，或者参照邻省类似水利水电工程林木补偿单价分析确定。

4．征用土地复垦单价

征用土地复垦单价采用相关省（自治区、直辖市）人民政府的规定。没有规定的，根据土地复垦方案及相关行业的定额分析确定。

5．青苗补偿单价

青苗补偿单价按照规划水平年一季亩产值确定。

6．房屋补偿单价

对不同结构的房屋，应选择主要结构进行典型设计；按地方建筑工程概算定额和编制办法及当地人工、材料、机械等基础价格，按重置价计算其造价，并以此为依据确定相应结构房屋的补偿单价。对其他次要结构的房屋，可参照主要结构房屋补偿单价分析确定。

7．房屋装修补助单价

房屋装修补助单价参照房屋补偿单价分析方法确定。

8. 附属建筑物补偿单价

附属建筑物补偿单价采用各省（自治区、直辖市）人民政府规定的补偿单价；对没有规定的，按重置单价或参照类似工程的相应补偿单价确定。

9. 农副业设施补偿单价

农副业设施补偿单价采用各省（自治区、直辖市）人民政府规定的补偿标准。对地方没有规定标准的，可参照类似工程相应补偿单价确定。

10. 小型水利水电设施补偿单价

对需要恢复的，参照同类型工程建设项目的单价分析方法确定；对不需要恢复的按照适当补偿的原则确定。

11. 搬迁补助单价

搬迁补助单价包括车船运输、途中食宿、物资搬迁运输、搬迁保险、物资损失补助、误工补助和移民临时住房补贴等。

（1）车船运输单价。根据移民安置规划确定的平均搬迁距离、运输方案和相应的费用，按就近和远迁分别确定。

（2）途中食宿单价。根据移民安置规划确定的平均搬迁距离、途中时间和相应的费用，按就近和远迁分别确定。

（3）物资搬迁运输单价。典型推算人均或单位房屋面积（主房）物资搬运量，根据移民安置规划确定的平均搬迁距离、运输方式及相应费用，按就近和远迁分别确定人均或单位房屋面积的物资搬运单价。

（4）搬迁保险单价。根据保险业相关人身意外伤害险规定确定。

（5）物资损失补助单价。按搬迁过程中人均物资损失价值计列。

（6）误工补助。误工期根据搬迁距离可取 1～2 个月，补助单价可根据当地人均纯收入情况分析确定。

（7）移民临时住房补贴单价。采用人均或户均指标。可按户均租房面积 30～40 m^2 和租期 3 个月，根据当地房租单价分析确定。

12. 工业企业补偿单价

（1）房屋及附属建筑物单价。采用农村个人房屋及附属建筑物单价分析方法确定。

（2）搬迁补助单价。按办公和住房房屋面积计算搬迁运输费。单价参照农村搬迁运输补助单价分析方法确定。

（3）基础设施和生产设施补偿单价。基础设施指供水、排水、供电、电信、照明、广播电视、各种道路以及绿化设施等，生产设施指各种井巷工程及池、窑、炉座、机座、烟囱等。可按国家和省（自治区、直辖市）有关规定分别计算补偿单价，也可根据工程所在地区造价指标或有关实际资料，采用类比扩大单位指标计算补偿单价。对于不需要或难以恢复的对象，可按适当的补偿原则计算单价。对闲置、报废的设施可根据实际情况予以适当补助。对淘汰、报废的设施一般不予补偿。

（4）生产设备补偿单价。包括不可搬迁设备补偿单价和可搬迁设备补偿单价。

1）不可搬迁设备。应按设备重置全价扣减可变现的残值计算，设备重置全价包括设备购置（或自制）到正式投入使用期间发生的费用，含设备购置价费（或自制成本）、运杂费、安装调试费等。

2）可搬迁设备。应按该设备在搬迁过程中的拆卸、运输、安装、调试等费用计算。

（5）停产损失。根据工业企业的年工资总额、福利费、管理费、利润等测算。

13. 工商企业补偿单价

（1）房屋及附属建筑物单价。采用农村个人房屋及附属建筑物单价分析方法确定。

（2）生产设施、生产设备补偿和停产损失补助单价。参照工业企业生产设施、生产设备补偿和停产损失补助单价分析方法确定。

14. 文化、教育、医疗卫生等单位迁建补偿单价

（1）房屋及附属建筑物、设备和设施单价。按照工商企业相应项目补偿单价分析方法确定。

（2）学校和医疗卫生单位增容补助单价。根据国家和省（自治区、直辖市）的有关规定，结合当地的实际情况分析确定。

15. 其他补偿补助单价

其他补偿补助单价包括零星林（果）木、鱼塘设施、坟墓等。

（1）零星林（果）木补偿单价。应根据各省（自治区、直辖市）人民政府的规定计算。对没有具体规定的，可参照林木补偿标准计算。

（2）鱼塘设施补偿单价。可按照征地所在省（自治区、直辖市）人民政府的规定确定。对没有具体规定的，可参照本省类似水利水电工程鱼塘补偿单价分析确定；本省没有的，可参照邻省类似水利水电工程鱼塘补偿单价确定。

（3）坟墓补偿单价。按照征地所在省（自治区、直辖市）人民政府的规定确定。对没有具体规定的，可参照本省类似水利水电工程坟墓补偿单价确定；本省没有的，可参照邻省类似水利水电工程坟墓补偿单价确定。

（4）贫困移民建房补助。按以下公式计算：

$$A = \frac{\sum B_i}{C} \qquad (2-3-1)$$

其中 $B_i = D \times E_j \times F - G_i$ （当 $B_i \leqslant 0$ 时，取 $E_i = 0$）

式中　A——贫困移民建房补助单价，元/户；

B_i——典型村淹没影响第 i 户需要的补助费用，元；

C——基准年淹没影响户数，户；

D——人均"基本用房"面积，m^2，应采用省级人民政府规定，没有规定的，可根据同区域类似项目的情况，结合建设征地区的实际情况分析确定；

E_j——第 j 类结构房屋补偿单价；

F——移民户移民人数；

G_i——移民户房屋、附属建筑物、零星树木补偿费之和。

16. 过渡期补助

过渡期补助指移民搬迁和生产恢复期间的补助费，应根据农村移民安置规划合理确定人均补助标准。过渡期可按 1~3 年考虑，调整现有耕地安置时过渡时间可取下限，开垦耕地安置时过渡时间可取上限。

(二) 工程建设单价

1. 建筑工程单价

(1) 建筑工程单价。按照水利工程、市政工程和各行业概（估）算编制办法、定额计算。当地有规定的，按当地规定执行。

(2) 农村居民点、集镇的场地平整及新址防护。宜采用水利工程概（估）算编制办法和定额；其他基础设施，可采用市政和相应行业概（估）算编制办法和定额。

(3) 城镇部分的基础设施。宜采用市政和相应行业概（估）算编制办法和定额。

(4) 专业项目和防护工程。宜采用相应行业的概（估）算编制办法和定额。

(5) 防护工程。应采用水利行业的概（估）算编制办法和定额。

(6) 库底清理。按清理技术要求分项计算。

2. 机电设备及安装工程单价

按照相应行业的概（估）算编制办法和定额计算，当地有规定的，按当地规定执行。

3. 金属结构设备及安装工程单价

按照相应行业的概（估）算编制办法和定额计算，当地有规定的，按当地规定执行。

4. 临时工程和工程建设其他费

根据项目类型和规模，按照相应行业和地区的有关规定计算。

五、概算编制

(一) 农村部分补偿费计算

1. 土地补偿补助费

(1) 征收土地的补偿补助费。应按征收的土地面积乘以相应的补偿补助单价计算。

(2) 征用土地的补偿费。应按征用的土地面积乘以相应的补偿单价计算。

(3) 征用土地复垦费。主要指征用耕地的复垦费，应按需要复垦的耕地面积乘以相应的单价计算。

(4) 耕地青苗补偿费。按照工程建设区范围内征收的各类耕地面积乘以青苗补偿单价计算，库区和临时征用的耕地不计此项费用。

2. 房屋及附属建筑物补偿费

(1) 房屋补偿费。按需要补偿的各类房屋面积乘以相应的补偿单价计算。

(2) 房屋装修补助费。按需要补偿的房屋装修面积乘以补偿单价计算。

(3) 附属建筑物补偿费。按需要补偿的各类附属建筑物数量乘以相应的补偿单价计算。对列入基础设施规划投资的项目，不再补偿。

3. 居民点新址征地及基础设施建设费

(1) 新址征地补偿费。征收土地补偿补助费根据新址占地范围内的各类土地面积乘以相应的补偿补助单价计算；青苗补偿费按照新址占用耕地面积乘以相应的补偿单价计算；地上附着物补偿费按照新址占地范围内各类附着物数量和相应的补偿单价补偿。

(2) 基础设施建设费。应根据各安置点各类项目规划设计工程量及单价计算投资。

4. 农副业设施补偿费

应以调查的农副业设施数量乘以相应的补偿单价计算。

第三章　建设征地移民补偿、环境保护工程、水土保持工程造价构成

5. 小型水利水电设施补偿费

对需要恢复的，按规划设计工程量及单价计算投资；对于不需要或难以恢复的对象，按实物指标乘以补偿单价计算补偿费。

6. 农村工商企业补偿费

（1）房屋及附属建筑物补偿费。应按调查的各类房屋面积乘以补偿单价计算。

（2）搬迁补助费。人员搬迁补助应按规划的搬迁人数乘以相应的人均单价计算；物资搬迁运输应根据调查的生活用房面积乘以补偿单价计算。

（3）生产设施补偿费。应根据调查各类设施数量乘以补偿单价计算。对闲置的设施可给予适当补偿，对淘汰、报废的设施一般不予补偿。

（4）生产设备补偿费。应根据调查的各类设备数量乘以相应补偿单价计算。对闲置的设备可给予适当补偿，对淘汰、报废的设备一般不予补偿。

（5）停产损失。按停产时间合理分析计算。

（6）零星林（果）木补偿费。应根据调查的各类零星林（果）木数量乘以相应的补偿单价计算。

7. 文化、教育、医疗卫生等单位迁建补偿费

（1）房屋及附属建筑物补偿费。应按需要补偿的各类房屋面积乘以补偿单价计算。

（2）搬迁补助费。人员搬迁补助应按规划的搬迁人数乘以相应的人均单价计算，物资搬迁运输应根据调查的生活用房面积乘以补偿单价计算。

（3）生产设施补偿费。应按调查各类设施数量乘以相应补偿单价计算。

（4）生产设备补偿费。应根据调查各类设备数量乘以相应补偿单价计算。

（5）增容补助费。应按搬迁的农业人口乘以补助单价计算。

（6）零星林（果）木补偿费。应根据调查的各类零星林（果）木数量乘以相应的补偿单价计算。

8. 搬迁补助费

分别按就近和远迁搬迁人数乘以相应的单价计算。

9. 其他补偿补助费

（1）零星林（果）木补偿费。分别按需要补偿的实物数量乘以补偿单价计算。

（2）鱼塘设施补偿费。按调查的实物数量乘以补偿单价计算。

（3）坟墓补偿费。按调查的实物数量乘以补偿单价计算。

（4）贫困移民建房补助费。按基准年贫困移民户数乘以相应的补偿单价计算。

10. 过渡期补助费

应根据移民安置人数乘以人均补助标准计算。

（二）城（集）镇部分补偿费计算

1. 房屋及附属建筑物补偿费

（1）房屋补偿费。按需要补偿的移民个人各类房屋面积乘以相应的补偿单价计算。

（2）房屋装修补助费。按需要补偿的移民个人房屋装修面积乘以相应的补偿单价计算。

（3）附属建筑物补偿费。按需要补偿的移民个人各类附属建筑物数量乘以相应的补偿

单价计算。对列入基础设施规划投资的项目，不再补偿。

2. 新址征地及基础设施建设费

(1) 新址征地补偿费。

1) 征收土地补偿费及安置补助费。按城（集）镇新址建设征收的土地面积乘以相应的补偿补助单价计算。

2) 青苗补偿费。按城（集）镇新址建设征收的耕地面积乘以相应的补偿单价计算。地上附着物补偿费按照新址征地范围内各类附着物数量乘以相应的补偿单价计算。

3) 房屋补偿费。按城（集）镇新址建设征收土地上的各类房屋面积乘以相应的补偿单价计算。

4) 房屋装修补助费。按城（集）镇新址建设征收土地上房屋装修面积乘以相应的补偿单价计算。

5) 附属建筑物补偿费。按城（集）镇新址建设征收土地上的各类附着物数量乘以相应的补偿单价计算。对列入基础设施规划投资的项目，不再补偿。

6) 农副业设施补偿费。按城（集）镇新址建设征收土地上的农副业设施数量乘以相应的补偿单价计算。

7) 小型水利水电设施补偿费。对需要恢复的城（集）镇新址建设征收土地上的小型水利水电设施，按规划设计工程量及单价计算；对于不需要或难以恢复的对象，按实物指标乘以补偿单价计算。

8) 搬迁补助费。根据新址征地范围内搬迁人口乘以相应的补偿单价计算。

9) 过渡期补助费。按城（集）镇新址建设征收土地上应搬迁的农业人口乘以人均补助标准计算。

10) 其他补偿补助费。按照农村相应的其他补偿费计算方法计算。

(2) 基础设施建设费。应根据各城（集）镇各类项目规划设计工程量及单价计算投资。

3. 搬迁补助费

移民搬迁运输费、搬迁损失费、误工补助费和搬迁保险费按照搬迁人数乘以相应的单价计算。

4. 工商企业补偿费

(1) 房屋补偿费。根据需要补偿的各类房屋面积乘以相应的补偿单价计算。

(2) 附属建筑物补偿费。根据需要补偿的各类附属建筑物乘以相应的补偿单价计算。

(3) 搬迁补助费。人员搬迁补助应按规划的搬迁人数乘以相应的人均单价计算，物资搬迁运输应根据调查的生活用房面积乘以补偿单价计算。

(4) 生产设施补偿费。应根据调查各类设施数量乘以相应的补偿单价计算。对闲置的设施可给予适当补偿，对淘汰、报废的设施一般不予补偿。

(5) 生产设备补偿费。应根据调查各类设备数量乘以相应的补偿单价计算。对闲置的设备可给予适当补偿，对淘汰、报废的设备一般不予补偿。

(6) 停产损失费。按停产时间合理分析计算。

(7) 零星林（果）木补偿费。分别按调查的实物数量乘以相应的补偿单价计算。

第三章 建设征地移民补偿、环境保护工程、水土保持工程造价构成

5. 机关事业单位迁建补偿费

（1）房屋补偿费。根据需要补偿的各类房屋面积乘以相应的补偿单价计算。

（2）附属建筑物补偿费。根据需要补偿的各类附属建筑物乘以相应的补偿单价计算。

（3）搬迁补助费。人员搬迁补助应按规划的搬迁人数乘以相应的人均单价计算，物资搬迁运输应根据调查的生活用房面积乘以补偿单价计算。

（4）生产设施补偿费。应根据调查各类设施数量乘以相应的补偿单价计算。对闲置的设施可给予适当补偿，对淘汰、报废的设施一般不予补偿。

（5）生产设备补偿费。应根据调查各类设备数量乘以相应的补偿单价计算。对闲置的设备可给予适当补偿，对淘汰、报废的设备一般不予补偿。

（6）零星林（果）木补偿费。分别按调查的实物数量乘以相应的补偿单价计算。

6. 其他补偿补助费

移民个人所有的零星林（果）木补偿费，分别按需要补偿的实物数量乘以相应的补偿单价计算。

（三）工业企业迁建补偿费计算

1. 用地补偿费和场地平整补偿费

（1）用地补偿费。根据需要补偿的土地面积乘以相邻耕地的补偿补助单价计算。

（2）场地平整补偿费。根据需要补偿的土地面积乘以相邻居民点场地平整项目平均单价计算。

2. 房屋及附属建筑物补偿费

（1）房屋补偿费。根据需要补偿的各类房屋面积乘以相应的补偿单价计算。

（2）附属建筑物补偿费。根据需要补偿的各类附属建筑物乘以相应的补偿单价计算。

3. 基础设施和生产设施补偿费

应根据需要补偿的各类设施数量乘以相应补偿单价计算。

对闲置的设施可给予适当补偿，对淘汰、报废的设施一般不予补偿。

4. 生产设备补偿费

应根据需要补偿的各类设备数量乘以相应的补偿单价计算。

对闲置的设备可给予适当补偿，对淘汰、报废的设备一般不予补偿。

5. 搬迁补助费

根据需要搬迁的各类实物形态的流动资产乘以相应的补助单价计算。

6. 停产损失费

根据企业特点合理分析计算。停产、倒闭破产的企业不计此项费用。

7. 零星林（果）木补偿费

分别按调查的实物数量乘以相应的补偿单价计算。

（四）专业项目恢复改建补偿费计算

专业项目恢复改建补偿费应根据各行业及各省（自治区、直辖市）有关部门颁发的概（估）算、预算编制办法及有关规定计算。

（1）铁路工程复建费。根据规划设计成果，采用铁路工程概算编制办法计算。

（2）公路工程复建费。根据规划设计成果，采用公路工程概算编制办法计算。

(3) 库周交通工程复建费。桥梁按公路工程概算编制办法计算。对机耕路、人行路、人行渡口和农村码头等以复建指标乘以相应单价计算。

(4) 航运工程复建费。根据规划设计成果，按水运等相关行业概算编制规定计算。

(5) 输变电工程复建费。根据规划设计成果，按照电力工程设计概（预）算编制办法计算。

(6) 电信工程复建费。根据规划设计成果，按照电信工程预算编制办法计算。

(7) 广播电视工程复建费。根据规划设计成果，按照广播工程设计概（预）算编制有关规定计算。

(8) 水利水电工程补偿费。根据规划设计成果，按照水利或水电行业概预算编制规定计算补偿费。

(9) 国有农（林、牧、渔）场补偿费。参照农村部分、专业项目等补偿概算办法编制。

(10) 文物古迹保护费。根据规划设计成果，按照文物专业的概预算编制规定计算。

(11) 其他项目补偿费。应根据规划成果，按相应行业概（估）算、预算编制规定计算。

（五）防护工程费计算

(1) 根据规划设计成果，按照水利行业概预算编制规定计算选定方案的防护工程费。

(2) 防护工程建成后的运行管理费用不应计入防护工程投资，由工程项目管理单位负责，在工程项目的运行管理费用中计列。

（六）库底清理费计算

库底清理费按水库库底一般清理分项工程量乘以相应的单价计算；特殊清理费用，不应列入建设征地移民补偿投资概（估）算。

(1) 建（构）筑物拆除单价。应根据建（构）筑物结构、拆除方式，参照相关规定合理确定。

(2) 林木清理单价。应根据林木种类，参照相关规定合理确定。

(3) 易漂浮物清理单价。应典型调查项目单位所需人工、施工机械台班数量，乘以相应单价计算。

(4) 卫生清理单价。应按照库底卫生清理方法、技术要求，计算项目单位数量所需人工、材料及机械台班数量，乘以相应单价计算。卫生清理检测工作费应按卫生清理直接费的1%～1.5%计算。

(5) 固体废物清理单价。应按固体废物清理方法、技术要求，计算项目单位数量所需人工、材料及机械台班数量，乘以相应单价计算。固体废物清理检测工作费应按固体废物清理直接费的1%～1.5%计算。

（七）其他费用计算

1. 前期工作费

根据费率计算，计算公式为

前期工作费=[农村部分+城(集)镇部分+工业企业+专业项目+防护工程+库底清理]×A

其中，费率 A 为 1.5%～2.5%。

第三章 建设征地移民补偿、环境保护工程、水土保持工程造价构成

2. 综合勘测设计科研费

根据费率计算，计算公式为

$$综合勘测设计科研费 = [农村部分 + 城(集)镇部分 + 库底清理] \times B_1 \\ + (工业企业 + 专业项目 + 防护工程) \times B_2$$

其中，费率 B_1 为 3‰～4‰，费率 B_2 为 1‰。

初步设计阶段综合勘测设计科研费占 40%～50%，技施设计阶段占 55%～60%。

3. 实施管理费

实施管理费包括地方政府实施管理费和建设单位实施管理费，均按费率计算。

(1) 地方政府实施管理费。计算公式为

$$地方政府实施管理费 = [农村部分 + 城(集)镇部分 + 库底清理] \times C_1 \\ + (工业企业 + 专业项目 + 防护工程) \times C_2$$

其中，费率 C_1 为 4%，费率 C_2 为 2%。

(2) 建设单位实施管理费。用于项目建设单位征地移民管理工作经费，包括办理用地手续等费用。根据费率计算，计算公式为

$$建设单位实施管理费 = [农村部分 + 城(集)镇部分 + 工业企业 + 专业项目 \\ + 防护工程 + 库底清理] \times D$$

其中，费率 D 为 0.6%～1.2%。

当征地移民直接投资在 10 亿元（含）以下时，其费率取 1.2%；10 亿元（不含）～20 亿元（含）时，费率取 1%；超出 20 亿元（不含）部分，其费率取 0.6%。

4. 实施机构开办费

考虑征地移民管理工作要求，可按表 2-3-1 参考取值。

表 2-3-1　　　　开 办 费 标 准 表

移民人数	1000 以下	1000～10000	10000～25000	25000～50000	50000 以上
开办费/万元	200 以下	200～300	300～500	500～800	800～1000

注　涉及两个以上省（自治区、直辖市）的应取上限；淹没区已有移民管理机构的，适当减少开办费。

5. 技术培训费

可按农村部分费用的 0.5% 计列。

6. 监督评估费

根据费率计算，计算公式为

$$监督评估费 = [农村部分 + 城(集)镇部分 + 库底清理] \times G_1 \\ + (工业企业 + 专业项目 + 防护工程) \times G_2$$

其中，费率 G_1 为 1.5‰～2‰，费率 G_2 为 0.5‰～1‰。

计算前期工作费、综合勘测设计科研费、实施管理费、技术培训费、监督评估费等其他费用时，土地补偿补助费用因政策性变化的部分，按相应费率的 30% 计算其他费用。

如果城（集）镇部分和库底清理投资中单独计算了其他费用，则相应投资的综合勘测设计科研费、地方政府实施管理费、监督评估费的费率应分别按 B_2、C_2、G_2 计算。

(八) 预备费计算

1. 基本预备费

根据费率计算，计算公式为

基本预备费＝[农村部分＋城（集）镇部分＋库底清理＋其他费用]×H_1
　　　　　　＋(工业企业＋专业项目＋防护工程)×H_2

初步设计阶段：$H_1=10\%$、$H_2=6\%$；技施设计阶段：$H_1=7\%$、$H_2=3\%$。

如果城（集）镇部分和库底清理投资中单独计算了基本预备费，则相应投资的基本预备费费率按 H_2 计算。

2. 价差预备费

应以分年度的静态投资（包括分年度支付的有关税费）为计算基数，按照枢纽工程概算编制所采用的价差预备费率计算。其计算公式如下：

$$E=\sum_{n=1}^{N}F_n[(1+P)^n-1] \qquad (2-3-2)$$

式中　E——价差预备费；
　　　F_n——在实施期间第 n 年的分年投资；
　　　N——合理建设工期；
　　　n——实施年度；
　　　P——年物价指数。

(九) 有关税费计算

（1）耕地占用税。根据国家和各省（自治区、直辖市）规定的计税类别和单位面积税额计算。

（2）耕地开垦费。根据国家和各省（自治区、直辖市）规定标准进行计算。

（3）森林植被恢复费。按照国家有关规定，分不同林种和用途分别计算。

（4）草原植被恢复费。按照各省（自治区、直辖市）规定的标准进行计算。

(十) 分年度投资

分年度投资根据移民安置规划总进度及其分年实施计划确定的各年完成工作量，编制分期和分年度投资计划。

六、征地移民补偿投资概（估）算表

(一) 概算表

概算表包括概算总表、概算分项汇总表、分项概算表、分年度投资计划表等。

1. 概算总表

分别列出各部分投资、总投资等。表格格式见表 2-3-2。

表 2-3-2　　　　　征地移民补偿投资概算总表

序号	项目	投资/万元	比重/%	备注
一	移民安置补偿费			
二	城（集）镇迁建补偿费			
三	工业企业迁建补偿费			

第三章 建设征地移民补偿、环境保护工程、水土保持工程造价构成

续表

序号	项　目	投资/万元	比重/%	备注
四	专业项目恢复改建补偿费			
五	防护工程费			
六	库底清理费			
	一至六项小计			
七	其他费用			
八	预备费			
	基本：基本预备费			
	价差预备费			
九	有关税费			
十	总投资			

2. 概算分项汇总表

先分区（一般到二级行政区），按各部分的一级项目分别列出投资、总投资等，表格格式见表2-3-3。

表2-3-3　　　　　　　征地移民补偿投资概算分项汇总表

项　目	总计	××（一级行政区）			××（一级行政区）		
		合计	××（二级行政区）	…	合计	××（二级行政区）	…
第一部分：农民移民安置补偿费							
（一）土地补偿费和安置补助费							
（二）房屋及附属建筑物补偿费							
（三）农副业设施补偿费							
（四）小型水利水电设施补偿费							
（五）农村工商企业补偿费							
（六）文化、教育、医疗卫生等事业单位迁建补偿费							
（七）新址征地及基础设施建设费							
（八）搬迁补助费							
（九）其他补偿补助费							
（十）过渡期补助费							
第二部分：城（集）镇迁建补偿费							
（一）房屋及附属建筑物补偿费							
（二）新址征地及基础设施建设费							
（三）公用（市政）设施补偿费							
（四）搬迁补助费							
（五）工商企业迁建补偿费							

续表

项 目	总计	××（一级行政区）			××（一级行政区）		
		合计	××（二级行政区）	…	合计	××（二级行政区）	…
（六）机关事业单位迁建补偿费							
（七）其他补偿补助费							
第三部分：工业企业迁建补偿费							
（一）用地补偿和场地平整							
（二）房屋及附属建筑物补偿费							
（三）基础设施补偿费							
（四）生产设施补偿费							
（五）设备搬迁补偿费							
（六）搬迁补助费							
（七）停产损失费							
第四部分：专业项目恢复改建补偿费							
（一）铁路工程复建费							
（二）公路工程复建费							
（三）库周交通恢复费							
（四）航运设施复建费							
（五）输变电工程复建费							
（六）电信工程复建费							
（七）广播电视工程复建费							
（八）水利水电工程补偿费							
（九）国营农（林、牧、渔）场迁建费							
（十）文物古迹保护发掘费							
（十一）其他项目补偿费							
第五部分：防护工程费							
（一）建筑工程费							
（二）机电设备及安装工程费							
（三）金属结构设备及安装工程费							
（四）临时工程费							
（五）独立费用							
（六）基本预备费							
第六部分：库存清理费							
（一）建（构）筑物清理费							
（二）林木清理费							
（三）易漂浮物清理费							

第三章 建设征地移民补偿、环境保护工程、水土保持工程造价构成

续表

项　　目	总计	××（一级行政区）			××（一级行政区）		
		合计	××（二级行政区）	··	合计	××（二级行政区）	…
（四）卫生清理费							
（五）固体废物清理费							
第七部分：其他费用							
（一）前期工作费							
（二）综合勘察设计科研费							
（三）实施管理费							
（四）实施机构开办费							
（五）技术培训费							
（六）监督评估费							
第八部分：预备费							
（一）基本预备费							
（二）价差预备费							
第九部分：有关税费							
（一）耕地占用税							
（二）耕地开垦费							
（三）森林植被恢复费							
（四）草原植被恢复费							
第十部分：总投资							

3. 分项概算表

按一至五级项目，分别列出概算的数量、单价、投资。表格格式见表2-3-4。

表2-3-4　　　　　　　征地移民补偿投资分项概算表

序号	一级项目	二级项目	三级项目	四级项目	五级项目	单位	数量	单价/元	合计/万元

4. 分年度投资计划表

可视不同情况按项目划分列至一级项目，对投资较小的分部分项目，可列至分部分项目。表格格式见表2-3-5。

表2-3-5　　　　　　　征地移民分年度投资计划表　　　　　　　单位：万元

序号	项　　目	总投资	年　　份				
			1	2	3	4	…
1	农村移民安置补偿费						
2	城集镇迁建补偿费						
3	工业企业迁建补偿费						

第二篇 水利工程造价构成

续表

序号	项目	总投资	年份				
			1	2	3	4	…
4	专业项目恢复改建补偿费						
5	防护工程费						
6	农民移民安置补偿费						
	1至6部分合计						
7	其他费用						
8	预备费						
	其中：基本预备费						
	价差预备费						
9	有关税费						
10	总投资						

（二）概算附表

概算附表包括主要项目补偿单价汇总表（附表一）、主要农产品价格和建筑材料预算价格汇总表（附表二）、土地亩产值及补偿补助单价计算表（附表三）、房屋等建筑工程（补偿）单价分析表（附表四）、农村居民点新址征地及基础设施建设投资计算表（书）（附表五）、集镇迁建新址征地及基础设施建设投资计算表（书）（附表六）、城镇迁建新址征地及基础设施建设投资计算表（书）（附表七）、工业企业迁建补偿费计算表（书）（附表八）、专业项目恢复改建补偿投资计算表（书）（附表九）、防护工程建设补偿投资计算表（书）（附表十）。

七、案例

【例2-3-1】 云南某水利枢纽工程，项目正处于可行性研究阶段，建设征地移民安置的主要调查成果如下：影响人口3200人，其中农村人口2200人，集镇人口1000人。影响耕地2400亩，林地5000亩。影响各类房屋120000m²以及相关交通、水利、电力、通信等专项设施。相关项目投资表见表2-3-6。

表2-3-6　　　　　　　　　相关项目投资表

序号	项目	投资/万元
一	农村移民安置补偿费	26598.06
二	城（集）镇迁建补偿费	14563.89
三	工业企业迁建补偿费	8635.92
四	专业项目恢复改建补偿费	8964.52
五	防护工程费	23658.78
六	库底清理费	5112.69

《水利工程设计概（估）算编制规定（建设征地移民补偿）》（水总〔2014〕429号）中的相关内容如下：

第三章　建设征地移民补偿、环境保护工程、水土保持工程造价构成

(1) 前期工作费的计算公式为

前期工作费＝［农村移民安置补偿费＋城(集)镇迁建补偿费＋工业企业迁建补偿费
　　　　　　＋专业项目恢复改建补偿费＋防护工程费＋库底清理费］×A

式中，A 为 1.5%～2.5%。

(2) 综合勘测设计科研费的计算公式为

综合勘测设计科研费＝［农村移民安置补偿费＋城(集)镇迁建补偿费＋库底清理费］×B_1
　　　　　　　　　＋(工业企业迁建补偿费＋专业项目恢复改建补偿费
　　　　　　　　　＋防护工程费)×B_2

其中，B_1 为 3%～4%，B_2 为 1%。

(3) 实施管理费包括地方政府实施管理费和建设单位实施管理费。

1) 地方政府实施管理费计算公式为

地方政府实施管理费＝［农村移民安置补偿费＋城(集)镇迁建补偿费＋库底清理费］×C_1
　　　　　　　　　＋(工业企业迁建补偿费＋专业项目恢复改建补偿费
　　　　　　　　　＋防护工程费)×C_2

其中，C_1 为 4%，C_2 为 2%。

2) 建设单位实施管理费计算公式为

建设单位实施管理费＝［农村移民安置补偿费＋城(集)镇迁建补偿费＋工业企业迁建补偿费
　　　　　　　　　＋专业项目恢复改建补偿费＋防护工程费＋库底清理费］×D

其中，D 为 0.6%～1.2%。

(4) 实施机构开办费计算方法见表 2-3-7，采用内插值法计算。

表 2-3-7　　　　　　　开 办 费 计 算 表

移民人数	≤1000	1000～10000	10000～25000	25000～50000	＞50000
开办费/万元	≤200	200～300	300～500	500～800	800～1000

(5) 技术培训费计算公式为

$$技术培训费＝农村移民安置补偿费×E$$

其中，E 为 0.5%。

(6) 监督评估费计算公式为

监督评估费＝［农村移民安置补偿费＋城(集)镇部分迁建补偿费＋库底清理费］×G_1
　　　　　＋(工业企业迁建补偿费＋专业项目恢复改建补偿费＋防护工程费)×G_2

其中，G_1 为 1.5%～2%，G_2 为 0.5%～1%。

(7) 可行性研究阶段投资估算的基本预备费的计算公式为

基本预备费＝［农村移民安置补偿费＋城(集)镇迁建补偿费＋库底清理费＋其他费用］×H_1
　　　　　＋(工业企业迁建补偿费＋专业项目恢复改建补偿费＋防护工程费)×H_2

其中，H_1 为 16%，H_2 为 8%。

本工程不计价差预备费。

对于上述所有存在取值区间的费率，均取最小值。

问题一：根据上述资料，完成表 2-3-8 征地移民补偿投资估算其他费用汇总表。

表 2-3-8 征地移民补偿投资估算其他费用汇总表

序号	项 目	投资/万元
	第七部分 其他费用	
(一)	前期工作费	
(二)	综合勘测设计科研费	
(三)	实施管理费	
(四)	实施机构开办费	
(五)	技术培训费	
(六)	监督评估费	

问题二：若有关税费为 8000.00 万元，完成表 2-3-9 征地移民补偿投资估算总表。

表 2-3-9 征地移民补偿投资估算总表

序号	项目	投资/万元	比重/%
一	农村移民安置补偿费	26598.06	
二	城（集）镇迁建补偿费	14563.89	
三	工业企业迁建补偿费	8635.92	
四	专业项目恢复改建补偿费	8964.52	
五	防护工程费	23658.78	
六	库底清理费	5112.69	
	一至六项小计		
七	其他费用		
八	预备费		
	其中：基本预备费		
	价差预备费		
九	有关税费		
十	总投资		

以上计算结果均保留两位小数。

解：

问题一：

(1) 前期工作费：

前期工作费＝[农村移民安置补偿费＋城(集)镇迁建补偿费＋工业企业迁建补偿费
　　　　　　＋专业项目恢复改建补偿费＋防护工程费＋库底清理费]×A
　　　　　＝(26598.06＋14563.89＋8635.92＋8964.52＋23658.78＋5112.69)×1.5%
　　　　　＝1313.01(万元)

(2) 综合勘测设计科研费：

$$\begin{aligned}
综合勘测设计科研费 &= [农村移民安置补偿费＋城(集)镇迁建补偿费＋库底清理费] \times B_1 \\
&\quad + (工业企业迁建补偿费＋专业项目恢复改建补偿费 \\
&\quad + 防护工程费) \times B_2 \\
&= (26598.06+14563.89+5112.69) \times 3\% \\
&\quad + (8635.92+8964.52+23658.78) \times 1\% \\
&= 1800.83(万元)
\end{aligned}$$

(3) 实施管理费：

$$\begin{aligned}
地方政府实施管理费 &= [农村移民安置补偿费＋城(集)镇迁建补偿费＋库底清理费] \times C_1 \\
&\quad + (工业企业迁建补偿费＋专业项目恢复改建补偿费 \\
&\quad + 防护工程费) \times C_2 \\
&= (26598.06+14563.89+5112.69) \times 4\% \\
&\quad + (8635.92+8964.52+23658.78) \times 2\% \\
&= 2676.17(万元)
\end{aligned}$$

$$\begin{aligned}
建设单位实施管理费 &= [农村移民安置补偿费＋城(集)镇迁建补偿费＋工业企业迁建补偿费 \\
&\quad + 专业项目恢复改建补偿费＋防护工程费＋库底清理费] \times D \\
&= (26598.06+14563.89+8635.92+8964.52+23658.78 \\
&\quad + 5112.69) \times 0.6\% \\
&= 525.20(万元)
\end{aligned}$$

$$\begin{aligned}
实施管理费 &= 地方政府实施管理费＋建设单位实施管理费 \\
&= 2676.17+525.20 = 3201.37(万元)
\end{aligned}$$

(4) 实施机构开办费：

本工程移民人数为 3200 人，实施机构开办费采用内插法计算。

$$实施机构开办费 = (3200-1000) \div (10000-1000) \times (300-200)+200 = 224.44(万元)$$

(5) 技术培训费：

$$技术培训费 = 农村移民安置补偿费 \times E = 26598.06 \times 0.5\% = 132.99(万元)$$

(6) 监督评估费：

$$\begin{aligned}
监督评估费 &= [农村移民安置补偿费＋城(集)镇迁建补偿费＋库底清理费] \times G_1 \\
&\quad + (工业企业迁建补偿费＋专业项目恢复改建补偿费＋防护工程费) \times G_2 \\
&= (26598.06+14563.89+5112.69) \times 1.5\% \\
&\quad + (8635.92+8964.52+23658.78) \times 0.5\% \\
&= 900.42(万元)
\end{aligned}$$

$$\begin{aligned}
其他费用 &= 前期工作费＋综合勘测设计科研费＋实施管理费＋实施机构开办费 \\
&\quad + 技术培训费＋监督评估费 \\
&= 1313.01+1800.83+3201.37+224.44+132.99+900.42 \\
&= 7573.06(万元)
\end{aligned}$$

计算完毕，将上述结果填入表中，见表 2-3-10。

表 2-3-10　　　　　　征地移民补偿投资估算其他费用汇总表

序号	项　目	投资/万元
	第七部分　其他费用	7573.06
(一)	前期工作费	1313.01
(二)	综合勘测设计科研费	1800.83
(三)	实施管理费	3201.37
(四)	实施机构开办费	224.44
(五)	技术培训费	132.99
(六)	监督评估费	900.42

问题二：

一至六项小计＝一＋二＋三＋四＋五＋六
　　　　　　＝26598.06＋14563.89＋8635.92＋8964.52＋23658.78＋5112.69
　　　　　　＝87533.86(万元)

其他费用由上述计算可知为 7573.06 万元。

基本预备费＝[农村移民安置补偿费＋城(集)镇迁建补偿费＋库底清理费＋其他费用]×H_1
　　　　　　＋(工业企业迁建补偿费＋专业项目恢复改建补偿费＋防护工程费)×H_2
　　　　　＝(26598.06＋14563.89＋5112.69＋7573.06)×16%
　　　　　　＋(8635.92＋8964.52＋23658.78)×8%
　　　　　＝11916.37(万元)

本工程不计价差预备费。

　　预备费＝基本预备费＋价差预备费＝11916.37＋0＝11916.37(万元)

有关税费为 8000.00 万元。

　　总投资＝一至六项小计＋其他费用＋预备费＋有关税费
　　　　　＝87533.86＋7573.06＋11916.37＋8000.00＝115023.29(万元)

对应项目的比重＝该项目投资/总投资，依次计算相关项目，计算过程略。

计算完毕，将上述结果填入表中，见表 2-3-11。

表 2-3-11　　　　　　　征地移民补偿投资估算总表

序号	项　目	投资/万元	比重/%
一	农村移民安置补偿费	26598.06	23.12
二	城(集)镇迁建补偿费	14563.89	12.66
三	工业企业迁建补偿费	8635.92	7.51
四	专业项目恢复改建补偿费	8964.52	7.79
五	防护工程费	23658.78	20.57
六	库底清理费	5112.69	4.44
	一至六项小计	87533.86	76.10
七	其他费用	7573.06	6.58
八	预备费	11916.37	10.36

第三章 建设征地移民补偿、环境保护工程、水土保持工程造价构成

续表

序号	项 目	投资/万元	比重/%
	其中：基本预备费	11916.37	10.36
	价差预备费	0	
九	有关税费	8000.00	6.96
十	总投资	115023.29	100.00

【例 2-3-2】 某大型水库工程，建设单位委托某设计院正在开展可行性研究，该设计院可行性研究阶段征地实物调查报告部分成果如下：

本工程永久占地 600 亩，临时用地 900 亩，临时用地的使用年限为 3 年，所有永久占地和临时用地均为耕地，耕地上作物的种植方式为单作，该地区目前人均分配耕地为 1.0 亩。

当地政府发布的近 3 年本地区耕地年产值资料见表 2-3-12。

表 2-3-12　　　　　　近 3 年本地区耕地年产值

时间	第 1 年	第 2 年	第 3 年
年产值/(元/亩)	1300	1350	1400

据悉，该省关于征收土地补偿费和安置补助费的相关规定如下：大中型水利水电工程建设征收耕地的，征收耕地的补偿补助单价应按该耕地被征收前 3 年平均年亩产值和相应的倍数计算。土地补偿单价倍数为 12，安置补助单价倍数为 10。

$$土地补偿费 = 被征收地亩数 \times 平均年亩产值 \times 补偿倍数$$
$$安置补助费 = 需要安置的人数 \times 平均年亩产值 \times 补偿倍数$$

另外，根据相关资料测算，本地区土地复垦工程费为每亩 13500 元。

问题一：计算本工程征收土地补偿费。

问题二：计算本工程安置补助费。

问题三：计算本工程征用土地补偿费。

问题四：计算本工程征用土地复垦费。

问题五：计算本工程青苗补偿费。

问题六：分别给出本工程永久占地和临时用地综合单价。

金额单位为万元，计算结果均保留两位小数。

解：

问题一：

已知本工程永久占地 600 亩，因此被征收地为 600 亩。

根据当地政府发布的近 3 年本地区耕地年产值资料，计算本工程被征收土地征收前 3 年的平均年亩产值。

$$平均年亩产值 = (第1年年产值 + 第2年年产值 + 第3年年产值) \div 3$$
$$= (1300 + 1350 + 1400) \div 3 = 1350.00(元/亩)$$
$$征收土地补偿费 = 被征收地亩数 \times 平均年亩产值 \times 补偿倍数$$
$$= 600 \times 1350 \times 12 = 972.00(万元)$$

问题二：

题中给出该地区土地被征收前人均分配耕地为1.0亩，可据此计算需要安置的人数。

需要安置的人数＝被征收地亩数/被征收前人均分配耕地亩数

因此，公式修改如下：

安置补助费＝需要安置的人数×平均年亩产值×补偿倍数
　　　　　＝被征收地亩数/被征收前人均分配耕地亩数×平均年亩产值×补偿倍数
　　　　　＝600÷1.0×1350×10
　　　　　＝810.00(万元)

问题三：

已知本工程临时用地900亩，因此被征用地亩数为900。

征用土地补偿费＝被征用地亩数×平均年亩产值×征用年限
　　　　　　　＝900×1350.00×3＝364.50(万元)

问题四：

征用土地复垦费＝被征用地亩数×土地复垦费单价
　　　　　　　＝900×1350.00＝1215.00(万元)

问题五：

已知本工程被征用耕地上作物的种植方式为单作，因此一季亩产值等于年亩产值。

青苗补偿费＝被征用地亩数×青苗补偿费单价＝900×1350.00＝121.50(万元)

问题六：

永久占地总价＝征收土地补偿＋安置补助费＝972.00＋810.00＝1782.00(万元)

临时用地总价＝征用土地补偿费＋征用土地复垦费＋青苗补偿费
　　　　　　＝364.50＋1215.00＋121.50＝1701.00(万元)

永久占地综合单价＝永久占地总价/被征收地亩数＝1782.00÷600＝2.97(万元/亩)

临时用地综合单价＝临时用地总价/被征用地亩数＝1701.00÷900＝1.89(万元/亩)

第二节　环境保护工程造价构成

一、编制依据

环境保护工程总概（估）算按水利部2007年发布的《水利水电工程环境保护设计概估算编制规程》（SL 359—2006）的规定进行编制。其主要依据如下：

(1) 国家及行业主管部门和省（自治区、直辖市）主管部门颁发的有关法律、法规、制度、规程、规定、办法、标准。

(2)《水利水电工程环境保护设计概估算编制规定》（SL 359—2006）。

(3) 水利水电工程及开发建设项目水土保持方案概（估）算编制规定和定额、施工机械台时费定额，有关行业主管部门颁发的定额。

(4) 初步设计阶段环境保护设计文件及图纸。

(5) 有关合同协议及资金筹措方案。

(6) 其他。

第三章 建设征地移民补偿、环境保护工程、水土保持工程造价构成

二、项目组成

环境保护工程概（估）算由环境保护措施、环境监测措施、环境保护仪器设备及安装、环境保护临时措施、环境保护独立费用五部分，以及环境保护预备费和建设期融资利息组成。

（1）环境保护措施。环境保护措施指防止、减免或减缓工程对环境不利影响和满足工程环境功能要求而兴建的环境保护措施。包括水环境（水质、水温）保护、土壤环境保护、陆生植物保护、陆生动物保护、水生生物保护、景观保护及绿化、人群健康保护、生态需水以及其他等。估算按类似工程的项目估列，概算按具体的工程措施项目，进行单价分析计算。

（2）环境监测措施。施工期环境监测措施包括水质监测、大气监测、噪声监测、卫生防疫监测、生态监测等。运行期环境监测措施包括监测站（点）等环境监测设施，不包括环境监测费用。概算按站房的面积——单位平方米的造价计算，监测点按每点每次所需花费的费用计算。

（3）环境保护仪器设备及安装。环境保护仪器设备及安装指为了保护环境和开展监测工作所需的仪器设备及其安装，包括环境保护设备、环境监测仪器设备。环境保护设备包括污水处理、噪声防治、粉尘防治、垃圾收集处理及卫生防疫等设备；环境监测仪器包括水环境监测、大气监测、噪声监测、卫生防疫监测、生态监测等仪器设备。概（估）算按不同设备数量每台套所需的费用计算。

（4）环境保护临时措施。环境保护临时措施指工程施工过程中为保护施工区及其周围环境和人群健康所采取的临时措施，如废（污）水处理、噪声防治、固体废物处置、环境空气质量控制、人群健康保护等临时措施。概（估）算按具体的措施项目，进行单价分析计算。

（5）环境保护独立费用。环境保护独立费用包括建设管理费、环境监理费、科研勘测设计咨询费和工程质量监督费等。

三、环境保护工程投资概（估）算表

环境保护工程投资概（估）算表见表 2-3-13。

表 2-3-13　　　　　　　　环境保护工程投资概（估）算表

工程和费用名称	建筑工程措施费	植物措施措施费	仪器设备及安装费	非工程措施费	独立费用	合计	所占比例/%
第一部分 环境保护措施							
×××（一级项目）							
第二部分 环境监测措施							
×××（一级项目）							
第三部分 环境保护仪器设备及安装							
×××（一级项目）							
第四部分 环境保护临时措施							

续表

工程和费用名称	建筑工程措施费	植物措施措施费	仪器设备及安装费	非工程措施费	独立费用	合计	所占比例/%
×××（一级项目）							
第五部分 环境保护独立费用							
×××（一级项目）							
一至五部分合计							
基本预备费							
价差预备费							
建设期融资利息							
静态总投资							
环境保护总投资							

四、案例

【例 2-3-3】 西部某地区河湖整治工程，目前正处于初步设计阶段，其环境保护投资的相关概算成果见表 2-3-14。

表 2-3-14　　　　　　　　环境保护投资概算成果表

序号	项目名称	投资/万元
1	陆生生态保护警示牌	0.36
2	水生生态保护警示牌	0.32
3	地表水监测	1.44
4	生产废水监测	1.44
5	大气监测	13.44
6	噪声监测	1.87
7	血防监测	0.32
8	疫情普查	4.00
9	其他流行病监测	2.40
10	回用水泵	1.20
11	垃圾桶	0.80
12	洒水车	6.40
13	施工废水处理池	4.80
14	施工设备含油废水处理运行费用	1.07
15	施工生活污水运行费用	8.64
16	施工交通警示牌	0.36
17	施工交通限速牌	0.36
18	建筑垃圾清运及处理费	18.00
19	施工期洒水	8.64

第三章 建设征地移民补偿、环境保护工程、水土保持工程造价构成

续表

序号	项 目 名 称	投资/万元
20	施工区卫生清理	2.48
21	施工区灭鼠、蚊蝇	0.99
22	施工人员临时诊疗费	14.40
23	施工人员饮用水卫生防护	3.60

已知：

(1) 环境保护独立费用95.00万元。

(2) 基本预备费费率按主体工程的5%计算，价差预备费不计。

问题一：计算预备费。

问题二：完成环境保护工程投资费用汇总表，见表2-3-15。

表2-3-15　　　　　　　环境保护工程投资费用汇总表

序号	项 目 名 称	投资/万元
第Ⅰ部分	环境保护措施	
第Ⅱ部分	环境监测措施	
第Ⅲ部分	环境保护仪器设备及安装	
第Ⅳ部分	环境保护临时措施	
	第Ⅰ～Ⅳ部分合计	
第Ⅴ部分	环境保护独立费用	
	第Ⅰ～Ⅴ部分合计	
	预备费	
	环境保护专项投资	

以上计算结果均保留两位小数。

解：

问题一：根据环境保护投资的相关概算成果，将其进行分类划分见表2-3-16。

表2-3-16　　　　　　　环境保护投资相关概算表

序号	项 目 名 称	投资/万元
第Ⅰ部分	环境保护措施	0.68
	陆生生态保护警示牌	0.36
	水生生态保护警示牌	0.32
第Ⅱ部分	环境监测措施	24.91
	地表水监测	1.44
	生产废水监测	1.44
	大气监测	13.44
	噪声监测	1.87

续表

序号	项目名称	投资/万元
	血防监测	0.32
	疫情普查	4.00
	其他流行病监测	2.40
第Ⅲ部分	环境保护仪器设备及安装	8.40
	回用水泵	1.20
	垃圾桶	0.80
	洒水车	6.40
第Ⅳ部分	环境保护临时措施	63.34
	施工废水处理池	4.80
	施工设备含油废水处理运行费用	1.07
	施工生活污水运行费用	8.64
	施工交通警示牌	0.36
	施工交通限速牌	0.36
	建筑垃圾清运及处理费	18.00
	施工期洒水	8.64
	施工区卫生清理	2.48
	施工区灭鼠、蚊蝇	0.99
	施工人员临时诊疗费	14.40
	施工人员饮用水卫生防护	3.60
	第Ⅰ～Ⅳ部分合计	97.33
第Ⅴ部分	环境保护独立费用	95.00

预备费＝(97.33＋95.00)×5％＝9.62(万元)

问题二：该工程的环境保护工程投资费用汇总表见表 2-3-17。

表 2-3-17　　　　　环境保护工程投资费用汇总表

序号	项目名称	投资/万元
第Ⅰ部分	环境保护措施	0.68
第Ⅱ部分	环境监测措施	24.91
第Ⅲ部分	环境保护仪器设备及安装	8.40
第Ⅳ部分	环境保护临时措施	63.34
	第Ⅰ～Ⅳ部分合计	97.33
第Ⅴ部分	环境保护独立费用	95.00
	第Ⅰ～Ⅴ部分合计	192.33
	预备费	9.62
	环境保护专项投资	201.95

第三节 水土保持工程造价构成

一、编制依据

水土保持概（估）算编制依据有单独的编制办法和配套定额，见水总〔2003〕67号文《关于颁发〈水土保持工程概（估）算编制规定和定额〉的通知》，包括《水土保持工程概算定额》、《开发建设项目水土保持工程概（估）算编制规定》及《水土保持生态建设工程概（估）算编制规定》。

二、项目组成

（一）开发建设项目水土保持工程

开发建设项目水土保持工程由工程措施、植物措施、施工临时工程和独立费用组成。

1. 工程措施

工程措施指为减轻或避免因开发建设造成植被破坏和水土流失而兴建的永久性水土保持工程，通常包括拦渣工程、护坡工程、土地整治工程、防洪工程、机械固沙工程、泥石流防治工程、设备及安装工程等。

2. 植物措施

植物措施指为防治水土流失而采取的植物防护工程、植物恢复工程及绿化美化工程等。

3. 施工临时工程

施工临时工程包括临时防护工程和其他临时工程。

（1）临时防护工程：指为防止施工期水土流失而采取的各项临时防护措施。

（2）其他临时工程：指施工期的临时仓库、生活用房、架设输电线路、施工道路等。

4. 独立费用

独立费用包括建设管理费、工程建设监理费、科研勘测设计费、水土流失监测费、工程质量监督费5项。

（二）水土保持生态建设工程

水土保持生态建设工程由工程措施、林草措施、封育治理措施和独立费用组成。

1. 工程措施

工程措施包括梯田工程，谷坊、水窖、蓄水池工程，小型蓄排、引水工程，治沟骨干工程，机械固沙工程，设备及安装工程，其他工程7项。

2. 林草措施

林草措施包括水土保持造林工程、水土保持种草工程、苗圃3项。

3. 封育治理措施

封育治理措施包括拦护设施、补植补种2项。

4. 独立费用

独立费用包括建设管理费、工程建设监理费、科研勘测设计费、征地及淹没补偿费、水土流失监测费、工程质量监督费6项。

三、水土保持工程投资概（估）算表

开发建设项目水土保持工程总概（估）算表见表 2-3-18，水土保持生态建设工程总概（估）算表见表 2-3-19。

表 2-3-18　　　　开发建设项目水土保持工程总概（估）算表

工程及费用名称	建安工程费	植物措施费		设备费	独立费用	合计
		栽（种）植费	苗木、草、种子费			
第一部分　工程措施						
……						
第二部分　植物措施						
……						
第三部分　施工临时工程						
……						
第四部分　独立费用						
……						
一至四部分合计						
基本预备费						
静态总投资						
价差预备费						
建设期融资利息						
水土保持总投资						
水土保持设施补偿费						

表 2-3-19　　　　水土保持生态建设工程总概（估）算表

工程及费用名称	建安工程费	林草工程费		设备费	独立费用	合计
		栽植费	林草及种子费			
第一部分　工程措施						
……						
第二部分　林草措施						
……						
第三部分　封育治理措施						
……						
第四部分　独立费用						
……						
一至四部分合计						
基本预备费						
静态总投资						
价差预备费						
建设期融资利息						
水土保持总投资						

第三章　建设征地移民补偿、环境保护工程、水土保持工程造价构成

四、案例

【例 2-3-4】 西部某地区水土保持生态建设综合治理项目，目前该项目正处于可行性研究阶段。

水土保持生态建设工程按治理措施划分为工程措施、林草措施及封育措施三大类，水土保持生态建设工程投资估算由工程措施费、林草措施费、封育措施费和独立费用四部分组成。

由某设计单位完成的可行性研究投资估算部分成果见表 2-3-20。

表 2-3-20　　　　　　　　投资估算部分成果表　　　　　　　　单位：万元

序号	工程或费用名称	金额
	第一部分　工程措施	613.46
	第二部分　林草措施	869.31
	第三部分　封育措施	438.14

根据《水土保持工程概（估）算编制规定》中的相关内容，第四部分独立费用如下：
（1）建设管理费。
1）项目经常费。按一至三部分之和的 0.8%～1.6% 计算。
2）技术支持培训费。按一至三部分之和的 0.4%～0.8% 计算。
（2）科学研究试验费，按一至三部分之和的 0.2%～0.4% 计算，本案例不列此项。
（3）水土流失监测费按一至三部分之和的 0.3%～0.6% 计算。
（4）基本预备费按一至四部分合计的 6% 计取。

已知：工程建设监理费为 36.00 万元，勘测设计费为 54.00 万元，征地及淹没补偿费为 130.00 万元。工程质量监督费根据工程所在省的相关规定，按一至三部分之和的 1% 计列。本工程不计价差预备费和建设期融资利息。

对于上述所有项的费率存在取值区间或取值不明确的，均取最小值。

问题一：根据上述资料，完成表 2-3-21。

表 2-3-21　　　　　　　　独立费用概算表　　　　　　　　单位：万元

序号	工程或费用名称	金额
	第四部分　独立费用	
一	建设管理费	
二	工程建设监理费	
三	科研勘测设计费	
四	征地及淹没补偿费	
五	水土流失监测费	
六	工程质量监督费	

问题二：根据上述资料，完成表 2-3-22。

表 2-3-22　　　　　　　　　总 概 算 表　　　　　　　　　单位：万元

序号	工程或费用名称	金额
	第一部分　工程措施	613.46
	第二部分　林草措施	869.31
	第三部分　封育措施	438.14
	第四部分　独立费用	
	一至四部分合计	
	基本预备费	
	静态总投资	
	价差预备费	
	工程总投资	

计算结果均保留两位有效数字。

解：

问题一：

由题可知：

本工程一至三部分投资之和＝第一部分 工程措施＋第二部分 林草措施＋第三部分 封育措施
　　　　　　　　　　　＝613.46＋869.31＋438.14＝1920.91（万元）

（1）建设管理费：

项目经常费＝一至三部分投资之和×0.8％＝1920.91×0.8％＝15.37（万元）

技术支持培训费＝一至三部分投资之和×0.4％＝1920.91×0.4％＝7.68（万元）

建设管理费＝项目经常费＋技术支持培训费＝15.37＋7.68＝23.05（万元）

（2）工程建设监理费：由题可知，工程建设监理费为36.00万元。

（3）科研勘测设计费：科学研究试验费不计列。由题可知，勘测设计费为54.00万元。

科研勘测设计费＝科学研究试验费＋勘测设计费＝0＋54.00＝54.00（万元）

（4）征地及淹没补偿费：由题可知，征地及淹没补偿费为130.00万元。

（5）水土流失监测费：

水土流失监测费＝一至三部分投资之和×0.3％＝1920.91×0.3％＝5.76（万元）

（6）工程质量监督费：

工程质量监督费＝一至三部分投资之和×1％＝1920.91×1％＝19.21（万元）

综上所述，可知：

第四部分 独立费用＝建设管理费＋工程建设监理费＋科研勘测设计费＋征地及淹没补偿费
　　　　　　　　　＋水土流失监测费＋工程质量监督费
　　　　　　　　＝23.05＋36.00＋54.00＋130.00＋5.76＋19.21＝268.02（万元）

将上述计算结果填入表2-3-23。

第三章 建设征地移民补偿、环境保护工程、水土保持工程造价构成

表 2-3-23　　　　　　　　　独立费用概算表　　　　　　　　单位：万元

序号	工程或费用名称	金额
	第四部分　独立费用	268.02
一	建设管理费	23.05
二	工程建设监理费	36.00
三	科研勘测设计费	54.00
四	征地及淹没补偿费	130.00
五	水土流失监测费	5.76
六	工程质量监督费	19.21

问题二：

由问题一可知，第四部分 独立费用为 268.02 万元。

　　　　一至四部分合计＝一至三部分投资之和＋第四部分 独立费用
　　　　　　　　　　＝1920.91＋268.02＝2188.93（万元）

基本预备费＝一至四部分合计×基本预备费费率＝2188.93×6％＝131.34（万元）
静态总投资＝一至四部分合计＋基本预备费＝2188.93＋131.34＝2320.27（万元）
本工程不计价差预备费。

　　　　工程总投资＝静态总投资＋价差预备费＝2320.27＋0＝2320.27（万元）

将上述计算结果填入表 2-3-24。

表 2-3-24　　　　　　　　　　总　概　算　表　　　　　　　　　单位：万元

序号	工程或费用名称	金额
	第一部分　工程措施	613.46
	第二部分　林草措施	869.31
	第三部分　封育措施	438.14
	第四部分　独立费用	268.02
	一至四部分合计	2188.93
	基本预备费	131.34
	静态总投资	2320.27
	价差预备费	0
	工程总投资	2320.27

第四章 水文设施工程和水利信息化项目总投资及造价构成

对于水文设施工程需做专项列项的水利工程概（估）算编制时可按本节内容进行编制；若不需作为专项列出时，可参照本节内容，将水文设施工程的费用分别列入对应的建筑工程概算、安装工程概算和设备费中。

第一节 水文设施工程项目划分

水文设施工程概算项目分为建筑工程、仪器设备及安装工程、施工临时工程及独立费用四部分。

一、建筑工程

建筑工程指水文设施建筑物，包括：测验河段基础设施工程，水位观测设施工程，流量与泥沙测验设施工程，降水与蒸发观测设施工程，水环境监测设施工程，实时水文图像监控设施工程，生产生活用房工程，供电供水、取暖与通信设施工程，其他设施工程等。

(1) 测验河段基础设施工程包括断面标志、水准点、断面界桩、保护标志牌、测验码头、观测道路护岸、护坡工程等。

(2) 水位观测设施工程包括水尺、水位自记平台、仪器室、地下水监测井等。

(3) 流量与泥沙测验设施工程包括水文测验缆道、浮标投掷器基础缆道机房、浮标房、测流堰槽、水文测桥、流速仪检定槽、泥沙处理分析平台等。

(4) 降水与蒸发观测设施工程包括降水观测场和蒸发观测场。

(5) 水环境监测设施工程包括监测断面、自动监测站及水化分析设施等。

(6) 实时水文图像监控设施工程主要指监控设备支架及支架基础。

(7) 生产生活用房工程包括巡测基地、水情（分）中心、水文数据（分）中心、水环境监测（分）中心和水文测站的办公室、水位观测房、泥沙处理室、水质分析室、水情报汛室、水情值班室职工宿舍、食堂、车库、仓库等。

(8) 供电供水、取暖与通信设施工程。

1) 供电设施工程包括供电线路配电室等。

2) 供水设施工程包括水井水塔（池）、供水管或排水沟渠等。

3) 取暖设施工程指在符合国家规定取暖地区的驻测站巡测基地等应建的取暖设施，包括供暖用房、供暖管道等。

4) 通信设施工程指为满足水情中心、分中心和水文测站水情信息传输需要应建的通信设施，包括专用电话线路通信塔基础及防雷接地沟槽等。

第四章 水文设施工程和水利信息化项目总投资及造价构成

(9) 其他设施工程包括测站标志、围墙、大门、道路站院硬化绿化以及消防、防盗设施等。

二、仪器设备及安装工程

本部分指构成水文设施工程固定资产的全部仪器设备及安装工程,包括各种水文信息采集传输和处理仪器设备、实时水文图像监控设备、测绘仪器以及其他设备的购置和安装调试工程等。

(1) 水位信息采集仪器设备及安装工程,包括超声波水位计、气泡式水位计压力式水位计、浮子式水位计、电子水尺等水位计的购置及安装调试工程。

(2) 流量、泥沙信息采集仪器设备及安装工程,包括水文测验缆道设备(缆道支架、缆索、水文绞车、测验控制系统、吊箱、铅鱼、浮标投掷器等)的安装调试,水文巡测设备、水文测船,以及流量、泥沙信息采集处理,分析仪器和防雷接地设备等仪器设备的购置及安装调试工程。

(3) 降水蒸发等气象信息采集仪器设备及安装工程,包括蒸发皿、蒸发器、雨量器、雨量计、雨(雪)量遥测采集系统等仪器设备的购置及安装调试工程。

(4) 水环境监测分析仪器设备及安装工程,包括水质监测分析仪器设备、水质自动监测站仪器设备、水质移动监测分析车仪器。

(5) 实时水文图像监控设备及安装工程,包括视频捕获单元设备视频信号传输单元设备、视频编码单元设备、云台控制设备等的购置和安装调试工程。

(6) 通信与水文信息传输设备及安装工程,包括外围设备、程控电话、卫星传输设备无线对讲机(基地台)、电台、中继站、网络通信设备、GSM 终端数据采集终端 RTU、防雷接地设备等的购置和安装调试。

(7) 其他设备及安装工程,包括供水供电设备、降温取暖设备、交通及安全设备等的购置及安装调试。

三、施工临时工程

施工临时工程指为辅助主体工程施工所必须修建的生产和生活用临时性工程,其组成内容如下。

(1) 施工围堰工程,指为水尺基础、水位计台基础、测验断面、整治测验码头等水下施工而修建的临时工程。

(2) 施工交通工程,指施工现场内为工程建设服务的临时交通工程,包括施工道路、简易码头等。

(3) 施工房屋建筑工程,指工程在建设过程中建造的临时房屋,包括施工仓库及施工单位住房等。

(4) 其他施工临时工程,主要包括施工给排水、场外供电、施工通信、水文缆道、跨越架设等工程。

四、独立费用

本部分由建设管理费、生产准备费、工程勘察设计费、建设及施工场地征用费和其他五项组成。

(1) 建设管理费，包括项目建设管理费、工程建设监理费。

(2) 生产准备费，包括生产及管理单位提前进场费、水文比测费、生产职工培训费、管理用具购置费、备品备件购置费和工器具及生产家具购置费。

(3) 工程勘察设计费，包括现场勘察费和设计费。

(4) 建设及施工场地征用费，包括永久和临时征地所发生的费用。

(5) 其他，包括工程质量监督费、工程保险费、环境影响评价费。

五、水文设施工程概算项目划分注意事项

水文设施工程概算项目的建筑工程仪器设备及安装工程、施工临时工程及独立费用各部分下设一、二、三级项目。编制概算时二、三级项目可根据《水文水资源工程初步设计报告编制暂行规定》（水文计〔2004〕94号）的工作深度要求和工程情况增减。现以三级项目为例作划分说明。

(1) 土方开挖工程，应将土方开挖与砂砾石、淤泥开挖分列。

(2) 石方开挖工程，应将明挖石方、平洞、斜洞竖井分列。

(3) 土石方回填工程应将土方回填与石方回填分列。

(4) 混凝土工程，应将不同部位、不同强度等级、不同级配的混凝土分列。

(5) 模板工程，应将不同类型的模板分列。

(6) 砌筑工程，应将干砌石、浆砌石、抛石、砌砖分列。

(7) 钻孔工程，应将使用不同钻孔机械及不同用途的钻孔分列。

(8) 水文缆道支架工程，应将不同重量（高度）和材料的支架分道分列。

(9) 水文缆道缆索架设工程应将不同跨度和钢丝绳直径的缆索分列。

(10) 仪器设备及安装工程，应根据设计提供的水文仪器设备清单，按分项要求逐一列出。

第二节　水文设施工程项目基础单价与工程单价编制方法及计算标准

一、基础单价编制

1. 人工预算单价

人工预算单价组成内容和计算方法，参见《水利工程设计概（估）算编制规定》（水总〔2014〕429号）。

人工预算单价计算标准，按照《水利工程设计概（估）算编制规定》（水总〔2014〕429号）中枢纽工程的工资标准计算。

2. 材料预算价格

按照《水利工程设计概（估）算编制规定》（水总〔2014〕429号）中有关规定计算，具体可参见本书工程部分基础单价编制。

3. 风、水、电预算价格

风的预算价格按照《水利工程设计概（估）算编制规定》（水总〔2014〕429号）中

第四章 水文设施工程和水利信息化项目总投资及造价构成

有关规定计算。

水、电预算价格按照施工组织设计或参考工程所在地水、电价计算。

4. 施工机械使用费

根据《水利工程施工机械台时费定额》《水文设施工程施工机械台时费定额》及有关规定计算。

5. 砂石料单价

具体同本书工程部分基础单价编制。

6. 混凝土材料单价

参照《水利建筑工程概算定额》附录中混凝土材料配合表计算。

二、建筑、安装工程单价编制

1. 建筑工程单价和安装工程单价

建筑工程单价和安装工程单价组成内容及计算方法同《水利工程设计概（估）算编制规定》（水总〔2014〕429号）。

2. 其他直接费

其他直接费组成内容及计算标准参照《水利工程设计概（估）算编制规定》（水总〔2014〕429号）。

3. 间接费

间接费组成内容及计算标准参照《水利工程设计概（估）算编制规定》。

4. 利润

企业利润按直接工程费和间接费之和的7%计算。

5. 税金

税金计算方法及税率标准，参照《水利工程设计概（估）算编制规定》（水总〔2014〕429号）。

第三节 水文设施工程项目概算编制

一、分部工程概算编制

（一）建筑工程

水文设施建筑工程概算按设计工程量乘以工程单价进行编制。

（二）仪器设备及安装工程

仪器设备及安装工程概算由仪器设备费和安装工程费两部分组成。

1. 仪器设备费

（1）仪器设备原价。以出厂价或设计单位分析论证后的询价为仪器设备原价。

（2）运杂费。运杂费按表2-4-1费率标准计算。

（3）运输保险费、采购及保管费、运杂综合费计算方法，同《水利工程设计概（估）算编制规定》（水总〔2014〕429号）。

2. 安装工程费

安装工程费按安装工程投资按仪器设备数量乘以安装单价进行计算。

表 2-4-1　　　　　　　　　仪器设备运杂费费率表

类别	适 用 地 区	费率/%
Ⅰ	北京、天津、上海、江苏、浙江、江西、安徽、湖北、湖南、河南、广东、山西、陕西、山东、河北、辽宁、吉林、黑龙江等省（直辖市）	5～7
Ⅱ	甘肃、云南、贵州、广西、四川、重庆、福建、海南、宁夏、内蒙古、青海、新疆、西藏等省（自治区、直辖市）	7～9
Ⅲ	新疆、西藏自治区	9～3

注　工程地点距城值近的工程费率取小值，远者取大值。

（三）施工临时工程

（1）施工围堰工程按设计工程量乘以工程单价进行计算，施工交通工程、施工房屋建筑工程一般按扩大指标计算。

（2）其他施工临时工程按一至三部分建安工作量（不包括其他施工临时工程）之和的 3.0%～4.0%计算。

（四）独立费用

1. 建设管理费

（1）项目建设管理费。

1）建设单位开办费。对于新建工程，其开办费根据建设单位开办费标准和建设单位定员来确定。对于改扩建工程，原则上不计建设单位开办费。建设单位开办费标准按每人 5.00 万元计算。建设单位（以水文测站为单位）定员标准见表 2-4-2。

表 2-4-2　　　　　　　　建设单位定员标准一览表

站类	大河重要控制站	大河一般控制站	区域代表（小河）站	水位（雨量）站
定员人数	3～4 人	2～3 人	2 人	1 人

注　站类划分标准见《水文基础设施建设及技术装备标准》；水环境自动监测站、地下水监测站蒸发站定员标准参照水位（雨量）站。

2）建设单位经常费。

a. 建设单位人员经常费：根据建设单位定员、费用指标和经常费用计算期进行计算。其计算公式如下：

建设单位人员经常费＝费用指标(元/人·年)×定员人数×经常费计算期(年)

编制概算时，建设单位定员人数同建设单位开办费定员标准。费用指标按每人每年 4.00 万元计算。

经常费用计算期应根据施工组织设计确定的施工总进度和总工期，建设单位人员从工程开工之日起，至工程竣工之日加 3 个月止，为经常费用计算期。计算期不足 1 年者按月计。

b. 工程管理经常费：按建设单位开办费和建设单位人员经常费之和的 25%～30% 计取。

（2）工程建设监理费。根据国家发展改革委发改价格〔2015〕299 号文《关于进一步

第四章 水文设施工程和水利信息化项目总投资及造价构成

放开建设项目专业服务价格的通知》，服务价格已全面放开。在没有对照标准的情况下，工程建设监理费可参照国家发展改革委发改价格〔2007〕670号文颁发的《建设工程监理与相关服务收费管理规定》及其他相关规定执行。

2．生产准备费

（1）生产及管理单位提前进场费按一至三部分建安工作量的0.3％计算。改扩建工程原则上不计此项费用。

（2）生产职工培训费按一至三部分建安工作量的0.4％计算。改扩建工程原则上不计此项费用。

（3）管理用具购置费按一至三部分建安工作量的0.08％计算。

（4）备品备件购置费按设备费的0.5％计算。

（5）工器具及生产家具购置费按设备费的0.14％计算。

（6）水文比测费一般情况按表2-4-3执行。

表2-4-3　　　　　　　　　水文比测费用标准一览表

站类	大河重要控制站	大河一般控制站	区域代表站
费用/万元	15～20	10～15	6～8

注　特殊情况水文比测费按实际工作量计算。

3．工程勘察设计费

工程勘察设计费结合水文设施工程特点，按工程一至三部分投资之和的百分率计算。根据国家发展改革委发改价格〔2015〕299号文《关于进一步放开建设项目专业服务价格的通知》，服务价格已全面放开。

4．建设及施工场地征用费

建设及施工场地征用费指设计确定的建设及施工场地范围内的永久征地及临时占地费用，以及地上附属物的迁建补偿费，包括土地补偿费、安置补助费、青苗树木等补偿费以及建筑物迁建和居民迁建费等。具体开支标准按有关规定计算。

5．其他

（1）工程质量监督费按工程一至三部分建安工作量的0.10％计算。

（2）工程保险费按工程一至三部分投资合计的0.45％～0.50％计算。

（3）环境影响评价费按计价格〔2002〕125号文《国家计委、国家环境保护总局关于规范环境影响咨询收费有关问题的通知》的规定执行。

二、预备费、静态总投资、总投资

1．预备费

（1）基本预备费。根据工程规模、施工年限和地质条件等不同情况，按工程一至四部分投资合计（依据分年度投资表）的百分率计算。初步设计阶段为5.0％～8.0％。

（2）价差预备费。根据施工年限，以分年度投资表的静态投资为计算基数，按照国家发展改革委发布的年物价指数计算。计算方法同《水利工程设计概（估）算编制规定》（水总〔2002〕116号）。

2. 静态总投资

工程一至四部分投资与基本预备费之和构成静态总投资。

3. 总投资

工程一至四部分投资、基本预备费、价差预备费之和构成总投资。

编制总概算表时,在第四部分独立费用之后,按顺序计列以下项目:①一至四部分投资合计;②基本预备费;③静态总投资;④价差预备费;⑤总投资。

三、概算表格

1. 概算表

概算表包括总概算表、建筑工程概算表、仪器设备及安装工程概算表、分年度投资表。

(1) 总概算表(表2-4-4)。按项目划分的四部分填表并列至一级项目。四部分之后的内容为一至四部分投资合计、基本预备费、静态总投资、价差预备费、总投资。

表2-4-4　　　　　　　　　　　总　概　算　表　　　　　　　　　　　单位:万元

序号	工程或费用名称	建安工程费	仪器设备购置费	独立费用	合计	占一至四部分投资/%

(2) 建筑工程概算表(表2-4-5)。按项目划分列至三级项目。本表适用于编制建筑工程概算、施工临时工程概算和独立费用概算。

表2-4-5　　　　　　　　　　建　筑　工　程　概　算　表

序号	工程或费用名称	单位	数量	单价/元	合计/元

(3) 仪器设备及安装工程概算表(表2-4-6)。按项目划分列至三级项目。本表适用于编制仪器设备及安装工程概算。

表2-4-6　　　　　　　　　仪器设备及安装工程概算表

序号	名称及规格	单位	数量	单价/元		合计/元	
				仪器设备表	安装费	仪器设备表	安装费

(4) 分年度投资表(表2-4-7)。可视不同情况按项目划分列至一级项目。

表2-4-7　　　　　　　　　　　分　年　度　投　资　表　　　　　　　　　　　单位:万元

项目	合计	建设工期/年		
		1	2	3
一、建筑工程				
1. 建筑工程				
×××工程(一级目录)				
2. 施工临时工程				

第四章 水文设施工程和水利信息化项目总投资及造价构成

续表

项　　目	合计	建设工期/年		
		1	2	3
×××工程（一级目录）				
二、仪器设备及安装工程				
1. 水位信息采集仪器设备及安装工程				
2. 流量、泥沙信息采集仪器设备及安装工程				
3. 降水、蒸发等气象信息采集仪器设备及安装工程				
4. 水环境监测分析仪器设备及安装工程				
5. 实时水文图像监控设备及安装工程				
6. 测绘仪器				
7. 通信与水文信息传输设备及安装工程				
8. 测验交通工具				
9. 供电、供水设备及安装工程				
10. 其他设备				
三、独立费用				
1. 建设管理费				
2. 生产准备费				
3. 工程勘察设计费				
4. 建设及施工场地征用费				
5. 其他				
一至三部分合计				

2. 概算附表

概算附表包括建筑工程单价汇总表、安装工程单价汇总表、主要材料预算价格汇总表、次要材料预算价格汇总表、施工机械台时费汇总表、主要工程量汇总表、主要材料量汇总表、工时数量汇总表、建设及施工场地征用数量汇总表。各表的表格形式及填制内容同《水利工程设计概（估）算编制规定》（水总〔2014〕429号）相应表格。

3. 概算附件附表

概算附件附表包括人工预算单价计算表、主要材料运输费用计算表、主要材料预算价格计算表、混凝土材料单价计算表、建筑工程单价表、安装工程单价表。各表的表格形式及填制内容同《水利工程设计概（估）算编制规定》（水总〔2014〕429号）相应表格。

第四节　水利信息化项目总投资及造价构成

水利信息化项目有通信系统、计算机监控系统、工业电视系统、管理自动化系统、水文和泥沙监测系统、水情自动测报系统、安全监测系统等，以各类电子设备及相应的软件应用为主，外加相应的土建机房等设施。其费用以设备购置费为主。备购置费由于市场价格差异大，价格较难确定，涉及的相应安装工程费，多数无定额标准，概估算文件的编制工作与一般水利水电项目有所差异。

水利信息化项目的基础单价与工程单价编制方法及计算标准、概算编制同水文设施项目。

【例 2-4-1】 某地区一水闸工程，拟新增一套工程信息管理系统，该系统将水情水质自动测报系统、水质安全监测系统、闸门监控系统和工业电视系统等分离的专业性应用系统集成在同一平台上，使各部门和各级防汛抗旱部门能对信息资源充分共享和合理利用。

本水利信息化项目目前正开展初步设计，工程的主要内容包括各系统的硬件及软件升级，同时在自动化的基础上进行信息化、智慧化提升，并对中控室和机房进行重新设计及装修布置。

本项目总体框架分为采集监测、基础环境、数据存储、业务应用、应用终端五个方面。

设计单位完成初步设计报告部分成果如下：
水文站 A 建筑装饰改建扩建工程建筑工程费为 25.94 万元；
水文站 B 建筑装饰改建扩建工程建筑工程费为 29.65 万元；
中心机房建筑装饰改建扩建工程建筑工程费为 64.89 万元；
闸门计算机监控系统安装工程费为 152.69 万元，设备购置费为 65.32 万元；
水雨情测报系统安装工程费为 26.59 万元，设备购置费为 162.35 万元；
视频监控系统安装工程费为 26.58 万元，设备购置费为 39.85 万元；
IT 基础构架升级工程安装工程费为 46.86 万元，设备购置费为 265.12 万元；
网络安全系统安装工程费为 68.95 万元，设备购置费为 102.98 万元；
管理信息化系统安装工程费为 5.36 万元，设备购置费为 156.75 万元；
施工临时工程投资为 35.64 万元，全部为建筑工程费。
(1) 建设管理费。建设管理费以一至四部分建安工作量为计算基数，费率为 3.5%。
(2) 工程建设监理费。本项目的工程建设监理费为 35.00 万元。
(3) 生产准备费：
1) 生产及管理单位提前进厂费不计。
2) 生产职工培训费：按一至四部分建安工作量的 0.35%计算。
3) 管理用具购置费：按一至四部分建安工作量的 0.2%计算。
4) 备品备件购置费：按设备购置费的 0.6%计算。
5) 工器具及生产家具购置费：按设备购置费的 0.2%计算。
(4) 科研勘测设计费：
1) 工程科学研究试验费：按一至四部分建安工作量的 0.3%计算。
2) 本工程的勘测设计费：为 45.00 万元。
(5) 其他。工程保险费按一至四部分投资的 0.45%计算。
(6) 基本预备费。基本预备费费率取 5%。
问题一：按照水利工程设计概算项目划分方法，根据上述二级项目的资料，补充完善

第四章 水文设施工程和水利信息化项目总投资及造价构成

表 2-4-8。

表 2-4-8　　　　　第一至四部分投资总概算表　　　　　单位：万元

序号	工程或费用名称	建安工程费	设备购置费
	第一部分　建筑工程		
	……		
	第二部分　机电设备及安装工程		
	……		
	第三部分　金属结构设备及安装工程		
	……		
	第四部分　施工临时工程		

问题二：根据上述资料，完成表 2-4-9。

表 2-8-9　　　　　独立费用概算表　　　　　单位：万元

序号	工程或费用名称	金额
	第四部分　独立费用	
一	建设管理费	
二	工程建设监理费	
三	联合试运转费	
四	生产准备费	
五	科研勘测设计费	
六	其他	

问题三：根据上述资料，完成表 2-4-10。

表 2-4-10　　　　　工程部分总概算表　　　　　单位：万元

序号	工程或费用名称	建安工程费	设备购置费	独立费用
	第一部分　建筑工程			
	第二部分　机电设备及安装工程			
	第三部分　金属结构设备及安装工程			
	第四部分　施工临时工程			
	第五部分　独立费用			
	一至五部分投资合计			
	基本预备费			
	静态总投资			

计算结果均保留两位有效数字。

解：

问题一：

由题可知，本工程包括二级项目有水文站 A 建筑装饰改建扩建工程、水文站 B 建筑装饰改建扩建工程、中心机房建筑装饰改建扩建工程、闸门计算机监控系统、水雨情测报系统、视频监控系统、IT基础构架升级工程、网络安全系统、管理信息化系统。

根据《水利工程设计概（估）算编制规定（工程部分）》中关于项目组成的规定，属于第一部分建筑工程的有水文站A建筑装饰改建扩建工程、水文站B建筑装饰改建扩建工程、中心机房建筑装饰改建扩建工程。剩余项目属于第二部分机电设备及安装工程，本工程无金属结构设备及安装工程项目。

据此进行项目划分，并对相应的一级项目进行求和计算（计算过程略），总概算表见表2-4-11。

表2-4-11　　　　第一至四部分投资总概算表　　　　单位：万元

序号	工程或费用名称	建安工程费	设备购置费
	第一部分　建筑工程	120.48	
1	水文站A建筑装饰改建扩建工程	25.94	
2	水文站B建筑装饰改建扩建工程	29.65	
3	中心机房建筑装饰改建扩建工程	64.89	
	第二部分　机电设备及安装工程	327.03	792.37
1	闸门计算机监控系统	152.69	65.32
2	水雨情测报系统	26.59	162.35
3	视频监控系统	26.58	39.85
4	IT基础构架升级工程	46.86	265.12
5	网络安全系统	68.95	102.98
6	管理信息化系统	5.36	156.75
	第三部分　金属结构设备及安装工程		
	第四部分　施工临时工程	35.64	

问题二：

一至四部分建安工作量＝第一部分 建筑工程建安工作量

　　　　　　　　　　　＋第二部分 机电设备及安装工程建安工作量

　　　　　　　　　　　＋第三部分 金属结构设备及安装工程建安工作量

　　　　　　　　　　　＋第四部分 施工临时工程建安工作量

　　　　　　　　　　＝120.48＋327.03＋0＋35.64＝483.15（万元）

一至四部分投资＝一至四部分建安工作量＋一至四部分设备购置费

　　　　　　　＝483.15＋792.37＝1275.52（万元）

（1）建设管理费：

建设管理费＝一至四部分建安工作量×3.5％＝483.15×3.5％＝16.91（万元）

（2）工程建设监理费：由题可知，工程建设监理费为35.00万元。

（3）联合试运转费：本工程无联合试运转费。

第四章 水文设施工程和水利信息化项目总投资及造价构成

(4) 生产准备费：由题可知，生产及管理单位提前进厂费不计。

生产职工培训费＝一至四部分建安工作量×0.35%＝483.15×0.35%＝1.69（万元）

管理用具购置费＝一至四部分建安工作量×0.2%＝483.15×0.2%＝0.97（万元）

备品备件购置费＝设备购置费×0.6%计算＝792.37×0.6%＝4.75（万元）

工器具及生产家具购置费＝设备购置费×0.2%＝792.37×0.2%＝1.58（万元）

生产准备费＝生产及管理单位提前进厂费＋生产职工培训费＋管理用具购置费＋备品备件购置费＋工器具及生产家具购置费

＝0.00＋1.69＋0.97＋4.75＋1.58＝8.99（万元）

(5) 科研勘测设计费：

工程科学研究试验费＝一至四部分建安工作量×0.3%＝483.15×0.3%＝1.45（万元）

由题可知，勘测设计费为45.00万元。则

科研勘测设计费＝工程科学研究试验费＋勘测设计费＝1.45＋45.00＝46.45（万元）

(6) 其他：

工程保险费＝一至四部分投资×0.45%＝1275.52×0.45%＝5.74（万元）

综上所述，可知：

第四部分独立费用＝建设管理费＋工程建设监理费＋联合试运转费＋生产准备费＋科研勘测设计费＋其他

＝16.91＋35.00＋0.00＋8.99＋46.45＋5.74＝113.09（万元）

将上述计算结果填入表中，见表2－4－12。

表2－4－12　　　　　独立费用概算表　　　　　单位：万元

序号	工程或费用名称	金额
	第四部分　独立费用	113.09
一	建设管理费	16.91
二	工程建设监理费	35.00
三	联合试运转费	0.00
四	生产准备费	8.99
五	科研勘测设计费	46.45
六	其他	5.74

问题三：

一至五部分各项投资由问题二可知，根据表中费用类型分别填入相应的单元格中，再进行合并计算，计算过程略。

一至五部分投资合计＝第一部分投资＋第二部分投资＋第三部分投资＋第四部分投资＋第五部分投资

＝120.48＋1119.40＋0.00＋35.64＋113.09＝1388.61（万元）

基本预备费＝一至五部分投资合计×基本预备费费率＝1388.61×5%＝69.43（万元）

静态总投资＝一至五部分投资合计＋基本预备费＝1388.61＋69.43＝1458.04（万元）

将上述计算结果填入表2－4－13。

表 2-4-13　　　　　　　工程部分总概算表　　　　　　　单位：万元

序号	工程或费用名称	建安工程费	设备购置费	独立费用	合计
	第一部分　建筑工程	120.48			120.48
	第二部分　机电设备及安装工程	327.03	792.37		1119.40
	第三部分　金属结构设备及安装工程				
	第四部分　施工临时工程	35.64			35.64
	第五部分　独立费用			113.09	113.09
	一至五部分投资合计				1388.61
	基本预备费				69.43
	静态总投资				1458.04

第三篇

水利工程计量与计价

第一章 水利工程设计工程量计算

第一节 概 述

工程计量也就是工程量的计算，必须遵照一定的规则进行。在水利工程项目投资管理各个阶段中，规划阶段、可行性研究阶段、初步设计阶段执行水利行业概（估）算编制相关规定属于计划行为，主要遵循 2005 年水利部制定的《水利水电工程设计工程量计算规定》（SL 328—2005）；招标设计阶段、招标投标阶段、施工建设阶段，以及完工阶段中涉及工程计价属于市场行为，执行 2007 年水利部编制的《水利工程工程量清单计价规范》（GB 50501—2007）。

设计工程量由图纸工程量和设计阶段扩大工程量组成。设计工程量就是编制概（估）算的工程量。水利水电工程的特点是综合性、复杂性、不可预见性。其设计阶段分为：可行性研究、招标设计、施工图设计。可以看出，各阶段设计的深度不同，工程量计算必然会有差异。而且随着设计的深入，工程量越加精确，与之相应的预测造价的精度也要相适应。国外不同阶段的工程量对各阶段的造价影响都有严格的规定，超过了规定，便对建设项目本身产生怀疑甚至被否定。我国采用的是调整各阶段工程量的方法，即为了各设计阶段不因为研究设计的深度不同，而使工程造价产生较大的变幅，对各阶段工程乘以适宜的系数，以保证各阶段的预测造价更加贴近实际造价。

设计工程量是图纸工程量乘以设计阶段系数，可行性研究、初步设计阶段的阶段系数应采用《水利水电工程设计工程量计算规定》（表 3-1-1）中的数值。利用施工图设计阶段成果计算工程造价的，不论是预算或是调整概算，其设计阶段系数均为 1，即设计工程量就是图纸工程量，不再保留设计阶段扩大工程量。

表 3-1-1   工 程 量 阶 段 系 数

类别	设计阶段	土方开挖工程量/万 m³				混凝土工程量/万 m³			
		<50	50~200	200~500	>500	<50	50~100	100~300	>300
永久工程或建筑物	项目建议书	1.09~1.11	1.07~1.09	1.05~1.07	1.03~1.05	1.09~1.11	1.07~1.09	1.05~1.07	1.03~1.05
	可行性研究	1.06~1.08	1.04~1.06	1.03~1.04	1.02~1.03	1.06~1.08	1.04~1.06	1.03~1.04	1.02~1.03
	初步设计	1.04~1.05	1.03~1.04	1.02~1.03	1.01~1.02	1.04~1.05	1.03~1.04	1.02~1.03	1.01~1.02
施工临时工程	项目建议书	1.12~1.15	1.10~1.12	1.07~1.10	1.05~1.07	1.12~1.15	1.10~1.12	1.07~1.10	1.05~1.07
	可行性研究	1.10~1.13	1.08~1.10	1.06~1.08	1.04~1.06	1.10~1.13	1.08~1.10	1.06~1.08	1.04~1.06
	初步设计	1.08~1.10	1.06~1.08	1.04~1.06	1.02~1.04	1.08~1.10	1.06~1.08	1.04~1.06	1.02~1.04

续表

类别	设计阶段	土石方填筑、砌石工程量/万 m³				钢筋	钢材	模板	灌浆
		<50	50~200	200~500	>500				
永久工程或建筑物	项目建议书	1.09~1.11	1.07~1.09	1.05~1.07	1.03~1.05	1.08	1.06	1.11	1.16
	可行性研究	1.06~1.08	1.04~1.06	1.03~1.04	1.02~1.03	1.06	1.05	1.08	1.15
	初步设计	1.04~1.05	1.03~1.04	1.02~1.03	1.01~1.02	1.03	1.03	1.05	1.10
施工临时工程	项目建议书	1.12~1.15	1.10~1.12	1.07~1.10	1.05~1.07	1.10	1.10	1.12	1.18
	可行性研究	1.10~1.13	1.08~1.10	1.06~1.08	1.04~1.06	1.08	1.08	1.09	1.17
	初步设计	1.08~1.10	1.06~1.08	1.04~1.06	1.02~1.04	1.05	1.05	1.06	1.12
金属结构工程	项目建议书						1.17		
	可行性研究						1.15		
	初步设计						1.10		

注 1. 若采用混凝土立模面系数乘以混凝土工程量计算模板工程量时,不再考虑模板阶段系数。
2. 若采用混凝土含钢率或含钢量乘以混凝土工程量计算钢筋工程量时,不再考虑钢筋阶段系数。
3. 截流工程的工程量阶段系数可取 1.25~1.35。
4. 表中工程量系工程总工程量

第二节 设计工程量计算规则

一、计量应注意事项

《水利水电工程设计工程量计算规则》(SL 328—2005)中将其分为三大类:永久工程、施工临时工程、金属结构工程。

各个设计阶段适用的定额或不同工程采用的不同部门的定额都是工程量计算的主要依据之一。工程量的计算并不是目的,最终需要的是工程造价,而造价的计算,必须按定额的数量标准,即依据计算出的工程量,准确地套用相应的定额才能最终得出工程的造价。因此工程量的计算单位必须与定额的计算单位相一致,具体在工程项目设置和计量单位都必须与定额一致。

(1) 工程项目的设置必须与概算定额子目划分项适应。如土石方开挖工程应按土壤类别、岩石级别分列;土石方填筑应按土方、堆石料、反滤层、垫层料等分列。再如钻孔灌浆工程概算定额中一般将钻孔、灌浆单列。因此,在计算工程量时,钻孔、灌浆也应分开计算。

(2) 工程量的计量单位要与定额子目的单位相一致。在计算工程量之前,首先必须搞清楚定额单位,然后据此计算工程量。如混凝土以 m³ 为单位,帷幕灌浆以 m 为单位,接缝灌浆以 m² 为单位,金属结构以 t 为单位等。有的工程项目的工程量可以用不同的计量单位表示,如喷混凝土,可以用 m² 表示,也可以用 m³ 表示;混凝土防渗墙可以用阻水面积 m²,也可以用进尺 m 或混凝土浇筑方量 m³ 来表示。因此设计提供的工程量单位要与选用的定额单位相一致,否则,应按有关规定进行换算。

二、概(估)算阶段几种工程量的处理

(一) 施工超挖、超填量及施工附加量

施工中按施工规范规定可允许一定的合理超挖量。在水利水电工程施工中一般不允许

第一章 水利工程设计工程量计算

欠挖。概算定额已按有关施工规范计入合理的超挖量、超填量和施工附加量,故采用概算定额编制概(估)算时,工程量不应再计算这三项工程量。

预算定额中均未计入这三项工程量,因此,采用预算定额编制概(估)算单价时,其开挖工程和填筑工程的工程量应按开挖设计断面和有关施工技术规范所规定的加宽及增放坡度计算。

采用预算定额时超挖、超填量、施工附加量一般按以下规定计算:

(1) 地下建筑物开挖规范允许超挖量及施工附加量,可在设计尺寸上按半径加大20cm计算。

(2) 水工建筑物岩石基础开挖允许超挖量及施工附加量。

1) 平面高程,一般应不大于20cm。

2) 边坡依开挖高度而异:开挖高度在8m以内,应不大于20cm;开挖高度为8~15m,应不大于30cm;开挖高度为15~30m,应不大于50cm。

(二) 施工损耗量

施工损耗量包括运输及操作损耗量、体积变化损耗量及其他损耗量。运输及操作损耗量是指土石方、混凝土在运输及操作过程中的损耗。体积变化损耗量是指土石方填筑工程中的施工期沉陷而增加的数量、混凝土体积收缩而增加的工程数量等。其他损耗量包括土石方填筑工程施工中的削坡;雨后清理损失数量;钻孔灌浆工程中混凝土灌注桩桩头的浇筑、凿除及混凝土防渗墙一期、二期接头重复造孔和混凝土浇筑等增加的工程量。

概算定额对这几项损耗已按有关规定计入相应定额之中,而预算定额未包括混凝土防渗墙接头处理所增加的工程量,因此,采用不同的定额编制工程单价时应仔细阅读有关定额说明,以免漏算或重算。

(三) 质量检查工程量

(1) 基础处理检查工程量。基础处理工程大多数采用一定数量检查孔的方法进行质量检查。

(2) 其他检查工程量。如土石方填筑工程通常采用的挖试坑的方法来检查其填筑成品方的干容重。

(四) 试验工程量

试验工程量如土石坝工程为取得石料场爆破参数和坝上碾压参数进行的爆破试验而增加的工程量。

三、工程量计算方法

(一) 土石方工程量计算

土石方开挖工程量,根据设计开挖图纸尺寸,按不同土壤和岩石类别以体积(m³)分别进行计算。因其挖装、钻孔、运输的机械不同,其开挖的分类也不同,因此还要按明挖不同部位,暗挖不同部位分别计算工程量。如土方工程应将一般土方开挖、渠道土方开挖、砂砾(卵)石开挖、管道沟土方开挖等应分别计算;石方开挖工程应将一般石方、基础石方、坡面、沟槽、坑、平洞、斜井、竖井、地下厂房等分别计算。

土石方填筑工程量,因随设计断面尺寸及部位不同,而采用的施工机械、运输设备、施工方法也不同,应根据建筑物设计断面中的不同部位及其不同材料分别进行计算其沉陷量应包括在内。

(二) 砌石工程量计算

砌石工程量应按建筑物设计图纸的几何轮廓尺寸,以"建筑成品方"计算。

砌石工程量应将干砌石和浆砌石分开。干砌石应按干砌卵石、干砌块石,同时还应按建筑物或构筑物的不同部位及型式,如护坡(平面、曲面)、护底、基础、挡土墙、桥墩等分别计列;浆砌石按浆砌块石、卵石、条料石,同时还应按不同的建筑物(浆砌石拱圈明渠、隧洞、动坝及不同的结构部位)分项计列。

(三) 混凝土及钢筋混凝土工程量计算

混凝土及钢筋混凝土工程量的计算应按明、暗、水下不同部位、不同标号、不同级配分别进行计算。

钢筋及埋件、设备基础螺栓孔洞工程量应按设计图纸所示的尺寸并按定额计量单位计算如大坝的廊道、钢管道、通风井、船闸侧墙的输水道等应扣除孔洞所占体积。

计算地下工程(如隧洞、竖井、地下厂房等)混凝土的衬砌工程量时,若采用水利建筑工程概算定额,应以设计断面的尺寸为准;若采用预算定额,计算衬砌工程量时应包括设计衬砌厚度加允许超挖部分的工程,但不包括允许超挖范围以外增加超挖所填的混凝土。

钢筋混凝土的钢筋工程量按照图纸所示钢筋直径和长度折算成质量即钢筋下料长度进行计算。

(四) 钻孔灌浆工程量

钻孔工程量按实际钻孔深度计算,计量单位为 m。计算钻孔工程量时,应按不同的岩石类别分项计算,混凝土钻孔一般按粗骨料的岩石级别计算。

灌浆工程量从基岩面起计算,计量单位为 m 或 m^2。计算工程量时,应按不同的岩石的不同透水率或单位干料耗量分别计算。

隧洞回填灌浆,其工程量按顶拱中心角 120°范围内的拱背面积计算;高压管道回填灌浆按钢管外径面积计算工程量。

混凝土防渗墙工程量。若采用概算定额按设计的阻水面积计算其工程量,计量单位为 m^2。若采用预算定额,成槽与浇筑应分项计算,成槽计量单位为 m 或 m^2,定额折算为 m,且采用钻凿法施工时,其工程量应增加钻凿混凝土工程量部分,即钻凿混凝土(m)=(墙段个数-1)×平均墙深,折算为(槽长×平均槽深)/槽底厚度(m);浇筑工程量以 m^3 为计量单位,按设计工程量计入施工附加量及超填量。计算施工附加量时接头系数 K_1、墙顶系数 K_2 及扩孔增加的超填系数 K_3 按如下方法计算。

1. 接头系数 K_1

(1) 液压开槽机及射水成槽机造孔:$K_1=1.0$。

(2) 冲击钻造孔:

1) 采用钻凿法 $K_1=1+[$墙厚+(槽孔长度-墙厚)$]$。

2) 用接头管法 $K_1=1+[\pi×$墙厚+(4×防渗墙长)$]$。

2. 墙顶系数 K_2

其计算公式为 $K_2=1+(0.5÷墙深)$。

3. 扩孔系数 K_3

(1) 液压开槽机及射水成槽机造孔：$K_3=1.05\sim1.1$。

(2) 冲击钻造孔：漂石、卵石地层 $K_3=1.20$；砂、砾石地层 $K_3=1.15$；其他地层 $K_3=1.10$。

4. 综合系数 K

其计算公式为 $K=K_1\times K_2\times K_3$。

第三节 案 例 分 析

【例 3-1-1】 某引水隧洞长度为 800m，设计断面为直径 5m 的圆形，目前开展初步设计概算编制。隧洞开挖断面为圆形，衬砌厚度 50cm。假设施工超挖为 15cm，不考虑施工附加量及运输操作损耗。衬砌混凝土的配合比资料见表 3-1-2。

表 3-1-2　　　　　　　混 凝 土 的 配 合 比

混凝土强度等级	P·O42.5/kg	卵石/m³	砂/m³	水/kg
C25	289	0.81	0.49	150

试求出（所有计算结果保留两位小数）：

(1) 设计开挖量和混凝土衬砌量。

(2) 预计的开挖出渣量。

(3) 假设综合损耗率为 5%，则该隧洞混凝土衬砌工作应准备多少水泥（t）、卵石（m³）、砂（m³）？

解：

(1) 设计开挖量的计算不包括实际施工超挖部分的工程量。则

$$设计开挖量=设计开挖断面面积\times引水隧洞长度$$
$$=[3.14\times(5/2+0.5)^2]\times800=22608(m^3)$$

$$设计混凝土衬砌量=[3.14\times(5/2+0.5)^2-3.14\times(5/2)^2]\times800=6908(m^3)$$

(2) 预计出渣量要考虑实际施工超挖的工程量。则

$$预计开挖出渣量=3.14\times(5/2+0.5+0.15)^2\times800=24925.32(m^3)$$

(3) 考虑综合损耗 5%，则

$$预计混凝土消耗量=(衬砌面积+超挖面积)\times引水隧洞长度\times(1+综合损耗率)$$
$$=[3.14\times(5/2+0.5+0.15)^2-3.14\times(5/2)^2]\times800\times(1+5\%)$$
$$=9686.59(m^3)$$

根据混凝土配合比，预计：

水泥消耗量 $=9686.59\times289/1000=2799.42(t)$；

卵石消耗量 $=9686.59\times0.81=7846.14(m^3)$；

砂消耗量 $=9686.59\times0.49=4746.43(m^3)$。

第二章 水利工程定额分类、适用范围及作用

第一节 水利工程定额概述

一、工程定额的概念

在工程建设中，为了完成某一工程项目，需要消耗一定数量的人力、物力和财力资源，这些资源的消耗是随着施工对象、施工方法和施工条件的变化而变化的。工程定额是指在正常的施工生产条件下，完成单位合格产品所消耗的人工、材料、施工机械及资金消耗的数量标准。不同的产品有不同的质量要求，不能把定额看成单纯的数量关系，而应看成是质量和安全的统一体。只有考察总体生产过程中的各生产因素，归结出社会平均必需的数量标准，才能形成定额。

定额具有经济法规的性质，在指定的执行范围内，任何单位都必须遵照执行，不得任意调整修改。当然，定额是与一定时期的生产力水平及其他条件相适应的，如果这些条件发生改变，定额也应作相应的修改、补充、调整（必须经过授权机构的批准）。但在一定时期内，它又必须是相对稳定的，以利于遵循和使用。因此，定额具有一定的阶段性。

定额反映一定时期内的社会生产力水平，行业定额应具有社会平均水平。它促进生产者在一定客观条件下，通过主观努力达到或超过定额水平标准。

定额还具有经济性、技术性、政策性和群众性的特点，其经济性表现在为项目评估决策、控制项目投资、确定工程造价、全面经济核算提供合理的尺度；其技术性表现在它直接与施工工艺和施工方法有关，并具有独自的表现方式和计算方法；其政策性表现在它必须正确处理国家、企业和劳动者个人三者之间的利益关系；其群众性则表现在它必须为广大企业和工人所接受，并在实践中证明是切实可行的。

二、定额的特征

（一）科学性

工程定额的科学性包括两重含义。一重含义是指工程定额和生产力发展水平相适应，反映出工程建设中生产消费的客观规律。另一重含义是指工程定额管理在理论、方法和手段上适应现代科学技术和信息社会发展的需要。

工程定额的科学性，首先表现在用科学的态度制定定额，尊重客观实际，力求定额水平合理；其次表现在制定定额的技术方法上，利用现代科学管理的成就，形成一套系统的、完整的、在实践中行之有效的方法；再次，表现在定额制定和贯彻的一体化。制定定额是为了提供贯彻的依据，贯彻是为了实现管理的目标，也是对定额的信息反馈。

（二）系统性

工程定额是相对独立的系统。它是由多种定额结合而成的有机的整体。它的结构复

杂、层次鲜明、目标明确。

工程定额的系统性是由工程建设的特点决定的。按照系统论的观点，工程建设就是庞大的实体系统。工程定额是为这个实体系统服务的。因而工程建设本身的多种类、多层次决定了以它为服务对象的工程定额的多种类、多层次。从整个国民经济来看，进行固定资产生产和再生产的工程建设，是一个有多项工程集合体的整体。其中包括农林水利、轻纺、机械、煤炭、电力、石油、冶金、化工、建材、交通运输、邮电工程，以及商业物资、科学教育文化、卫生体育、社会福利和住宅工程等。这些工程的建设又有严格的项目划分，如建设项目、单项工程、单位工程、分部分项工程；在计划和实施过程中有严密的逻辑阶段，如规划、可行性研究、设计、施工、竣工交付使用，以及投入使用后的维修。与此相适应必然形成工程定额的多种类、多层次。

（三）统一性

工程定额的统一性，主要是由国家对经济发展的有计划的宏观调控职能决定的。为了使国民经济按照既定的目标发展，就需要借助于某些标准、定额、参数等，对工程建设进行规划、组织、调节、控制。

工程定额的统一性按照其影响力和执行范围来看，有全国统一定额、地区统一定额和行业统一定额等；按照定额的制定、颁布和贯彻使用来看，有统一的程序、统一的原则、统一的要求和统一的用途。

我国工程定额的统一性和工程建设本身的巨大投入和巨大产出有关。它对国民经济的影响不仅表现在投资的总规模和全部建设项目的投资效益等方面，还表现在具体建设项目的投资数额及其投资效益方面。

（四）指导性

随着我国建设市场的不断成熟和规范，工程定额尤其是统一定额原具备的指令性特点逐渐弱化，转而成为对整个建设市场和具体建设产品交易的指导作用。

工程定额的指导性的客观基础是定额的科学性。只有科学的定额才能正确地指导客观的交易行为。工程定额的指导性体现在两个方面：一方面工程定额作为国家各地区和行业颁布的指导性依据，可以规范建设市场的交易行为，在具体的建设产品定价过程中也可以起到相应的参考性作用，同时统一定额还可以作为政府投资项目定价以及造价控制的重要依据；另一方面，在现行的工程量清单计价方式下，体现交易双方自主定价的特点，投标人报价的主要依据是企业定额，但企业定额的编制和完善仍然离不开统一定额的指导。

（五）稳定性与时效性

工程定额中的任何一种都是一定时期技术发展和管理水平的反映，因而在一段时间内都表现出稳定的状态。稳定的时间有长有短，一般在5年至10年之间。保持定额的稳定性是维护定额的指导性所必需的，更是有效地贯彻定额所必要的。如果某种定额处于经常修改变动之中，那么必然造成执行中的困难和混乱，很容易导致定额指导作用的丧失。工程定额的不稳定也会给定额的编制工作带来极大的困难。

但是工程定额的稳定性是相对的。当生产力向前发展时，定额就会与生产力不相适应。这样它原有的作用就会逐步减弱以至消失，需要重新编制或修订。

三、定额的表现形式

定额一般有实物量式、价目表式、百分率式和综合式四种表示形式。

(一) 实物量式

实物量式是以完成单位工程（工作）量所消耗的人工、材料及施工机械台时的数量表示的定额。如水利部颁布的现行《水利建筑工程概算定额》（简称《概算定额》）、《水利建筑工程预算定额》（简称《预算定额》）、《水利水电设备安装工程预算定额》（简称《设备安装工程预算定额》）等。这种定额使用时要用工程所在地编制年的价格水平计。

(二) 价目表式

价目表式是以编制年的价格水平（部颁的以北京，省颁的以省会所在地）给出完成单位产品的价格。该定额使用比较简便，但必须进行调整，很难适应工程建设动态发展的需要，已逐步被实物量式定额所取代。

(三) 百分率式

百分率式是以某取费基础的百分率表示的定额，如《编制规定》中基本直接费费率和间接费费率定额。

(四) 综合式

如现行《水利工程施工机械台时费定额》（简称《台时费定额》）是一种综合式定额，其一类费用是价目表式，二类费用是实物量式。

四、定额的分类

(一) 按生产要素分类

按生产要素可以将建设工程定额划分为劳动定额、材料消耗定额、机械使用定额。

使用的任一种概（预）算定额都包含这三种定额，也就是说，这三种定额是构成其他定额的基础，因此又统称这三种定额为基础定额。

(二) 按编制程序和用途分类

按定额的编制程序和用途可以把建设工程定额划分为施工定额、预算定额、概算定额、概算指标、投资估算指标。

(三) 按投资费用的性质分类

按照投资费用的性质可以把建设工程定额划分为建筑工程定额、设备安装工程定额等。

(四) 按适用专业分类

按照定额适用的专业可以把建设工程定额划分为建筑工程定额、水利工程定额、公路工程定额、铁路工程定额等。

(五) 按主编单位和执行范围分类

按照定额适用的专业可以把建设工程定额分为全国统一定额、行业统一定额、地区统一定额、企业定额、补充定额。

1. **全国统一定额**

全国统定额一般由国家发展和改革委员会或授权某主管部门组织编制颁发综合全国工

第二章 水利工程定额分类、适用范围及作用

程建设中技术和施工组织管理的情况编制,并在全国范围内执行的定额。

2. 行业统一定额

行业统一定额是考虑各行业部门专业工程技术特点,以及施工生产与管理水平编制的。一般只在本行业和相同专业性质的范围内使用。

3. 地区统一定额

地区统一定额包括省、自治区、直辖市定额。地区统一定额主要是考虑地区特点和全国统一定额水平做适当调整和补充编制的。

4. 企业定额

企业定额是指施工企业考虑本企业具体情况,参照国家、部门或地区定额水平制定的定额。企业定额只在企业内部使用,是企业管理水平的一个标志。

5. 补充定额

补充定额是指随着设计、施工技术的发展,现行定额不能满足需要的情况下,为了补充缺陷所编制的定额。补充定额只能在制定的范围内使用,也可以作为以后修订定额的基础。

五、水利工程定额颁发简况

新中国成立以来,随着我国水利水电建设事业的发展,水利水电工程建设的各种定额也经历了多次修订。自1954年以来,我国陆续制定和颁发的定额见表3-2-1。

表3-2-1 水利水电工程历年定额

颁发年份	定额名称	颁发单位
1954	水利水电工程预算定额(草案)	水利部、燃料工业部水电总局
	水力发电建筑安装工程施工定额(草案)	
	水力发电建筑安装工程预算定额(草案)	
1956	水力发电建筑安装工程预算定额	电力部
1957	水利工程施工定额(草案)	水利部
1958	水利水电建筑工程预算定额	水利电力部
	水利发电设备安装价目表	
1964	水利水电安装工程工、料、机械施工指标	
	水利水电建筑安装工程预算指标(征求意见稿)	
	水利水电设备安装价目表(征求意见稿)	
1965	水利水电工程预算指标("65"定额)	
1973	水利水电建筑安装工程定额(讨论稿)	
1975	水利水电建筑工程概算指标	
	水利水电设备安装工程概算指标	
1980	水利水电工程设计预算定额(试行)	
1983	水利水电建筑安装工程统一劳动定额	水利电力部水电总局

续表

颁发年份	定 额 名 称	颁 发 单 位
1985	水利水电工程其他工程和费用定额	水利电力部
1985	水利水电建筑安装工程机械台班费定额	水利电力部
1986	水利水电设备安装工程预算定额	水利电力部
1986	水利水电设备安装工程概算定额	水利电力部
1986	水利水电建筑工程预算定额	水利电力部
1988	水利水电建筑工程概算定额	水利电力部
1989	水利水电工程设计概（估）算费用构成及计算标准	水利电力部
1990	水利水电工程投资估算指标（试行）	能源部、水利部
1991	水利水电工程勘察设计收费标准（试行）	能源部、水利部
1991	水利水电工程勘察设计生产定额	水利水电规划设计总院
1991	水利水电工程施工机械台班费定额	能源部、水利部
1994	水利水电建筑工程补充预算定额	水利部
1994	水利水电工程设计概（估）算费用构成及计算标准	水利部
1997	水力发电建筑工程概算定额（上、下册）	电力工业部
1997	水力发电设备安装工程概算定额	电力工业部
1997	水力发电工程施工机械台时费定额	电力工业部
1998	水利水电工程设计概（估）算费用构成及计算标准	水利部
1999	水利水电设备安装工程预算定额	水利部
1999	水利水电设备安装工程概算定额	水利部
2002	水利建筑工程预算定额（上、下册）	水利部
2002	水利建筑工程概算定额（上、下册）	水利部
2002	水利工程施工机械台时费定额	水利部
2002	水利工程设计概（估）算编制规定（水总〔2002〕116号）	水利部
2005	水利工程概预算补充定额（掘进机施工隧道工程)	水利部
2014	水利工程设计概（估）算编制规定（水总〔2014〕429号）	水利部
2016	水利工程营业税改征增值税计价依据调整办法	水利部

第二节 水利工程定额的作用及其编制

一、定额的作用

（1）定额是完成规定计量单位分项工程计价所需的人工、材料、施工机械台班的消耗量标准。由于经济实体受各自的生产条件（包括企业的工人素质、技术装备、管理水平、经济实力）的影响，其完成某项特定工程所消耗的人力、物力和财力资源存在着差别。技术装备低、工人素质弱、管理水平差的企业，在特定工程上消耗的活劳动和物化劳动就多，凝结在工程中的个别价值就高；反之，技术装备好、工人素质高、管理水平高的企业，在特定工程上消耗的活劳动和物化劳动就少，凝结在工程中的个别价值就低。这个标准有利于鞭策落后，鼓励先进，对社会经济发展具有推动作用。

（2）定额是编制工程量计算规则、项目划分、计量单位的依据。制定出定额以后，它的使用必须遵循一定的规则，在众多规则中，工程量计算规则是一项很重要的规则。而工程量计算规则的编制，必须依据定额进行。工程量计算规则的确定、项目划分、计量单位以及计算方法都必须依据定额。

（3）定额是编制建安工程地区单位估价表的依据。单位估价表是根据定额编制的建安工程费用计价的依据。建安工程地区单位估价表的编制过程就是根据定额规定消耗的各类资源（人、材、机）的消耗量乘以该地区基期资源价格，然后分类汇总的过程。人们在习惯上往往将"地区单位估价表"称为"地区定额"，如将"全国统一安装工程预算定额四川省估价表"称为"四川省安装工程预算定额"，可见单位估价表实质上是"量"和"价"结合的一种定额。

（4）定额是编制施工图预算、招标控制价以及确定工程造价的依据。定额的制定，其主要目的就是为了计价。我国处于计划经济时代，施工图预算、招投标工程限价及投标报价书的编制，以及工程造价的确定，主要是依据工程所在地的单位估价表（定额的另一种形式）和行业定额来制定。

（5）定额是编制投资估算指标的基础。建设项目投资估算的一种重要的方法是利用估算指标编制建设项目投资额。

估算指标是一种比概算指标更为扩大的单位工程指标或单项工程指标。编制方法是采用有代表性的单位或单项工程的实际资料，采用现行的概、预算定额编制概、预算，或收集有关工程的施工图预算或结算资料，经过修正、调整，反复综合平衡，以单项工程（装置、车间）或工段（区域、单位工程）为扩大单位，以"量"和"价"相结合的形式，用货币来反映活劳动和物化劳动。

（6）定额是企业进行投标报价和进行成本核算的基础。投标报价的过程是一个计价、分析、平衡的过程。成本核算是一个计价、对比、分析、查找原因、制订措施实施的过程。投标报价和进行成本核算的一项重要工作就是"计价"，而计价的重要依据之一就是定额，所以定额是企业进行投标报价和进行成本核算的基础。

二、定额的编制原则及方法简介

（一）平均先进的原则

施工定额的水平应是平均先进水平，因为只有平均先进水平的定额才能促进企业生产力水平的提高。所谓平均先进水平，是指在正常施工条件下，多数班组或生产者经过努力才能达到的水平。一般地说，该水平应低于先进水平而略高于平均水平。它使先进生产者感到有一定的压力，能鼓励他们进一步提高技术水平；使大多数处于中间水平的生产者感到可望且可及，能增强达到定额的信心；使少数落后者通过努力学习技术和端正劳动态度尽快缩短差距达到定额水平。所以平均先进水平是一种鼓励先进、激励中间、鞭策落后的定额水平。

定额水平有一定的时限性，随着生产力水平的发展，定额水平必须作相应的修订，使其保持平均先进的性质。但是，定额水平作为生产力发展水平的标准，又必须具有相对稳定性。定额水平如果频繁调整会挫伤生产者的劳动积极性，因此不能朝令夕改。

在编制施工定额时贯彻平均先进的原则，可以从以下几个方面来考虑：

(1) 要正确对待先进技术和先进经验。新的生产技术和经验不断地涌现，其中尚不成熟的，需要再试验和研究；有些虽已成熟，只有少数企业和生产者采用，对于这些情况必须区别对待，如果先进技术尚在试验过程中是不能作为考虑定额水平依据的；已成熟的先进技术和经验，由于某些客观原因尚未得到推广应用，可以在保留原有定额项目和水平的基础上，编制新的定额项目。已成熟并得到普遍推广使用的先进技术和经验则应作为确定定额水平的依据。

(2) 合理确定劳动组织。劳动组织是否合理，对生产率能否达到定额水平关系很大。人员过多，会造成工作面上窝工，影响完成定额水平；人员过少又会延误工期，影响工程进度。人员技术等级过低，低技术等级工人从事高技术要求的工作，难以保证产品质量人员技术等级过高浪费人力资源，增加产品的人工成本。因此，在确定定额水平时，要按照工作对象的技术复杂程度和工艺要求，合理地进行劳动组织，使劳动组织的技术等级同工作对象的技术要求相适应。

(3) 明确劳动手段和劳动对象。不同的劳动手段（机具、设备）和不同的劳动对象（材料、构件），对劳动者的效率有不同的影响。在确定定额时，必须明确规定达到定额时使用的机具、设备和操作方法。明确规定原材料和构件的规格、型号、等级、品种和质要求等。

(4) 要注意全面比较和协调一致。确定定额水平时，既要考虑到挖掘企业的潜力，又要考虑到现有技术条件下实际能够达到的可能性，使地区之间、企业之间和施工队之间水平相对平衡一致，特别是工种之间的定额水平。一定要注意协调一致避免出现苦乐不均现象，造成定额执行中的困难。

（二）基本准确原则

定额是相对的"准"，绝对的"不准"。定额不可能完全与实际相符，而只能要求基本准确。定额是对千差万别的各个实践的概括抽象出一般的数量标准。

（三）简明适用原则

定额的简明适用是就施工定额的内容和形式而言的。它要求施工定额内容丰富、充实，具有多方面的适用性，同时又要简单明了，容易为工人所掌握，便于查阅，便于计算，便于携带便于执行。

(1) 定额项目要划分齐全、设置适当。定额要能满足施工组织与管理和计算劳动报酬等多方面的要求；同时，定额项目要根据施工过程来划分，各种不同性质的施工过程均应规定出定额指标，特别是那些主要的、常见的施工过程都必须直接反映在各个定额项目中，这就要求施工定额的项目粗细适当。

(2) 定额项目划分的步距大小要适当。定额项目划分的粗细和定额步距的大小关系甚大。定额步距是指同类一组定额相互之间的间隔。步距小则定额细，步距大则定额粗。定额细，精确度较高，但编制定额的工作量大；而定额粗，综合程度大，精确度就会降低。为了使定额项目既简明实用，又比较准确，一般来说，对于常用的、主要的、对工料消耗影响大的定额项目，要划分细一些，步距要小一些；不常用的、次要的、对工料消耗影响

第二章 水利工程定额分类、适用范围及作用

小的定额项目，可以划分粗一些，步距也可以大一些。对于以手工操作为主的定额，步距可适当小些；对于机械操作的定额，步距可大些。

（3）定额的文字应通俗易懂内容要标准化、规范化，计算方法应简便容易掌握运用。

（四）贯彻专群结合和以专为主的原则

编制施工定额是一项专业性、技术经济性、政策性很强的工作。因此，在编制定额的过程中必须深入调查研究，广泛征求群众的意见，在取得他们的配合和支持下，通过专门技术机构的专业人员进行技术测定、分析整理，才能使编制出来的施工定额具有科学性、代表性、权威性和群众性。

三、定额的编制方法及依据

定额的编制，一般采用实物法由劳动消耗定额、材料消耗定额和机械台时定额三部分组成。编制定额需在具有足够的技术测定资料、统计资料、经验总结资料和其他有关文件规范资料的基础上选择定额编制方法，常见的有以下几种：调查研究法、统计分析法、比较类推法、技术测定法、计算分析法等。

（一）调查研究法

一般是根据老工人、施工技术人员和工程造价人员的实践经验并参照有关的技术资料通过座谈、讨论分析和综合计算确定。这种制定方法工作过程较少，工作量较小，简单易行。但往往受主观因素的影响，缺乏详细的分析和计算准确性较差。因此，此法只适用于企业内部，作为某种局部项目的补充定额编制。

（二）统计分析法

统计分析法是将以往施工中所累积的同类型工程项目的工时耗用量加以科学的分析，并考虑施工技术和组织变化的因素经分析研究后制定劳动定额的一种方法。采用统计分析法必须建立在准确的原始记录和统计工作的基础上，并且要选择正常和一般水平的企业与班组，同时还要选择部分先进和落后的企业与班组进行分析和比较。

（三）比较类推法

比较类推法是根据同类型项目或相似项目的定额进行对比分析类推而制定定额的方法。此法简便易行，工作量小，只要所选择的典型定额具有一定代表性，一般情况下是比较合理的。但使用比较的典型定额与相关定额之间呈比例关系时才适用一般采用主要项目或常用项目作典型定额进行比较类推。

（四）技术测定法

技术测定法是根据先进合理的技术条件和组织条件，对工程各工序工作时间的各个组成部分，进行工作日写实、观察测时，分别测定每一工序的工时消耗，获得制定定额所需要的技术资料，然后对资料进行分析计算并参考以往数据确定。此法有比较充分的依据，准确程度较高，是一种比较科学的方法。

通过技术测定法制定定额时，要密切结合本企业的实际情况（生产特点、设备情况和技术水平），在做好思想工作的前提下，应广泛听取群众意见，防止通过单纯的计算和测定来制定定额。

（五）计算分析法

计算分析法多用于材料消耗定额和一般开挖运输机械作业定额的编制。方法是拟定施

工条件、选择典型施工图、计算工程量，用理论计算方法确定定额数量。

《水利建筑工程预算定额》是以《水利水电建筑工程预算定额》（86 版）及《水利水电建筑工程补充预算定额》（94 版）为基础，删去一些落后的不适合目前水利工程情况的定额子目，补充新技术、新材料、新型施工机械的定额子目，并根据收集到的实际工程资料及理论数据对主要施工机械在各种施工条件下的生产率进行复核或修改，对劳动力的配备进行适当调整，对主要材料消耗量进行测算将定额调整为社会平均水平，以适应当前水利工程的建设情况。《水利建筑工程概算定额》是在新编《水利建筑工程预算定额》的基础上，进行综合、扩大、简化、过渡编制而成，使它能满足编制水利工程概算或投资估算的需要，能起到宏观控制工程投资的作用。《水利水电设备安装工程预算定额》《水利水电设备安装工程概算定额》是根据近 30 年来各工程机电、金工设备安装工作积累的实际资料，将以往价目表形式的定额，改变为以实物表示的定额，即定额中列出人工、材料、施工机械的消耗量。这样提高了计算设备安装工程投资的准确性避免了因物价上涨需要经常调价的困难。《水利工程施工机械台时费定额》以往定额中施工机械用量都是以台班为计量单位，现在改为以台时为计量单位是一大改革。从设备价格、经济寿命到动力、燃料消耗量的计算方法都有很大改变，因此，必须从基础资料开始调查、研究，确定新的计算方法。再根据建筑及设备安装工程定额需要的施工机械名称、规格，补充许多新型施工机械的台时费，使机械台时费定额能满足编制工程概算、预算的需要。《水利工程设计概（估）算编制规定》主要包括以下内容：

（1）根据水利部人劳工〔1994〕48 号文《关于印发〈水利企业工资制度改革实施办法〉的有关规定》，以及近几年国家发布的养老保险、医疗保险、住房公积金等改革措施，制订新工资标准。

（2）选择有代表性的典型工程，进行实地调查，收集建设单位开办费、经常费和监理费实际开支情况，以及施工企业的现场费用、间接费的内容变化及上涨幅度等，对现行费用标准进行修改和调整。

第三节　定额在水利工程中的应用

定额在水利水电工程建设经济管理工作中起着重要作用，工程造价管理人员必须熟练准确地使用定额。为此，必须做到以下几点。

一、专业专用

水利水电工程项目建设除水工建筑物及水利水电设备外，还有房屋建筑工程、公路、铁路、输变电线路、通信工程等。水利工程应采用水利部门颁发的定额，而其他工程应分别采用所属主管部门颁发的定额，如公路工程采用交通部门颁发的公路工程定额，房屋建筑工程采用工业与民用建筑工程定额。

二、工程定额要与费用定额配套使用

在计算水利水电工程投资的过程中，除采用工程定额外，还应结合现行的费用定额。如其他直接费定额、现场经费标准、间接费定额等。

第二章 水利工程定额分类、适用范围及作用

三、选用的定额应与设计阶段和定额的作用相适应

可行性研究编制投资估算采用投资估算指标，初设阶段编制设计概算应采用概算定额，施工图预算应采用预算定额。如因本阶段定额缺项，需用下阶段定额时，应按规定乘以过渡系数。

四、熟悉定额中的有关内容

（1）要认真阅读定额的总说明和分章说明。对说明中指出的定额适用范围、包含的工作内容和费用、有关调整系数以及定额的使用方法等，均应通晓和熟悉。

（2）要了解定额项目的工作内容。能根据工程部位、施工方法、施工机械和其他施工条件正确地选用定额项目，做到不错项、不漏项、不重项。

（3）要学会使用定额的附录。例如，土壤和岩石分级、砂浆与混凝土配合比、模板立模系数、安装工程装置性材料用量等。

（4）要注意定额修正的各种换算关系。当施工条件与定额项目规定条件不符时，应按定额说明和定额表下的"注"中有关规定换算修正。各种系数换算除特殊注明者外，一般均按连乘计算。使用时还要区分修正系数是全面修正还是只乘在人工工时、材料消耗和机械台时的某一项或几项上。

（5）要注意定额单位和定额中数字表示的适用范围。概预算项目的计量单位要和定额项目的计量单位一致。要注意区分土石方工程的自然方和压实方，砂石备料中的成品方、自然方与堆方，砌石工程中的砌体方与码方，混凝土的拌和方与实体方等。定额中凡数字后用"以上""以外"表示的都不包括数字本身，凡数字后用"以下""以内"表示的都包括数字本身。凡用数字上下限表示的，如1000～2000，相当于1000以上至2000以下。

第四节 案 例 分 析

【例3-2-1】 某导流明渠上口宽20m，沿渠线为Ⅰ类土，施工拟采用人工挖装、胶轮车运土，弃土用机械填筑均质土围堰。平均运距300m，围堰土方压实干容重17.28kN/m^3，天然干容重15.72kN/m^3，试求挖运100m^3（实方）所需挖运的人工、胶轮车的预算量。

解：

（1）计算挖运100m^3（自然方）土料所需的人工和胶轮车量。

由于上口宽度大于16m，属一般土方开挖。查定额《水利建筑工程预算定额》——4"人工挖一般土方胶轮车运输"，又因沿渠线为Ⅰ类土，查定额编号为10014。

定额说明："二、土方定额的计量单位，除注明外，均按自然方计算。"

挖装运≤50m时，100m^3（自然方）需人工合计134.4工时，胶轮车56.00台时。查定额编号10017，每增运50m需增加人工18.2工时、胶轮车10.40台时。则100m^3（自然方）土料挖运需：

人工：134.4＋18.2×[(300－50)/50]＝225.4(工时)

胶轮车：56＋10.4×[(300－50)/50]＝108(台时)

(2) 计算填筑 100m³（实方）围堰需挖运的自然土方数量：

$(100+A)×$设计干容重/天然干重量$=(100+4.93)×17.28/15.72=115.34(m³)$

式中 A 为综合系数，见《水利建筑工程预算定额》表 1-2。

(3) 计算填筑 100（实方）围堰时挖运所需人工和胶轮车的预算用量：

人工：$225.4×115.34/100=259.98$(工时)；

胶轮车：$108×115.34/100=124.57$(台时)。

【例 3-2-2】 某枢纽工程，采用浆砌石挡土墙，设计砂浆强度等级为 M10，砌石等材料就近堆放，求每立方米浆砌石挡土墙所需人工、材料预算用量。

解：

(1) 选用定额：

查《水利建筑工程预算定额》浆砌石挡土墙定额编号 30021，每 100m³ 砌体需消耗人工合计 810.3 工时、块石 108m³、砂浆 34.4m³。由于砌石工程定额已综合包含了拌浆、勾缝和 20m 以内运料用工，故不需另计其他用工。

(2) 确定砂浆材料预算用量：

根据设计砂浆强度等级，查《预算定额》附录 7 表 7-15 水泥砂浆材料配合表，每立方米 M10 砌筑砂浆主要材料预算量：水泥 305kg、砂 1.10m³、水 0.183m³。

(3) 计算每立方米浆砌石所需人工和材料用量：

人工：$810.3/100=8.1$(工时)；

块石：$108/100=1.08(m³)$；

水泥：$305×34.4/100=104.92(kg)$；

砂：$1.10×34.4/100=0.378(m³)$；

水：$0.183×34.4/100=0.063(m³)$。

第三章　水利工程造价文件类型及作用

水利工程建设程序一般分为：项目建议书、可行性研究报告、施工准备、初步设计、建设实施、生产准备、竣工验收、后评价等阶段。每个阶段中由于工作深度不同、要求不同，其工程造价文件类型也不同。现行的工程造价文件类型主要有投资估算、设计概算、项目管理预算（施工图预算）、招标控制价（标底）和投标报价、竣工结算（完工结算）和竣工决算等。

一、投资估算

投资估算是项目建议书及可行性研究阶段对建设工程造价的预测，应充分考虑各种可能需要、风险、价格上涨等因素，要打足投资，不留缺口，适当留余地。投资估算是项目建议书及可行性研究报告的重要组成部分，是项目法人为选定近期开发项目作出科学决策和进行初步设计的重要依据，投资估算是工程造价全过程管理的"龙头"，抓好这个"龙头"有十分重要的意义。

二、设计概算

设计概算是初步设计阶段对建设工程造价的预测，是初步设计文件的重要组成部分。初设概算在已经批准的可行性研究投资估算静态总投资的控制下进行编制。

由于初步设计阶段对建筑物的布置、结构型式、主要尺寸以及机电设备的型号、规格等均已确定，所以概算对建设工程造价不是一般的测算，而是带有定位性质的测算。经批准的设计概算是国家确定和控制工程建设投资规模，政府有关部门对工程项目造价进行审计和监督，项目法人筹措工程建设资金和管理工程项目造价的依据；也是编制建设计划、编制项目管理预算和招标控制价（或标底）标底，考核工程造价和竣工结算（完工结算）、竣工决算以及项目法人向银行贷款的依据。概算经批准后，相隔两年及两年以上工程未开工的，工程项目法人应委托设计单位对概算进行重编，并报原审查单位审批。

建设项目实施过程中，由于某些原因造成工程投资突破批准概算投资的，项目法人可以要求编制调整概算。

利用外资建设的水利水电工程项目，设计单位还应编制包括内资和外资全部工程投资的总概算（简称外资概算）。外资概算也是初步设计的组成部分。

外资概算的编制一般应按两个步骤进行：第一步按国内概算的编制办法和规定，完成全内资概算的编制；第二步再按已确定的外资来源、去向和投资，编制外资概算。

三、项目管理预算（施工图预算）

项目管理预算是在已经批准的初步设计概算基础上，对已经确定实行投资包干或招标承包制的大中型水利水电工程建设项目，根据工程管理与投资的支配权限，按照管理单位及分标项目的划分，进行投资的切块分配，以便于对工程投资进行管理与控制，并作为项目投资主管部门与建设单位签订工程总承包（或投资包干）合同的主要依据。它是为了满足业主项目法人控制和管理的需要，按照总量控制、合理调整的原则编制的内部预算。项目管理预算有时又称为项目法人预算（业主预算）或执行概算。

项目管理预算是工程建设实施阶段造价管理工作的重要组成部分。项目管理预算由项目法人（或建设单位）委托具备相应资质的水利工程造价咨询单位，按批复的初步设计概算的价格水平，按照"静态控制、动态管理"原则编制设计单元工程静态投资。项目管理预算由项目法人报给项目对口的水行政主管部门批准，经批准后的项目管理预算，是项目法人组织制定总体建设方案、编报年度投资计划、编报年度投资完成报表、编报年度价差计算报告、进行投资跟踪风险分析的依据。项目管理预算只编制静态投资，且不得突破国家批复的相应设计单元工程概算静态总投资。项目管理预算应遵守国家现行法律法规，按照"总量控制、合理调整"的原则，结合水利工程建设管理体制、工程招标实际情况和工程特点编制。例如南水北调工程项目管理预算原则上以南水北调工程建设委员会办公室定的设计单元工程为编制单元，由项目法人负责组织编制，一般在主体建筑工程项目招标完成后45个工作日内编制完成。项目法人要按照批复的单元工程项项目管理预算、加强管理，在满足工程功能、安全标准、质量要求等前提下，实行设计优化，鼓励采用新技术、新工艺、新材料，控制工程量，严格控制静态投资。

项目管理预算是以施工图设计文件为依据，按照规定的程序、方法和依据，在工程施工前对工程项目的工程费用进行的预测与计算。也就是说，项目管理预算是指在施工图设计阶段，根据施工图纸、施工组织设计、国家颁布的预算定额和工程量计算规则、地区材料预算价格、施工管理费标准、企业利润率、税金等，计算每项工程所需人力、物力和投资额的文件。它应在已批准的设计概算控制下进行编制。它是施工前组织物资、机具、劳动力，编制施工计划，统计完成工作量，办理工程价款结算，实行经济核算，考核工程成本，实行建筑工程包干和建设银行拨（贷）工程款的依据。它是施工图设计的组成部分，由设计单位负责编制。它的主要作用是确定单位工程项目造价，考核施工图设计的经济合理性。一般建筑工程以施工图预算作为编制施工招标标底的依据。

四、招标控制价、标底和投标报价

1. 招标控制价

招标控制价，也称拦标价，是招标人根据国家或省级、行业建设主管部门颁发的有关计价依据和办法，以及拟定招标文件和招标工程量清单，编制的招标工程的最高限价。投标人的投标报价高于招标控制价的，其投标应予以拒绝。招标控制价应在招标时公布。

2. 标底

标底是招标人对招标工程的预期价格，确定工程合同价格的参考依据，它可用来测算和科学评价投标报价的合理性，作为评标的重要参考。标底一般是由项目法人委托具有相应资质的水利工程造价咨询单位，编制符合经济环境，反映社会平均先进功效和管理水平，体现工期要求、招标人的质量要求，考虑材料市场价格变化因素，原则上不突破批准的初步设计概算或修正概算，根据招标文件、图纸，按有关规定，结合该工程的具体情况，计算出的合理工程价格。它是由项目法人委托具有相应资质的设计单位、工程造价咨询单位编制完成的。在开标前要严加保密，防止泄露。

标底的主要作用是招标人对招标工程所需投资的自我测算，明确自己在发包工程上应承担的财务义务。标底也是衡量投标报价合理性的重要参考依据。

3. 投标报价

投标报价，简称报价，是指投标人参与工程项目投标时报出的工程造价。即投标报价是指工程招标发包过程中，由投标人或其委托具有相应资质的工程造价咨询人按照招标文件的要求以及有关计价规定，依据发包人提供的工程量清单、施工设计图纸，结合项目工程特点、施工现场情况及企业自身的施工技术、装备和管理水平等，自主确定的工程造价。相对于采用我国行业费用标准而编制的投资估算和设计概算价而言，它反映的是市场价，体现了企业的经营管理和技术、装备水平。

五、竣工结算（完工结算）

水利工程竣工结算也称完工结算。施工过程中的结算属中间结算，而完工结算则是承包人与项目法人对承建工程项目的最终结算。完工结算是指工程项目或单项工程竣工验收后，承包人向项目法人结算工程价款的过程。完工结算是承包人确定建筑安装工程施工产值和实物工程完成情况的依据，是项目法人落实投资额、拨付工程价款的依据，是承包人确定工程的最终收入、进行经济考核及考核工程成本的依据。竣工结算（完工结算）由承包人编制，经监理审核后交付给项目法人。

六、竣工决算

竣工决算是项目法人向国家（或投资人）汇报建设成果和财务状况的总结性文件，是正确核定新增资产价值、及时办理资产交付使用的依据，是竣工验收报告的重要组成部分。竣工决算反映了工程的实际造价，是项目法人向管理单位移交财产、考核工程项目投资、分析投资效果的依据。竣工决算是整个基建项目完整的实际成本，计入了工程建设的其他费用开支、临时工程设施费和建设期利息等工程成本和费用。竣工决算由项目法人负责编制。

竣工结算（完工结算）与竣工决算的主要区别有两点：一是范围，竣工结算（完工结算）的范围只是承包工程项目，是基本建设项目的局部，而竣工决算的范围是基本建设项目的整体；二是成本内容，竣工结算（完工结算）只是承包合同范围内的预算成本，而竣工决算是完整的预算成本，它还要计入工程建设的其他费用、水库淹没处理、水土保持及环境保护工程费用和建设期还贷利息等工程成本和费用。由此可见，竣工结算（完工结算）是竣工决算的基础，只有先完成竣工结算（完工结算），才有条件编制竣工决算。以上是国内工程造价成果的类型，与国外的工程造价成果类型不大相同。以英国、美国为例，从规划选点到招标阶段，工程造价成果分5种类型：概念性估算、初步估算、控制性估算、工程师估算（或称工程师概算）、标底估算。工作深度由粗到精，允许的误差由大到小，分别为±20%、±15%、±10%、±5%、±5%左右。

第四章 水利工程概（估）算文件编制

第一节 水利工程概（估）算编制

一、概（估）算文件编制依据

(1) 国家及省、自治区、直辖市颁发的有关法律法规、制度、规程。

(2) 水利部《水利工程设计概（估）算编制规定》（水总〔2014〕429号）（简称《编规》）。

(3) 水利部《水利建筑工程概算定额（上、下）》（水总〔2002〕116号）（简称《概算定额》）。

(4) 水利部《水利建筑工程预算定额（上、下）》（水总〔2002〕116号）（简称《预算定额》）。

(5) 水利部《水利工程施工机械台时费定额》（水总〔2002〕116号）。

(6) 水利部《水利工程概预算补充定额》（水总〔2005〕389号）（简称《概算补充定额》）。

(7) 水利部《水利水电设备安装工程概算定额》（水建管〔1999〕523号）（简称《设备安装工程概算定额》）。

(8) 水利部《水利水电设备安装工程预算定额》（水建管〔1999〕523号）（简称《设备安装工程预算定额》）。

(9) 海建管〔2009〕80号文发布的《水利工程概预算补充定额（海委部分）》。

(10) 工程所在地的人工工资标准、材料供应价格、运输条件、运输标准等资料。

(11) 可行性研究报告或初步设计文件及图纸。

(12) 有关合同协议及资金筹措方案。

(13) 其他。

二、概（估）算文件编制步骤

(1) 准备工作。

1) 了解工程情况。即了解工程位置、规模、枢纽布置、地质、水文情况、主要建筑物的结构型式、主要技术数据、施工总布置，施工导流、对外交通条件、施工进度及主体工程施工方案等。

2) 调查研究、收集资料。主要了解施工用砂、石、土料储量、级配、料场位置等。

3) 交通运输条件、开挖运输方式等。搜集物资、材料、税务、交通及设备价格资料，新技术、新工艺、新材料的有关价格等。

(2) 划分工程项目，计算工程量。按照《水利工程设计概（估）算编制规定》进行项目划分，并按《水利水电设计工程量计算规定》（SL 328—2005）计算工程量。设计工程量就是编制概算的工程量。合理的超挖、超填和施工附加量及各种损耗和体积变化等均已按现行规范计入有关概算定额，设计工程量中不再另行计算。

（3）编制基础单价。基础单价是建安工程单价计算时计算人工费、材料费和施工机械使用费的重要依据和基本要素之一。应根据收集到的各项资料按工程所在地编制年价格水平，执行上级主管部门有关规定分析计算。

（4）编制工程单价。在上述工作的基础上，根据工程项目的施工组织设计、现行定额、费用标准和有关基础单价，编制工程单价。

（5）计算各分项概算表及总概算表。

（6）进行复核，编制说明，整理成果。

三、概（估）算文件及表格构成

设计概算由设计单位编制，并作为初步设计的一个组成部分同时上报和审批。编制设计概算时，必须严格执行设计概算的编制办法和程序，不得任意减少内容和简化编制方法。概（估）算文件包括设计概算报告（正件）、附件和投资对比分析报告。

（一）概算正件组成内容

1. 编制说明

（1）工程概况。工程概况包括流域、河系，兴建地点，对外交通条件，工程规模，工程效益，工程布置型式，主体建筑工程量，主要材料用量，施工总工期等。

（2）投资主要指标。工程总投资和静态总投资，年度价格指数，基本预备费率、工程建设期融资额度、利率和利息等。

（3）编制原则和依据。

1）设计概算编制原则和依据。

2）人工预算单价，主要材料，施工用电、水、风、砂石料等基础单价的计算依据。

3）主要设备价格的编制依据。

4）建筑安装工程定额、施工机械台时费定额和有关指标采用依据。

5）费用计算标准及依据。

6）工程资金筹措方案。

7）编制中存在的其他应说明的问题。

8）主要技术经济指标表。

2. 工程概算总表

工程概算总表应汇总工程部分、建设征地移民补偿、环境保护工程、水土保持工程总概算表。

3. 工程部分概算表和概算附表

（1）概算表。

1）工程部分总概算表。

2）建筑工程概算表。

3）机电设备及安装工程概算表。

4）金属结构设备及安装工程概算表。

5）施工临时工程概算表。
6）独立费用概算表。
7）分年度投资表。
8）资金流量表。

(2) 概算附表。

1）建筑工程单价汇总表。
2）安装工程单价汇总表。
3）主要材料预算价格汇总表。
4）次要材料预算价格汇总表。
5）施工机械台时费汇总表。
6）主要工程量汇总表。
7）主要材料量汇总表。
8）工时数量汇总表。
9）主体及施工辅助工程占地汇总表。

(二) 概算附件（单独成册，随设计概算报审）

(1) 人工预算单价计算表。
(2) 主要材料运输费用计算表。
(3) 主要材料预算价格计算表。
(4) 施工用电价格计算书。
(5) 施工用水价格计算书。
(6) 施工用风价格计算书。
(7) 补充定额计算书。
(8) 补充施工机械台时费计算书。
(9) 砂石料单价计算书。
(10) 混凝土材料单价表。
(11) 建筑工程单价表。
(12) 安装工程单价计算表。
(13) 主要设备运杂费率计算书。
(14) 施工房屋建筑工程投资计算书。
(15) 独立费用计算书。
(16) 分年度投资计算表。
(17) 资金流量计算表。
(18) 价差预备费计算表。
(19) 建设期融资利息计算书。
(20) 计算人工、材料、设备预算价格和费用依据的有关文件、询价报价资料及其他。

(三) 投资对比分析报告

从价格变动、项目及工程量调整、国家政策性变化等方面进行详细分析，说明初步设计阶段与可行性研究阶段（或可行性研究阶段与项目建议书阶段）相比较投资变化的原因

第四章 水利工程概（估）算文件编制

和结论，编写投资对比分析报告。工程对比分析报告应包括以下表格：

（1）总投资对比表。

（2）主要工程量对比表。

（3）主要材料和设备价格对比表。

（4）其他相关表格。

投资对比分析报告应汇总工程部分、建设征地移民补偿、环境保护、水土保持等各部分的对比分析内容。

第二节 基础单价编制

水利工程基础单价是计算工程单价的基本依据，需要根据水利行业的有关规定、材料来源、施工方案、工程所在地区情况等进行确定。

水利工程基础单价包括人工预算单价；材料预算价格；施工机械台时费；施工用电、水、风预算价格；砂石料预算价格和混凝土、砂浆材料价格等。

一、人工预算单价编制

（一）人工预算单价的概念

人工预算单价是指在编制概（估）算过程中，用以计算各种生产工人人工费时所采用的人工工时价格，是生产工人在单位时间（工时）所需的费用。它是计算建安工程单价和施工机械台时费中机上人工费的重要基础单价。

需要说明的是人工预算单价和生产工人的工资不同，它不能作为建安工人实发工资的标准。

（二）人工预算单价的参数和组成

1. 人工预算单价的参数

（1）人工类别与等级。据《水利部关于发布〈水利工程设计概（估）算编制规定〉的通知》（水总〔2014〕429 号）和水利部水利企业工资改革办法，水利工程企业的工人按技术等级不同分为工长、高级工、中级工和初级工四个等级。

（2）人工预算单价的工作天数。年应工作天数，按年日历天数 365 天，减去双休日 2×52 天、法定节假日 11 天后，为 250 工日。

年非作业天数指气候影响施工、职工探亲假、开会学习培训、6 个月以内病假等在年应工作天数之内而未工作的天数，每年非作业天数平均按 16 天计。

日工作时间为 8 工时。

2. 人工预算单价的组成

各级工的人工预算单价均由基本工资和辅助工资两部分组成。基本工资由岗位工资和年应工作天数内非作业天数的工资组成。辅助工资指在基本工资之外属于工资性质的各种津贴等。具体内容与人工费组成的内容一致，详见本书第二篇第二章。

（三）人工预算单价的计算标准

根据《水利部关于发布〈水利工程设计概（估）算编制规定〉的通知》（水总〔2014〕429 号），把人工预算单价计算标准共分为 8 个地区标准，即一般地区和一类区、二类区、三类区、四类区、五类区/西藏二类区、六类区/西藏三类区、西藏四类区 7 个边远地区。在进行人工预算单价选取时，根据工程所在地区的类别，选用相应的人工预算单价。现行的人工预算单价按表 3-4-1 标准计取。

表 3-4-1　　　　　　　　　人工预算单价计算标准表　　　　　　　　单位：元/工时

类别与等级		一般地区	一类区	二类区	三类区	四类区	五类区/西藏二类区	六类区/西藏三类区	西藏四类区
枢纽工程	工长	11.55	11.80	11.98	12.26	12.76	13.61	14.63	15.40
	高级工	10.67	10.92	11.09	11.38	11.88	12.73	13.74	14.51
	中级工	8.90	9.15	9.33	9.62	10.12	10.96	11.98	12.75
	初级工	6.13	6.38	6.55	6.84	7.34	8.19	9.21	9.98
引水工程	工长	9.27	9.47	9.61	9.84	10.24	10.92	11.73	12.11
	高级工	8.57	8.77	8.91	9.14	9.54	10.21	11.03	11.40
	中级工	6.62	6.82	6.96	7.19	7.59	8.26	9.05	9.45
	初级工	4.64	4.84	4.98	5.21	5.61	6.29	7.10	7.47
河道工程	工长	8.02	8.19	8.31	8.52	8.86	9.46	10.17	10.49
	高级工	7.40	7.57	7.70	7.90	8.25	8.84	9.55	9.88
	中级工	6.16	6.33	6.46	6.66	7.01	7.60	8.31	8.63
	初级工	4.26	4.33	4.55	4.76	5.10	5.70	6.41	6.73

注　1. 艰苦边远地区划分执行《人事部财政部关于印发〈完善艰苦边远地区津贴制度实施方案〉的通知》（国人部发〔2006〕61 号）及各省（自治区、直辖市）关于艰苦边远地区津贴制度实施意见。一至六类地区的类别划分参见《编规》附录 7，执行时应根据最新文件进行调整。一般地区指附录 7 之外的地区。
　　2. 西藏地区的类别执行西藏特殊津贴制度相关文件规定，其二至四类区划分的具体内容见《编规》附录 8。
　　3. 跨地区建设项目的人工预算单价可按主要建筑物所在地确定，也可按工程规模或投资比例进行综合确定。

（四）计算实例

【例 3-4-1】　云南省昆明市寻甸县拟建灌溉工程，若：①设计流量为 $3m^3/s$；②设计流量为 $10m^3/s$。计算该工程的人工预算单价。

解：根据水利工程分类，灌溉工程设计流量小于 $5m^3/s$ 属于河道工程；设计流量大于 $5m^3/s$ 属于引水工程。

查《编规》附录 7，可知寻甸县属二类区。

查表 3-4-1 "人工预算单价计算标准表" 得人工预算单价为：

（1）当设计流量为 $3m^3/s$ 时，其人工预算单价为工长 8.31 元/工时，高级工 7.70 元/工时，中级工 6.46 元/工时，初级工 4.55 元/工时。

（2）当设计流量为 $10m^3/s$ 时，其人工预算单价为工长 9.61 元/工时，高级工 8.91 元/工时，中级工 6.96 元/工时，初级工 4.98 元/工时。

二、材料预算价格编制

（一）材料预算单价的概念

材料的预算价格是指材料从供应地运到工地分仓库（或堆放场地）的出库时不含增值税进项税额的价格，如图 3-4-1 所示。

第四章 水利工程概（估）算文件编制

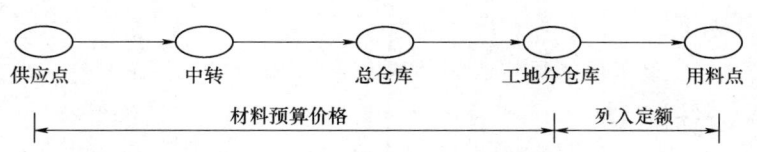

图 3-4-1 材料预算价格的范围

（二）材料的分类

水利工程建设中所用材料品种繁多，规格各异，按性质分为消耗性材料、周转使用材料和装置性材料；按供应方式划分外购材料和自产材料；按对工程投资影响划分为主要材料和次要材料。编制概（估）算时按主要材料和次要材料进行计算。

1. 主要材料

主要材料简称主材，指用量大或者造价在整个工程中所占比较大的材料（对工程造价有较大影响的材料），如水泥、钢筋、木材、柴油、汽油、炸药、砂石料等，有的工程还可能包括粉煤灰、沥青。这类材料的价格应按品种逐一详细计算。

2. 次要材料

次要材料是指除主要材料以外的其余材料，一般是指用量小或者对工程造价影响小的材料。该类材料不需要详细计算，可参考工程所在地的工业与民用建筑安装工程材料预算价格或信息价格。

（三）主要材料预算价格的编制

1. 主要材料预算价格的组成

材料预算价格一般包括材料原价、运杂费、运输保险费和采购及保管费四项费用。

材料预算价格＝材料原价＋运杂费＋运输保险费＋采购及保管费

2. 主要材料预算价格的计算规则

（1）材料原价。材料原价是指材料指定交货地点的价格。根据《水利部办公厅关于印发〈水利工程营业税改增值税计价依据调整办法〉的通知》（办水总〔2016〕132号），按不含增值税进项税的价格计算，应采用发布的不含税信息价格或市场调查的不含税价格计算。

特别注意：包装费一般包含在材料原价中，若材料原价中未包括包装费用，而在运输和保管过程中必须包装的材料，则应另计包装费，按照包装材料的品种、规格、包装费用和正常的折旧摊销费，包装费按工程所在地实际资料和有关规定计算。

同一材料因产地、供应商不同，会有不同的供应价，应按产地的市场价和供应比例，采用加权平均的方法计算。

（2）运杂费。运杂费指材料从指定交货地点至工地分仓库或相当于工地分仓库（材料堆放场）所发生的全部费用，包括运输费、装卸费及其他杂费等。

运杂费一般分为铁路、公路、水路几种运输方式计算。一般按施工组织设计中选定运输距离（里程）、运输方式、运输工具、供货比例等进行计算。

1）铁路运输。中央管辖的铁路，按铁道部现行《中华人民共和国铁道部铁路货物运价规则》规定计算，属于地方运营的铁路，执行地方规定。根据货物运价号、运输里程、运价率及有关规定计算，运价率见表3-4-2，同时考虑整车与零担比、装载系数和毛重系数，具体计算如下：

$$整车货物每吨运价 = 基价1 + 基价2 \times 运价千米$$

$$零担货物每10千克运价 = 基价1 + 基价2 \times 运价千米$$

$$集装箱货物每箱运价 = 基价1 + 基价2 \times 运价千米$$

$$铁路运输 = \frac{整车规定运价}{装载系数} \times 毛重系数 \times 整车比例 + 零担规定运价 \times 毛重系数 \times 零担比例$$

表 3 - 4 - 2　　　　　　　　　　现行铁路货物运价率表

办理类别	运价号	基价1		基价2	
		单位	标准	单位	标准
整车	2	元/t	9.50	元/(t·km)	0.0273
	3	元/t	12.80	元/(t·km)	0.0324
	4	元/t	16.30	元/(t·km)	0.0348
	5	元/t	18.60	元/(t·km)	0.0401
	6	元/t	26.00	元/(t·km)	0.0431
	7			元/(轴·km)	0.5250
	机械冷藏车	元/t		20.00	
零担	21	元/10kg	0.22	元/(10kg·km)	0.00111
	22	元/10kg	0.28	元/(10kg·km)	0.00155
集装箱	20英尺箱	元/箱	440.00	元/(箱·km)	3.185
	40英尺箱	元/箱	314.70	元/(箱·km)	3.357

注　整车运输水泥、钢材、木材运价号为5号；砂石料和粉煤灰运价号为2号。零担运输水泥、钢材、木材、砂石料、粉煤灰运价号为21号。

a. 整车与零担比。整车与零担比是指火车运输中整车和零担货物的比例，又叫整零比。水泥、木材、炸药、汽油、柴油等一般不考虑零担，按整车计算，钢材可考虑一部分零担，大型工程10%~20%；中型工程20%~0%。具体计算如下：

$$运价 = 整车运价 \times 整车量(\%) + 零担运价 \times 零担量(\%)$$

b. 装载系数。装载系数是指货物的实际运输重量与货物运输的计费重量之比。火车整车运输，一般均按车辆标记载重量计算运费；当货物重量超过标重时，按货物实际重量计算；但在实际运输过程中经常出现不能满载的情况，在计算中，考虑装载系数。木材、炸药、钢材等应考虑装载系数，装载系数可按表3-4-3考虑。计算如下：

$$装载系数 = 实际运输重量 / 运输车辆标记重量$$

表 3 - 4 - 3　　　　　　　　　　装 载 系 数 表

材料名称	木材	炸药	钢材		水泥、油料
			大型工程	中型工程	
单位	m³/(车皮·t)	t/(车皮·t)	t/(车皮·t)	t/(车皮·t)	t/(车皮·t)
装载系数	0.7	0.65~0.7	0.9	0.80~0.85	1.00

c. 毛重系数。运输部门往往是以物资毛重计费，因此运费中要考虑材料的毛重系数。

$$毛重系数＝毛重/净重$$

该系数大于或等于 1。木材单位重量一般为 $0.6\sim0.8t/m^3$，毛重系数为 1.0；炸药 1.17；油料自备油桶时其毛重系数：汽油 1.15，柴油 1.14。

2) 公路运输。按工程所在地交通部门颁发的《汽车运价规则实施细则》中运输市场运价标准计算。因一般按实际装载量，故不再加计装载系数，但要考虑毛重系数。其运输费计算如下：

$$材料运输费(元/t)＝\sum(运输里程\times 运费率)\times 毛重系数\div 装载系数$$

运输里程按云南省运输里程表计算；运费率按云南省交通厅现行规定计算。

3) 水路运输。水路运输包括内河道运输和海洋运输，其运输费按航运部门现行规定计算。

(3) 运输保险费。材料运输保险费是指在运输途中的保险费。一般按工程所在省、自治区、直辖市或中国人民保险公司的有关规定计算。

根据现行《编规》，材料运输保险费的计算公式如下：

$$材料运输保险费＝材料原价\times 材料运输保险费率$$

(4) 采购及保管费。指材料在采购、供应和保管过程中所发生的各项费用，以材料运到工地仓库价格不包括运输保险费为计算基数。主要包括材料的采购、供应和保管部门工作人员的基本工资、辅助工资、职工福利费、劳动保险费、养老保险费、失业保险费、医疗保险费、工伤保险费、生育保险费、住房公积金、教育经费、办公费、差旅交通费及工具用具使用费；仓库、转运站等设施的检修费、固定资产折旧费、技术安全措施费；材料在运输、保管过程中发生的损耗等。

根据现行《编规》，采购及保管费的计算公式如下：

$$材料采购及保管费＝(材料原价＋运输保险费＋材料运杂费)\times 采购及保管费率$$

根据《水利部办公厅关于印发〈水利工程营业税改增值税计价依据调整办法〉的通知》(办水总〔2016〕132 号)，采购及保管费的费率按表 3-4-4 计算。

表 3-4-4　　　　　　　　采 购 及 保 管 费 率 表

序号	材料名称	费率/%
1	水泥、碎（砾）石、砂、块石	3.3
2	钢材	2.2
3	油料	2.2
4	其他材料	2.75

(5) 材料预算价格的计算。

$$材料预算价格＝(材料原价＋运杂费)\times(1-采购及保管费率)＋运输保险费$$

(四) 次要材料预算价格

其他材料预算价格可参考工程所在地区的工业与民用建筑安装工程材料预算价格或信息价格。

(五）材料补差

材料补差指根据实际市场计算出的主要材料预算价格与材料基价之间的差值。材料基价是指计入基本直接费的主要材料的限制价格，由主管部门发布，在一定时期内固定不变，故称为基价。只规定上限的基价，称为限定价或限价。

材料补差的目的是避免材料市场价格起伏变化，引起间接费、利润的相应变化，造成区域间的价格不平衡。

(1) 主要材料预算价格超过表3-4-5规定的材料基价时，应按基价计入工程单价参与取费，预算价与基价的差值以材料补差形式计算，材料补差列入单价表中并计取税金。

(2) 主要材料预算价格低于基价时，按预算价计入工程单价。

(3) 计算施工电、风、水价格时，按预算价进行计算。

表3-4-5　　　　　　　　　　主要材料基价表

序号	材料名称	单位	基价/元
1	柴油	t	2990
2	汽油	t	3075
3	钢筋	t	2560
4	水泥	t	255
5	炸药	t	5150
6	砂石料（外购）	m³	70
7	混凝土（商品）	m³	200

（六）主要材料预算价格编制应注意问题

1. 几种主要材料的代表规格

(1) 钢筋。普通钢 HPB235 $\phi 16\sim 18$mm；低合金钢 HRB35 $\phi 20\sim 25$mm；普通钢与低合金钢的比例由设计确定。

(2) 钢板。品种规格按设计确定。

(3) 型钢。建筑工程费用，由设计确定，安装工程用按设备安装工程定额规定的品种规格计算。

(4) 木材。二类（杉木）、三类（松木）树种各50%，Ⅰ等、Ⅱ等（考虑木材节子尺寸、每米节子数、裂纹、腐朽等状况）各50%，长$L=2\sim 3.8$m，直径$D=20\sim 28$cm。

(5) 炸药。根据国防科工委及公安部《关于做好淘汰导火索、火雷管、铵梯炸药相关工作的通知》（科工爆〔2008〕203号），铵梯炸药已属淘汰产品，一般选用2号岩石水胶炸药、3号岩石水胶炸药或2号煤矿水胶炸药，1~9kg/包。

(6) 汽油、柴油。根据国家环境保护的要求，选用辛烷值在90以上的汽油。柴油代表规格按工程所在地区气温条件确定。其中：Ⅰ类气温区0号柴油比例占75%~100%，-10~20号柴油比例占0~25%；Ⅱ类气温区0号柴油比例占55%~65%，-20~-10号柴油比例占35%~45%；Ⅲ类气温区0号柴油比例占40%~55%，-20~-10号柴油比例占 45%～60%。

Ⅰ类气温区包括广东、广西、云南、贵州、四川、江苏、湖南、浙江、湖北、安徽；Ⅱ类气温区包括河南、河北、山西、山东、陕西、甘肃、宁夏、内蒙古；Ⅲ类气温区包括青海、新疆、西藏、辽宁、吉林、黑龙江。

2. 营改增后，材料预算价格的计算

（1）材料原价、运杂费、运输保险费和采购及保管费等分别按不含增值税进项税额的价格计算。本章节实例中采用的材料价格未做特别说明，均按不含税价格考虑。

（2）建筑工程定额、安装工程定额中以费率形式（%）表示的其他材料费不作调整。

（3）以费率形式（%）表示的安装工程定额，其材料费率除以 1.03 调整系数，装置性材料费率除以 1.13 调整系数。计算基数不变，仍为含增值税的设备费。

（4）主要材料适用税率为 13%，次要材料及其他材料计算方法暂不调整。

（5）前期工作阶段编制概（估）算文件时，材料价格应采月发布的不含税信息价格或市场调研的不含税价格。水工建筑工程细部结构指标暂不作调整。

3. 营改增过渡阶段材料费的编制

过渡阶段采用含税价格编制概（估）算文件时，项目审批前应按本办法调整概（估）算成果，其中材料价格可以采用将含税价格除以调整系数的方式调整为不含税价格，调整方法如下。

（1）主要材料原价除以 1.13 调整系数，主要材料指水泥、钢筋、柴油、汽油、炸药、木材、引水管道、安装工程的电缆、轨道、钢板等未计价材料、其他占工程投资比例高的材料。

（2）次要材料原价除以 1.03 调整系数。

（3）购买的砂、石料、土料暂按除以 1.02 调整系数。

（4）商品混凝土除以 1.03 调整系数。

（5）按原金额标准计算的运杂费除以 1.03 调整系数，按费率计算的运杂费乘以 1.10 调整系数。

4. 水土保持工程部分材料费的编制

水土保持工程部分增值税下材料预算价格根据其组成内容，分别以不含相应增值税的价格计算。

（1）开发建设项目的工程措施材料采购及保管费率调整为 2.3%，植物措施材料采购及保管费费率调整为 0.55%～1.1%。

（2）生态建设工程的工程措施材料采购及保管费率调整为 1.7%～2.3%，林草措施、封育治理措施材料采购及保管费率调整为 1.1%。

（3）概算定额中以费率形式（%）表示的其他材料费（零星材料费）暂不作调整。飞机播种林草定额中的飞机费用按不含增值税的价格计算。

（七）计算实例

【例 3-4-2】 某大型水利枢纽工程所用钢筋从一大型钢厂供应，火车整车运输。普通 A3 光面钢筋占 35%，低合金钢占 65%，按下列已知条件，计算钢筋预算价格。

基本资料：（1）钢筋出厂价格（不含增值税进项税额）见表 3-4-6。

表 3-4-6　　　　　　　　　　钢 筋 出 厂 价 格

名称及规格	单位	出厂价/元
A3 φ10mm 以下	t	2250
A3 φ16～18mm	t	2150
20Mnsi φ25mm 以外	t	2350
20Mnsi φ20～25mm	t	2400

（2）材料的运输方式及距离如图 3-4-2 所示。

图 3-4-2　材料的运输方式及距离

（3）铁路建设基金 0.025 元/(t·km)，上站费 1.8 元/t。整车卸车费 1.15/t。公路：汽车运价 0.55 元/(t·km)；转运站费 4 元/t，汽车装车费 2 元/t，卸车费 1.6 元/t。

（4）运输保险费费率：8‰。

解：

（1）确定材料原价：

钢筋的代表规格为普通钢 HPB235 φ16～18mm 和低合金钢 HRB35 φ20～25mm。

材料原价＝2150×35％＋2400×65％＝2312.50（元/t）。

（2）计算运杂费：

铁路运杂费＝上站费＋[基价1＋（基价2＋建设基金）×运距]/装载系数＋卸车费

钢材的运价号为 5 号，查表 3-4-2 获得基价 1 为 18.6 元/t，基价 2 为 0.103 元/(t·km)，查表 3-4-3 得装载系数为 0.9。

1）公路运杂费＝运价率×运输里程＋转运站费＋（装车费＋卸车费）×2

2）铁路运杂费＝1.8＋[18.6＋(0.103＋0.025)×490]/0.9＋1.15＝91.24（元/t）

3）公路运杂费＝0.55×18＋4＋(2＋1.6)×2＝21.10（元/t）

4）综合运杂费＝91.24＋21.1＝112.34（元/t）

（3）计算运输保险费：

运输保险费＝材料原价×运输保险费率＝2312.50×8‰＝8.50（元/t）

（4）计算采购及保管费：

查表 3-4-4，可得采购保管费率为 2.2％。

采购及保管费＝（材料原价＋运杂费）×采购及保管费率
　　　　　　＝(2312.50＋112.34)×2.2％＝53.35（元/t）

（5）确定材料预算价格：

材料预算价格＝材料原价＋运杂费＋运输保险费＋采购及保管费
　　　　　　＝2312.50＋112.34＋18.50＋53.35＝2496.69（元/t）

主要材料预算价格计算表见表 3-4-7。

第四章　水利工程概（估）算文件编制

表 3-4-7　　　　　　　　　主要材料预算价格计算表

序号	名称及规格	单位	单位毛重/t	每吨运费/元	价格/元				
					原价	运杂费	采购及保管费	保险费	预算价格
1	钢筋综合价格	t	1	112.34	2312.50	112.34	53.35	18.50	2496.69

三、施工机械台时费编制

（一）施工机械台时费的概念

施工机械台时费指一台施工机械正常工作 1h 所支出和分摊的各项费用之和，它是计算建安工程单价中机械使用费的基础单价。

施工机械使用费应根据《水利工程施工机械台时费定额》及有关规定计算。对于定额缺项的施工机械，可补充编制台时费定额。

现行的《水利工程施工机械台时费定额》将施工机械分为土石方机械、混凝土机械、运输机械、起重机械、砂石料加工机械、钻孔灌浆机械、工程船舶、动力机械和其他机械九大类。

（二）施工机械台时费的组成

现行的《水利工程施工机械台时费定额》中规定：施工机械台时费一般由一类费用、二类费用构成。

（1）一类费用包括折旧费、修理及替换设备费（含大修理费、经常性修理费）和安装拆卸费，现行部颁定额按定额编制年的价格水平以金额形式表示，编制台时费时，应按相关的文件规定进行调整。

（2）二类费用分为人工、动力、燃料或消耗材料。以工时数量和实物消耗量表示，编制台时费时按国家规定的人工预算单价和工程所在地的物价水平分别计算。

若施工机械须通过公用车道时，按工程所在地交通部门规定的收费标准计算三类费，主要指施工机械每台时所摊销的牌照费、车船使用税、保险等。不领取牌照、不交纳养路费的非车船类施工机械不计算。

（三）施工机械台时费的计算

在现行的增值税体系下，施工机械台时费计算要按调整后的施工机械台时费定额和不含增值税进项税额的基础价格计算。具体计算方法如下。

1. 一类费用

施工机械台时费定额中，一类费用是按定额编制年的物价水平以全额形式表示，编制台时费单价时，应按主管部门发布的一类费用调整系数进行调整。自营改增后，在使用 2002 年版《水利工程施工机械台时费定额》计算施工机械台时费时，根据《水利部办公厅关于〈调整水利工程计价依据增值税计算标准〉的通知》（办财函〔2019〕448 号），施工机械台时费定额的折旧费除以 1.13 调整系数，修理及替换设备费除以 1.09 调整系数，安装拆卸费不变。掘进机及其他由建设单位采购、设备费单独列项的施工机械，台时费中不计折旧费，设备费除以 1.13 调整系数。

一类费用=（折旧费÷1.13+修理及替换设备费÷1.09+安装拆卸费）×编制年调整系数

2. 二类费用

施工机械台时费定额中，二类费用以工时数量和实物消耗量表示。编制台时费单价时，按规定的人工工资计算办法和工程所在地相应的动力、燃料或消耗材料的不含进项税的预算价格进行计算。

$$二类费用 = 定额机上人工工时数 \times 中级工人工预算单价 + \sum (定额动力、燃料消耗量 \times 动力、燃料预算单价)$$

一类、二类费用之和即为施工机械台时费。

$$施工机械台时费 = 一类费用 + 二类费用$$

（四）施工机械台时费编制注意事项

（1）当施工组织设计选取的施工机械在台时费定额中缺项或规格、型号不符时，必须编制补充机械台时费，现行的施工机械台时费定额中有相类似的机械条件下，编制台时费一般依据该机械的预算价格、年折旧率，年工作台时、额定功率以及额定动力或燃料消耗量等参数，借用现行的施工机械台时费定额采用直线内插法、占折旧费比例法、图解法等进行编制，除此之外，也可以根据施工机械台时费组成，分项编制出各项目费用。

（2）机上人工预算价格采用中级工的预算价格。

（3）二类费用计算中燃料费超出基价，采用基价计算机械台班费，超过基价的部分列入工程单价中进行统一补差。若燃料费未超出基价，采用燃料费预算价格计算机械台班费。

（4）大型机械设备台时费中不包括安拆费。大型机械设备安拆费应计在施工临时工程的其他施工临时工程中。

（5）手风钻、振捣器的二类费用中没有列人工费，原因是人工消耗已计入有关的土石方开挖混凝土浇筑费用中。

（6）搅拌楼台时费不包括本体以外的进料设备；塔带机台时费不包括主塔之外的皮带输送系统。

（7）定额单斗挖掘机台时费均适用于正铲和反铲。

（8）施工机械台时费计算使用的基础价格应为不含增值税进项税额的基础价格。

1）建筑工程定额、安装工程定额中以费率形式（％）表示的其他机械费费率不做调整。

2）以费率形式（％）表示的安装工程定额，其机械使用费费率除以 1.10 调整系数。计算基数不变，仍为含增值税的设备费。

3）对于水土保持工程，概算定额中以费率形式（％）表示的其他机械使用费（其他机械费）暂不作调整。飞机播种林草定额中的飞机费用按不含增值税的价格计算。

（五）计算实例

【例 3-4-3】 云南省宜良县某引水工程施工中，采用 $2m^3$ 的液压单斗挖掘机挖土，就地堆放。

（1）当柴油价格为 2.5 元/kg（不含税价格）时，计算 $2m^3$ 的液压单斗挖掘机机械台时费。

（2）当柴油价格为 6.0 元/kg（不含税价格）时，计算 $2m^3$ 的液压单斗挖掘机机械台时费。

解：

(1) 计算人工预算单价。

查表 3-4-1 人工预算单价计算标准及《编规》附录 7，宜良县属于一类地区，该工程为引水工程，可知中级工单价为 6.82 元/工时。

(2) 确定一类费用、二类费用定额消耗量。

查《水利工程施工机械台时费定额》，定额编号为 1011，一类费中折旧费为 89.06 元/台时，修理及替换设备费为 54.68 元/台时，安装拆卸费为 3.56 元/台时；二类费用中人工消耗量 2.7 工时/台时，柴油消耗量为 20.2kg/台时。

(3) 计算施工机械台时费。

问题 1）：当柴油价格为 2.5 元/kg 时

　　一类费用=(89.06÷1.13+54.68÷1.09+3.56)×1.0=132.54（元/台时）
　　　　二类费用=2.7×6.82+20.2×2.5=68.91（元/台时）
　　施工机械台时费=一类费用+二类费用=132.54+68.91=201.45（元/台时）

问题 2）：当柴油价格为 6.0 元/kg 时

　　一类费用=(89.06÷1.13+54.68÷1.09+3.56)×1.0=132.54（元/台时）
　　　　二类费用=2.7×6.82+20.2×2.99=78.81（元/台时）
　　施工机械台时费=一类费用+二类费用=132.54+78.81=211.35（元/台时）

台时费价差=（预算价格-基价）×柴油消耗量=(6.0-2.99)×20.2=60.8（元/台时）

施工机械台时费汇总表见表 3-4-8。

表 3-4-8　　　　　　　施工机械台时费汇总表　　　　　　单位：元/台时

定额编号	名称及规格	台时费	其中					台时费价差
			折旧费	修理及替换设备费	安拆费	人工费	动力燃料费	
1011	单斗挖掘机 液压 2m³	201.45	78.81	50.17	3.56	18.41	50.50	
		211.35					60.40	60.8

四、施工用电、水、风预算价格编制

水利工程施工电、水、风的消耗量较大，对工程投资影响较大。大中型工程根据施工组织设计确定的电、水、风供应方式、布置形式、设备配置等资料计算其价格。其价格组成大致相同，由基本价、能量损耗摊销费、设备维护摊销费三部分组成。

（一）施工用电价格编制

1. 基本概念

施工用电按用途可分为生产用电和生活用电两部分。生产用电直接进入工程成本，包括施工机械用电、施工照明用电和其他机械用电，构成工程直接费；生活用电是指生活文化福利建筑的室内外照明和其他生活用电。水利工程概（估）算中的电价计算范围仅指生产用电，生活用电因不直接用于生产，应在间接费内开支或由职工负担，不在施工用电电价计算范围内。

水利工程施工用电一般有两种供电方式，即外购电和自发电。外购电也称电网供电，

是指由国家或地方电网和其他电厂供电,是水利工程施工的主要电源;自发电是指由建设单位或施工单位自建柴油发电厂、水力或燃煤发电厂发电,通常用自备柴油发电机组供电,作为自备电源或在用电高峰使用。

2. 基本构成

施工用电价格由基本电价、电能损耗摊销费和供电设施维修摊销费组成。

基本电价是施工用电电价的主要部分。

(1) 基本电价。

1) 外购电的基本电价。外购电的基本电价是指供电部门按国家或地方规定收取的单位供电价格,包括电网电价及各种规定的加价(如电力建设基金、国家重大水利工程建设基金、燃料附加费等加价)。规定的加价主要有以下几种:

a. 电力建设基金,指经国务院批准的在全国范围内向电力用户征收的专门用于电力建设的资金,征收标准为 0.02 元/(kW·h)。

b. 重大水利建设基金,指在除西藏自治区以外的全国范围内筹集,按照各省(自治区、直辖市)扣除国家扶贫开发工作重点县农业排灌用电后的全部销售电量和规定征收标准计征。

c. 农网改造还贷资金,农网还贷资金按社会用电量 2min/(kW·h) 标准,并入电价收取。具体加价项目应根据相关规定确定。

需注意的是,外购电价格中的基本电价应不含增值税进项税额。

2) 自发电的基本电价。自发电的基本电价是指发电厂的单位发电成本。

(2) 电能损耗摊销费。外购电的电能损耗摊销费是指施工单位与供电部门从产权分界处(供电单位收费计量点)起,到现场各施工点最后一级降压变压器低压侧止,在所有输配电线路和变配电设备上所发生的电能损耗摊销费。它包括了高压输电线路损耗、高压配电线路和变配电设备损耗两部分。前者指高压电网到施工主变压器高压侧之间的高压输电线路损耗,其损耗率可取 4%~6%;后者指由施工主变压器高压侧至现场各施工点最后一级降压变压器低压侧之间的配电线路损耗和变配电设备上的电能损耗,其损耗率可取 5%~8%。

自发电的电能损耗摊销费是指从施工单位自建发电的出线侧(或电厂变电站出线侧)至现场各施工点最后级降压变压器低压侧止,所有变配电设备和输配电线路所发生的电能损耗费用。

从最后一级降压变压器低压侧至施工用电点的施工设备和低压配电线路损耗已包括在各用电施工设备、工器具的台时耗电定额内,电价中不再考虑。

(3) 供电设施维修摊销费。供电设施维修摊销是指摊入电价的变配电设备的基本折旧费、修理费、安装和拆卸费、变配电设备和线路的维修费及运行维护费。

3. 施工用电价格的计算

(1) 外购电电价(电网供电价格)。

外购电电价计算公式如下:

电网供电价格=基本电价÷(1−高压输电线路损耗率)
　　　　　　÷(1−35kV以下变配电设备及配电线路损耗率)+供电设施维修摊销费

(2) 柴油发电机供电价格。

1) 采用专用水泵供给冷却水时，柴油发电机供电的电价计算公式如下：

柴油发电机供电价格＝供电设施维修摊销费＋

$$\frac{柴油发电机机组(台)时总费用＋水泵组(台)时总费用}{柴油发电机额定容量之和×发电机出力系数×(1-厂用电率)×(1-变配电设备及配电线路损耗率)}$$

2) 采用循环冷却水时，柴油发电机供电的电价计算公式如下：

柴油发电机供电价格＝供电设施维修摊销费＋单位循环冷却水费＋

$$\frac{柴油发电机机组台时总费用}{柴油发电机额定容量之和×发电机出力系数×(1-厂用电率)×(1-变配电设备及配电线路损耗率)}$$

其中，发电机出力系数，一般取 0.8～0.85；

厂用电率，取 3%～5%；

高压输电线路损耗率，取 3%～5%；

变配电设备及配电线路损耗率，取 4%～7%；

供电设施维修摊销费，取 0.04～0.05 元/(kW·h)；

单位循环冷却水费，取 0.05～0.07 元/(kW·h)。

如果工程为自发电与外购电共用，则按外购电与自发电电量比例加权平均计算综合电价。

4. 计算实例

【例 3-4-4】 某水利工程电网供电占 97%，自备固定式柴油发电机组（200kW 机组 1 台、400kW 机组 2 台）供电占 3%，并配备 3 台 55kW 单级离心泵，供循环冷却水。基础资料如下：

(1) 该电网电价及附加费（不含税）见表 3-4-9（不考虑丰枯用电的变化）。

表 3-4-9　　　　　　　　电网电价及附加费表（不含税）

项目名称	单位	单价
大宗工业用电	元/(kW·h)	0.571
非工业用电	元/(kW·h)	0.436
省电力建设基金	元/(kW·h)	0.007
市电网建设附加费	元/(kW·h)	0.05

(2) 高压输电线路损耗率为 5%；发电机出力系数取 0.80；厂用电率取 5%；变配电设备及配电线路损耗率取 6%；供电设施维修摊销费为 0.05 元/(kW·h)；单位循环冷却水费 0.07 元/(kW·h)。

(3) 固定式柴油发电机组，容量 200kW 机械台时费用 149.38 元/台时；容量 400kW 机械台时费用 267.5 元/台时，55kW 单级离心泵机械台时费 11.55 元/台时。

问题：计算施工用电综合电价。

解：

(1) 计算外购电价：

基本电价＝0.436＋0.05＋0.007＝0.493 元/(kW·h)

外购电价＝0.493÷[(1−5%)×(1−6%)]+0.05＝0.602 元/(kW·h)

(2) 计算自发电价（自设水泵供冷却水）：

自发电价＝(1×149.38+2×267.5+3×11.55)÷(1000×0.8)
　　　　÷(1−5%)÷(1−6%)+0.05+0.07
　　　　＝1.126 元/(kW·h)

(3) 计算综合电价：

综合电价＝电网供电价格×97%+自发电价×3%＝0.602×97%+1.126×3%
　　　　＝0.618 元/(kW·h)

（二）施工用水价格编制

1. 基本概念

水利水电工程施工用水分为生产和生活用水。生产用水包括施工机械用水、砂石料筛洗用水、混凝土拌制和养护用水等。生活用水不在水价计算范围内。

2. 基本构成

施工用水价格由基本水价、供水损耗摊销费和供水设施维修摊销费组成。

基本水价根据施工组织设计确定的施工高峰用水所配置的供水机械组台时总费用除以组台时总有效供水量计算，其高低与生产用水工艺要求及施工布置有关。

供水损耗摊销费指施工用水在储存、输送、处理过程中，造成水量损失的摊销费用。损耗常以损失水量占水泵总流量的损耗率计算，其损耗率大小与储水池、供水管理的质量以及运行中维修管理的好坏有关。

供水设施维修摊销费指摊入水价的贮水池、供水管路等的维护修理费用。由于该费用难以准确计算，编制设计概（估）算时，常以经验指标摊入水价。

3. 施工用水价格的计算

施工用水价格根据施工组织设计所配置的供水系统设备组台时总费用和组台时总有效供水量计算。水价计算公式如下：

$$施工用水价格 = \frac{水泵组（台）时总费用}{水泵额定容量之和 \times 能量利用系数 \times (1-供水损耗率)} + 供水设施维修摊销费$$

其中，能量利用系数，取 0.75～0.85；供水损耗率，取 6%～10%；供水设施维修摊销费，取 0.04～0.05 元/m³。

注意：①施工用水为多级提水并中间有分流时，要逐级计算水价；②施工用水有循环用水时，水价要根据施工组织设计的供水工艺流程计算。

4. 施工用水价格计算时应注意的问题

(1) 供水系统为一级供水，台时总出水量按全部工作水泵的总出水量计算。

(2) 供水系统为多级供水时，若全部水量通过最后一级水泵出水时，组台时总出水量按最后一级水泵的出水量计算，但组台时总费用应包括所有各工作水泵的台时费；若有部分水量不通过最后一级，而由其他各级分别供水，其台时总出水量为各级出水量之和。

(3) 生产用水若为多个供水系统，则可按各系统供水量的比例加权平均计算综合水价。

(4) 生产、生活采用同一多级水泵供水系统时，若最后一级全部供生活用水，则最后一级水泵的台时费不应计算在台时总费用内，但台时总出水量应包括最后一级出水量。凡生活用水而增加的费用（如净化费用等），均不应摊入生产用水价格内。

5. 计算实例

【例 3-4-5】 某水利工程施工用水设一个取水点二级供水，各级泵站出水口处均设有调节池，供水系统主要技术指标见表 3-4-10。

表 3-4-10 供水系统主要技术指标表

位置	水泵型号	电机功率 /kW	台数 /台	设计扬程 /m	水泵额定流量 /(m³/h)	设计用水量 /(m³/组时)	台时单价 /(元/台时)	备注
一级水泵	150S78	55	3	70	170	150	35.56	另备用一台
二级水泵	D155-30×512sh-9A	37	2	80	90	55	28.43	另备用一台
小计						205		

问题一：分析每级出水量是否满足设计要求。

问题二：计算施工用水综合价格。

解：

问题一：

(1) 确定相关计算参数。

水泵能量利用系数取 0.8，供水损耗率取 8%，供水设施维修摊销费取 0.03 元/m³。

(2) 计算水泵净供水量及各级泵站设计用水量比例。

$$水泵额定流量之和 = 水泵额定流量 \times 台数$$
$$实际组时净供水量 = 水泵额定容量之和 \times 水泵能量利用系数 \times (1 - 供水损耗率)$$
$$设计用水量比例 = 设计用水量 / 设计总水量$$

一级泵站实际组时净供水量 = $170 \times 2 \times 0.8 \times (1-8\%) = 250.24$ (m³/组时)

二级泵站实际组时净供水量 = $90 \times 0.8 \times (1-8\%) = 66.24$ (m³/组时)

结论：一级泵站实际组时净供水量 250.24m³/组时，大于设计用水量 150m³/组时；二级泵站实际组时净供水量 66.24m³/组时，大于设计用水量 55m³/组时，一级和二级泵站出水量均能满足设计要求。

问题二：

计算各级泵站用水水价和综合水价。

各级泵站用水水价 = 各级泵站组时总费用 ÷ 组时净供水量 + 供水设施维修摊销费

施工用水综合价格 = Σ各级泵站水价 × 各级泵站供水比例

则 一级泵站用水水价 = $35.56 \times (3-1) \div 250.24 + 0.03 = 0.314$ (元/m³)

二级泵站用水水价 = $28.43 \times (2-1) \div 66.24 + 0.03 + 0.314 = 0.773$ (元/m³)

施工用水综合价格 = $0.314 \times 150 \div 205 + 0.773 \times 55 \div 205 = 0.437$ (元/m³)

或者 一级泵站用水水价 = $35.56 \times 2 \div 250.24 = 0.284$ (元/m³)

二级泵站用水水价 = $28.43 \times 1 \div 66.24 + 0.284 = 0.713$ (元/m³)

施工用水综合价格＝0.284×150÷205+0.713×55÷205+0.03=0.429(元/m³)

(三) 施工用风价格编制

1. 基本概念

水利施工用风主要施工机械（如风钻、潜孔钻、凿岩台车、混凝土喷射机、风水枪等）所需的压缩空气。压缩空气可由固定式空压机或移动式空压机供给。

2. 基本构成

施工用风价格由基本风价、供风损耗摊销费和供风设施维修摊销费组成。

(1) 基本风价。基本风价是根据施工组织设计所配置的供风系统设备，按总台时费用除以台时总供风量计算的单位风量价格。

(2) 供风损耗摊销费。供风损耗摊销费由压气站至用风工作面的固定供风管道，在输送压气过程中所发生的风量损耗摊销费用。

(3) 供风设施维修摊销费。供风设施维修摊销费指摊入风价的供风管道的维护修理费用。

3. 施工用风的计算

施工用风价格由基本风价、供风损耗和供风设施维修摊销费组成，根据施工组织设计所配置的空气压缩机系统设备组台时总费用和组台时总有效供风量计算。

(1) 空压机供风采用专用水泵供给冷却水时，风价计算公式如下：

$$施工用风价格 = 供风设施维修摊销费 + \frac{空压机组(台)时总费用+水泵组台时总费用}{空压机额定容量之和×60×能量利用系数×(1-供风损耗率)}$$

(2) 空气压缩机系统如采用循环冷却水，不用水泵时，风价计算公式如下：

$$施工用风价格 = 供风设施维修摊销费 + 单位循环冷却水费 + \frac{空压机组(台)时总费用}{空压机额定容量之和×60×能量利用系数×(1-供风损耗率)}$$

其中，能量利用系数，取 0.70~0.85；

供风损耗率，取 6%~10%；

单位循环冷却水费，取 0.007 元/m³；

供风设施维修摊销费，取 0.004~0.005 元/m³。

4. 计算实例

【例 3-4-6】 某工程供风系统所配备的空压机数量及主要技术指标、台时单价见表 3-4-11。能量利用系数取 0.80，供风损耗率取 10%，循环冷却水摊销费 0.007 元/m³，供风设施维修摊销费取 0.004 元/m³。试计算施工用风价格。

表 3-4-11　　　　　　　供风系统主要技术指标表

空压机名称	额定容量 /(m³/min)	数量 /台	额定容量之和 /(m³/min)	台时单价 /(元/台时)
固定式空压机	40	2	80	115.36
固定式空压机	20	3	60	66.04

第四章　水利工程概（估）算文件编制

续表

空压机名称	额定容量/(m³/min)	数量/台	额定容量之和/(m³/min)	台时单价/(元/台时)
移动式空压机	6	4	24	27.03
合计			164	

解：

(1) 计算各空压机组时总费用：

　　空压机组时总费用 $=2\times115.36+3\times66.04+4\times27.03=536.96$（元/台时）

(2) 计算空压机组时供风量：

$$\text{组时供风量}=\text{空压机额定容量之和}\times60\min\times\text{能量利用系数}$$
$$=(80+60+24)\times60\times0.8=7872(\text{m}^3/\text{组时})$$

(3) 施工用风价格计算：

　　施工用风价格 $=536.96\div7872\div(1-10\%)+0.007+0.004=0.0087$（元/m³）

（四）电、水、风价格编制应注意的事项

1. 工程部分

(1) 施工用电价格。

1) 电网供电价格中的基本电价应不含增值税进项税额。

2) 柴油发电机供电价格中的柴油发电机组（台）时总费用应按调整后的施工机械台时费定额和不含增值税进项税额的基础价格计算。

3) 其他内容和标准不变。

(2) 施工用水、用风价格。施工用水、用风价格中的机械组台时总费用应按调整后的施工机械台时费定额和不含增值税进项税额的基础价格计算，其他内容和标准不变。

2. 水土保持工程

(1) 施工用电价格。

1) 开发建设项目。电网供电价格中的基本电价为不含增值税价格；柴油发电机供电价格中的柴油发电机组台时总费用应按调整后的施工机械台时费定额和不含增值税的基础价格计算；其他内容不作调整。

2) 生态建设工程。电价暂不作调整，或按当地不含增值税的实际价格计算。

(2) 施工用水、用风价格。

1) 开发建设项目。施工用水、用风价格中的机械组台时总费用应按调整后的施工机械台时费定额和不含增值税的基础价格计算；其他内容不作调整。

2) 生态建设工程。水价、风价均不作调整，或按当地不含增值税的实际价格计算。

五、砂石料预算价格编制

（一）砂石料概念

广义砂石料是砂砾料、砂、碎石、砾石、块石、毛条石等骨料的统称，本节所说的砂石料是指砂砾石、砂、砾石、碎石等骨料的统称。它是基本建设工程中混凝土和堆砌石等构筑物的主要建筑材料。大中型工程砂石料一般由施工单位自行采购，由承包人自行开采加工的骨料，在预测概算造价时应采用现行概算定额和编制规定，计算骨料单价，需要单独编制单价。外购砂石料的单价可按材料预算价格的编制方法编制。

（二）骨料单价计算的基本方法

常用的骨料单价计算方法有两种：系统单价法和工序单价法。

1. 系统单价法

系统单价法是以整个砂石料生产系统为计算单元，用系统单位时间的生产总费用除以系统单位时间的骨料产量，求得骨料单价，即从原料开采运输起到骨料运至搅拌楼（场）骨料料仓（堆）止的生产全过程作为一个生产系统，计算出骨料单价。计算公式如下：

$$骨料单价 = 系统生产总费用 \div 系统骨料产量$$

系统生产总费用中的人工费按施工组织设计确定的劳动组合计算的人工数量，乘以相应的人工单价求得。机械使用费按施工组织设计确定的机械组合所需机械型号、数量分别乘以相应的机械台时单价求得。材料费可参考定额数量计算。系统产量应考虑施工期不同时期（初期、中期、末期）的生产不均匀性因素，经分析计算后确定。

系统单价法避免了影响计算成果准确的损耗和体积变化这两个复杂问题，计算原理相对科学，但对施工组织设计深度要求较高。

2. 工序单价法

工序单价法按骨料生产流程，分解成若干个工序，以工序为计算单元，按现行概算相应定额计算各工序单价，再累计计算成品骨料单价的方法。本节重点介绍工序单价法。

（三）骨料单价的编制步骤

（1）收集整理基本资料。为保证砂石料单价计算准确可靠，在编制单价前必须通过勘探、实验和施工组织设计搜集和掌握以下资料。

1）料场的位置、地形、水文地质特性，岩石类别及物理力学特性。

2）料场的储量与可开采数量，料场的天然级配，骨料的设计级配，料场覆盖层的清理厚度、数量、清除方式等。

3）覆盖层清除，毛料的开采、运输、加工、筛洗，废料处理及成品料的运输与堆存方式。

4）砂石料生产系统的工艺流程及设备配置，各生产环节的设计生产能力，级配平衡计算成果及其相互间的衔接方式。

5）人工、电、水、风的单价及组成系统的各机械设备的台时费等基础资料。

6）相关的定额和手册。

（2）了解熟悉生产流程和施工方法。包括工艺流程示意图、主要设备型号、数量等。

（3）确定并计算基本参数。

（4）用现行定额计算各工序单价。

（5）按各料场或各砂石料场生产系统所担负生产量的比例，计算考虑弃料及各参数影响的骨料的综合单价。

（四）成品骨料单价的计算

骨料生产由覆盖层清除、毛料开采运输、筛洗加工、成品骨料运输、弃料处理等工序

第四章 水利工程概（估）算文件编制

组成，根据设计提供的料场规划、生产流程、施工方法及有关资料套用概预算定额相关子目，分别计算各工序单价。

1. 天然砂石料各工序单价的计算

（1）覆盖层清除。天然砂砾料场（一般为河滩）表层都有杂草、树木、腐质土等覆盖，在毛料开采前应剥离清除。采用现行定额中土方工程定额，计算工序单价，并折算为100t。

（2）毛料开采运输。毛料开采运输费用指毛料（原料）从料场开采、运输至砂石料加工场的毛料堆场的费用。根据施工组织设计确定的开采和运输方案，按相应工程项目的定额子目计算。

毛料开采运输通常有以下两种情况：

1）毛料开采后一部分直接运到筛分场堆存，而另一部分需暂存某堆料场，将来再倒运到筛分场，这种情况应分别计算单价，然后按比例加权平均计算综合工序单价。

2）由多个料场供料时，当开挖、运输方式相同，可按料场供料比例，加权平均计算运距。如果开挖、运输方式不同，则应分别计算各料场单价，按供料比例加权平均计算工序单价。

（3）预筛分。根据施工组织设计确定筛分选用相应的定额计算。

超径石破碎工序单价＝超径石破碎量(t)÷设计骨料总用量(t)×超径石破碎定额单价

（4）筛分冲洗。筛分冲洗单价根据施工组织设计套用筛洗定额计算。为满足设计级配要求，充分利用料源，在筛洗工序中可增加中间破碎工序，其工序单价为：

中间破碎工序单价＝中间破碎量(t)÷设计骨料总用量(t)×超径石破碎定额单价

（5）成品料运输。成品料运输单价根据施工组织设计确定的运输方案套用相应定额计算。

（6）弃料处理。弃料的数量应根据砂石料场的勘探试验资料和施工组织设计级配平衡计算结果确定。计算单价时，按照每工艺流程的弃料量与成品骨料量的比例摊入骨料单价。若弃料经挖装运输至指定地点时，其费用按清除的施工方法，采用相应的定额计算，同样按照弃料比例摊入砂石单价。

超径石弃料摊销费＝（砂砾料开采运输单价＋预筛分单价＋弃料运输单价）×超径石弃料摊销率

剩余弃料摊销费＝成品骨料单价×剩余骨料摊销率

2. 人工砂石料各工序单价的计算

人工骨料料源为岩石，加工工序分为制碎石、制砂、制碎石和砂三种情况。

（1）覆盖层清除。覆盖层清除为土方、石方开挖工程，该工序单价应摊入成品骨料单价。计算方法根据施工方法套用相应定额计算单价。

（2）碎石原料开采运输。碎石原料开采运输根据施工方法分别套用开采和运输相应定额计算单价。

（3）碎石粗碎。《水利建筑工程概算定额》未单独设置该工序定额子目，而将其归入制碎石、制砂及制碎石和砂定额中。

（4）碎石中碎筛分。水利部现行定额按工厂生产规模、设备型号设置了制碎石、制碎石及砂等若干定额子目，破碎机时间定额可根据不同岩石的抗压强度进行调整。

（5）制砂。《水利建筑工程概算定额》按工厂生产规模设置了若干子目，其工作内容

367

包括粗碎、中碎、细碎、筛洗、棒磨制砂、堆存脱水、破碎机时间定额及钢棒消耗量,使用定额时可根据工程实际情况对岩石抗压强度及岩性进行调整。

(6) 成品骨料运输。同天然骨料。

(7) 弃料处理。人工骨料理论上讲不存在弃料处理问题,如果有弃料发生,应为成品骨料(粗骨料、细骨料)的剩余量。

3. 确定有关参数

(1) 覆盖层清除摊销率。

$$摊销率=[覆盖层清除量(t)\div 成品骨料总用量(t)]\times 100\%$$
$$=[覆盖层清除量(自然方\times 自然方密度)]$$
$$\div [成品骨料总用量(成品堆方\times 成品堆方密度)]\times 100\%$$

(2) 弃料摊销率。

$$弃料摊销率=[弃料量(t)]\div [成品骨料总量(t)]\times 100\%$$
$$=[弃料量(成品堆方\times 成品堆方密度)]$$
$$\div [成品骨料总量(成品堆方\times 成品堆方密度)]\times 100\%$$

弃料可能为超径石弃料(发生在预筛分工序)或成品骨料弃料(发生在筛分楼分级料仓)。

(3) 破碎率。

$$破碎率=[需破碎量(t)]\div [设计成品骨料总用量(t)]\times 100\%$$

破碎可能为超径石破碎或晒洗中间破碎。

4. 计算成品骨料单价

当完成各工序单价计算后,成品骨料单价计算如下。

$$砂石骨料综合单价=覆盖层清除摊销单价+开采加工单价+弃料处理摊销单价$$

其中
$$覆盖层清除摊销单价=\sum(覆盖层清除单价\times 覆盖层清除摊销率)$$
$$弃料处理摊销单价=\sum(弃料处理单价\times 弃料处理摊销率)$$
$$开采加工单价=\sum(各工序开采加工工序单价)$$

(五) 计算砂石料单价时应注意的问题

(1) 骨料单价是指从覆盖层清除开始到成品骨料运至拌和楼成品料堆为止,全过程应计算的费用,包括弃料处理费用。

(2) 水利工程砂石料由施工企业自行采备时,砂石料单价应根据料源情况、开采条件和工艺流程计算,并计取间接费、利润及税金。自采砂石料税率为3%。

(3) 现行砂石备料加工定额中,砂石料的计量单位以重量 t 表示,而开采、运输等定额一般为成品方(堆方、码方)表示,在计算骨料单价时应根据各工序成品的密度进行折算,统一计量单位。如无实测资料时,可参考表3-4-12的数据。

表3-4-12　　　　　　　　砂石料密度参考值

砂石料类别	天然砂石料			人工砂石料		
	松散砂砾混合料	分级砾石	砂	碎石原料	成品碎石	成品砂
密度/(t/m³)	1.74	1.65	1.55	1.76	1.45	1.50

（六）计算实例

【例 3-4-7】 某水利枢纽工程，混凝土所需骨料拟采用天然砂砾料，材料覆盖层清除量 15 万 m³，设计需用成品骨料 150 万 m³，超径石 7.5 万 m³ 作弃料，并运至弃渣场，工艺流程如框图 3-4-3 所示。根据所给工序单价，计算该工程细骨料砂的单价。

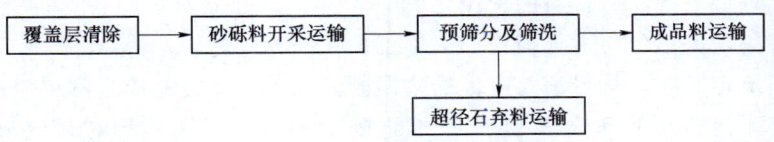

图 3-4-3 工艺流程图

已知各工序基本直接费单价：覆盖层清除单价 765 元/100m³，砂砾料开采运输 500 元/100m³，砂砾料筛洗 360 元/100t，成品料运输 821 元/100m³，超径石弃料处理 680 元/100t。

解：

（1）统一各工序基本直接单价的单位：

首先把各工序单价统一为元/100t，查表 3-4-12 砂石料密度值，砂的密度为 1.55t/m³，砂砾料密度为 1.74t/m³，折算各工序基本直接费单价。

覆盖层清除单价为 765 元/100m³，折算为 765÷1.55＝493.55（元/100t）

砂砾料开采运输 500 元/100m³，折算为 500÷1.74＝287.36（元/100t）

成品料运输 821 元/100m³，折算为 821÷1.55＝529.68（元/100t）

（2）基本参数确定：

$$覆盖层清除摊销率＝15÷150＝10\%$$
$$超径石弃料摊销率＝7.5÷150＝5\%$$

（3）综合系数 K 的计算：

综合系数 K 是其他直接费、间接费、利润和税金的综合费率标准，根据《编规》计算得：

$$K=(1+7\%)\times(1+5\%)\times(1+7\%)\times(1+3\tfrac{3}{8}\%)=1.238$$

（4）细骨料综合单价计算：

该工程细骨料的单价为 24.74 元/m³，计算过程及结果见表 3-4-13。

表 3-4-13　　　　　　　砂 单 价 计 算 表

编号	项　目	工序单价/(元/100t)	系数	摊销率	复价/(元/100t)
1	覆盖层清除	493.55		10%	49.36
2	砂砾料开采运输	287.36	1.1		316.10
3	砂砾料筛洗	360			360.00
4	成品料运输	529.68			529.68
5	超径石弃料处理	680		5%	34.00
6	以上为基本直接费合计				1289.14
	细骨料砂的综合单价/(元/100t)				1289.14÷100×1.238＝15.96
	细骨料砂的综合单价/(元/m³)				15.96×1.55＝24.74

六、混凝土、砂浆材料价格编制

(一) 基本概念

混凝土、砂浆材料单价是指按施工配合比配制的每立方米混凝土中砂、石、水泥、水、掺合料及外加剂等各种材料的费用之和。它不包括拌制、运输、浇筑等工序的人工、材料和机械费用,也不包括搅拌损耗外的施工操作损耗及超填量等。

混凝土浇筑定额中,材料消耗定额的"混凝土"项,系指完成定额单位产品所需的混凝土半成品量,包括冲毛(或凿毛)、干缩、施工损耗、运输损耗和接缝砂浆等的消耗量(概算定额还包括超填量)在内。

(二) 换算系数及有关说明

(1) 混凝土配合比。在计算混凝土、砂浆材料单价时,混凝土、砂浆配合比的各项材料用量,应根据工程试验提供的资料计算,若无试验资料时,也可参照《水利建筑工程概算定额》附录 7 "混凝土、砂浆配合比及材料用量表"计算。

(2) 混凝土强度等级与设计龄期的换算系数。《水利建筑工程概算定额》附录中各强度等级混凝土配合比(碾压混凝土除外)是按 28d 龄期用标准试验方法测得的具有 95% 保证率的抗压强度标准值确定的,当设计龄期为大于 28d 时,则应将设计龄期的强度等级乘以换算系数,折算为 28d 的强度等级,才可使用《水利建筑工程概算定额》附录中的混凝土配合比表材料用量。若设计龄期超过 28d,按表 3-4-14 系数换算。当换算后的结果介于两个强度等级之间时,应取高级的混凝土强度等级。

表 3-4-14 混凝土各龄期强度等级折算系数

设计龄期/d	28	60	90	180	360
强度等级换算系数	1.00	0.83	0.77	0.71	0.65

如某大坝混凝土采用 90d 龄期设计强度等级为 C25,则换算为 28d 龄期时其混凝土强度等级为 25×0.77=19.25,取 20,即应按《水利建筑工程概算定额》附录强度等级 C20 混凝土配合比表的材料预算量计算混凝土材料单价。

(3) 混凝土配合比表系卵石、粗砂混凝土,如实际采用碎石或细砂,按表 3-4-15 系数换算。

表 3-4-15 骨料不同混凝土配合比换算系数

项 目	水泥	砂	石子	水
卵石换为碎石	1.10	1.10	1.06	1.10
粗砂换为中砂	1.07	0.98	0.98	1.07
粗砂换为细砂	1.10	0.96	0.97	1.10
粗砂换为特细砂	1.16	0.90	0.95	1.16

注 水泥按重量计,砂、石子、水按体积计。

(4) 若实际采用碎石及中细砂时,则总的换算系数应为各单项换算系数的乘积。

（5）埋块石混凝土材料用量的调整。计算混凝土材料用量时，应将混凝土配合比表中的材料用量扣除埋块石实体的数量。

埋块石混凝土材料用量＝定额混凝土配合比表中的材料用量×(1－埋块石率％)

式中 (1－埋块石率％)——材料用量调整系数，埋块石率由施工组织设计确定。

埋块石混凝土浇筑定额应增加的人工工时数量见表 3－4－16。

每 $100m^3$ 块石混凝土中混凝土用量＝(1－埋块石率％)×$100m^3$

每 $100m^3$ 块石混凝土中块石用量＝埋块石率％×$1.67m^3$（注：块石 $1m^3$ 实体方＝$1.67m^3$ 码方，即码方块石折方系数为 1.67）。

表 3－4－16　　　埋块石混凝土浇筑定额应增加的人工工时数量表

埋块石率/%	5	10	15	20
每 $100m^3$ 块石混凝土增加的人工/工时	24	32	42.4	56.8

上述调整后的混凝土，其基价仍用未埋块石的混凝土基价。"块石"在浇筑定额中的计量单位以码方计，相应块石开采运输单价的计量单位亦以码方计。

（6）水泥强度等级换算系数。水泥强度等级与用量换算，当工程采用水泥的强度等级与配合比表不同时，应对配合比表的水泥用量进行调整，换算系数见表 3－4－17。

表 3－4－17　　　水泥强度等级与用量换算系数参考表

原强度等级	代换强度等级		
	32.5	42.5	52.5
32.5	1.00	0.86	0.76
42.5	1.16	1.00	0.88
52.5	1.31	1.13	1.00

（7）水泥用量按机械拌和拟定，若是人工拌和水泥用量增加 5％。

（8）根据《水利部办公厅印发〈水利工程营业税改征增值税计价依据调整办法〉的通知》（办水总〔2016〕132 号），混凝土材料单价按混凝土配合比中各项材料的数量和不含增值税进项税额的材料价格进行计算。

商品混凝土单价采用不含增值税进项税额的价格，基价 200 元/m^3 不变。

根据该办法，采用含税价格编制概（估）算文件时，项目审批前应按本办法调整概（估）算成果，其中材料价格可以采用将含税价格除以调整系数的方式调整为不含税价格，商品混凝土除以 1.03 调整系数。

（9）其他未尽事项可参考定额附录 7。

（三）混凝土、砂浆材料单价计算

1. 混凝土材料单价计算

在混凝土组成材料中，若水泥、外购骨料的预算价格超过基价时，应按水泥 255 元/t，砂石料 70 元/m^3 的基价计算，超出部分以材料补差形式列入工程单价表中并计取税金。

当采用商品混凝土时，其材料单价应按基价 200 元/m^3 计入工程单价参加取费，预算价与基价的差额以材料补差形式列入工程单价表中并计取税金。

混凝土材料单价计算公式：

$$混凝土材料单价 = \sum(某材料用量 \times 某材料预算价格)$$

2. 砂浆材料单价计算

砂浆材料单价应根据工程试验提供的资料确定砂浆的各组成材料及相应的用量，若无试验资料，可参考定额附录中的砂浆材料配合表中各组成材料预算量，计算出砂浆材料的单价，材料补差的方式与混凝土材料单价相同。砂浆材料单价计算公式：

$$砂浆材料单价 = \sum(某材料用量 \times 某材料预算价格)$$

（四）计算实例

【例 3-4-8】 某水利枢纽工程中挡水工程，采用 M7.5 浆砌石重力坝，溢流面采用 C25 混凝土。水泥强度等级为 42.5R 的普通硅酸盐水泥及中砂和碎石作为配合料，水灰比 0.55，混凝土采用 2 级配。试计算该工程 C25 混凝土、M7.5 砂浆材料单价。

已知：情况一：当地材料价格中砂 60 元/m³、42.5R 水泥 245 元/t，碎石 50 元/m³，水 0.5 元/m³。情况二：当地材料价格中砂 80 元/m³、42.5R 水泥 400 元/t，碎石 75 元/m³，水 0.5 元/m³。

解：

(1) 确定混凝土、砂浆材料的配合比。

本项目无试验资料，查《水利工程概算定额》附录 7 表 7-7 的混凝土的配合比。可知 C25 混凝土每 m³ 混凝土材料配合比用量：42.5R 级普通硅酸盐水泥 289kg，粗砂 0.49m³，卵石 0.81m³，水 0.15m³。查表 7-15 水泥砂浆配合表，可知 M7.5 砂浆每立方米的材料配合比用量：32.5 级普通硅酸盐水泥 261kg，砂 1.11m³，水 0.157m³。

(2) 确定调整系数，最终确定材料用量。

C25 混凝土中卵石换碎石，粗砂换中砂，查表 3-4-15 进行调整，调整系数为：

水泥 $1.1 \times 1.07 = 1.177$，中砂 $1.1 \times 0.98 = 1.078$，碎石 $1.06 \times 0.98 = 1.039$，水 $1.1 \times 1.07 = 1.177$。

则 C25 混凝土中每立方米混凝土各材料的用量为：水泥 $289 \times 1.177 = 340.15(kg)$，中砂 $0.49 \times 1.078 = 0.53(m^3)$，碎石 $0.81 \times 1.039 = 0.84(m^3)$，水 $0.15 \times 1.177 = 0.177(m^3)$。

M7.5 砂浆配合表用量，查表 3-4-17 进行调整，32.5 级水泥换 42.5 级水泥，水泥调整系数为 0.86，其他材料不做调整。

(3) 代入各组成材料的单价。

若水泥、外购砂石料预算价小于基价时，按预算价计算；若水泥、外购砂石料骨料的预算价大于基价时，应按水泥 255 元/t、砂石料 70 元/m³ 的基价计算，超出部分以材料补差形式列入工程单价表中并计取税金。

(4) 计算混凝土、砂浆材料单价。

情况一的计算成果见表 3-4-18；情况二的计算成果见表 3-4-19。

第四章 水利工程概（估）算文件编制

表 3-4-18　　　　　　　　　混凝土、砂浆单价计算表

编号	名称及规格			材料名称	单位	预算量	调整系数	预算价/元	基价/元	合价/(元/m³)
	混凝土强度等级	级配	水泥强度等级							
1	C25	2	42.5	水泥	kg	289	1.177	0.245	0.255	83.34
				中砂	m³	0.49	1.078	60	70	31.69
				碎石	m³	0.81	1.039	50	70	42.08
				水	m³	0.15	1.177	0.5		0.09
				小计						157.20
2	M7.5		42.5	水泥	kg	261	0.86	0.245	0.255	54.99
				中砂	m³	1.11	1.00	60	70	66.6
				水	m³	0.157	1.00	0.5		0.08
				小计						121.67

表 3-4-19　　　　　　　　　混凝土、砂浆单价计算表

编号	名称及规格			材料名称	单位	预算量	调整系数	预算价/元	基价/元	合价/(元/m³)	价差/(元/m³)
	混凝土强度等级	级配	水泥强度等级								
1	C25	2	42.5	水泥	kg	289	1.177	0.4	0.255	86.74	49.32
				中砂	m³	0.49	1.078	80	70	36.98	5.28
				碎石	m³	0.81	1.039	75	70	58.91	4.21
				水	m³	0.15	1.177	0.5	0	0.09	0
				小计						182.72	58.81
2	M7.5		42.5	水泥	kg	261	0.86	0.4	0.255	57.24	32.54
				中砂	m³	1.11	1	80	70	77.7	11.1
				水	m³	0.157	1	0.5		0.08	0
				小计						135.02	43.64

第三节　建筑及安装工程单价编制

建筑与安装工程单价（简称工程单价）是编制水利水电工程建筑与安装费用的基础，它直接影响工程总投资的准确程度。

一、工程单价的概述

工程单价是指完成单位工程量（如 1m³、1t、1 台等）所耗用的全部费用，包括直接费、间接费、利润、材料补差和税金五部分费用的总和。本节工程单价包括建筑工程单价和安装工程单价两部分的编制。

建安工程单价由"量""价"要素组成，"量"指的是完成一定数量合格建筑或安装工程产品（单位工程量）所需的人工、材料和施工机械台时数量；"价"是指基础单价；"费"是指按规定计取的费率标准。

工程单价的编制方法有定额法和实物量法，目前水利工程采用定额法。在初步设计阶段使用概算定额编制的工程单价称为工程概算单价；在施工图设计阶段使用预算定额编制的工程单价称为工程预算单价。本节以概算定额为依据介绍土方工程、石方工程、砌石工程、混凝土工程、模板工程、钻孔灌浆及锚固工程、疏浚工程和其他工程的建筑工程概算单价编制，以及设备安装工程概算单价的编制。

二、建筑工程单价计算程序和编制方法

（一）建筑工程单价计算程序

工程单价编制一般采用列表法，该表称为工程单价表。其计算程序见表 3-4-20。

表 3-4-20　　　　　　　　建筑工程单价计算程序表

序号	名称及规格	计　算　式
一	直接费	1＋2
1	基本直接费	（1）＋（2）＋（3）
（1）	人工费	∑定额劳动量（工时）×人工预算单价（元／工时）
（2）	材料费	∑定额材料用量×材料预算价格
（3）	机械使用费	∑定额机械使用量（台时）×施工机械台时费（元／台时）
2	其他直接费	1×其他直接费率之和
二	间接费	一×间接费率
三	利润	（一＋二）×利润率
四	主材补差	（材料预算价格－基价）×材料消耗量
五	税金	（一＋二＋三＋四）×税率
六	工程单价	一＋二＋三＋四＋五

为了简化计算，也可采用较为便捷的综合系数法（又称公式法），其方法是先根据费率标准计算综合系数再用基本直接费乘以综合系数计算出工程单价。

$$J_建 = (J_基 \times K + 材料补差) \times (1+税率) \qquad (3-4-1)$$

$$J_基 = F_人 + F_材 + F_机 \qquad (3-4-2)$$

$$K = (1+a) \times (1+b) \times (1+c) \qquad (3-4-3)$$

式中　　$J_建$——建筑工程单价；

　　　　$J_基$——建筑工程单价基本直接费；

　　　　K——综合系数；

$F_人$、$F_材$、$F_机$——人工费、材料费、机械使用费；

　　a、b、c——其他直接费费率、间接费费率、利润率。

（二）建筑、安装工程费率的确定

1. 其他直接费

（1）冬雨季施工增加费。根据不同地区，按基本直接费的百分率计算。

西南区、中南区、华东区：0.5%～1.0%；华北区：1.0%～2.0%；西北区、东北区：2.0%～4.0%；西藏自治区：2.0%～4.0%。西南区、中南区、华东区中按规定不计冬季施工增加费的地区取小值，计算冬季施工增加费的地区可取大值；华北区中、内蒙古

等较严寒地区可取大值，其他地区取中值或小值；西北区、东北区中、陕西、甘肃等地区取小值，其他地区可取中值或大值。

各地区包括的省（自治区、直辖市）如下：
1）华北地区：北京、天津、河北、山西、内蒙古5个省（自治区、直辖市）。
2）东北地区：辽宁、吉林、黑龙江3个省。
3）华东地区：上海、江苏、浙江、安徽、福建、江西、山东7个省（直辖市）。
4）中南地区：河南、湖北、湖南、广东、广西、海南6个省（自治区）。
5）西南地区：重庆、四川、贵州、云南4个省（直辖市）。
6）西北地区：陕西、甘肃、青海、宁夏、新疆5个省（自治区）。

（2）夜间施工增加费。按基本直接费的百分率计算。
1）枢纽工程：建筑工程0.5%，安装工程0.7%。
2）引水工程：建筑工程0.3%，安装工程0.6%。
3）河道工程：建筑工程0.3%，安装工程0.5%。

（3）特殊地区施工增加费。特殊地区施工增加费指在高海拔、原始森林、沙漠等特殊地区施工而增加的费用，其中高海拔地区施工增加费已计入定额，其他特殊增加费应按工程所在地区规定标准计算，地方没有规定的不得计算此项费用。

（4）临时设施费。按基本直接费的百分率计算。
1）枢纽工程：建筑及安装工程3.0%。
2）引水工程：建筑及安装工程1.8%~2.8%。若工程自采加工人工砂石料，费率取上限；若工程自采加工天然砂石料，费率取中值；若工程采用外购砂石料，费率取下限。
3）河道工程：建筑及安装工程1.5%~1.7%。灌溉田间工程取下限，其他工程取中上限。

（5）安全生产措施费。按基本直接费的百分率计算。
1）枢纽工程：建筑及安装工程2.0%。
2）引水工程：建筑及安装工程1.4%~1.8%。一般取下限标准，隧洞、渡槽等大型建筑物较多的引水工程、施工条件复杂的引水工程取上限标准。
3）河道工程：建筑及安装工程1.2%。

（6）其他。按基本直接费的百分率计算。
1）枢纽工程：建筑工程1.0%，安装工程1.5%。
2）引水工程：建筑工程0.6%，安装工程1.1%。
3）河道工程：建筑工程0.5%，安装工程1.0%。

特别说明：①砂石备料工程其他直接费费率取0.5%；②掘进机施工隧洞工程其他直接费取费率执行以下规定，土石方类工程、钻孔灌浆及锚固类工程的其他直接费费率为2%~3%，掘进机由建设单位采购、设备费单独列项时，台时费中不计折旧费，土石方类工程、钻孔灌浆及锚固类工程其他直接费费率为4%~5%。敞开式掘进机费率取低值，其他掘进机取高值。

2. 间接费

根据工程性质不同，间接费标准划分为枢纽工程、引水工程、河道工程三部分，具体费率见表 3-4-21。

表 3-4-21　　　　　　　　间 接 费 费 率 表

序号	工程类别	计算基础	间接费费率/%		
			枢纽工程	引水工程	河道工程
一	建筑工程				
1	土方工程	直接费	8.5	5~6	4~5
2	石方工程	直接费	12.5	10.5~11.5	8.5~9.5
3	砂石备料工程（自采）	直接费	5	5	5
4	模板工程	直接费	9.5	7~8.5	7~8.5
5	混凝土浇筑工程	直接费	9.5	8.5~9.5	7~8.5
6	钢筋制安工程	直接费	5.5	5	5
7	钻孔灌浆工程	直接费	10.5	9.5~10.5	9.25
8	锚固工程	直接费	10.5	9.5~10.5	9.25
9	疏浚工程	直接费	7.25	7.25	6.25~7.25
10	掘进机施工隧洞工程（1）	直接费	4	4	4
11	掘进机施工隧洞工程（2）	直接费	6.25	6.25	6.25
12	其他工程	直接费	10.5	8.5~9.5	7.25
二	机电、金属结构设备安装工程	人工费	75	70	70

注　1. 引水工程：一般取下限标准，隧洞、渡槽等大型建筑物较多的引水工程、施工条件复杂的引水工程取上限标准。
　　2. 河道工程：灌溉田间工程取下限，其他工程取上限。

工程类别划分说明：

(1) 土方工程。包括土方开挖与填筑等。

(2) 石方工程。包括石方开挖与填筑、砌石、抛石工程等。

(3) 砂石备料工程（自采）。包括天然砂砾料和人工砂石料的开采加工。

(4) 模板工程。包括现浇各种混凝土时制作及安装的各类模板工程。

(5) 混凝土浇筑工程。包括现浇和预制各种混凝土、伸缩缝、止水、防水层、温控措施等。

(6) 钢筋制安工程。包括钢筋制作与安装工程等。

(7) 钻孔灌浆工程。包括各种类型的钻孔灌浆、防渗墙、灌注桩工程等。

(8) 锚固工程。包括喷混凝土（浆）、锚杆、预应力锚索（筋）工程等。

(9) 疏浚工程。指用挖泥船、水力冲挖机组等机械疏浚江河、湖泊的工程。

(10) 掘进机施工隧洞工程（1）。包括掘进机施工土石方类工程、钻孔灌浆及锚固类工程等。

(11) 掘进机施工隧洞工程（2）。指掘进机设备单独列项采购并且在台时费中不计折旧费的土石方类工程、钻孔灌浆及锚固类工程等。

(12) 其他工程。指除表中所列 11 类工程以外的其他工程。

3. 利润

利润按直接费和间接费之和的 7% 计算。

4. 材料补差

材料补差＝（材料预算价格－材料基价）×材料消耗量

5. 税金

税金为计入建筑工程费用内的增值税销项税额。税金是以直接费、间接费、利润、材料补差之和为计算基础。根据《关于深化增值税改革有关政策的公告》（财政部税务总局海关总署公告 2019 年第 39 号），水利工程中税金的增值税税率为 9%。

（三）编制建筑工程单价时应注意的问题

（1）了解工程的地质条件以及建筑物的结构型式和尺寸等。熟悉施工组织设计，了解主要施工条件、施工方法和施工机械等，以便正确选用定额。

（2）除定额规定外，均不得对定额中的人工、材料、施工机械台时数量及施工机械的名称、规格、型号进行调整。

（3）编制单价时，除定额中规定允许调整外，均不得对定额中的人工、材料、施工机械台时数量及施工机械的名称、规格、型号进行调整。定额是按一日三班作业施工、每班八小时工作制拟订。如采用一日一班或二班制时，定额不作调整。

（4）必须按照施工组织设计确定的施工工序和施工方法选用相应的定额。选择定额时应注意定额中注明的"工作内容"。当实际工作内容与定额中规定的工作内容不一致时，应对定额中的资源消耗量进行调整，使定额能真实地反映工程的实际情况。

（5）定额中凡一种材料（或机械）名称之后，同时并列几种不同型号规格的，表示这种材料（或机械）只能选用其中一种进行计价。凡一种材料（或机械）分几种型号规格与材料（或机械）名称同时并列的，则表示这些名称相同而规格不同的材料或机械应同时计价。

（6）定额中其他材料费、零星材料费、其他机械费均以费率（%）形式表示，其计量基数是其他材料费以主要材料费之和为计算基数，零星材料费以人工费、机械费之和为计算基数，其他机械费以主要机械费之和为计算基数。

（7）定额只用一个数字表示的，仅适用于该数字本身。当所求值介于两个相邻子目之间时，可用插入法调整，方法如下：

$$A = B + (C - B)\frac{a-b}{c-b} \qquad (3-4-4)$$

式中　A——所求定额数；

　　　B——小于 A 而最接近 A 的定额数；

　　　C——大于 A 而最接近 A 的定额数；

　　　a——A 项定额参数；

　　　b——B 项定额参数；

　　　c——C 项定额参数。

（8）注意定额总说明、分章说明、各子目下的"注"和附录等有关调整系数。如海拔超过 2000m 的调整系数、土方类别调整系数等。

(9)《概算定额》已按现行施工规范计入了合理的超挖量、超填量、施工附加量及施工损耗量所需增加的人工、材料和机械使用量;《预算定额》一般只计施工损耗量所需增加的人工、材料和机械使用量。所以在编制工程概(估)算时,应按工程设计几何轮廓尺寸计算工程量;编制工程预算时,工程量中还应考虑合理的超挖、超填和施工附加量。

(10) 定额用数字表示的适用范围。

1) 只用一个数字表示的,仅适用于该数字本身。当需要选用的定额介于两子目之间时,可用插入法计算。如平洞石方开挖、风钻钻孔、断面 $40m^2$、X级岩石。应采用定额20218 与 20222 子目进行插入计算。

2) 定额中数字表示的适用范围。数字后用"以上""以外""大于""超过"表示的,都不包括数字本身。数字后用"以下""以内""小于或等于""不大于"表示的,都包括数字本身。数字用"AA~BB"表示的,是用于这两个数字区间的范围,相当于"AA以上至BB以下",如 2000~2500,适用于大于 2000 且小于或等于 2500 的数字范围。如沟槽石方开挖、底宽 4m、风钻钻孔、X级岩石,应选用 20078 定额子目计算。

(11) 各章挖掘机定额,均按液压挖掘机拟定,使用时不作调整。

(12) 各章的汽车运输定额,适用于水利工程施工路况 10km 以内运输。运距超过 10km 时,超过部分按增运 1km 台时数乘 0.75 系数计算。建筑工程定额中的运输定额仅用于水电工程的施工场内运输。除人工(挑抬、胶轮车等)在有坡度的施工场地运输按实际斜距乘以系数外,其他运输项目的定额在使用时不计高差折平和路面等级系数。

(13) 凡定额中缺项或虽有类似定额,但其技术条件有较大差异时,应根据本工程施工组织设计编制补充定额计算工程单价。补充定额应与现行定额水平及包含内容一致。

(14) 非水利水电工程项目,按照专业专用的原则,应执行有关专业部颁发的相应定额。如《公路工程设计概算定额》《铁路工程设计概算定额》《建筑工程预算定额》等。

三、土方工程单价编制

(一) 土方工程概述

土方工程包括土方开挖、土方填筑两大类。

1. 土方开挖

(1) 土方开挖的类型。土方开挖工程分为沟、渠、柱坑、洞井和一般土方开挖,在编制土方开挖工程单价时可查阅定额土方章节说明进行合理确定开挖类型。

1) 一般土方开挖工程是指一般明挖土方工程和上口宽大于 16m 的渠道及上口面积大于 $80m^2$ 柱坑土方工程。

2) 渠道土方开挖工程是指上口宽不大于 16m 的梯形断面、长条形、底边需要修整的渠道土方工程。

3) 沟槽土方开挖工程是指上口宽不大于 8m 的矩形断面或边坡陡于 1∶0.5 的梯形断面,长度大于宽度 3 倍的长条形,只修底面不修边坡的土方工程。如截水墙、齿墙等各类墙基和电缆沟等。

4) 柱坑土方开挖工程是指上口面积不大于 $80m^2$,长度小于宽度的 3 倍,深度小于上口短边长度或直径,四侧垂直或边坡陡于 1∶0.5,不修边坡只修底面的坑挖工程,如集水坑工程、柱坑、机座等工程。

5) 平洞土方开挖工程是指水平夹角不大于6°、断面面积大于2.5m²的洞挖工程。

6) 斜井土方开挖工程是指水平夹角为6°～75°、断面面积大于2.5m²的洞挖工程。

7) 竖井土方开挖工程是指水平夹角大于75°、断面面积大于2.5m²、深度大于上口短边长度或直径的洞挖工程，如抽水井工程、通风井工程等。

（2）土方开挖的施工工序。土方工程由土方开挖和土方运输两个工序组成，其施工方法可分为机械施工和人力施工两种。人力施工效率低，一般只用在工作面狭窄或施工机械难以进入的部位。

（3）影响土方开挖工序的主要因素。影响土方工程单价的主要因素有土的级别、取（运）土的距离、施工方法、施工条件、设计要求的开挖形状、质量要求等。土方工程定额也是按上述影响因素划分节和子目，所以正确确定这些参数和合理使用定额是编好土方工程单价的关键。

2. 土方填筑

水利水电工程中的土石坝、堤防、道路、围堰等都有大量的土方填筑。土方填筑单价包括土料开采运输单价和压实单价两大工序组成。

（1）土料开采运输单价。土料开采运输单价由覆盖层摊销单价和开采运输单价组成，它由覆盖层清除单价和开采运输单价组成，在土（石）坝物料压实（填筑）概算综合单价中以土料运输材料单价（元/m³）形式表示（只计基本直接费）。

（2）压实单价。采用《概算定额》编制土方填筑综合单价时，应先计算"土料运输"单价（只计基本直接费），将"土料运输单价"视为材料预算价，计入土方填筑综合单价。即各压实（填筑）概算定额中，土方挖运工序单价已包含在压实定额中，填筑100m³实体方需要的土料运输量，定额用量已计入了体积变化、各项损耗、超填及施工附加量，编制土方填筑单价时，土料压实定额已将压实所需土料运输方量（自然方）列出，不需再进行折算，不再考虑任何调整系数。定额的"土料运输"单价，应为将土料运输至填筑部位处所发生的全部基本直接费。

定额"土料运输"单价＝覆盖层清除摊销单价＋开采运输单价

当采用《预算定额》计算土石填筑单价时，土方挖运工序单价未包含在压实定额中，不仅要注意开采运输和压实的定额单位不同，还要考虑有关系数：①折实系数（设计干容重÷天然干容重）；②综合系数（A）包括开挖、上坝运输、雨后清理、边坡削坡、接缝削坡、施工沉陷、取土坑、试验坑和不可避免的压坏等损耗因素，A值可查定额计取。

每100m³压实成品方需要自然方体积＝$(100+A)$×设计干容重/天然干容重

（二）编制土方开挖单价应注意的问题

（1）定额中挖土、推土、运土均以自然方计，土方压实和土石坝填筑综合定额均以压实方计在编制单价时应注意统一计量单位。自然方、松方和实方之间的换算关系可按工程实际试验资料测定。若无实验资料，可参考定额附录1土石方松实系数换算表，见表3－4－22。

（2）土的级别划分，除冻土外，均按土石十六级分类法的前四级划分土类级别。砂砾（卵）石开挖和运输，按Ⅳ类土定额计算。

表 3-4-22　　　　　　　　　　　土石方松实系数换算表

项目	自然方	松方	实方
土方	1	1.33	0.85
砂	1	1.07	0.94
混合料	1	1.19	0.88
石方	1	1.53	1.31

(3) 挖掘机、装载机挖装土料，自卸汽车运输定额，系按挖装自然方拟定。如挖装松土时，其中人工及挖装机械乘以 0.85 系数。推土机的推土距离和铲运机的铲运距离是指取土中心至卸土中心的平均距离，推土机推松土时，定额乘以 0.8 的系数。

(4) 平洞、斜井土方开挖定额中的通风机台时量，是按一个工作面长度 200m 以内考虑，如超过 200m，应按表 3-4-23 所列系数（用插入法计算）进行调整。

表 3-4-23　　　　　　　　通风机械定额台时数量调整系数表

工作面长度/m	200	300	400	500	600	700	800	900	1000
调整系数	1.00	1.33	1.5	1.8	2.00	2.28	2.50	2.78	3.00

(三) 计算实例

【例 3-4-9】 云南省陆良县城以外某枢纽工程坝基土方开挖，Ⅲ类土，采用 2m³ 挖掘机挖装 12t 自卸汽车运输 2.6km 弃土，试计算坝基土方开挖运输的概算单价。

基本资料：(1) 柴油的预算价格为 7.5 元/kg（不含税价）；(2) 该项目不考虑冬雨季施工。

解：

(1) 定额的选用。确定人、材、机的定额数量，根据土方开挖形状、土的类别、施工方法和运距等因素，选用《概算定额》，因运距为 2.6km，介于定额子目 10641 与 10642 之间，所以 12t 自卸汽车的台时数量需要内插法确定。

定额台时数(2.6km)＝6.72＋(8.06－6.72)÷(3－2)×(2.6－2)＝7.52(台时)

(2) 确定基础单价。

1) 人工预算单价。该工程位于陆良县县城以外，查《编规》附录 7 和 "人工预算单价计算标准"，可知该工程所在地区为一类区，工长为 11.80 元/工时，高级工 10.92 元/工时，中级工 9.15 元/工时，初级工为 6.38 元/工时。

2) 施工机械台时费。该工程采用 2m³ 挖掘机、59kW 推土机和 12t 自卸汽车，根据施工机械台时的计算方法，各台时费单价见表 3-4-24。

表 3-4-24　　　　　　　　　　　施工机械台时费表

编号	定额编号	机械名称	台时费/元	折旧费/元	修理及替换设备费/元	安拆费/元	人工费/元	动力燃料费/元
1	1011	2m³ 液压单斗挖掘机	217.64	78.81	50.17	3.56	24.71	60.40
2	1042	59kW 推土机	69.07	9.56	11.94	0.49	21.96	25.12
3	3016	12t 自卸汽车	101.09	30.20	21.92	0	11.90	37.08

(3) 费率标准的计取。该工程性质为枢纽工程，其他直接费率取 7%，间接费率取 8.5%，利润率取 7%，税率取 9%。

(4) 工程单价的编制。根据表 3-4-20 建筑工程单价编制的计算程序，把定额数量、基础单价和费率标准填入对应的表中，进行计算和汇总得该工程项目的工程概算单价。计算结果见表 3-4-25。

特别注明：该工程项目柴油预算价格大于基价，机械台时费计算时以基价计算，价格差在工程单价编制时进行材料补差的计算，该部分费用仅计算税金，不计取相关费用。

柴油调整价差的数量 = ∑施工机械的定额量 × 对应机械台时消耗量
= 0.67×20.2+0.33×8.4+7.52×12.4 = 109.55(kg)

表 3-4-25　　　　　　　建筑工程单价分析表

单价编号			项目名称	坝体土方开挖运输
定额编号	10641、10642		定额单位	100m³
施工方法	2m³ 的挖掘机挖土 12t 自卸汽车			
编号	名称及规格	单位	数量	单价/元	合价/元

编号	名称及规格	单位	数量	单价/元	合价/元
一	直接费				1065.54
(一)	基本直接费				995.83
1	人工费				28.71
	初级工	工时	4.5	6.38	28.71
2	材料费				38.30
	零星材料费	%	4	957.53	38.30
3	机械使用费				928.82
	挖掘机 液压 2m³	台时	0.67	217.64	145.82
	推土机 59kW	台时	0.33	69.07	22.79
	自卸汽车 12t	台时	7.52	101.09	760.21
(二)	其他直接费	%	7	995.83	69.71
二	间接费	%	8.5	1065.54	90.57
三	企业利润	%	7	1156.11	80.93
四	材料补差				494.07
	柴油	kg	109.55	4.51	494.07
五	税金	%	9	1731.11	155.80
	合计				1886.91

【例 3-4-10】 云南省陆良县城以外某枢纽工程黏土心墙土坝填筑，坝长 2000m，心墙设计工程量 10 万 m³，施工组织设计要求为：

(1) 土料覆盖层清除（Ⅱ类土）10000m³，采用 74kW 推土机推运 20m。

(2) 土料开采运输：1m³ 挖掘机装Ⅱ类土，8t 自卸汽车运 2.0km 上坝，坝面施工干扰系数为 1.02。

(3) 土料压实：74kW 推土机推平，8～12t 羊足碾压实，设计干密度 17.00kN/m³。天然干密度 15.19kN/m³。

(4) 人工、材料、机械台时单价、费率见表 3-4-26。

表 3-4-26　　　　人工、材料、机械台时单价、费率汇总表

序号	项目名称	单位	单价/元	序号	项目名称	单位	单价/元
1	初级工	工时	6.38	9	羊足碾 5～7t	台时	2.63
2	中级工	工时	9.15	10	蛙式打夯机 2.8kW	台时	20.63
3	柴油	kg	7.5	11	刨毛机	台时	61.85
4	汽油	kg	6.5	12	自卸汽车 8t	台时	74.82
5	挖掘机液压 1m³	台时	126.32	13	其他直接费	%	7
6	拖拉机 74kW	台时	71.08	14	间接费	%	8.5
7	推土机 74kW	台时	92.25	15	利润	%	7
8	推土机 59kW	台时	69.07	16	税金	%	9

问题：计算黏土心墙概算单价。

解：

(1) 计算覆盖层清除摊销费。根据填筑定额 30078，填筑 100m³ 坝体需要土料 126m³ 自然方，需开采运输总量为 10×1.26＝12.6（万 m³）（自然方）根据施工方法，选用定额子目 10516，计算覆盖层清除单价为 1.44 元/m³（基本直接费）。计算结果见表 3-4-27。

覆盖层清除摊销费＝（覆盖层清除量×清除单价）÷土料开采总量
＝（10000×1.44）÷126000＝0.114（元/m³）

表 3-4-27　　　　建筑工程单价表（基本直接费）

单价编号			项目名称		覆盖层清除	
定额编号		10516	定额单位		100m³	
施工方法			74kW 推土机推运20m			
编号	名称及规格	单位	数量		单价/元	合价/元
（一）	基本直接费					143.86
1	人工费					10.85
	初级工	工时	1.7		6.38	10.85
2	材料费					13.08
	零星材料费	%	10		130.78	13.08
3	机械使用费					119.93
	推土机 74kW	台时	1.3		92.25	119.93

(2) 计算土料开采运输单价（备料单价）。根据已知条件选用定额 10617，坝面干扰系数 1.02，土料开采运输单价见表 3-4-28，土料开采运输基本直接费单价为 8.35 元/m³。

第四章 水利工程概（估）算文件编制

表 3-4-28　　　　　　　建筑工程单价表（基本直接费）

单价编号		项目名称		土料开采运输	
定额编号	10617	定额单位		100m³	
施工方法	1m³ 的挖掘机挖土，10t 自卸汽车运 2km 上坝				
编号	名称及规格	单位	数量	单价/元	合价/元
（一）	基本直接费				835.40
1	人工费				41.00
	初级工	工时	6.43	6.38	41.00
2	材料费				32.13
	零星材料费	%	4	803.27	32.13
3	机械使用费				762.27
	挖掘机　液压 1m³	台时	0.97	126.32	122.41
	推土机　59kW	台时	0.48	69.07	33.11
	自卸汽车　8t	台时	3.11	74.82	606.75

（3）计算土料运输单价。

$$土料运输单价＝覆盖层清除摊销费＋土料开采运输单价$$
$$=0.144+8.35=8.49（元/m³）（自然方）$$

（4）计算黏土心墙土料填筑综合概算单价。根据已知条件选用定额 30078，将土料运输单价 8.49 元/m³（自然方）代入计算，土坝填筑单价为 30.22 元/m³ 实方，见表 3-4-29。

表 3-4-29　　　　　　　建筑工程单价表

单价编号		项目名称		黏土心墙填筑	
定额编号	30078	定额单位		100m³ 实方	
施工方法	1m³ 的挖掘机挖土 10t 自卸汽车运，8～12t 羊足碾碾压，设计干密度 17.0kN/m³				
编号	名称及规格	单位	数量	单价/元	合价/元
一	直接工程费				1697.03
（一）	基本直接费				1586.01
1	人工费				187.57
	初级工	工时	29.4	6.38	187.57
2	材料费				46.93
	零星材料费	%	10	469.34	46.93
3	机械使用费				281.77
	羊足碾压　8～12t	台时	2.33	2.63	6.12
	拖拉机　74kW	台时	2.33	71.08	165.62
	推土机　74kW	台时	0.55	92.25	50.74
	蛙式打夯机　2.8kW	台时	1.09	20.63	22.48
	刨毛机	台时	0.55	61.85	34.02
	其他机械费	%	1	278.98	2.79

续表

编号	名称及规格	单位	数量	单价/元	合价/元
4	土料运输（自然方）	m³	126	8.49	1069.74
（二）	其他直接费	%	7	1586.01	110.02
二	间接费	%	8.5	1697.03	144.25
三	企业利润	%	7	1841.28	128.89
四	材料补差				802.01
	柴油	kg	177.83	4.51	802.01
五	税金	%	9	2772.18	249.5
	合计				3021.68

四、石方开挖工程单价编制

（一）石方工程概述

1. 石方开挖类型

石方明挖包括一般石方、一般坡面石方、沟槽石方、坑石方、基础石方等；暗挖是指平洞、斜井、竖井和地下厂房开挖。可查阅定额土方章节说明进行合理确定开挖类型。

2. 石方开挖的施工方法

石方开挖按施工方法不同分为人工、钻孔爆破和掘进机开挖等几种，其中钻爆法在水利水电工程中应用广泛。

（二）石方开挖工程单价

石方开挖方式有明挖和暗挖两种。石方开挖工程单价的编制，应根据地质报告提供地勘资料，合理确定岩石级别，再按设计开挖形状和断面尺寸、开挖和运输方法、采用的机械设备及运输距离等，正确套用定额子目，按照概算定额计算工程单价。

石方开挖以自然方计，定额包括钻孔、爆破、撬移、解小、翻渣、清面、修整断面、安全处理、洞挖施工排烟、排水、挖排水沟等工作。但不包括隧洞支撑和锚杆支护其费用应根据水工设计资料单独列项计算。

（三）石方运输单价

1. 石方运输方案的选择

应根据施工工期、运输数量、运距远近等因素，选择既能满足施工强度要求，又能做到最省的最优方案。

2. 正确选用定额子目

石方运输分为露天运输和洞内运输。

（1）当有洞内外连续运输时，应分别套用定额。洞内运输部分，套用"洞内"运输定额的"基本运距"（装运卸）及"增运"子目；洞外运输部分，套用"露天"定额的"增运"子目（仅有运输工序）。

（2）当洞内、洞外为非连续运输（如洞内为胶轮车；洞外为自卸汽车）时，则洞外运输部分应套用"露天"定额的"基本运距"及"增运"子目。

（3）洞内运距按工作面长度的一半计算。

(4) 一个工程由几个弃渣场时,可按弃渣量比例计算加权平均运距。

(四) 编制石方开挖运输单价应注意的问题

(1) 在《概算定额》中石方开挖定额各节子目均列由"石渣运输"项目,该项目的数量,已包括完成定额单位所需增加的超挖量、施工附加量和施工损耗量,该部分所消耗的人工、材料、机械的数量和费用等均已计入概算定额,在编制概算单价时,将石方运输基本直接费代入开挖定额中,可计算石方开挖运输综合单价。

《预算定额》中石方开挖定额中没有列出石渣运输量,应分别计算开挖和运输单价;且定额各节子目未计入允许的超挖量和超量量,根据施工规范允许范围的超挖石方,需将允许的超挖量及合理的施工附加量,按占设计工程量的比例考虑摊销率后,计算石方开挖单价。

(2) 石方开挖的炸药有露天硝铵炸药、铵油炸药、胶质硝化甘油炸药、高威力硝铵炸药、浆状炸药、水胶炸药、乳胶炸药等。在水利工程建设中,一般炸药代表型号规格如下:

1) 一般石方开挖,按2号岩石水胶炸药选用。

2) 平洞、斜井、竖井、地下厂房石方开挖按3号岩石水胶炸药或2号煤矿水胶炸药选用。

3) 边坡、槽、坑、基础石方开挖按2号岩石水胶炸药和3号岩石水胶炸药各半选用。

(3) 洞挖石方定额中的通风机台时是按一个工作面400m以内考虑,如超过400m,应按表3-4-30所列系数进行调整。

表3-4-30　　　　　　通风机定额台时数量调整系数表

工作面长度/m	400	500	600	700	800	900	1000	1100	1200
调整系数	1.00	1.20	1.33	1.43	1.50	1.67	1.80	1.91	2.00
工作面长度/m	1300	1400	1500	1600	1700	1800	1900	2000	
调整系数	2.15	2.20	2.40	2.50	2.65	2.78	2.90	3.00	

(五) 计算实例

【例3-4-11】 云南省某引水工程地处一般地区,有一圆形引水隧洞石方开挖,该段洞挖工程的水平夹角为4°,岩石级别为Ⅻ级,隧洞开挖断面面积为19.63m²,隧洞长3000m,分四个工作面掘进,设一施工支洞,各工作面长度及石渣洞外运距如图3-4-4所示。隧洞石方开挖采用三臂液压凿岩台车钻孔,洞内外均采用2m³挖掘机装12t的自卸汽车运输,人工、材料、机械台时单价及费率见表3-4-31。试计算石方开挖概算工程单价。

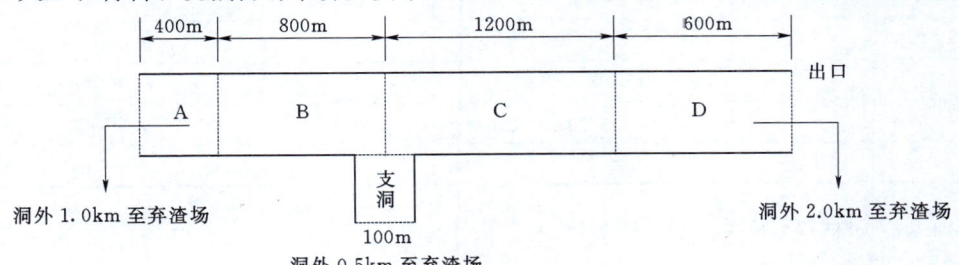

图3-4-4　工作面长度及石渣洞外运距

表 3-4-31　　　　　　　　人工、材料、机械台时单价及费率汇总表

序号	项目名称	单位	单价/元	序号	项目名称	单位	单价/元
1	工长	工时	9.27	10	推土机　88kW	台时	104.33
2	中级工	工时	6.62	11	凿岩台车　三臂	台时	675.50
3	初级工	工时	4.64	12	平台车	台时	109.56
4	钻头　D45mm	个	350.00	13	轴流通风机　37kW	台时	34.25
5	钻头　D102mm	个	1420.00	14	其他直接费	%	5
6	炸药	kg	6.00	15	间接费	%	10.5
7	非电毫秒雷管	个	1.50	16	利润	%	7
8	导爆管	m	0.30	17	税金	%	9
9	挖掘机　液压 2m³	台时	145.23				

解：

1. 计算通风机定额综合调整系数

(1) 计算各工作面占主洞工程权重。

A 段：$400 \div 3000 \times 100\% = 13.33\%$；

B 段：$800 \div 3000 \times 100\% = 26.67\%$；

C 段：$1200 \div 3000 \times 100\% = 40\%$；

D 段：$600 \div 3000 \times 100\% = 20\%$。

(2) 计算隧洞工作面综合长度。

$$400 \times 13.33\% + 900 \times 26.67\% + 1300 \times 40\% + 600 \times 20\% = 933(\text{m})$$

(3) 计算通风机定额综合调整系数。该段洞挖工程的水平夹角为 4 度，属于平洞石方开挖，查通风机调整系数表可知，工作面长度介于 900m 和 1000m 之间，对应的通风机调整系数为 1.67 和 1.80，用内插法求得通风机械台时定额量调整系数为：$1.67 + (1.80 - 1.67) \div (1000 - 900) \times (933 - 900) = 1.713$。

2. 计算平洞开挖石渣洞内、洞外综合运距

(1) 洞内运输运距计算见表 3-4-32。

表 3-4-32　　　　　　　　　　洞内运输距离计算表

工作面编号	洞内运渣计算长度/m	权重/%	洞内综合运距/m
A	$400 \div 2 = 200$	13.33	26.66
B	$800 \div 2 + 100 = 500$	26.67	133.35
C	$1200 \div 2 + 100 = 700$	40.00	280.00
D	$600 \div 2 = 300$	20.00	60.00
合计		100.00	500.01

由表可知洞内运距为 500.01m，取 500m。

(2) 计算洞外运输距离。

$$1000 \times 13.33\% + 500 \times 26.67\% + 500 \times 40\% + 2000 \times 20\% = 866.65(\text{m})$$

第四章 水利工程概(估)算文件编制

根据计算结果,洞外综合运距取900m。

3. 计算平洞石方开挖概算单价

(1) 计算洞挖石渣运输单价,计算至基本直接费。查《概算定额》,洞内运输500m,选用定额子目20474;洞外运输900m,选用定额子目20473,定额为增运1km,需要补插出900m的定额消耗量,求得石渣运输单价为12.50元/m³(表3-4-33)。

表3-4-33　　　　　　　建筑工程单价表(基本直接费)

单价编号			项目名称		石渣运输
定额编号		20474、20473	定额单位		100m³
施工方法		2m³的挖掘机挖装石渣12t,自卸汽车洞内运0.5km,洞外运0.9km弃渣			
编号	名称及规格	单位	数量	单价/元	合价/元
(一)	基本直接费				1250.09
1	人工费				59.86
	初级工	工时	12.90	4.64	59.86
2	材料费				22.23
	零星材料费	%	2	1111.50	22.23
3	机械使用费				1168.00
	挖掘机　液压2m³	台时	1.94	145.23	281.75
	推土机　88kW	台时	0.97	104.33	101.2
	自卸汽车　12t	台时	9.17	85.62	785.05

注　零星材料费的计算基础中应将增运1.36台时扣除。

(2) 计算平洞石方开挖单价。设计开挖断面积为19.63m²,岩石级别为Ⅻ级,因此选用定额20243,计算过程见表3-4-34,隧洞石方开挖的概算单价为120.98元/m³。

表3-4-34　　　　　　　　建筑工程单价分析表

单价编号			项目名称		隧洞石方开挖
定额编号		20243	定额单位		100m³
施工方法		采用三臂液压凿岩台车开挖Ⅻ级岩石,2m³的挖掘机挖装石渣12t,自卸汽车洞内运0.5km,洞外运0.9km弃渣			
编号	名称及规格	单位	数量	单价/元	合价/元
一	直接工程费				9262.7
(一)	基本直接费				8821.62
1	人工费				2029.67
	工长	工时	11.1	9.27	102.9
	中级工	工时	119.4	6.62	790.43
	初级工	工时	244.9	4.64	1136.34
2	材料费				2083.26

续表

编号	名称及规格	单位	数量	单价/元	合价/元
	钻头 D45mm	个	0.72	350.00	252
	钻头 D102mm	个	0.01	1420.00	14.2
	炸药	kg	173	5.15	890.95
	非电毫秒雷管	个	134	1.50	201
	导爆管	m	898	0.30	269.4
	其他材料费	%	28	1627.55	455.71
3	机械使用费				3246.08
	凿岩台车 三臂	台时	2.41	675.50	1627.96
	平台车	台时	1.52	109.56	166.53
	轴流通风机 37kW	台时	39.62	34.25	1357.04
	其他机械费	%	3	3151.53	94.55
4	石渣运输	m³	117	12.50	1462.61
(二)	其他直接费	%	5	8821.62	441.08
二	间接费	%	10.5	9262.70	972.58
三	企业利润	%	7	10235.28	716.47
四	材料补差				147.05
	炸药	kg	173	0.85	147.05
五	税金	%	9	11098.8	998.89
	合计				12097.69

五、砌石工程单价编制

(一)砌石工程概述

1. 砌石的规格和标准

砌石工程分为干砌石、浆砌石、铺筑砂垫层等。砌筑材料包括石材、胶结材料等,定额中石料的规格和标准见表3-4-35。

表3-4-35 石料规格和标准表

名称	规格标准
碎石	指经破碎加工分级后,粒径大于5mm的石块
片石	指厚度大于15cm长、宽各为厚度的3倍以上,无一定规则形状的石块
卵石	指最小粒径大于20cm的天然河卵石
块石	指厚度大于20cm,长宽各为厚度的2~3倍,上下两面大致平行并大致平整,无实角、薄边的石块
毛条石	指一般长度大于60cm的长条形四棱方正石料
粗料石	指毛条石经过修边打荒加工、外露面方正、各相邻面正交、表面凸凹不超过10mm的石料
细料石	指毛条石经过修边打荒加工、外露面四楞见线、表面凸凹不超过5mm的石料

第四章 水利工程概（估）算文件编制

2. 胶结材料

砌筑工程常用的填充胶接材料主要有水泥砂浆、混凝砂浆和细骨料混凝土。

（二）砌筑单价编制

砌石工程单价编制分为备料单价、胶结材料单价和砌筑单价三个步骤编制。

1. 备料单价

各种石料作为材料在计算单价时，分为三种情况：

（1）施工企业自采石料，按第三篇第四章第二节中外购砂石料的方法计算。

（2）外购砂石料，按第三篇第四章第二节主要材料预算单价计算。

（3）从开挖石渣中捡集块石、片石，此时石料单价只计入人工捡石费用及从捡集石料地点到施工现场堆放点的运输费用。

2. 胶结材料单价

若为浆砌石或细骨料混凝土，需先计算胶结材料，干砌石不需要计算。

3. 砌筑单价

根据设计确定的砌体形式和施工方法等，套用相应定额计算。砂、碎石（砾石）、块石、料石等预算价格控制在 70 元/m^3，超出部分以材料补差形式计入工程单价，仅计取税金。

【例 3-4-12】 云南省昆明市寻甸县需要治理该县附近的一条河道，原河道的底宽为 4m，原河道的护坡是采用干砌石衬砌，由于多年的冲刷现已到处垮塌。为了增大该河流的行洪能力，现将该河道的底宽扩大为 7m，将护坡改为 M7.5 浆砌石，根据已知基本资料见表 3-4-36，试计算 M7.5 浆砌石护坡的工程概算单价。

表 3-4-36　　　　　　　　　基础单价及费率表

序号	项目名称	单位	单价/元	序号	项目名称	单位	单价/元
1	工长	工时	8.31	8	砂	m^3	60
2	中级工	工时	6.46	9	水	m^3	0.5
3	初级工	工时	4.55	10	其他直接费	%	4.2
4	块石	m^3	75	11	间接费	%	9.5
5	32.5R 水泥	t	380	12	利润	%	7
6	0.4m^3 砂浆搅拌机	台时	20.5	13	税金	%	9
7	胶轮车	台时	0.8				

解：

（1）计算砂浆单价。查《概算定额》附录 7，根据砂浆配合比表，应注意的是水泥的预算价格大于基价，超出部分以材料补差形式列在工程单价中，仅计取税金。见表 3-4-37。

（2）计算浆砌石护坡的概算单价。根据设计确定的砌体形式和施工方法，《概算定额》选用定额 30034，再查 2005 年《水利工程概预算补充定额》（水总〔2005〕389 号）定额子目 30017（补充），调整相应的定额消耗量。块石预算价格超过 70 元/m^3，超出部分以材料补差形式列在工程单价中，仅计取税金。M7.5 浆砌石护坡的概算单价为 246.29 元/m^3，见表 3-4-38。

表 3-4-37　　　　　　　　　　　砂浆单价计算表

编号	名称及规格			材料名称	单位	预算量	调整系数	预算价/元	基价/元	合价/(元/m³)	价差/(元/m³)
	砂浆强度等级	级配	水泥强度等级								
2	M7.5		42.5	水泥	kg	261	1	0.38	0.255	66.56	32.62
				中砂	m³	1.11	1	60	70	66.60	0.00
				水	m³	0.157	1	0.5	0.00	0.08	0.00
				小计						133.24	32.62

表 3-4-38　　　　　　　　　　　建筑工程单价分析表

单价编号		项目名称		浆砌石护坡	
定额编号	30034	定额单位		100m³ 砌体方	
施工方法		机械拌制砂浆、人工砌筑 M7.5 浆砌石			
编号	名称及规格	单位	数量	单价/元	合价/元
一	直接费				17841.25
(一)	基本直接费				17122.12
1	人工费				4540.31
	工长	工时	16.8	8.31	139.61
	中级工	工时	346.1	6.46	2235.81
	初级工	工时	475.8	4.55	2164.89
2	材料费				12324.69
	块石	m³	108	70	7560
	M7.5 砂浆	m³	35.3	133.24	4703.37
	其他材料费	%	0.5	12263.37	61.32
3	机械使用费				257.12
	砂浆搅拌机 0.4m³	台时	6.35	20.5	130.18
	胶轮车	台时	158.68	0.8	126.94
(二)	其他直接费	%	4.2	17122.12	719.13
二	间接费	%	9.5	17841.25	1694.92
三	企业利润	%	7	19536.17	1367.53
四	材料价格补差				1691.66
	块石	m³	108	5	540
	水泥	kg	9213.3	0.125	1151.66
五	税金	%	9	22595.36	2033.58
	合计				24628.94

六、混凝土单价的编制

(一) 混凝土工程概述

混凝土工程包括各种水工建筑物不同结构部位的现浇混凝土、预制混凝土以及碾压混凝土和沥青混凝土等。特别注意在混凝土浇筑中由于各工程模板含量不同，各章节定额子目未含模板用量，需要单独编制模板工程单价，此外，还有钢筋制作与安装、钢筋、锚喷、伸缩缝、止水、防水层、温控措施等项目也需要单独编制相应单价。

（二）现浇混凝土单价编制

现浇混凝土由混凝土拌制、运输、浇筑等工序单价组成。在混凝土浇筑定额各节子目中，均列有"混凝土""混凝土拌制""混凝土运输"的数量在编制混凝土工程单价时，应先根据分项定额计算这些项目的基本直接费，再将其分别代入混凝土浇筑定额计算混凝土工程单价。

1. 混凝土材料价格

混凝土浇筑定额中，材料消耗定额的"混凝土"一项，系指完成定额单位产品所需的混凝土半成品量，包括冲毛（或凿毛）干缩、施工损耗、运输损耗和接缝砂浆等的消耗量（概算定额还包括超填量）在内。

混凝土半成品单价是指按施工配合比配制的每立方米混凝土中砂、石、水泥、水、掺合料及外加剂等各种材料的费用之和。可参考第三篇第四章第二节混凝土、砂浆的单价计算。

2. 混凝土拌制单价

混凝土的拌制工序有配料、运输、加水、加外加剂、搅拌、出料、清洗等。概（预）算混凝土拌制定额均以半成品方为计量单位，不包括干缩、运输、浇筑和超填等损耗的消耗量。编制混凝土拌制时，应根据施工组织设计选定的拌和设备选用相应的拌制定额。

（1）混凝土拌制单价按照选定的拌制定额只计算基本直接作为拌制单价，以该拌制单价综合到浇筑定额中构成浇筑单价的直接费。

（2）拌和楼拌制混凝土定额中均列有"骨料系统"和"水泥系统"，是指骨料、水泥及掺合料进入拌和楼前与拌和楼相衔接必备的机械设备。包括自骨料调节料仓下料斗开始的胶带运输机和供料设备；自水泥罐或掺合料罐开始的水泥提升机械或空气输送设备，以及胶带输送机和吸尘设备等。

3. 混凝土运输单价

（1）混凝土运输包括水平运输和垂直运输。根据施工组织设计选定的运输方式和机械类型，按相应定额分别计算基本直接费，以该拌制单价综合到浇筑定额中构成浇筑单价的直接费。

（2）混凝土运输包括装料、运输、卸料、空回、冲洗、清理及辅助工作。现浇混凝土运输是指混凝土自搅拌机（楼）出料口至浇筑现场工作面的全部水平运输和垂直运输。混凝土运输定额均以半成品方为计量单位，不包括干缩、运输、浇筑和超填等损耗的消耗量。

4. 混凝土浇筑单价

常态混凝土浇筑定额包括冲毛（或凿毛）、冲洗、清仓，铺水泥砂浆、平仓、振捣、养护，工作面运输和一些辅助工作。混凝土浇筑定额只包括浇筑和工作面运输所需的人工、材料、机械的数量及费用，需将混凝土材料、混凝土拌制、混凝土运输基本直接费单价代入混凝土浇筑定额编制混凝土工程单价。

各类坝型现浇混凝土定额，仅指坝主体混凝土，不包括溢流面、闸墩、胸墙、工作桥和公路桥等在项目划分时，应按设计实有的结构部位单独列项，分别编制工程单价。

(三) 预制混凝土单价

(1) 预制混凝土包括混凝土预制、构件运输、构件安装等工序。

(2) 混凝土预制包括预制场冲洗、清理、配料、拌制、浇筑、振捣、养护、模板制作、安装、拆除、修整以及预制场内混凝土运输、材料运输、预制件吊移和堆放等工作。

(3) 预制混凝土构件的运输包括装车、运输、卸车，应按施工组织设计确定的运输方式、装卸和运输机械、运输距离选择定额。

(4) 混凝土构件的预制、运输及吊（安）装若预制混凝土构件重量超过定额中起重机械起重量时，可用相应起重量机械替换，定额台时数不作调整。

(5)《概算定额》是预制和安装的综合定额，已考虑了构件预制、安装和构件在预制场、安装现场内的运输所需的全部工、料、机消耗量，但不包括预制构件从预制场至安装现场之间的场外运输费用。编制概算单价时，需根据选定的运输方式套用构件运输定额，计算预制构件的场外运输直接费然后将其代入预制安装定额编制预制混凝土综合概算单价。

(6)《预算定额》分为混凝土预制、构件运输和构件安装三部分，各有分项子目编制安装单价时，先分别计算混凝土预制和构件运输的直接费将二者之和作为构件安装（或吊装）定额中"混凝土构件"项的单价然后再根据安装定额编制预制混凝土的综合预算单价。

(四) 钢筋制作安装工程单价

钢筋制作安装有钢筋加工、绑扎、焊接、运输、现场安装等工序。现行概（预）算定额混凝土工程分章中，都有"钢筋制作与安装"子目，该子目适用于现浇与预制混凝土的各部位，以"t"为计量单位。《概算定额》中"钢筋"项的量已包括了切断和焊接等的损耗量以及截余短头作废料和搭接帮条等的附加量，《预算定额》仅含加工损耗，不包括搭接长度及施工架立钢筋用量。

(五) 沥青混凝土工程单价

水利水电工程常用的沥青混凝土为碾压式沥青混凝土，分为开级配（孔隙率大于5%，含少量或不含矿粉）和密级配（孔隙率小于5%，含一定量矿粉）。开级配适用于防渗墙的整平胶结层和排水层，密级配适用于防渗墙的防渗层和岸边接头部位。沥青混凝土单价编制方法与常规混凝土单价编制方法基本相同。

(六) 混凝土单价编制应注意的问题

(1)《概算定额》中"钢筋"项的量已包括了切断和焊接等的损耗量以及截余短头作废料和搭接帮条等的附加量，《预算定额》仅含加工损耗，不包括搭接长度及施工架立钢筋用量。

(2) 采用埋石混凝土时，需要调整人工费，按混凝土单价的计算方法调整埋石混凝土单价。

(3) 在混凝土浇筑中由于各工程模板含量不同，现浇混凝土各章节定额子目不含模板制作、安装、拆除、修整，需要单独模板工程单价。此外，还有钢筋制作与安装、钢筋、锚喷、伸缩缝、止水、防水层、温控措施等项目也需要单独编制相应单价。

(4) 各类混凝土浇筑的计量单位均为建筑物及构筑物的成品实体方。

(七) 计算实例

【**例 3-4-13**】 某人畜饮水工程,该工程属于一般地区,需要修筑 C20 现浇混凝土(2级配)明渠,基础为土基,衬砌厚度为 15cm,采用 $0.4m^3$ 混凝土搅拌机拌和,机动翻斗车运输 200m,机械振捣,根据基本资料见表 3-4-39,计算 C20 明渠现浇混凝土的概算单价。

表 3-4-39 人工、材料、机械台时单价及费率汇总表

序号	项目名称	单位	单价/元	序号	项目名称	单位	单价/元
1	工长	工时	9.27	10	$0.4m^3$ 砂浆搅拌机	台时	20.50
2	高级工	工时	8.57	11	机动翻斗车 1t	台时	26.00
3	中级工	工时	6.62	12	振捣器 插入式 1.1kW	台时	2.02
4	初级工	工时	4.64	13	风水枪	台时	115.60
5	32.5R 水泥	t	380	14	其他直接费	%	4.6
6	中砂	m^3	75	15	间接费	%	8.5
7	碎石	m^3	65	16	利润	%	7
8	水	m^3	0.5	17	税金	%	9
9	胶轮车	台时	0.8				

解:

(1) 计算每立方米混凝土的材料单价。查《概算定额》附录 7 "纯混凝土材料配合比及材料用量表",应注意的是水泥和中砂的预算价格大于基价,超出部分以材料补差形式列在工程单价中,仅计取税金。具体计算结果见表 3-4-40。

表 3-4-40 混凝土单价计算表

编号	名称及规格			材料名称	单位	预算量	调整系数	预算价/元	基价/元	合价/(元/m^3)	价差/(元/m^3)
	混凝土强度等级	级配	水泥强度等级								
1	C20	2	42.5	水泥	kg	289	1.177	0 38	0.255	86.74	36.13
				中砂	m^3	0.49	1.078	75	70	36.98	2.45
				碎石	m^3	0.81	1.039	55	70	54.7	0
				水	m^3	0.15	1.177	0.5	0	0.09	0
				小计						178.51	

(2) 计算混凝土拌制单价。选用定额子目 40171,基本直接费计算结果为 23.50 元/m^3,见表 3-4-41。

表 3-4-41 建筑工程单价表(基本直接费)

单价编号		项目名称	混凝土拌制
定额编号	40171	定额单位	$100m^3$
施工方法		$0.4m^3$ 搅拌机拌制混凝土	

续表

编号	名称及规格	单位	数量	单价/元	合价/元
(一)	基本直接费				2350.02
1	人工费				1611.25
	中级工	工时	126.2	6.62	835.44
	初级工	工时	167.2	4.64	775.81
2	零星材料费	%	2	1535.89	30.72
3	机械使用费				692.69
	搅拌机	台时	18.9	32.5	614.25
	胶轮车	台时	87.15	0.9	78.44

(3) 计算混凝土运输单价。本项混凝土的运输仅计算水平运输，根据施工方法，选用定额子目 40192，计算结果为 9.66 元/m³，见表 3-4-42。

表 3-4-42　　　　　建筑工程单价表（基本直接费）

单价编号			项目名称		混凝土运输
定额编号	40192		定额单位		100m³
施工方法	机动翻斗车运输混凝土，运距200m				
编号	名称及规格	单位	数量	单价/元	合价/元
(一)	基本直接费				966.15
1	人工费				391.82
	中级工	工时	37.6	6.62	248.91
	初级工	工时	30.8	4.64	142.91
2	零星材料费	%	5	920.14	46.01
3	机械使用费				528.32
	机动翻斗车 1t	台时	20.32	26.00	528.32

(4) 计算混凝土的浇筑单价。根据已知条件选用定额 40060 子目，并将计算所得的混凝土材料单价、混凝土拌制基本直接费及混凝土运输基本直接费代入浇筑定额进行计算，C20 混凝土明渠的概算单价为 547.68 元/m³。见表 3-4-43。

表 3-4-43　　　　　　建 筑 工 程 单 价 表

单价编号			项目名称		C20混凝土明渠
定额编号	40060		定额单位		100m³
施工方法	0.4m³ 搅拌机拌制混凝土，机动翻斗车运输混凝土，运距200m				
编号	名称及规格	单位	数量	单价/元	合价/元
一	直接费				37950.67
(一)	基本直接费				36281.71
1	人工费				6557.69

第四章 水利工程概（估）算文件编制

续表

编号	名称及规格	单位	数量	单价/元	合价/元
	工长	工时	34.1	9.27	316.11
	高级工	工时	56.9	8.57	487.63
	中级工	工时	454.8	6.62	3010.78
	初级工	工时	591.2	4.64	2743.17
2	材料费				24786.68
	混凝土	m³	137	178.51	24455.87
	水	m³	170.8	0.5	85.40
	其他材料费	%	1	24541.27	245.41
3	机械使用费				394.42
	振捣器 1.1kW	台时	61.45	2.02	124.13
	风水枪	台时	2	115.6	231.20
	其他机械费	%	11	355.33	39.09
4	混凝土拌制	m³	137	23.50	3219.50
5	混凝土运输	m³	137	9.66	1323.42
（二）	其他直接费	%	4.60	36281.71	1668.96
二	间接费	%	8.5	37950.67	3225.81
三	企业利润	%	7	41176.48	2882.35
四	材料补差				6186.97
	中砂	m³	72.37	5	361.85
	水泥	kg	46600.96	0.125	5825.12
五	税金	%	9	50245.80	4522.12
	合计				54767.92

七、模板工程单价的编制

（一）模板工程概述

（1）根据定额章节设置，模板一般包括平面模板、曲面模板、异形模板、滑模、钢模台车等。模板工程定额适用于各种水工建筑物的现浇混凝土。

（2）模板工程包括模板制作、运输、安装及拆除。

（3）模板定额计量单位为立模面面积，即混凝土与模板的接触面积。立模面面积的计量，一般应按满足建筑物体形及施工分缝要求所需的立模面计算。当缺乏实测资料时，可参考概算定额附录9"水利工程混凝土建筑物立模面系数参考表"，根据混凝土结构部位的工程计算立模面面积。

（二）模板工程单价的编制

模板概预算定额将模板分为"制作定额"和"安装、拆除定额"两项。

1. 模板制作单价

按混凝土结构部位的不同，可选择不同类型的模板制作定额，编制模板制作单价。在编制模板制作单价时，要注意各节定额的适用范围和工作内容，特别是各节定额下面的

"注",应仔细阅读以便对定额作出正确的调整。

模板属周转性材料,其费用应进行摊销。模板制作定额的人工、材料、机械用量是考虑多次周转和回收后使用一次的摊销量,也就是说,按模板制作定额计算的模板制作单价是模板使用一次的摊销价格。

2. 模板安装、拆除单价

(1) 模板安装、拆除概算单价。《概算定额》模板安装各节子目中将"模板"作为材料列出,定额中"模板"的预算价格可按制作定额计算(取基本直接费)。如果采用外购模板,材料定额中"模板"的预算价格可按下式计算:

$$\text{模板预算价格} = (\text{外购模板预算价格} - \text{残值})/\text{周转次数} \times \text{综合系数} \quad (3-4-5)$$

式中　残值——为10%;

周转次数——为50次;

综合系数——为1.15(含露明系数及维修损耗系数)。

将模板材料的价格代入相应的模板安装、拆除定额,可计算模板工程单价。

(2) 模板安装、拆除预算单价。《预算定额》模板安装、拆除与制作一般在同一节定额相邻子目中编列,模板安装、拆除预算单价与制作预算单价的编制方法相同。

编制模板工程预算单价时,将制作单价和安装、拆除单价叠加即可。如采用外购模板,可按《概算定额》外购模板预算价格计算公式计算模板制作单价。

(三) 模板工程单价编制应注意的事项

(1)《概算定额》隧洞衬砌模板及涵洞模板定额中的堵头和键槽模板已按一定比例摊入定额中,不再计算立模面面积。《预算定额》需计算堵头和键槽模板立模面面积,并单独编制其单价。

(2) 模板定额中的材料,除模板本身外,还包括支撑模板的立柱、围檩、桁(排)架及铁件等。对于悬空建筑物(如渡槽槽身)的模板,计算到支撑模板结构的承重梁(或枋木)为止,承重梁以下的支撑结构未包括在本定额内,需另行计算。

(3) 滑模台车定额中的材料包括滑模台车轨道及安装轨道所用的埋件、支架和铁件。针梁模板台车和钢模台车轨道及安装轨道所用的埋件等应计入其他施工临时工程。

(4) 坝体廊道模板,均采用一次性(一般为建筑物结构的一部分)预制混凝土模板。混凝土模板制作及安装,可按混凝土工程定额中的混凝土预制及安装相应子目编制。若混凝土工程定额中没有相应的子目,采用编制补充定额的方法计算。

(5) 使用概算定额计算模板综合单价时,模板制作单价有以下两种计算方法。

若施工企业自制模板,按模板制作定额计算出基本直接费,作为模板的预算价格代入安装拆除定额,统一计算模板综合单价。

若外购模板,安装拆除定额中的模板预算价格应为模板使用一次的摊销价格,可用式(3-4-5)进行计算。

(6)《概算定额》中凡嵌套由"模板100m²"的子目,计算"其他材料费"时,计算基数不包括模板本身的费用。

(四) 计算实例

【例3-4-14】　[例3-4-13]中明渠采用钢模板,模板为施工企业自制模板,基

第四章　水利工程概（估）算文件编制

本资料见表 3-4-44，试编制其模板工程的概算单价。

表 3-4-44　　　　　人工、材料、机械台时单价及费率表

序号	项目名称	单位	单价/元	序号	项目名称	单位	单价/元
1	工长	工时	9.27	9	电焊条	kg	4.50
2	高级工	工时	8.57	10	汽油	kg	7.00
3	中级工	工时	6.62	11	预制混凝土柱	m^3	320
4	初级工	工时	4.64	12	电	kW·h	0.7
5	组合钢模板	kg	5.00	13	其他直接费	%	4.6
6	型钢	kg	4.50	14	间接费	%	8.5
7	卡扣件	kg	6.00	15	利润	%	7
8	铁件	kg	4.20	16	税金	%	9

解：

（1）计算模板制作单价。查《概算定额》，选用 50062 子目，再查《水利工程概预算补充定额》（2005）定额子目 50003，调整相应的定额消耗量，计算结果见表 3-4-45。

表 3-4-45　　　　　　　建筑工程单价表

单价编号		项目名称		钢模板制作	
定额编号	50062	定额单位		$100m^2$	
施工方法		铁件制作，模板运输			
编号	名称及规格	单位	数量	单价/元	合价/元
（一）	基本直接费				875.84
1	人工费				75.55
	工长	工时	1.1	9.27	10.2
	高级工	工时	3.7	8.57	31.71
	中级工	工时	4.1	6.62	27.14
	初级工	工时	1.4	4.64	6.5
2	材料费				766.79
	组合钢模板	kg	79.57	5.00	397.85
	型钢	kg	42.97	4.50	193.37
	卡扣件	kg	25.33	6.00	151.98
	铁件	kg	1.5	4.20	6.3
	电焊条	kg	0.5	4.50	2.25
	其他材料费	%	2	751.75	15.04
3	机械使用费				33.50
	钢筋切断机 20kW	台时	0.06	64.39	3.86
	载重汽车 5t	台时	0.36	56.85	20.47
	电焊机 25kVA	台时	0.7	10.81	7.57
	其他机械费	%	5	31.9	1.6

(2) 计算渠道钢模板制作、安装综合单价。查《概算定额》，选用 50001 子目，获得模板制作、安装、拆除定额消耗量，特别注意其他材料费的计算基数中不包括模板本身的费用。具体计算结果见表 3-4-46。

表 3-4-46　　　　　　　　建 筑 工 程 单 价 表

单价编号			项目名称		模板制作、安装和拆除
定额编号	50001		定额单位		100m²
施工方法		模板安装、拆除、除灰、刷脱模剂、倒仓			
编号	名称及规格	单位	数量	单价/元	合价/元
一	直接费				4184.84
(一)	基本直接费				4000.8
1	人工费				1707.97
	工长	工时	17.5	9.27	162.23
	高级工	工时	85.2	8.57	730.16
	中级工	工时	123.2	6.62	815.58
2	材料费				1514.16
	模板	m³	100	8.76	875.84
	铁件	kg	124	4.20	520.8
	预制混凝柱	m³	0.3	320	96
	电焊条	kg	2	4.50	9
	其他材料费	%	2	625.8	12.52
3	机械使用费				778.67
	汽车起重机 5t	台时	14.6	49.27	719.33
	电焊机 25kVA	台时	2.06	10.81	22.26
	其他机械费	%	5	741.59	37.08
(二)	其他直接费	%	4.6	4000.8	184.04
二	间接费	%	7	4184.84	292.94
三	企业利润	%	7	4477.78	313.44
四	材料补差				342.54
	载重汽车 5t	台时	0.36	28.26	10.17
	汽车起重机 5t	台时	14.6	22.77	332.37
五	税金	%	9	5133.76	462.04
	合计				5595.80

八、钻孔灌浆及锚固工程单价编制
(一) 钻孔与锚固工程概述

钻孔灌浆工程是指水工建筑为了加强地基基础和结构本身的坚固性和整体性采取的工

程措施,包括灌浆、防渗墙、灌注桩、预应力锚索等。锚固工程包括锚杆、锚索、喷混凝土、钢筋网等。

(二)地基处理工程的种类

由于建筑物对地基的要求和地基的地质条件不同,地基处理工程的种类很多,按处理方法可分为灌浆、防渗墙、桩基、锚固工程和其他。

1. 灌浆

(1)按作用分。帷幕灌浆、固结灌浆、接触灌浆、接缝灌浆和回填灌浆。

(2)按灌浆材料分。水泥灌浆、黏土灌浆、化学灌浆。

(3)按灌浆压力分。低压灌浆(灌浆压力<1.5MPa)、中压灌浆(灌浆压力≥1.5MPa且≤3MPa)、高压灌浆(灌浆压力>3MPa)。

2. 防渗墙

防渗墙有钢筋混凝土防渗墙、素混凝土防渗墙、黏土混凝土防渗墙、固化灰浆防渗墙和泥浆槽防渗墙等。

3. 桩基

桩基主要有钻孔灌浆、振冲桩和高压喷射等。

4. 锚固工程

锚固工程指建筑物地基锚固、挡土边墙锚固以及高边坡锚固等。按锚固材料划分有砂浆锚杆和药卷锚杆,按锚固对象划分有岩体预应力锚索和混凝土锚索。

5. 其他

其他主要有坝体截水槽、防渗竖井、沉箱、软弱地带传力洞、混凝土塞和抗滑桩等。

(三)影响灌浆施工功效的主要因素

(1)岩石(地层)级别。岩石级别越高,对钻进的阻力越大,功效越低,钻具消耗越多。

(2)岩石(地层)透水率。透水性强的地层,单位灌浆长度的耗浆量大。

(3)施工方法。一次灌浆和自下而上分段灌浆法的钻孔和灌浆工序互不干扰,工效高。自上而下分段灌浆钻孔和灌浆相互交替,工效低。

(4)施工条件。露天作业和洞内作业工效也有不同,露天工效高,洞内工效低。

(四)钻孔灌浆及锚固工程单价编制

钻孔灌浆及锚固工程单价计算应根据设计确定的孔深、灌浆压力等参数以及岩石的级别、透水率等,按施工组织设计确定的钻机、灌浆方式、施工条件,选用定额相应的子目计算。

在现行概算定额中,锚杆分地面和地下,钻孔设备分为风钻钻孔、履带钻孔、锚杆钻机钻孔、地质钻机钻孔、锚杆台车钻孔、凿岩台车钻孔。按注浆材料又分为砂浆和药卷。锚杆以"根"为单位,按锚杆长度和钢筋直径分项,不同的岩石级别划分子目。

1. 帷幕灌浆

现行的概算定额中分造孔及帷幕灌浆两部分,造孔和灌浆均以单位延长米(m)计,帷幕灌浆概算定额包括制浆、灌浆、封孔、孔位转移、检查孔钻孔、压水试验等内容。预算定额则另计检查孔压水试验，检查孔压水试验按试段计。压水试验一般采用三压力五阶段法，试段数量为帷幕灌浆实际灌浆深度(m)×10%÷5。钻岩石层排水孔、观测孔分不同的钻机按单位延长米（m）另计。钻孔的平均孔深30～50m，孔深小于30m或大于50m，人工和钻机定额乘调整系数。终孔孔径大于91mm时，钻机改为300型。风钻钻灌浆孔的定额适用孔深小于8m。选择定额时应考虑下列影响工效的主要因素：

(1) 岩石或地层级别：岩石是Ⅴ～ⅩⅤ，不同的岩石级别钻孔工效也不同。

(2) 岩石或地层的透水性：透水性不同，单位灌浆长度的耗浆量也不同，这是影响灌浆工序的主要因素。

(3) 施工方法：是自下而上分段灌浆法还是自上而下分段灌浆法等。前者钻孔与灌浆两大工序干扰少，工效高。

(4) 施工条件：露天作业还是隧洞（或廊道）内作业，前者机械效率可正常发挥，后者由于钻杆长度受限制增加了接换钻杆次数，工效降低。

(5) 灌浆排数：灌浆排数较多时，需综合考虑吸水率、灌浆试验资料、地质情况等，经过灌浆试验，然后决定材料用量。

(6) 钻机的型号：手风钻、地质钻机150型还是300型钻机。

(7) 钻灌实际长度：实际钻孔的深度总和和实际灌浆的深度总和。

2. 固结灌浆

概算定额分造孔和固结灌浆，造孔和灌浆均以单位延长米（m）计。固结灌浆概算定额包括已计入灌浆前的压水试验和灌浆后的补浆及封孔灌浆等工作。预算定额灌浆后的压水试验要另计，压水试验一般采用一个压力法，按试段计，试段数量为固结灌浆实际灌浆深度(m)×5%÷5。固结灌浆定额包括已计入灌浆前的压水试验和灌浆后的补浆及封孔灌浆。选择定额需了解的资料如下：

(1) 岩石或地层级别。

(2) 岩石或地层的透水率。

(3) 施工方法。是自下而上分段灌浆法还是自上而下分段灌浆法，是单孔灌浆还是双孔并联灌浆。

(4) 施工条件。露天作业还是隧洞（或竖井）内作业，隧洞洞径。

(5) 钻机的型号。手风钻、地质钻机150型还是300型钻机。

3. 劈裂灌浆

劈裂灌浆定额分钻机钻土坝（堤）灌浆孔和土坝（堤）劈裂灌浆，均以单位延长米（m）计，劈裂灌浆定额已包括检查造孔、制浆、灌浆、劈裂观测、冒浆处理、记录、复灌、封孔、孔位转移、质量检查。定额按单位孔深干料灌入量不同而分类。

4. 回填灌浆

回填灌浆定额以设计回填面积为计量单位，分隧洞回填灌浆和钢管道回填灌浆。隧洞回填适用于混凝土衬砌段。定额包括预埋管路、风钻通孔、制浆、灌浆、压浆试验、封孔、检查孔钻孔及灌浆、孔位转移等。定额按开挖面积分子项。

5. 坝体接缝灌浆

坝体接缝灌浆分预埋铁管法和塑料拔管法，定额适用混凝土坝体，按接触面积 m² 计算。

6. 其他钻孔灌浆

钻孔灌浆概算定额分项还包括适用于混凝土衬砌的预埋骨料灌浆、水位观测孔工程和垂直孔钻孔及工作管制作安装。混凝土衬砌的预埋骨料灌浆定额已经包括预埋骨料及灌浆管、风钻钻孔、制浆、灌浆、封孔，按接触面积（m²）计算。垂直孔钻孔及工作管制作安装定额适用于孔深 40m 以内，包括机台塔拆、钻孔、工作管加工与安装、孔位转移等内容，按单位延长米（m）计，按十二级岩石分类。水位观测孔工程定额按单位延长米（m）计，包括配管、下管、加反滤料、洗孔、分段及管口封塞等，子目按不同的孔深分类。

7. 混凝土防渗墙

混凝土防渗墙分为造孔定额和水下浇筑混凝土定额，造孔按地层（分为十一类）划分子目，混凝土浇筑按墙厚（或浇筑量）划分子目。使用定额时需注意：

（1）《概算定额》造孔和混凝土浇筑均以防渗墙阻水面积（m²）作为定额的计量单位。《预算定额》冲击钻造孔计量单位为折算米，液压开槽机成槽和射水成槽计量单位为阻水面积（m²），混凝土浇筑以浇筑量（m³）为单位。折算米计算方法如下：

$$折算米 = \frac{LH}{d} \quad (3-4-6)$$

式中　L——槽长，m；

　　　H——平均槽深，m；

　　　d——槽底厚度，m。

（2）《预算定额》混凝土防渗墙墙体连接如采用钻凿法，需增加钻凿混凝土的工程量（单位以 m 计），其计算方法如下：

$$钻凿混凝土量 = (n-1)H \quad (3-4-7)$$

式中　n——墙段个数；

　　　H——平均墙深，m。

《概算定额》增加钻凿混凝土工程量所需的人工、材料和机械消耗已包含在定额中。

（3）《预算定额》浇筑混凝土工程量中未包括施工附加量及超填量，计算施工附加量时应考虑接头和墙顶增加量，计算超填量时应考虑扩孔的增加量。具体计算方法可参考混凝土防渗墙浇筑定额下面的"注"。《概算定额》浇筑混凝土工程量中已包含了上述内容。

8. 锚固工程

（1）加强长砂浆锚杆束是按 4Φ28 锚筋拟订的，如设计采用锚筋根数、直径不同，应按设计调整锚筋用量。定额中的锚筋材料预算价按钢筋价栈计算，锚筋的制作已含在定额中。

（2）预应力锚束分为岩体和混凝土，按作用分为无黏结型和黏结型。以"束"为单位，按施加预应力的等级分类，按锚束长度分项。

（3）喷射分为地面和地下，按材料分为喷浆和混凝土，喷浆以"喷射面积"为单位，按有钢筋和无钢筋喷射工艺不同，按喷射厚度不同定额的消耗量不同。喷射混凝土分为地面护坡、平洞支护、斜井支护，以"喷射混凝土的体积"为单位，按厚度不同划分子项。喷浆（混凝土）定额的计量以喷后的设计有效面积（体积）计算，定额中已包括了回弹及施工损耗量。

（4）锚筋桩可参考相应的锚杆定额，定额中的锚杆附件包括垫板、三角铁和螺帽等。锚杆（索）定额中的锚杆（索）长度是指嵌入岩石的设计有效长度，不包括锚头外露部分，按规定应留的外露部分及加工过程中的消耗，均已计入定额。

9. 桩基础工程

桩基工程包括振冲桩、灌注桩等。振冲桩按地层不同划分子目，以桩深（m）为计量单位；灌注桩《概算定额》桩径大小、地层情况划分子目，综合考虑了造孔和浇筑混凝土整个施工过程；《预算定额》一般按造孔和灌注划分，以造孔方式划分子目，以桩长（m）计量。灌注量以造孔方式划分子目，灌注量（m³）为计量。

（五）钻孔与锚固工程单价编制中应注意问题

（1）定额计量单位。定额中帷幕、固结灌浆工程量按设计灌浆长度（m）计算；回填、接缝灌浆工程量按设计灌浆面积（m²）计算。定额钻孔与灌浆分列工程量分别以钻孔长度和灌浆长度或面积计算。

（2）《概算定额》已综合考虑了不同类型的钻孔，如基本孔、检查孔、先导孔和试验孔，同时，钻检查孔、压水试验等工作内容已按灌浆施工规范计入了定额，编制概算单价时，不需要再单独计算此项费用。《预算定额》一般没有综合考虑上述内容，计算钻孔工作量时应分别列项计算检查孔、试验孔和先导孔的钻孔量。计算灌浆工程时，除设计灌浆总长度外，应考虑检查孔补灌浆长度。此外，定额重点压水试验适用于灌浆后的压水试验，检查孔压水试验工程量，应单独列项编制其单价。灌浆前的压水试验和灌浆后的补灌及封孔灌浆已计入定额。

（3）钻孔、灌浆各节定额子目下面的"注"较多，选用定额时应认真阅读以免发生错误。

（4）还应指出，有些工程只需计算钻孔工作量，如排水孔和观测孔等，有些工程只需计算灌浆工作量如回填灌浆、接缝灌浆等，有些工程则需分别计算钻孔和灌浆工作量，根据钻灌比编制钻孔灌浆综合单，如帷幕灌浆和固结灌浆等。

（5）灌浆定额中的水泥和化学材料用量系概算（或预算）参考量，如有实测资料，可按实际耗用量调整。

（六）计算实例

【例 3-4-15】 某枢纽工程坝基采用双排帷幕灌浆防渗，该工程属于三类区，在 4m 高度廊道内灌浆，钻灌比 1.1，灌浆方式为自下而上，钻孔平均深度 40m，坝基岩层平均级别为Ⅺ级，岩层平均透水率为 5Lu，实测水泥耗量为 6t/100m，人工、材料、施工台时费及费率见表 3-4-47。试计算该枢纽工程坝基帷幕灌浆的概算单价。

解：

（1）计算坝基帷幕钻孔单价。根据岩石级别为Ⅺ级，在廊道内钻孔和灌浆，人工、机械定额乘以 1.07 的系数。根据建筑工程单价的计算程序进行计算，钻孔单价计算结果见表 3-4-48。

表3-4-47　人工、材料、施工台时费及费率汇总表

序号	项目名称	单位	单价/元	序号	项目名称	单位	单价/元
1	工长	工时	12.26	11	钻杆接头	个	3.00
2	高级工	工时	11.38	12	灌浆泵 中压泥浆	台时	42.82
3	中级工	工时	9.62	13	灰浆搅拌机	台时	21.48
4	初级工	工时	6.84	14	地质钻机 150型	台时	49.51
5	金刚石钻头	个	5.00	15	胶轮车	台时	0.9
6	钻杆	m	3.50	16	其他直接费	%	7
7	扩孔器	个	2.60	17	间接费	%	10.5
8	岩芯管	m	4.50	18	利润	%	7
9	水	m³	0.6	19	税金	%	9
10	水泥	t	400				

表3-4-48　建筑工程单价表

单价编号			项目名称		坝基帷幕钻孔
定额编号		70003	定额单位		100m
施工方法			150型地质钻机钻孔，孔位转移		
编号	名称及规格	单位	数量	单价/元	合价/元
一	直接费				21661.62
（一）	基本直接费				20244.5
1	人工费				7345.64
	工长	工时	42.8	12.26	524.73
	高级工	工时	86.67	11.38	986.3
	中级工	工时	300.67	9.62	2892.45
	初级工	工时	430.14	6.84	2942.16
2	材料费				105.23
	金刚石钻头	个	4.9	5.00	24.5
	扩孔器	kg	3.5	2.60	18.9
	岩芯管	m	6.2	0.6	9.1
	钻杆	kg	5.4	3.50	3.72
	钻杆接头	个	6	3.00	18.9
	水	m³	1025	0.6	18
	其他材料费	%	13	93.12	12.11
3	机械使用费				12793.63
	地质钻机 150型	台时	246.1	49.51	12184.41
	其他机械费	%	5	12184.41	609.22
（二）	其他直接费	%	7	20244.5	1417.12

续表

编号	名称及规格	单位	数量	单价/元	合价/元
二	间接费	%	10.5	21661.62	2274.47
三	企业利润	%	7	23936.09	1675.53
四	税金	%	9	25611.62	2305.05
	合计				27916.67

（2）计算坝基帷幕灌浆单价。由于灌浆排数为两排，需要对定额人工、灌浆泵、水泥、胶轮车和水进行调整。调整系数见坝基帷幕灌浆表备注。计算结果见表3-4-49。

表3-4-49　　　　　　　建 筑 工 程 单 价 表

单价编号				项目名称	坝基础帷幕灌浆
定额编号	70031			定额单位	100m
施工方法			洗孔、压水、制浆、灌浆、封孔、孔位转移		
编号	名称及规格	单位	数量	单价/元	合价/元
一	直接费				24509.76
（一）	基本直接费				22906.32
1	人工费				8128.25
	工长	工时	49.082	12.26	601.75
	高级工	工时	110.968	11.38	1262.82
	中级工	工时	305.162	9.62	2935.66
	初级工	工时	486.552	6.84	3328.02
2	材料费				1740.87
	水泥	t	4.5	255	1147.5
	水	m³	632.64	0.6	379.58
	其他材料费	%	14	1527.08	213.79
3	机械使用费				13037.2
	灌浆泵　中压泥浆	台时	180.86	42.82	7744.28
	灰浆搅拌机	台时	159.94	21.48	3435.51
	地质钻机　150型	台时	25.08	48.56	1217.88
	胶轮车	台时	20.79	0.9	18.71
	其他机械费	%	5	12416.38	620.82
（二）	其他直接费	%	7	22906.32	1603.44
二	间接费	%	10.5	24509.76	2573.52
三	企业利润	%	7	27083.28	1895.83
四	材料补差				652.5
	水泥	t	4.5	145	652.5
五	税金	%	9	29631.61	2666.84
	合计				32298.45

(3) 计算坝基帷幕灌浆的综合概算单价。帷幕灌浆综合概算单价包括钻孔单价和灌浆单价，考虑钻灌比1.1，则综合概算单价为：279.17×1.1+322.99=630.08(元/m)。

九、疏浚工程单价编制

（一）疏浚工程概述

疏浚工程项目包括疏浚工程和吹填工程。主要应用于河湖整治、内河航道疏浚、出海口门疏浚，湖、渠道、海边的开挖与清淤工程，为水上作业，以挖泥船应用最广。挖泥船按移动方式分为自航式，非自航式；按动力装置分为蒸汽式、抽动式、电动式、燃油电动式、燃油液压传动式；按工作机构原理和输送方式划分为机械式、水力式和气动式三大类。

常用的机械式挖泥船有链斗式、抓斗式、铲扬式、反铲式，链斗略加改进即可成为采砂船。水力式挖泥船有绞吸式、靶吸式、射流式及冲吸式等，以绞吸式运用最广。吹填施工的工艺流程是采用机械挖土，以压力管道输送泥浆至作业面，完成作业面上土颗粒沉积淤填，挖泥船类型、施工特点及适用条件详见第一篇第六章第六节。

江河疏浚开挖经常与吹填工程相结合，这样可充分利用江河疏浚开挖的弃土对堤身两侧的池塘洼地作充填，进行堤基加固；吹填法施工不受雨天和黑夜的影响，能连续作业，施工效率高。在土质符合要求的情况下，也可用以堵口或筑新堤。

（二）疏浚工程单价编制

疏浚工程单价编制时，根据采用的施工方法、名义生产率（或斗容）、土（砂）级别正确选用定额子目计算。

1. 疏浚工程定额运用

(1) 预算定额。

1) 预算定额不包括超挖量。工程量按有效工程量（水下自然方）计算。

2) 绞吸式挖泥船及吹泥船定额中没有列出浮筒管、岸管的定额数量，采用时应根据工程实际情况计算。

(2) 概算定额。

1) 在预算定额的基础上，进行综合扩大编制而成。定额中包括超挖、回淤量在内。工程量应按照设计图断面尺寸计算。

2) 定额中列出了浮筒管、岸管的定额数量。

(3) 挖泥船与排泥管定额数量之间的关系。各种排泥管线的组（根）时定额，按下式计算后列入定额表中：

排泥管组（根）时定额＝排泥管线长/每（组）根长×挖泥船艘时定额

使用潜管时，应根据设计长度、所需管径及构成，按上式计算。

2. 定额调整问题

(1) 排高系数。排高指挖泥船泥泵中心点至排泥管出口中心的高差（m）。以基本排高的长度为基础，每增（减）1m，定额乘（除）以规定的系数。工程实际排高只有与基本排高相吻合时，定额不作调整。实际排高超过或不足基本排高时，定额均需作调整。为了便于计算，排高按整数米控制，不足1m者不作调整。

例如：某定额子目的基本排高为 5m，按下述情况确定定额是否进行调整：

1) 若工程实际排高为 4.5m 或 5.5m 左右，定额不作调整。
2) 若工程实际排高为 4m 或 6m 时，定额再按规定进行调整。

(2) 挖深系数。挖深指开挖图层的厚度和平均水深之和（m）（平均水深按水面至开挖土层顶部的平均高差计）。以基本挖深的米数为准，每挖深增加 1m，其基本定额增加一定的数量。工程实际挖深在基本挖深范围内，定额就不作调整。只有实际挖深超过基本挖深时，定额才增加一定的数量。

为了便于计算，挖深按整数米控制，不足 1m 者不作调整。

例如：某定额子目的基本挖深为 6m，按下述情况确定定额是否进行调整：

1) 工程实际挖深为 4.5m 或 6.5m 左右，定额不作调整。
2) 工程实际挖深为 7m 或 8m 时，定额再按规定进行调整。

(3) 调整定额的计算方法。

大于基本排高，调整后的定额值 $A = $ 基本定额 $\times k_1 n$

小于基本排高，调整后的定额值 $B = $ 基本定额 $\div k_1 n$

超过基本挖深，调整后的定额增加值 $C = $ 基本定额 $\times n k_2$

$$\text{调整后定额综合值 } D = A + C \text{ 或 } D = B + C \tag{3-4-8}$$

式中 k_1——各定额表注中，每增（减）1m 的超排高系数；

k_2——各定额表注中，每超过基本挖深 1m 的定额增加系数；

n——大于（或小于）定额基本排高或超过定额基本挖深的数值，m。

在计算超排高和超挖深时，定额表中的"其他机械费"，费率不变。

(三) 疏浚工程定额运用注意事项

疏浚工程定额包括绞吸、链斗、抓斗及铲斗式挖泥船，吹泥船，水力冲挖机组等。

(1) 定额计量单位。现行概算定额除注明者外，均按水下自然方计算。疏浚或吹填工程量应按设计要求计算，吹填工程陆上方应折算为水下自然方。在开挖过程中的超挖、回淤等因素均包括在定额内。在河道疏浚遇到障碍物清除时，应按实单独列项。

(2) 土、砂分类。绞吸、链斗、抓斗、铲斗式挖泥船、吹泥船开挖水下方的泥土及粉细砂分为Ⅰ～Ⅶ类，中、粗砂各分为松散、中密、紧密三类。详见《水利建筑工程概算定额》附录 4 土、砂分级表。

水力冲挖机组的土类划分为Ⅰ～Ⅴ类，详见《水利建筑工程概算定额》附录 4 中的水力冲挖机组土类划分表。

(3) 绞吸式挖泥船、链斗式挖泥船及吹泥船均按名义生产率划分船型，抓斗式、铲斗式挖泥船按斗容划分船型。

(4) 定额中的人工是指从事辅助工作的用工，如对排泥管线的巡视、检修、维护等。不包括绞吸式挖泥船及吹泥船岸管的安装、拆移及各排泥场（区）的围堰填筑和维护用工。

当各式挖泥船、吹泥船及其系列的配套船舶定额调整时，人工定额亦做相应调整。

(5) 工况级别的确定。本章的挖泥船、吹泥船定额均按一级工况制定。当在开挖区、排（运、卸）泥（砂）区整个作业范围内，受有超限风浪、雨雾、潮汐、水位、流速及行船避让、木排流放、冰凌以及水下芦苇、树根、障碍物等自然条件和客观原因,而直接影响正常施工生产和增加施工难度的时间时,应根据当地水文、气象、工程地质资料,通航河道的通航要求,所选船舶的适应能力等,进行统计分析,以确定该影响及增加施工难度的时间,按其占总工期历时的比例,确定工况级别,并按表3-4-50所列系数调整相应的定额。

表 3-4-50　　　　　　　　　　　系 数 调 整 表

工况级别	绞吸式挖泥船		链斗、抓斗、铲斗式挖泥船、吹泥船	
	平均每班客观影响时间/h	工况系数	平均每班客观影响时间/h	工况系数
一	≤1.0	1.00	≤1.3	1.00
二	≤1.5	1.10	≤1.8	1.12
三	≤2.1	1.21	≤2.4	1.27
四	≤2.6	1.34	≤2.9	1.44
五	≤3.0	1.50	≤3.4	1.64

(6) 绞吸式挖泥船。

1) 排泥管:包括水上浮筒管(含浮筒一组、钢管及胶套管各一根,简称浮筒管)及陆上排泥管(简称岸管),分别按管径、组长或根长划分,详见各定额表。

2) 人工:是指从事辅助工作的用工,如对排泥管线的巡视、检修、维护等。当挖泥船定额需要调整时,人工定额亦作相应的调整。

3) 排泥管线长度:是指自挖泥(砂)区中心至排泥(砂)区中心,浮筒管、潜管、岸管各管线长度之和。其中,浮筒管因受水流影响,与挖泥船、岸管连接而弯曲的需要,按浮筒管进出口直线距离乘以1.4的系数计算。岸管如受地形、地物影响,可据实计算其长度。如所需排泥管线长度介于两定额子目之间时,按"插入法"计算。

(7) 链斗式挖泥船。

1) 定额中的泥驳均为开底泥驳,若为吹填工程或陆上排卸时,则改为满底泥驳。

2) 若开挖泥(砂)层厚度(包括计算超深值)小于斗高、而大于或等于斗高1/2时,按开挖定额中人工工时及船舶艘时定额乘以1.25系数计算。若开挖层厚度小于斗高的1/2时,不执行本定额。

(8) 抓斗式、铲斗式挖泥船。

1) 定额中的泥驳均为开底泥驳,若为吹填工程成陆上排卸时,应该为满底泥驳。

2) 抓斗式、铲斗式挖泥船疏浚,不宜开挖流动淤泥。

(9) 吹泥船。

1) 本定额适用于配合链斗、抓斗、铲斗式挖泥船相应能力的陆上吹填工程。

2) 排泥管线长度中的浮筒管组时、岸管根时数量,已计入分项定额内。

(10) 水利冲挖机组。

1) 定额适用于基本排高5m,每增(减)1m,排泥管线长度相应增(减)25m。

2) 排泥管线长度为计算铺设长度,如计算排泥管线长度介于定额两子目之间时,用"插入法"计算。

3) 施工水源与作业面的距离为 50~100m。

4) 冲挖盐碱土方,如盐碱程度较重时,泥浆泵及排泥管台(米)时费用定额中的第一类费用可增加 20%。

(四) 计算实例

【例 3-4-16】 某疏浚工程采用 500m³/h 绞吸式挖泥船,挖Ⅲ类土,排距 1km。则:

问题一:若排高 7m、挖深 8m,如何进行定额消耗量的调整?

问题二:若排高 5m、挖深 5m,如何进行定额消耗量的调整?

解:

(1) 确定挖泥船的基本定额消耗量。根据 500m³/h 绞吸式挖泥船,挖Ⅲ类土,排距 1km,查定额 80424 子目,得挖泥船 20.49 艘时/万 m³。

根据定额表注说明:基本排高 6m,每增(减)1m,定额乘(除)以 1.015。

最大挖深 10m,基本挖深 6m,每增 1m,定额增加系数 0.03。

(2) 问题一:当排高 7m、挖深 8m 时,计算定额消耗量如下:

1) 首先根据式(3-4-8),计算出挖泥船调整后定额值及调整系数。

排高调整,超排高 7-6=1m,定额增加系数为 1.015。

$$挖泥船定额消耗量值 A = 20.49 \times 1.015 = 20.80 (艘时/万 m^2)$$

挖深调整,超深 8-6=2m,定额增加系数为:$0.03 \times 2 = 0.06$。

$$挖泥船增加值 C = 20.49 \times 0.06 = 1.23 (艘时/万 m^2)$$

$$调整后挖泥船定额值 D = A + C = 20.8 + 1.23 = 22.03 (艘时/万 m^3)$$

$$挖泥船调整系数 = \frac{22.03}{20.49} = 1.075$$

2) 人工及机械的定额数量,均乘 1.075 系数进行调整。

3) 其他机械费的费率不变。

(3) 问题二:当排高 5m、挖深 5m 时,计算定额消耗量如下:

1) 首先根据式(3-4-8),计算出挖泥船调整后定额值及调整系数。

排高调整,排高减 1m,定额除以系数 1.015。

$$挖泥船定额值 B = 20.49 \div 1.015 = 20.19 (艘时/万 m^3)$$

挖深调整,挖深在基本挖深范围内,定额增加值 C=0

$$调整后挖泥船定额值 D = B + C = 20.19 + 0 = 20.19 (艘时/万 m^3)$$

$$挖泥船调整系数 = \frac{20.19}{20.49} = 0.985$$

2) 人工及机械的定额数量,均乘 0.985 系数进行调整。

3) 其他机械费的费率不变。

【例 3-4-17】 云南省某河道进行清淤疏浚工程,采用绞吸式挖泥船进行施工,挖泥船的名义生产率为 200m³/h,库底土质为Ⅲ类可塑壤土,挖深为 6m,排泥管线长度为 400m。已知基本资料如下:

(1) 人工预算单价为工长 8.19 元/工时,高级工 7.57 元/工时,中级工 6.33 元/工时,初级工 4.43 元/工时。

(2) 材料预算单价为柴油 7.05 元/kg，汽油 8.16 元/kg。
计算疏浚工程的概算单价。

解：

(1) 机械台时费的计算。根据《水利工程施工机械台时费定额》确定各机械的消耗量，按照施工机械台时费的计算法计算台时费，计算结果见表 3-4-51。

表 3-4-51　　　　　　　　施工机械台时费计算表　　　　　　　　单位：元/台时

定额编号	名称及规格	台时费	其中				
			折旧费	修理及设备替换费	安拆费	人工费	动力燃料费
4074	履带起重机　油动 10t	86.47	28.13	17.15	1.18	15.19	24.82
4085	汽车起重机　5t	57.75	11.43	11.39		17.09	17.84
4114	桅杆式起重机　5t	42.29	7.01	4.94	2.84	15.19	12.31
4143	卷扬机　单筒　慢速 5t	17.34	2.63	1.06	0.05	8.23	5.37
7011	绞吸式挖泥船　200m³/h 挖泥	665.29	126.81	78.88		70.90	388.70
7085	挖泥船浮筒　400mm×7500mm　排泥	0.92	0.64	0.20	0.08		
7105	岸管（根）　500mm×6000mm　排泥	0.48	0.42	0.06			
7138	拖轮　176kW	195.72	45.98	45.28		39.88	64.58
7151	锚艇　88～90kW	107.99	16.82	24.02		24.69	42.46
7162	机艇　88～90kW	111.72	14.19	18.04		31.65	47.84
9126	电焊机　交流　25kVA	10.52	0.29	0.28	0.09		9.86

注　柴油以基价 2.99 元/kg 进入机械台时费。

(2) 根据工程性质（河道）、特点确定取费费率：其他直接费率取 4.0%，间接费率取 6.25%，企业利润率为 7%，税金率取 9%。

(3) 根据工程性质、挖泥船的名义生产率（200m²/h）、土质类别及排泥管线长度，选用概算定额 80205 子目。

(4) 计算疏浚工程概算单价。将已知的人工预算单价、机械台时费及定额 80205 子目中的各项数据填入表 3-4-52 中，计算结果为 7.80 元/m³水下自然方。

表 3-4-52　　　　　　　　建　筑　工　程　单　价　表

单价编号		项目名称			疏浚工程
定额编号	80205	定额单位			10000m³水下自然方
施工方法	固定船位，挖、排泥（砂），移浮筒管，施工区内作业面移位，配套船舶、行驶等及其他辅助工作				
编号	名称及规格	单位	数量	单价/元	合计/元
一	直接费				40113.38
（一）	基本直接费				38570.56
1	人工费				403.30
	中级工	工时	31.10	6.33	196.86
	初级工	工时	46.60	4.43	206.44

续表

编号	名称及规格	单位	数量	单价/元	合计/元
2	材料费				0.00
3	施工机械使用费				38167.26
	绞吸式挖泥船 200m³/h 挖泥	艘时	44.11	665.29	29345.94
	挖泥船浮筒 400mm×7500mm 排泥	组时	1176.00	0.92	1081.92
	岸管（根） 500mm×6000mm 排泥	根时	2205.00	0.48	1058.40
	拖轮 176kW	艘时	11.03	195.72	2158.79
	锚艇 88~90kW	艘时	13.23	107.99	1428.71
	机艇 88~90kW	艘时	14.55	111.72	1625.53
	其他机械费	%	4.00	36699.29	1467.97
（二）	其他直接费	%	4	38570.56	1542.82
二	间接费	%	6.25	40113.38	2507.09
三	利润	%	7	42620.47	2983.43
四	材料补差				25956.45
	柴油	kg	6393.21	4.06	25956.45
五	税金	%	9	71560.35	6440.43
	单价合计				78000.78

十、其他工程单价编制

（一）其他工程概述

其他工程主要包括围堰、公路、铁道等临时工程，以及塑料薄膜、土工布、土工膜、复合柔毡铺设、人工铺草皮等内容。

临时工程项目包括导流工程、临时交通工程、房屋建筑工程、35kV以上场外供电线路、其他临时工程。

导流工程项目包括导流明渠、导流洞、围堰工程等，导流明渠、导流洞可套用其他章节的定额。围堰工程、临时交通的桥梁、公路、通信、供电线路、钢管管道铺设、预应力（自应力）混凝土管管道铺设、预应力钢筒混凝土管管道铺设、玻璃钢管管道铺设、顶管、热焊连接的复合柔毡铺设、热焊连接的土工膜铺设也在其他工程定额中。

近年来，土工合成材料在水利工程中的反滤、排水和防渗中得到了广泛应用，土工复合材料是由两种或两种以上土工合成制品经复合或组合而成的材料。如土工膜与土工织物经加热滚压而成为各种复合土工膜。

利用土工合成材料建造的反滤层和排水体，在水利工程中可采用的部位有土石坝斜墙、心墙上、下游侧的过渡层，坝体内竖式排水体，堤坝下游排水体，堤坝坡过滤层，铺盖下排水、排气层，岸墙、岸墩后排水体，水闸底板分缝和出流处保护体，排水管、减压井、农用井外包体等。作为反滤材料的土工织物应满足保土性、透水性和防堵性要求。

土工织物反滤层和排水体施工工序为平整碾压场地、织物备料、铺设、回填和表面防护。平整碾压场地应清除地面一切可能损伤土工织物的带尖棱硬物，填平坑凹，平整土面或修好坡面。

用于防渗的土工合成材料主要有土工膜及复合土工膜。用于土石堤、坝防渗的土工膜厚度不应小于 0.5mm，对于重要工程应适当加厚。防渗土工膜立在上面设防护层、上垫层，在其下面设下垫层。

在水利水电工程中，可考虑采用土工膜防渗的部位有堤、坝心墙或斜墙，堤、坝水平铺盖，堤、坝地基垂直防渗墙，土坝加高，堆石坝、面板坝、砌石坝、碾压混凝土坝的上游面防渗，渠道及水库防渗衬砌，水工隧洞防渗等。

土工膜防渗施工的基本工序为准备工作、铺设、拼接、质量检验和回填。土工膜在库底、池底铺设时，应借助拖拉机或人工进行滚放；在坡面上铺设时，应将卷材装在卷扬机上，自坡顶徐徐展放至坡底；坡顶、坡底处应埋入固定沟。

（二）定额使用

1. 定额内容

（1）临时设施。临时设施包括围堰、公路、码头、桥梁、管线、铁路等临建设施。

（2）零星工程。零星工程包括防渗用的塑料薄膜、土工膜、复合柔毡铺设与反滤所用的土工布以及铺设草皮等。

（3）补充。在《水利工程概预算补充定额》中其他工程包括钢管管道铺设、预应力（自应力）混凝土管管道铺设、预应力钢筒混凝土管管道铺设、玻璃钢管管道铺设、顶管、复合柔毡铺设—热焊连接、土工膜铺设—热焊连接等。

2. 定额的表现形式

（1）围堰填筑和拆除按堰体方计；钢板桩按阻水面积（m^2）计；公路工程按铺填的面积（m^2）；计；铁路工程按公里（km）计；塑料薄膜、土工膜、复合柔毡铺设、铺草皮等按设计有效的防渗面积（m^2）计。

（2）管道工程定额计量单位为管道铺设成品长度，管道铺设计量单位为 1km；顶管工程计量单位为 10m。

3. 使用定额的注意事项

（1）塑料薄膜、土工膜、复合柔毡、土工布等定额仅指这些防渗（反滤）材料本身的铺设，不包括上面的保护层和下面的垫层砌筑。其定额计量单位是指设计有效防渗面积。

（2）套用临时工程定额时要注意材料数量为备料量，未考虑周转回收。周转及回收量可按该临时工程使用时间，参考表 3-4-53 所列材料使用寿命及残值进行计算。

表 3-4-53　　　　　　　　材料使用寿命及残值表

材料名称	使用寿命	残值/%	材料名称	使用寿命	残值/%
钢板桩	6 年	5	钢管（脚手架用）	10 年	10
钢轨	12 年	10	阀门	10 年	5
钢丝绳（吊桥用）	10 年	5	卡扣件（脚手架用）	50 次	10
钢管（风水管道）	8 年	10	导线	10 年	10

（3）管道工程定额适用于长距离输水管道的埋地铺设，不适用于室内、厂（坝）区内的管道铺设（安装）；也不适用于电站、泵站的压力钢管及出水管的安装。

（4）管道铺设按管道埋设编制。定额管材每节长度是综合取定的，实际不同时，不作调整。

（5）材料消耗定额"（）"内数字根据设计选用的品种、规格按未计价装置性材料计算。

（6）管道工程定额包括阀门安装，不包括阀门本体价值，阀门根据设计数量按设备计算。

（7）钢管道的防腐处理费用包含在管材单价中，设计要求的必须在现场进行的特殊防腐措施费用另行计算。

【例3-4-18】 某水库位于云南省某县城以外，其坝面反滤层采用土工布铺设，坝面边坡为1:2.0，人工、材料及费率见表3-4-54。计算土工布铺设概算单价。

表3-4-54 人工、材料及费率汇总表

序号	项目名称	单位	单价/元	序号	项目名称	单位	单价/元
1	工长	工时	11.98	6	其他直接费	%	7
2	高级工	工时	11.09	7	间接费	%	10.5
3	中级工	工时	9.33	8	利润	%	7
4	初级工	工时	6.55	9	税金	%	9
5	土工布	元/m²	5.31	10			

解：

（1）选用定额子目。该分项工程为坝面反滤层铺设土工布，坝面边坡1:2.0，根据工程特点选用《概算定额》九-14节90070子目。

（2）计算概算单价。结合定额子目对应的消耗量，将人工、材料、费率标准填入表3-4-55并计算，计算结果为9.63元/m²（有效防渗面积）。

表3-4-55 建筑工程单价表

单价编号		项目名称		土工布铺设	
定额编号		90070		定额单位	100m²
施工方法		场内运输、铺设、接缝（针缝）			
编号	名称及规格	单位	数量	单价/元	合计/元
一	直接费				746.97
（一）	基本直接费				698.10
1	人工费				118.57
	工长	工时	1.00	11.98	11.98
	中级工	工时	3.00	9.33	27.99
	初级工	工时	12.00	6.55	78.60
2	材料费				579.53
	土工布	m²	107	5.31	568.17
	其他材料费	%	2	568.17	11.36

第四章 水利工程概（估）算文件编制

续表

编号	名称及规格	单位	数量	单价/元	合计/元
3	施工机械使用费				0.00
（二）	其他直接费	%	7	698.10	48.87
二	间接费	%	10.5	746.97	78.43
三	利润	%	7	825.40	57.78
四	材料补差				0.00
五	税金	%	9	883.18	79.49
	合计				962.67

十一、设备安装工程单价编制

（一）设备安装工程概述

（1）安装工程包括机电设备安装和金属结构设备安装。机电设备主要指发电设备、升压变电设备、公用设备。其中，发电设备如水轮机组、发电机、起重设备、辅助设备等；升压变电设备如主变压器、高压设备和电器设备等；公用设备如通信设备、通风采暖设备、机修设备、计算机监控系统、管理自动化系统、全厂接地及保护网等。金属结构设备主要指闸门、启闭机、拦污栅、压力钢管等。

（2）设备安装工程费包括设备安装费和构成工程实体的装置性材料费与装置性材料安装费。装置性材料是指它本身属材料，但又被安装的对象，安装后构成工程实体。装置性材料分为主要装置性材料和次要装置性材料。

主要装置性材料也叫未计价装置性材料。凡在定额中作为独立的安装项目的材料，即为主要装置性材料。其本身的价值在安装定额内并未包括，需要另外计价，所以主要装置性材料又叫未计价装置性材料。在编制概预算时，应根据设计确定的品种、型号、规格和数量，并计算操作损耗量，乘以该工程材料除税价格。其中，操作损耗率见《水利水电设备安装工程概算定额》总说明，未计价的装置性材料用量见《水利水电设备安装工程概算定额》附录。

次要装置性材料也叫已计价装置性材料。次要装置性材料因品种多、规格杂、且价值也较低，故在概预算安装费用子目中均已列入其费用（用%表示），所以次要装置性材料又叫已计价装置性材料。在编制概（预）算单价时，不必再另行计算。

（二）设备安装工程单价的编制

1. 定额的表现形式

编制设备安装工程单价采用现行水利部颁发的《水利水电设备安装工程概算定额》及《水利水电设备安装工程预算定额》（分别简称《设备安装工程概算定额》《设备安装工程预算定额》），定额分为实物量定额和安装费率定额，其安装工程单价的计算方法也有区别。

2. 安装工程单价的编制方法

现行的《水利水电设备安装工程概算定额》有两种表现形式，相应的编制方法有实物量法和安装费率法。

(1) 实物量法。以实物量形式表示的安装工程定额与前述的建筑工程定额相似,单价编制方法亦基本相同,同样采用列表法,只是单价的费用项目组成略有不同。安装工程单价由直接费、间接费、利润、材料补差、未计价装置性材料费和税金组成,未计价装置性材料只计税金,不计其他直接费、间接费和利润。

在《设备安装工程概算定额》的分章说明中,一般都将本章未计价装置性材料的名称列出。编制安装工程单价时,对于定额中未计价的装置性材料,应按设计确定的规格、数量和在本工程中的预算价格计算其费用(含规定损耗量增加的费用)。在初步设计阶段,如设计提不出具体的装置性材料的规格、数量,也可参照《设备安装工程概算定额》附录中有关资料计算。

安装工程单价实物量计算方法与建筑工程单价计算方法相同。

(2) 安装费率法。安装费率计算安装费单价时,定额人工费安装费率以北京地区为基准给出,需要根据编制地区的不同进行调整。

调整方法是根据当年主管部门发布的北京地区的人工工时预算单价与工程所在的同期的人工工时预算单价进行对比,测算其比例系数,据此将定额人工费安装费率乘以本工程人工费安装费率调整系数,调整人工费费率指标。人工费安装费率调整系数计算如下:

人工费安装费率调整系数＝工程所在地中级工人工预算单价÷北京地区中级工人工预算单价

调整的人工费率＝定额人工费率×人工费安装费率调整系数

根据《水利部办公厅关于印发〈水利工程营业税改增值税计价依据调整办法〉的通知》(办水总〔2016〕132 号) 和《水利部办公厅关于调整水利工程计价依据增值税计算标准的通知》(办财务函〔2019〕448 号),以费率形式表示的安装工程定额,其人工费费率不变,材料费费率除以调整系数 1.03,机械使用费费率除以调整系数 1.10,装置性材料费费率除以调整系数 1.17,计费基数不变,仍然为含增值税的设备费。

对进口设备的安装费率也需要调整,调整方法是将定额人工费、材料费、机械使用费、装置性材料费安装费率乘以进口设备安装费率调整系数。进口设备的安装费费率调整系数计算如下:

进口设备安装费率调整系数＝同类国产设备原价/进口设备原价

综上所述,安装工程单价的计算程序见表 3-4-56。

表 3-4-56 安装工程单价计算程序表

序号	项目	计 算 方 法	
		实物量法	安装费率法/%
一	直接费	(一)+(二)	(一)+(二)
(一)	基本直接费	1+2+3	1+2+3+4
1	人工费	∑定额人工工时数×人工预算单价	设备原价×定额人工费安装费率×人工费调整系数
2	材料费	∑定额材料用量×材料预算价格(或材料基价)	设备原价×定额材料安装费率÷1.03
3	机械使用费	∑定额机械台班用量×机械台时费(或台时费基价)	设备原价×定额机械使用费安装费率÷1.1

第四章　水利工程概（估）算文件编制

续表

序号	项目	计算方法	
		实物量法	安装费率法/%
4	装置性材料费		设备原价×定额装置性材料费安装费率÷1.17
（二）	其他直接费	（一）×其他直接费费率	（一）×其他直接费费率
二	间接费	一×间接费费率	一×间接费费率
三	利润	（一＋二）×利润率	（一＋二）×利润率
四	材料补差	∑（材料预算价格－材料基价）×材料消耗量	
五	未计价装置性材料费	∑未计价装置性材料用量×材料预算价格	
六	税金	（一＋二＋三＋四＋五）×税率	（一＋二＋三）×税率
	工程单价	一＋二＋三＋四＋五＋六	一＋二＋三＋六

（三）编制安装工程单价应注意的问题

(1) 使用电站主厂房桥式起重机进行安装工作时，桥式起重机台时费不计基本折旧费和安装拆卸费。

(2) 计算装置性材料预算用量时，应按定额规定操作损耗率计入操作损耗量。

(3) 除《设备安装工程概算定额》《设备安装工程预算定额》各章说明外，还包括以下工作内容：

1) 设备安装前后的开箱、检查、清扫、滤油、注油、刷漆和喷漆工作。
2) 安装现场内的设备运输。
3) 随设备成套供应的管路及部件的安装。
4) 设备的单体试运转、管和罐的水压试验、焊接及安装的质量检查。
5) 现场施工临时设施的搭拆及其材料、专用特殊工器具的摊销。
6) 施工准备及完工后的现场清理工作。
7) 竣工验收移交生产前对设备的维护、检修和调整。

(4) 设备与材料的划分：

1) 制造厂成套供货范围的部件、备品备件、设备体腔内定量填充物（透平油、变压器油、六氟化硫气体）等均作为设备。
2) 不论成套供货、现场加工或零星购置的贮气罐、阀门、盘用仪表、机组本体上的梯子、平台和栏杆等均作为设备，不能因供货来源不同而改变设备的性质。
3) 管道和阀门如构成设备本体部件时，应作为设备，否则应作为材料。
4) 随设备供应的保护罩、网门等，凡已计入相应设备出厂价格内的，应作为设备，否则应作为材料。
5) 电缆和电缆头，电缆和管道用的支架、母线、金具、骨触线和架，屏盘的基础型钢、钢轨、石棉板、穿墙隔板、绝缘子、一般用保护网、罩、门、梯子、平台、栏杆和蓄电池木架等，均作为材料。

(5)《设备安装工程预算定额》单列"设备工地运输"一章，是指设备自工地设备库（或堆放场）至安装现场的运输。编制设备安装预算单价时，应计入"设备工地运输"单价。

（6）使用安装工程定额时，除有规定外，对不同地区、施工企业、机械化程度和施工方法等因数，均不作调整。

安装工程定额与建筑工程定额有许多相似之处，这里不再赘述。如定额中数字适用范围的表示方式，定额中零星材料费、其他材料费、其他机械使用费的取费基础等。

（四）计算实例

【例 3-4-19】 某大型水利枢纽工程位于西南地区某县（一般地区）的边远山村，需要安装起重机轨道（QU80 型），材料预算价格（不含增值税销项税）和费率标准见表 3-4-57，计算轨道安装的概算单价。

表 3-4-57　　　　　　　　　材料价格及费率标准汇总表

序号	项目名称	单位	单价/元	序号	项目名称	单位	单价/元
1	钢板	kg	4.5	6	垫板	kg	6.2
2	型钢（计价装置）	kg	25.00	7	型钢（未计价装置性材料）	kg	4.5
3	电焊条	kg	5.00	8	螺栓	kg	5.5
4	乙炔气	元/m²	15	9	柴油	kg	6.00
5	钢轨	kg	5.5	10	电	kW·h	0.6

解：

（1）查《设备安装工程概算定额》第九章"起重设备安装"（九-6：轨道），选用定额编号 09093。未计价装置性材料的量从《设备安装工程概算定额》附录十一（起重机轨道装置性材料用量）计取。

（2）确定人工预算单价：该工程属于枢纽工程，位于一般地区，可查的工长 11.55 元/工时，高级工 10.67 元/工时，中级工 8.9 元/工时，初级工 6.13 元/工时。

（3）计算施工机械台时费（表 3-4-58）。

表 3-4-58　　　　　　　　　施工机械台时费汇总表　　　　　　　　　单位：元/台时

| 定额编号 | 名称及规格 | 台时费 | 其中 | | | | | 台时费价差 |
			折旧费	修理及替换设备费	安拆费	人工费	动力燃料费	
4087	汽车起重机　8t	79.00	18.50	13.45	0.00	24.03	23.02	23.18
9124	电焊机　20～30kVA	13.55	0.83	0.55	0.17	0	12.00	

（4）确定费率标准：根据《编规》及《营改增调整办法》查得：其他直接费费率 8.2%，间接费费率 75%，利润率 7%，税率 9%。

（5）计算起重机轨道（QU120 型）安装的概算单单价：经计算得，起重机轨道（QU120 型）安装的概算单价为 36183.63 元/双 10m。具体计算过程见表 3-4-59。

【例 3-4-20】 某一类地区水利枢纽工程主厂房发电电压设备（10.5kV），其设备出厂价为 50 万元（含增值税），计算该发电电压设备安装单价。

解：

（1）查《设备安装工程概算定额》，选用定额编号为 06002，确定人工、材料、机械和装置性材料的费率标准。

表 3-4-59　　　　　　　　　安装工程单价表

单价编号			项目名称		起重机轨道安装
定额编号	09095		定额单位		双10m
型号规格			起重机轨道（QU120型）		
编号	名称及规格	单位	数量	单价/元	合价/元
一	直接费				6509.58
(一)	基本直接费				6016.25
1	人工费				3775.73
	工长	工时	22	11.55	254.1
	高级工	工时	87	10.67	928.29
	中级工	工时	217	8.9	1931.3
	初级工	工时	108	6.13	662.04
2	材料费				1764.73
	钢板	kg	56.4	4.50	253.8
	型钢	kg	48.3	25.00	94.5
	电焊条	kg	9.7	5.00	1207.5
	乙炔气	m³	6.3	15.00	48.5
	其他材料费	%	10	1604.3	160.43
3	机械使用费				475.79
	汽车起重机　8t	台时	3.3	79.00	260.69
	电焊机　20～30kVA	台时	14.2	13.55	192.44
	其他机械费	%	5	453.13	22.66
(二)	其他直接费	%	8.2	6016.25	493.33
二	间接费	%	75	3775.73	2831.8
三	利润	%	7	6607.53	462.53
四	材料补差	元			76.48
	柴油	kg	25.41	3.01	76.48
五	未计价装置性材料	元			23315.6
	钢轨	kg	2433	5.5	13381.5
	垫板	kg	1358	6.2	8419.6
	型钢	kg	163	4.5	733.5
	螺栓	kg	142	5.5	781
六	税金	%	9	33195.99	2987.64
	合计				36183.63

(2) 计算人工费率。

人工费率调整系数＝9.15÷8.9＝1.03，定额人工费率＝4.9%×1.03＝5.05%。

(3) 调整材料费费率、机械使用费费率、装置性材料费费率。

(4) 确定其他直接费费率7.7%、间接费费率75%、利润率7%和税率9%。

(5) 安装工程单价见表3-4-60,发电电压设备安装单价为95945.79元/项。

表3-4-60 安装工程单价表

单价编号			项目名称	发电电压设备安装
定额编号	6002		定额单位	项
型号规格	发电电压设备为10.5kV			
编号	名称及规格	单位	数量	单价/元	合价/元

编号	名称及规格	单位	数量	单价/元	合价/元
一	直接工程费				63327.6
(一)	基本直接费				58800
1	人工费	%	5.05	500000	25250
2	材料费	%	2.52	500000	12600
3	机械使用费	%	1.27	500000	6350
4	装置性材料费	%	2.92	500000	14600
(二)	其他直接费	%	7.7	58800	4527.6
二	间接费	%	75	25250	18937.5
三	利润	%	7	82265.1	5758.56
四	税金	%	9	88023.66	7922.13
	合计				95945.79

第四节 建筑工程概(估)算编制

建筑工程按主体建筑工程、交通工程、房屋建筑工程、供电设施工程、其他建筑工程分别采用不同的方法编制。

一、主体建筑工程

(1) 主体建筑工程概算按设计工程量乘以工程单价进行编制。

(2) 主体建筑工程量应遵照《水利水电工程设计工程量计算规定》(SL 328—2005),按项目划分要求,计算到三级项目。

(3) 当设计对混凝土施工有温控要求时,应根据温控措施设计,计算温控措施费用,也可以经过分析确定指标后,按建筑物混凝土方量进行计算。

(4) 细部结构工程。参照水工建筑工程细部结构指标表确定,见表3-4-61。

表3-4-61 水工建筑工程细部结构指标表

项目名称	混凝土重力坝、重力拱坝、宽缝重力坝、支墩坝	混凝土双曲拱坝	土坝、堆石坝	水闸	冲砂闸、泄洪闸	进水口、进水塔	溢洪道	隧洞
单位	元/m³(坝体方)			元/m³(混凝土)				
综合指标	16.2	17.2	1.15	48	42	19	18.1	15.3

第四章 水利工程概(估)算文件编制

续表

项目名称	竖井、调压井	高压管道	电(泵)站地面厂房	电(泵)站地下厂房	船闸	倒虹吸暗渠	渡槽	明渠(衬砌)
单位	元/m³(混凝土)							
综合指标	19	4	37	57	30	17.7	54	8.45

注 1. 表中综合指标包括多孔混凝土排水管、廊道木模制作与安装、止水工程(面板坝除外)、伸缩缝工程、接缝灌浆管路、冷却水管路、栏杆、照明工程、爬梯、通气管道、排水工程、排水渗井钻孔及反滤料、坝坡踏步、孔洞钢盖板、厂房内上下水工程、防潮层、建筑钢材及其他细部结构工程。
2. 表中综合指标仅包括基本直接费内容。
3. 改扩建及加固工程根据设计确定细部结构工程的工程量。其他工程,如果工程设计能够确定细部结构工程的工程量,可按设计工程量乘以工程单价进行计算,不再按表此表指标计算。

二、交通工程

交通工程投资按设计工程量乘以单价进行计算,也可根据工程所在地区造价指标或有关实际资料,采用扩大单位指标编制。

三、房屋建筑工程

1. 永久房屋建筑

(1) 用于生产、办公的房屋建筑面积,由设计单位按有关规定结合工程规模确定,单位造价指标根据当地相应建筑造价水平确定。

(2) 值班宿舍及文化福利建筑的投资按主体建筑工程投资的百分率计算。具体标准如下:

1) 枢纽工程:当投资≤50000万元时,取1.0%~1.5%;当50000万元<投资≤100000万元时,取0.8%~1.0%;当投资>100000万元时,取0.5%~0.8%。

2) 引水工程:取0.4%~0.6%。

3) 河道工程:取0.4%。(注:投资小或工程位置偏远者取大值,反之取小值。)

(3) 除险加固工程(含枢纽、引水、河道工程)、灌溉田间工程的永久房屋建筑面积由设计单位根据有关规定结合工程建设需要确定。

2. 室外工程投资

一般按房屋建筑工程投资的15%~20%计算。

四、供电设施工程

供电设施工程根据设计的电压等级、线路架设长度及所需配备的变配电设施要求,采用工程所在地区造价指标或有关实际资料计算。

五、其他建筑工程

(1) 安全监测设施工程,指属于建筑工程性质的内外部观测设施。安全监测工程项目投资应按设计资料计算。如无设计资料时,可根据坝型或其他工程型式,按照主体建筑工程投资的百分率计算。①当地材料坝取0.9%~1.1%;②混凝土坝取1.1%~1.3%;③引水式电站(引水建筑物)取1.1%~1.3%;④堤防工程取0.2%~0.3%。

(2) 照明线路、通信线路等三项工程投资按设计工程量乘以单价或采用扩大单位指标编制。

(3) 其余各项按设计要求分析计算。

六、建筑工程概算的编制

以某改扩建水库为例,其建筑工程概算表的编制样式见表 3-4-62。

表 3-4-62 建 筑 工 程 概 算 表

编号	名 称	单位	数量	单价/元	合价/万元
	第一部分 建筑工程				6031.06
一	大坝工程				3758.89
(一)	黏土斜墙风化料坝				3677.15
	原坝土、坝基及岸坡清修(外运3.5km)	m³	124063.9	21.25	263.64
	利用料填筑	m³	102564	22.05	226.15
	排水体毛块石碾压	m³	9287.8	177.05	164.44
	排水体混合砂填筑	m³	2399.2	186.74	44.80
	排水体碎石填筑	m³	1599.4	171.22	27.38
	排水体面层干砌块石	m³	503.5	215.02	10.83
	反滤料混合砂填筑	m³	9445.9	186.74	176.39
	新老坝土反滤混合砂填筑	m³	19164.7	186.74	357.88
	上游C15混凝土预制块护坡	m³	1062.9	702.27	74.64
	下游植草护坡	m²	36716.8	10.00	36.72
	C25混凝土防浪墙	m³	308.7	542.73	16.75
	钢筋制安	t	20.1	7979.70	16.04
	坝基钻机钻孔灌浆孔	m	4972	178.91	88.95
	坝基帷幕灌浆 10~100Lu	m.	3299.5	630.80	208.13
	……				
	普通钢模板	m²	1782	56.27	10.03
	细部结构	m³	573323.4	1.57	90.01
(二)	大坝及附属设施拆除				42.95
	老溢洪道、防浪墙等混凝土拆除	m³	2325.4	124.57	28.97
	老坝坡预制块拆除	m³	3112.2	40.03	12.46
	老溢洪道及输水隧洞启闭机室拆除	m²	61.3	150.00	0.92
	老溢洪道及输水隧洞启闭机拆除	套	3	2000.00	0.60
(三)	原输水隧洞封堵				38.79
	C15埋石混凝土封堵老隧洞	m³	712.91	441.35	31.46
	C15混凝土封堵老隧洞	m³	51.66	472.92	2.44
	封堵回填灌浆	m²	618.64	78.97	4.89
二	溢洪道工程				1174.67
	土方开挖	m³	39544	21.25	84.03
	溢洪道石方开挖	m³	39661	49.38	195.85
	土石方回填	m³	6377	18.63	11.88

第四章 水利工程概（估）算文件编制

续表

编号	名称	单位	数量	单价/元	合价/万元
	C15 混凝土护坡	m³	569.25	702.27	39.98
	溢洪道 C25 钢筋混凝土	m³	3407.19	539.12	183.69
	钢筋制安	t	204.38	7979.70	163.09
	消力池反滤层砂、碎石	m³	144.14	198.72	2.86
	喷射混凝土（露天）	m³	386.48	889.87	34.39
	挂网钢筋	t	18.44	7543.13	13.91
	锚杆 $\phi16$、$L=1.2$m	根	8512	44.88	38.20
	……				
	普通钢模板	m²	12542	56.27	70.57
	细部结构	m³	7351.81	24.73	18.18
三	输水隧洞工程				701.71
（一）	隧洞段				470.13
	土方开挖	m³	299.01	21.25	0.64
	土石方回填	m³	276.8	18.63	0.52
	洞挖石方	m³	3532.71	248.25	87.70
	隧洞 C25 钢筋混凝土	m³	1371.26	928.01	127.25
	钢筋制安	t	11.26	7979.70	8.99
	隧洞回填灌浆	m²	1753.32	78.97	13.85
	喷射混凝土（洞内）	m³	431.73	958.15	41.37
	挂网钢筋	t	8	7543.13	6.03
	锚杆 $\phi25$、$L=1.5$m	根	4967	59.78	29.69
	M7.5 浆砌块石	m³	211.37	351.81	7.44
	钢支撑（不拆除）	t	57.42	8054.32	46.25
	……				
	圆形隧洞钢模板	m²	731	152.38	11.14
	普通钢模板	m²	237	56.27	1.33
	细部结构	m³	1624.67	20.92	3.40
（二）	涵洞段				40.94
	……	……	……	……	……
（三）	出口明渠段				190.64
	土方开挖（外运 3.5km）	m³	1744.13	21.25	3.71
	槽挖石方（底宽 4～7m）	m³	4069.63	69.27	28.19
	……		……	……	……
	细部结构	m³	1122.92	11.54	1.30
四	库岸防护工程				145.29
	土方开挖	m³	1866.72	21.25	3.97
	石方开挖	m³	2800.08	49.38	13.83

续表

编号	名称	单位	数量	单价/元	合价/万元
	M7.5 浆砌块石	m³	3500.1	351.81	123.14
	排水反滤料填筑	m³	218.7	198.72	4.35
五	房屋建筑工程				166.21
	办公及生产用房	m²	400	1500.00	60.00
	生活福利建筑工程				
	室外工程	%	15	1445300.00	21.68
六	其他永久工程				84.29
	安全监测设施工程	%	0.9	37588900.00	33.83
	水情自动测报系统	项	1	244600.00	24.46
	照明线路工程	km	1.5	40000.00	6.00
	厂坝区供排水、供热等公用设施	项	1	100000.00	10.00
	厂坝区环境建设工程	项	1	100000.00	10.00

第五节　设备及安装工程概（估）算编制

在水利工程概（估）算中，设备及安装工程的概算编制共包括两部分：机电设备及安装工程、金属结构设备及安装工程，两者编制方法相同。

设备及安装工程投资由设备费和安装工程费两部分组成。

一、设备费

设备费包括设备原价、运杂费、运输保险费和采购及保管费。

1. 设备原价

以出厂价或设计单位分析论证后的询价为设备原价。

2. 运杂费

运杂费分主要设备运杂费和其他设备运杂费，均按占设备原价的百分率计算。

（1）主要设备运杂费费率，见表3-4-63。

表 3-4-63　　　　　　　　主要设备运杂费费率表

设备分类		铁路		公路		公路直达基本费率/%
		基本运距1000km	每增运500km	基本运距100km	每增运20km	
水轮发电机组		2.21	0.30	1.06	0.15	1.01
主阀、桥机		2.99	0.50	1.85	0.20	1.33
主变压器	120000kVA 及以上	3.50	0.40	2.80	0.30	1.20
	120000kVA 以下	2.97	0.40	0.92	0.15	1.20

设备由铁路直达或铁路、公路联运时，分别按里程求得费率后叠加计算；如果设备由公路直达，应按公路里程计算费率后，再加公路直达基本费率。

（2）其他设备运杂费费率，见表3-4-64。

表 3-4-64　　　　　　　　其他设备运杂费费率表

类别	适　用　地　区	费率/%
Ⅰ	北京、天津、上海、江苏、浙江、江西、安徽、湖北、湖南、河南、广东、山西、山东、河北、陕西、辽宁、吉林、黑龙江等省（直辖市）	3～5
Ⅱ	甘肃、云南、贵州、广西、四川、重庆、福建、海南、宁夏、内蒙古、青海等省（自治区、直辖市）	5～7

工程地点距铁路线近者费率取小值，远者取大值。新疆、西藏地区的设备运杂费费率可视具体情况另行确定。

3. 运输保险费

按有关规定计算。

4. 采购及保管费

按设备原价、运杂费之和的 0.7% 计算。

5. 运杂综合费率

运杂综合费率＝运杂费费率＋(1＋运杂费费率)×采购及保管费费率＋运输保险费费率

上述运杂综合费率，适用于计算国产设备运杂费。进口设备的国内段运杂综合费率，按国产设备运杂综合费率乘以相应国产设备原价占进口设备原价的比例系数进行计算（即按相应国产设备价格计算运杂综合费率）。

6. 交通工具购置费

交通工具购置费指工程竣工后，为保证建设项目初期生产管理单位正常运行必须配备的车辆和船只所产生的费用。

交通设备数量应由设计单位按有关规定、结合工程规模确定，设备价格根据市场情况、结合国家有关政策确定。

无设计资料时，可按表 3-4-65 方法计算。除高原、沙漠地区外，不得用于购置进口、豪华车辆。灌溉田间工程不计此项费用。

计算方法：以第一部分建筑工程投资为基数，按表 3-4-65 的费率，以超额累进方法计算。

表 3-4-65　　　　　　　　交通工具购置费费率表

第一部分建筑工程投资/万元	费率/%	辅助参数/万元
10000 及以内	0.50	0
10000～50000	0.25	25
50000～100000	0.10	100
100000～200000	0.06	140
200000～500000	0.04	180
500000 以上	0.02	280

简化计算公式为：第一部分建筑工程投资×该档费率＋辅助参数。

二、安装工程费

安装工程投资按设备数量乘以安装工程单价进行计算。

三、计算实例

【例 3-4-21】 某水电站采用的水轮发电机组（主机）自重 200t/台、出厂价为 2.9 万元/t，生产厂家到安装现场的运距共 2000km，其中：卸货火车站→工地设备库 60km、工地设备库→安装现场 5km 均为公路运输，其余为铁路运输。运输保险费率为 0.4％。请计算该主机的设备费。

解：

(1) 铁路运输里程：2000－60－5＝1935(km)。

基本运距 1000km，运杂费费率为 2.21％。

增运里程为 1935－1000＝935(km)，935÷500＝1.87，则增运 2 段，运杂费费率为 0.3％×2＝0.6％。

铁路运杂费费率小计：2.21％＋0.6％＝2.81％。

(2) 公路运输里程：60＋5＝65(km)。

基本运距 100km，运杂费费率为 1.06％，则公路运杂费费率小计：1.06％。

(3) 运杂费费率合计：2.81％＋1.06％＝3.87％。

(4) 运杂综合费率＝3.87％＋(1＋3.87％)×0.7％＋0.4％＝5％。

(5) 设备原价＝2.9×200＝580.00(万元/台)。

(6) 水轮发电机组（主机）设备费＝580.00×(1＋5％)＝609.00(万元/台)。

【例 3-4-22】 某大型水电站位于西南地区某县（二类区）的边远山村，需要安装四台混流式水轮机，其型号为 HL286－LJ－800，调速器为 DT－150，油压装置为 YS－8，每台套设备自重 1750t（其中：主机自重 1680t），全套设备平均出厂价为 3.3 万元/t。全电站水轮机用透平油 1000t，其预算单价为 17000 元/t，设备运杂费费率为 7％，运输保险费率为 0.4％。请计算该水电站的水轮机设备投资。

解：

(1) 设备原价＝3.3×1750＝5775.00(万元/台)。

(2) 运杂费＝5775.00×7％＝404.25(万元)。

(3) 运输保险费＝5775.00×0.4％＝23.10(万元)。

(4) 采购及保管费＝(5775.00＋404.25)×0.7％＝43.25(万元)。

(5) 每台水轮机的透平油价款＝(1000÷4)×1.7＝425.00(万元)。

(6) 水轮机预算单价＝5775＋404.25＋23.10＋43.25＋425＝6670.60(万元/台)。

(7) 该电站的水轮机设备投资＝6670.60 万元/台×4 台＝26682.40(万元)。

【例 3-4-23】 某工程从国外进口主机设备一套，经海运抵达上海后再转运至工地。已知：

汇率：1 美元＝6.2 元人民币；　　　　设备重量：净重 1245t/套，毛重系数 1.05；

设备离岸价（FOB）：900 万美元/套；　设备到岸价（CIF）：940 万美元/套；

银行财务费：0.5％；　　　　　　　　外贸手续费：1.5％；

进口关税：10％；　　　　　　　　　　增值税：17％；

商检费：0.24％；　　　　　　　　　　港口费：150 元/t；

运杂费：同类国产设备由上海港运至工地运杂费费率为 7％；

第四章 水利工程概（估）算文件编制

同类国产设备原价：3.2万元/t；运输保险费率：0.4％；采购及保管费率：0.7％。请计算该进口设备费。

解：

（1）设备原价：

1) 设备到岸价＝940×6.2＝5828.00（万元）。

2) 银行财务费＝（900×6.2）×0.5％＝27.90（万元）。

3) 外贸手续费＝5828×1.5％＝87.42（万元）。

4) 进口关税＝5828×10％＝582.80（万元）。

5) 增值税＝（5828＋582.80）×17％＝1089.84（万元）。

6) 商检费＝5828×0.24％＝13.99（万元）。

7) 港口费＝1245×1.05×（150÷10000）＝19.61（万元）。

8) 进口设备原价＝5828＋27.90＋87.42＋582.80＋1089.84＋13.99＋19.61＝7649.56（万元）。

（2）国内段运杂综合费：

国产设备运杂综合费率＝7％＋（1＋7％）×0.7％＋0.4％＝8.15％。

进口设备国内段运杂综合费率＝8.15％×[（3.2×1245）÷7649.56]＝4.24％。

进口设备国内段运杂综合费＝7649.56×4.24％＝324.34（万元）。

（3）进口设备预算价格：

该套进口主机设备费＝7649.56＋324.34＝7973.90（万元）。

四、设备及安装工程概算表的编制

以某改扩建水库为例，其设备及安装工程概算表的编制样式见表3-4-66、表3-4-67。

表3-4-66　　　　　　　机电设备及安装工程概算表

编号	名　称	单位	数量	单价/元		合价/万元	
				设备费	建安费	设备费	建安费
	第二部分　机电设备及安装工程					85.73	4.00
一	公用设备及安装工程					85.73	4.00
（一）	水情测报系统及大坝安全监测	套	1	505667.30	40000.00	50.57	4.00
（二）	消防设备	套	1	50000.00		5.00	
（三）	交通工程	项	1	301553.00		30.16	

表3-4-67　　　　　　　金属结构设备及安装工程概算表

编号	名　称	单位	数量	单价/元		合价/万元	
				设备费	建安费	设备费	建安费
	第三部分　金属结构设备及安装工程					34.23	38.34
一	输水隧洞工程					34.23	38.34
（一）	输水隧洞闸门安装（2道）					27.02	36.40
	闸门安装	t	3	12000.00	1470.56	3.60	0.44
	埋件安装	t	4.6	9800.00	2678.81	4.51	1.23

425

续表

编号	名称	单位	数量	单价/元 设备费	单价/元 建安费	合价/万元 设备费	合价/万元 建安费
	螺杆启闭机安装 25t	台	2	48000.00	7285.85	9.60	1.46
	拦污栅栅槽安装	t	0.78	9500.00	3678.52	0.74	0.29
	DN300 闸阀	台	3	4600.00	690.00	1.38	0.21
……	……	……	……	……	……	……	……
(二)	出口明渠分水闸安装（2道）					7.21	1.94
	闸门安装	t	3.16	11519.00	1343.15	3.64	0.42
	埋件安装	t	2.11	9800.00	2678.81	2.07	0.57
	螺杆启闭机安装	2	台	7500.00	4765.93	1.50	0.95

第六节　施工临时工程概（估）算编制

一、导流工程

导流工程按设计工程量乘以工程单价进行计算。

二、施工交通工程

施工交通工程按设计工程量乘以工程单价进行计算，也可根据工程所在地区造价指标或有关实际资料，采用扩大单位指标编制。

三、施工场外供电工程

根据设计的电压等级、线路架设长度及所需配备的变配电设施要求，采用工程所在地区造价指标或有关实际资料计算。

四、施工房屋建筑工程

施工房屋建筑工程包括施工仓库和办公、生活及文化福利建筑两部分。施工仓库，指为工程施工而临时兴建的设备、材料、工器具等仓库；办公、生活及文化福利建筑，指施工单位、建设单位、监理单位及设计代表在工程建设期所需的办公用房、宿舍、招待所和其他文化福利设施等房屋建筑工程。

不包括列入临时设施和其他施工临时工程项目内的电、风、水，通信系统，砂石料系统，混凝土拌和及浇筑系统，木工、钢筋、机修等辅助加工厂，混凝土预制构件厂，混凝土制冷、供热系统，施工排水等生产用房。

1. 施工仓库

建筑面积由施工组织设计确定，单位造价指标根据当地相应建筑造价水平确定。

2. 办公、生活及文化福利建筑

(1) 枢纽工程，计算公式如下：

$$I=\frac{AUP}{NL}K_1K_2K_3 \tag{3-4-9}$$

式中　I——房屋建筑工程投资；

A——建安工作量，按工程一至四部分建安工作量（不包括办公用房、生活及文化福利建筑和其他施工临时工程）之和乘以（1＋其他施工临时工程百分率）计算；

U——人均建筑面积综合指标，按 $12\sim15\text{m}^2/$人标准计算；

P——单位造价指标，参考工程所在地区的永久房屋造价指标计算，元$/\text{m}^2$；

N——施工年限，按施工组织设计确定的合理工期计算；

L——全员劳动生产率，一般按 $80000\sim120000$ 元/(人·年)；施工机械化程度高取大值，反之取小值；采用掘进机施工为主的工程全员劳动生产率应适当提高；

K_1——施工高峰人数调整系数，取 1.10；

K_2——室外工程系数，取 $1.10\sim1.15$，地形条件差的可取大值，反之取小值；

K_3——单位造价指标调整系数，按不同施工年限，采用表 3-4-68 中的调整系数。

表 3-4-68　　　　　　　　单位造价指标调整系数表

工期	2 年以内	2～3 年	3～5 年	5～8 年	8～11 年
系数	0.25	0.40	0.55	0.70	0.80

（2）引水工程按一至四部分建安工作量的百分率计算，见表 3-4-69。

表 3-4-69　　　　　　　引水工程施工房屋建筑工程工作量百分率表

工期	百分率	工期	百分率
≤3 年	1.5%～2.0%	>3 年	1.0%～1.5%

注　1. 一般饮水工程取中上限，大型饮水工程取下限。
　　2. 掘进机施工隧洞工程按表中费率乘 0.5 调整系数。

（3）河道工程按一至四部分建安工作量的百分率计算，见表 3-4-70。

表 3-4-70　　　　　　　河道工程施工房屋建筑工程工作量百分率表

工期	百分率	工期	百分率
≤3 年	1.5%～2.0%	>3 年	1.0%～1.5%

五、其他施工临时工程

按工程一至四部分建安工作量（不包括其他施工临时工程）之和的百分率计算。

（1）枢纽工程为 3.0%～4.0%。

（2）引水工程为 2.5%～3.0%。一般引水工程取下限，隧洞、渡槽等大型建筑物较多的引水工程、施工条件复杂的引水工程取上限。

（3）河道工程为 0.5%～1.5%。灌溉田间工程取下限，建筑物较多、施工排水量大或施工条件复杂的河道工程取上限。

六、临时工程概算的编制

以某改扩建水库为例，其施工临时工程概算表的编制样式见表 3-4-71。

表 3-4-71　　　　　　　　　　施工临时工程概算表

编号	名称	单位	数量	单价/元	合价/万元
	第四部分　施工临时工程				321.81
一	施工交通工程				28.00
	新修施工公路	km	0.7	400000.00	28.00
二	施工供电工程				24.80
	10kV 供电路线	km	1.6	80000.00	12.80
	变压器　200kVA	台	1	120000.00	12.00
三	房屋建筑工程				143.61
	施工仓库	m²	300	300.00	9.00
	办公、生活及文化福利建筑	%	2.194133	61352000.00	134.61
四	其他施工临时工程（2%）	项	1	1254000.00	125.40
	其他施工临时工程	%	2	62698100.00	125.40

第七节　独立费用编制

一、建设管理费

（一）枢纽工程

枢纽工程建设管理费以一至四部分建安工作量为计算基数，按表 3-4-72 所列费率，以超额累进方法计算。

表 3-4-72　　　　　　　　　　枢纽工程建设管理费费率表

一至四部分建安工作量/万元	费率/%	辅助参数/万元
50000 及以内	4.5	0
50000～100000	3.5	500
100000～200000	2.5	1500
200000～500000	1.8	2900
500000 以上	0.6	8900

简化计算公式为：一至四部分建安工作量×该档费率＋辅助参数（下同）。

（二）引水工程

引水工程建设管理费以一至四部分建安工作量为计算基数，按表 3-4-73 所列费率，以超额累进方法计算。原则上应按整体工程投资统一计算，工程规模较大时可分段计算。

表 3-4-73　　　　　　　　　　引水工程建设管理费费率表

一至四部分建安工作量/万元	费率/%	辅助参数/万元
50000 及以内	4.2	0
50000～100000	3.1	550

续表

一至四部分建安工作量/万元	费率/%	辅助参数/万元
100000～200000	2.2	1450
200000～500000	1.6	2650
500000 以上	0.5	8150

（三）河道工程

河道工程建设管理费以一至四部分建安工作量为计算基数，按表3-4-74所列费率，以超额累进方法计算。原则上应按整体工程投资统一计算，工程规模较大时可分段计算。

表 3-4-74　　　　　河道工程建设管理费费率表

一至四部分建安工作量/万元	费率/%	辅助参数/万元
10000 及以内	3.5	0
10000～50000	2.4	110
50000～100000	1.7	460
100000～200000	0.9	1260
200000～500000	0.4	2260
500000 以上	0.2	3260

二、工程建设监理费

按照国家发展改革委发改价格〔2007〕670号文颁发的《建设工程监理与相关服务收费管理规定》及其他相关规定执行。

三、联合试运转费

联合试运转费用指标见表3-4-75。

表 3-4-75　　　　　联合试运转费用指标表

水电站工程	单机容量/万 kW	≤1	1～2	2～3	3～4	4～5	5～6	6～10	10～20	20～30	30～40	>40
	费用/(万元/台)	6	8	10	12	14	16	18	22	24	32	44
泵站工程	电力泵站/(元/kW)	50～60									

四、生产准备费

1. 生产及管理单位提前进厂费

（1）枢纽工程：按一至四部分建安工程量的0.15%～0.35%计算，大（1）型工程取小值，大（2）型工程取大值。

（2）引水工程：视工程规模参照枢纽工程计算。

（3）河道工程、除险加固工程、田间工程：原则上不计此项费用。若工程含有新建大型泵站、泄洪闸、船闸等建筑物时，按建筑物投资参照枢纽工程计算。

2. 生产职工培训费

按一至四部分建安工作量的0.35%～0.55%计算。枢纽工程、引水工程取中上限，河道工程取下限。

3. 管理用具购置费

(1) 枢纽工程：按一至四部分建安工作量的 0.04%～0.06% 计算，大（1）型工程取小值，大（2）型工程取大值。

(2) 引水工程：按建安工作量的 0.03% 计算。

(3) 河道工程：按建安工作量的 0.02% 计算。

4. 备品备件购置费

按占设备费的 0.4%～0.6% 计算。大（1）型工程取下限，其他工程取中、上限。

应注意的是：①设备费应包括机电设备、金属结构设备以及运杂费等全部设备费；②电站、泵站同容量、同型号机组超过一台时，只计算一台的设备费。

5. 工器具及生产家具购置费

按占设备费的 0.1%～0.2% 计算。枢纽工程取下限，其他工程取中、上限。

五、科研勘测设计费

1. 工程科学研究试验费

按工程建安工作量的百分率计算。其中：枢纽和引水工程取 0.7%；河道工程取 0.3%。

灌溉田间工程一般不计此项费用。

2. 工程勘测设计费

(1) 项目建议书、可行性研究阶段的勘测设计费及报告编制费：执行国家发展改革委发改价格〔2006〕1352 号文颁布的《水利、水电工程建设项目前期工作工程勘察收费标准》和原国家计委计价格〔1999〕1283 号文颁布的《建设项目前期工作咨询收费暂行规定》。

(2) 初步设计、招标设计及施工图设计阶段的勘测设计费：执行原国家计委、建设部计价格〔2002〕10 号文颁布的《工程勘察设计收费标准》。

应根据所完成的相应勘测设计工作阶段确定工程勘测设计费，未发生的工作阶段不计相应阶段勘测设计费。

六、其他

1. 工程保险费

按工程一至四部分投资合计的 4.5‰～5.0‰ 计算，田间工程原则上不计此项费用。

2. 其他税费

按国家有关规定计取。

七、独立费用的编制

以某改扩建水库为例，其独立费用概算表的编制样式见表 3-4-76。

表 3-4-76　　　　　　独 立 费 用 概 算 表

编号	名　称	单位	数量	单价/元	合价/万元
	第五部分　独立费用				1487.61
一	建设管理费				309.99

第四章 水利工程概（估）算文件编制

续表

编号	名称	单位	数量	单价/元	合价/万元
二	工程建设监理费				151.78
三	质量抽检费				63.95
四	审计费				68.73
五	生产准备费				62.23
1	生产及管理单位提前进场费	%	0.35	63952100.00	22.38
2	生产职工培训费	%	0.55	63952100.00	35.17
3	管理工具购置费	%	0.06	63952100.00	3.84
4	备品备件购置费	%	0.6	1199600.00	0.72
5	工器具及生产家具购置费	%	0.1	1199600.00	0.12
六	科研勘测设计费				801.61
1	工程科学研究试验费	%	0.7	63952100.00	44.77
2	工程勘察设计费				756.84
(1)	前期工作工程勘察费				214.61
(2)	工程勘察费				248.86
(3)	工程设计费				293.37
七	其他				29.32
1	工程保险费	%	0.45	65151700.00	29.32

第八节 分年度投资及资金流量

一、分年度投资

分年度投资是根据施工组织设计确定的施工进度和合理工期而计算出的工程各年度预计完成的投资额。

1. 建筑工程

建筑工程分年度投资表应根据施工进度的安排，对主要工程按各单项工程分年度完成的工程量和相应的工程单价计算。对于次要的和其他工程，可根据施工进度，按各年所占完成投资的比例，摊入分年度投资表。

建筑工程分年度投资的编制可视不同情况按项目划分列至一级项目或二级项目，分别反映各自的建筑工程量。

2. 设备及安装工程

设备及安装工程分年度投资应根据施工组织设计确定的设备安装进度计算各年预计完成的设备费和安装费。

3. 费用

根据费用的性质和费用发生的时段，按相应年度分别进行计算。

二、资金流量

资金流量是为满足工程项目在建设过程中各时段的资金需求,按工程建设所需资金投入时间计算的各年度使用的资金量。资金流量表的编制以分年度投资表为依据,按建筑安装工程、永久设备购置费和独立费用三种类型分别计算。本资金流量计算办法主要用于初步设计概算。

1. 建筑及安装工程资金流量

(1) 建筑工程可根据分年度投资表的项目划分,以各年度建筑工作量作为计算资金流量的依据。

(2) 资金流量是在原分年度投资的基础上,考虑预付款、预付款的扣回、保留金和保留金的偿还等编制出的分年度资金安排。

(3) 预付款一般可划分为工程预付款和工程材料预付款两部分。

1) 工程预付款。按划分的单个工程项目的建安工作量的10%~20%计算,工期在3年以内的工程全部安排在第一年,工期在3年以上的可安排在前两年。工程预付款的扣回从完成建安工作量的30%起开始,按完成建安工作量的20%~30%扣回至预付款全部回收完毕为止。对于需要购置特殊施工机械设备或施工难度较大的项目,工程预付款可取大值,其他项目取中值或小值。

2) 工程材料预付款。水利工程一般规模较大,所需材料的种类及数量较多,提前备料所需资金较大,因此考虑向施工企业支付一定数量的材料预付款。可按分年度投资中次年完成建安工作量的20%在本年提前支付,并于次年扣回,以此类推,直至本项目竣工。

(4) 保留金。水利工程的保留金,按建安工作量的2.5%计算。在计算概算资金流量时,按分项工程分年度完成建安工作量的5%扣留至该项工程全部建安工作量的2.5%时终止(即完成建安工作量的50%时),并将所扣的保留金100%计入该项工程终止后一年(如该年已超出总工期,则此项保留金计入工程的最后一年)的资金流量表内。

2. 永久设备购置费资金流量

永久设备购置费资金流量计算,划分为主要设备和一般设备两种类型分别计算。

(1) 主要设备的资金流量计算。主要设备为水轮发电机组、大型水泵、大型电机、主阀、主变压器、桥机、门机、高压断路器或高压组合电器、金属结构闸门启闭设备等。按设备到货周期确定各年资金流量比例,具体比例见表3-4-77。

表3-4-77 主要设备资金流量比例表

到货周期	年　限					
	第1年	第2年	第3年	第4年	第5年	第6年
1年	15%	75%①	10%			
2年	15%	25%	50%①	10%		
3年	15%	25%	10%	40%①	10%	
4年	15%	25%	10%	10%	30%①	10%

① 数据的年份为设备到货年份。

(2) 其他设备。其资金流量按到货前一年预付15%订金,到货年支付85%的剩余价款。

3. 独立费用资金流量

独立费用资金流量主要是勘测设计费的支付方式应考虑质量保证金的要求，其他项目则均按分年投资表中的资金安排计算。

（1）可行性研究和初步设计阶段的勘测设计费按合理工期分年平均计算。

（2）施工图设计阶段勘测设计费的95％按合理工期分年平均计算，其余5％的勘测设计费用作为设计保证金，计入最后一年的资金流量表内。

第九节　总 概 算 编 制

一、预备费

1. 基本预备费

基本预备费根据工程规模、施工年限和地质条件等不同情况，按工程一至五部分投资合计（依据分年度投资表）的百分率计算。初步设计阶段为5.0％～8.0％，技术复杂、建设难度大的工程项目取大值，其他工程取中小值。

2. 价差预备费

价差预备费根据施工年限，以资金流量表的静态投资为计算基数，按有关部门适时发布的年物价指数计算。计算公式如下：

$$E = \sum_{n=1}^{N} F_n \left[(1+p)^n - 1 \right] \qquad (3-4-10)$$

式中　E——价差预备费；

　　　N——合理建设工期；

　　　n——施工年度；

　　　F_n——建设期间资金流量表内第 n 年的投资；

　　　p——年物价指数。

二、建设期融资利息

计算公式如下：

$$S = \sum_{n=1}^{N} \left[\left(\sum_{m=1}^{n} F_m b_m - \frac{1}{2} F_n b_n \right) + \sum_{m=0}^{n-1} S_m \right] \bar{i} \qquad (3-4-11)$$

式中　S——建设期融资利息；

　　　N——合理建设工期；

　　　n——施工年度；

　　　m——还息年度；

F_n、F_m——在建设期资金流量表内的第 n、m 年的投资；

b_n、b_m——各施工年份融资额占当年投资比例；

　　　i——建设期融资利率；

　　　S_m——第 m 年的付息额度。

三、静态总投资

建筑工程、机电设备及安装工程、金属结构设备及安装工程、临时工程、独立费用（即项目划分中一至五部分投资）与基本预备费之和构成工程部分静态投资。编制工程部分总概算表时，在第五部分独立费用之后，应顺序计列以下项目：

(1) 一至五部分投资合计。
(2) 基本预备费。
(3) 静态投资。

工程部分、建设征地移民补偿、环境保护工程、水土保持工程的静态投资之和构成静态总投资。

四、总投资

静态总投资、价差预备费、建设期融资利息之和构成总投资。
编制工程概算总表时，在工程投资总计中应顺序计列以下项目：

(1) 静态总投资（汇总各部分静态投资）。
(2) 价差预备费。
(3) 建设期融资利息。
(4) 总投资。

五、计算实例

【例 3-4-24】 某水利枢纽工程一至五部分的分年度投资见表 3-4-78。已知：基本预备费费率为 6%，年物价指数为 5%，融资利率为 6.21%，各施工年份融资额占当年投资比例的 40%。计算并完成工程总概算表。

表 3-4-78　　　　　　　　分 年 度 投 资 表

序号	项目名称	建设工期/年			合计/万元
		1	2	3	
1	第一部分　建筑工程	2000	6000	1000	9000
2	第二部分　机电设备及安装工程	50	200	150	4000
3	第三部分　金属结构设备及安装工程	20	50	30	1000
4	第四部分　施工临时工程	10	50	20	80
5	第五部分　独立费用	220	50	30	300
6	一至五部分合计				
7	基本预备费				
8	静态总投资				
9	价差预备费				
10	建设期融资利息				
11	总投资				

解：计算结果见表 3-4-79。

表 3-4-79　　　　　　　　　工 程 总 概 算 表

序号	项 目 名 称	建设工期/年			合计 /万元
		1	2	3	
1	第一部分　建筑工程	2000.00	6000.00	1000.00	9000.00
2	第二部分机电设备及安装工程	50.00	200.00	150.00	400.00
3	第三部分　金属结构设备及安装工程	20.00	50.00	30.00	100.00
4	第四部分　施工临时工程	10.00	50.00	20.00	80.00
5	第五部分　独立费用	220.00	50.00	30.00	300.00
6	一至五部分合计	2300.00	6350.00	1230.00	9880.00
7	基本预备费	138.00	381.00	73.80	592.80
8	静态总投资	2438.00	6731.00	1303.80	10472.80
9	价差预备费	121.90	689.93	205.51	1017.34
10	建设期融资利息	31.79	157.73	278.44	467.96
11	总投资	2591.69	7578.66	1787.75	11958.10

第十节　概 算 表 格

一、工程概算总表的编制

工程概算总表由工程部分的总概算表与建设征地移民补偿、环境保护工程、水土保持工程的总概算表汇总并计算而成，见表 3-4-80。表中：

Ⅰ为工程部分总概算表，按项目划分的五部分填表并列示至一级项目。

Ⅱ为建设征地移民补偿总概算表，列示至一级项目。

Ⅲ为环境保护工程总概算表。

Ⅳ为水土保持工程总概算表。

Ⅴ包括静态总投资（Ⅰ～Ⅳ项静态投资合计）、价差预备费、建设期融资利息、总投资。

表 3-4-80　　　　　　　　　工 程 概 算 总 表　　　　　　　　　单位：万元

序号	工程或费用名称	建安工程费	设备购置费	独立费用	合计
Ⅰ	工程部分投资 第一部分建筑工程 第二部分机电设备及安装工程 第三部分金属结构设备及安装工程 第四部分施工临时工程 第五部分独立费用 一至五部分投资合计 基本预备费 静态投资				

续表

序号	工程或费用名称	建安工程费	设备购置费	独立费用	合计
Ⅱ	建设征地移民补偿投资				
	一、农村部分补偿费				
	二、城（集）镇部分补偿费				
	三、工业企业补偿费				
	四、专业项目补偿费				
	五、防护工程费				
	六、库底清理费				
	七、其他费用				
	一至七项小计				
	基本预备费				
	有关税费				
	静态投资				
Ⅲ	环境保护工程投资静态投资				
Ⅳ	水土保持工程投资静态投资				
Ⅴ	工程投资总计（Ⅰ～Ⅳ合计）				
	静态总投资				
	价差预备费				
	建设期融资利息				
	总投资				

二、工程部分概算表

工程部分概算表包括工程部分总概算表、建筑工程概算表、设备及安装工程概算表、分年度投资表、资金流量表。

1. 工程部分总概算表

表 3-4-81 按项目划分的五部分填表并列示至一级项目。五部分之后的内容为：一至五部分投资合计、基本预备费、静态总投资。

表 3-4-81　　　　　　　　工 程 部 分 总 概 算 表

序号	工程或费用名称	建安工程费/万元	设备购置费/万元	独立费用/万元	合计/万元	占一至五部分投资比例/%
1	各部分投资					
2	一至五部分投资合计					
3	基本预备费					
4	静态总投资					

2. 建筑工程概算表

按项目划分列示至三级项目。

表 3-4-82 适用于编制建筑工程概算、施工临时工程概算和独立费用概算。

表 3-4-82　　　　　　　　建 筑 工 程 概 算 表

序号	工程或费用名称	单位	数量	单价/元	合计/万元

第四章 水利工程概（估）算文件编制

3. 设备及安装工程概算表

按项目划分列示至三级项目。

表 3-4-83 适用于编制机电和金属结构设备及安装工程概算。

表 3-4-83 设备及安装工程概算表

序号	名称及规格	单位	数量	单价/元		合计/万元	
				设备费	安装费	设备费	安装费

4. 分年度投资表

按表 3-4-84 编制分年度投资表，可视不同情况按项目划分列示至一级项目或二级项目。

表 3-4-84 分 年 度 投 资 表

序号	项目	合计/万元	建设工期/年						
			1	2	3	4	5	6	……
Ⅰ	工程部分投资								
一	建筑工程								
1	建筑工程								
	×××工程（一级项目）								
2	施工临时工程								
	×××工程（一级项目）								
二	安装工程								
1	机电设备安装工程								
	×××工程（一级项目）								
2	金属结构设备安装工程								
	×××工程（一级项目）								
三	设备购置费								
1	机电设备								
	×××设备								
2	金属结构设备								
	×××设备								
四	独立费用								
1	建设管理费								
2	工程建设监理费								
3	联合试运转费								
4	生产准备费								
5	科研勘测设计费								

续表

序号	项 目	合计/万元	建设工期/年						
			1	2	3	4	5	6	……
6	其他								
	一至四项合计								
	基本预备费								
	静态投资								
Ⅱ	建设征地移民补偿投资								
	……								
	静态投资								
Ⅲ	环境保护工程投资								
	……								
	静态投资								
Ⅳ	水土保持工程投资								
	……								
	静态投资								
Ⅴ	工程投资总计（Ⅰ～Ⅳ合计）								
	静态总投资								
	价差预备费								
	建设期融资利息								
	总投资								

5. 资金流量表

资金流量表是资金流量计算表的成果汇总，按表 3-4-85 编制。可视不同情况按项目划分列示至一级项目或二级项目。项目排列方法同分年度投资表。资金流量表应汇总征地移民、环境保护、水土保持部分投资，并计算总投资。

表 3-4-85　　　　　　　资 金 流 量 表

序号	项 目	合计/万元	建设工期/年						
			1	2	3	4	5	6	……
Ⅰ	工程部分投资								
一	建筑工程								
（一）	建筑工程								
	×××工程（一级项目）								
（二）	施工临时工程								
	×××工程（一级项目）								
二	安装工程								
（一）	机电设备安装工程								

续表

序号	项目	合计/万元	建设工期/年						
			1	2	3	4	5	6	……
	×××工程（一级项目）								
（二）	金属结构设备安装工程								
	×××工程（一级项目）								
三	设备购置费								
	……								
四	独立费用								
	……								
	一至四项合计								
	基本预备费								
	静态投资								
Ⅱ	建设征地移民补偿投资								
	……								
	静态投资								
Ⅲ	环境保护工程投资								
	……								
	静态投资								
Ⅳ	水土保持工程投资								
	……								
	静态投资								
Ⅴ	工程投资总计（Ⅰ～Ⅳ合计）								
	静态总投资								
	价差预备费								
	建设期融资利息								
	总投资								

三、工程部分概算附表

工程部分概算附表包括建筑工程单价汇总表、安装工程单价汇总表、主要材料预算价格汇总表、其他材料预算价格汇总表、施工机械台时费汇总表、主要工程量汇总表、主要材料量汇总表、工时数量汇总表。

（1）建筑工程单价汇总表，见表3-4-86。

表3-4-86　　　　　　　　建筑工程单价汇总表

单价编号	名称	单位	单价/元	其中							
				人工费	材料费	机械使用费	其他直接费	间接费	利润	材料补差	税金

(2) 安装工程单价汇总表,见表3-4-87。

表3-4-87　　　　　　　　安装工程单价汇总表

单价编号	名称	单位	单价/元	其中							
				人工费	材料费	机械使用费	其他直接费	间接费	利润	材料补差	未计价装置性材料费	税金

(3) 主要材料预算价格汇总表,见表3-4-88。

表3-4-88　　　　　　　主要材料预算价格汇总表

序号	名称及规格	单位	预算价格/元	其中			
				原价	运杂费	运输保险费	采购及保管费

(4) 其他材料预算价格汇总表,见表3-4-89。

表3-4-89　　　　　　其他材料预算价格汇总表

序号	名称及规格	单位	原价/元	运杂费/元	合计/元

(5) 施工机械台时费汇总表,见表3-4-90。

表3-4-90　　　　　　　施工机械台时汇总表

序号	名称及规格	台时费/元	其中				
			折旧费	修理及替换设备费	安拆费	人工费	动力燃料费

(6) 主要工程量汇总表,见表3-4-91。

表3-4-91　　　　　　　　主要工程量汇总表

序号	项目	土石方明挖/m³	石方洞挖/m³	土石方填筑/m³	混凝土/m³	模板/m²	钢筋/t	帷幕灌浆/m	固结灌浆/m

注　表中统计的工程类别可根据工程实际情况调整。

(7) 主要材料量汇总表,见表3-4-92。

表3-4-92　　　　　　　　主要材料量汇总表

序号	项目	水泥/t	钢筋/t	钢材/t	木材/m³	炸药/t	沥青/t	粉煤灰/t	汽油/t	柴油/t

注　表中统计的主要材料种类可根据工程实际情况调整。

(8) 工时数量汇总表,见表3-4-93。

第四章 水利工程概（估）算文件编制

表 3-4-93　　　　　　　　　工 时 数 量 汇 总 表

序号	项目	工时数量	备注

四、工程部分概算附件附表

工程部分概算附件附表包括人工预算单价计算表、主要材料运输费用计算表、主要材料预算价格计算表、混凝土材料单价计算表、建筑工程单价表、安装工程单价表、资金流量计算表。

（1）人工预算单价计算表，见表 3-4-94。

表 3-4-94　　　　　　　　　人工预算单价计算表

艰苦边远地区类别			定额人工等级	
序号	项目		计算式	单价/元
1	人工工时预算单价			
2	人工工日预算单价			

（2）主要材料运输费用计算表，见表 3-4-95。

表 3-4-95　　　　　　　　　主要材料运输费用计算表

编号	1	2	3	材料名称				材料编号		
交货条件				运输方式	火车	汽车	船运	火车		
交货地点				货物等级				整车	零担	
交货比例/%				装载系数						
编号	运输费用项目			运输起讫地点	运输距离/km			计算公式	合计/元	
1	铁路运杂费									
1	公路运杂费									
1	水路运杂费									
1	综合运杂费									
2	铁路运杂费									
2	公路运杂费									
2	水路运杂费									
2	综合运杂费									
3	铁路运杂费									
3	公路运杂费									
3	水路运杂费									
3	综合运杂费									
	每吨运杂费									

（3）主要材料预算价格计算表，见表 3-4-96。

表 3-4-96　　　　　　　　　　主要材料预算价格计算表

编号	名称及规格	单位	原价依据	单位毛重/t	每吨运费/元	价格/元				
						原价	运杂费	采购及保管费	运输保险费	预算价格

（4）混凝土材料单价计算表，见表 3-4-97。

表 3-4-97　　　　　　　　　　混凝土材料单价计算表

编号	名称及规格	单位	预算量	调整系数	单价/元	合价/元

注　1. "名称及规格"栏要求标明混凝土标号及级配、水泥强度等级等。
　　2. "调整系数"为卵石换碎石、粗砂换中细砂及其他调整配合比材料用量系数。

（5）建筑工程单价表，见表 3-4-98。

表 3-4-98　　　　　　　　　　建 筑 工 程 单 价 表

单价编号		项目名称			
定额编号				定额单位	
施工方法		（填写施工方法、土或岩石类别、运距等）			
编号	名称及规格	单位	数量	单价/元	合价/元

（6）安装工程单价表，见表 3-4-99。

表 3-4-99　　　　　　　　　　安 装 工 程 单 价 表

单价编号		项目名称			
定额编号				定额单位	
型号规格					
编号	名称及规格	单位	数量	单价/元	合价/元

（7）资金流量计算表，见表 3-4-100。资金流量计算表可视不同情况按项目划分列示至一级或二级项目。项目排列方法同分年度投资表。资金流量计算表应汇总征地移民、环境保护、水土保持等部分投资，并计算总投资。

表 3-4-100　　　　　　　　　　资 金 流 量 计 算 表　　　　　　　　　　单位：万元

序号	项　　　目	合计/万元	建设工期/年						
			1	2	3	4	5	6	…
Ⅰ	工程部分投资								
一	建筑工程								
（一）	×××工程								

第四章 水利工程概（估）算文件编制

续表

序号	项 目	合计/万元	建设工期/年						
			1	2	3	4	5	6	…
1	分年度完成工作量								
2	预付款								
3	扣回预付款								
4	保留金								
5	偿还保留金								
（二）	×××工程								
	……								
二	安装工程								
	……								
三	设备购置								
	……								
四	独立费用								
	……								
五	一至四项合计								
1	分年度费用								
2	预付款								
3	回预付款								
4	保留金								
5	偿还保留金								
	基本预备费								
	静态投资								
Ⅱ	建设征地移民补偿投资								
	……								
	静态投资								
Ⅲ	环境保护工程投资								
	……								
	静态投资								
Ⅳ	水土保持工程投资								
	……								
	静态投资								
Ⅴ	工程投资总计（Ⅰ～Ⅳ合计）								
	静态总投资								
	价差预备费								
	建设期融资利息								
	总投资								

五、投资对比分析报告附表

1. 总投资对比表

格式参见表 3-4-101，可根据工程情况进行调整。可视不同情况按项目划分列示至一级项目或二级项目。

表 3-4-101 总 投 资 对 比 表

序号	工程或费用名称	可行研究阶段 /万元	初步设计阶段 /万元	增减额度 /万元	增减幅度 /%	备注
(1)	(2)	(3)	(4)	(4)−(3)	[(4)−(3)]/(3)	
Ⅰ	工程部分投资					
	第一部分建筑工程					
	……					
	第二部分机电设备及安装工程					
	……					
	第三部分金属结构设备及安装工程					
	……					
	第四部分施工临时工程					
	……					
	第五部分独立费用					
	……					
	一至五部分投资合计					
	基本预备费					
	静态投资					
Ⅱ	建设征地移民补偿投资					
一	农村部分补偿费					
二	城（集）镇部分补偿费					
三	工业企业补偿费					
四	专业项目补偿费					
五	防护工程费					
六	库底清理费					
七	其他费用					
	一至七项小计					
	基本预备费					
	有关税费					
	静态投资					
Ⅲ	环境保护工程投资静态投资					
Ⅳ	水土保持工程投资静态投资					
Ⅴ	工程投资总计（Ⅰ～Ⅳ合计）					
	静态总投资					
	价差预备费					
	建设期融资利息					
	总投资					

2. 主要工程量对比表

格式参见表 3-4-102，可根据工程情况进行调整。应列示主要工程项目的主要工程量。

表 3-4-102　　　　　　　主要工程量对比表

序号	工程或费用名称	单位	可行研究阶段	初步设计阶段	增减数量	增减幅度/%	备注
(1)	(2)	(3)	(4)	(5)	(5)-(4)	[(5)-(4)]/(4)	
1	挡水工程						
	石方开挖						
	混凝土						
	钢筋						
	……						

3. 主要材料和设备价格对比表

格式参见表 3-4-103，可根据工程情况进行调整。设备投资较少时，可不附设备价格对比。

表 3-4-103　　　　　　　主要材料和设备价格对比表

序号	工程或费用名称	单位	可行研究阶段/元	初步设计阶段/元	增减额度/元	增减幅度/%	备注
(1)	(2)	(3)	(4)	(5)	(5)-(4)	[(5)-(4)]/(4)	
1	主要材料价格						
	水泥						
	油料						
	钢筋						
	……						
2	主要设备价格						
	水轮机						
	……						

六、其他说明

编制概算小数点后位数取定方法：

（1）基础单价、工程单价单位为"元"，计算结果精确到小数点后两位。

（2）一至五部分概算表、分年度概算表及总概算表单位为"万元"，计算结果精确到小数点后两位。

（3）计量单位为"m^3""m^2""m"的工程量精确到整数位。

第五章 水利工程工程量清单编制

为了规范水利工程工程量清单计价行为，统一水利工程工程量清单的编制和计价方法，根据《中华人民共和国招标投标法》和《建设工程工程量清单计价规范》（GB 50500—2003）制定出《水利工程工程量清单计价规范》（GB 50501—2007），适用于水利枢纽、水力发电、引（调）水、供水、灌溉、河湖整治、堤防等新建、扩建、改建、加固工程招投标工程量清单编制和计价活动。

第一节 水利工程工程量清单说明

工程量清单表现招标工程的建筑工程项目、安装工程项目、措施项目、其他项目的名称和相应数量的明细清单，由分类分项工程量清单、措施项目清单、其他项目清单和零星工作项目清单组成。

一、清单计价规范中的术语解释

（一）工程量清单

表现招标工程的建筑工程项目、安装工程项目、措施项目、其他项目的名称和相应数量的明细清单。

（二）项目编码

采用十二位阿拉伯数字表示（由左至右计位）。一至九位为统一编码，其中，一、二位为水利工程顺序码（50），三、四位为专业工程顺序码（建筑工程为01，安装工程为02），五、六位为分类工程顺序码（如：石方开挖工程顺序码为02），七、八、九位为分项工程顺序码，十至十二位为清单项目名称顺序码。

（三）措施项目

为完成工程项目施工，发生于该工程施工前和施工过程中招标人不要求列示工程量的施工措施项目。

（四）其他项目

为完成工程项目施工，发生于该工程施工过程中招标人要求计列的费用项目。

（五）零星工作项目（或称"计日工"，下同）

完成招标人提出的零星工作项目所需的人工、材料、机械单价。

（六）预留金（或称"暂定金额"，下同）

招标人为暂定项目和可能发生的合同变更而预留的金额。

（七）企业定额

施工企业根据本企业的施工技术、生产效率和管理水平制定的，供本企业使用的，生产一个质量合格的规定计量单位项目所需的人工、材料和机械台时（班）消耗量。

二、工程量清单编制规定

（1）全部使用国有资金投资或以国有资金投资为主的水利工程应执行《水利工程工程量清单计价规范》（GB 50501—2007）进行编制。

（2）工程量清单应由具有编制招标文件能力的招标人，或委托具有相应资质的中介机构进行编制。

（3）工程量清单应作为招标文件的组成部分。

（4）工程量清单表现招标工程的建筑工程项目、安装工程项目、措施项目、其他项目的名称和相应数量的明细清单，应由分类分项工程量清单、措施项目清单、其他项目清单和零星工作项目清单组成。

（5）实行工程量清单计价招标投标的水利工程，其招标标底、投标报价的编制，合同价款的确定与调整，以及工程价款的结算，均应按本规范执行。

（6）工程量清单计价应包括按招标文件规定完成工程量清单所列项目的全部费用，包括分类分项工程费、措施项目费和其他项目费。

（7）分类分项工程量清单的工程单价应采用工程单价计价，并根据本规范规定的工程单价组成内容，按招标设计文件、图纸、附录 A 和附录 B 中的"主要工作内容"确定，除另有规定外，对有效工程量以外的超挖、超填工程量，施工附加量，加工、运输损耗量等，所消耗的人工、材料和机械费用，均应摊入相应有效工程量的工程单价之内。

（8）措施项目清单的金额，应根据招标文件的要求以及工程的施工方案，以每一项措施项目为单位，按项计价；其他项目清单由招标人按估算金额确定；零星工作项目清单的单价由投标人确定。

（9）按照招标文件的规定，根据招标项目涵盖的内容，投标人一般应编制以下基础单价作为编制分类分项工程单价的依据：人工费单价；主要材料预算价格；电、风、水单价；砂石料单价。

（10）招标工程如设标底，标底应根据招标文件中的工程量清单和有关要求、施工现场情况、合理的施工方案、工程单价组成内容、社会平均生产力水平，按市场价格进行编制。

（11）投标报价应根据招标文件中的工程量清单和有关要求，施工现场情况，以及拟定的施工方案，依据企业定额，按市场价格进行编制。

（12）工程量清单的合同结算工程量，除另有约定外，应按《水利工程工程量清单计价规范》（GB 50501—2007）及合同文件约定的有效工程量进行计算。合同履行过程中需要变更工程单价时，按《水利工程工程量清单计价规范》（GB 50501—2007）和合同约定的变更处理程序办理。

三、工程量清单编制费用组成

（一）分类分项工程量清单

分类分项工程量清单应包括序号、项目编码、项目名称、计量单位、工程数量、主要技术条款编码和备注。分类分项工程量清单应根据《水利工程工程量清单计价规范》（GB 50501—2007）规定的项目编码、项目名称、主要项目特征、计量单位、工程量计算规则、主要工作内容和一般适用范围进行编制。具体要求如下：

(1) 项目编码。项目编码采用十二位阿拉伯数字表示（由左至右计位）。一至九位为统一编码，其中，一、二位为水利工程顺序码，三、四位为专业工程顺序码，五、六位为分类工程顺序码，七、八、九位为分项工程顺序码，十至十二位为清单项目名称顺序码（十至十二位应根据招标工程的工程量清单项目名称由编制人设置，并应自001起顺序编码）。例如一般石方开挖的项目编号为500102001001。

(2) 项目名称。项目名称应根据主要项目特征并结合招标工程的实际确定。

(3) 计量单位。应按规定的计量单位确定。

(4) 工程数量。工程数量应根据合同技术条款计量和支付规定计算。工程数量的有效位数应遵守如下规定：以"立方米（m^3）""平方米（m^2）""米（m）""千克（kg）""个""项""根""块""组""面""只""相""站""孔""束"为单位的，应取整数；以"吨（t）""公里（km）"为单位的，应保留小数点后2位数字，第3位数字四舍五入。

（二）措施项目清单

措施项目指为完成工程项目施工，发生于该工程施工前和施工过程中招标人不要求列示工程量的施工措施项目。措施项目清单，主要包括环境保护、文明施工、安全防护措施、小型临时工程、施工企业进退场费、大型施工设备安拆费等，应根据招标工程的具体情况参考表3-5-1编制。

表3-5-1　　　　　　　　　　措 施 项 目 一 览 表

序号	项目名称	序号	项目名称
1	环境保护	5	施工企业进退场费
2	文明施工	6	大型施工设备安拆费
3	安全防护措施	……	……
4	小型临时工程		

（三）其他项目清单

其他项目指为完成工程项目施工，发生于该工程施工过程中招标人要求计列的费用项目。其他项目清单暂列金额一项，指招标人为暂定项目和可能发生的合同变更而预留的金额，一般可取分类分项工程项目和措施项目合价的5%。

（四）零星工作项目清单

零星工作项目指完成招标人提出的零星工作项目所需的人工、材料、机械单价，也称"计日工"。

零星工作项目清单，编制人应根据招标工程具体情况，对工程实施过程中可能发生的变更或新增加的零星项目，列出人工（按工种）、材料（按名称和规格型号）、机械（按名称和规格型号）的计量单位，并随工程量清单发至投标人。

第二节　工程量清单计价与格式

一、工程量清单计价

工程量清单计价应包括按招标文件规定完成主程量清单所列项目的全部费用，包括分类分项工程费、措施项目费和其他项目费。

工程单价是指完成工程量清单中一个质量合格的规定计量单位项目所面临的直接量（包括人工费、材料费、机械使用费和季节、夜间、高原、风沙等原因增加的直接费），施工管理费、利润和税金，并考虑风险因素。

（一）分类分项工程量清单计价

分类分项工程量清单计价应采用工程单价计价。

$$分类分项工程量 = \sum(清单工程量 \times 工程单价)$$

分类分项工程量清单的工程单价，应根据《水利工程工程量清单计价规范》规定的工程单价组成内容，按招标设计文件、图纸，及其附录中"主要工作内容"确定。除另有规定外，对有效工程量以外的超挖、超填工程量，施工附加量，加工、运输损耗量等，所消耗的人工、材料和机械费用，均应摊入相应有效工程量的工程单价之内。分类分项工程量清单的工程单价计算，可用下式表达：

$$工程单价 = \sum(组价项目工程量 \times 组价项目直接费)/清单项目工程量 \times (1+施工管理费) \times (1+企业利润率) \times (1+税率)$$

（二）措施项目清单的计价

措施项目清单中所列的措施项目费均以"项"为单位、按项列示。投标报价时，应根据招标文件的要求详细分析各措施项目所包含的工程内容和施工难度，编制合理的施工方法，据此确定其价格。

投标人在报价时不得增删招标人提出的措施项目清单项目，投标人若有疑问，必须在招标文件规定的时间内向招标人进行书面澄清。

（三）其他项目清单的计价

其他项目清单是指为了保证工程项目施工，在该施工过程中难以量化，又可能发生的工程和费用，按招标人要求的计算方法或估算金额计列的费用项目。

（四）零星工程项目清单的计价

零星工程项目清单的计价单价由投标人确定，单价的内容不仅包含基础单价，还有辅助性消耗的费用。

二、工程量清单计价格式

工程量清单根据规范《水利工程工程量清单计价规范》（GB 50501—2007）应采用统一格式。工程量清单格式应由下列内容组成：

(1) 封面。

(2) 填表须知。

(3) 总说明。

(4) 分类分项工程量清单。

(5) 措施项目清单。

(6) 其他项目清单。

(7) 零星工作项目清单。

(8) 其他辅助表格：

1) 招标人供应材料价格表。

2) 招标人提供施工设备表。

3) 招标人提供施工设施表。

（一）工程量清单格式填写规定

工程量清单格式的填写应符合下列规定：

（1）工程量清单应由招标人编制。

（2）填表须知除本规范内容，招标人可根据具体情况进行补充。

（3）总说明填写：

1) 招标工程概况。

2) 工程招标范围。

3) 招标人供应的材料、施工设备、施工设施简要说明。

4) 其他需要说明的问题。

（4）分类分项工程量清单填写：

1) 项目编码，按《水利工程工程量清单计价规范》（GB 50501—2007）规定填写，规范附录 A 和附录 B 中项目编码以×××表示的十至十二位由编制人自 001 起顺序编码。

2) 项目名称、根据招标项目规模和范围，附录 A 和附录 B 的项目名称参照行业有关规定，并结合工程实际情况设置。

3) 计量单位的选用和工程量的计算应符合规范附录 A 和附录 B 的规定。

4) 主要技术条款编码，按招标文件中相应技术条款的编码填写。

（5）措施项目清单填写。按招标文件确定的措施项目名称填写。凡能列出工程数量并按单价结算的措施项目，均应列入分类分项工程量清单。

（6）其他项目清单填写。按招标文件确定的其他项目名称、金额填写。

（7）零星工作项目清单填写：

1) 名称及规格型号，人工按工种，材料按名称和规格型号，机械按名称和规格型号，分别填写。

2) 计量单位人工以工日或工时，材料以 t、m^3 等机械以台时或台班分别填写。

（8）招标人供应材料价格表填写。按表中材料名称、型号规格、计量单位和供应价填写，并在供应条件和备注栏内说明材料供应的边界条件。

（9）招标人提供施工设备表填写。按表中设备名称、型号规格、设备状况、设备所在地点、计量单位、数量和折旧费填写，并在备注栏内说明对投标人使用施工设备的要求。

（10）招标人提供施工设施表填写。按表中项目名称、计量单位和数量填写，并在备注栏内说明对投标人使用施工设施的要求。

（二）工程量清单分组格式

工程量清单分组计价格式按 GF-2000-0208 进行工程量清单的项目分组。工程量清单按单位工程或专项工程模式进行分组。

1. 按单位工程分组

分组工程量清单报价表中的序号分为四段数字：第一段-第二段-第三段-第四段。

其分段含意为：第一段数字为分组号，代表单位工程序号；第二段数字为专业工程序号，与技术标准和要求（合同技术条款）的章号相一致；第三段数字为该专业工程下属的子项序号；第四段数字为第三段数字所指工程子项的下属孙项序号。

2. 按技术标准和要求（合同技术条款）各章的专项工程进行分组

分组工程量清单报价表中的序号分为四段数字：第一段-第二段-第三段-第四段。

其分段含意为：第一段数字为分组号，代表专项工程序号，与技术标准和要求（合同技术条款）中各章的号一致；第二段数字为单位工程序号，同一单位工程在各分组工程量清单报价表中序号的第二段数字相同；第三段数字为该单位工程下属的子项序号；第四段数字为第三段数字所指工程子项的下属孙项序号。

第三节 案 例 分 析

【例3-5-1】 中部某省某Ⅰ等大（1）型水利枢纽工程目前已由设计单位完成招标设计工作，建设单位拟据此开展招标工作。该水利枢纽工程挡水工程为混凝土双曲拱坝，拱坝布置于河床，坝顶高程988m，建基面高程718m，最大坝高270m，顶拱上游面弧长327m，坝体内设置5个泄洪表孔（孔口尺寸12m×18m）和6个泄洪中孔（孔口尺寸6m×7m）。

建设单位拟将该水利枢纽工程挡水工程施工作为一个标段招标，并委托一具有相应资质的招标代理机构编制招标文件和招标控制价。

根据招标文件和常规施工方案，按以下数据及要求编制该水利枢纽工程挡水工程施工标的工程量清单和招标控制价：

该双曲拱坝为常态混凝土坝，采用全机械化施工，薄层浇筑，全部为大体积混凝土，需采取温控措施，混凝土龄期主要为180d，抗冲耐磨混凝土龄期为90d。混凝土采用4×3m³搅拌楼拌制混凝土，20t自卸汽车运输1km，30t缆索起重机吊运180m。

根据该工程的混凝土分区图，按照相应工程量计算规则以及招标文件计算得出的设计工程量见表3-5-2。

表3-5-2　　　　　　　　　　设计工程量计算成果

序号	项目名称	单位	数量
1	常态混凝土坝体 $C_{180}30$（三）	m³	158420
2	常态混凝土坝体 C35（二）（抗冲耐磨）	m³	7416
3	常态混凝土坝体 $C_{180}35$（二）	m³	51006
4	常态混凝土坝体 $C_{180}35$（三）	m³	411368

根据施工组织设计成果及相关规定，招标代理机构中的造价工程师编制完成相关项目综合单价见表3-5-3。由于建设单位拟将模板使用费摊入混凝土工程单价中，表3-5-3中混凝土浇单价已包含模板使用费。

表3-5-3　　　　　　　　　　综合单价编制成果

序号	项目名称	单位	单价/元
1	常态混凝土坝体 $C_{180}30$（三）	m³	490.72

续表

序号	项 目 名 称	单位	单价/元
2	常态混凝土坝体 C35（二）（抗冲耐磨）	m³	589.58
3	常态混凝土坝体 $C_{180}35$（二）	m³	539.55
4	常态混凝土坝体 $C_{180}35$（三）	m³	509.44
5	温控措施费	m³	47.38

环境保护措施费按分类分项工程费的2‰计算，文明施工措施费按分类分项工程费的1‰计算，安全防护措施费按分类分项工程费的1‰计算，小型临时工程费按分类分项工程费的3‰计算，施工企业进退场费为100万元，大型施工设备安拆费为150万元，其他项目仅有预留金2000万元，零星工作项目无。

中华人民共和国建设部2007年批准实施的《水利工程工程量清单计价规范》（GB 50501—2007）相关内容如下：混凝土工程工程量清单项目的工程量计算规则："温控混凝土与普通混凝土的工程量计算规则相同；温控措施费应摊入相应温控混凝土的工程单价中。招标人如要求将模板使用费摊入混凝土工程单价中，各摊入模板使用费的混凝土工程单价应包括模板周转使用摊销费。"

本标段中可能涉及的分类分项工程量清单项目的统一编码，见表3-5-4。

表3-5-4　　　　　　　　　　工程量清单项目统一编码

项目编码	工程项目名称	项目编码	工程项目名称
500109001××	普通混凝土	500110001××	普通模板

问题一：按照《水利工程工程量清单计价规范》的规定，编制分类分项工程量清单计价表（表3-5-5）。

表3-5-5　　　　　　　　　　分类分项工程量清单计价表

项目编码	项目名称	项目主要特征	计量单位	数量	单位/元	合价/万元

问题二：按照《水利工程工程量清单计价规范》的规定，计算出该招标控制价。将各项费用的计算结果填入工程招标控制价总价表（表3-5-6）中，其计算过程写在表的下面。

表3-5-6　　　　　　　　　　工 程 项 目 总 价 表

序号	工程项目名称	金额/万元
1	分类分项工程	
1.1	……	
1.2	……	
2	措施项目	
2.1	环境保护措施	
2.2	文明施工措施	

续表

序号	工程项目名称	金额/万元
2.3	安全防护措施	
2.4	小型临时工程	
2.5	施工企业进退场费	
2.6	大型施工设备安拆费	
3	其他项目	
3.1	其中：预留金	
4	零星工程项目	

计算结果保留两位小数。

解：

问题一：根据《水利工程工程量清单计价规范》的规定确定项目的主要特征，普通混凝土的项目主要特征有：①部位及类型；②设计龄期、强度等级及配合比；③抗渗、抗冻、抗磨等要求；④级配、拌制要求；⑤运距。

由题意可知，本招标控制价中普通混凝土单价应包含模板使用费和温控措施费，因此：

常态混凝土坝体 $C_{180}30$（三）综合单价＝490.72＋47.38＝538.10(元/m^3)。

常态混凝土坝体 C35（二）（抗冲耐磨）综合单价＝589.58＋47.38＝636.96(元/m^3)。

常态混凝土坝体 $C_{180}35$（二）综合单价＝539.55＋47.38＝586.93(元/m^3)。

常态混凝土坝体 $C_{180}35$（三）综合单价＝509.44＋47.38＝556.82(元/m^3)。

得到结果填入分类分项工程量清单计价表，见表 3-5-7，各项费用的计算过程见表后。

表 3-5-7　　　　　　　　　分类分项工程量清单计价表

项目编码	项目名称	项目主要特征	计量单位	数量	单价/元	合价/万元
500109001001	普通混凝土	1. 常态混凝土坝体； 2. 180d 龄期，C30 级； 3. 无特殊要求； 4. 三级配； 5. 综合运距水平运输 1km，垂直运输 180m	m^3	158420	538.10	8524.58
500109001002	普通混凝土	1. 常态混凝土坝体； 2. 90d 龄期，C35 级； 3. 抗冲耐磨； 4. 二级配； 5. 综合运距水平运输 1km，垂直运输 180m	m^3	7416	636.96	472.37
500109001003	普通混凝土	1. 常态混凝土坝体； 2. 180d 龄期，C35 级； 3. 无特殊要求； 4. 二级配； 5. 综合运距水平运输 1km，垂直运输 180m	m^3	51006	586.93	2993.70

续表

项目编码	项目名称	项目主要特征	计量单位	数量	单价/元	合价/万元
500109001004	普通混凝土	1. 常态混凝土坝体； 2. 180d 龄期，C35 级； 3. 无特殊要求； 4. 三级配； 5. 综合运距水平运输 1km，垂直运输 180m	m^3	411368	556.82	22905.79

各项费用的计算过程（计算式）如下：

500109001001 普通混凝土合价 = 招标工程量 × 综合单价 = 158420 × 538.10 = 8524.58(万元)

500109001002 普通混凝土合价 = 招标工程量 × 综合单价 = 7416 × 636.96 = 472.37 (万元)

500109001003 普通混凝土合价 = 招标工程量 × 综合单价 = 51006 × 586.93 = 2993.70(万元)

500109001004 普通混凝土合价 = 招标工程量 × 综合单价 = 411368 × 556.82 = 22905.79(万元)

问题二：

将各项费用的计算结果，填入工程招标控制价工程项目总价表，见表 3-5-8，其计算过程见表后。

表 3-5-8　　　　　　　　　工 程 项 目 总 价 表

序号	工程项目名称	金额/万元
1	分类分项工程	34896.44
1.1	普通混凝土 500109001001	8524.58
1.2	普通混凝土 500109001003	472.37
1.3	普通混凝土 500109001004	2993.70
1.4	普通混凝土 500109001005	22905.79
2	措施项目	2692.74
2.1	环境保护措施	697.93
2.2	文明施工措施	348.96
2.3	安全防护措施	348.96
2.4	小型临时工程	1046.89
2.5	施工企业进退场费	100
2.6	大型施工设备安拆费	150
3	其他项目	2000
3.1	预留金	2000
4	零星工作项目	0
	招标控制价合计（1+2+3+4）	39589.18

分类分项工程＝各普通混凝土项目之和
　　　　　＝8524.58＋472.37＋2993.70＋22905.79＝34896.44(万元)
环境保护措施＝分类分项工程×2%＝34896.44×2%＝697.93(万元)
文明施工措施＝分类分项工程×1%＝34896.44×1%＝348.96(万元)
安全防护措施＝分类分项工程×1%＝34896.44×1%＝348.96(万元)
小型临时工程＝分类分项工程×3%＝34896.44×3%＝1046.89(万元)
由题可知，施工企业进退场费为 100 万元，大型施工设备安拆费为 150 万元。
措施项目＝环境保护措施＋文明施工措施＋安全防护措施＋小型临时工程
　　　　＋施工企业进退场费＋大型施工设备安拆费
　　　　＝697.93＋348.96＋348.96＋1046.89＝2692.74(万元)
其他项目中仅有预留金为 2000 万元，无零星工作项目。
招标控制价合计＝分类分项工程＋措施项目＋其他项目＋零星工作项目
　　　　　　　＝34896.44＋2692.74＋2000＋0＝39589.18(万元)

第六章 水利工程投标报价编制

编制投标报价书是在投标人向招标人递送资格预审文件获得通过或认可，并接到"投标邀请书"且购买招标文件后，才开始进行的一项工作。投标报价书是投标文件的重要组成部分，是反映投标人市场竞争能力的主要文件。

第一节 投标报价前的工作

在报价编制之前，首先要认真阅读、理解招标文件，包括商务条款、技术条款、图纸及补遗文件，并对招标文件中有疑问的地方以书面形式向招标单位去函要求澄清。

一、研究招标文件

投标人取得招标文件后，为保证工程量清单报价的合理性，应对投标人须知、合同条件、技术规范、图纸和工程量清单等重点内容进行分析，深刻而正确地理解招标文件和招标人的意图。

（一）投标人须知

投标人须知反映了招标人对投标的要求，特别要注意项目的资金来源、投标书的编制和递交要求、投标保证金的金额及递交方式、更改或备选方案、备选方案的拟定要求、评选标准及评标方法等，重点在于防止投标被否决。

（二）合同分析

1. 合同背景分析

投标人有必要了解与自己承包的工程有关的合同背景，了解监理方式，了解合同的法律依据，为报价和合同实施及索赔提供依据。

2. 合同形式分析

针对合同形式主要分析承包方式（如分项承包、施工承包、设计与施工总承包和管理承包等）和计价方式（如单价方式、总价方式等）。

3. 合同条款分析

针对合同条款的分析主要包括以下几点：

（1）承包人的任务、工作范围和责任。

（2）工程变更及相应的合同价款调整。

（3）付款方式和时间。应注意合同条款中关于工程预付款、材料预付款的规定，根据这些规定和预计的施工进度计划，计算出占用资金的数额和时间，从而计算出需要支付的利息数额并计入投标报价。

（4）施工工期。合同条款中关于合同工期、竣工日期、部分工程分期交付工期等规定，是投标人制订施工进度计划的依据，也是报价的重要依据。要注意合同条款中有无工

第六章 水利工程投标报价编制

期奖罚的规定，尽可能做到在工期符合要求的前提下报价有竞争力，或在报价合理的前提下工期有竞争力。

（5）项目法人责任。投标人所制订的施工进度计划和做出的报价，都是以发包人履行责任为前提的。所以应注意合同条款中关于发包人责任措辞的严密性，以及索赔的相关规定。

（三）技术标准和要求分析

工程技术标准是按工程类型来描述工程技术和工艺内容特点，对设备、材料、施工和安装方法等所规定的技术要求，有的是对工程质量进行检验、试验和验收所规定的方法和要求。它们与工程量清单中各子项工作密不可分，报价人员应在准确理解招标人要求的基础上对有关工程内容进行报价。任何忽视技术标准的报价都是不完整、不可靠的，有时可能导致工程承包重大失误和亏损。

（四）图纸分析

图纸是确定工程范围、内容和技术要求的重要文件，也是投标者确定施工方法等施工计划的主要依据。

图纸的详细程度取决于招标人提供的施工图设计所达到的深度和所采用的合同形式。详细的设计图纸可使投标人比较准确地估价，而不够详细的图纸则需要估价人员采用综合估价方法，其结果一般不是很精确。

水利工程项目是基本建设工程项目的重要部分，由于项目的功能要求与自然条件的不同，工程特性有很大差异。了解工程特性与相关的施工特性是熟悉招标文件的首要任务。除一般性的要求外，要特别熟悉招标文件所载明的特殊要求。其中，有工程技术标准方面的（如采用的新材料、新工艺）；有工期与质量要求方面的；也有商务方面的，尤其要十分注意对报价的要求。

对于联合投标或有专业分包内容的，还要组织协作单位或分包单位对招标文件共同进行研究，确定总体施工方案、报价计算原则、基础价格等编制条件。有关单位分工编制所担负项目的报价后，投标人应通盘进行必要的调整。项目规模较小时，也可由投标人独立完成。

投标人要求招标人对招标文件进行答疑，其目的是使编制的投标文件内容具有较好的响应性。招标人以补充通知的方式回答其问题，是对招标文件的解释、补充或修正。投标人既要慎重对待提交问题，也要慎重对待补充通知。这是许多投标人经常忽视的，但确实是研究招标文件的一个重要方面。

二、调查工程现场

招标人在招标文件中一般会明确进行工程现场踏勘的时间和地点。勘查现场常安排在购买招标文件之后，招标人一般会在投标邀请书中载明勘查现场的日期及集中出发的地点。勘查现场一般由项目法人或招标代理机构主持，设计参与解说，全体投标单位参加。投标人通过考察获取编制投标文件所需的资料，如有可能，建议由报价负责人亲自前往。在勘查现场中，如有疑问可直接询问项目法人或设计代表。投标人对一般区域调查时要重点注意以下几个方面：

（一）自然条件调查

自然条件调查主要包括对气象资料，水文资料，地震、洪水及其他自然灾害情况，地质情况等的调查。

（二）施工条件调查

施工条件调查的内容主要有场内外交通规划、水电通信现状、招标人可提供的场地等。具体包括：工程现场的用地范围、地形、地貌、地物、高程，地上或地下障碍物，现场的三通一平情况；场内外交通规划、工程现场周围的道路、进出场条件、有无特殊交通限制；工程现场施工临时设施、大型施工机具、材料堆放场地安排的可能性，是否需要二次搬运；工程现场邻近建筑物与招标工程的间距、结构型式、基础埋深、新旧程度、高度；对于在市区及邻近地区施工的项目还要了解市政给水及污水、雨水排放管线位置、高程、管径、压力、废水、污水处理方式，市政、消防供水管道管径、压力、位置等；当地供电方式、方位、距离、电压等；当地煤气供应能力，管线位置、高程等；工程现场通信线路的连接和铺设；当地政府有关部门对施工现场管理的一般要求、特殊要求及规定，是否允许节假日和夜间施工等。

（三）市场环境调查

市场环境调查主要包括调查生产要素市场的价格，各种构件、半成品及商品混凝土的供应能力和价格，调查采购或租赁施工机械的渠道，了解当地分包人和协作加工的状况，现场附近的生活设施、治安情况，当地政府的税收规定及居民或移民对项目的支持程度。上述市场环境因素对报价编制工作有很大影响，应该认真对待。

第二节　投标报价的编制原则与依据

一、投标报价的编制原则

报价是投标的关键性工作，报价是否合理不仅直接关系到投标的成败，还关系到中标后的盈亏。在对招标文件有了比较详细的了解后，就可以开始着手进行报价的编制工作。首先是要确定该工程项目的报价编制原则，选用何种定额及取费费率等问题。如招标文件对定额及取费费率有要求，就按招标文件要求进行编制；现一般大中型水利水电项目对定额的选取及取费费率不做明确要求，可根据招标文件报价附表隐含的要求和市场竞争情况分析确定定额及取费费率。如招标文件未做任何要求，则可根据市场竞争情况分析和投标人的预期收益来确定采用的定额及取费费率。

投标报价的编制原则如下：

（1）投标报价由投标人自主确定，但必须严格执行《水利工程工程量清单计价规范》（GB 50501—2007）的强制性规定。投标报价应由投标人或受其委托的工程造价咨询人编制。投标价的准确性和完整性应由投标人负责。

（2）投标人的投标报价不得低于工程成本。《招标投标法》第四十一条规定："中标人的投标应当符合下列条件之一：……（二）能够满足招标文件的实质性要求，并且经评审的投标价格最低；但是投标价格低于成本的除外。"《评标委员会和评标方法暂行规定》（七部委第12号令）第二十一条规定："在评标过程中，评标委员会发现投标人的报价明显低于其他投标报价或者在设有标底时明显低于标底，使得其投标报价可能低于其个别成本的，应当要求该投标人作出书面说明并提供相关证明材料。投标人不能合理说明或者不能提供相关证明材料的，由评标委员会认定该投标人以低于成本报价竞标，应当否决某投标。"根据上述法律、规章的规定，特别要求投标人的投标报价不得低于工程成本。

（3）投标报价要以招标文件中设定的发承包双方责任划分作为考虑投标报价费用项目和费用计算的基础，发承包双方的责任划分不同，会导致合同风险不同的分配，从而导致投标人选择不同的报价；要根据工程发承包模式考虑投标报价的费用内容和计算深度。

（4）以施工方案、技术措施等作为投标报价计算的基本条件；以反映企业技术和管理水平的企业定额作为计算人工、材料和机具台班消耗量的基本依据；充分利用现场考察调研成果、市场价格信息和行情资料，编制基础标价。

（5）报价计算方法要科学严谨，简明适用。

二、投标报价的编制依据

投标报价的编制依据如下：

（1）招标文件、招标工程量清单及其补充通知、答疑纪要。

（2）投标人对招标项目价格的预期。

（3）施工现场情况、工程特点及投标时拟定的施工组织设计或施工方案。

（4）市场价格信息或工程造价管理机构发布的工程造价信息。

（5）《水利工程工程量清单计价规范》（GB 50501—2007）。

（6）企业定额、企业管理水平，或参考国家或省级、行业建设主管部门颁发的定额和相关规定。

（7）与建设项目相关的标准、规范、技术资料。

三、投标报价的编制方法与内容

（一）投标报价的编制方法

投标报价的编制是按招标文件给定的计价方法和计价格式进行报价编制和计算。水利工程在招投标阶段按《水利工程工程量清单计价规范》（GB 50501—2007）规定要求投标人按工程量清单计价方法进行报价。各项目清单的报价方法如下：

1. 分类分项工程报价

（1）分类分项工程量清单计价方式。分类分项工程量清单计价采用工程单价计价。一般情况下投标人应按照招标文件的规定，根据招标项目涵盖的内容和自身的经营环境，采用自己的企业定额编制人工费单价，主要材料预算价格，电、水、风单价，砂石料单价，块石、料石单价，混凝土配合比材料费，施工机械台时费等基础单价，作为编制分类分项工程单价的依据。

（2）分类分项工程量清单的工程单价计算。分类分项工程量清单的工程单价，应根据招标文件给定的"主要工作内容"和"主要技术条款"确定工程单价组成内容，按企业定额或水利工程预算定额，将有效工程量以外的超挖、超填工程量，施工附加量，加工、运输损耗量等，所消耗的人工、材料和机械费用，均摊入相应有效工程量的工程单价。分类分项工程量清单项目的工程单价是有效工程量的单价，具体计算方法与招标控制价相同。

2. 措施项目报价

措施项目报价的方法同招标控制价。投标人在报价时不得增删招标人提出的措施项目清单项目，投标人若有疑问，必须在招标文件规定的时间内向招标人进行书面澄清。

3. 其他项目报价

其他项目报价按招标人要求的计算方法或估算金额计列。

4. 零星工作项目报价

零星工作项目报价方法同招标控制价的方法。

(二) 投标报价的编制内容

投标人应当按照招标文件的要求编制投标文件。投标报价应当包括下列内容：

(1) 投标函及投标函附录。

(2) 法定代表人身份证明或附有法定代表人身份证明的授权委托书。

(3) 联合体协议书（如工程允许采用联合体投标）。

(4) 投标保证金。

(5) 已标价工程量清单。

(6) 施工组织设计。

(7) 项目管理机构。

(8) 拟分包项目情况表。

(9) 资格审查资料。

(10) 规定的其他材料。

第四篇 水利工程合同价款管理

第一章 合同价类型及适用条件

水利工程合同价类型指的是合同价款的计价方式，不同合同价类型有不同的适用条件，合同当事人应根据项目情况，合理选择合同价类型。

第一节 合同价类型

水利工程合同按价格类型分为单价合同、总价合同和其他价格合同。

一、单价合同

单价合同的合同价款以综合单价为主，合同结算价款以合同综合单价和实际结算工程量计算，招标阶段工程量清单中的工程数量仅作为投标报价和评标的依据，不作为实际结算工程量，工程量变化的风险主要由发包人承担。

单价合同按照单价是否可调分为固定单价合同和变动单价合同。固定单价合同即合同期内合同综合单价不做调整；变动单价合同是指若发生合同约定风险范围外的影响价格的情况，可对合同综合单价进行调整的合同，风险范围外的影响价格的情况由发承包双方在合同中约定，通常为市场价格大幅波动、工程量大幅变化及政策性调整等。

单价合同的特点是单价优先。即当合同总价与合同各项单价乘以实际完成的工程量之和发生矛盾时，以单价为准优先选用。由于单价合同允许随工程量变化而调整工程总价，发包人和承包人都不存在工程量方面的风险，因此对合同双方都比较公平。

水利工程单价合同分类分项工程计价形式见表4-1-1。

表4-1-1　　　　水利工程单价合同分类分项工程计价形式

序号	项目编码	项目名称	计量单位	工程数量	单价/元	合价/元	主要技术条款编码
1	50××××××××××	一般土方开挖	m³	10000.00	7.50	75000.00	×××
2							
...							
		合计				×××	

二、总价合同

总价合同也称作总价包干合同，当合同约定内容和有关条件未发生变化时，发包人支付给承包人的价款总额就不发生变化，合同协议书中载明的价款即为结算价款。

总价合同分为固定总价合同和变动总价合同。固定总价合同的价格不再因工程量的增减、环境的变化和价格的变动而变化。当采用变动总价合同时，当事人应在合同中约定总价款包含的风险范围和风险费用的计算方法，并约定风险范围以外的合同价格调整方法，常见调整因素可包括变更、新增工作内容、不可抗力等。

总价合同的特点是：

（1）可以较早确定或者预测成本。

（2）发包人的风险较小，承包人将承担较多的风险。

（3）评标时易于迅速确定最低报价的投标人。

（4）在施工进度上能极大地调动承包人的积极性。

（5）发包人能更容易、更有把握地对项目进行控制。

（6）必须完整而明确地规定承包人的工作。

（7）必须将设计和施工方面的变化控制在最小的限度内。

采用总价合同时，对发包工程的内容及其各种条件都应基本清楚、明确，否则发承包双方都有蒙受损失的风险。因此，一般是在施工图设计完成，施工任务和范围明确且发包人的目标、要求和条件都清楚的情况下才采用总价合同。

需要说明的是，总价合同和单价合同有时在形式上比较相似，总价合同的计价文件中也有清单工程量表，总价款也由工程量和单价计算汇总后得出。但两者在性质上是完全不同的，总价合同中总价款优先于单价，合同约定风险范围内，实际发生工程量变化总价款不变。

三、其他价格合同

其他价格合同由当事人在合同中具体约定，主要形式为成本加酬金合同。成本加酬金合同有许多形式，主要有成本加固定费用合同、成本加固定比例费用合同、成本加奖金合同和最大成本加费用合同等。

1. 成本加酬金的合同特点

成本加酬金的合同特点是：

（1）可以通过分段施工缩短工期，而不必等待所有施工图完成才开始招标和施工。

（2）可以减少承包人的对立情绪，承包人对工程变更和不可预见条件的反应会比较积极和快捷。

（3）可以利用承包人的施工技术专家，帮助改进或弥补设计中的不足。

（4）发包人可以根据自身力量和需要，较深入地介入和控制工程施工和管理。

（5）可以通过确定最大保证价格约束工程成本不超过某一限值，从而转移一部分风险。

对承包人来说，这种合同比固定总价合同的风险低，利润比较有保证，因而比较有积极性。其缺点是合同的不确定性大，由于设计未完成，无法准确确定合同的工程量以及合同的终止时间，有时难以对工程计划进行合理安排。

2. 成本加酬金合同的注意事项

成本加酬金合同应该注意以下问题：

（1）必须有一个明确的如何向承包商支付酬金的条款，包括支付时间和金额百分比；如果发生变更或其他变化，酬金支付如何调整。

（2）应该列出工程费用清单，要规定一套详细的工程现场有关的数据记录、信息存储甚至记账的格式和方法，以便对工地实际发生的人工、机械和材料消耗等数据认真而及时地记录。

成本加酬金合同按照单价合同的计量规定进行计量,属于实报实销型合同,发包人向承包人支付的价款总额为承包人实际发生的成本加上合理酬金,根据酬金计取方式不同,可分为百分比酬金、固定酬金、浮动酬金和目标成本加奖罚等。此类型合同条件下,合同价款有较大不确定性,发包人承担较大风险。

第二节 合同价类型适用条件

合同价类型不同,合同双方的责任和义务则不同,各自承担的风险也不尽相同,合同当事人需综合考虑以下因素来选择适合的合同类型:

(1) 项目复杂程度。建设规模大且技术复杂的工程项目,承包风险较大,各项费用不易准确估算,因而不宜采用固定总价合同。最好是对有把握的部分采用固定总价合同,估算不准的部分采用单价合同或成本加酬金合同。有时,在同一合同中各部分内容采用不同计价方式是合同双方合理分担风险的有效办法。

(2) 项目设计深度。工程项目的设计深度是选择合同类型的重要因素。如果已完成工程项目的施工图设计,施工图纸和工程量清单详细而明确,则可选择总价合同;如果只完成工程项目的初步设计,工程量清单不够明确时,则可选择单价合同或成本加酬金合同。

(3) 施工技术的先进程度。如果在工程施工中有较大部分采用新技术、新工艺,发包人和承包人对此缺乏经验,又无国家标准时,为了避免投标单位盲目提高承包价款,或由于对施工难度估计不足而导致承包亏损,不宜采用固定总价合同,而应选用成本加酬金合同。

(4) 施工工期的紧迫程度。对于一些紧急工程(如灾后恢复工程等),要求尽快开工且工期较紧时,可能仅有施工方案,还没有施工图纸,承包单位不可能报出合理价格,此时选择成本加酬金合同较为合适。

总之,对于一个项目而言,究竟采用何种合同类型不是固定不变的,在同一项目中不同工程部分或不同阶段,可以采用不同类型的合同。在进行招标策划时,必须根据项目实际情况,权衡各种利弊,然后作出最佳决策。

不同合同价类型比较见表4-1-2。

表4-1-2　　　　　　合同价类型比较

合同价类型	总价合同	单价合同	成本加酬金合同
适用条件	项目变化小;设计、工程量清单详细而明确;费用易估算	规模大、技术复杂,工程量清单不确定	项目施工技术先进,缺乏经验、标准;施工工期紧急
应用范围	广泛	广泛	新技术、工艺;紧急工程等
发包人造价控制	易	较易,工作量大	难
承包人风险	大	小	基本没有

第二章 计 量 与 支 付

工程计量与支付是指根据合同和相关规定对项目已完工程的数量进行确认，对价款进行计算和支付的活动，是项目管理的重要环节，也是发承包双方经济利益的焦点核心问题。计量与支付工作主要有预付款、工程进度款、工程结算和竣工决算等。水利工程的计量与支付可参照《标准施工招标文件》（2007年版）和《水利水电工程标准施工招标文件》（2009年版）相应条款按照合同约定开展。

第一节 工 程 计 量

一、工程计量原则

工程计量的原则包括下列3个方面：

（1）不符合合同文件要求的工程不予计量。即工程必须满足设计图纸、技术规范等合同文件对其在工程质量上的要求，同时有关的工程质量验收资料齐全、手续完备，满足合同文件对其在工程管理上的要求。

（2）按合同文件所规定的方法、范围、内容和单位计量。工程计量的方法、范围、内容和单位受合同文件所约束，其中工程量清单（说明）、技术规范、合同条款均会从不同角度、不同侧面提及这方面的内容。在计量中要严格遵循这些文件的规定，并且结合起来使用。

（3）因承包人原因造成的超出合同工程范围施工或返工的工程量，不予计量。

二、工程计量范围与依据

（1）工程计量范围。工程计量的范围包括：工程量清单及工程变更所修订的工程量清单内容；合同文件中规定的各种费用支付项目，如费用索赔、各种预付款、价格调整、违约金等。

（2）工程计量的依据。工程计量的依据包括：工程量清单及说明、合同图纸、工程变更令及其修订的工程量清单、合同条件、技术规范、有关计量的补充协议、质量合格证书等。

三、工程计量的方法

工程量必须按照相关专业工程现行国家工程量计算规范规定的工程量计算规则计算。除专用合同条款另有约定外，工程计量按月进行。

（一）单价子目的计量

（1）已标价工程量清单中的单价子目工程量为估算工程量。结算工程量是承包人实际完成的，并按合同约定的计量方法进行计量的工程量。

第二章 计量与支付

（2）承包人对已完成的工程进行计量，向监理人提交进度付款申请单、已完成工程量报表和有关计量资料。

（3）监理人对承包人提交的工程量报表进行复核，以确定实际完成的工程量。对数量有异议的，可要求承包人按约定进行共同复核和抽样复测。承包人应协助监理人进行复核并按监理人要求提供补充计量资料。承包人未按监理人要求参加复核的，监理复核或修正的工程量视为承包人实际完成的工程量。

（4）监理人认为有必要时，可通知承包人共同进行联合测量、计量，承包人应遵照执行。

（5）承包人完成工程量清单中每个子目的工程量后，监理人应要求承包人派人员共同对每个子目的历次计量报表进行汇总，以核实最终结算工程量。监理人可要求承包人提供补充计量资料，以确定最后一次进度付款的准确工程量。承包人未按监理人要求派员参加的，监理人最终核实的工程量视为承包人完成该子目的准确工程量。

（6）监理人应在收到承包人提交的工程量报表后7天内进行复核，监理人未在约定时间内复核的，承包人提交的工程量报表中的工程量视为承包人实际完成的工程量，据此计算工程价款。

（二）总价子目的计量

除专用合同条款另有约定外，总价子目的分解和计量按照下述约定进行：

（1）总价子目的计量和支付应以总价为基础，不因物价波动而进行调整。承包人实际完成的工程量，是进行工程目标管理和控制进度支付的依据。

（2）承包人在合同约定的每个计量周期内，对已完成的工程进行计量，并向监理人提交进度付款申请单、专用合同条款约定的阶段性或分项计量的支持性资料，以及所达到工程形象目标或分阶段需完成工程量的有关计量资料。

（3）监理人对承包人提交的上述资料进行复核，以确定分阶段实际完成的工程量和工程形象目标。对其有异议的，可要求承包人进行共同复核和抽样复测。

（4）除合同约定的变更外，总价子目的工程量是承包人用于结算的最终工程量。

第二节　预　付　款

预付款是用于承包人为合同工程施工购置材料、工程设备，购置或租赁施工设备、修建临时设施以及组织施工队伍进场等所需的款项，分为工程预付款和工程材料预付款，预付款必须专用于本合同工程。

一、预付款的额度

预付款额度一般根据施工工期、建筑安装工作量、主要材料和构建费用占建筑安装工程费的比例以及材料储备周期等因素经测算来确定。根据《建设工程价款结算暂行办法》的规定，预付款的比例原则上不低于合同金额的10％，不高于合同金额的30％。

二、预付款的扣回与还清

发包人支付给承包人的预付款属于预支性质，随着工程逐步开展，原已支付的预付款应以冲抵工程价款的方式陆续扣回,抵扣方式应由当事人在合同中明确约定。在颁发合同工程完工证书前,由于不可抗力或其他原因解除合同时,尚未扣清的预付款余额应作为承包人的到期应付款。

预付款的扣款方法主要有以下两种:

(1) 按合同约定扣款。每次进度付款时,累计扣回的金额可按式 (4-2-1) 计算:

$$R = \frac{A}{(F_2 - F_1)S}(C - F_1 S) \qquad (4-2-1)$$

式中 R——每次进度付款中累计扣回的金额;
　　　A——预付款总金额;
　　　S——签约合同价;
　　　C——合同累计完成金额;
　　　F_1——开始扣款时,合同累计完成金额达到签约合同价的比例;
　　　F_2——全部扣清时,合同累计完成金额达到签约合同价的比例。

上述合同累计完成金额均指完成价格调整前未扣质量保证金的金额。

【例 4-2-1】 某水利枢纽工程合同价为 10000 万元,约定预付款总金额为签约合同价的 10%,合同累计完成金额达到合同价的 20% 时开始扣款,直至合同累计完成金额达到签约合同价的 80% 时全部扣清。已知本期末合同累计完成金额为 5000 万元,上期预付款累计扣回 300 万元,试计算本期预付款扣回金额。

解: 根据公式 (4-2-1) 计算得

$$累计扣回的金额 = \frac{10000 \times 10\%}{(80\% - 20\%) \times 10000} \times (5000 - 10000 \times 20\%) = 500 (万元)$$

本期预付款扣回金额 = 预付款本期累计扣回金额 - 预付款上期累计扣回金额
$$= 500 - 300 = 200 (万元)$$

(2) 起扣点计算法。从未施工工程尚需的主要材料及构件的价值相当于工程预付款数额时起扣,此后每次结算工程价款时按材料所占比重扣减工程价款,至工程竣工前全部扣清。起扣点的计算公式如下:

$$T = P - \frac{M}{N} \qquad (4-2-2)$$

式中 T——起扣点(即工程预付款开始扣回时)的工程累计完成金额;
　　　P——签约合同价;
　　　M——预付款总金;
　　　N——主要材料及构件所占比重。

【例 4-2-2】 某水利河道工程合同价为 10000 万元,约定预付款总金额为签约合同价的 10%,工程预付款从未施工工程尚需的主要材料及构件的价值相当于工程预付款数额时起扣,此后每次结算工程价款时按材料所占比重扣减工程价款,主要材料及构件所占比重为 60%。计算工程预付款起扣点(预付款开始扣回时工程累计完成金额)。

解: 根据公式 (4-2-2) 计算得

$$工程预付款起扣点 = 10000 - \frac{10000 \times 10\%}{60\%} \approx 8333.33 (万元)$$

三、预付款担保

预付款担保是指承包人与发包人签订合同后领取预付款前,为保证承包人正确、合理使用发包人支付的预付款而提供的担保。

预付款担保的主要形式为工程预付款保函。预付款担保的金额通常与发包人的预付款是等值的。预付款一般逐月从工程进度付款中扣除,在被发包人扣清前一直有效,而担保金额逐月减少。承包人在施工期间,可定期从发包人处取得同意此保函减值的文件,并送交银行确认。承包人还清全部预付款后,发包人应退还预付款保函,承包人将其退回银行注销,解除担保责任。

第三节 工程进度款支付

工程进度款支付是指发包人在合同工程施工过程中,按照合同约定对付款周期内承包人完成的合同价款给予支付的款项,也称工程期中支付。发承包双方应按照合同约定的时间、程序和方法,根据工程计量结果办理进度款支付。

一、付款周期

付款周期同计量周期,由当事人在合同中约定。

二、进度款支付的计算

(1) 已标价工程量清单中的单价项目,承包人应按工程计量确认的工程量与合同综合单价计算。若综合单价发生调整的,以发承包双方确认调整的综合单价计算进度款。

(2) 已标价工程量清单中的总价项目,承包人应按合同中约定的进度款支付分解,分别列入进度款支付申请中。

(3) 承包人现场签证和得到发包人确认的索赔金额列入本周期应增加的金额中。由发包人提供的材料、工程设备金额应按照发包人签约提供的单价和数量从进度款支付中扣除,列入本周期应扣减的金额中。

三、进度款支付程序

(一) 进度款支付申请

承包人应在每个付款周期末,按监理人批准的格式和专用合同条款约定的份数,向监理人提交进度付款申请单,并附相应的支持性证明文件。除专用合同条款另有约定外,进度付款申请单应包括下列内容:

(1) 截至本次付款周期末已实施工程的价款。

(2) 应增加和扣减的变更金额。

(3) 应增加和扣减的索赔金额。

(4) 应支付的预付款和扣减的返还预付款。

(5) 应扣减的质量保证金。

(6) 根据合同应增加和扣减的其他金额。

(二) 签发进度款支付证书

(1) 监理人在收到承包人进度付款申请单以及相应的支持性证明文件后的 14 天内完

成核查，提出发包人到期应支付给承包人的金额以及相应的支持性材料，经发包人审查同意后，由监理人向承包人出具经发包人签认的进度付款证书。监理人有权扣发承包人未能按照合同要求履行任何工作或义务的相应金额。

（2）发包人应在监理人收到进度付款申请单后的 28 天内，将进度应付款支付给承包人。发包人不按期支付的，按专用合同条款的约定支付逾期付款违约金。

（3）监理人出具进度付款证书，不应视为监理人已同意、批准或接受了承包人完成的该部分工作。

（4）进度付款涉及政府投资资金的，按照国库集中支付等国家相关规定和专用合同条款的约定办理。

（三）进度款支付证书的修正

在对以往历次已签发的进度付款证书进行汇总和复核中发现错、漏或重复的，监理人有权予以修正，承包人也有权提出修正申请。经双方复核同意的修正，应在本次进度付款中支付或扣除。

四、质量保证金及履约保函

（一）质量保证金

质量保证金（以下简称"保证金"）是指发包人与承包人在建设工程承包合同中约定，从应付的工程款中预留，用以保证承包人在缺陷责任期内对建设工程出现的缺陷进行维修的资金。

从第一个付款周期在付给承包人的工程进度付款中开始扣留，直至扣留的质量保证金额达到合同约定的总金额或比例为止。合同完工证书颁发 14 天内，发包人将质量保证金总额的一半支付给承包人，在缺陷责任期满时，发包人在 30 个工作日内会同承包人按照合同约定核实承包人是否完成保修责任。如无异议，发包人在核实后将剩余的质量保证金支付给承包人。若承包人没有完成缺陷责任的，发包人有权扣留与未履行责任剩余工作所需金额相应的质量保证金余额，并有权延长缺陷责任期，直至完成剩余工作为止。

（二）履约保函

我国目前正大力推行银行保函代替保证金制度，履约保函是应承包人要求，通过承包人办理，由银行金融机构向发包人做出的一种履约保证承诺。在承包人提供履约保函情况下，合同履行期间发包人不再扣留质量保证金。缺陷责任期内，由承包人原因造成的缺陷，承包人应负责维修，并承担鉴定及维修费用，承包人维修并承担相应费用后，不免除对工程的损失赔偿责任。如承包人不履行维修义务且未按发包人要求及时支付维修费用，则发包人将向提供履约保函的担保银行提出索赔，索赔金额不足以支付维修费用时，发包人可按合同约定向承包人提出索赔。

约定的缺陷责任期满后，承包人应向发包人提交"履约担保退还申请"，发包人在接到承包人"履约担保退还申请"后，将会同承包人按照合同约定的内容核实承包人是否完成保修责任。如无异议，发包人在核实后将履约担保退还承包人；若承包人没有完成缺陷责任的，发包人有权根据合同约定要求延长缺陷责任期，并要求承包人延长履约保函的担保期限，直至完成剩余工作为止。

根据《关于清理规范工程建设领域保证金的通知》（国办发〔2016〕49 号），质量保证金的预留比例上限不得高于工程价款结算总额的 5%。在工程项目竣工前，已经缴纳履约保证金的，建设单位不得同时预留工程质量保证金。

【例 4-2-3】 某水利枢纽工程第一合同段，签约合同价为 6000 万元，施工工期为 9 个月，合同约定工程预付款总金额为签约合同价的 10%，合同累计完成金额达到合同价的 30% 时开始扣留工程预付款，直至合同累计完成金额达到签约合同价的 80% 时全部扣清。合同约定月最低支付限额为 200 万元，质量保证扣留为月支付额度的 10%，总额为签约合同价的 5%，扣完为止。开工后，各月实际完成产值情况见表 4-2-1。

表 4-2-1　　　　开工后各月实际完成情况及计量支付统计表　　　　单位：万元

月份	预付款	1	2	3	4	5	6	7	8	9	合计
实际完成产值		100	650	850	850	850	750	750	400	200	5400
应扣留合计金额											
扣留预付款											
扣留质量保证金											
实际支付金额											
累计支付金额											

问题一：计算工程付款总金额、起扣月份和扣清月份。

问题二：计算质量保证金总金额和扣清月份。

问题三：计算每月应扣留金额及应支付金额并完善表格。

解：问题一：工程付款总金额 = 6000 × 10% = 600（万元）

累计完成合同 30% 时起扣，即 6000 × 30% = 1800（万元）起扣，实际前 3 月累计完成 1600 万元，4 月完成 850 万元，累计完成 2450 万元超过 1800 万元，故从 4 月开始起扣；至累计完成 80% 时全部扣清，即 6000 × 80% = 4800（万元），计算前 7 月累计完成 4800 万元，故 7 月全部扣清。

问题二：质量保证金总额 = 6000 × 5% = 300（万元），扣留为月支付额度的 10%，故累计产值 3000 万元时扣清，至 5 月累计产值 3300 万元，超过 3000 万元，故质量保证金在 5 月份扣清。

问题三：各月扣留及支付情况计算如下，完善表格见表 4-2-2。

1 月：未达到最低限额 300 万元，不发生支付。

2 月：因为 1 月未发生支付，产值统一在 2 月计算：

扣留质量保证金 =（100+650）× 10% = 75（万元）

实际支付金额 = 100+650－75 = 675（万元）

累计支付金额（含预付款）= 600+675 = 1275（万元）

3 月：扣留质量保证金 = 850 × 10% = 85（万元）

实际支付金额 = 850－85 = 765（万元）

累计支付金额（含预付款）= 1275+765 = 2040（万元）

4 月：累计完成 = 100+650+850+850 = 2450（万元）

扣留质量保证金 = 850 × 10% = 85（万元）

扣留预付款＝600×(2450－1800)/(6000×50％)＝130(万元)

实际支付金额＝850－85－130＝635(万元)

累计支付金额(含预付款)＝2040＋635＝2675(万元)

5月：累计完成＝2450＋850＝3300(万元)

质量保证金在本月扣清。

扣留质量保证金＝300－75－85－85＝55(万元)

扣留预付款＝600×(3300－1800)/(6000×50％)－130＝170(万元)

实际支付金额＝850－55－170＝625(万元)

累计支付金额(含预付款)＝2675＋625＝3300(万元)

6月：累计完成＝3300＋750＝4050(万元)

扣留预付款＝600×(4050－1800)/(6000×50％)－130－170＝150(万元)

实际支付金额＝750－150＝600(万元)

累计支付金额(含预付款)＝3300＋600＝3900(万元)

7月：累计完成＝4050＋750＝4800(万元)

预付款在本月扣清。

扣留预付款＝600×(4800－1800)/(6000×50％)－130－170－150＝150(万元)

实际支付金额＝750－150＝600(万元)

累计支付金额(含预付款)＝3900＋600＝4500(万元)

8月：累计完成＝4800＋400＝5200(万元)

实际支付金额＝400－0＝400(万元)

累计支付金额(含预付款)＝4500＋400＝4900(万元)

9月：累计完成＝5200＋200＝5400(万元)

实际支付＝200－0＝200(万元)

累计支付＝4900＋200＝5100(万元)

表4-2-2　　　　　　开工后各月实际完成情况及计量支付统计表　　　　　　单位：万元

项目	预付款	月份									合计
		1	2	3	4	5	6	7	8	9	
实际完成产值		100	650	850	850	850	750	750	400	200	5400
应扣留合计金额		0	75	85	215	225	150	150	0	0	900
扣留预付款					130	170	150	150			600
扣留质量保证金			75	85	85	55					300
实际支付金额	600		675	765	635	625	600	600	400	200	5100
累计支付金额	600	600	1275	2040	2675	3300	3900	4500	4900	5100	

第四节　工　程　结　算

工程结算是指发承包双方根据国家有关法律、法规规定和合同约定，对结算周期（时

第二章 计量与支付

间或进度节点）内完成的工程内容（包括现场签证、工程变更、索赔等），开展工程价款计算、调整、确认和支付的活动。一般可以分为过程结算和竣工结算。过程结算文件经发承包双方签署认可后，将作为竣工结算文件的组成部分，不再重复审核，这是过程结算与进度款计量支付的重要区别。下面主要介绍工程竣工结算。

一、工程竣工结算的编制和审核

单位工程竣工结算由承包人编制，发包人审查；实行总承包的工程，由具体承包人编制，在总包人审查的基础上，发包人审查。单项工程竣工结算或建设项目竣工总结算由总（承）包人编制，发包人可直接进行审查，也可以委托具有相应资质的工程造价咨询机构进行审查。政府投资项目由同级财政部门审查。单项工程竣工结算或建设项目竣工总结算经发包人、承包人签字盖章后有效。承包人应在合同约定期限内完成项目竣工结算编制工作，未在规定期限内完成且提不出正当理由延期的，责任自负。

（一）工程竣工结算编制依据

工程竣工结算由承包人或受其委托具有相应资质的工程造价咨询人编制，由发包人或受其委托具有相应资质的工程造价咨询人核对。工程竣工结算编制的主要依据有：

(1) 建设工程工程量清单计价规范以及各专业工程量清单计算规范。
(2) 工程合同。
(3) 发承包双方实施过程中已确认的工程量及其结算的合同价款。
(4) 发承包双方实施过程中已确认调整后追加（减）的合同价款。
(5) 建设工程设计文件及相关资料。
(6) 投标文件。
(7) 其他依据。

（二）工程竣工结算编制的计价原则

采用总价合同的，应在合同总价基础上，对合同约定能调整的内容及超过合同约定范围的风险因素进行调整；采用单价合同的，在合同约定风险范围内的综合单价应固定不变，并应按合同约定进行计量，且应按实际完成的工程量进行计量。

(1) 分类分项工程和措施项目中的单价项目应依据双方确认的工程量与已标价工程量清单的综合单价计算；如发生调整的，以发承包双方确认调整的综合单价计算。
(2) 措施项目中的总价项目应依据合同约定的项目和金额计算；如发生调整的，以发承包双方确认调整的金额计算。
(3) 其他项目应按下列规定计价：
1) 零星工作项目应按发包人实际签证确认的事项计算。
2) 施工索赔费用应依据发承包双方确认的索赔事项和金额计算。
3) 现场签证费用应依据发承包双方签证确认的金额计算。

（三）工程竣工图

建设工程竣工图是真实记录各种地上、地下建筑物、构筑物等情况的技术文件，是工程进行验收、结算的重要依据。为确保竣工图质量，必须在施工过程中及时做好隐蔽工程检查记录，整理好设计变更文件。其基本要求如下：

(1) 凡按图施工没有变动的，由施工单位（包括总包和分包施工单位，下同）在原施工图加盖并签署竣工图章，即作为竣工图。

（2）在施工过程中，虽有一般性设计变更，但能将原施工图加以修改补充作为竣工图的，可不重新绘制，由施工单位负责在原施工图（必须是新蓝图）上注明修改的部分，并附以设计变更通知单和施工说明，加盖并签署竣工图章，作为竣工图。

（3）凡结构型式改变、施工工艺改变、平面布置改变、项目改变以及有其他重大改变图面变更超过1/3，不宜再在原施工图上修改、补充时，应重新绘制改变后的竣工图，重绘图应按原图编号。由设计原因造成的，由设计单位负责重新绘制；由施工原因造成的，由施工单位负责重新绘图；由其他原因造成的，由建设单位自行绘制或委托设计单位绘制。

（4）为了满足竣工验收和竣工决算需要，还应绘制反映竣工工程全部内容的工程设计平面示意图。

（四）工程竣工结算的审核

（1）国有资金投资建设工程的发包人，应当委托具有相应资质的工程造价咨询机构对竣工结算文件进行审核，并在收到竣工结算文件后的约定期限内向承包人提出由工程造价咨询机构出具的竣工结算文件审核意见；逾期未答复的，按照合同约定处理，合同没有约定的，竣工结算文件视为已被认可。

（2）非国有资金投资的建筑工程发包人，应当在收到竣工结算文件后的约定期限内予以答复，逾期未答复的，按照合同约定处理，合同没有约定的，竣工结算文件视为已被认可；发包人对竣工结算文件有异议的，应当在答复期内向承包人提出，并可以在提出异议之日起的约定期限内与承包人协商；发包人在协商期内未与承包人协商或者经协商未能与承包人达成协议的，应当委托工程造价咨询机构进行竣工结算审核，并在协商期满后的约定期限内向承包人提出由工程造价咨询机构出具的竣工结算文件审核意见。

（3）发包人委托工程造价咨询机构核对竣工结算的，工程造价咨询机构应在规定期限内核对完毕，核对结论与承包人竣工结算文件不一致的，应提交给承包人复核，承包人应在规定期限内将同意核对结论或不同意见的说明提交工程造价咨询机构。工程造价咨询机构收到承包人提出的异议后，应再次复核，复核无异议的，发承包双方应在规定期限内在竣工结算文件上签字确认，竣工结算办理完毕。复核后仍有异议的，对于无异议部分办理不完全竣工结算；有异议部分由发承包双方协商解决，协商不成的，按照合同约定的争议解决方式处理。

（4）承包人逾期未提出书面异议的，视为工程造价咨询机构核对的竣工结算文件已经承包人认可。

（5）接受委托的工程造价咨询机构从事竣工结算审核工作通常应包括下列三个阶段：

1）准备阶段。准备阶段应包括收集、整理竣工结算审核项目的审核依据资料，做好送审资料的交验、核实、签收工作，并应对资料的缺陷向委托方提出书面意见及要求。

2）审核阶段。应包括现场踏勘核实、召开审核会议、澄清问题、提出补充依据性资料和必要的弥补性措施，形成会议纪要，进行计量、计价审核与确定工作，完成结算审核报告。

3）审定阶段。应包括就竣工结算审核意见与承包人和发包人进行沟通，召开协调会议，处理分歧事项，形成竣工结算审核成果文件，签认竣工结算审定签署表，提交竣工结算审核报告等工作。

（6）竣工结算审核的成果文件应包括竣工结算审核书封面、签署页、竣工结算审核报告、竣工结算审定签署表、竣工结算审核汇总对比表、单项工程竣工结算审核汇总对比表、单位工程竣工结算审核汇总对比表等。

（7）竣工结算审核应采用全面审核法，除委托咨询合同另有约定外，不得采用重点审核法、抽样审核法或类比审核法等其他方法。

（五）质量争议工程的竣工结算

发包人对工程质量有异议、拒绝办理工程竣工结算时，应按以下规定执行：

（1）已经竣工验收或已竣工未验收但实际投入使用的工程，其质量争议按该工程保修合同执行，竣工结算按合同约定办理。

（2）已竣工未验收且未实际投入使用的工程以及停工、停建工程的质量争议，双方应就有争议的部分委托有资质的检测鉴定机构进行检测，根据检测结果确定解决方案，或按工程质量监督机构的处理决定执行后办理竣工结算，无争议部分的竣工结算按合同约定办理。

二、工程竣工结算款的支付程序

工程竣工结算文件经发承包双方签字确认的，应当作为工程结算的依据，未经对方同意，另一方不得就已生效的竣工结算文件委托工程造价咨询机构重复审核。发包方应当按照竣工结算文件及时支付竣工结算款。竣工结算文件应当由发包人报工程所在地县级以上地方人民政府住房城乡建设主管部门备案。

（一）承包人提交竣工结算款支付申请

承包人应在合同工程完工证书颁发后 28 天内，按专用合同条款约定的份数向监理人提交完工付款申请单，并提供相关证明材料。完工付款申请单应包括完工结算合同总价、发包人已支付承包人的工程价款、应扣留的质量保证金、应支付的完工付款金额。

（二）发包人签发竣工结算支付证书

发包人应在收到承包人提交竣工结算款支付申请后约定期限内予以核实，向承包人签发竣工结算支付证书。

（三）支付竣工结算款

发包人签发竣工结算支付证书后的约定期限内，按照竣工结算支付证书列明的金额向承包人支付结算款。

三、缺陷责任与保修责任

（一）缺陷责任期的起算时间

除合同条款另有约定外，缺陷责任期（工程质量保修期）从工程通过合同工程完工验收后开始计算。在合同工程完工验收前，已经发包人提前验收的单位工程或部分工程，若未投入使用，其缺陷责任期（工程质量保修期）亦从工程通过合同工程完工验收后开始计算；若已投入使用，其缺陷责任期（工程质量保修期）从通过单位工程或部分工程投入使用验收后开始计算。

（二）缺陷责任

承包人应在缺陷责任期内对已交付使用的工程承担缺陷责任。

缺陷责任期内，发包人对已接收使用的工程负责日常维护工作。发包人在使用过程中，发现已接收的工程存在新的缺陷或已修复的缺陷部位或部件又遭损坏的，承包人应负责修复，直至检验合格为止。承包人不能在合理时间内修复缺陷的，发包人可自行修复或委托其他人修复。

监理人和承包人应共同查清缺陷和（或）损坏的原因。经查明属承包人原因造成的，应由承包人承担修复和查验的费用。经查验属发包人原因造成的，发包人应承担修复和查验的费用，并支付承包人合理利润。

（三）缺陷责任期的延长

由于承包人原因造成某项缺陷或损坏使某项工程或工程设备不能按原定目标使用而需要再次检查、检验和修复的，发包人有权要求承包人相应延长缺陷责任期，但缺陷责任期最长不超过 2 年。

（四）进一步试验和试运行

任何一项缺陷或损坏修复后，经检查证明其影响了工程或工程设备的使用性能，承包人应重新进行合同约定的试验和试运行，试验和试运行的全部费用应由责任方承担。

（五）承包人的进入权

缺陷责任期内承包人为缺陷修复工作需要，有权进入工程现场，但应遵守发包人的保安和保密规定。

（六）缺陷责任期终止证书

合同工程完工验收或投入使用验收后，发包人与承包人应办理工程交接手续，承包人应向发包人递交工程质量保修书。

缺陷责任期（工程质量保修期）满后 30 个工作日内，发包人应向承包人颁发工程质量保修责任终止证书，并退还剩余的质量保证金，但保修责任范围内的质量缺陷未处理完成的应除外。

（七）保修责任

合同当事人根据有关法律规定，在专用合同条款中约定工程质量保修范围、期限和责任。保修期自实际竣工日期起计算。在全部工程竣工验收前，已经发包人提前验收的单位工程，其保修期的起算日期相应提前。

四、最终结清

（一）最终结清申请单

缺陷责任期终止后，承包人已按合同规定完成全部剩余工作且质量合格的，发包人签发缺陷责任期终止证书后，承包人可按合同约定的份数和期限向发包人提交最终结清申请单，并提供相关证明材料，详细说明承包人根据合同规定已经完成的全部工程价款金额以及承包人认为根据合同规定应进一步支付的其他款项。发包人对最终结清申请单内容有异议的，有权要求承包人进行修正和提供补充资料，由承包人向发包人提交修正后的最终结清申请单。

（二）最终支付证书

发包人收到承包人提交的最终结清申请单后，应在规定时间内予以核实，向承包人签发最终支付证书。发包人未在约定时间内核实，又未提出具体意见的，视为承包人提交的最终结清申请单已被发包人认可。

（三）最终结清付款

发包人应在签发最终结清支付证书后的规定时间内，按照最终结清支付证书列明的金额向承包人支付最终结清款。最终结清付款后，承包人在合同内享有的索赔权利也自行终止。发包人未按期支付的，承包人可催告发包人在合理的期限内支付，并有权获得延迟支付的利息。

最终结清时，如果承包人被扣留的质量保证金不足以抵减发包人工程缺陷修复费用的，承包人应承担不足部分的补偿责任。

最终结清付款涉及政府投资资金的，按照国库集中支付等国家相关规定和专用合同条款的约定办理。

承包人对发包人支付的最终结清款有异议的，按照合同约定的争议解决方式处理。

第五节 竣 工 决 算

竣工决算是指在工程竣工验收交付使用阶段，由建设单位编制的建设项目从筹建到竣工验收、交付使用全过程中实际支付的全部建设费用。

竣工决算是建设工程经济效益的全面反映，是项目法人核定各类新增资产价值、办理其交付使用的依据。竣工决算是工程造价管理的重要组成部分，做好竣工决算是全面完成工程造价管理目标的关键性因素之一。通过竣工决算，既能够正确反映建设工程的实际造价和投资结果；又可以通过竣工决算与概算、预算的对比分析，考核投资控制的工作成效，为工程建设提供重要的技术经济方面的基础资料，提高未来工程建设的投资效益。

一、建设项目工程竣工决算编制条件

建设项目工程竣工决算编制条件包含以下方面：
（1）经批准的初步设计所确定的工程内容已完成。
（2）单项工程或建设项目竣工结算已完成。
（3）收尾工程投资和预留费用不超过规定的比例。
（4）涉及法律诉讼、工程质量纠纷的事项已处理完毕。
（5）其他影响工程竣工决算编制的重大问题已解决。

二、建设项目工程竣工决算编制依据

建设项目工程竣工决算编制的主要依据有：
（1）相关法律、法规和规范性文件。
（2）项目计划任务书及立项批复文件。
（3）项目总概算书、单项工程概算书文件及概算调整文件。
（4）经批准的可行性研究报告、设计文件及设计交底、图纸会审资料。

(5) 招标文件、最高投标限价及招标投标书。
(6) 施工、代建、勘察设计、监理及设备采购等合同，政府采购审批文件、采购合同。
(7) 工程结算资料。
(8) 工程签证、工程索赔等合同价款调整文件。
(9) 设备、材料调价文件记录。
(10) 有关的会计及财务管理资料。
(11) 历年下达的项目年度财政资金投资计划、预算。
(12) 其他有关资料。

三、建设项目工程竣工决算编制程序

建设项目工程竣工决算编制按以下程序进行：
(1) 收集、整理和分析有关资料。
(2) 清理各项财务、债务和结余物资。
(3) 做好与批复概算对比分析工作，核定工程造价。
(4) 完成竣工决算编制报告、基本建设项目竣工决算报表及附表、竣工财务决算说明书、相关附件等。
(5) 上报主管部门审批。

第三章 合同价格调整

水利水电工程项目具有投资大、专业性强、施工条件复杂、工期长等特点，施工过程中，由于项目实际情况变化，合同价款可能出现变动。为合理分配双方合同价款变动风险，有效控制工程造价，发承包双方应当在施工合同中明确合同价款的调整事件、调整方法及调整程序。调整合同价款的若干事项，可以分为法规政策变化、工程变更类、物价变化、工程索赔类及其他五类。

第一节 法规政策变化引起的价格调整

因国家法律、法规、规章和政策发生变化导致承包人在合同履行中所需要的工程费用发生变化，发承包双方应在合同中约定由发包人承担。

一、基准日的确定

为了合理划分发承包双方的合同风险，施工合同中应当约定一个基准日，对于基准日之后发生的事项，作为一个有经验的承包人在招标投标阶段不可能合理预见的风险，应当由发包人承担。对于实行招标的建设工程，一般以施工招标文件中规定的提交投标文件截止时间前的第28天作为基准日；对于不实行招标的水利工程，一般以施工合同签订前的第28天作为基准日。

二、合同价款的调整方法

施工合同履行期间，国家颁布的法律、法规、规章和有关政策在合同工程基准日之后发生变化，且因执行相应的法律、法规、规章和政策引起工程造价发生增减变化的，合同双方当事人应当依规调整合同价款。但是，如果有关价格（如人工、材料和工程设备等价格）的变化已经包含在物价波动事件的调价公式中，则不再予以考虑。

三、工期延误期间的特殊处理

如果由于承包人的原因导致的工期延误，按不利于承包人的原则调整合同价款。在工程延误期间国家的法律、法规、规章和政策发生变化引起工程造价变化的，造成合同价款增加的，合同价款不予调整；造成合同价款减少的，合同价款予以调整。

【例4-3-1】 某水利工程合同基准日为2019年3月，合同金额为6000万元，约定合同执行期间政策法规发生变化的，依规对合同价款进行调整，合同计划竣工日期为2020年3月。合同执行过程中发生如下变化：①2019年5月法规政策发生变化，依规按已完工程量计算，截至计划竣工日期，节约投资100万元；②因承包人原因，实际竣工日期为2020年8月，且2020年4月后因法规政策变化导致剩余工程投资增加投资50万元。不考虑其他因素，请计算项目最终结算金额。

解：

（1）合同工期内法规政策发生变化，依规调整合同价款，合同节约投资 100 万元。

（2）因承包人原因导致工期延误，延误期间按不利于承包人的原则调整合同价款，故延误期间因法规政策变化导致增加投资合同价款不予调整。

（3）结算金额＝6000－100＝5900（万元）。

第二节　工程变更类引起的价格调整

工程变更是合同实施过程中由发包人提出或由承包人提出，经发包人批准的，对合同工程的工作内容、工程数量、质量要求、施工顺序与时间、施工条件、施工工艺或其他特征及合同条件等的改变。

一、工程变更范围

根据《水利水电工程标准施工招标文件》（2009 年版），工程变更的范围和内容为：

（1）取消合同中任何一项工作，但被取消的工作不能转由发包人或其他人实施。

（2）改变合同中任何一项工作的质量或其他特性。

（3）改变合同工程的基线、标高、位置或尺寸。

（4）改变合同中任何一项工作的施工时间或改变已批准的施工工艺或顺序。

（5）为完成工程需要追加的额外工作。

（6）增加或减少专用合同条款中约定的关键项目工程量超过其工程总量的一定数量百分比。

上述第（1）～（6）目的变更内容引起工程施工组织和进度计划发生实质性变动和影响其原定的价格时，才予调整该项目的单价。第（6）目情形下单价调整方式在专用合同条款中约定。

二、工程变更价款调整方法

工程变更价款调整方法应根据合同约定执行，其中单价子目发生变化的可参照下列规定确定调整方法：

（1）已标价工程量清单中有适用于变更工作的子目的，采用该子目的单价。直接采用适用的项目单价的前提是其采用的材料、施工工艺和方法相同，且工程变更导致的该清单项目的工程数量变化不超 15％（具体按合同约定执行）。

（2）已标价工程量清单中无适用于变更工作的子目，但有类似子目的，可在合理范围内参照类似子目的单价。采用类似的项目单价的前提是其采用的材料、施工工艺和方法基本相似，可仅就其变更后的差异部分，参考类似的项目单价由发承包双方协商新的项目单价。

（3）已标价工程量清单中无适用或类似子目单价的，则由承包人提出变更工程项目的单价，报发包人确认后调整。新增单价确定原则是保持原投标价格水平，有以下两种方法：

1）新增单价按原投标定额体系、材料价格、相关费率、人工费等确定。

2) 新增单价按计价标准、工程造价管理机构发布的材料信息（参考）价格并考虑投标报价浮动率后确定。承包人报价浮动率可按下列公式计算：

招标工程：承包人报价浮动率 $L=(1-$ 中标价/招标控制价$)\times 100\%$ （4-3-1）

非招标工程：承包人报价浮动率 $L=(1-$ 报价值/施工图预算$)\times 100\%$ （4-3-2）

【例 4-3-2】 某水利工程招标控制价为 92809000 元，中标人的投标报价为 86870625 元，承包人报价浮动率为多少？施工过程中新增土工格栅，清单项目无类似项目，按工程造价管理机构发布的材料信息（参考）价格及计价标准计算单价为 16 元/m²，该项目综合单价如何确定？

解：根据公式（4-3-1）：

承包人报价浮动率 $L=(1-86870625/92809000)\times 100\%=6.40\%$

该项目综合单价 $=16\times(1-6.40\%)=16\times 93.6\%=14.98(元/m^2)$

三、项目特征不符的调整

(1) 承包人在招标工程量清单中对项目特征的描述，应被认为是准确和全面的，并且与实际施工要求相符合。承包人应按照发包人提供的工程量清单，根据其项目特征描述的内容及有关要求实施合同工程，直到其被改变为止。

(2) 合同履行期间，出现实际施工设计图纸（含设计变更）与招标工程量清单任一项目的特征描述不符，且该变化引起该项目的工程造价增减变化的，应按照实际施工的项目特征重新确定相应工程量清单项目的综合单价，计算调整的合同价款。

四、工程量清单缺项的调整

(1) 招标工程量清单必须作为招标文件的组成部分，其准确性和完整性由招标人负责。因此，招标工程量清单是否准确和完整，其责任应当由提供工程量清单的发包人负责，作为投标人的承包人不应承担因工程量清单的缺项、漏项以及计算错误带来的风险与损失。

(2) 由于招标工程量清单中分部分项出现缺项，引起措施项目发生变化的，应按照规定，在承包人提交的实施方案被发包人批准后，计算调整的措施费用。

五、工程量偏差的调整

施工合同履行期间，若计算的实际工程量与招标工程量清单列出的工程量出现偏差，或者因工程变更等非承包人原因导致工程量偏差，该偏差对工程量清单项目的综合单价将产生影响，是否调整综合单价以及如何调整，发承包双方应当在施工合同中约定。如果合同中没有约定或约定不明的，可以按以下原则办理：

当计算的实际工程量与招标工程量清单出现偏差（包括因工程变更等原因导致的工程量偏差）超过 15% 时，对综合单价的调整原则为：当工程量增加 15% 以上时，其增加部分的工程量的综合单价应予调低；当工程量减少 15% 以上时，减少后剩余部分工程量的综合单价应予调高。至于具体的调整方法，可参考下列公式：

当 $Q_1>1.15Q_0$ 时， $S=1.15Q_0P_0+(Q_1-1.15Q_0)P_1$ （4-3-3）

当 $Q_1<0.85Q_0$ 时， $S=Q_1P_1$ （4-3-4）

式中 S——调整后的某一分部分项工程费结算价；

Q_1——最终完成的工程量；

Q_0——招标工程量清单中列出的工程量；

P_1——按照最终完成工程量重新调整后的综合单价；

P_0——承包人在工程量清单中填报的综合单价。

新综合单价 P_1 的确定，一是发承包双方协商确定，二是与招标控制价相联系确定。

【例 4-3-3】 某工程项目招标工程量清单数量为 $1500m^3$，施工中由于设计变更，实际发生工程量为 $2100m^3$，该项目投标报价为 420 元，合同约定当工程量超过招标清单工程量的 15% 时，则超过部分单价按原投标单价下浮 10% 计，请问该项如何调整？

解：根据公式（4-3-3）：

$$S = 1.15 \times 1500 \times 420 + (2100 - 1.15 \times 1500) \times 420 \times 0.9$$
$$= 724500 + 375 \times 378 = 866250(元)$$

六、暂估价

在工程招标阶段已经确定的材料、工程设备或工程项目，但又无法在当时确定准确价格，而可能影响招标的，可由发包人在工程量清单中给定一个暂估价。

暂估价的材料、工程设备或工程项目的明细由合同当事人在专用合同条款中约定。

（一）依法必须招标的暂估价项目

对于依法必须招标的暂估价项目采取下列方式确定。合同当事人也可以在专用合同条款中选择其他招标方式。

若承包人不具备承担暂估价项目能力或具备承担暂估价项目的能力但明确不参与投标的，由发包人和承包人组织招标。

若承包人具备承担暂估价项目的能力且明确参与投标的，由发包人组织招标。

暂估价项目中标金额与工程量清单中所列金额以及相应的税金等其他费用列入合同价格。

必须招标的暂估价项目招标组织形式、发包人和承包人组织招标时双方的权利义务关系在专用合同条款中约定。

（二）可以不招标的暂估价项目

暂估价的材料和工程设备不属于依法必须招标的范围或未达到规定的规模标准的，应由承包人提供。经监理人确认的材料、工程设备的价格与工程量清单中所列的暂估价的金额差以及相应的税金等其他费用列入合同价格。

暂估价的专业工程不属于依法必须招标的范围或未达到规定的规模标准的，应由承包人提供。由监理人按照变更处理原则进行估价，但专用合同条款另有约定的除外。经估价的专业工程与工程量清单中所列的暂估价的金额差以及相应的税金等其他费用列入合同价格。

七、零星工作项目（计日工）

（一）计日工费用的产生

发包人通知承包人以计日工方式实施的零星工作，承包人应予执行。采用计日工计价的任何一项变更工作，承包人应在该项变更的实施过程中，按合同约定提交以下报表和有关凭证送发包人复核：

(1) 工作名称、内容和数量。
(2) 投入该工作所有人员的姓名、工种、级别和耗用工时。
(3) 投入该工作的材料名称、类别和数量。
(4) 投入该工作的施工设备型号、台数和耗用台时。
(5) 发包人要求提交的其他资料和凭证。

（二）计日工费用的确认和支付

任一计日工项目实施结束，承包人应按照确认的计日工现场签证报告核实该类项目的工程数量，并根据核实的工程数量和承包人已标价工程量清单中的计日工单价计算，提出应付价款；已标价工程量清单中没有该类计日工单价的，由发承包双方按工程变更的有关规定商定计日工单价计算。

每个支付期末，承包人应与进度款同期向发包人提交本期所有计日工记录的签证汇总表，以说明本期间自己认为有权得到的计日工金额，调整合同价款，列入进度支付。

第三节 物价波动引起的价格调整

水利水电工程工期一般较长，在此期间的物价波动很难预测。当物价波动幅度超过合同约定时，应根据合同约定的调整方法，对合同价款进行调整。若合同未对价格波动幅度作明确约定，则材料、设备价格与合同基期价格变化超过5%，超过部分可进行调整，调整方法一般有两种，一种是采用价格指数调整，另一种是采用造价信息调整。

一、采用价格指数调整价格差额

(1) 因人工、材料、设备和施工机具台班等价格波动影响合同价格时，根据投标函附录中的价格指数和权重表约定的数据，按以下公式计算差额并调整合同价格。

$$\Delta P = P_0 \left[A + \left(B_1 \times \frac{F_{t1}}{F_{01}} + B_2 \times \frac{F_{t2}}{F_{02}} + B_3 \times \frac{F_{t3}}{F_{03}} + \cdots + B_n \times \frac{F_{tn}}{F_{0n}} \right) - 1 \right] \quad (4-3-5)$$

式中　ΔP——需调的价格差额；

P_0——承包人应得到已完工程量的金额，此项金额不包括价格调整、质量保证金、预付款、已按现行价格计价的变更项目及其他金额；

A——定值权重（即不调部分的权重）；

B_1, B_2, B_3, $\cdots$, B_n——各可调因子的变值权重（即可调部分的权重），为各可调因子在投标函投标总报价中所占的比例；

F_{t1}, F_{t2}, F_{t3}, $\cdots$, F_{tn}——各可调因子的现行价格指数，指合同约定的付款周期最后一天的前42天的各可调因子的价格指数；

F_{01}, F_{02}, F_{03}, $\cdots$, F_{0n}——各可调因子的基本价格指数，指基准日期的各可调因子的价格指数。

以上价格调整公式中的各可调因子、定值和变值权重，以及基本价格指数及其来源在投标函附录价格指数和权重表中约定。价格指数应首先采用有关部门提供的价格指数，缺乏上述价格指数时，可采用有关部门提供的价格代替。

(2) 在计算调整差额时得不到现行价格指数的，可暂用上一次价格指数计算，并在以后的付款中再按实际价格指数进行调整。

(3) 因合同约定范围内的变更导致原定合同中的权重不合理时，由监理人与承包人和发包人协商后进行调整。

(4) 由于承包人原因未在约定的工期内竣工的，则对原约定竣工日期后继续施工的工程，在使用价格调整公式时，应采用原约定竣工工期与实际竣工日期的两个价格指数中较低的一个作为现行价格指数。

二、采用造价信息调整价格差额

施工期内，因人工、材料、设备和机械台时价格波动影响合同价格时，人工、机械使用费按照国家或省（自治区、直辖市）建设行政管理部门、行业建设管理部门或其授权的工程造价管理机构发布的人工成本信息、机械台班单价或机械使用费系数进行调整；需要进行价格调整的材料，其单价和采购数量应由发包人复核，发包人确认需调整的材料单价及数量，作为调整工程合同价格差额的依据。

工程造价信息的来源以及价格调整的项目和系数在专用合同条款中约定。

(1) 人工单价发生变化时，发、承包双方应按省级或行业建设主管部门或其授权的工程造价管理机构发布的人工成本文件调整工程价款。

(2) 材料价格变化超过省级或行业建设主管部门或其授权的工程造价管理机构规定的幅度时应当调整，承包人应在采购前就采购数量和新的材料单价报发包人核对，确认用于本合同工程时，发包人应确认采购材料的数量和单价。发包人在收到承包人报送的确认资料后 3 个工作日内不予答复的视为已经认可，作为调整工程价款的依据。如果承包人来报经发包人核对即自行采购材料，再报发包人确认调整工程价款的，如发包人不同意，则不做调整，若合同未做具体约定，可按以下方法进行调整：

1) 如果承包人投标报价中材料单价低于基准单价，工程施工期间材料单价涨幅以基准单价为基础超过合同约定的风险幅度值时，或材料单价跌幅以投标报价为基础超过合同约定的风险幅度值时，其超过部分据实调整。

2) 如果承包人投标报价中材料单价高于基准单价，工程施工期间材料单价跌幅以基准单价为基础超过合同约定的风险幅度值时，或材料单价涨幅以投标报价为基础超过合同约定的风险幅度值时，其超过部分据实调整。

3) 如果承包人投标报价中材料单价等于基准单价，工程施工期间材料单价涨、跌幅以基准单价为基础超过合同约定的风险幅度值时，其超过部分据实调整。

(3) 施工机械台班单价或施工机械使用费发生变化超过省级或行业建设主管部门或其授权的工程造价管理机构规定的范围时，按其规定进行调整。

【例 4-3-4】 某水利工程施工合同约定，施工期内钢筋、水泥等主要材料价格变化幅度超过 5%（当地造价信息）部分可进行调整。投标钢筋价格、基准期发布价格分别为 5200 元/t 和 4400 元/t，若 2018 年 9 月造价信息发布价格为 4100 元/t、2019 年 10 月为 5550 元/t，则该两月钢筋的实际结算价格分别为多少？

解：

(1) 2018 年 9 月，信息价下降，应以较低的基准价基础计算合同约定的风险幅度值。

4400×(1－5％)＝4180(元/t)，因此钢筋每吨应下浮价格＝4180－4100＝80(元/t)。

2018年9月实际结算价格＝5200－80＝5120(元/t)。

(2) 2019年10月，信息价上涨，应以较高的投标价格为基础计算合同约定的风险幅度值。

5200×(1＋5％)＝5460(元/t)，因此钢筋每吨应上调价格＝5550－5460＝90(元/t)。

2019年10月实际结算价格＝5200＋90＝5290(元/t)。

第四节　工程索赔类引起的价格调整

一、索赔

(一) 索赔的概念及分类

工程索赔是指在工程合同履行过程中，当事人一方因非己方的原因而遭受经济损失或工期延误，按照合同约定或法律规定，应由对方承担责任，而向对方提出工期和（或）费用补偿要求的行为。

1. 按索赔的当事人分类

根据索赔的合同当事人不同，可以将工程索赔分为：

(1) 承包人与发包人之间的索赔。该类索赔发生在建设工程施工合同的双方当事人之间，既包括承包人向发包人的索赔，也包括发包人向承包人的索赔。但是在工程实践中，经常发生的索赔事件，大都是承包人向发包人提出的，本教材中所提及的索赔，如果未做特别说明，即是指此类情形。

(2) 总承包人和分包人之间的索赔。在建设工程分包合同履行过程中，索赔事件发生后，无论是发包人的原因还是总承包人的原因所致，分包人都只能向总承包人提出索赔要求，而不能直接向发包人提出。

2. 按索赔目的和要求分类

根据索赔的目的和要求不同，可以将工程索赔分为工期索赔和费用索赔。

(1) 工期索赔，一般是指工程合同履行过程中，由于非自身原因造成工期延误，按照合同约定或法律规定，承包人向发包人提出合同工期补偿要求的行为。工期顺延的要求获得批准后，不仅可以免除承包人承担拖期违约赔偿金的责任，而且承包人还有可能因工期提前获得赶工补偿（或奖励）。

(2) 费用索赔，是指工程承包合同履行中，当事人一方因非己方原因而遭受费用损失，按合同约定或法律规定应由对方承担责任，而向对方提出增加费用要求的行为。

3. 按索赔事件的性质分类

根据索赔事件的性质不同，可以将工程索赔分为：

(1) 工程延误索赔。因发包人未按合同要求提供施工条件，或因发包人指令工程暂停或不可抗力事件等原因造成工期拖延的，承包人可以向发包人提出索赔；如果由于承包人原因导致工期拖延，发包人可以向承包人提出索赔。

(2) 加速施工索赔。由于发包人指令承包人加快施工速度、缩短工期，引起承包人的人力、物力、财力的额外开支，承包人提出的索赔。

(3) 工程变更索赔。由于发包人指令增加或减少工程量或增加附加工程、修改设计、变更工程顺序等，造成工期延长和（或）费用增加，承包人就此提出索赔。

(4) 合同终止的索赔。由于发包人违约或发生不可抗力事件等原因造成合同非正常终止，承包人因其遭受经济损失而提出索赔。如果由于承包人的原因导致合同非正常终止，或者合同无法继续履行，发包人可以就此提出索赔。

(5) 不可预见的不利条件索赔。承包人在工程施工期间施工现场遇到一个有经验的承包人通常不能合理预见的不利施工条件或外界障碍，如地质条件与发包人提供的资料不符，出现不可预见的地下水、地质断层、溶洞、地下障碍物等，承包人可以就因此遭受的损失提出索赔。

(6) 不可抗力事件的索赔。工程施工期间，因不可抗力事件的发生而遭受损失的一方可以根据合同中对不可抗力风险分担的约定，向对方当事人提出索赔。

(7) 其他索赔。如因货币贬值、汇率变化、物价上涨、政策法令变化等原因引起的索赔。

《水利水电工程标准施工招标文件》（2009 年版）的通用合同条款中，按照引起索赔事件的原因不同，对一方当事人提出的索赔可能给予合理补偿工期、费用和（或）利润的情况，分别做出了相应的规定。其中，引起承包人索赔的事件以及可能得到的合理补偿内容见表 4-3-1。

表 4-3-1　　　　　　　承包人的索赔事件及可补偿内容

序号	条款号	索 赔 事 件	可补偿内容		
			工期	费用	利润
1	1.6.1	延迟提供图纸	√	√	√
2	1.10.1	施工中发现文物、古迹		√	
3	2.3	延迟提供施工场地	√	√	√
4	4.11	施工中遇到不利物质条件	√	√	
5	5.2.4	提前向承包人提供材料、工程设备		√	
6	5.2.6	发包人提供材料、工程设备不合格或延迟提供或变更交货地点	√	√	√
7	8.3	承包人依据发包人提供的错误资料导致测量放线错误	√	√	√
8	9.2.6	因发包人原因造成承包人人员工伤事故		√	
9	11.3	因发包人原因造成工期延误	√	√	√
10	11.4	异常恶劣的气候条件导致工期延误	√		
11	11.6	承包人提前竣工		√	
12	12.2	发包人暂停施工造成工期延误	√	√	√
13	12.4.2	工程暂停后因发包人原因无法按时复工	√	√	√
14	13.1.3	因发包人原因导致承包人工程返工	√	√	
15	13.5.3	监理人对已经覆盖的隐蔽工程要求重新检查且检查结果合格	√	√	
16	13.6.2	因发包人提供的材料、工程设备造成工程不合格	√	√	√

第三章 合同价格调整

续表

序号	条款号	索赔事件	可补偿内容		
			工期	费用	利润
17	14.1.3	承包人应监理人要求对材料、工程设备和工程重新检验且检验结果合格	√	√	√
18	16.2	基准日后法律的变化		√	
19	18.3.4	发包人在工程竣工前提前占用工程	√	√	√
20	18.9.2	因发包人的原因导致工程试运行失败		√	√
21	19.2.3	工程移交后因发包人原因出现新的缺陷或损坏的修复		√	√
22	19.4	工程移交后因发包人原因出现的缺陷修复后的试验和试运行		√	
23	21.3.1（4）	因不可抗力停工期间应监理人要求照管、清理、修复工程		√	
24	21.3.1（4）	因不可抗力造成工期延误	√		
25	22.2.2	因发包人违约导致承包人暂停施工	√	√	√

（二）索赔的依据和前提条件

1. 索赔成立的条件

承包人工程索赔成立的基本条件包括：

（1）索赔事件已造成了承包人直接经济损失或工期延误。

（2）造成费用增加或工期延误的索赔事件是因非承包人的原因发生的。

（3）造成费用增加或工期延误的索赔事件不属于承包人应该承担的风险。

（4）承包人已经按照工程施工合同规定的期限和程序提交了索赔意向通知、索赔报告及相关证明材料。

以上条件须同时具备，索赔才成立。

需要注意，承包人按合同约定接受了完工付款证书后，应被认为已无权再提出在合同工程完工证书颁发前所发生的任何索赔。承包人提交的最终结清申请单中，只限于提出合同工程完工证书颁发后发生的索赔。提出索赔的期限自接受最终结清证书时终止。

2. 索赔的依据

提出索赔和处理索赔都要依据下列文件或凭证：

（1）工程施工合同文件。工程施工合同是工程索赔中最关键和最主要的依据，工程施工期间，发承包双方关于工程的洽商、变更等书面协议或文件，也是索赔的重要依据。

（2）国家法律、法规。国家制定的相关法律、行政法规，是工程索赔的法律依据。部门规章以及工程项目所在地的地方性法规或地方政府规章，也可以作为工程索赔的依据，但应当在施工合同专用条款中约定为工程合同的适用法律。

（3）国家、部门和地方有关的标准、规范和定额。对于工程建设的强制性标准，是合同双方必须严格执行的；对于非强制性标准，必须在合同中有明确规定的情况下，才能作为索赔的依据。

（4）工程施工合同履行过程中与索赔事件有关的各种凭证。这是承包人因索赔事件所遭受费用或工期损失的事实依据，它反映了工程的计划情况和实际情况。

(三) 索赔计算

1. 费用索赔的计算

对于不同原因引起的索赔，承包人可索赔的具体费用内容是不完全一样的，需根据实际发生索赔事件的具体情况进行计算。索赔费用的要素与工程造价的构成基本类似，一般可归结为人工费、材料费、施工机械使用费、分包费、施工管理费、利息、利润、保险费等。

【例 4-3-5】 某水利工程施工合同约定，窝工补贴为 40 元/工日，以人工费为基数的综合费率为 30%。施工中发生如下事件：①施工单位按要求进场后，发包人延迟提供图纸，导致工程延期 5 天，人员窝工 60 个工日；②施工操作不当，导致边坡滑塌，处理塌方体用时 3 天，费用 5 万元；③基坑验槽时，发现坑底实际土质与发包人提供的地质资料不符，处理坑底导致工程工期延长 2 天，增加费用 3 万元。为此，工程工期可延长几天？施工企业可向业主索赔多少费用？

解：
①发包人延迟提供图纸：工期延长 5 天，费用补偿 = 60×40×(1+30%) = 3120(元)。
②施工操作不当导致边坡发生滑塌属于承包人责任，工期和费用均不可进行索赔。
③不可预见地质情况变化工期延长 2 天，可补偿费用 30000 元。
总工期可延长 5+2=7(天)；总索赔费用 = 3120+30000 = 33120(元)。

2. 工期索赔的计算

被延误的工作应是处于施工进度计划关键路线上的施工内容。只有位于关键路线上工作内容的滞后，才会影响到竣工日期。但有时也应注意，既要看被延误的工作是否在批准进度计划的关键路线上，又要详细分析这一延误对后续工作的可能影响。因为若对非关键路线工作的影响时间较长，超过了该工作可用于自由支配的时间，也会导致进度计划中非关键路线转化为关键路线，其滞后将造成总工期的拖延。此时，应充分考虑该工作的自由时间，给予相应的工期顺延，并要求承包人修改施工进度计划。

二、不可抗力

(一) 不可抗力的范围

不可抗力不是由于发承包人的过失或疏忽，而是在工程施工过程中发生了不能预见、不能避免和不能克服的事件。不可抗力又分自然事件和社会事件。自然事件主要是不利的自然条件和客观障碍，主要指地震、飓风、海啸、洪水等自然灾害；社会事件则主要是指发生国家政策、法律法规的变更、战争、动乱等社会因素。

(二) 不可抗力处理程序

发承包双方应在合同专用条款中明确约定不可抗力的范围以及具体的判断标准。不可抗力发生后，发包人和承包人应及时认真统计所造成的损失，收集不可抗力造成损失的证据。发承包双方对是否属于不可抗力或其损失的意见不一致的，由监理人商定或确定。发生争议时，按争议的约定办理。

合同一方当事人遇到不可抗力事件，使其履行合同义务受到阻碍时，应立即通知合同另一方当事人和监理人，书面说明不可抗力和受阻碍的详细情况，并提供必要的证明。

如不可抗力持续发生，合同一方当事人应及时向合同另一方当事人和监理人提交中间报告，说明不可抗力和履行合同受阻的情况，并于不可抗力事件结束后 28 天内提交最终报告及有关资料。

（三）不可抗力造成损失的承担

不可抗力导致的人员伤亡、财产损失、费用增加和（或）工期延误等后果，由合同当事人按以下原则承担：

（1）永久工程、已运至施工现场的材料和工程设备的损坏，以及因工程损坏造成的第三者人员伤亡和财产损失由发包人承担。

（2）承包人施工设备的损坏由承包人承担。

（3）发包人和承包人承担各自人员伤亡和财产的损失。

（4）因为不可抗力影响承包人履行合同约定义务，已经引起工期延误的，应当顺延工期，由此导致承包人停工的费用损失由发包人和承包人按合同分担，停工期间必须支付的工人工资由发包人承担。

（5）因不可抗力引起或将引起工期延误，发包人要求赶工的，由此增加的赶工费用由发包人承担。

（6）承包人在停工期间按照发包人要求照管、清理和修复工程的费用由发包人承担。

（7）不可抗力发生后合同当事人均应采取措施尽量避免和减少损失的扩大，任何一方当事人没有采取有效措施导致损失扩大，应对扩大的损失承担责任。

（8）因合同一方延迟履行合同义务，在延迟履行期间遭遇不可抗力的，不免除其违约责任。

【例 4-3-6】 某水利工程在施工过程中，因不可抗力造成在建工程损失 25 万元。承包方受伤人员医药费 6 万元，施工机具损失 3 万元，施工人员窝工费 3 万元，工程清理修复费 5 万元。则承包人可申请多少补偿金额？

解：项目监理机构应批准的补偿金额为 25+5＝30(万元)。

承包方受伤人员医药费 6 万元，施工机具损失 3 万元，施工人员窝工费 3 万元，均由承包人自行承担。

三、提前竣工（赶工补偿）

为了保证工程质量，承包人除了根据标准规范、施工图纸进行施工外，还应当按照科学合理的施工组织设计，按部就班地进行施工作业。《建设工程质量管理条例》第十条规定："建设工程发包单位不得迫使承包方以低于成本的价格竞标，不得任意压缩合理工期。"据此：

（1）工程发包时，招标应当依据相关工程的工期定额合理计算工期，压缩的工期天数不得超过定额工期的 20%，并将其量化。超过者，应在招标文件中明示增加赶工费用。

（2）工程实际过程中，发包人要求合同工程提前竣工的，应征得承包人同意，由此增加的提前竣工（赶工补偿）费用由发包人承担。

（3）发承包双方应在合同中约定提前竣工每日历天相应的补偿额度，此项费用应作为增加合同价款列入竣工结算文件中，并与结算款一并支付。

赶工费用主要包括：人工费的增加、材料费的增加和机械费的增加。

第五节 其他引起的价格调整

其他类合同价款调整事项主要指现场签证。现场签证是指发包人或其授权现场代表（包括工程监理人、工程造价咨询人）与承包人或其授权现场代表就施工过程中涉及的责任事件所作的签认证明。施工合同履行期间出现现场签证事件的，发承包双方应调整合同价款。

一、现场签证的提出

承包人应发包人要求完成合同以外的零星项目、非承包人责任事件等工作的，发包人应及时以书面形式向承包人发出指令，提供所需的相关资料；承包人在收到指令后，应及时向发包人提出现场签证要求。

承包人在施工过程中，若发现合同工程内容因场地条件、地质水文、发包人要求等不一致时，应提供所需的相关资料，提交发包人签证认可，作为合同价款调整的依据。

二、现场签证的价款计算

现场签证的工作如果已有相应的计日工单价，则现场签证报告中仅需列明完成该签证工作所需的人工、材料、工程设备和施工机具台班的数量。

如果现场签证的工作没有相应的计日工单价，则应当在现场签证报告中列明完成该签证工作所需的人工、材料、工程设备和施工机具台班的数量及其单价。

承包人应按照现场签证内容计算价款，报送发包人确认后，作为增加合同价款，与进度款同期支付。

三、现场签证的限制

合同工程发生现场事项，未经发包人签证确认，承包人便擅自实施相关工作的，除非征得发包人书面同意，否则发生的费用由承包人承担。

参 考 文 献

[1] 水利部水利建设经济定额站. 水利工程设计概（估）算编制规定（工程部分）[M]. 北京：中国水利水电出版社，2015.

[2] 水利部水利建设经济定额站. 水利工程设计概（估）算编制规定（建设征地移民补偿）[M]. 北京：中国水利水电出版社，2015.

[3] 办水总〔2016〕132号. 水利工程营业税改征增值税计价依据调整办法 [Z]. 北京：中华人民共和国水利部办公厅，2016.

[4] 办财务函〔2019〕448号. 关于调整水利工程计价依据增值税计算标准的通知 [Z]. 北京：中华人民共和国水利部办公厅，2019.

[5] 联合公告〔2019〕39号. 关于深化增值税改革有关政策的公告 [Z]. 北京：财政部，税务总局，海关总署，2019.

[6] 云水规计〔2016〕171号. 云南省水利工程营业税改征增值税计价依据调整办法 [Z]. 昆明：云南省水利厅，云南省发展和改革委员会，2016.

[7] 云水规计〔2019〕46号. 关于调整云南省水利工程计价依据有关税率及系数的通知 [Z]. 昆明：云南省水利厅，云南省发展和改革委员会，2019.

[8] 水利工程建设标准强制性条文编制组. 水利工程建设标准强制性条文（2020版）[M]. 北京：中国水利水电出版社，2020.

[9] 中华人民共和国水利部. 水利水电工程标准施工招标文件 [M]. 北京：中国水利水电出版社，2009.

[10] 中华人民共和国水利部. 水利水电工程标准施工招标文件技术标准和要求：合同技术条款 [M]. 北京：中国水利水电出版社，2009.

[11] 中华人民共和国水利部. 水利建筑工程概算定额（上册、下册）[M]. 郑州：黄河水利出版社，2002.

[12] 中华人民共和国水利部. 水利建筑工程预算定额（上册、下册）[M]. 郑州：黄河水利出版社，2002.

[13] 中华人民共和国水利部. 水利水电设备安装工程概算定额 [M]. 郑州：黄河水利出版社，1999.

[14] 中华人民共和国水利部. 水利水电设备安装工程预算定额 [M]. 郑州：黄河水利出版社，1999.

[15] 中华人民共和国水利部. 水利工程施工机械台时费定额 [M]. 郑州：黄河水利出版社，2002.

[16] 中华人民共和国水利部. 水利工程概预算补充定额 [M]. 郑州：黄河水利出版社，2005.

[17] 中华人民共和国水利部. 水利工程概算补充定额：水文设施工程专项 [M]. 郑州：黄河水利出版社，2006.

[18] 中华人民共和国水利部. 水利工程概预算补充定额：掘进机施工隧洞工程 [M]. 郑州：黄河水利出版社，2007.

[19] 中国水利工程协会，北京海策工程咨询有限公司. 水利工程计价 [M]. 北京：中国水利水电出版社，2019.

[20] 中国水利工程协会，北京海策工程咨询有限公司. 水利工程造价案例分析 [M]. 北京：中国水利水电出版社，2019.

[21] 中国水利工程协会，北京海策工程咨询有限公司. 水利工程施工技术与计量 [M]. 北京：中国水利水电出版社，2019.

[22] 全国二级造价工程师职业资格考试辅导用书编委会. 建设工程计量与计价实务：水利工程 [M]. 北京：中国电力出版社，2019.

[23] 全国二级建造师执业资格考试用书编写委员会. 水利水电工程管理与实务 [M]. 北京：中国建筑工业出版社，2020.

[24] 中国水利工程协会. 水利工程计价与控制 [M]. 北京：中国水利水电出版社，2010.

[25] 中国水利学会水利工程造价管理专业委员会. 水利工程造价 [M]. 北京：中国计划出版社，2002.

[26] 全国造价工程师职业资格考试培训教材编审委员会. 一级造价工程师建设工程计价 [M]. 北京：中国计划出版社，2019.

[27] 全国造价工程师职业资格考试培训教材编审委员会. 二级造价工程师建设工程造价管理基础知识 [M]. 北京：中国计划出版社，2020.

[28] 杨培岭，彭玉林. 水利工程概预算（新一版）[M]. 北京：中国水利水电出版社，2017.

[29] 王慧明. 水利水电工程概预算 [M]. 郑州：黄河水利出版社，2008.

[30] 黄士芩，张宝声，尹贻林. 水利工程造价 [M]. 北京：中国计划出版社，2002.

[31] 张梦宇，曾伟敏，吕桂军. 水利工程造价与招投标 [M]. 北京：中国水利水电出版社，2017.

[32] 梁建林，薛桦，侯林峰. 水利水电工程造价与招投标 [M]. 3版. 郑州：黄河水利出版社，2015.

[33] 袁光裕，胡志根. 水利工程施工 [M]. 6版. 北京：中国水利水电出版社，2016.

[34] 颜宏亮，于雪峰. 水利工程施工 [M]. 郑州：黄河水利出版社，2009.

[35] 龚爱民. 建筑材料 [M]. 2版. 郑州：黄河水利出版社，2013.

[36] 朱济祥，崔冠英. 水利工程地质 [M]. 5版. 北京：中国水利水电出版社，2017.

[37] 林继镛，张社荣. 水工建筑物 [M]. 6版. 北京：中国水利水电出版社，2018.

[38] 夏富洲. 水工建筑物 [M]. 6版. 北京：中国水利水电出版社，2019.

[39] 沈振中，王润英，刘晓青，等. 水利工程概论 [M]. 2版. 北京：中国水利水电出版社，2018.

[40] 刘启钊，胡明. 水电站 [M]. 4版. 北京：中国水利水电出版社，2010.

[41] 刘家春，杨鹏志，刘军号，等. 水泵运行原理与泵站管理 [M]. 北京：中国水利水电出版社，2009.

[42] 杨逢尧. 水工金属结构 [M]. 北京：中国水利水电出版社，2005.

[43] 纪士斌. 建筑机械基础 [M]. 3版. 北京：清华大学出版社，2002.

[44] 黎国胜，刘贤娟，于玲. 工程水文与水利计算 [M]. 2版. 郑州：黄河水利出版社，2016.

[45] 中华人民共和国建设部，中华人民共和国国家质量监督检验检疫总局. GB 50501—2007 水利工程工程量清单计价规范 [S]. 北京：中国计划出版社，2007.

[46] 中华人民共和国住房和城乡建设部，中华人民共和国国家质量监督检验检疫总局. GB 50500—2013 建设工程工程量清单计价规范 [S]. 北京：中国计划出版社，2013.

[47] 中华人民共和国水利部. SL 328—2005 水利水电工程设计工程量计算规定 [S]. 北京：中国水利水电出版社，2006.

[48] 中华人民共和国水利部. SL 276—2002 水文基础设施建设及技术装备标准 [S]. 北京：中国水利水电出版社，2002.

[49] 中华人民共和国建设部，中华人民共和国国家质量监督检验检疫总局. GB/T 50145—2007 土的工程分类标准 [S]. 北京：中国计划出版社，2008.

[50] 中华人民共和国住房和城乡建设部，国家市场监督管理总局. GB/T 50123—2019 土工试验方法标准 [S]. 北京：中国计划出版社，2019.

[51] 中华人民共和国住房和城乡建设部，中华人民共和国国家质量监督检验检疫总局. GB 50487—2008 水利水电工程地质勘察规范 [S]. 北京：中国计划出版社，2009.

[52] 中华人民共和国国家质量监督检验检疫总局，中国国家标准化管理委员会. GB/T 5483—2008 天然石膏 [S]. 北京：中国标准出版社，2008.

参 考 文 献

[53] 中华人民共和国国家质量监督检验检疫总局,中国国家标准化管理委员会. GB/T 203—2008 用于水泥中的粒化高炉矿渣[S]. 北京:中国标准出版社,2008.

[54] 中华人民共和国国家质量监督检验检疫总局,中国国家标准化管理委员会. GB/T 18046—2017 用于水泥、砂浆和混凝土中的粒化高炉矿渣粉[S]. 北京:中国标准出版社,2017.

[55] 中华人民共和国国家质量监督检验检疫总局,中国国家标准化管理委员会. GB/T 2847—2005 用于水泥中的火山灰质混合材料[S]. 北京:中国标准出版社,2006.

[56] 中华人民共和国国家质量监督检验检疫总局,中国国家标准化管理委员会. GB/T 1596—2017 用于水泥和混凝土中的粉煤灰[S]. 北京:中国标准出版社,2017.

[57] 中华人民共和国国家质量监督检验检疫总局,中国国家标准化管理委员会. GB/T 26748—2011 水泥助磨剂[S]. 北京:中国标准出版社,2011.

[58] 中华人民共和国国家质量监督检验检疫总局,中国国家标准化管理委员会. GB 175—2007 通用硅酸盐水泥[S]. 北京:中国标准出版社,2008.

[59] 中华人民共和国国家质量监督检验检疫总局,中国国家标准化管理委员会. GB/T 14684—2011 建设用砂[S]. 北京:中国标准出版社,2011.

[60] 中华人民共和国国家质量监督检验检疫总局,中国国家标准化管理委员会. GB/T 14685—2011 建设用卵石、碎石[S]. 北京:中国标准出版社,2011.

[61] 中华人民共和国建设部. JGJ 63—2006 混凝土用水标准[S]. 北京:中国建筑工业出版社,2006.

[62] 中华人民共和国住房和城乡建设部,中华人民共和国国家质量监督检验检疫总局. GB 50010—2010 混凝土结构设计规范[S]. 北京:中国建筑工业出版社,2016.

[63] 中华人民共和国住房和城乡建设部. JGJ 55—2011 普通混凝土配合比设计规程[S]. 北京:中国建筑工业出版社,2011.

[64] 国家能源局. DL/T 5330—2015 水工混凝土配合比设计规程[S]. 北京:中国电力出版社,2015.

[65] 中华人民共和国国家质量监督检验检疫总局,中国国家标准化管理委员会. GB/T 18736—2017 高强高性能混凝土用矿物外加剂[S]. 北京:中国标准出版社,2018.

[66] 中华人民共和国住房和城乡建设部,中华人民共和国国家质量监督检验检疫总局. GB/T 50080—2016 普通混凝土拌合物性能试验方法标准[S]. 北京:中国建筑工业出版社,2017.

[67] 中华人民共和国水利部. SL/T 352—2020 水工混凝土试验规程[S]. 北京:中国水利水电出版社,2021.

[68] 中华人民共和国国家质量监督检验检疫总局,中国国家标准化管理委员会. GB/T 5101—2017 烧结普通砖[S]. 北京:中国标准出版社,2018.

[69] 中华人民共和国国家质量监督检验检疫总局,中国国家标准化管理委员会. GB/T 15229—2011 轻集料混凝土小型空心砌块[S]. 北京:中国标准出版社,2012.

[70] 国家市场监督管理总局,中国国家标准化管理委员会. GB 11945—2019 蒸压灰砂实心砖和实心砌块[S]. 北京:中国标准出版社,2019.

[71] 中华人民共和国住房和城乡建设部. JGJ/T 98—2010 砌筑砂浆配合比设计规程[S]. 北京:中国建筑工业出版社,2011.

[72] 国家市场监督管理总局,中国国家标准化管理委员会. GB/T 494—2010 建筑石油沥青[S]. 北京:中国标准出版社,2011.

[73] 中华人民共和国水利部. SL 252—2017 水利水电工程等级划分及洪水标准[S]. 北京:中国水利水电出版社,2017.

[74] 中华人民共和国国家经济贸易委员会. DL/T 5180—2003 水电枢纽工程等级划分及设计安全标准[S]. 北京:中国电力出版社,2003.

[75] 中华人民共和国住房和城乡建设部,中华人民共和国国家质量监督检验检疫总局. GB 50288—2018 灌溉与排水工程设计标准[S]. 北京:中国计划出版社,2018.

参 考 文 献

[76] 中华人民共和国水利部. SL 430—2008 调水工程设计导则 [S]. 北京：中国水利水电出版社，2008.

[77] 中华人民共和国水利部. SL 285—2020 水利水电工程进水口设计规范 [S]. 北京：中国水利水电出版社，2020.

[78] 中华人民共和国水利部. SL 379—2007 水工挡土墙设计规范 [S]. 北京：中国水利水电出版社，2017.

[79] 中华人民共和国水利部. SL 386—2007 水利水电工程边坡设计规范 [S]. 北京：中国水利水电出版社，2017.

[80] 中华人民共和国住房和城乡建设部，中华人民共和国国家质量监督检验检疫总局. GB 51018—2014 水土保持工程设计规范 [S]. 北京：中国计划出版社，2015.

[81] 中华人民共和国国家质量监督检验检疫总局，中国国家标准化管理委员会. GB/T 32808—2016 阀门型号编制方法 [S]. 北京：中国标准出版社，2016.

[82] 中华人民共和国水利部. SL 543—2011 水工金属结构术语 [S]. 北京：中国水利水电出版社，2012.

[83] 中华人民共和国水利部. SL 41—2018 水利水电工程启闭机设计规范 [S]. 北京：中国水利水电出版社，2018.

[84] 中华人民共和国国家质量监督检验检疫总局，中国国家标准化管理委员会. GB/T 8498—2017 土方机械 基本类型识别、术语和定义 [S]. 北京：中国标准出版社，2017.

[85] 中华人民共和国国家质量监督检验检疫总局，中国国家标准化管理委员会. GB 6067.1—2010 起重机械安全规程：第 1 部分 总则 [S]. 北京：中国标准出版社，2010.

[86] 中华人民共和国国家质量监督检验检疫总局，中国国家标准化管理委员会. GB/T 10170—2010 挖掘装载机 技术条件 [S]. 北京：中国标准出版社，2011.

[87] 中华人民共和国水利部. SL 303—2017 水利水电工程施工组织设计规范 [S]. 北京：中国水利水电出版社，2017.

[88] 中华人民共和国水利部. SL 623—2013 水利水电工程施工导流设计规范 [S]. 北京：中国水利水电出版社，2014.

[89] 中华人民共和国水利部. SL 648—2013 土石坝施工组织设计规范 [S]. 北京：中国水利水电出版社，2013.

[90] 中华人民共和国水利部. SL 62—2014 水工建筑物水泥灌浆施工技术规范 [S]. 北京：中国水利水电出版社，2014.

[91] 中华人民共和国国家质量监督检验检疫总局，中国国家标准化管理委员会. DL/T 5200—2019 水电水利工程高压喷射灌浆技术规范 [S]. 北京：中国电力出版社，2020.

[92] 中华人民共和国水利部. SL 564—2014 土坝灌浆技术规范 [S]. 北京：中国水利水电出版社，2014.

[93] 中华人民共和国水利部. SL 174—2014 水利水电工程混凝土防渗墙施工技术规范 [S]. 北京：中国水利水电出版社，2014.

[94] 国家能源局. DL/T 5214—2016 水电水利工程振冲法地基处理技术规范 [S]. 北京：中国电力出版社，2017.

[95] 国家能源局. DL/T 5129—2013 碾压式土石坝施工规范 [S]. 北京：中国电力出版社，2014.

[96] 中华人民共和国水利部. SL 251—2015 水利水电工程天然建筑材料勘察规程 [S]. 北京：中国水利水电出版社，2015.

[97] 中华人民共和国水利部. SL 49—2015 混凝土面板堆石坝施工规范 [S]. 北京：中国水利水电出版社，2015.

[98] 国家能源局. DL/T 5297—2013 混凝土面板堆石坝挤压边墙技术规范 [S]. 北京：中国电力出版

参 考 文 献

社，2014.
- [99] 中华人民共和国水利部. SL 677—2014 水工混凝土施工规范 [S]. 北京：中国水利水电出版社，2014.
- [100] 中华人民共和国住房和城乡建设部，国家市场监督管理总局. GB 50496—2018 大体积混凝土施工标准 [S]. 北京：中国建筑工业出版社，2018.
- [101] 国家能源局. DL/T 5169—2013 水工混凝土钢筋施工规范 [S]. 北京：中国电力出版社，2013.
- [102] 国家能源局. DL/T 5110—2013 水电水利工程模板施工规范 [S]. 北京：中国电力出版社，2013.
- [103] 中华人民共和国水利部. SL 32—2014 水工建筑物滑动模板施工技术规范 [S]. 北京：中国水利水电出版社，2014.
- [104] 中华人民共和国国家质量监督检验检疫总局，中国国家标准化管理委员会. GB/T 14173—2008 水利水电工程钢闸门制造、安装及验收规范 [S]. 北京：中国标准出版社，2009.
- [105] 中华人民共和国水利部. SL 381—2007 水利水电工程启闭机制造安装及验收规范 [S]. 北京：中国水利水电出版社，2007.
- [106] 中华人民共和国水利部. SL 106—2017 水库工程管理设计规范 [S]. 北京：中国水利水电出版社，2017.
- [107] 中华人民共和国水利部. SL 487—2010 水利水电工程施工总布置设计规范 [S]. 北京：中国水利水电出版社，2011.